新编21世纪心理学系列教材

高级心理统计

第2版

刘红云　编著

Advanced Statistics
for Psychology

中国人民大学出版社
·北京·

内容简介

《高级心理统计》从问题解决的视角出发，通过丰富的实际案例，系统介绍了多元统计分析方法以及操作软件（SPSS、Mplus和HLM等）在心理学研究中的应用。本书不仅包括多元方差分析、多元回归分析、判别分析和聚类分析等常用的多元统计分析方法，而且对结构方程模型（因素分析、路径分析）的基本原理、方法和应用，尤其是对研究者较为关注的主题如中介效应和调节效应进行了较为详细的介绍。本书还涉及多层线性模型基础部分的内容。

本书的修订版全面更新了案例，确保与当前主流软件版本及最佳实践同步；重点修订了“调节效应”和“多层线性模型简介”章节，使其更具前沿性和指导性；语言更为精炼流畅，使读者更易懂易学。

本书是一部中级至中高级的应用统计方法教材，可作为心理学及相关专业高年级本科生和研究生的教科书及应用工作者的参考用书。

作者简介

刘红云　北京师范大学心理学部教授，博士生导师。中国教育学会教育统计与测量分会副理事长、常务理事，中国教育技术协会教育测量与评价专业委员会理事长。主要从事的专业领域包括心理与教育测评理论、方法及其应用，高级统计方法进展及其应用。出版的主要专著、教材和译著有《追踪数据分析方法及其应用》《应用心理统计学》《SPSS基础与应用》《行为科学统计精要》等。

第2版前言

随着多元统计分析方法在社会科学研究中的日益普及与深入应用，基于本人二十余年的一线教学实践与思考，《高级心理统计》初版于2019年应运而生。本书旨在从应用研究的视角出发，通过丰富的实际案例，引导读者掌握正确选择和运用多元统计方法的能力，并规范地呈现与报告分析结果。①

自初版问世以来，本书受到了广大读者，尤其是社会科学领域研究者的厚爱。五年多来，我收到了诸多学界同人的反馈，他们肯定了本书对学生系统学习多元统计方法以及教师讲授相关课程所提供的切实帮助。许多读者亦对本书的写作风格表示赞赏。同时，一些热心读者也指出了初版在语言表述准确性等方面存在的可改进之处，对此我深表感谢。

学科发展日新月异。一方面，多元统计方法本身及其应用在不断演进；另一方面，主流统计软件版本持续更新迭代。此外，在初版的使用过程中，我对书中部分内容的阐释也有了更深入的思考，深感有必要将这些新的理解与进展补充进来，以使本书内容更加严谨、前沿，更贴合当下学术研究的实践需求。

值此再版之际，我们着重进行了以下修订：(1) 全面更新了案例操作。对书中所有实际案例的操作步骤与分析过程进行了系统修订，确保与当前主流软件版本（如 Mplus）及最佳实践同步。(2) 重点修订了调节效应和多层线性模型相关章节，大幅更新并补充了相关领域的最新研究进展，使该核心内容更具前沿性和指导性。(3) 精炼语言表述。通篇仔细核对了文字表述，修正了初版中的语言瑕疵、表述不清或不够精准之处，力求行文更加准确、流畅。

本次再版的顺利推进，离不开中国人民大学出版社的大力支持。特别要感谢策划编辑张宏学老师，她在整个过程中提出了诸多富有洞见的宝贵建议，为本书质量的显著提

① 本书的案例操作，读者可登录人大出版社官网 www.crup.com.cn，搜索本书书名进行下载。

升倾注了心血。同时，我由衷地感谢我的学生在本次再版工作中所付出的辛勤努力和提供的鼎力支持。王璞珏博士和李洋同学系统审阅了全书内容，提出了许多有价值的修改意见。王璞珏（第三、四、五章）、刘玥（第七、八、十章）、肖悦（第十一、十二章）、韩雨婷（第一、六章）、李美娟（第十三、十四章）、魏丹（第九章）和陈漪澜（第二章）分别负责对应章节案例的数据验证、复现以及细致的文字校对工作，确保了内容的准确性。最后，更要衷心感谢广大读者对本书初版的关注、支持与认真审读。正是你们提出的宝贵修改建议，为本书的不断完善指明了方向。

我相信，《高级心理统计》（第 2 版）在内容与呈现上都有了长足进步。然而，学海无涯，书中难免仍存疏漏与可商榷之处。我真诚地期待并欢迎各位读者继续不吝赐教，将你们的宝贵意见反馈给我。让我们携手努力，共同推动这本书臻于至善。

本书编者

2025 年 6 月

前言

量化研究方法的发展在一定程度上推动了社会科学实证研究的深入。近年来，随着统计软件的开发和应用，多元统计分析技术在心理学实证研究中被普遍应用，有些已经到了普及的程度。许多专业易用的操作软件的开发大大促进了这些方法在各个学科分支的应用和普及。然而，对于社会科学领域的学生而言，应用统计学的学习绝非如掌握统计软件的操作那么容易。学好多元统计分析的方法，正确选择和使用各种分析方法，呈现和报告数据分析的结果并非易事。如何从应用的角度，让读者能够通过本书的学习和操练实际掌握和应用这些方法，是我在写作本书过程中一直思考的问题。

本书从应用的角度介绍各种方法，其中不涉及复杂深奥的数学证明和估计算法的原理，具有本科统计基础的读者都可以通过学习本书的内容，练习案例数据，掌握每种方法的用途。本书应用案例均结合心理学的实际研究问题，采用常用的统计分析软件SPSS或Mplus演示其具体操作，并结合心理学文献中结果呈现与解释的一般规范，读者很容易模仿每种方法，并将其用于自己的研究，通过不断练习理解掌握每种方法的实际意义。以心理学研究的实际问题为切入点，采用实际研究的案例数据是本书的特色。

本书在数据清理与准备这一章的基础上，集中介绍了12种心理学研究中常用的统计方法及其应用，主要包括：多元方差分析（第二章）、多元回归分析（第三章）、Logistic回归分析（第四章）、判别分析（第五章）、聚类分析（第六章）、探索性因素分析（第七章）、验证性因素分析（第八章）、路径分析（第九章）、结构方程模型（第十章）、中介效应（第十一章）、调节效应（第十二章）、多层线性模型（第十三章）及其在追踪研究中的应用（第十四章）。其中，第七章到第十二章涉及结构方程模型的主要内容。

一本教材的编写凝聚了许多人多年的努力。首先感谢选修过高级心理统计课程的所有学生，你们看似幼稚的错误和有时候有些刁钻的问题给我很多启发，让我不断调整课程的内容和进度，不断思考怎样从应用的角度理解每种方法的实质。正是你们的问题和所犯的错误帮助我不断理解每种方法的重点和难点，也促使我自己在专业上不断进步。

其次感谢我所有的研究生和博士生，多年来你们不辞辛苦地给我的课程当助教、答疑、批改作业、整理教学案例，每一部分教学内容的变化都凝聚着你们的努力和付出。本书书稿基于我十几年教学的讲义整理撰写而成，这里尤其要感谢帮我整理书稿的刘玥、肖悦、魏丹、李美娟、韩雨婷、张茂鑫、王璞珏和马洁同学。最后感谢中国人民大学出版社的张宏学编辑，没有你的鼓励和督促这本书不可能完成。

本书内容对从事社会科学研究的教学人员、科研人员、研究生、高年级本科生开展实证研究将会有很大帮助，可以作为手头必备参考书目，也可以作为高等院校研究生的教材。

由于作者水平有限和成稿过程仓促，书中错误和表达不妥之处在所难免，请不吝赐教。

写给教师的话

近十几年来，我一直在教学的第一线担任本科生和研究生统计课程的教学，对学生在学习统计学的过程中遇到的问题和困惑深有了解。每年的教学资料都会有些许修改和变动。细细想来，无外乎以下几个方面的变化：一是心理学研究问题不断深入，新的统计技术和分析方法不断出现，为了帮助学生更好地掌握新的方法，课程中不断增加一些新的方法和技术；二是根据在教学过程中每每面对的学生的疑问和不解，甚至是学生考试、作业和论文中的误用而做出的难点和关键点的调整；再者就是随着统计软件的不断发展，从易用易学的角度所做的操作程序上的调整；最重要的调整可能是教学过程中应用案例和数据的选取，逐渐用实际研究的案例替代了模拟的数据。这些内容上的变化也带来一些教学模式的变化，真正让学生深入思考、动手不断操练，在做中学是学习应用统计非常关键的一点。因此，如果您选用本书作为高年级本科生或研究生多元统计课程的教材或参考书目，我想和您分享以下几点：

1. 注重每种方法解决的实际问题和应用条件，包括：为什么要使用这种统计方法，或者对于心理学研究的实际问题，我们有哪些方法可以选择？每种方法对数据有怎样的要求？需要满足怎样的假设条件？这些问题是正确选择和使用每种方法的基础。本书几乎每章都列出了方法使用的目的、解决的实际问题和基本假设，这部分的内容有助于学生了解每种方法所能回答的实际问题，从而选择合适的方法应用到自己的研究中。

2. 重视结果的呈现和解释，包括：如何在研究中规范地报告统计分析的结果？如何选用正确的图表呈现数据？如何对统计分析结果进行合理恰当的解释？这些都是应用统计的核心环节，也是最重要的部分。建议在讲授这部分内容时能够推荐一些采用某种方法进行实际研究的文献给学生参考，再结合案例数据的分析，让学生真正掌握每种方法，在研究中恰当使用和正确解释分析的结果。

3. 通过实际案例数据，鼓励学生多动手，勤思考。本书涉及的应用统计的软件操作都不难，但是如何结合实际案例数据，真正掌握每种方法，尤其是在出现错误时找出问题所在，一定程度上依赖于不断练习和思考过程中积累起来的对数据的感觉。建议这部分的教学除了利用本书所提供的案例数据，还应尽量让每种方法能够匹配一些实际的案例数据供学生练习和讨论。

4. 永远不要忽略学生学习过程中出现的问题和所犯的错误。讲授这门课程十多年来，学生学习过程中的问题和所犯错误，不断促使我反思如何更好地教学，如何站在学生角度理解每种方法，所谓教学相长说的就是这个道理。

5. 教学方式上建议采用讲授、练习和讨论相结合的方式。应用统计方法的掌握，离不开不断的练习和讨论。多年的讲授经验告诉我，讲授过的知识对学生最多就是听过了，练过做过的内容对学生才是学过了，讨论反思纠正错误后的知识才能说是掌握了。并且这一过程有时候还要反复多次，其中讲授环节的课程目前我给学生录制了线上资源，而后面两个环节是老师替代不了的，但是老师可以引导和辅导，一定要督促学生多动手练习。

帮助学生理解这些方法所能解决的问题、基本原理或思想、应用条件、软件操作和结果的解释，使学生能够将这些方法应用到自己的实际研究中，是学习应用统计的宗旨。每位老师都有独特的讲授风格，但是最终的目标往往是一致的，希望这本书和相应的线上资源对您的教学有所帮助。

写给学生的话

当你打开这本书的时候，我想你有必要先花几分钟时间浏览一下目录，了解一下这本书的侧重点，思考一下你学习这本书的目标是什么。这是一本从应用者的角度介绍各种统计方法的教材，在学习这本书的内容时，我有以下建议。

1. 学习一种方法之前，静下心来先思考一下为什么要学习和使用这种方法，这种方法能帮助你解决什么样的实际研究问题。为了帮助大家了解这些内容，书中会介绍使用每种方法的目的和所能回答的问题，并且都配有一个实际的案例帮助你了解这些内容。当然你也可以带着你的研究问题去思考对于你的研究为什么要采用这种方法而不是另外的方法。

2. 在使用每种方法之前，了解这种方法对数据的要求和基本假设。思考你想要分析的数据是否满足这些前提条件，如果不满足，可以有哪些选择和处理方法。这些条件往往是不同方法之间的区别，也是对于类似的研究问题，你选择不同方法的依据。因此，这些思考对于正确使用一种方法特别重要。

3. 数据分析是一个从简单到复杂循序渐进的过程，动手分析是你真正掌握一种方法的有效途径。数据拿来以后，不要着急采用一些复杂的分析方法，从最基本的数据清理和描述统计入手，一步一步慢慢做，从做的过程中去思考数据告诉你的结果的意义。同时，不要被复杂的原理和数理推导所吓倒，如果有一段原理你看不懂，实在无法理解，可以暂时忽略，尝试通过做的过程去理解。学习有许多途径，如果你的数理统计基础不够扎实，从做中去体会每种方法如何应用将会是一个不错的选择。

4. 实际案例数据的分析对于研究方法的掌握和迁移很有帮助。本书中提供了许多实际的案例，并提供了丰富的线上资源，这些操作的语句和结果都是已经写好供你参考学习的。因此，类似的研究问题，你完全可以通过简单的修改迁移到自己的研究中。大胆尝试，不要怕出错，尤其是软件操作的过程中，熟能生巧一点没错。

5. 结果的呈现和解释是应用统计应该关注的重点，这一环节对你真正学会应用一种方法特别重要。因此，建议在学习的过程中，能够参考一些应用这些方法的文献，与案例数据对照起来，思考得到的结果如何正确呈现和合理解释，从而真正让自己学会应用这一方法。

好的研究是智慧和耐心交互作用的结果。了解数据、分析数据和解释数据，可以说是一次你和你的数据交心交流的旅程。一定意义上讲，你从不同的角度越是了解你的数据，数据的分析结果和解释就越能为你的研究所用。希望通过本书的学习，你能有所收获，并对应用统计有新的理解。

刘红云

2018 年 10 月

目录

第一章 数据的清理与准备

第一节 数据清理和准备的主要目的 …… 001
第二节 极端数据的处理 …… 001
第三节 缺失数据的处理 …… 005
第四节 多元分析前提假设条件的检验 …… 011
第五节 数据清理与整理应用案例 …… 018

第二章 多元方差分析

第一节 多元方差分析的一般目的和描述 …… 039
第二节 多元方差分析主要回答的问题 …… 040
第三节 多元方差分析的主要类型 …… 041
第四节 多元方差分析的过程 …… 043
第五节 多元方差分析应用案例及 SPSS 操作 …… 055

第三章 多元回归分析

第一节 多元回归分析的一般目的和描述 …… 062
第二节 多元回归分析主要回答的问题 …… 063
第三节 多元回归分析的假设及模型 …… 065
第四节 多元回归分析的类型 …… 067
第五节 多元回归分析中自变量的重要性 …… 070
第六节 多元回归分析中的统计检验 …… 073
第七节 多元回归分析中一些值得注意的问题 …… 075
第八节 回归分析的局限性 …… 080
第九节 多元回归分析应用案例及 SPSS 操作 …… 081

第四章　Logistic 回归分析

第一节　Logistic 回归分析的一般目的和基本介绍 …… 092
第二节　Logistic 回归分析主要回答的问题 …… 093
第三节　Logistic 回归分析的前提假设与模型 …… 093
第四节　Logistic 回归分析中一些值得注意的问题 …… 097
第五节　Logistic 回归分析应用案例及 SPSS 操作 …… 098

第五章　判别分析

第一节　判别分析的一般目的和描述 …… 105
第二节　判别分析主要回答的问题 …… 106
第三节　判别分析的假设条件及模型 …… 107
第四节　判别分析的主要类型 …… 108
第五节　判别分析的参数及解释 …… 110
第六节　判别分析应用案例及 SPSS 操作 …… 111

第六章　聚类分析

第一节　聚类分析的一般目的和描述 …… 119
第二节　聚类分析主要回答的问题 …… 120
第三节　聚类分析的模型及原理 …… 120
第四节　聚类分析的主要类型 …… 124
第五节　聚类分析中一些值得注意的问题 …… 127
第六节　聚类分析应用案例及 SPSS 操作 …… 128

第七章　探索性因素分析

第一节　探索性因素分析的一般目的和描述 …… 138
第二节　因素分析的模型、假设及基本步骤 …… 140
第三节　探索性因素分析前的准备 …… 145
第四节　因素的抽取和旋转 …… 147
第五节　探索性因素分析的应用 …… 153
第六节　探索性因素分析中一些值得注意的问题 …… 155
第七节　探索性因素分析应用案例及 SPSS 操作 …… 158
第八节　探索性因素分析应用案例及 Mplus 操作 …… 175

第八章　验证性因素分析

第一节　验证性因素分析与探索性因素分析的比较 …… 183
第二节　验证性因素分析的图示、模型及基本步骤 …… 184
第三节　验证性因素分析模型的确定和识别 …… 186
第四节　验证性因素分析中的数据收集和参数估计 …… 191
第五节　验证性因素分析中的模型评价与修正 …… 193
第六节　验证性因素分析模型的应用 …… 198
第七节　验证性因素分析应用案例及 Mplus 操作 …… 201
第八节　等价性检验应用案例及 Mplus 操作 …… 211

第九章 路径分析

第一节 路径分析的一般目的和描述 …… 221
第二节 路径分析主要解决的问题 …… 222
第三节 路径分析的模型和原理 …… 225
第四节 路径分析中的模型分类和识别 …… 229
第五节 路径分析中的效应分解及计算 …… 234
第六节 路径分析模型的评价与修正 …… 239
第七节 路径分析中一些值得注意的问题 …… 243
第八节 路径分析应用案例及 Mplus 操作 …… 244

第十章 结构方程模型

第一节 结构方程模型概述 …… 254
第二节 结构方程模型中的图示、模型及假设 …… 256
第三节 结构方程模型中的模型使用步骤 …… 259
第四节 结构方程模型中模型比较的应用 …… 261
第五节 结构方程模型分析中一些值得注意的问题 …… 263
第六节 结构方程模型的局限性 …… 266
第七节 结构方程模型估计应用案例及 Mplus 操作 …… 267
第八节 结构方程模型多组比较应用案例及 Mplus 操作 …… 272

第十一章 中介分析

第一节 中介分析的一般目的和描述 …… 286
第二节 中介模型和中介效应 …… 287
第三节 中介效应的检验 …… 289
第四节 潜变量中介模型 …… 295
第五节 中介分析中一些值得注意的问题 …… 297
第六节 中介分析应用案例及 Mplus 操作 …… 303

第十二章 调节效应

第一节 调节效应概述 …… 314
第二节 调节效应的解释和重要性 …… 315
第三节 显变量的调节效应 …… 317
第四节 潜变量的调节效应 …… 331
第五节 有调节的中介 …… 351
第六节 有中介的调节 …… 361

第十三章 多层线性模型简介

第一节 多层线性模型概述 …… 370
第二节 多层线性分析主要回答的问题 …… 375
第三节 多层线性分析中的模型及假设 …… 377
第四节 多元线性分析中一些值得注意的问题 …… 384
第五节 多层线性模型应用案例及操作 …… 387

第十四章　多层线性模型在追踪研究中的应用
第一节　多层线性模型分析追踪研究数据的优势 …… 406
第二节　追踪研究中的多层线性模型 …… 407
第三节　一些值得注意的问题 …… 409
第四节　应用案例一及操作 …… 409
第五节　应用案例二及操作 …… 428

参考文献 …… 435

第一章

数据的清理与准备

【核心要点】

1. 了解异常值的概念和产生原因，掌握检测与处理异常值的方法。

2. 了解数据的缺失类型，掌握检查数据缺失程度、诊断数据缺失机制的方法，知道如何选择合适的插补方法对缺失值进行插补。

3. 熟悉多元分析的常见假设，并掌握这些假设的检验方法，知道违背多元分析假设时，该如何对变量进行校正。

第一节　数据清理和准备的主要目的

本章讨论的是在数据收集之后，进行主要的数据分析运行之前，需要解决的一系列问题。

在进行数据分析之前，花许多时间仔细检查数据是很常见的，对以下问题的考虑和处理是对数据进行诚实分析的基础：首先涉及数据录入的准确性以及异常值的处理，异常值——古怪（极端）的个案——可能会扭曲分析结果；其次，数值缺失是许多研究在数据采集中经常会出现的现象，在进行分析前必须加以评估和处理；最后，许多多元统计分析方法都是基于一定假设的，在应用这些分析方法前，必须确保数据集与前提假设之间是匹配的，如果出现不匹配的情况，可以考虑变量的转换，以使它们符合分析的要求。

数据整理是每一个做量化统计的人都会遇到的问题，但也是实证工作中重要但常常不受重视的一步。在研究过程中，异常值、缺失值的出现，以及在不满足前提假设的条件下，错误地使用分析方法，都有可能造成分析结果的扭曲和错误。为保证分析结果的可靠性和准确性，必须对数据进行预处理，后面几节将分别介绍针对以上不同问题的数据清理方法。

第二节　极端数据的处理

一、异常值的定义

一般而言，异常值（outlier）可分为单变量异常值（univariate outlier）与多变量异常值（multivariate outlier）两种。单变量异常值即在某个变量上明显高或者低的值。多变量异常值指在两个或多个变量上值的奇怪组合，这使得该观测与其他观测明显不同。异常值可能影响观测结果，也可能不影响。如图 1－1 所示，图（a）中的异常值会影响回归分析的观测结果，而图（b）中的异常值则不会产生影响。

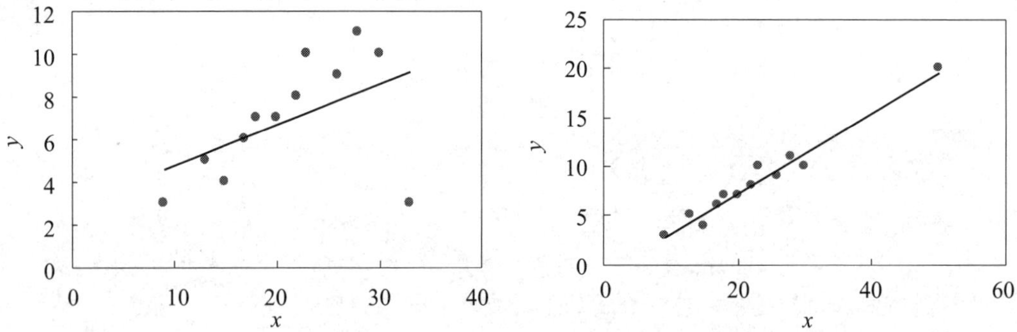

（a）存在一个有影响的观测值的散点图　（b）存在一个没有影响的观测值的散点图

图 1－1　异常值对回归分析的影响

异常值的来源主要有以下几种：

（1）过程性错误，如录入、编码或缺失值定义错误。例如，在 1～5 计分的李克特量表数据中出现了 6 或者其他超出计分范围的值。由这种原因造成的异常值应在数据清理阶段进行识别，清除该值或编码为缺失。

（2）异常事件。例如，记录日常降水量时，遇见台风，使得记录值明显提升。这时应判断异常事件是否符合研究目的，是则保留，否则删除。

（3）异常观测。这是指研究者无法解释的观测值，要考虑其是否代表了总体中的有效成分。

（4）各变量值都正常，但组合起来很异常。例如，已知某人身高 165 厘米，这高度本身不算特别高，属于正常范围，但如果得知该身高是测量自一名 5 岁的儿童，则综合这两个信息，几乎可以肯定该身高在同龄者当中是一个与众不同的观察值组合。这种情况通常应视分析方法决定是否保留。

二、异常值的检测

下面分别介绍单变量、双变量和多变量异常值的检测方法。

（一）单变量异常值的检测

可以通过计算标准分数或者画盒式图来检验单变量异常值。

1. 根据标准分数判定

首先将原始数据转换为标准分数，这一操作可以通过 SPSS 的描述统计完成。在小样本（样本量 80 及以下）情况下，标准分数大于等于 2.5 的观测值可被判定为异常值；若是更大的样本，可以提高标准分数的临界值，最高是 4。如果不使用标准分数，也可以根据样本量，视 2.5 或 4 个标准差之外的观测值为异常值。

2. 盒式图

盒式图（boxplot）也称箱线图（box-whisker plot），可以直观地展示变量值的分布。可以使用 SPSS 的绘图功能（Graphs→Legacy Dialogs→Boxplot...）绘制盒式图。图 1-2 就是使用 SPSS 绘制的盒式图，中间的灰色箱体为盒式图的主体，箱体中的黑色粗线对应数据的中位数，箱体上下边缘分别对应数据的上四分位数（Q_3）和下四分位数（Q_1），即有 75%的数据在箱体上边缘以下，有 25%的数据在箱体下边缘以下。上四分位数与下四分位数之间的差值，即四分位距（interquartile range，IQR）。大于上四分位数加 1.5 倍四分位距（$Q_3+1.5\times IQR$）或小于下四分位数减去 1.5 倍四分位距（$Q_1-1.5\times IQR$）的值可被划分为异常值。其中，处于 1.5～3 倍四分位距之间的异常值为温和的异常值（mild outliers），用空心点表示，如图 1-2 中 11 号和 22 号数据点；处于 3 倍四分位距之外的异常值为极端的异常值（extreme outliers），用星号表示，如图 1-2 中 18 号数据点。可在划分异常值的边界 $Q_1-1.5\times IQR$ 和 $Q_3+1.5\times IQR$ 以内，最接近上下边界的两个值处画横线，并将此作为盒式图的触须（即图中大约−4 和 10 的位置所画的横线）。

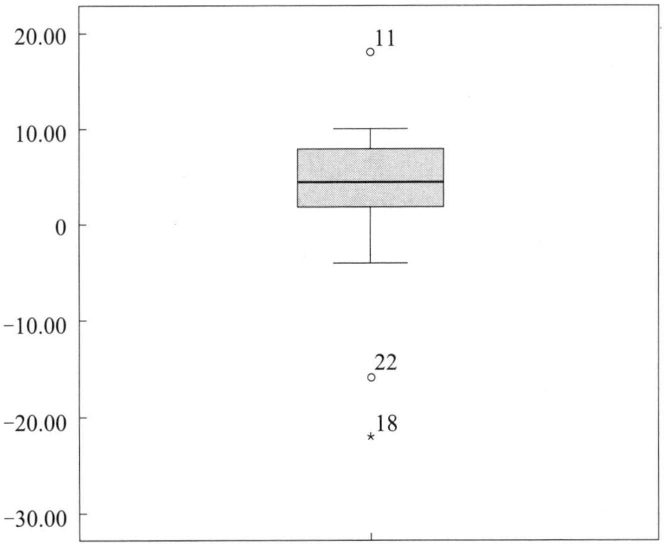

图 1-2　盒式图示例

（二）双变量异常值的检测

双变量异常值一般通过画散点图的方式进行检测。散点图又称散点分布图，是以一个变量为横坐标，另一变量为纵坐标，利用散点（坐标点）的分布形态反映变量统计关系的一种图形。散点图可以直观地反映：两个变量之间是否存在相关趋势；如果存在相关，相关为线性的还是曲线的；是否存在双变量的异常值。

图 1-3 为依据数据文件“1_1 data. sav”中变量 x_7 和变量 x_{19} 绘出的散点图，其中被椭圆形圈起来的范围即期望范围，指二元正态分布的置信区间（α 水平通常为 90%或 95%），落在这个范围以外的观测值就是双变量异常值。使用 SPSS 软件可以轻易地画出

双变量散点图，但要绘制如图1-3中的置信椭圆则需要借助其他软件，这将在后面应用案例部分详细介绍。

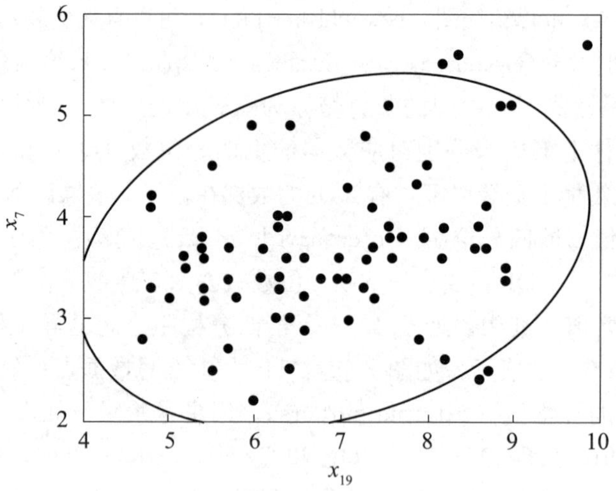

图1-3 利用散点图检测双变量异常值

（三）多变量异常值的检测

多变量异常值可以通过计算观测点的马氏距离（Mahalanobis distance）进行检测。马氏距离代表数据的协方差距离，是一种可有效计算两个未知样本集的相似度的方法，具有尺度不变性。马氏距离也可以用来度量一个样本点 x 与数据集的距离。假设样本点为 $\vec{x}=(x_1,x_2,\cdots,x_n)^T$，数据集分布的均值为 $\vec{\mu}=(\mu_1,\mu_2,\cdots,\mu_n)^T$，协方差为 V，则这个样本点 x 与数据集的马氏距离的平方为：

$$D^2=(\vec{x}-\vec{\mu})^T V^{-1}(\vec{x}-\vec{\mu}) \tag{1-1}$$

在多变量异常值的检测中，马氏距离可以用来度量观测点与样本均值的多维空间距离。由于 D^2/df 近似服从 t 分布，可以对其进行显著性检验，置信度为 $\alpha=0.05$ 或 0.01，可将落在置信区间外的观测点识别为潜在异常值。不过，显著性检验容易受到样本量的影响。也可以根据经验，在小样本时把 D^2/df 的临界值设为2.5，大样本时设为3或4，把超过临界值的观测点识别为潜在异常值。一旦在 D^2/df 指标上识别为潜在异常值，该观测值就可按单变量或双变量异常值进行检测，从而进一步了解异常的情况。在SPSS的回归分析中可以实现多变量马氏距离的计算，详见后面应用案例部分。

三、异常值的处理

异常值处理的一般步骤是：检测出数据异常后，首先找到异常值出现的原因，然后进行保留或者删除的处理。异常值的处理要考虑异常值能否代表目标总体的一部分。如果确定该观测值异常，且不属于目标总体，则删除这个观测值；如果可代表总体的一部分，或不确定是否异常，则要尽可能保留。可以通过转换变量或者改变计分，降低异常值对分析结果的影响。

第三节　缺失数据的处理

一、缺失数据的定义及影响

缺失数据是指在一个数据集中，由各种各样的原因导致的个案在一个或多个变量上信息的缺失。缺失数据是数据分析过程中普遍存在的问题，其原因有：调查中个体疏忽遗漏了某些题目；研究设计过程中，某些题目不适用；关于收入和态度的调查中，部分个体在收入上没有填答；追踪研究中，被试流失了；等等。缺失数据使样本量减小，会导致统计检验力下降。此外，如果属于非随机缺失（指变量的缺失模式依赖于变量本身的缺失机制），那么得到的统计结果可能是有偏的。

二、处理缺失数据的一般步骤

缺失数据在社会科学的研究中普遍存在，研究人员主要关注的是确定缺失数据的模式和关系，以便在应用任何补救措施时尽可能地保持原始分布的值。了解数据的缺失比例和缺失模式，对选择合适的缺失数据处理方法非常重要。而且，缺失数据的缺失模式比缺失数量对数据分析结果的影响更重要。在处理缺失数据时，要考虑以下几个问题：什么原因造成了数据缺失？缺失的数据是否可以忽略？缺失数据的比例有多大？缺失比例对处理方法有影响吗？数据的缺失模式是否随机？有哪些类型？如何判断数据的缺失机制？缺失数据的补救方法有哪些？如何选择这些方法？为了回答这些问题，可以将缺失数据的处理步骤归纳为以下四步：

（1）检查数据的缺失类型。

（2）检查数据的缺失程度。

（3）诊断数据的缺失机制。

（4）选择插补方法。

这些步骤具体如图 1－4（Hair，Black，Babin，& Anderson，2010）所示，下面详细介绍这些步骤。

（一）检查数据的缺失类型

首先考虑数据的缺失类型，其目的是判断缺失数据在研究设计上是不是可以忽略。以下几种情况中的缺失数据在设计上是可以忽略的。

（1）缺失是研究设计的一部分。比如，对投诉处理满意度的调查中，在对满意度进行调查之前，通常要先问被试是否有过投诉的经历。选项为：

A. 是　请回答第 2 题

B. 否　请直接跳答第 3 题

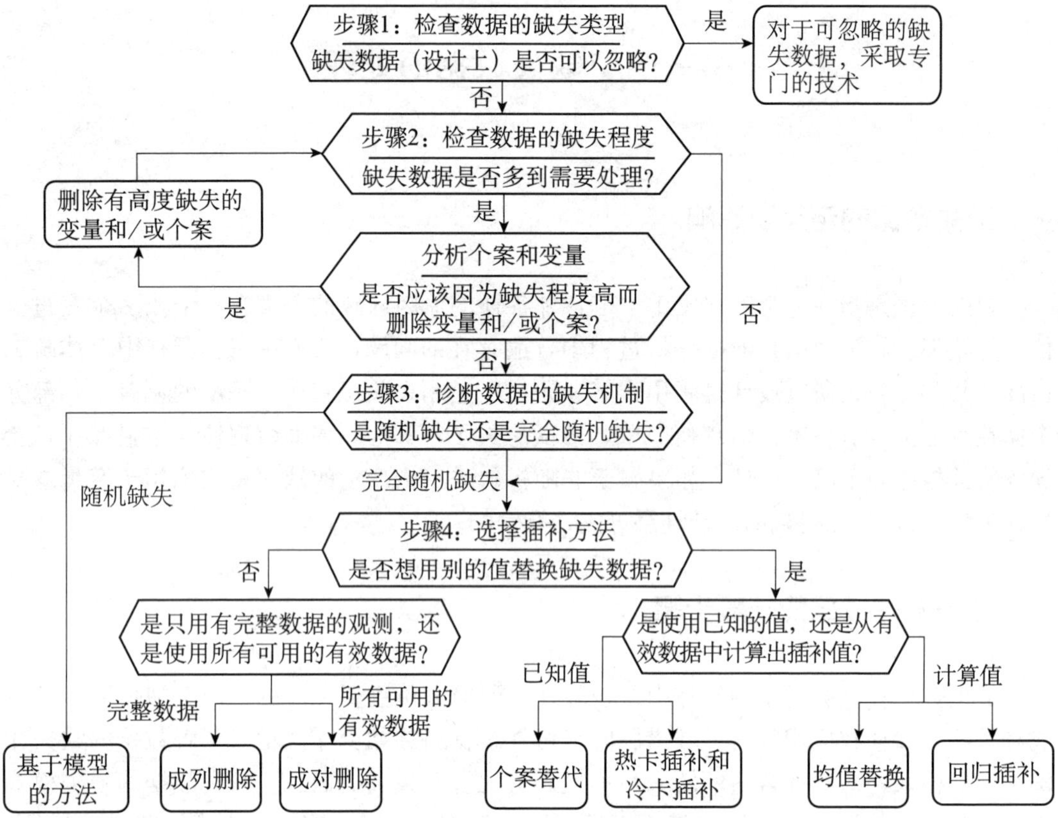

图 1-4　处理缺失数据的一般步骤

如果被试选择了 B，则在第 2 题上的缺失就属于研究设计的一部分。

（2）一般的研究设计都是只调查样本，而非对总体进行调查。也就是说，样本之外个体的观测数据都是缺失的。对于这样的缺失数据，会根据统计推断的方法，由样本推断总体。

（3）在某些研究中，由于选择标准或测量范围的限制，超出标准或范围的数据可能未被收集到，这种情况称为数据截断。例如，在估计男性总体身高时，如果样本仅包括身高在特定范围内的男性飞行员，那么得到的估计可能有偏。针对截断数据，需要使用特殊的统计方法进行分析，如截断回归模型等。

（4）在事件史分析等纵向研究中，研究结束时有些个体可能尚未发生目标事件（如死亡、疾病复发等），这些未发生目标事件的数据称为截尾数据。截尾数据虽然不完整，但仍包含有价值的信息（如个体至少存活到研究结束）。事件史分析可以恰当处理截尾数据，充分利用其提供的信息。

在以上这四种情况中，研究者在进行设计的时候就知道这些数据会发生缺失，因此在设计上它们是可以忽略的。而设计上不可忽略的缺失情况如下。

（1）已知的情况：过程性因素导致的缺失。比如数据录入错误，无效编码（用户定义缺失值）；数据公开受限；没有完成问卷；被试选取失误（生病等）；等等。

（2）未知的情况：直接由被试方面的原因所致。比如被试拒绝回答某些题目（如收入、有争议的话题等敏感问题），被试没有足够的知识回答问题，等等。

在检查数据的缺失类型后，就有两种可能：对于可忽略的缺失数据（设计上），要采取专门的技术，如推断统计的技术、事件史分析等；对于不可忽略的缺失数据，则要进入下一步——检查数据的缺失程度。

（二）检查数据的缺失程度

检查数据的缺失程度就是要了解数据的缺失比例是否足够高，是否需要进行处理，或者数据缺失比例是否足够低，低到可以忽略，即使是非随机缺失也不会影响结果。也就是说，根据缺失比例判断后面要不要选择缺失处理的方法。主要从三个方面评估数据的缺失程度：

（1）每个个案（case）在所有变量上的缺失比例。

（2）在每个变量上缺失数据的个案比例。

（3）在所有变量上都没有缺失的个案比例。

表 1-1 举了一个假设的缺失数据的例子，分别统计了个案和变量的缺失比例，以及总的缺失比例。其中，在所有变量上都没有缺失的个案有 2 个，占 40%。

表 1-1 一个假设的缺失数据的例子

个案编号	V_1	V_2	V_3	V_4	个案缺失情况	
					个数	比例（%）
1	5	3	4	1	0	0
2	1		2	3	1	25
3		2		4	2	50
4	3	3	4	2	0	0
5		1	3	5	1	25
变量缺失情况					总的缺失情况	
个数	2	1	1	0	个数	4
比例（%）	40	20	20	0	比例（%）	20

在统计上，对于缺失比例多少算是足够低并没有一个确切的答案，但是有一些经验可供参考。

（1）缺失比例低于 10%，通常使用任何一种缺失数据的处理方法，差异可能都不大，但这不包括非随机缺失的情况（即由变量本身或其他未知变量引起的缺失，后文有详细介绍）。例如，集中在特定问题上的缺失、问卷中后面问题没有答完所致的缺失等。如果不用值替换缺失数据，而是直接删除所有有缺失的个案，则对于选定的分析方法，必须剩下足够多的完全无缺失的个案。

（2）为了降低数据的缺失比例，进行第三步（诊断）之前，可以对有过多缺失的变量或个案进行简单的处理——删除。缺失比例 15%以上的变量可以考虑删除，但对于缺失比例更高（20%～30%）的变量，通常会进行补救，即选择合适的插补方法对缺失值进行插补。在删除变量或个案时要注意以下几点：

1）要确保在删除一个变量或个案后，总体上数据的缺失比例会明显减小。

2）通常会删除因变量有缺失的个案，避免高估因变量与自变量之间的关系。

3）删除一个变量时，确保数据中有可替代的变量，替代变量与被删变量具有高相关。

4）考虑对删除前后的数据同时进行分析，看其分析结果是否存在明显差异。

（三）诊断数据的缺失机制

常见的数据缺失机制有以下三种：完全随机缺失（missing completely at random，MCAR）、随机缺失（missing at random，MAR）和非随机缺失（missing not at random，MNAR）。

（1）完全随机缺失：缺失现象完全是随机发生的，变量 Y 的缺失值是所有 Y 值的随机样本，缺失不依赖于 Y 本身，也不依赖于其他变量，此时缺失数据的分布是不可预测的。在数据有缺失的情况下，这是最好的一种情形，无须担心任何估计偏差，可以直接删除，也可以使用均值替换等插补方法。但是，符合完全随机缺失的情况比较少见。

（2）随机缺失：变量 Y 的缺失值依赖于数据集中的其他变量 X，但不依赖于 Y 本身，缺失数据可以由数据集中的其他变量预测。比如，在家庭月收入变量上的缺失，男性缺失比例较女性大，但与收入高低本身无关。这种情况更加常见，也更严重，可能导致分析结论发生偏差。在后面的插补中随机缺失是比较容易处理的一种缺失，可以使用基于模型的方法进行插补。

（3）非随机缺失：变量 Y 的缺失值依赖于 Y 本身，或其他未知变量。比如，低收入者的月收入更容易缺失。非随机缺失是最糟糕的一种情形，通常被认为是统计上不可忽略的缺失机制。

对于完全随机缺失的诊断方法有：

（1）对单个变量 Y 的检验。即将 Y 变量上有缺失值的个案分为一组，没有缺失值的个案分为另一组，再使用独立样本 t 检验比较其他变量的值在这两组上是否差异显著。若差异显著，表明缺失机制不是完全随机缺失；若差异不显著，表明不能推翻缺失机制是完全随机缺失的假设。

（2）随机性的整体检验。如使用 Little's MCAR 检验（Little & Rubin，2002），若检验结果显著，则表明缺失机制不是完全随机缺失。这在 SPSS 软件中可以轻易实现，见后文应用案例。

需要注意的是，上述检验方法都只能证明完全随机缺失假设不成立（拒绝零假设），而不是证明其成立（接受零假设），因此在对缺失机制做诊断时一定要相当谨慎，不可妄下结论。

（四）选择插补方法

在诊断数据的缺失机制后，如果缺失机制是完全随机缺失（MCAR），根据是否用别的值替换缺失数据，处理方法可以分为只使用有效数据进行分析和使用替换值进行插补。

1. 只使用有效数据进行分析

只使用有效数据进行分析的前提是缺失机制是完全随机缺失，并且有效数据具有代表性。根据只用有完整数据的观测，还是使用所有可用的有效数据，处理方法又可分为成列删除和成对删除。

（1）成列删除（listwise）指删除包含缺失值的完整个案，它的局限性是样本量大大减小。

（2）成对删除（pairwise）指使用所有可能获得的有效数据。如表 1－1 所示，计算变量均值时，V_2使用个案 1、3、4、5 的值来计算，而V_3使用个案 1、2、4、5 的值来计算；计算变量V_2和V_3的相关时，则使用个案 1、4、5 的值来计算。成对删除的一个局限性是，由于计算数据集中变量间两两相关时，每次用到的个案都可能不一样，计算得到的相关可能是超出范围的，与相关矩阵中的其他相关不一致。如果数据是完整的，那么变量 X、Y、Z 之间的相关关系应满足式（1－2），但如果使用成对删除方法，就可能无法满足这个公式。另一个局限性是，用成对删除方法构建的协方差或相关矩阵可能不正定。

$$r_{XY}=r_{XZ}r_{YZ}\pm\sqrt{(1-r_{XZ}^2)(1-r_{YZ}^2)} \tag{1-2}$$

2. 使用替换值进行插补

使用替换值进行插补时，可以使用已知的值直接替换，也可以从有效数据中计算出插补值。使用已知值作为替换值的方法有热卡或冷卡插补（hot or cold deck imputation）和个案替代（case substitution）。

（1）热卡插补（又称就近补齐）指对一个有缺失的个案，在当前数据集中找到一个与之最相似的对象，用该相似对象的值进行填充。

（2）冷卡插补指从外部资料中找到一个与之最相似的对象，从而得到插补值。

（3）个案替代指对有缺失的观测，用另一个不在样本中的观测进行整体替换。

但在心理学研究中，这三种方法很少使用，因为很难找到有充足说服力的已知值来补充缺失值。心理学研究中较多采用的插补方法是使用现有数据集中的统计指标来计算替换值进行插补，常用的方法有均值替换和回归插补。

（1）均值替换，顾名思义即使用变量的均值替换该变量中的缺失值。如表 1－1 中，变量V_1在第 5 个个案上的缺失可以使用均值插补，即 $\text{Mean}(V_1)=(5+1+3)/3=3$。均值替换的缺陷是可能低估该填补变量的方差，扭曲实际的变量值分布，以及减弱变量间的相关。

（2）在回归插补中，使用其他连续变量为自变量、存在缺失值的变量为因变量建立回归方程，建立回归方程后，插补方法又分为单一插补（使用回归方程在缺失值上的预测值对缺失进行插补）和多重插补（在回归预测值的分布上找多个点进行插补）。如表 1－1 所示，若要对变量V_1的缺失值进行插补，则要建立如下回归方程：$V_1=b_0+b_1V_2+b_2V_3+b_3V_3+b_4V_4+E$。回归插补的局限性是：可能增强变量间的关系；除非估计值中加入随机项，否则会低估变量方差；假定有缺失的变量与其他变量间存在一定程度的相关；为了保证模型估计结果的稳定性，样本量必须足够大才可以使用；预测值可能不在有效范围内，需要进行额外的调整（Little & Rubin，2002）。

如果数据的缺失机制是随机缺失（MAR），一般使用专门设计的基于模型的方法，如极大似然估计插补（Dempster et al.，1977）、多重插补、贝叶斯插补（Gelman et al.，2013，pp. 449－467）等进行插补，或者直接将缺失数据作为分析的一部分加入模型。

如果数据的缺失机制是非随机缺失（MNAR），处理起来是最难的，根本没有办法得到可以验证的假设。只能使用基于模型的方法，如基于选择模型的方法（Heckman，1979；Diggle & Kenward，1994）、基于模式混合模型的方法（Little，1993；Hedeker & Gibbons，1997），这些处理方法目前被大量运用到追踪数据的处理中。

数据插补方法总结如表 1－2 所示，这些插补方法应该和数据缺失程度结合起来选用，如表 1－3 所示。

表 1－2　数据插补方法总结

插补方法	优点	缺点	最好在什么时候使用
只使用有效数据进行分析（MCAR）			
成列删除	· 操作最简单 · 是很多统计软件的默认选项	· 最容易受非随机过程影响 · 样本量大大减小 · 统计检验力降低	· 样本量大 · 变量之间有很强的关联 · 数据缺失程度较低
成对删除	· 能最大化利用有效数据 · 不用替换缺失值的情况下，可得到最大样本量	· 每一次分析时的样本量都不同 · 相关和特征根的值会超出范围	· 数据缺失程度相对较低 · 变量之间有适度的关联
使用已知值替换缺失值的插补（MCAR）			
个案替代	· 能提供真实的替换值而非计算得到的值	· 必须有不在原始样本中的其他个案 · 必须定义一个相似性测量标准以确定用于替换的个案	· 能找到另外的个案 · 能定义合适的替换个案
热卡或冷卡插补	· 能使用最相似个案的真实值或最好的已知值替换缺失数据	· 必须定义适度相似的个案或者合适的外部值	· 用于替换的值已知 · 缺失数据过程指明了基于哪个变量判断个案之间的相似性
使用计算值替换缺失值的插补（MCAR）			
均值替换	· 容易操作 · 能给所有的个案提供完整的信息	· 分布方差减小 · 数据分布扭曲 · 变量间的相关减弱	· 数据缺失程度较低 · 变量间关系较强
回归插补	· 能利用变量间真实存在的关系 · 基于一个观测在其他变量上的值进行计算 · 每个有缺失的变量，都可以用一组不同的预测变量来代替	· 已有的关系增强，结果的泛化性降低 · 变量间必须存在足够强的关联，以得到有效的预测值 · 除非估计值中加入了随机项，否则会低估变量方差 · 预测值可能超出有效范围	· 数据缺失程度中等到较高 · 变量间有足够强的关系，以不影响泛化性 · 具有可用的软件

续表

插补方法	优点	缺点	最好在什么时候使用
基于模型的方法的插补			
极大似然估计插补、多重插补、贝叶斯插补等	· 同时适用于随机和非随机缺失的情况 · 能最好地代表变量值的原始分布，偏差最小	· 模型设定复杂 · 需要专门的软件	· 数据缺失机制为随机缺失或非随机缺失 · 数据缺失程度高，要求偏差最小，确保结果的泛化性

表 1-3　数据缺失程度与处理方式

数据缺失程度	处理方式
10%以下	可以使用任何插补方法
10%～20%	· 完全随机缺失——可以使用传统的插补方法，但使用极大似然估计插补和多重插补更好 · 随机缺失——使用基于模型的方法：极大似然估计插补和多重插补
超过 20%	缺失超过 20%时，如果必须插补缺失数据，较好的方法是： · 完全随机缺失——回归插补，或极大似然估计插补和多重插补 · 随机缺失——使用基于模型的方法：极大似然估计插补和多重插补

第四节　多元分析前提假设条件的检验

各种统计方法都蕴含着一定的前提条件，在使用分析方法之前需要对这些前提假设条件进行检验。最常见的前提假设包括数据是连续的且服从正态分布、方差齐性、变量之间满足线性关系以及对不同个体的观测之间具有误差独立性。下面分别对这四种常见的前提假设的检验方法进行介绍。

一、正态性

正态性是在各种参数方法中对于变量首先提出的假设。在基础统计中，方差分析中使用的 F 检验和均值差异检验中使用的 t 检验都要求因变量连续且服从正态分布。在一元统计中，要求单个变量服从正态分布，又称为一元正态；而在多元统计中，由于涉及同时分析多个变量，就有多元正态分布的假设。多元正态和一元正态的关系见图 1-5：如果一组变量联合起来服从多元正态分布，那么其中每个变量一定都服从一元正态分布，所有的变量子集也都服从多元正态分布，所有可能的线性组合也都服从一元正态分布；但是，每个变量都服从一元正态分布，并不一定能保证这些变量联合起来服从多元正态分布。

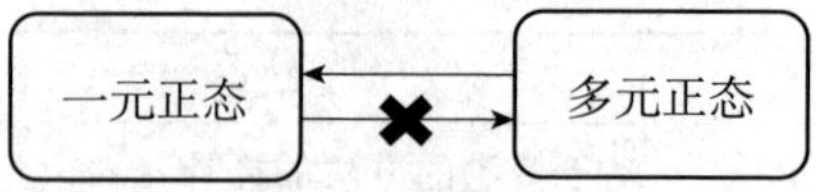

图 1-5　多元正态和一元正态的关系

单个变量的分布一般分为正态、正偏态和负偏态，见图 1-6。一个连续变量的分布形态可以通过峰度（kurtosis）和偏度（skewness）进行描述：变量服从正态分布时，峰度和偏度都等于 0；偏态分布的偏度不等于 0——显著大于 0 为正偏态，显著小于 0 为负偏态；高峰或者低峰分布的峰度不等于 0——显著大于 0 时为尖峰，显著小于 0 时分布较为平坦（见图 1-7）。峰度和偏度系数可以帮助我们判断一个单变量是否服从正态分布。但是，正态分布的假设在一定情况下是具有稳健性的。也就是说，对于正态分布的系数检验结果要和样本量结合起来看：在小样本（$n \leqslant 30$）中，非正态的影响很严重；但是在大样本（$n \geqslant 200$）中，非正态的影响会降低，即大样本中正态分布的假设被轻微违背，也可以进行接下来的统计分析。

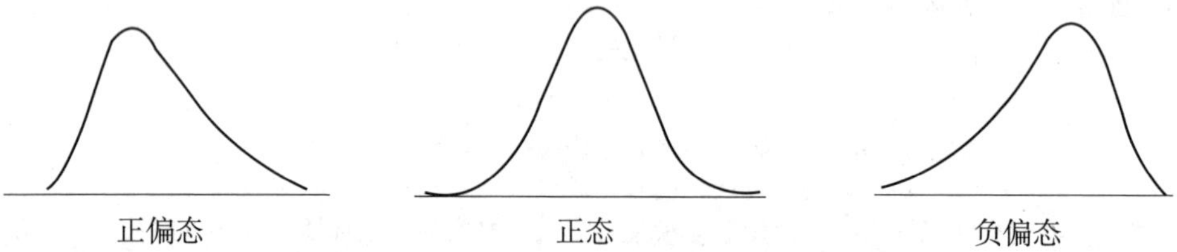

图 1-6　分布的偏度

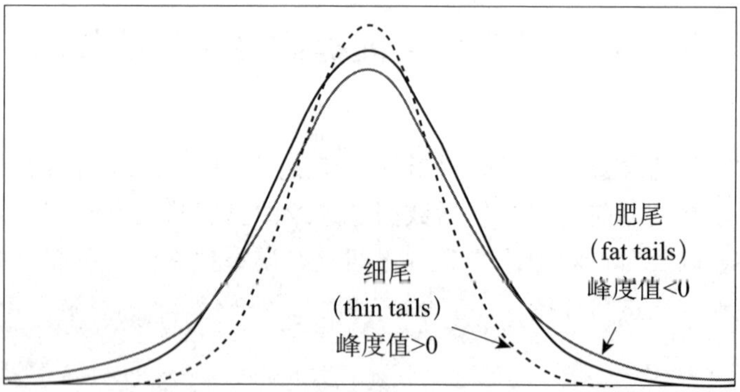

图 1-7　分布的峰度

具体来说，数据正态性的检验方法有图形检验法和统计检验法。

（一）正态性的图形检验——正态概率图

正态概率图是将真实数据的累积分布与正态数据的累积分布（直的对角线）对比所画的图。正态分布的正态概率图如图 1-8 所示，可以通过观测数据（图中为实线）是否落在正态概率图的 45°倾斜直线（虚线）上，判断变量是否服从正态分布；还可以通过数据在正态概率图上的形态判断原始数据的形态，如图 1-9 所示。

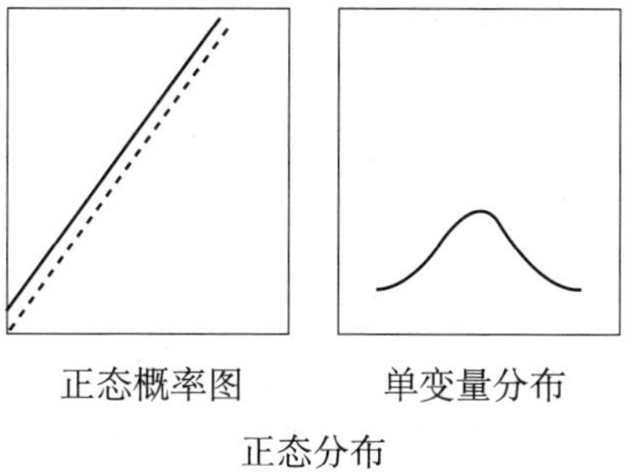

图 1-8　正态分布的正态概率图

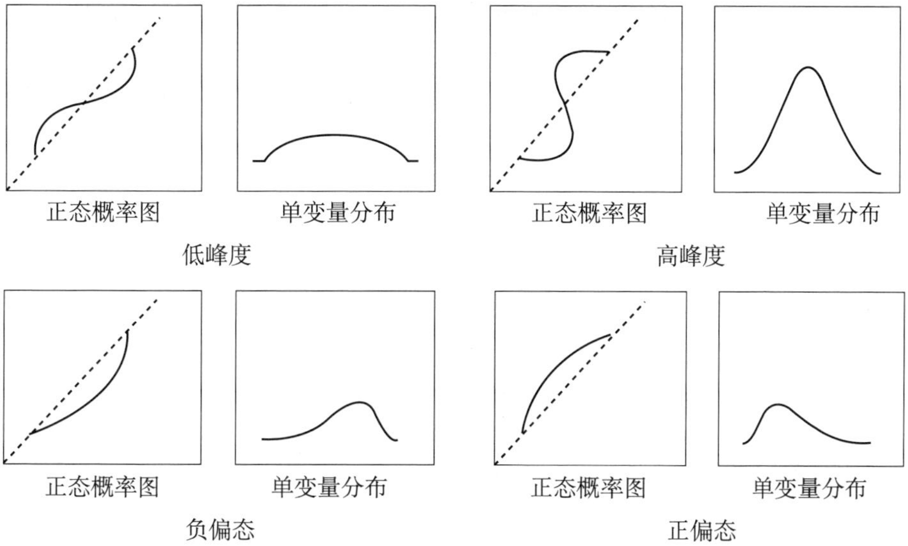

图 1-9　偏态分布的正态概率图

（二）正态性的统计检验

1. 基于偏度和峰度值

可以根据偏度和峰度统计量构造显著性检验，检验分布的偏度和峰度是否等于 0。通过式（1-3）和式（1-4）可以近似地计算偏度和峰度的显著性检验统计量 z 值。

偏度的显著性检验统计量 z 值的计算公式如下：

$$z_{偏度}=\frac{偏度-0}{\sqrt{\frac{6}{n}}} \tag{1-3}$$

峰度的显著性检验统计量 z 值的计算公式如下：

$$z_{峰度}=\frac{峰度-0}{\sqrt{\frac{24}{n}}} \tag{1-4}$$

一般来说，若计算出的偏度或峰度的 z 值的绝对值大于 1.96，则说明分布是非正态的：若偏度显著大于 0，表明分布呈正偏态，反之，表明分布呈负偏态；若峰度显著大于 0，则表明分布形态尖而高耸，若峰度显著小于 0，则表明分布形态较为扁平。但在实际应用中，峰度和偏度值的 z 检验容易受样本量的影响，即样本量大时特别容易拒绝零假设。因此在经验上，即使零假设被拒绝（即 z 值的绝对值大于 1.96），若偏度和峰度绝对值较小，分布也可近似为正态的。

2. Shapiro-Wilk 和 Kolmogorov-Smirnov 检验

在很多统计软件中，还有正态分布的 Shapiro-Wilk（S-W）和 Kolmogorov-Smirnov（K-S）检验，它们的零假设是变量服从正态分布。如果检验结果是显著的，则要拒绝零假设，即变量不服从正态分布，再结合偏度、峰度和正态概率图来判断该分布是如何违背正态分布的。

需要注意的是，显著性检验在小样本（$n \leqslant 30$）中由于检验力不足，即便是偏态分布也可能无法检验出来；但在很大的样本（$n > 1\ 000$）中又很敏感，即便有很小的峰度或偏度值也会拒绝正态分布的零假设，而从直方图或者正态概率图直观地看，分布仍然非常接近正态分布。因此在检验时需要结合样本量、图形检验，以及峰度或者偏度取值的大小来综合考虑。

二、方差齐性

在方差分析中，方差齐性指不同组的方差是相等的。对于连续变量，方差齐性指在变量的取值范围内，因变量的方差保持恒定。如图 1－10 所示，图（a）展示了方差齐性的情况；而图（b）中，V_3 的方差随着 V_1 值的变化而变化，在 V_1 取值小的时候方差较大，在 V_1 取值大的时候方差较小，所以 V_3 在 V_1 上方差不齐。

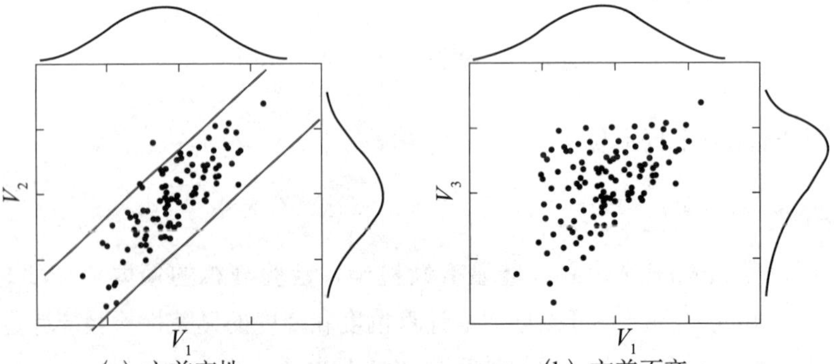

（a）方差齐性　　（b）方差不齐

图 1－10　方差齐性状况示例

方差齐性的检验也有图形检验和统计检验两种。

（一）方差齐性的图形检验

可以通过回归分析中的残差分析画回归残差图来判断方差是否齐性，也可以通过 SPSS 中的盒式图（箱线图）来判断。

如图 1－11 所示，左边是男生成绩分布的情况，右边是女生成绩分布的情况，盒式图提示不同性别组的分数的离散程度不同（女生组分数的离散程度明显大于男生组），因此分数在性别上可能不满足方差齐性。

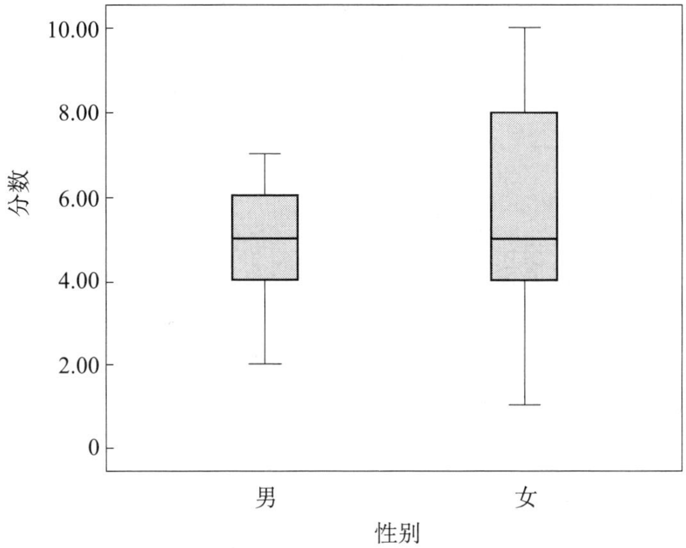

图 1-11 利用盒式图判断方差是否齐性

方差齐性还可以用残差分布图来检验。方差齐性意味着残差的分布在所有预测值上的宽度大致相等，如图 1-12（a）所示；典型的方差不齐是残差分布在更大的预测值上变得更宽的情况，如图 1-12（b）所示，预测的误差随着预测值大小的增加而增加。当在预测值周围的残差分布最宽处的残差标准差是最窄处的 3 倍时，就会发生严重的方差不齐（Fox，1991）。

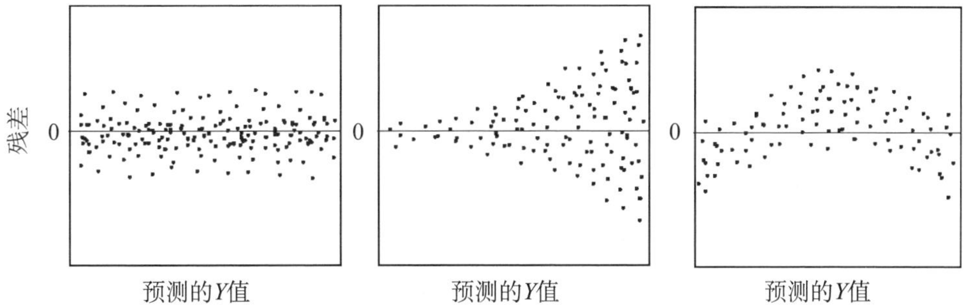

（a）正常的残差图　（b）方差不齐　（c）非线性

图 1-12 利用回归分析残差分布图判断方差齐性和变量间的线性关系

（二）方差齐性的统计检验

除了统计图外，还有一系列的统计指标可以用来检验方差是否齐性（Levene，1960）。SPSS 中的 Levene's Test 可以用来检验单个连续变量在各组间的方差是否相同，它在单因素方差分析中常被用来检验方差是否齐性（后文中有应用案例）。另一种检验方法是 Box's *M* 检验（Box，1949），它用于检验两个或多个连续变量在各组间是否具有相同的协方差矩阵。换言之，Box's *M* 检验不仅检验各组的方差是否相等，还检验组间的协方差是否相等。在 SPSS 中，Box's *M* 检验常用于多元方差分析中，以检验方差-协方差矩阵齐性的假设。

需要注意的是，虽然 Levene's Test 和 Box's M 检验在实践中广泛使用，但它们对样本量和数据分布的假设都比较敏感。因此，在使用这些检验方法时，我们还需要结合其他诊断方法（如残差图等），综合判断数据是否满足方差齐性的假设。

三、线性

在心理学研究中，经常要探讨变量间的相关关系。相关系数是经常用来度量变量间相关关系的统计指标，而使用相关系数的前提条件是变量之间具有线性关系。因此，在分析之前首先要识别变量间是否存在线性关系。识别方法如下：

（1）可以画散点图，看散点是否落在一个椭圆里面。

（2）也可以通过回归分析中的残差分析来判断变量之间是否满足线性关系，图 1 - 12 是常见的回归分析残差分布图，图（a）是线性情况——残差在 0 的上下几乎均匀分布，图（c）是非线性的情况——残差在 0 附近是非均匀分布的。

（3）还可以分别使用线性的和非线性的模型拟合数据，比较两个模型的拟合指数之间是否存在差异，从而判断是否存在非线性的情况。

四、误差独立性

违背误差独立性假设导致的后果最严重。一旦数据不满足误差独立性，就可能给后面的分析方法带来很大的偏差。要识别误差是否存在相关，要关注如下方面。

（一）数据收集过程

首先需要关注数据收集过程中是否用到了随机抽样，以及在数据收集过程中会不会受到其他变量的影响，如果会受到其他变量的影响，就要将遗漏的因子加入分析。例如，假设治疗某病症的某药物对男性有用，而对女性作用很小，则在估计该药物对病症的疗效时，对男性和女性分别进行分析与直接对整个样本进行分析，结果将会是不同的。

（二）时间序列数据

另外可能导致误差不独立的情况是收集数据的过程中有时间的先后，即收集的是时间序列数据，或心理学研究中的追踪数据。一个人被重复测量多次，可能会产生顺序（时间）效应——如先接受访谈的个体在反应上有更大的变异性，因为主试还没有经验。这样就会产生变量的自相关，它会导致线性回归分析出现严重的偏误。对于这种数据类型，需要使用能够处理误差之间相关的分析方法，如专门的时间序列分析方法。对于这种序列相关（自相关），识别方法有如下两种。

（1）通过对个案顺序进行残差分析——X 为个案的顺序，Y 为相应个案的残差——判断是否满足误差独立性。

（2）Durbin-Watson（D-W）检验也是经常用来检验误差独立性的方法，其零假设为不存在自相关，统计量的计算公式见式（1－5）（Durbin & Watson，1971）。D-W检验的基本思想是：如果存在正相关，那么相邻的残差值彼此之间应该比较接近，式（1－5）中分子就会比较小，因而 D 值也较小；如果存在负相关，那么相邻的残差值彼此之间相距应该比较远，因而 D 值也较大。

$$D=\frac{\sum_{t=2}^{n}(e_t-e_{t-1})^2}{\sum_{t=1}^{n}e_t^2} \tag{1-5}$$

D 的取值范围是 0～4，可以根据 D 的取值对误差独立性做一个粗略的判断：

- $1.6 \leqslant D \leqslant 2.4$，不能证明存在自相关，且 D 值越接近 2，残差项间相关越弱。
- $D<1.6$，存在正的自相关，且 D 值越接近 0，残差项间正相关越强。
- $D>2.4$，存在负的自相关，且 D 值越接近 4，残差项间负相关越强。

五、数据转换

在前几部分中介绍了在做数据分析之前往往要检验各种各样的假设条件，这些假设条件有可能满足，也可能不满足。如果数据违背了多元分析假设，那么可以使用数据转换对变量进行校正，尽可能解决异常值及非正态、非线性、方差不齐等问题。通过数据的转换，可以把原来非线性的关系转换成线性的关系，从而简化变量间的关系。但是，转换后数据的尺度和含义都会发生变化，如果转换后的数据不好解释，那么最好不要使用数据转换。常用的数据转换方式有如下几种。

（1）对于非正态的数据，根据分布形态的不同可使用不同的转换方法。例如：

- 对于平坦分布，做倒数转换。
- 对于正偏态分布，做平方根或对数转换。
- 对于负偏态分布，做平方或立方转换。

（2）对于方差不齐的数据，很多情况下会与非正态的问题同时解决，比如使用倒数、平方根等转换。

（3）对于非线性的数据，视具体情况而定。如图1－13所示，如果数据满足图（a）的关系，则使用平方转换；如果数据满足图（c）的关系，则可以使用取对数、求导数、求平方根等转换方式。这一系列转换的目的，都是使数据更加满足多元分析的前提假设，使变量间的关系更加接近于线性关系。

对于数据的转换还要注意以下问题。

（1）首先要判断数据转换可能产生的影响，可以通过计算变量的均值与其标准差的比值来判断——如果比值小于4，转换就会产生明显的影响。当两个变量都可以进行转换时，应该选择比值更小的那个变量。

（2）除了方差不齐的情况，通常应该对自变量使用数据转换。

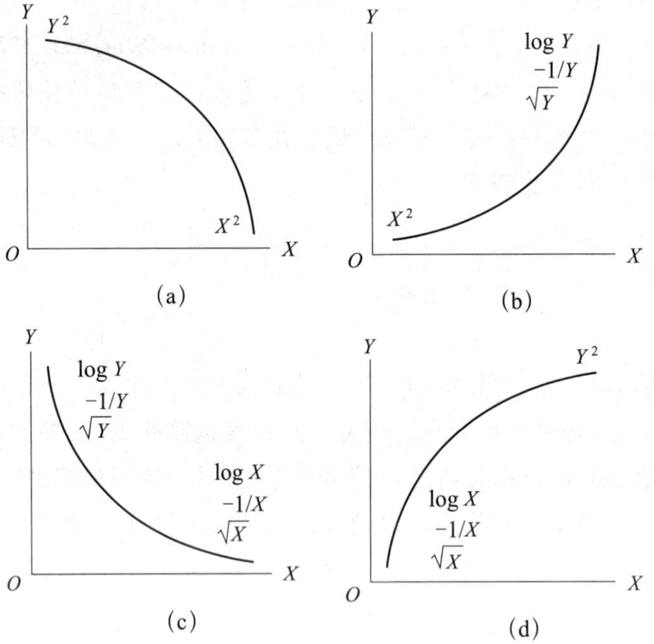

图 1-13　常用的数据转换方式

（3）在一个依存关系中，方差不齐只能通过转换因变量来补救。如果变量的方差不齐，同时相互间的关系还是非线性的，那么可能因变量和自变量必须同时进行转换。

（4）转换可能改变对变量的解释，在实际应用中一定要仔细斟酌对转换变量的解释。

（5）当描述或解释结果时，建议用变量的原始形式（未转换的形式）对变量特征进行说明。

数据转换用于违背多元分析假设时，对变量进行校正，从而简化变量之间的关系。在做数据转换时，没有固定的转换方法，也没有固定的转换次数，数据可能转换一次就满足了多元分析假设，也可能要通过多次转换才能满足。

第五节　数据清理与整理应用案例

一、异常值检测

本部分所举的例子来自对某公司产品质量的评定。评定问卷一共有 10 道题目：x1～x3 为离散变量，x4～x10 为连续变量，其中 x10 为因变量。共有 100 名顾客填写了该问卷。数据参见文件“1_1 data. sav”，异常值检测部分的 SPSS 语句参见文件“1_2 异常值检测语句 . sps”。[①]

---

① 本部分及后面各章相应部分的案例数据文件均请登录中国人民大学出版社网站 www. crup. com. cn，搜索本书书名进行下载。

（一）单变量异常值的检测

可以通过盒式图识别连续单变量异常值。具体做法是：在 SPSS 中点击 Graphs → Legacy Dialogs → Boxplot... → Simple → Summaries of separate variables，点击“Define”，然后将连续变量 x4～x10 选入“Boxes Represent”框中，将 id 添加到“Label Cases by”框中，点击“OK”。

结果见图 1-14，从中可以直观地看出 x4 上的异常值较多，在 x5 上的异常值个案 id 为 83，在 x7 上的异常值个案 id 为 14 和 15，等等。

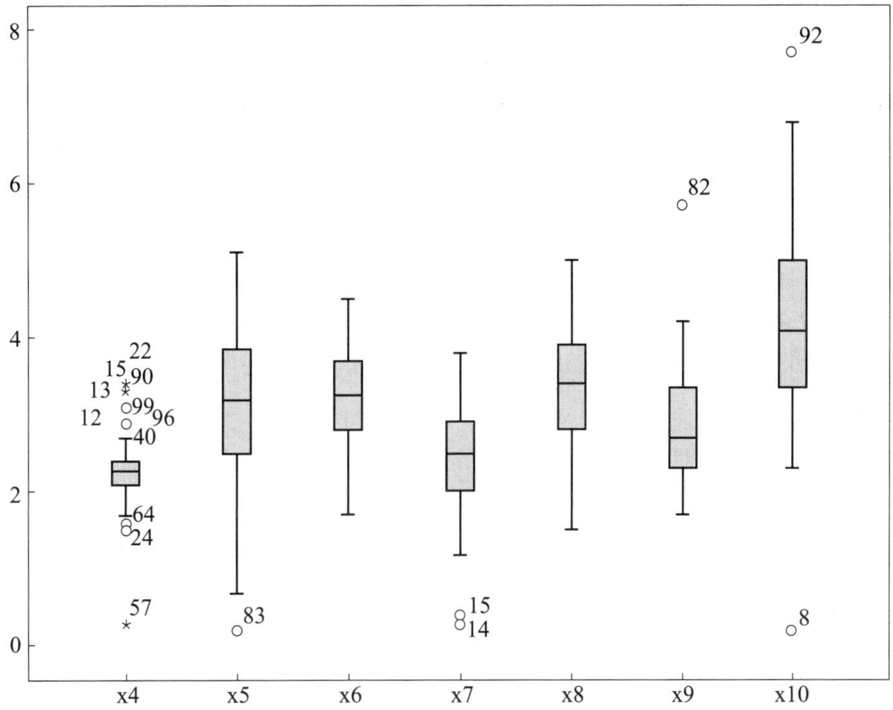

图 1-14　用盒式图检测单变量异常值

还可以通过将变量标准化的方法，寻找单变量异常值。具体做法是：在 SPSS 中选择 Analyze → Descriptive Statistics → Descriptives...，然后将连续变量 x4～x10 选入变量框，之后选中对话框下方的“Save standardized values as variables”，点击“OK”。

变量 x4～x10 的标准分数会以新变量 Zx4～Zx10 添加到原来的数据集中。依次对 Zx4～Zx10 排序，将标准分数超过±2.5 的个案 id 进行归纳（见表 1-4），记为单变量异常值，其中个案 15 在两个变量上都有异常值。

表 1-4　单变量异常值检测结果

变量	标准分数超过±2.5 的个案个数	id
x4	3	15，22，57
x5	2	83，87
x6	0	

续表

变量	标准分数超过±2.5 的个案个数	id
x7	2	14，15
x8	1	7
x9	1	82
x10	2	8，92

（二）双变量异常值的检测

双变量异常值可以通过以下方法检测：对连续变量两两之间绘制散点图，并在散点图上绘制二元置信椭圆，落在置信椭圆之外的个案就是二元异常值。这一绘图操作在 SPSS 中较难完成，需要借助其他统计软件，如 R①、SAS② 等软件。这里简单介绍如何使用 R 绘制因变量 x10 与各个连续自变量之间的双变量散点图及其置信椭圆，这需要读者具备一定的 R 语言基础。本例将使用 R 的 car 程序包③中的 dataEllipse 函数。为方便读入数据，首先在 SPSS 中将数据文件另存为 . csv（逗号分隔符）文件格式（参见文件“1_7. csv”）。之后安装并加载 car 程序包，使用以下语句画图（也可参见文件“1_3 双变量异常值画图语句 . R”）：

```
library(car)
data<-read.csv('1_7.csv') #注意需要将数据文件放在工作目录下
dataEllipse(data$x10, data$x4, levels=0.95, xlim=c(0, 8), ylim=c(0, 4), xlab='x10', ylab='x4')
dataEllipse(data$x10, data$x5, levels=0.95, xlim=c(0, 8), ylim=c(0, 6), xlab='x10', ylab='x5')
dataEllipse(data$x10, data$x6, levels=0.95, xlim=c(0, 8), ylim=c(1, 5), xlab='x10', ylab='x6')
dataEllipse(data$x10, data$x7, levels=0.95, xlim=c(0, 8), ylim=c(0, 5), xlab='x10', ylab='x7')
dataEllipse(data$x10, data$x8, levels=0.95, xlim=c(0, 8), ylim=c(1, 6), xlab='x10', ylab='x8')
dataEllipse(data$x10, data$x9, levels=0.95, xlim=c(0, 8), ylim=c(1, 6), xlab='x10', ylab='x9')
```

① R 是一种用于统计计算和图形显示的编程语言和环境。它提供了广泛的统计技术（如线性和非线性建模、传统的统计检验、时间序列分析、分类、聚类等）和绘图功能。R 是免费且开源的软件，可在各种平台上运行。详见 https：//www. r-project. org/。

② SAS（Statistical Analysis System）是一个用于高级分析、多元分析、商业智能、数据管理和可预测分析的软件套装。它广泛应用于各行各业，如医疗保健、政府、银行、教育等。SAS 提供了多种统计分析功能，具备强大的数据处理能力。详见 https：//www. sas. com/。

③ car 程序包是 R 语言的一个扩展包，主要用于回归分析。它提供了多种函数，如回归诊断、变量变换、交互效应图、部分残差图等，可以帮助用户更好地理解和评估回归模型。此外，car 程序包还包含一些用于绘图的实用函数，如 dataEllipse() 等。详见 https：//cran. r-project. org/web/packages/car/index. html。

变量 x4 与因变量 x10 之间、变量 x5 与因变量 x10 之间的散点图及置信椭圆如图 1－15 所示。变量 x4～x9 与因变量 x10 之间的双变量异常值检测结果可以归纳为表 1－5，其中个案 8 在 6 个散点图中都是异常的，这可能因为它是因变量上的异常值。

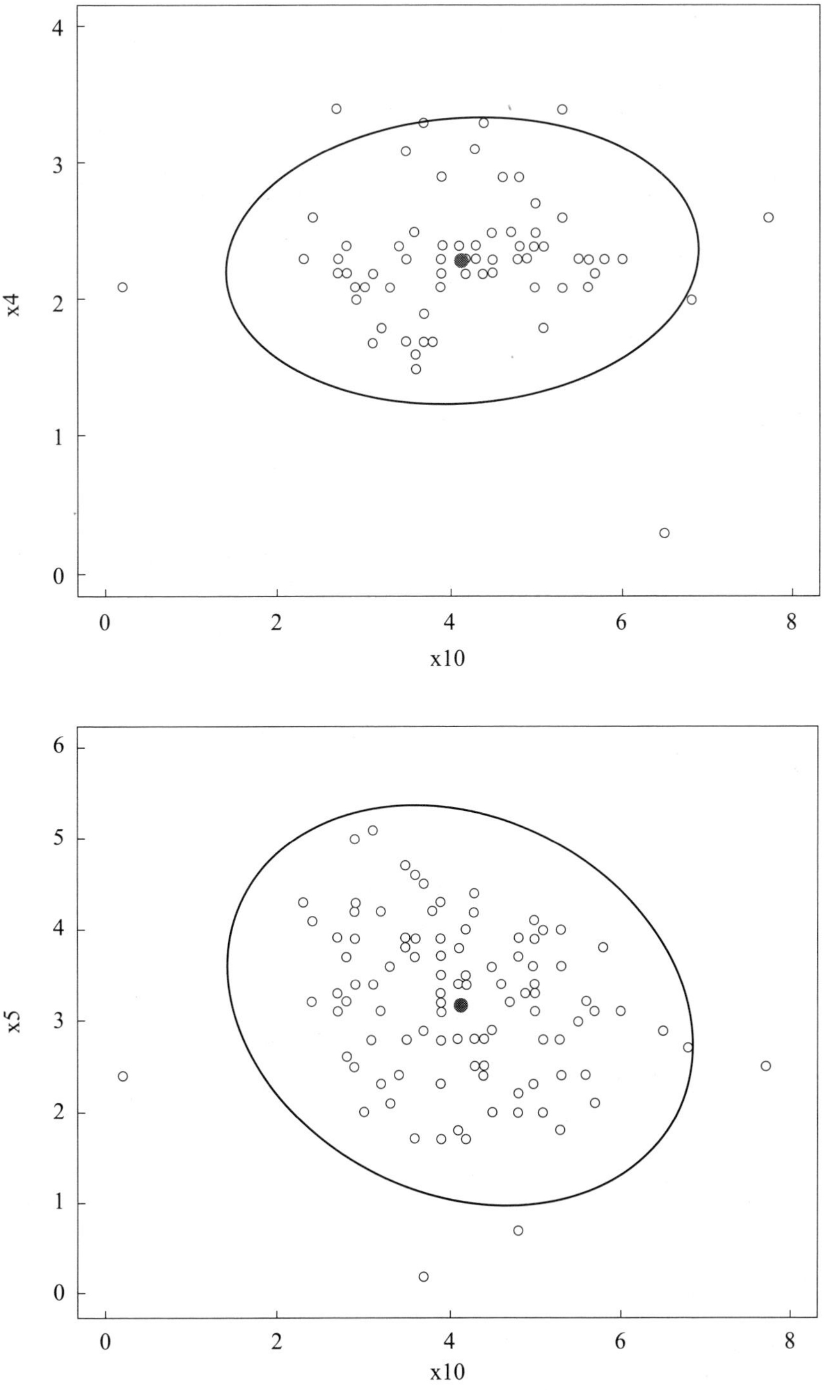

图 1－15　双变量异常值检测图示

表 1－5　双变量异常值检测结果

x10 with	Numbers	id
x4	6	8，15，22，57，92，100
x5	4	8，83，87，92
x6	4	7，8，92，97
x7	5	8，14，15，92，100
x8	4	8，15，92，100
x9	3	8，82，92

（三）多变量异常值的检测

下面介绍在 SPSS 中使用马氏距离进行多变量异常值检测的操作。在 SPSS 中选择 Analyze → Regression → Linear...。然后将变量 x10 选入“Dependent”框中，将变量 x4～x9 选入“Independent（s）”框中，再点击“Save...”，在弹出的对话框中，选中“Distances”下的马氏距离“Mahalanobis”，点击 Continue → OK。此时在数据集中会加入新变量“MAH_1”。

接下来，计算 t 统计量的值，判断 D^2 是否显著。具体的操作是：在 SPSS 中选择 Transform → Compute Variable，在“Target Variable”框中输入 MAH_df，在“Numeric Expression”中输入公式 MAH_1/6，点击“OK”，注意这里将马氏距离除以 6，是因为自由度为 6。对新增的变量 MAH_df 排序，查找可能的异常值，结果归纳如表 1－6 所示。

表 1－6　D^2/df 大于 2.5 的个案（df=6）

id	D^2	D^2/df
82	51.263 49	8.54
57	29.315 65	4.89
15	26.711 69	4.45
14	15.076 83	2.51

最后，将单变量、双变量、多变量异常值的检测结果整理为表 1－7。没有任何个案在足够多的变量上有异常值，因此无法表明任何观测个案不属于目标总体，不应该删除任何个案。

表 1－7　单变量、双变量、多变量异常值检测结果

单变量异常值		双变量异常值		多变量异常值		
标准分数超过±2.5 的个案		在 95%置信椭圆范围之外的个案		D^2/df 大于 2.5 的个案（df=6）		
		x10 with		Case	D^2	D^2/df
x4	15，22，57	x4	8，15，22，57，92，100	82	51.26	8.54
x5	83，87	x5	8，83，87，92	57	29.32	4.89
x6	无个案	x6	7，8，92，97	15	26.71	4.45

续表

单变量异常值		双变量异常值		多变量异常值		
标准分数超过±2.5的个案		在95%置信椭圆范围之外的个案		D^2/df大于2.5的个案（df=6）		
			x10 with	Case	D^2	D^2/df
x7	14，15	x7	8，14，15，92，100	14	15.08	2.51
x8	7	x8	8，15，92，100			
x9	82	x9	8，82，92			
x10	8，92					

二、缺失值的检测

缺失值检测所使用的示例数据是前述产品质量评定问卷收集到的含有缺失值的被试作答，被试id从101至170，样本量为70，数据参见文件“1_4 data. sav”，缺失值检测部分的SPSS语句参见文件“1_5 缺失值处理语句 . sps”。根据研究背景，数据中所有的缺失都不是在设计上可以忽略的缺失。

（一）评估数据的缺失程度

首先对个案缺失情况进行统计。用SPSS打开数据以后，在菜单栏中选择Transform → Count Values within Cases，在“Target Variable”框中输入nmiss，将要统计的变量x1～x10都添加到“Numeric Variables”框中，点击“Define Values”，在弹出的对话框中，选择“Value”下的“System-missing”，点击Add → Continue → OK。新增的nmiss变量记录了每个个案的缺失个数。接下来，在菜单栏中选择Analyze → Descriptive Statistics → Frequencies...。然后将nmiss变量选入“Variable（s）”框中，点击“OK”。可以得到每个个案缺失个数的频数统计（见表1-8）。

表1-8　缺失值频数统计

nmiss

		Frequency	Percent	Valid Percent	Cumulative Percent
Valid	.00	22	31.4	31.4	31.4
	1.00	18	25.7	25.7	57.1
	2.00	17	24.3	24.3	81.4
	3.00	8	11.4	11.4	92.9
	4.00	4	5.7	5.7	98.6
	5.00	1	1.4	1.4	100.0
	Total	70	100.0	100.0	

可以看出，有22个个案不包含任何缺失；有18个个案在1个变量上有缺失；有1个个案在5个变量上有缺失，是缺失情况最严重的。

再对各个变量的缺失模式进行分析。在菜单栏中选择Analyze → Missing Value Analysis，将连续变量x4～x10添加到“Quantitative Variables”框中，将分类变量x1～

x3 添加到 “Categorical Variables” 框中，将 id 添加到 “Case Labels” 框中，之后点击 “Patterns”，在弹出的对话框中选中 “Tabulated cases . . . ” 和 “Cases with missing values . . . ”，点击 “Continue”。在 “Missing Value Analysis” 对话框中点击 “Descriptives . . . ”，在弹出的对话框中选中 “Univariate statistics”，点击 Continue → OK。结果见表 1 - 9 至表 1 - 11。

表 1 - 9　单变量缺失值统计

Univariate Statistics

	N	Mean	Std. Deviation	Missing		No. of Extremes[a]	
				Count	Percent	Low	High
x4	51	2.280	.3487	19	27.1	2	2
x5	60	3.298	.9096	10	14.3	1	0
x6	60	3.303	.5696	10	14.3	0	0
x7	63	2.522	.5958	7	10.0	0	0
x8	61	3.436	.6375	9	12.9	0	0
x9	64	2.795	.6430	6	8.6	0	0
x10	63	4.108	.9601	7	10.0	0	0
x1	61			9	12.9		
x2	58			12	17.1		
x3	62			8	11.4		

a. Number of cases outside the range（Q1−1.5 * IQR，Q3+1.5 * IQR）.

从表 1 - 9 可以看出，变量 x4 上的缺失值最多，共有 19 个缺失值，占 27.1%；变量 x9 上的缺失值最少，共有 6 个缺失值，占 8.6%。

表 1 - 10　个案缺失模式

Missing Patterns（cases with missing values）

Case	# Missing	% Missing	Missing and Extreme Value Patterns[a]									
			x9	x7	x3	x10	x8	x5	x2	x6	x1	x4
102	1	10.0									S	
110	1	10.0									S	
149	1	10.0									S	—
164	1	10.0									S	
114	2	20.0							S		S	
120	1	10.0							S			
156	2	20.0	S						S			
119	2	20.0	S	S								
127	2	20.0	S							S		
104	1	10.0								S		

（省略）

续表

Case	# Missing	% Missing	Missing and Extreme Value Patterns[a]									
			x9	x7	x3	x10	x8	x5	x2	x6	x1	x4
117	4	40.0			S	S					S	S
126	4	40.0			S			S			S	S
107	5	50.0				S	S		S	S		S

— indicates an extreme low value, while + indicates an extreme high value. The range used is (Q1－1.5 * IQR, Q3＋1.5 * IQR).

a. Cases and variables are sorted on missing patterns.

表 1-11　变量缺失模式

Tabulated Patterns

Number of Cases	Missing Patterns[a]										Complete if...[b]
	x9	x7	x3	x10	x8	x5	x2	x6	x1	x4	
22											22
4									×		26
1							×		×		28
1							×				23
1	×						×				24
1	×	×									23
1	×							×			24
1								×			23
1								×		×	31
7										×	29
(省略)											
1			×	×					×	×	38
1			×			×			×	×	38
1				×	×		×	×		×	39

a. Variables are sorted on missing patterns.

b. Number of complete cases if variables missing in that pattern (marked with ×) are not used.

由表 1-10 可以看出每个含有缺失的个案在哪几个变量上有缺失，如个案 119 在变量 x7 和 x9 上都有缺失。由表 1-11 可以看出，在全部 70 个个案中，有 22 个个案不包含缺失；有 4 个个案仅在 x1 上存在缺失，在其他变量上不存在缺失；有 1 个个案同时在 x1 和 x2 上存在缺失，但在其他变量上不存在缺失。

(二) 诊断数据的缺失机制

1. 对单个变量的检验

以 x10 为例做单个变量的缺失机制检验：根据变量 x10 的值是否缺失，将所有观测分为 2 组，比较其他变量的值在这两组上均值差异是否显著。具体做法是：在 SPSS 菜单栏中选择 Transform → Recode into Different Variables...，将变量 x10 添加到 "Numeric Variable—>Output Variable" 框中，在 "Output Variable" 下的 "Name" 框中输入 x10_fz，然后点击 Change → Old and New Values...。在弹出的对话框中，首先在 "Old Value" 下选择 "System-missing"，然后在 "New Value" 下的 "Value" 框中输入 1，再点击 "Add"，之后在 "Old Value" 下选择 "All other values"，在 "New Value" 框中输入 2，点击 Add → Continue → OK。此时数据集中新增一列名为 x10_fz 的分组变量，原始变量 x10 中的缺失值在分组变量 x10_fz 中被重新编码为 1，非缺失值被重新编码为 2。

再根据 x10_fz 对其他变量进行 t 检验，具体操作是：点击 Analyze → Compare Means → Independent-Samples T Test...，将连续变量 x4～x9 添加到 "Test Variable (s)" 框中，将 x10_fz 添加到 "Grouping Variable" 框中，然后点击 "Define Groups..."，在弹出的对话框中，"Group 1" 中输入 1，"Group 2" 中输入 2，点击 Continue → OK。

均值差异检验结果见表 1-12。可以看出，x4～x9 在 x10 是否包含缺失的两个组上进行 t 检验差异均不显著，说明不能拒绝 x10 的值的缺失机制是完全随机缺失的零假设。

表 1-12 单变量缺失机制检验结果

Independent Samples Test

		Levene's Test for Equality of Variances		t-test for Equality of Means						
		F	Sig.	t	df	Sig. (2-tailed)	Mean Difference	Std. Error Difference	95% Confidence Interval of the Difference Lower	Upper
x4	Equal variances assumed	.496	.485	.862	49	.393	.1569	.1821	−.2090	.5229
	Equal variances not assumed			.670	3.291	.547	.1569	.2340	−.5520	.8658
x5	Equal variances assumed	.001	.982	1.192	58	.238	.4648	.3900	−.3159	1.2455
	Equal variances not assumed			1.134	6.026	.300	.4648	.4099	−.5370	1.4666
x6	Equal variances assumed	.254	.616	−.768	58	.446	−.1889	.2460	−.6812	.3034
	Equal variances not assumed			−.715	5.972	.501	−.1889	.2641	−.8358	.4580
x7	Equal variances assumed	.024	.877	−.304	61	.762	−.0732	.2406	−.5544	.4079
	Equal variances not assumed			−.312	7.694	.763	−.0732	.2345	−.6177	.4713
x8	Equal variances assumed	2.218	.142	−.764	59	.448	−.2526	.3309	−.9147	.4094
	Equal variances not assumed			−1.226	4.399	.282	−.2526	.2060	−.8047	.2994
x9	Equal variances assumed	.008	.929	−1.254	62	.215	−.3443	.2745	−.8930	.2045
	Equal variances not assumed			−1.116	5.807	.308	−.3443	.3085	−1.1052	.4167

2. 缺失数据的整体检验

检验缺失数据机制是否为完全随机缺失（MCAR）可以使用 Little's MCAR 检验：在菜单栏中选择 Analyze → Missing Value Analysis...，将连续变量 x4～x10 添加到 "Quantitative Variables" 框中，将分类变量 x1～x3 添加到 "Categorical Variables" 框

中，将 id 添加到“Case Labels”框中，之后选中“Estimation”下的“EM”，点击“OK”。

由表 1－13 可知，Little's MCAR 检验结果不显著，因此不能拒绝数据缺失机制是完全随机缺失的零假设。

表 1－13 Little's MCAR 检验结果

EM Means[a,b]

x4	x5	x6	x7	x8	x9	x10
2.265	3.239	3.290	2.522	3.412	2.826	4.081

a. Little's MCAR test：Chi-Square＝128.277，DF＝121，Sig.＝.308

b. The EM algorithm failed to converge in 25 iterations.

（三）完全随机缺失值的插补

由前两步我们知道，没有证据能推翻变量 x10 的缺失机制是完全随机缺失的假设。下面以 x10 为例介绍使用 SPSS 进行缺失值插补的步骤。

1. 均值插补

首先介绍均值插补。在菜单栏中选择 Transform → Replace Missing Values...，将变量 x10 添加到“New Variable（s）”框中，默认的插补方法是“Series mean”（系列均值），点击“OK”。结果见表 1－14。数据集中会生成新变量 x10_1，它是对 x10 中的 7 个缺失值使用变量均值进行插补后的完整变量。

表 1－14 均值插补结果

Result Variables

	Result Variable	N of Replaced Missing Values	Case Number of Non-Missing Values		N of Valid Cases	Creating Function
			First	Last		
1	x10_1	7	1	70	70	SMEAN(x10)

2. 回归插补

使用 SPSS 进行回归插补的步骤如下：在菜单栏中选择 Analyze → Missing Value Analysis...，选中“Regression”（默认情况为“Use all quantitative variables”，即使用所有连续变量进行估计），这里使用默认设置，若要更改可点击“Variables”选择自变量。继续点击“Regression...”，默认使用“Residuals”为原始估计值添加随机误差项，这里我们选择“Normal variates”添加随机项。选中 Save completed data → Create a new dataset，为插补后数据建立一个新的数据集，将新数据集的名称填入“Dataset name”中，点击 Continue → OK。插补后的数据将被保存为指定数据集。

3. EM 插补

使用 SPSS 进行 EM 插补的步骤如下：在菜单栏中选择 Analyze → Missing Value

Analysis... → EM，然后点击“EM...”，在新弹出的对话框中选中 Save completed data → Create a new dataset，为插补后数据建立一个新的数据集，将新数据集的名称填入“Dataset name”中，点击 Continue → OK。插补后的数据将被保存为指定数据集。

4. 多重插补

使用 SPSS 进行多重插补的步骤如下：在菜单栏中选择 Analyze →Multiple Imputation → Impute Missing Data Values...，将变量 x1～x10 添加到“Variables in Model”框中，插补次数“imputations”默认为 5。将插补结果保存为一个新的数据集：在“Dataset name”框中输入新数据集的名称，然后点击“OK”，就会生成一个多重插补后的新数据集，如图 1 - 16 所示。

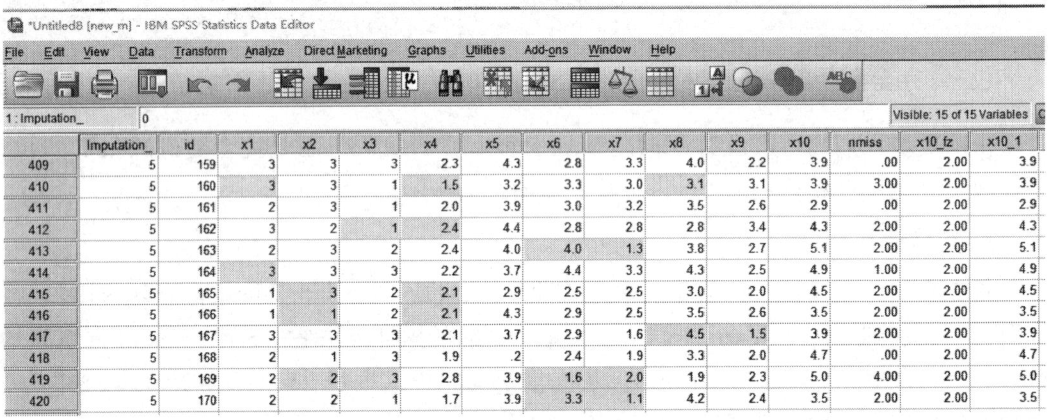

	Imputation_	id	x1	x2	x3	x4	x5	x6	x7	x8	x9	x10	nmiss	x10_fz	x10_1
409	5	159	3	3	3	2.3	4.3	2.8	3.3	4.0	2.2	3.9	.00	2.00	3.9
410	5	160	3	3	1	1.5	3.2	3.3	3.0	3.1	3.1	3.9	3.00	2.00	3.9
411	5	161	2	3	1	2.0	3.9	3.0	3.2	3.5	2.6	2.9	.00	2.00	2.9
412	5	162	3	2	1	2.4	4.4	2.8	2.8	2.8	3.4	4.3	2.00	2.00	4.3
413	5	163	2	3	2	2.4	4.0	4.0	1.3	3.8	2.7	5.1	2.00	2.00	5.1
414	5	164	3	3	3	2.2	3.7	4.4	3.3	4.3	2.5	4.9	1.00	2.00	4.9
415	5	165	1	3	2	2.1	2.9	2.5	2.5	3.0	2.0	4.5	2.00	2.00	4.5
416	5	166	1	1	2	2.1	4.3	2.9	2.5	3.5	2.6	3.5	2.00	2.00	3.5
417	5	167	3	3	3	2.1	3.7	2.9	1.6	4.5	1.5	3.9	2.00	2.00	3.9
418	5	168	2	1	3	1.9	.2	2.4	1.9	3.3	2.0	4.7	.00	2.00	4.7
419	5	169	2	2	3	2.8	3.9	1.6	2.0	1.9	2.3	5.0	4.00	2.00	5.0
420	5	170	2	2	1	1.7	3.9	3.3	1.1	4.2	2.4	3.5	2.00	2.00	3.5

图 1 - 16　多重插补结果

因为样本大小为 70，且选择的插补次数为 5，所以新数据集的个案数为原样本数 70 加上插补新增的个案数 350，共 420（行）。接下来可以为每次插补结果做原计划的统计分析，然后综合考虑一系列分析结果，做出最终的统计推断。

三、多元分析前提假设的检验

本部分使用与异常值检验相同的数据，数据参见文件“1_1 data. sav”。检验多元分析前提假设的 SPSS 语句参见文件“1_6 检验多元分析假设语句 . sps”。

（一）正态性检验

下面介绍在 SPSS 中进行正态性检验的操作。在 SPSS 中选择 Analyze → Descriptive Statistics → Explore...。将变量 x4 ～ x10 选入“Dependent List”框中，点击“Plots...”，选中“Histogram”和“Normality plots with tests”，然后点击 Continue → OK。

表 1 - 15 是对单变量分布的描述，以 x4 为例，它的偏度是－0. 462（标准误 0. 241），峰度是 5. 037（标准误 0. 478）。这说明 x4 的分布可能比正态分布更高耸。

表 1-15　单变量分布描述（仅截取 x4 部分）

Descriptives

			Statistic	Std. Error
x4	Mean		2.291	.0421
	95% Confidence Interval for Mean	Lower Bound	2.207	
		Upper Bound	2.375	
	5% Trimmed Mean		2.287	
	Median		2.300	
	Variance		.178	
	Std. Deviation		.4214	
	Minimum		.3	
	Maximum		3.4	
	Range		3.1	
	Interquartile Range		.3	
	Skewness		−.462	.241
	Kurtosis		5.037	.478

表 1-16 是对变量 x4～x10 进行正态性检验的结果，从表中可以看出，根据 K-S 和 S-W 正态性检验结果，x4 和 x9 不满足一元正态分布。

表 1-16　单变量 K-S 和 S-W 正态性检验结果

Tests of Normality

	Kolmogorov-Smirnov[a]			Shapiro-Wilk		
	Statistic	df	Sig.	Statistic	df	Sig.
x4	.158	100	.000	.902	100	.000
x5	.070	100	.200*	.982	100	.179
x6	.059	100	.200*	.987	100	.406
x7	.058	100	.200*	.975	100	.053
x8	.071	100	.200*	.989	100	.603
x9	.118	100	.002*	.945	100	.000
x10	.064	100	.200*	.977	100	.071

*. This is a lower bound of the true significance.

a. Lilliefors Significance Correction

将各个变量的峰度、偏度和 K-S 正态性检验结果整理为表 1-17。其中偏度和峰度检验统计量的 z 值分别由各变量的偏度值或峰度值除以相应的标准误（偏度标准误为 0.241，峰度标准误为 0.478）得到。由偏度和峰度的 z 检验可知，x7 和 x9 在偏度检验上显著，它们可能服从偏态分布。但是偏度和峰度检验容易受样本量影响，x7 的偏度值 −0.485 非常小（绝对值小于 0.5），因此尽管其偏度检验显著，仍可算作正态；而 x9 偏度值 0.876 大于 0.5，它服从正偏态分布。变量 x4、x9 和 x10 在峰度检验上显著，且峰度值都大于 1，服从尖峰分布。

表 1-17　一元正态性检验总结

变量	形状描述				正态性检验		对分布的描述
	偏度		峰度				
	统计量	z 值	统计量	z 值	K-S	显著性	
x4	−0.462	−1.917	5.037	**10.538**	0.158	0.000	尖峰

续表

变量	形状描述				正态性检验		对分布的描述
	偏度		峰度				
	统计量	z 值	统计量	z 值	K-S	显著性	
x5	−0.462	−1.917	0.592	1.238	0.070	0.200	正态
x6	−0.135	−0.560	−0.542	−1.134	0.059	0.200	正态
x7	−0.485	**−2.012**	0.472	0.987	0.058	0.200	轻微负偏态，接近正态
x8	−0.004	−0.017	−0.335	−0.701	0.071	0.200	正态
x9	0.876	**3.635**	1.674	**3.502**	0.118	0.002	正偏态，尖峰
x10	0.060	0.249	1.371	**2.868**	0.064	0.200	尖峰

注：黑体字为 z 值绝对值大于 1.96 的数值。

还可以用直方图直观地展示变量分布。可以通过下述方法画出含有正态拟合曲线的直方图：以 x4 为例，在 SPSS 中选择 Graphs → Legacy Dialogs → Histogram...，将 x4 添加到“Variable”中，然后选中“Display normal curve”，点击“OK”。结果如图 1－17 所示。

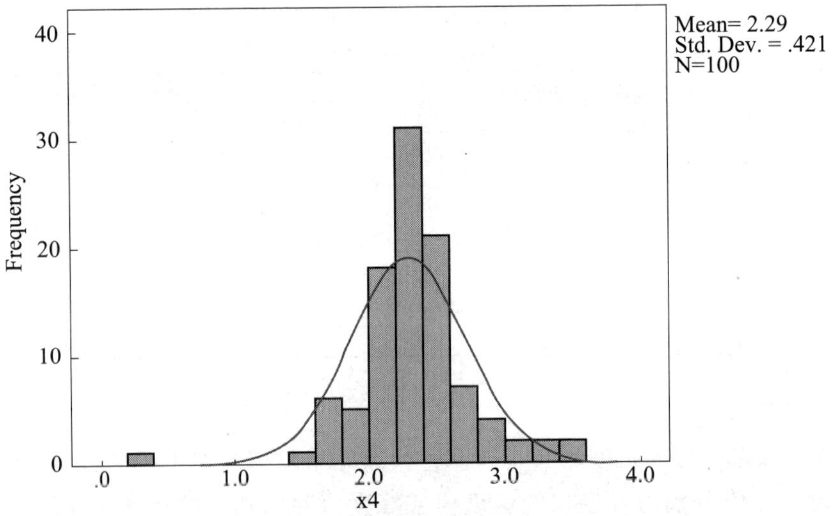

图 1－17　变量 x4 的分布直方图

正态概率图的画法是：在 SPSS 中选择 Analyze → Descriptive Statistics → P-P Plots...。然后将变量 x4～x10 选入“Variables”中，之后点击“OK”。结果如图 1－18 所示。通过直方图和正态概率图，可以更加直观地观察各个变量的分布形态。

（二）方差齐性检验

1. 通过盒式图直观地检验方差齐性

变量的方差齐性可以通过盒式图观察。在 SPSS 中选择 Graphs → Legacy Dialogs → Boxplot...，点中“Simple”框并选中“Summaries for groups of cases”，点击“Define”。然后依次将连续变量 x4～x10 添加到“Variable”中，再依次将分类变量 x1～x3

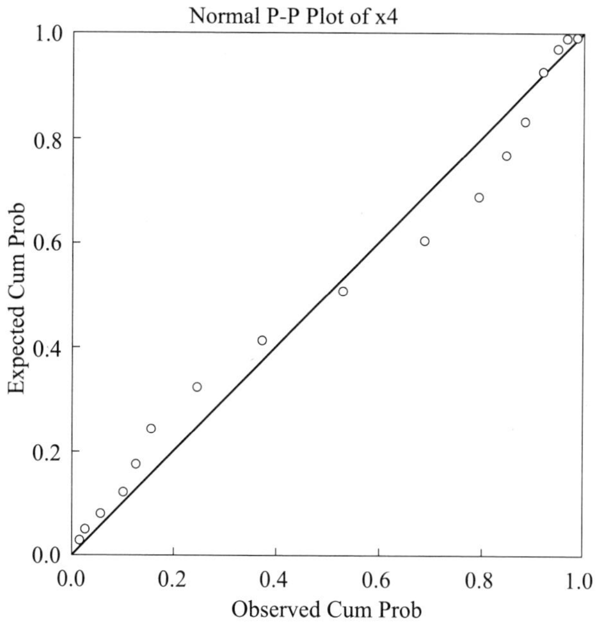

图 1-18　变量 x4 的正态概率 P-P 图

添加到“Category Axis”中，将 id 添加到“Label Cases by”中，点击“OK”。

图 1-19 是以 x1 分组所画的 x10 的盒式图，直观地看，x10 在 x1 的各个水平上方差差异不大。

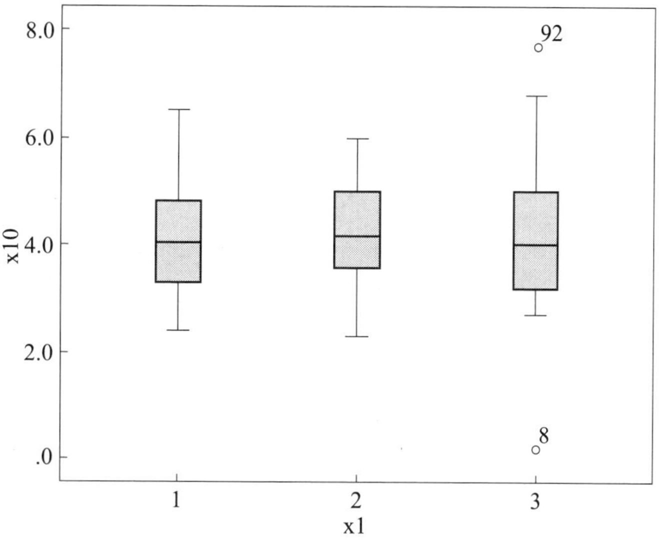

图 1-19　以 x1 分组所画的 x10 盒式图

2. 通过 Levene 统计量检验方差齐性

在 SPSS 中通过 Levene 统计量检验方差齐性的操作如下：在菜单栏中选择 Analyze → Compare Means → One-Way ANOVA...，然后将连续变量 x4～x10 添加到“Dependent List”中，再依次将分类变量 x1～x3 添加到“Factor”中，之后点击“Options...”。在

弹出的对话框中选中“Homogeneity of variance test”，点击 Continue → OK。以 x1、x2、x3 分组进行同质性检验的结果分别如表 1-18 至表 1-20 所示。

表 1-18　以 x1 分组进行同质性检验的结果

Test of Homogeneity of Variances

	Levene Statistic	df1	df2	Sig.
x4	.039	2	97	.962
x5	.427	2	97	.654
x6	1.652	2	97	.197
x7	2.220	2	97	.114
x8	1.729	2	97	.183
x9	.151	2	97	.860
x10	1.476	2	97	.234

表 1-19　以 x2 分组进行同质性检验的结果

Test of Homogeneity of Variances

	Levene Statistic	df1	df2	Sig.
x4	2.506	2	97	.087
x5	.594	2	97	.554
x6	.102	2	97	.903
x7	.096	2	97	.908
x8	1.823	2	97	.167
x9	.621	2	97	.539
x10	1.005	2	97	.370

表 1-20　以 x3 分组进行同质性检验的结果

Test of Homogeneity of Variances

	Levene Statistic	df1	df2	Sig.
x4	.605	2	97	.548
x5	.147	2	97	.864
x6	1.140	2	97	.324
x7	1.804	2	97	.170
x8	.903	2	97	.409
x9	4.623	2	97	.012
x10	1.063	2	97	.349

根据 Levene 统计量检验结果，以 x3 进行分组时，x9 在不同组中方差相等的零假设被拒绝，而其他连续变量在分类变量的不同组上的方差同质性假设没有被拒绝。

（三）线性检验

线性关系是指两个变量之间呈现出一种恒定的比例或增减趋势，即它们的散点图大致呈现出一条直线。相关系数（如 Pearson 相关系数）常用于度量线性关系的强度。然而，如果两个变量之间存在非线性关系，相关系数可能无法准确反映它们的真实关联程度。在这种情况下，我们可以考虑对其中一个或两个变量进行数学转换（如对数转换、平方根转换等），以使它们的关系更接近线性。

为了检验变量之间是否存在线性关系，通常采用图形检验和相关检验两种方法。图形检验（如散点图）提供了直观的线性关系证据，而相关检验（如 Pearson 相关检验）则从统计角度量化了线性关系的显著性水平。

1. 图形检验

（1）在 SPSS 中利用散点图检验变量之间线性关系的步骤如下：在 SPSS 中选择 Graphs → Legacy Dialogs → Scatter/Dot...，选中“Simple Scatter”，点击“Define”。然后将 x4～x10 依次添加到“X Axis”和“Y Axis”中，画两两变量之间的散点图。

以变量 x10 和 x8 之间的散点图为例（见图 1 - 20），图中散点呈椭圆形分布，直观上可以判断 x10 和 x8 之间可能有负相关关系（线性）。

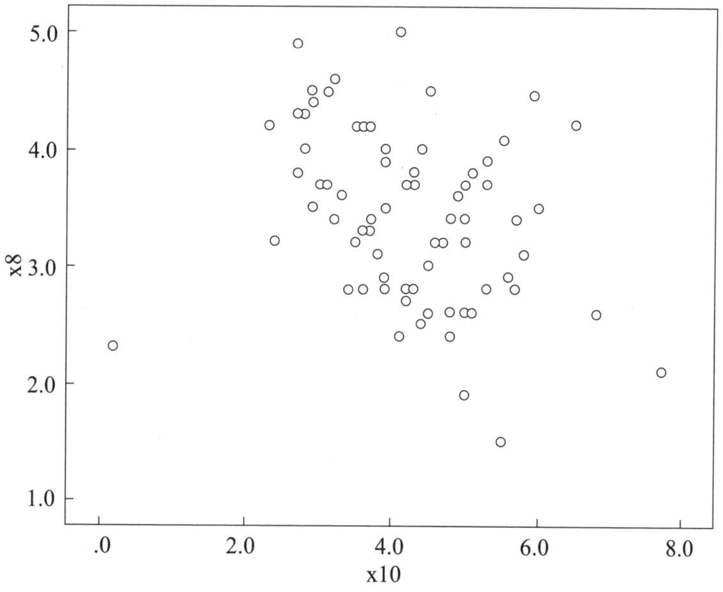

图 1 - 20　变量 x10 对 x8 的散点图

（2）还可以利用残差图检验变量之间的线性关系。要绘制残差图，第一步要保留残差：在 SPSS 中选择 Analyze → Regression → Linear...。将变量 x10 添加到“Dependent”中，将变量 x8 添加到“independent (s)”中，点击“Save...”。在弹出的对话框中，选中“Predicted Values”下的“Unstandardized”和“Residuals”下的“Unstandardized”。点击 Continue → OK。

此时数据集中会出现两个新的变量 RES_1（残差值 1）和 PRE_1（预测值），再按照前述步骤以 RES_1 为 Y 轴，以 PRE_1 为 X 轴画散点图，即为残差散点图。具体地，在 SPSS 中选择 Graphs → Legacy Dialogs → Scatter/Dot...，选中“Simple Scatter”，点击“Define”，将 RES_1 添加到“Y Axis”中，将 PRE_1 添加到“X Axis”中，点击“OK”。

如图 1-21 所示，x10 对 x8 的回归残差在零水平线附近分布比较均匀，说明 x10 和 x8 之间可能有线性关系。

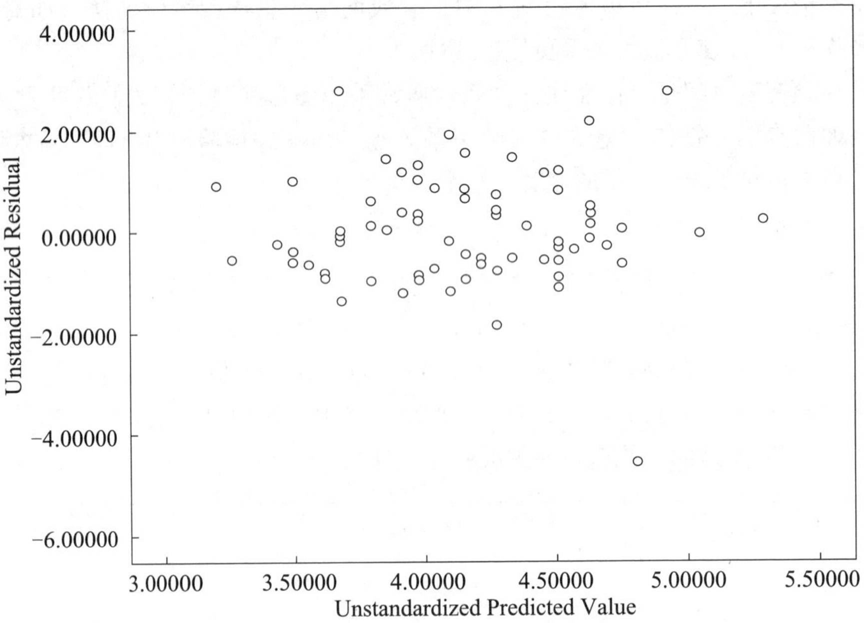

图 1-21 变量 x10 对 x8 的残差图

2. 相关检验

相关系数可以度量两个变量之间线性关系的强度和方向。使用相关系数度量因变量 x10 与各个连续自变量之间的线性关系可以采取如下操作：在 SPSS 中选择 Analyze → Correlate → Bivariate...，然后将 x4～x10 添加到“Variables”中，点击“OK”。结果如表 1-21 所示。

表 1-21 连续变量间相关矩阵

Correlations

		x4	x5	x6	x7	x8	x9	x10
x4	Pearson Correlation	1	.054	.001	.215*	−.100	.114	.062
	Sig. (2-tailed)		.593	.994	.032	.320	.257	.537
	N	100	100	100	100	100	100	100
x5	Pearson Correlation	.054	1	.136	−.021	.188	−.089	−.191
	Sig. (2-tailed)	.593		.178	.835	.060	.377	.057
	N	100	100	100	100	100	100	100

续表

		x4	x5	x6	x7	x8	x9	x10
x6	Pearson Correlation	.001	.136	1	.134	.561**	.328**	−.097
	Sig. (2-tailed)	.994	.178		.184	.000	.001	.338
	N	100	100	100	100	100	100	100
x7	Pearson Correlation	.215*	−.021	.134	1	−.075	.203*	.040
	Sig. (2-tailed)	.032	.835	.184		.456	.042	.696
	N	100	100	100	100	100	100	100
x8	Pearson Correlation	−.100	.188	.561**	−.075	1	−.304**	−.386**
	Sig. (2-tailed)	.320	.060	.000	.456		.002	.000
	N	100	100	100	100	100	100	100
x9	Pearson Correlation	.114	−.089	.328**	.203*	−.304**	1	.324**
	Sig. (2-tailed)	.257	.377	.001	.042	.002		.001
	N	100	100	100	100	100	100	100
x10	Pearson Correlation	.062	−.191	−.097	.040	−.386**	.324**	1
	Sig. (2-tailed)	.537	.057	.338	.696	.000	.001	
	N	100	100	100	100	100	100	100

*. Correlation is significant at the 0.05 level (2-tailed).

**. Correlation is significant at the 0.01 level (2-tailed).

从相关矩阵可以看出，变量 x10 与变量 x8 和 x9 相关显著，它们之间很可能存在线性关系。

(四) 误差独立性：顺序效应检验

可以使用 D-W 检验检测自相关。具体做法是：在 SPSS 中选择 Analyze → Regression → Linear...。将变量 x10 添加到 “Dependent” 中，将变量 x9 添加到 “independent(s)” 中，点击 “Statistics...”，在弹出的对话框中，选中 “Residuals” 下的 “Durbin-Watson”，之后点击 Continue → OK。结果如表 1－22 所示。

表 1－22　D-W 检验结果

Model Summary[b]

Model	R	R Square	Adjusted R Square	Std. Error of the Estimate	Durbin-Watson
1	.324[a]	.105	.096	1.0508	1.798

a. Predictors: (Constant), x9

b. Dependent Variable: x10

D-W 检验结果显示，*D* 值为 1.798。因为其值在 1.6 与 2.4 之间，所以不能证明残差之间存在序列相关，进而认定残差独立，通过检验。

四、数据转换

经过正态性、方差齐性和线性的检验之后，发现变量 x9 呈现尖峰、正偏态分布的情况，并且同时在分类变量 x3 上有方差不齐的情况。因此以变量 x9 为例进行对数转换。具体做法是：在 SPSS 中选择 Transform → Compute Variable...，在“Target Variable”框中输入 x9_log，点击“Function group”中的“Arithmetic”，然后双击“Functions and Special Variables”中的“Ln”，再在“Numeric Expression”框中公式“LN(?)”的问号处输入 x9＋1，也可以直接在“Numeric Expression”框中输入公式 LN(x9＋1)（这里加 1 是为了避免出现对数函数底数为 0 的情况），然后点击“OK”。转换后的变量 x19_log 就添加在原数据集中了。

使用前面介绍过的方法，对新变量 x19_log 进行正态性检验，结果发现虽然偏度和峰度都有所改善，但是 K-S 检验依然显著。所以依照上述方法进行二次转换，定义新变量 x9_new，在“Numeric Expression”中输入公式 x9_new＝LN(x9_log＋1)。使用前面介绍过的方法，对新变量 x9_new 进行正态性和方差齐性检验。整理后的结果如表 1－23 和表 1－24 所示。

表 1－23 变量 x9 转换前后的分布特点

变量形式	形状描述				正态性检验	
	偏度		峰度		统计量	显著性（p）
	统计量	z 值[a]	统计量	z 值[a]		
原始的 x9	0.876	3.635	1.674	3.502	0.118	0.002
第一次转换后的 x9[b]	0.312	1.295	−0.01	−0.021	0.092	0.035
第二次转换后的 x9[b]	0.116	0.481	−0.272	−0.569	0.08	0.12

a. z 值是使用统计量除以合适的标准误（偏度的标准误是 0.241，峰度的标准误是 0.478）得到的。
b. 对数转换。

表 1－24 变量 x9 转换前后在分类变量 x3 上的方差齐性检验结果

变量形式	Levene 检验统计量		
	x1	x2	x3
原始的 x9	0.151	0.621	4.623*
第二次转换后的 x9[b]	0.288	0.53	2.176

* 在 0.05 水平上显著。

转换前后 x9 的分布形态分别如图 1－22 和图 1－23 所示，从中可以看出原变量 x9 的尖峰和正偏态情况都得到了一定的改善。由表 1－23 可知，原始变量 x9 的 K-S 正态性检验显著，且偏度和峰度检验均显著；而二次转换后的新变量 x9_new 的 K-S 正态性检验不显著，且偏度和峰度检验均不显著，表明原变量的偏态情况得到了改善。由表 1－24 可知，原始变量 x9 在分类变量 x3 上有方差不齐性；而二次转换后的新变量 x9_new 在分类变量 x1、x2、x3 上均满足方差齐性的假设。

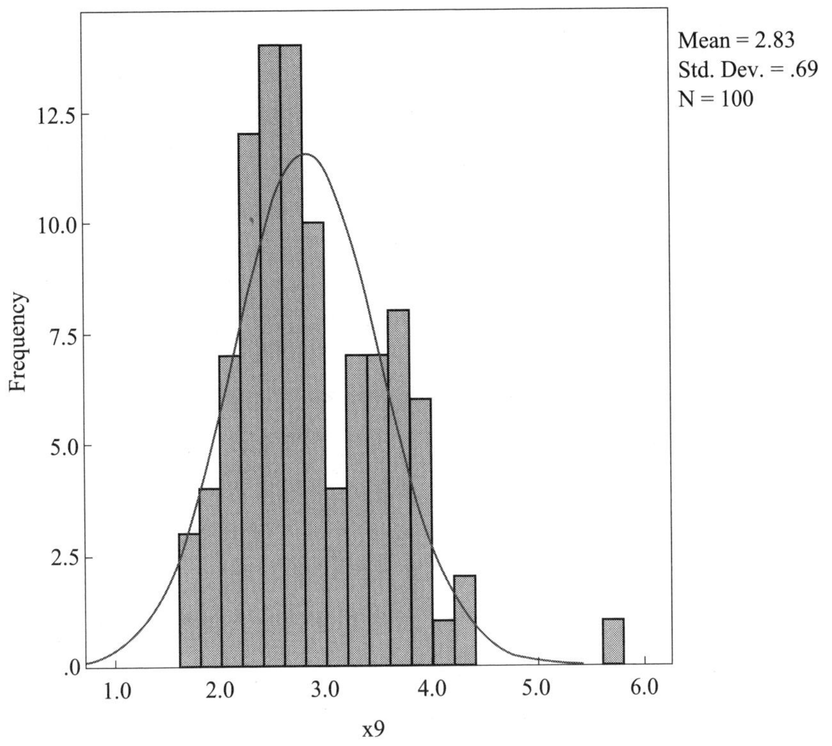

图 1－22　变量 x9 转换前的直方图

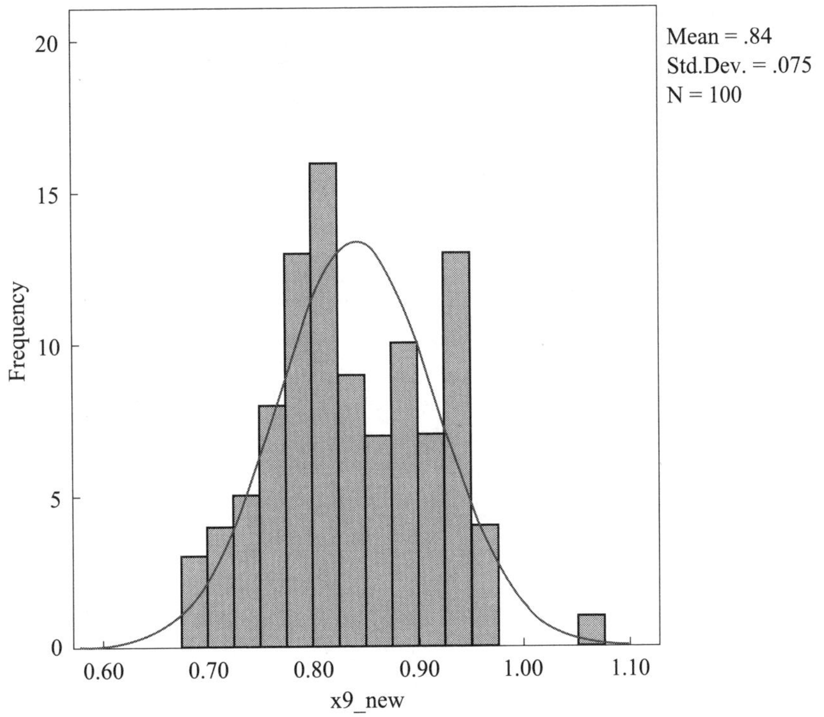

图 1－23　变量 x9 转换后的直方图

关键术语

异常值　缺失值　完全随机缺失（MCAR）　随机缺失（MAR）
非随机缺失（MNAR）　多元正态性　方差齐性　线性
误差独立性　数据转换

本章要点

1. 在某个变量上明显偏离其他观测值的数据点称为单变量异常值。而在两个或多个变量的组合上表现出不寻常模式的数据点称为多变量异常值，这些数据点在每个单独变量上可能看起来正常，但它们的组合却与其他观测值明显不同。单变量异常值可以通过计算数据的标准分数或画盒式图进行检测，双变量异常值可以通过画散点图进行检测，多变量异常值可以通过计算观测点的马氏距离进行检测。

2. 处理缺失数据的一般步骤包括：（1）检查数据的缺失类型；（2）检查数据的缺失程度；（3）诊断数据的缺失机制；（4）选择插补方法。

3. 多元分析的基本假设涉及多元正态性、方差齐性、线性和误差独立性。检验多元正态性的方法有画正态概率图、检验峰度和偏度以及进行 S-W 和 K-S 检验。方差齐性的检验方法包括画回归残差图或盒式图、进行 Levene 检验和 Box's M 检验。可以通过画散点图或残差图来检验变量间的线性关系。使用 D-W 检验可以检测自相关（误差独立性）。

4. 数据转换用于数据违背多元分析假设时，对变量进行校正。一般来说，正偏态时采用平方根和对数转换，负偏态时采用平方和立方转换。

第二章

多元方差分析

【核心要点】

1. 了解多元方差分析的零假设与一元方差分析的零假设的差异。
2. 知道多元方差分析与一元方差分析的主要类型及其差异。
3. 了解多元方差分析的假设。
4. 知道多元方差分析的显著性检验标准。
5. 描述多元方差分析与一元方差分析的事后检验方法。
6. 熟悉多元方差分析中交互作用的解释。
7. 了解多元协方差分析的目的。

第一节　多元方差分析的一般目的和描述

多元方差分析（multivariate analysis of variance，MANOVA）是在一元方差分析（analysis of variance，ANOVA）的基础上发展起来的。一元方差分析只能处理一个因变量的情况，用来检验单一的因变量在不同组之间的差异。然而，在实际研究中，人们所关心的因变量可能并不是单一的，因此，就需要有新的方法来处理这类问题。例如：不同地区、不同性别的顾客不仅在商品的购买意向上有差异，在购买力、消费倾向上也有差异；在不同的气温、日照、湿度条件下，不仅水果的产量会有差异，水果的质量也可能不同。在面对这些复杂的现实问题时，一元方差分析就显得无能为力了。当研究者需要同时考察多个因变量在不同组间是否有差异时，就需要运用多元方差分析的方法。需要特别指出的是，多元回归分析的“元”指的是自变量的数目，而多元方差分析的“元”指的是因变量的数目。

多元方差分析是由 Wilks（1932）提出的方法，后来又得到逐步发展与完善。在多元方差分析提出伊始，大量繁杂的数学矩阵计算限制了它的普遍运用。随着计算机普及和相关统计软件的发展，多元方差分析开始被研究者广泛使用。借助这些统计软件，今天我们不再被困在烦琐矩阵计算的泥沼中，因为只要输入数据，计算机很快就可以告诉我们多元方差分析的结果。但是，为了正确运用多元方差分析并能够正确理解及解释最后的结果，我们仍然需要充分理解这种方法的使用条件及其基本数学原理。

多元方差分析的目的就是要分析自变量的不同水平在若干因变量上的差异问题，另外，也将因变量之间的内在关系加入了差异检验的探讨中。多元方差分析由于可以同时处理多个因变量，就在统计准确性和效率问题上具备了一定的优势。

第一，可以控制犯一类错误的概率。在使用单变量一元方差分析和 t 检验时，会遇到一类错误变大的问题。例如，如果使用一元方差分析检验 5 个因变量在自变量的不同水平间的差异，单独检验时，每次的显著性水平均为 0.05，那么 5 次处理之后犯一类错误的概率就在 0.05（所有因变量完全相关时）和 0.23（所有因变量完全无关时，概率＝$1-0.95^5$）之间。所以这种对每个因变量进行独立一元方差分析的做法就使得研究者无法控制检验效率或者说是整体上犯一类错误的概率。如果研究者想要控制犯一类错误的概率并且至少在一定程度上解决因变量之间相关的问题，那么用多元方差分析就更为合适。

第二，可以对多个因变量的线性组合进行差异检验。使用一元方差分析处理多个因变量的组间差异检验会忽略因变量的一些线性组合有组间差异、因变量之间有相关或多重共线性的情况。相比单独差异检验，多元方差分析可以做到以下几点。

（1）可以检验出在单独差异检验中无法检验出的新变量组合的组间差异。

（2）因变量线性组合成的新变量比单个因变量更容易被检验出组间差异。

（3）如果因变量的个数比较少（5 个或更少），那么多元方差分析的统计检验力大于等于单变量一元方差分析。

第二节　多元方差分析主要回答的问题

与一元方差分析相比，多元方差分析的优势在于为处理多变量的问题提供了一种方法，使研究者可以更加灵活地针对研究问题选择最恰当的统计检验方法。Hand 和 Taylor（1987）将多变量的问题分成了三类：多个单变量问题、结构上的多变量问题和本质上的多变量问题。

多个单变量问题是指在研究中有多个因变量（如年龄、收入、受教育程度），每个因变量是被独立分析的，这就需要控制好犯一类错误的概率。针对这种情况，多元方差分析用来检验多变量在不同组之间的整体差异，而独立的单变量检验则用来分析单个因变量的组间差异。

结构上的多变量问题是指研究中的两个或多个因变量之间有某种特殊的关系。最常见的就是重复测量设计，如在一段时间内的多次测量或前后测实验设计。针对这类问题，多元方差分析提供了一种结构化的方法，可以在保证统计效力的情况下对一系列因变量进行组间差异的检验。

本质上的多变量问题是指研究最关心的问题，即这些因变量在整体上有没有组间差异，而对于单个因变量本身的差异检验就显得不那么重要了。例如，消费者的态度、偏好和购买意向往往是一致的，它们都与广告运作有关，一般研究者更关心这三者的整体，而非单个变量。多元方差分析最重要的功能就是分析这类问题，不仅是因变量整体上的组间差异，还包括多个因变量线性组合的组间差异。针对这类问题，即使没有单变量检验，多元方差分析也能很好地对多变量的组间差异进行检验。

第三节　多元方差分析的主要类型

在单个因变量的差异检验中，零假设是单一因变量的均值在自变量的不同水平上相等，此时检验组间差异的方法是 t 检验（两个水平）和一元方差分析（两个水平及以上）。而在多个因变量的差异检验中，零假设则为多因变量组合的均值向量在自变量的不同水平上相等，检验组间差异的方法有 Hotelling's T^2 检验（两个水平）和多元方差分析（两个水平及以上）。总结如表 2-1 所示。

表 2-1　均值比较的方法总结

		因变量个数	
		一个	两个及以上
自变量水平数	两个	t 检验	Hotelling's T^2 检验
	两个及以上	一元方差分析	多元方差分析

一、自变量有两个水平：Hotelling's T^2 检验

t 检验和一元方差分析都是针对一个因变量的均值差异检验，当因变量的个数增加为两个、三个甚至更多时，就变成多变量的差异检验了。如果研究者想比较自变量的两个水平在多个因变量上的差异是否显著，则需要用到 Hotelling's T^2 检验。Hotelling's T^2 检验是 t 检验的扩展（多个因变量），是多元方差分析的特例（自变量有两个水平）。

Hotelling's T^2 检验创造了一个新变量，这个新变量是若干个因变量的线性组合，该检验就是要变换不同的线性组合方式，从而找到在自变量两个水平间的差异最大的那个新变量。同时，Hotelling's T^2 检验还通过一个对所有因变量在特定 α 水平上组间差异的整体检验，有效地控制了犯一类错误的概率。

Hotelling's T^2 检验中新变量的表达式为：

$$C=W_1X_1+W_2X_2+\cdots+W_pX_p \tag{2-1}$$

式中，C 为因变量线性组合成的新变量，X_i 为第 i（$i=1, 2, \cdots, p$）个因变量，W_i 为第 i 个因变量的权重，p 为因变量个数。Hotelling's T^2 检验就是要找到一组 W_p，使得新变量 C 在自变量两个水平间的差异最大。

Hotelling's T^2 检验中的临界值 T^2_{crit} 是在特定水平下的 F 检验的临界值，其计算公式为：

$$T^2_{\text{crit}}=\frac{p(n_1+n_2-2)}{n_1+n_2-p-1}\times F_{\text{crit}} \tag{2-2}$$

式中，p 为因变量个数，n_1 和 n_2 分别为自变量两个水平上的样本量，F_{crit} 为 F 检验的临界

值。若 Hotelling's T^2 的值大于临界值 T^2_{crit}，即检验结果显著，则说明因变量两个水平之间差异显著；若 Hotelling's T^2 检验结果不显著，则说明两个水平之间差异不显著。

二、自变量有多个水平：多元方差分析

类似 t 检验到一元方差分析的扩展，多元方差分析也是 Hotelling's T^2 检验的一种扩展。

多元方差分析零假设的数学表达式如下：

$$H_0: \begin{bmatrix} \mu_{11} \\ \mu_{21} \\ \vdots \\ \mu_{p1} \end{bmatrix} = \begin{bmatrix} \mu_{12} \\ \mu_{22} \\ \vdots \\ \mu_{p2} \end{bmatrix} = \cdots = \begin{bmatrix} \mu_{1k} \\ \mu_{2k} \\ \vdots \\ \mu_{pk} \end{bmatrix}$$

式中，p 表示因变量个数，k 表示水平个数，μ_{ij} 表示变量 i 在第 j 个水平上的均值（$i=1, 2, 3, \cdots, p$；$j=1, 2, 3, \cdots, k$）。多元方差分析的零假设即为各水平的均值向量相等。

很多讨论是围绕一元方差分析和多元方差分析进行的，这两种方法在实验设计上有相似之处，但在统计检验上却截然不同。在实验设计上，多元方差分析将一元方差分析的单个因变量扩展成了多个因变量，不仅关注独立的因变量，还关注各因变量间的线性组合。

在统计检验上，在两个水平的情况下，一旦新变量形成，就可以使用一元方差分析来判断差异是否存在。在有三个或者多个组（单一自变量有多个水平）的情况下，对组间差异的分析更接近判别分析。此时，类似于判别分析，会形成多个由因变量线性组合得到的新变量，第一个变量就是判别函数（discriminant function）。在判别函数中，需要考虑不同的权重组合，使得组间差异达到最大，即有最大的 F 值。我们可以通过这个最大的 F 值计算最大特征根（greatest characteristic root，GCR），从而对第一个判别函数进行统计检验。最大特征根的计算公式如下：

$$GCR = (k-1)F_{max}/(n-k) \tag{2-3}$$

式中，k 为水平个数，F_{max} 为用第一个判别函数检验组间差异时的最大 F 值，n 为总样本量。如果 GCR 大于其临界值 GCR_{crit}，则拒绝各组均值相等的零假设；反之亦然（Harris，2001）。

三、多元方差分析示例

下面举一个简单的多元方差分析例子：调查顾客对某产品的购买情况。该例中包含两个自变量和两个因变量。

自变量：产品类型（旧款、新款）和顾客地区（南方、北方）。

因变量：顾客对产品的购买意向和购买行为，10 点评分。

样本：共 16 个被试，采用 2×2 的两因素被试间设计，共有 4 个实验组，每组 4 个被试。被试的具体评分情况见表 2-2。

表 2-2 被试评分情况

	旧款				新款			
	被试编号	购买意向	购买行为	总计	被试编号	购买意向	购买行为	总计
南方	1	1	3	4	5	3	4	7
	2	2	1	3	6	4	3	7
	3	2	3	5	7	4	5	9
	4	3	2	5	8	5	5	10
	均值	2.000	2.250	4.250	均值	4.000	4.250	8.250
北方	9	4	7	11	13	6	7	13
	10	5	6	11	14	7	8	15
	11	5	7	12	15	7	7	14
	12	6	7	13	16	8	6	14
	均值	5.000	6.750	11.750	均值	7.000	7.000	14.000
均值		3.500	4.500	8.000		5.500	5.625	11.125

在本例中，假设组成新变量的两个因变量（购买意向和购买行为）权重相等，则有：新变量＝购买意向＋购买行为。再根据表 2-2 中的原始被试评分，就可以计算出 4 组（南方旧款、南方新款、北方旧款、北方新款）被试在由两个因变量组成的新变量（购买意向＋购买行为）上的平均得分 4.250、8.250、11.750、14.000。显然，这 4 组的平均值之间存在比较大的差异，如图 2-1 所示。

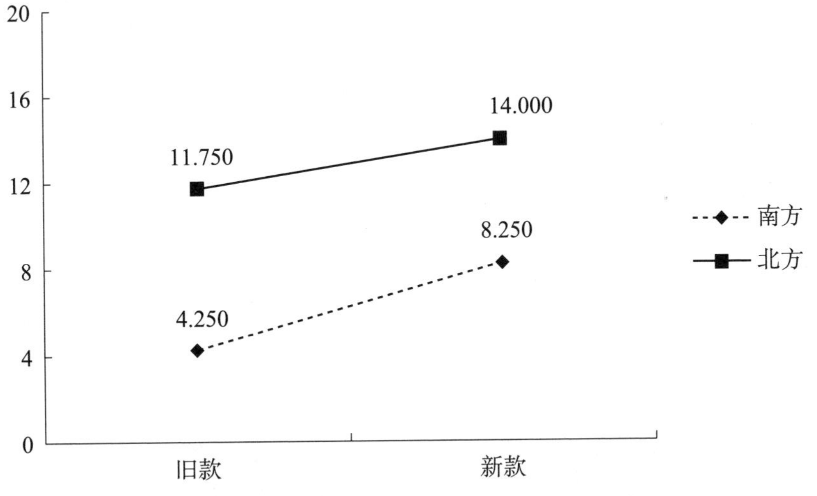

图 2-1 不同分组被试评分均值图

第四节 多元方差分析的过程

一、研究设计

多元方差分析的研究设计基本遵循一元方差分析的原则，但也有多变量的独特之处。

（一）因变量的选择

在多元方差分析中，因变量的选择是非常重要的。尽管多元方差分析可以处理多个因变量的问题，但是在研究中所选用的因变量个数也不宜过多，一般在 5 个及以下为好。因变量的选择要有理可依，不能选择一些没有意义的变量。比如，某个变量在不同水平之间确实存在很大差异，但这个变量并不适合该研究问题，此时如果依然将该变量选入，则这种“错误”的差异就会导致研究者最终得出错误的结论。

另外，所选用的因变量之间的相关不宜过高，否则就会出现多重共线性的问题。

（二）样本量

与其他多元统计方法一样，多元方差分析也会受到样本量的影响。但多元方差分析只对每个水平（单元格）内的样本量有一定的要求，而对总体样本量没有明确要求。遵循的基本原则有如下几个。

（1）每个单元格内的被试数至少应大于因变量的个数。这个要求看起来很低，但需要注意的是，这是对每个单元格的样本量的要求。

（2）作为一个实践指导，每个单元格里至少有 20 个被试。同样需要注意的是，这是对每个单元格的样本量的要求。如果某个研究中共有两个因素，每个因素有两个水平，则整个研究至少要有 80 个有效被试。

（3）为了维持应有的检验力，当因变量个数增多时，所需的样本量会随之增大。

另外，应保持各组的样本量一致或基本相等。虽然计算机可以很轻松地处理不等组的情况，但是关键在于一定要保证所有组都有足够的样本量，因为分析的有效性往往取决于最小组的样本量。

（三）因素设计

因素设计（factorial design）指有两个或两个以上因素（自变量）或处理的设计。通常情况下，研究者希望在一元方差分析和多元方差分析中同时检验多个因素（自变量）或处理的效应，而不是仅限于单个自变量。

1. 自变量的类型

在方差分析中，自变量是分类变量，分成几类即有几个处理水平，每个水平代表影响因变量的一种条件。在设计实验时，研究者根据研究目的来确定自变量及其处理水平。

但是有些时候，需要在研究设计以外添加新的变量。加入新变量就是为了控制会对因变量产生影响但又不属于研究设计的那部分作用。例如，研究中可能有些条件变量（如数据收集方法等）或者被试特征变量（如地域、性别等）会对因变量的组间差异产生潜在影响。虽然它们并不是研究所关心的问题，但是如果忽略了它们的作用，就可能会对研究真正关心的变量的作用产生影响。

这时，最常用的方法就是加入区组变量，即用一个分类的变量对被试进行事后的划分。这样就可以使得残差变得更小，提高统计检验力。

另外，如果需要控制的变量是连续的，那么可以使用加入协变量的方法。

2. 自变量的个数

多元统计技术的一个优势就是可以在一次分析中纳入多个变量。在多元方差分析中，就可以同时对多个因变量进行分析，而且因变量的个数还会影响到对样本量的要求。那么，关于自变量，又有什么关键问题呢?

（1）单元格的个数。单元格的个数由每个自变量的处理水平数决定。例如，有两个两水平的自变量和一个四水平的自变量，此时单元格的个数就应该为 2×2×4=16 个。同时为了保证每个单元格内有足够的样本量（至少 20 个），就应该至少有 320 个被试。一般在调查类的研究中，要求有更大的样本量以保证数据的可靠性。

（2）交互作用。当自变量多于一个时，可以构造出交互作用。交互作用是两个或更多自变量的联合效应，表现为一个变量在不同组间的差异取决于其他变量的取值。根据自变量的个数，交互作用可分为二阶交互作用（$A\times B$）、三阶交互作用（$A\times B\times C$）、四阶交互作用（$A\times B\times C\times D$）等。

（四）协方差分析

前面讲到可以通过加入区组变量来控制非实验设计因素对因变量的影响，但这仅限于需要控制的变量是分类变量的情况。如果这个干扰变量是连续的，又将如何处理呢?其中一种处理方法是将这个连续变量转换为分类的变量，但是这样往往不会得到理想的结果，因为在转换过程中很大一部分信息丢失了。另一种方法是将这个连续的干扰变量当作协变量去处理。

在一元方差分析中加入协变量就变成了一元协方差分析（analysis of covariance，ANCOVA），而多元协方差分析（multivariate analysis of covariance，MANCOVA）就是在此基础上的扩展。

1. 协方差分析的目的

协方差分析的目的是消除两方面的影响：（1）协变量只对部分被试有影响；（2）协变量对不同被试的影响不同。与区组变量类似，协变量可以实现如下两个目的。

（1）消除一些研究者无法控制且又会影响结果的系统误差。

（2）用来解释不同特征的被试在作答反应上的差异。

在实验研究情境下，绝大部分偏差可以通过对被试的随机分配来消除。但是在非实验的研究中，采用随机分组以控制无关变量的影响就很难实现。例如，态度、观点等方面的个体差异可能会对反应产生影响，但在分析时往往又不会将这种个体差异作为一个自变量去研究。总之，研究者可以使用协变量剔除那些影响研究结果的误差。

2. 协方差分析的假设

协方差分析有两个前提假设：（1）协变量与因变量相关；（2）在不同组上，协变量对因变量有相等的效应，即协变量与自变量之间没有交互作用。

以上两个假设只要有一个不满足，就不适合使用协方差分析。

3. 协变量的选择

一个有效的协变量应与因变量有较高的相关性而与自变量不相关。为什么呢?

如果协变量与因变量相关，协变量就可以用来解释因变量的一部分变异。这样残差会变小，进而统计检验力会增强。而如果与自变量无关，因变量中被协变量解释的那部分变异就不能被自变量解释，这样对自变量的检验就更加敏感而有力了。

如果协变量与自变量相关，协变量就会解释一部分可以被自变量解释的变异，进而削弱自变量的作用。因为在分析中首先是协变量抽取可解释的那部分变异，这样这部分变异就不能再被自变量抽取了。因此，研究者需要确保协变量与自变量间的相关性足够小，使得引入协变量带来的好处（减少残差）大于坏处（削弱自变量的作用）。

4. 协变量的个数

虽然在研究中加入协变量可以控制一些变异，但加入过多的协变量，也会降低统计效力。协变量最大个数的确定可遵循如下法则：

$$协变量的最大个数=0.10\times样本量-(组数-1)$$

例如，如果样本量为 100，有 5 个组，那么协变量最多为 $0.10\times100-(5-1)=6$ 个。但如果是 2 个组，则最多可以有 9 个协变量。

5. 特殊的方差分析——重复测量方差分析

我们有时会对同一个被试进行多次测量，例如，在一段时间内让学生做几次测验，希望通过分析找出这几次测验中学生的分数变化趋势。如果没有特殊的处理，这种设计就违背了一个重要假设——独立性。这时，就需要运用重复测量方差分析。

二、多元方差分析的假设

在多元方差分析中，必须因变量为连续变量，自变量为分类变量。为了保证多元方差分析的有效性，必须满足三个基本假设。

（1）独立性：不同观测之间必须相互独立。

（2）齐性：各组的因变量的方差-协方差矩阵必须相等。

（3）正态性：因变量服从多元正态分布（因变量的任意线性组合都服从正态分布）。

另外，还有其他因素可能会影响检验效果，如线性与共线性问题。

（一）独立性

多元方差分析中最基本且最重要的假设就是独立性假设，即使稍微违背这一假设，也会给犯一类错误的概率和统计检验力带来较大的影响。无论是实验研究还是非实验的情境，独立性假设都很容易被破坏。而且任何无关的非测量的因素都可能通过在组间产生依赖性影响结果，其中两种最普遍的破坏独立性的情况是：

（1）存在时间顺序效应。

（2）当在相同的条件下收集信息的时候，被试的作答可能会有一定的相关性。

虽然目前没有任何检验可以为所有形式的依赖性提供一个绝对的标准，但研究者还是应该尽可能地找出所有可能的影响因素，并且予以校正。一种方法就是用各组内的平均值代替每个被试的分数；另一种方法则是引入一个区组变量或者协变量，再来做分析。

但无论是哪种情况，只要独立性的假设有可能被破坏，研究者就应该使用更严格的显著性水平（0.01 或更低）。

（二）方差-协方差矩阵齐性

多元方差分析的第二个基本假设就是各组的方差-协方差矩阵相等。这个齐性的假设是一个非常严格的假设，因为一元方差分析中要求一个因变量满足方差齐性，而在多元方差分析中则要求所有因变量的协方差矩阵都要相等。例如，有 5 个因变量时，5 个相关和 10 个协方差在不同组间均要相等。在多元方差分析中可以用 Box's M 检验来检验协方差矩阵的齐性，并能够提供检验结果的显著性水平。当因变量不满足正态性时，Box's M 检验非常敏感，因此在进行该检验前，有必要首先对所有因变量的正态性进行检验。

当样本量较大时，Box's M 检验很容易得到显著的结果。但是，如果各组的样本量差不多（如最大组样本量/最小组样本量$\leqslant$1.5），那么即使 Box's M 检验结果显著（不满足齐性），对整个多元方差分析的影响也很小，F 检验的结果也是稳健的。如果最大组样本量/最小组样本量$>$1.5，那么研究者还可以尝试做方差稳定性转换。如果转换之后方差依然不等，且各组样本量悬殊，研究者就需要调整它们的效应，包括：

（1）确定哪个组有最大的方差。

（2）若较大的方差出现在样本量较大的组中，且 α 水平偏高，就意味着要用更小的显著性水平（如用 0.01 代替 0.05）去评价差异；若较大的方差出现在样本量较小的组中，则正好相反，研究者应该提高显著性水平。

这样看来，各组拥有的样本量差异程度对方差-协方差矩阵齐性这个假设的影响很大。所以在设计和实施时，应尽量保持相等的样本量。

（三）正态性

多元方差分析的第三个基本假设是因变量的正态性假设。从严格意义上讲，这个假设是指所有变量的组合服从多元正态分布，如果一组变量联合起来服从多元正态分布，那么其中的每个变量也一定都服从一元正态分布，所有的变量子集也都服从多元正态分布，所有可能的线性组合也服从一元正态分布。虽然几乎所有的多元统计技术都有这个假设，但是没有可以直接对多元正态性进行检验的方法。因此，大部分研究者会逐个检验因变量的正态性。虽然单个变量的正态性并不能保证多元正态性，但是如果所有的变量都满足这个条件，那么违背多元正态性的假设也就变得不那么重要了。

而且对于大样本来说，即使该假设不成立，影响也不大。违背多元正态性主要是会影响 Box's M 检验，但是经过转换校正之后，即可得到解决。在适当的样本量下，只要是由高偏度而不是异常值造成的，一定程度的正态性违背是可以接受的。

（四）其他基本假设

在多元方差分析中，除了以上基本假设，还应该关注因变量之间的关系是否为线性关系，因变量之间是否存在共线性，以及数据中是否有极端数据。

虽然多元方差分析是用来评价因变量组合的组间差异的，但它还是会在因变量（可能还包括协变量）之间创建一个线性关系。研究者需要首先对数据进行检验，看看变量间是否存在非线性关系。如果存在，就要考虑是否还要纳入这些变量。

另外，因变量之间不能有很高的相关，因为那样会使测量变得冗余，还会减弱统计效力。

多元方差分析对异常值非常敏感。这就需要研究者很认真地进行数据的清理，因为这些异常值对整个分析结果的影响非常显著。

三、估计模型及模型的整体性检验

当假设条件都满足时，即可进行多元方差分析。基于广义线性模型（generalized linear model，GLM）的估计模型被广泛使用，可以针对研究客体最恰当地评价均值之间的差异。另外，随着分析变得越来越复杂，研究者还需要计算统计检验力，以便对结果给出更深入的评价。

（一）广义线性模型的估计

近年来，广义线性模型在一元方差分析和多元方差分析均值估计中变得越来越流行。广义线性模型是一个模型家族，其中每个模型都包含三部分元素。

（1）变量（variate）：自变量的线性组合。每个自变量都有一个估计权重用来表示对预测值的贡献程度。

（2）随机部分（random component）：因变量的概率分布。典型的分布有正态分布、泊松分布、二项分布和多项式分布等。每种分布都对应一类反应变量（例如，连续变量对应正态分布，比率变量对应二项分布，二分变量对应泊松分布）。研究者根据反应变量的类型来选择模型的随机部分。

（3）连接函数（link function）：根据不同的模型公式为变量和随机部分提供理论连接。三种最常用的连接函数是恒等（identity）、logit 和 log。

广义线性模型的突出优势是模型设计的灵活与简单。表 2－3 给出了不同多元统计技术中广义线性模型各部分的情况。

表 2－3　几种多元统计技术中广义线性模型各部分的情况

多元统计技术	因变量类型	自变量类型	连接函数	概率分布
多元回归	连续	连续	恒等	正态分布
Logistic 回归	分类	连续	logit	二项分布
一元方差分析/多元方差分析	连续	分类	恒等	正态分布

（二）显著性检验的标准

在进行多元方差分析时，常采用 Roy 最大特征根（GCR）、Wilks' Lambda（又称为 U statistic）、Pillai's criterion 和 Hotelling's T^2 这 4 种检验的统计量来检验自变量各组之间在多个因变量的线性组合上是否存在显著差异。

（1）Roy 最大特征根检验，顾名思义是检验第一个判别函数的因变量线性组合在自变量各组之间的差异。其检验力很强，但没有考虑到所有的维度（只考虑了第一个判别函数）。如果各因变量仅在一个维度上有很强的相关，则比较适合用这种检验。但是这种检验对多元方差分析基本假设的要求较严格，一旦违背，就会对结果产生较大的影响。

（2）Wilks' Lambda 检验常被称为多元 F 检验，常用于多元情境下组间整体差异的显著性检验。与 Roy 最大特征根检验只基于第一个判别函数做判断不同，Wilks' Lambda 检验考虑了所有的判别函数。Wilks' Lambda 的分布虽然很复杂，但是转换成 F 分布之后，具有很好的显著性检验的渐进性。

（3）Pillai's criterion 和 Hotelling's T^2 类似于 Wilks' Lambda，它们也考虑了所有的特征根，也近似 F 分布。

当只有两个组时，上述所有的检验标准都是等价的。随着判别函数个数的增多，这些判断标准的差异方才显现。下面就介绍一下这几种检验标准的适用情境。好的检验应该既对假设的违背不敏感，又可以有最大检验力。

（1）Pillai's criterion 和 Wilks' Lambda 检验在基本设计（样本量足够，假设都满足，各组样本量基本相等）中比较适用。

（2）当样本量减小、各组样本量开始出现不一致或者方差-协方差不齐时，Pillai's criterion 依然是比较稳健的。

（3）当所有假设都满足且因变量只在一个维度上有代表性时，Roy 最大特征根检验的效力最强。

在绝大多数情况下，这些检验标准会得出相似的结论。但是，如果出现不一致的结论，则需要根据上面所讲的检验标准选择最恰当的检验。

（三）统计检验力

对于多元方差分析，检验力（power）与前面假设检验中相同，是指当处理效应真实存在时，能够检验出这个处理效应的概率，可以表示为 1 减去犯二类错误的概率 β，即 power $=1-\beta$。统计检验力在多元方差分析中非常重要，因为在研究设计和诊断结果时都需要用到它，特别是在结果差异不显著时。

1. 统计检验力的影响

对于 Roy 最大特征根、Wilks' Lambda、Pillai's criterion 和 Hotelling's T^2 这 4 种检验的统计量来说，其统计检验力的水平都依赖于三个因素：显著性水平（α）、效应值、样本量。在运用多元方差分析的研究设计中，这三者都是可控的，研究者可以通过调整这三者使检验力达到 0.8 以上。

（1）显著性水平（α）。研究者可以选择 α 水平，特别是当数据已经收集回来之后，效应值和样本量都不能再改变的时候，调整 α 水平是提高统计检验力的首要方法。

● 收紧 α 水平（如 α 从 0.05 变为 0.01，即变得更保守）会减小犯一类错误的概率，但此时需要更多来自研究结果的证据来证明差异的存在，否则会造成检验力的降低。

● 放宽 α 水平（如 α 从 0.05 变为 0.10）意味着研究者认为更小的组间差异是显著的，因此被认为是“更不统计的”。然而，当效应量或样本量较小时，我们应该考虑放宽

α 水平以提高检验力。以多重比较为例，多重比较提高了犯一类错误的概率，然而，在进行多重比较时，如果仍将总的 α 水平定为 0.05，这可能会使对每次比较的 α 水平要求提高（例如 0.01 甚至更低），即更难确定差异显著，从而导致检验力降低。此时，研究者有必要合理地放宽每个单独比较的 α 水平。

（2）效应值（effect size）。在给定 α 水平的情况下，如何提高统计检验力呢？研究者的首选往往是增加每个组的样本量。在考虑样本量的影响之前，我们先来看看效应值的影响。效应值是对组间差异的标准化测量，可以通过计算组间差异与标准差之比得到。效应值对统计检验力的影响如下：

- 当其他条件不变时，大效应值会比小效应值有更高的统计检验力（更易检验出差异）。
- 效应值的大小对统计检验力有直接影响。对于给定的样本量，当效应值变大时，统计检验力变大。反过来，如果检验结果是效应值比较小，就需要有更大的样本量来保证与大效应值时有相同的检验力。

（3）样本量（sample size）。当 α 水平和效应值都固定时，最后一个可以影响检验力的因素就是样本量了。这也是研究者最可控的一个条件。像之前讨论的那样，当样本量变大时，抽样误差减小，统计检验力就提高了。

- 如果每组样本量少于 30，那么很难得到理想的检验力。如果效应值很小，可以通过放宽 α 水平（如从 0.05 到 0.10）来得到理想的检验力。
- 增大每组的样本量可以显著地提高检验力，直到每组样本量达到 150 时，检验力的提高才会明显减缓。
- 大样本量（400 或更大）会使抽样误差变得非常小，以至于很小的差异也会变得显著。所以，当样本量很大、组间差异显著时，研究者必须判断仅是统计上的显著，还是实际上也有显著差异。

在多元方差分析中，不同条件下想要达到 0.8 的统计检验力所需要的每个组的样本量如表 2-4 所示。从表中我们可知：

- 当因变量的个数增加时，就要求有更大的样本量来保证同等水平的检验力，且在小效应值下，这种对样本量的要求更加明显。
- 当效应值较小时，研究者就需要更多的被试来保证可接受的检验力水平。比如，检验力为 0.8，在 4 个组的情况下，如果有 2 个因变量，则需要每组 115 个被试；如果有 8 个因变量，则需要每组 185 个被试。

所以，使用更多的因变量也会为研究和分析带来负担。研究者要在解释上和统计上平衡好因变量的个数。

表 2-4　不同条件下达到 0.8 的统计检验力每组所需的样本量

效应值	组数											
	3				4				5			
	因变量个数				因变量个数				因变量个数			
	2	4	6	8	2	4	6	8	2	4	6	8
非常大	13	16	18	21	14	18	21	23	16	21	24	27

续表

效应值	组数											
	3 因变量个数				4 因变量个数				5 因变量个数			
	2	4	6	8	2	4	6	8	2	4	6	8
大	26	33	38	42	29	37	44	46	34	44	52	58
中	44	56	66	72	50	64	74	84	60	76	90	100
小	98	125	145	160	115	145	165	185	135	170	200	230

资料来源：Läuter，1978.

2. 在设计和分析中应用检验力

在设计分析和评价结果时都要用到统计检验力的估计。在设计阶段，研究者要通过估计效应值来确定所需的样本量。一般情况下，效应值可以根据前人研究或合理的判断来估计，或者直接设定为实际显著性最小的水平。无论如何样本量都要达到给定的检验力和 α 水平下的要求。

在分析完之后，研究者要对结果进行解释，特别是差异不显著的时候。研究者首先需要确定检验力是否足够高（0.8 或更高）。如果检验力足够高，但是结果依然不显著，那么极有可能是处理的效应值太小了。

3. 因变量的多重共线性对检验力的影响

在多元方差分析中，研究者需要考虑到因变量的多重共线性可能会对检验力造成的影响。不论是在设计还是分析阶段，研究者都应综合考虑相关的强度和方向，以及因变量的效应量。随着因变量的效应量大小不同，检验力也各不相同，会产生如下几种模式：

（1）如果相关的变量由强—强或者弱—弱的变量构成，那么当变量之间存在强的负相关时，检验力最大。这一结果表明，在多元方差分析中，可以通过使用高度负相关的因变量来提高检验力。

（2）如果相关的变量由强—弱的变量构成，那么变量之间为强相关时，检验力最大，与相关的方向无关。

（3）此外，有研究发现，当通过增加项目数量来提高信度时，检验力会提高，即使变量之间的相关性较弱或是方向为正。

四、结果解释

当评价完处理的统计显著性之后，下一步就要开始对结果进行解释了。结果解释一般包括三个步骤：

（1）如果有协变量，则要首先解释协变量的效应。

（2）评价不同因变量在不同处理上表现出的差异大小。

（3）评价组间差异是单个因变量上的差异还是整体因变量组合上的差异。

（一）评价协变量

协变量是在方差分析中引入的连续变量。尽管协变量在设计上只作为控制变量出现，但在结果解释时还是要首先对它进行评价。

1. 评价整体效应

协变量最重要的作用就是反映统计检验中的整体效应问题。而评价整体效应最直接的方法就是分别对含有协变量和不含协变量的模型进行分析，然后进行比较。如果协变量是有效的，那么当加入协变量时，统计检验力会提高，组内变异会减小。如果加入协变量之后，模型没有显著变好，就可以删除这个协变量，因为它会使模型的自由度变小。这种方法还可以检测出协变量影响过大使得其他自变量的作用都变得不显著的情况。一般来说，出现这种情况是因为协变量与其中一个自变量的相关性很高，导致原本由这个自变量解释的变异被协变量解释了。

2. 解释协变量

在方差分析中解释协变量类似于解释回归方程的过程。如果整体效应是显著的，之后就可以检验协变量对因变量的作用大小了。在理论上，分析结果为拒绝或接受零假设提供了客观依据；而在实际中，研究者也可以通过检验结果效应的大小来决定是否删除这个协变量。

（二）评价因变量的效应——主效应和交互作用

1. 主效应

主效应是指自变量对因变量的作用。如果在不同组间因变量存在显著差异，就称主效应显著。当自变量有两个水平时，主效应显著意味着两组间的差异显著。当自变量有三个或三个以上水平时，主效应显著则不能保证各组之间的差异显著，而是指至少有两个组间的差异是显著的。例如，自变量为地域，分为城市、县镇和农村。因变量为对某商品的满意度，为10点量表计分。在城市组中，满意度的均分为8.0；在县镇组中，满意度的均分为6.5；在农村组中，满意度的均分为6.0。方差分析的结果显示，地域的主效应是显著的，城市和县镇、城市和农村的差异均显著，但县镇和农村的差异不显著。这就说明当组数大于2时，主效应显著并不意味着各组两两之间的差异都显著。

在检验主效应时，还需要做另外两种分析：

（1）如果自变量的个数大于1，研究者就必须检验交互作用是否显著，如果显著，就要考虑交互作用对主效应解释的影响。

（2）如果一个自变量多于两个水平，研究者就要对这个自变量做多重比较，看具体是自变量的哪几个水平间的差异显著。

2. 交互作用

交互作用是指两个或两个以上自变量的联合作用。只要一个研究设计包含两个或更多自变量，在对主效应做出任何结论之前，研究者就必须首先检验交互作用。

（1）评价交互作用的统计显著性。

与评价主效应相同，交互作用也会在统计软件的输出结果中显示出来，而且显著性评价的标准与主效应相同。不显著的交互作用意味着因素之间相互独立，即一个处理水平在其他因素的每个处理水平或处理水平的结合上的效应是相同的。而如果交互作用显著，研究者就要进一步确定交互作用的类型。

(2) 交互作用的类型。

根据对处理效应的检验，交互作用可以分为两种类型：一致的交互作用和不一致的交互作用。

如果一个处理在其他处理的所有水平或水平结合上的效应不是完全相同的，且组间差异是同一方向的，就称这种交互作用为一致的交互作用。换句话说，一个处理水平的组均值总是大于/小于另一个水平的组均值，不管这个处理如何与其他处理相结合。例如，两个自变量分别为性别和年龄，因变量为对某产品的满意度。如果女性的满意度高于男性，但是在不同的年龄段这种性别差异的大小又不相同，此时就称为一致的交互作用。

如果一个处理在其他处理的所有水平或水平结合上的效应不是完全相同的，且组间差异是不同方向的，就称这种交互作用为不一致的交互作用。也就是说，在其他不同的处理水平或水平结合上，一个处理的其中一个水平的组均值与另一个水平相比时大时小。用上面同样的例子，如果在一些年龄段上男性的满意度高于女性，在另一些年龄段上女性的满意度高于男性，就称这种交互作用为不一致的交互作用。

例如，对不同形状（球形、立方形、星形）、不同颜色（红、蓝、绿）的麦片进行评价。不同交互作用情况下的结果如图 2-2 所示。

(三) 评价组间差异

尽管方差分析可以通过拒绝零假设得出所有组的均值不完全相等的结论，但是如果组数大于 2 时，则不能指出究竟哪些组之间均值的差异是显著的。由于未校正过的多重 t 检验会增大犯一类错误的概率，所以不适合用来检验多个组中两两比较的问题。现在有许多方法都可以在多重检验中有效地控制犯一类错误的概率。

1. 多个单变量检验

最简单的控制犯一类错误概率的方法就是做一系列的单变量检验，之后再做校正。而这种校正既适用于两组的情况，又适用于多组的情况。

(1) 两组检验。随着两组检验个数的增加，犯一类错误的概率会逐渐增大。而在 Hotelling's T^2 检验中，会对犯一类错误的概率进行一定的控制。如果研究者想要对每个因变量分别做组间差异的检验，那么可以用 T^2_{crit} 的平方根 T_{crit} 作为临界值。

(2) K 组检验。在进行 K 组检验时，可以通过 Bonferroni 校正法对 α 水平进行校正。Bonferroni 校正是指通过选择 α 水平，来控制多组比较中犯一类错误的概率。校正公式如下：

$$\alpha_{adj}=\alpha/\text{检验的次数}$$

例如，若总体的 α 水平为 0.05，做 5 次检验，那么通过 Bonferroni 校正之后，每一次检验的 α 水平就应该为 0.01。

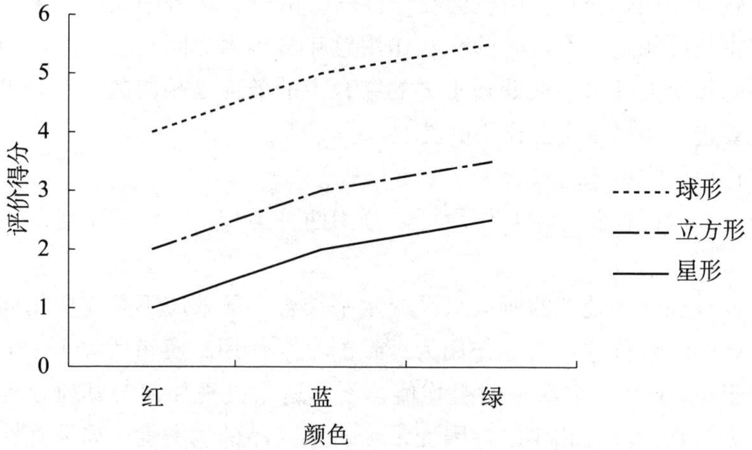

(a) 无交互作用

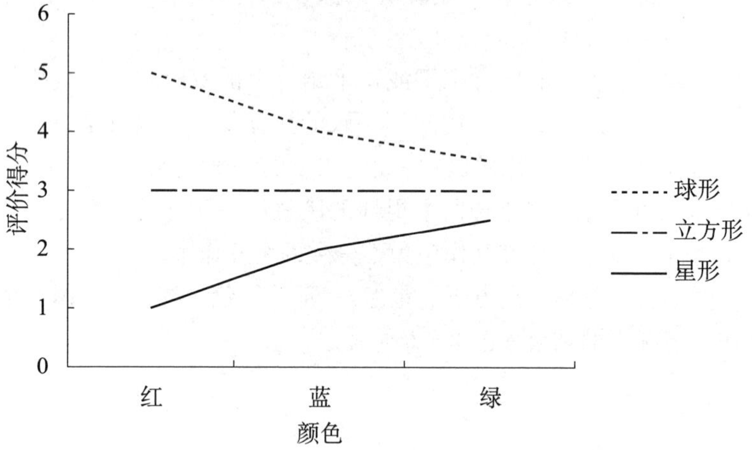

(b) 一致的交互作用：在颜色的不同水平下，不同形状的效应一致

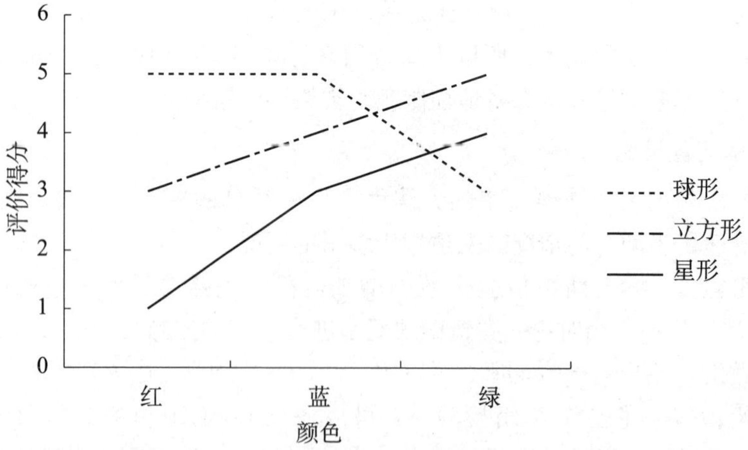

(c) 不一致的交互作用：在颜色的不同水平下，不同形状的效应不一致

图 2－2　交互作用示意图

2. 结构化的多组检验

如果研究者想要系统地对一个或多个因变量做特定组的组间差异检验，就需要一些

结构化的统计检验了。一般来说，结构化的检验包括事后检验和事先检验。

- 事后检验——在数据模型建立之后，检验所有自变量的不同水平之间的因变量差异。
- 事先检验——在拿到数据之前，根据理论假设或实践经验计划需要做的检验。

原则上，这两种检验的区别在于：事后检验是对所有组的均值都进行比较，考虑到所有可能的结合，但其检验力却很低；而事先检验则只针对特定组的均值进行比较，检验力会高一些。

（1）事后检验。事后检验又称事后比较、多重比较，这类方法被广泛应用。最常用的事后检验方法有：

- Scheffé 差别检验法。
- Tukey 显著性检验（Tukey's honestly significant difference，HSD）。
- 最小显著差法（least significant difference，LSD）。
- Duncan 多范围检验（Duncan's multiple-range test）。
- Newman-Keuls 检验（Newman-Keuls test，简称 N-K 检验）。

Scheffé 差别检验法是最保守的检验方法，结果最不容易显著，α 水平最小。之后依次为 HSD 法、LSD 法、N-K 检验、Duncan 多范围检验。

（2）事先检验。事先检验是事前有计划的比较，它在统计方法上与事后检验相似，但是在设计和控制上与事后检验有很大的不同：

- 在事先检验中，由研究者决定对哪组均值进行比较。
- 事先检验由于比较次数较少，因此检验力较高。
- 如果有理论基础，则事先检验更适用。

第五节　多元方差分析应用案例及 SPSS 操作

本例采用贝姆性别角色量表数据，量表中共包括 60 道题目，样本量为 4 003。数据中将这 60 道题目合成为男性气质和女性气质两个连续变量，数据中还包括年龄阶段（青年、中年、老年）和性别这两个分类变量。本例将男性气质和女性气质作为因变量，将性别、年龄阶段作为自变量，考察不同性别、不同年龄阶段的受测者在男性气质和女性气质两种特质上是否存在差异。

一、操作过程

（1）打开数据文件“2_1 贝姆性别角色量表数据 .sav”，选择 Analyze→General Linear Model→Multivariate...，打开主对话框。将因变量男性气质（M）和女性气质（F）选入“Dependent Variables”框中，将自变量性别（gender）和年龄阶段（age）选入“Fixed Factor（s）”框中。

（2）在“Post Hoc...”对话框中，将 age 选入“Post Hoc Tests for”框中；在“Equal

Variances Assumed”栏中选中“Scheffé”（也可以选择其他事后检验的方法），点击“Continue”。

（3）在“Options...”对话框中，在“Display”栏中选中“Descriptive statistics”“Homogeneity tests”，点击“Continue”。

（4）在其他对话框中，使用系统默认设置。这样多元方差分析的 SPSS 设置就完成了，单击“OK”按钮即可运行程序。操作过程语句参见文件“2_1 贝姆性别角色量表语句 . sps”。

二、结果分析

运行上述命令，得到如下结果。

（一）描述统计结果

表 2 - 5 列出了男性气质和女性气质两个因变量在不同性别、年龄阶段情况下的均值、标准差和样本量。

表 2 - 5　描述统计结果

Descriptive Statistics

	gender	age	Mean	Std. Deviation	N
masculinity	male	youth	3.506	.9049	2449
		middle-aged	3.580	1.0257	288
		elder	3.675	.9583	40
		Total	3.516	.9191	2777
	female	youth	3.473	.9299	1030
		middle-aged	3.690	.9458	185
		elder	3.573	.7404	11
		Total	3.507	.9334	1226
	Total	youth	3.496	.9124	3479
		middle-aged	3.623	.9957	473
		elder	3.653	.9098	51
		Total	3.513	.9234	4003
feminity	male	youth	3.396	.8324	2449
		middle-aged	3.568	.7879	288
		elder	3.815	.7594	40
		Total	3.420	.8297	2777
	female	youth	3.577	.8191	1030
		middle-aged	3.512	.8436	185
		elder	3.755	.6362	11
		Total	3.568	.8214	1226
	Total	youth	3.449	.8325	3479
		middle-aged	3.546	.8097	473
		elder	3.802	.7290	51
		Total	3.465	.8299	4003

(二) 方差-协方差矩阵齐性检验结果

1. Box's *M* 检验结果

Box's *M* 检验的零假设是不同组的因变量之间的协方差矩阵相同，即不同组满足协方差矩阵齐性假设；Box's *M* 检验结果显著，表明观测到的因变量之间的协方差矩阵在不同组别之间不等，即不满足方差齐性假设。表 2-6 中 Box's *M* 检验结果不显著，因此不能拒绝零假设，即可认为两个因变量的线性组合在不同组之间满足协方差矩阵齐性假设。

表 2-6　协方差矩阵齐性的 Box's *M* 检验结果

Box's Test of Equality of Covariance Matrices[a]

Box's M	21.477
F	1.402
df1	15
df2	16306.276
Sig.	.136

Tests the null hypothesis that the observed covariance matrices of the dependent variables are equal across groups.

a. Design：Intercept + gender + age + gender * age

2. Levene 误差的方差齐性检验结果

Levene 误差的方差齐性检验的零假设是一个因变量的误差方差在不同组之间是相等的。由表 2-7 的结果可知，因变量男性气质和女性气质的误差方差在不同组之间是相等的。

表 2-7　Levene 误差的方差齐性检验结果

Levene's Test of Equality of Error Variances[a]

	F	df1	df2	Sig.
masculinity	1.551	5	3997	.171
feminity	1.141	5	3997	.336

Tests the null hypothesis that the error variance of the dependent variable is equal across groups.

a. Design：Intercept + gender + age + gender * age

(三) 多变量检验结果

在表 2-8 中，第二列是截距项和自变量的多元方差检验统计量的名称，后面依次是相应统计量的大小、转换的 *F* 检验统计量大小、假设 df、误差 df 和显著性水平。从 Sig. 值来看，4 种检验都一致得出了统计显著的结论，即男性气质和女性气质两个因变量组合形成的新变量在不同性别之间没有显著差异，而在不同年龄阶段之间存在显著差异，且性别和年龄阶段的交互作用显著。

表2-8　多变量检验结果

Multivariate Tests[a]

Effect		Value	F	Hypothesis df	Error df	Sig.
Intercept	Pillai's Trace	.722	5186.147[b]	2.000	3996.000	.000
	Wilks' Lambda	.278	5186.147[b]	2.000	3996.000	.000
	Hotelling's Trace	2.596	5186.147[b]	2.000	3996.000	.000
	Roy's Largest Root	2.596	5186.147[b]	2.000	3996.000	.000
gender	Pillai's Trace	.000	.026[b]	2.000	3996.000	.974
	Wilks' Lambda	1.000	.026[b]	2.000	3996.000	.974
	Hotelling's Trace	.000	.026[b]	2.000	3996.000	.974
	Roy's Largest Root	.000	.026[b]	2.000	3996.000	.974
age	Pillai's Trace	.004	4.196	4.000	7994.000	.002
	Wilks' Lambda	.996	4.198[b]	4.000	7992.000	.002
	Hotelling's Trace	.004	4.199	4.000	7990.000	.002
	Roy's Largest Root	.004	7.384[c]	2.000	3997.000	.001
gender * age	Pillai's Trace	.003	2.622	4.000	7994.000	.033
	Wilks' Lambda	.997	2.623[b]	4.000	7992.000	.033
	Hotelling's Trace	.003	2.624	4.000	7990.000	.033
	Roy's Largest Root	.003	5.065[c]	2.000	3997.000	.006

a. Design: Intercept + gender + age + gender * age

b. Exact statistic

c. The statistic is an upper bound on F that yields a lower bound on the significance level.

（四）单变量检验结果

由表2-9中的结果可知，对于男性气质这个因变量，不同性别之间不存在显著差异，不同年龄阶段之间存在显著差异，性别和年龄阶段的交互作用不显著；对于女性气质这个因变量，不同性别之间不存在显著差异，不同年龄阶段之间不存在显著差异，性别和年龄阶段的交互作用显著。

表2-9　单变量检验结果

Tests of Between-Subjects Effects

Source	Dependent Variable	Type Ⅲ Sum of Squares	df	Mean Square	F	Sig.
Corrected Model	masculinity	9.882[a]	5	1.976	2.322	.041
	feminity	33.811[b]	5	6.762	9.929	.000
Intercept	masculinity	3662.497	1	3662.497	4302.621	.000
	feminity	3705.381	1	3705.381	5440.512	.000
gender	masculinity	.005	1	.005	.005	.941
	feminity	.033	1	.033	.048	.826

续表

Source	Dependent Variable	Type Ⅲ Sum of Squares	df	Mean Square	F	Sig.
age	masculinity	8.656	2	4.328	5.084	.006
	feminity	4.019	2	2.010	2.951	.052
gender * age	masculinity	2.044	2	1.022	1.201	.301
	feminity	5.831	2	2.916	4.281	.014
Error	masculinity	3402.345	3997	.851		
	feminity	2722.245	3997	.681		
Total	masculinity	52815.760	4003			
	feminity	50823.940	4003			
Corrected Total	masculinity	3412.227	4002			
	feminity	2756.056	4002			

a. R Squared = .003 (Adjusted R Squared = .002)
b. R Squared = .012 (Adjusted R Squared = .011)

(五)多组检验结果

由于年龄阶段这个变量存在三个水平，故对其进行多重比较（使用 Scheffé 差别检验法），结果如表 2-10 所示。

表 2-10　多组检验结果
Multiple Comparisons

Scheffé

Dependent Variable	(I) age	(J) age	Mean Difference (I-J)	Std. Error	Sig.	95% Confidence Interval	
						Lower Bound	Upper Bound
masculinity	youth	middle-aged	-.127*	.0452	.020	-.237	-.016
		elder	-.157	.1301	.484	-.475	.162
	middle-aged	youth	.127*	.0452	.020	.016	.237
		elder	-.030	.1360	.975	-.363	.303
	elder	youth	.157	.1301	.484	-.162	.475
		middle-aged	.030	.1360	.975	-.303	.363
feminity	youth	middle-aged	-.097	.0404	.058	-.196	.003
		elder	-.353*	.1164	.010	-.638	-.068
	middle-aged	youth	.097	.0404	.058	-.003	.196
		elder	-.256	.1216	.109	-.554	.042
	elder	youth	.353*	.1164	.010	.068	.638
		middle-aged	.256	.1216	.109	-.042	.554

Based on observed means.
The error term is Mean Square (Error) = .681.
*. The mean difference is significant at the .05 level.

由表 2-10 可知，对于男性气质这个因变量，青年和中年的受测者差异显著，也就是说中年阶段的男性气质得分显著高于青年阶段的男性气质得分；对于女性气质这个因变量，青年和老年的受测者差异显著，也就是说老年阶段的女性气质得分显著高于青年阶段的女性气质得分。

三、结论

多变量检验结果表明，男性气质和女性气质两个因变量组合形成的新变量在不同性别之间没有显著差异，而在不同年龄阶段之间存在显著差异，且性别和年龄阶段的交互作用显著。

单变量检验结果表明，对于男性气质这个因变量，不同性别之间不存在显著差异，不同年龄阶段之间存在显著差异，性别和年龄阶段的交互作用不显著；对于女性气质这个因变量，不同性别之间不存在显著差异，不同年龄阶段之间不存在显著差异，性别和年龄阶段的交互作用显著。

多重比较结果表明，中年阶段的男性气质得分显著高于青年阶段的男性气质得分；老年阶段的女性气质得分显著高于青年阶段的女性气质得分。

关键术语

多元方差分析（MANOVA）　一元方差分析（ANOVA）　Hotelling's T^2 检验
因素设计　一元协方差分析（ANCOVA）　多元协方差分析（MANCOVA）
方差-协方差矩阵齐性　广义线性模型　多元正态分布　统计检验力
主效应　交互作用　事先检验　事后检验

本章要点

1. 一元方差分析的零假设是对于单个因变量而言，各组的均值之间不存在显著差异。多元方差分析的零假设是对于多个因变量构成的新变量而言，各组的均值之间不存在显著差异。

2. 多元方差分析由于可以同时处理多个因变量，就在统计准确性和效率上具备了一定的优势：第一，可以控制犯一类错误的概率；第二，可以对多个因变量的线性组合进行差异检验。

3. 为了保证多元方差分析的有效性，必须满足三个基本假设：(1) 不同观测之间必须相互独立；(2) 各组的因变量的方差-协方差矩阵必须相等；(3) 因变量必须服从多元正态分布（因变量的任意线性组合都必须服从多元正态分布）。另外，除了这三条严格的假设必须满足之外，还有其他因素可能会影响检验效果，如因变量的线性关系和其共线性。

4. 多元方差分析的结果解释主要分为以下三步：(1) 如果有协变量的话，解释协变量的影响；(2) 评价哪个（些）因变量存在组间差异；(3) 评估组间差异是针对某个单一因变量还是针对由所有因变量构成的新变量的。

5. 事后检验是指在数据模型建立之后，检验所有自变量的不同水平之间的因变量差异。事后检验要对所有组的均值都进行比较，考虑到所有可能的结合，其检验力较低。

6. 交互作用是指两个或两个以上自变量的联合作用。不显著的交互作用意味着因素之间相互独立，即一个处理水平在其他因素的每个处理水平或处理水平的结合上的效应是相同的。而如果交互作用显著，研究者就要进一步确定交互作用的类型。交互作用可以分为两种类型：一致的交互作用和不一致的交互作用。

第三章

多元回归分析

【核心要点】

1. 了解多元回归的概念及其可以解决的问题。

2. 掌握三种不同类型多元回归的特点及它们之间的区别，了解自变量的进入顺序对衡量该自变量重要性的影响。

3. 掌握检验回归方程整体显著性和比较自变量重要性的指标和方法。

4. 了解可能对回归分析准确性产生影响的因素。

第一节　多元回归分析的一般目的和描述

在回归分析中，如果自变量只有一个，则称为一元回归分析，它只能处理两个变量之间的关系。然而在实际研究中，变量之间的关系错综复杂，一个因变量往往会受到多个自变量的综合影响。因此，一个因变量需要通过多个自变量来综合预测。例如：商品的需求除了受自身价格的影响，还会受消费者收入、消费者偏好及其他商品的价格等因素的影响；影响水果产量的外界因素除了平均气温、平均日照时数、平均湿度等气候因素，还有肥料、灌溉等因素。当研究者需要使用回归分析考察多个自变量对一个连续因变量的影响时，就需要用到多元回归分析。

多元回归分析在心理与教育领域的研究中有着广泛的应用。近年来，随着相关统计软件的开发，多元回归分析在心理和教育领域越来越显示出其强大的生命力。例如，在心理测量中，一个测验常常包含几个测量不同方面能力的分测验。在检验该测验的效标效度时，就需要运用多元回归分析来考察这几个分测验的分数对效标的预测效度。又如，在高考效度研究中，常常需要将各科高考成绩作为自变量，将大学核心课程的成绩（效标）当作因变量进行多元回归分析。

目前，在教育心理、社会心理等方面的研究大部分是多因素设计的研究。在这些研究中，多元回归分析的应用更加广泛和深入。例如，当研究人员希望了解哪些因素会影响大学生的学业成绩时，就可以使用多元回归方法来进行分析。首先，研究人员需要根据已有研究资料来确定因变量与自变量。在这个例子中，因变量确定为学生学业成绩，自变量包括同伴关系、教师期望、学习能力以及自尊水平。研究人员需要建立回归方程，并通过实测数据来求解模型中的各个参数，评价回归模型能否很好地拟合数据，还要检验各个自变量的作用是否符合预先的假设。如果模型能够很好地拟合实测数据，则可以运用此模型来进行预测。

对于初学者，有时会分不清回归与相关的区别，认为多元回归只是将多个变量的相关换了一种呈现形式，而事实并非如此。回归分析重在探讨自变量对因变量变异的解释和预测，对变量之间的关系有预先指定的明确的方向性，自变量和因变量不能轻易交换位置。多元回归还可以检验多个自变量和因变量之间更为复杂的关系（比如捕捉复杂的非线性关系和交互效应等）。而相关主要衡量变量之间是否存在关系，以及关系的强弱。即使是考察多个变量之间的相关，如果使用零阶相关（又称简单相关），那么也仅能展现在不考虑其他变量的影响时变量两两之间的简单相关关系，而且变量的地位是平等的，没有使用一个去预测另一个的假设。但回归与相关也非完全割裂，零阶相关是选择自变量进入回归方程的一个重要的参考指标。本质上，多元回归的基础是变量之间的相关，如果所有变量之间都毫无关系，回归分析也就失去了大部分意义。需要注意的是，相关分析和回归分析都不能确定变量间的因果关系。虽然回归分析可以帮助我们假定因果方向，但它本身并不能确定真实的因果关系，因为它只是一种统计模型，无法完全排除其他潜在变量的影响或反向因果关系。要做出可靠的因果推断，必须结合合理的研究设计（如随机对照试验、纵向研究）或进一步的统计方法。本章还会介绍一些新的相关系数，它们可在考虑其他变量影响的同时估计自变量与因变量之间的关系。

第二节　多元回归分析主要回答的问题

多元回归分析主要可以回答四大类问题：（1）验证自变量对因变量的影响；（2）检验单个或一组自变量的重要性；（3）建立预测模型；（4）分析自变量之间的交互作用。具体到可解决的研究问题，可细化至以下十个方面：

第一，考察因变量与多个自变量之间关系的强度。进行多元回归分析首先要回答的问题是：研究者建立的回归方程有多好？该回归方程对因变量的预测是否优于随机水平下的猜测？因变量与多个自变量的整体相关与零是否有显著差异？例如，对于知觉发展、动作发展和年龄这几个变量能在多大程度上预测小学低年级的阅读能力这一问题，就可以用多元回归中的多元判定系数来回答。

第二，考察已有自变量的重要性。如果因变量与多个自变量的整体相关不等于零，那么研究者会进一步探究哪个自变量更为重要，哪个自变量对预测的作用不大。在上述例子中，如果三个变量合起来能显著预测阅读能力，那么知觉发展、动作发展和年龄，哪个自变量更为重要呢？多元回归中还有多个衡量自变量的重要性的指标。

第三，考察增加自变量的必要性。假设研究者建立了初始的回归模型，接下来会遇到的问题是：是否要加入新的变量以提高预测的精度？例如，在考虑了知觉发展、动作发展和年龄对阅读能力的影响后，将词汇量这一新变量加入模型是否能改善对阅读能力的预测？多元回归中同样存在一些指标可以回答这一问题。

第四，在统计上预先控制协变量的影响。很多情况下，研究中会混杂一些研究者并不关心但会对因变量产生影响的变量，这时就需要通过统计的手段消除这些变量的影响，再来考察研究者关心的自变量与因变量的关系，这类需要预先控制的变量称为协变量。在多元回归中，可以让协变量先进入回归模型，再加入要研究的关键变量。

第五，基于假设的需要来定义自变量影响因变量的顺序。根据已有的理论和研究假设，研究者可能会对某些自变量在其他变量得到控制的情况下对因变量产生何种影响感兴趣。序列回归就常被用来解决此类问题。例如，在控制了知觉发展和年龄的影响作用后，动作发展是否还可以显著预测阅读能力？

第六，比较多组自变量的重要性。研究所关注的自变量较多时，时常会比较一组自变量的预测能力是否比另一组的更强。例如，知觉发展、动作发展和年龄这组自变量预测阅读能力的效果是否比家庭收入和父母受教育程度的组合更好？

第七，寻找最佳的预测模型。除了探究变量之间的复杂关系，研究者有时还需要对一个因变量建立最佳的预测模型，即用已有样本来建立回归模型，使得模型输出的预测分数与真实分数之间的差异最小。此时可使用统计回归。这是一种数据驱动的回归类型，它按照一定的统计规则选入对预测因变量贡献最大的一组自变量。但统计回归一直颇受争议，对它的使用应当谨慎。

第八，在新样本上预测因变量分数。建立好预测模型后，就可以利用预测模型在新样本上进行预测，通过将新样本的自变量值代入回归模型来获得预测的因变量值。如果在现有样本上建立的回归模型对新的个案同样预测准确，则可以称该回归模型具有较好的泛化性。为了保证回归模型具有良好的泛化性，建立回归模型时还会用到交叉验证的方法。

第九，重新构造自变量以解释非线性关系。尽管多元回归方程是线性方程，研究者仍可以通过重新构造自变量，使得回归方程可以用来解释非线性关系。研究者可以将自变量的二次或多次项加入回归方程，从而拟合出一条曲线。例如，随着父母兴趣的提高，孩子的阅读能力会上升到一个顶点，之后便开始下降。此时将父母兴趣这一自变量平方后加入预测孩子阅读能力的回归方程中，便可提高预测的准确性。将两个自变量相乘加入回归方程还可以解释自变量之间的交互作用，但要注意变量中心化的问题（如何分析交互作用详见第十二章）。需要注意的是，过度使用乘积项会导致回归方程过拟合，即仅对建立回归方程的样本拟合良好，而在新样本上表现较差。残差分析可以反映出自变量与因变量之间可能存在的曲线关系或交互作用。

第十，同时处理分类自变量和连续自变量对因变量的影响。在多元回归方程中，加入的自变量一般都是连续变量，但有时研究者还会关注分类自变量对因变量的影响。例如探究影响师生关系的因素时，教师的教学风格为分类变量，共有三个水平：权威式、民主式和放任式。此时如果要使用多元回归，就需要对教学风格这个分类自变量进行虚拟编码，得到两个新的自变量后，才可放入回归方程进行分析。编码后的新自变量还可与其他自变量相乘，用来估计包含分类自变量的交互作用。通过虚拟编码，在多元回归分析的框架下，可同时处理分类自变量和连续自变量对因变量的影响。之前的章节中介绍的多元方差分析只能处理分类自变量。事实上，方差分析可看作回归分析的特例。

第三节　多元回归分析的假设及模型

一、使用多元回归分析的前提假设

使用多元回归分析的前提假设与一元回归分析的很相似，包括：

（1）因变量为连续变量。

（2）自变量与因变量之间呈线性关系。

（3）误差项 $e_i \sim N(0, \sigma^2)$，尤其是在小样本情况下此假设更加重要。在大样本中，根据大数定律，即使残差项不严格服从正态分布，回归分析的估计也是可靠的（渐近正态性）。误差是独立同分布的，即误差项之间相互独立，误差的方差同质，误差服从均值为零、方差为常数 σ^2 的正态分布。

（4）对所有变量的观测必须是相互独立的（因变量的各观测值之间无相关性，自变量之间无多重共线性）；自变量与误差项也要相互独立。

当满足这四个假设时，可建立多元回归方程，探究因变量与多个自变量之间的相关关系，并可根据已知的自变量，对因变量进行预测。另外，多数情况下自变量为等距或等比数据，此时如果自变量是分类变量，则需要重新编码出虚拟变量或者其他类型的对比变量。

限于现实条件和研究问题等因素制约，使用多元回归时不一定严格满足上述所有假设。研究者应针对不同的情况，使用符合这些特殊情况的方法进行多元回归分析。否则，用一种固定不变的计算方法对不同条件下的数据进行相同的多元回归分析，就会犯错误。这要求研究者在每次进行多元回归分析时都要注意检测假设被违背的程度，仔细分析原因并采取一定手段减小对结果的不利影响，详细内容参考本书第一章第四节，这里不再赘述。

近年来多元回归分析的软件不断被开发出来，其中包括各种不同情况和不同假设下的回归分析，这为实际应用回归分析，尤其是多元回归分析提供了非常大的方便。但是，在选择和使用它们的时候，一定要懂得回归分析的基本原理和基本过程，并了解其基本假设条件，这也是利用计算机进行各种统计分析的基本原则。

二、多元回归方程的建立

多元线性回归是分析一个变量与多个变量之间线性关系的最基本的方法，它的模型可以表示为：

$$\hat{Y} = b_0 + b_1X_1 + b_2X_2 + \cdots + b_kX_k \tag{3-1}$$

式中共有 k 个自变量（X_1，X_2，…，X_k）；b_1，b_2，…，b_k 为偏回归系数，表示当其他自变量保持不变时，相应自变量的变化所引起的因变量的变异值；$\hat{Y}$ 是因变量 Y 的预测值。

以消费者对商品的需求（Y）受商品价格（X_1）和消费者收入（X_2）的影响这个二元（两个自变量）线性回归为例，回归方程可以表示为：

$$\hat{Y} = b_0 + b_1X_1 + b_2X_2 \tag{3-2}$$

式中，$\hat{Y}$ 是因变量商品需求的预测值，b_0 为截距，b_1 和 b_2 分别为自变量商品价格（X_1）和消费者收入（X_2）对应的偏回归系数。按照上文中偏回归系数的定义，b_1 表示当消费者收入固定不变时，商品价格每变化一个单位，消费者对商品的需求平均变化 b_1 个单位；同理，b_2 表示当商品价格固定不变时，消费者收入每变化一个单位，消费者对商品的需求平均变化 b_2 个单位。截距表示所有自变量均为 0 时因变量的值。在这个例子中，假设两个自变量——商品价格（X_1）和消费者收入（X_2）——都经过中心化（即都减去相应的均值），那么截距 b_0 的含义是当商品价格和消费者收入都处于均值水平时，消费者对商品的需求为 b_0。

三、多元回归方程的参数估计

多元回归方程的参数估计方法与一元回归方程的相同，都是利用最小二乘法来估计。下面以二元线性回归分析为例，说明回归方程中参数的估计过程。

根据最佳拟合的原则，最小二乘法要求估计得到的参数使残差平方和最小，即求出一组参数 b_0、b_1 和 b_2，使得残差平方和 $\sum(Y-\hat{Y})^2=\sum(Y-b_0-b_1X_1-b_2X_2)^2$ 的值最小。具体计算过程如下：

根据取最小值的条件，分别求残差平方和对参数 b_0、b_1 和 b_2 的偏导，令其等于零，可以得到如下方程组：

$$\begin{aligned} &b_0=\bar{Y}-b_1\bar{X}_1-b_2\bar{X}_2\\ &b_0\sum X_1+b_1\sum X_1^2+b_2\sum X_1X_2=\sum X_1Y\\ &b_0\sum X_2+b_1\sum X_1X_2+b_2\sum X_2^2=\sum X_2Y \end{aligned} \tag{3-3}$$

式中，$\bar{Y}$ 是 Y 的均值。将第一个方程代入后两个，可以得到：

$$b_1\sum(X_1-\bar{X}_1)^2+b_2\sum(X_1-\bar{X}_1)(X_2-\bar{X}_2)=\sum(X_1-\bar{X}_1)(Y-\bar{Y})$$

$$b_1\sum(X_1-\bar{X}_1)(X_2-\bar{X}_2)+b_2\sum(X_2-\bar{X}_2)^2=\sum(X_2-\bar{X}_2)(Y-\bar{Y})$$

式中，$\bar{X}_1$ 是 X_1 的均值，$\bar{X}_2$ 是 X_2 的均值。记

$$l_{X_1X_1}=\sum(X_1-\bar{X}_1)^2$$

$$l_{X_1Y}=\sum(X_1-\bar{X}_1)(Y-\bar{Y})$$

$$l_{X_2Y}=\sum(X_2-\bar{X}_2)(Y-\bar{Y})$$

$$l_{X_2X_2}=\sum(X_2-\bar{X}_2)^2$$

$$l_{X_1X_2}=\sum(X_1-\bar{X}_1)(X_2-\bar{X}_2)$$

就可以得到 b_1 和 b_2 的估计值：

$$b_1=\frac{l_{X_1Y}\,l_{X_2X_2}-l_{X_2Y}\,l_{X_1X_2}}{l_{X_1X_1}\,l_{X_2X_2}-l_{X_1X_2}^2} \tag{3-4}$$

$$b_2=\frac{l_{X_2Y}\,l_{X_1X_1}-l_{X_1Y}\,l_{X_1X_2}}{l_{X_1X_1}\,l_{X_2X_2}-l_{X_1X_2}^2} \tag{3-5}$$

再将 b_1 和 b_2 代入

$$b_0 = \overline{Y} - b_1\overline{X}_1 - b_2\overline{X}_2 \tag{3-6}$$

就可以得到参数 b_0 的估计值。

第四节　多元回归分析的类型

多元回归分析有三种主要类型：标准多元回归、序列回归、统计回归。这三种类型的区别主要体现在如何解释自变量之间因相关而产生的重叠，以及按照怎样的规则决定自变量进入的顺序。

本节将使用韦恩图表示变量之间的关系。以图 3－1 为例，共有三个自变量（X_1、X_2 和 X_3）和一个因变量（Y）。X_1、X_2 和 X_3 共同解释 Y 的部分为 a＋b＋c＋d＋e，其中三个自变量单独解释的部分分别是 a、c 和 e，X_1 和 X_2 共同解释的部分为 b，X_2 和 X_3 共同解释的部分为 d，X_1 和 X_3 没有共同解释的部分，因此没有重叠。

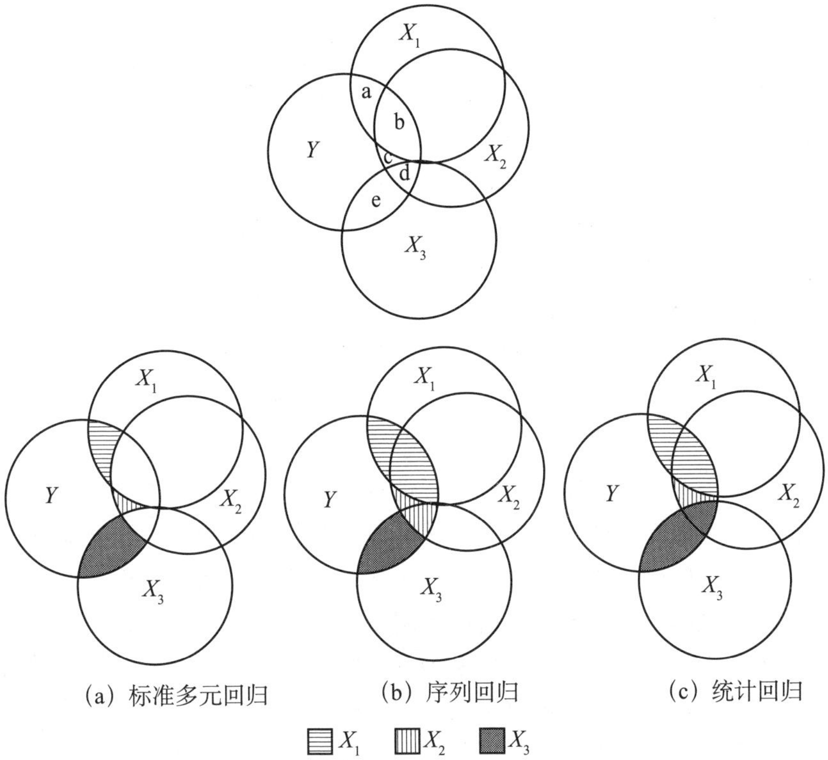

图 3－1　三种回归类型解释因变量方差的维恩图

一、标准多元回归

在标准多元回归（standard multiple regression）中，所有自变量同时进入回归方程，故又称为同时回归（simultaneous regression）。标准多元回归仅度量了每个自变量进入方程后对预测因变量做出的独特贡献。换言之，标准多元回归在计算单个自变量的贡献时，将该自变量与其他所有自变量共同解释的部分都排除掉，仅计算剩余的由该自变量单独解释的部分。正是由于这一点，在标准多元回归中，所有重叠的部分将不计入任何自变量的贡献。

如图 3-1（a）所示，排除和其他自变量共同解释 Y 的部分 b 和 d 后，X_1、X_2 和 X_3 单独解释 Y 的部分依次为 a、c 和 e，这也是 X_1、X_2 和 X_3 在标准多元回归中各自对预测 Y 的最终贡献，而 b 和 d 没有被纳入该回归方程可解释的范围。

在标准多元回归中，类似 X_2 这样与其他自变量和因变量相关性较高的自变量，与其他自变量一同进入方程后，有可能会得到与理论预期相反的结果。因为去掉其他变量解释过的部分后，该自变量独特的贡献会变得很小。正因如此，当自变量之间相关性较高时，对标准多元回归的结果解释应当更为谨慎，除了每个自变量单独的贡献外，还需考虑变量间的相关。

二、序列回归

序列回归（sequential regression），又称分层回归（hierarchical regression）。在序列回归中，自变量将根据研究者指定的顺序进入回归方程。由于存在先后顺序，衡量一个（或一组）自变量的贡献时，与其他变量共同解释的部分会归为先进入的变量。

如图 3-1（b）所示，假设研究者指定 X_1 先进入，X_2 再进入，X_3 最后进入。衡量自变量贡献时，由于 X_1 进入时方程中没有其他自变量，它与其他变量重叠的部分都被 X_1 "占为已有"，故 X_1 解释的部分为 a 和 b。X_2 进入时，与 X_1 重叠的部分 b 已经被归为 X_1，仅计算 X_2 剩余可解释的部分，即为 c 和 d。X_3 最后进入，它与之前所有进入的自变量相互重叠的部分都已被"瓜分"，可解释的部分仅为 e。可以看出，与标准多元回归不同，序列回归将重叠的部分按一定顺序全部分配给了各个自变量，在该例中 X_2 解释的部分大大增加了。

研究者一般会出于逻辑和理论的考量指定自变量进入方程的顺序。一种可能是让最具理论重要性的自变量优先进入方程，以保证最重要的变量能最大程度地解释因变量的变异。例如，预测篮球运动员成绩时让训练时间第一个进入回归方程。相反，另一种可能是让最重要的变量最后进入方程，而让控制变量或研究者不关心的变量最先进入，这样就相当于在控制协变量的情况下考察最感兴趣的变量对预测因变量的贡献大小，等同于协方差分析的模式。这也是大多数研究者应用序列回归的意义：控制了之前加入变量的影响后，考察新加入的变量是否有显著影响。在实际应用序列回归时，一次可进入一组自变量，即每层中可同时估计多个自变量，此时对于该层来说相当于一个标准多元回归，不同层之间仍按照序列回归的方式解释结果。

三、统计回归

统计回归（statistical regression）完全以统计标准来决定自变量进入回归方程的顺

序，没有考虑变量的意义和理论解释的问题，是一种富有争议的回归类型。一个变量进入或被剔除出方程完全根据该样本下计算出的统计指标，一些细微的差异将会对衡量变量重要性造成较大的影响。

如图 3－1（c）所示，由于 X_1 与 Y 有最高的相关性，故最先进入。由此，首先解释了 a 和 b 两个部分。然后，在此基础上比较 X_2 和 X_3：如果 X_2 进入，则可解释的部分为 c 和 d；如果 X_3 进入，则可解释的部分为 d 和 e。由于 e 的面积大于 c，此时让 X_3 进入对预测 Y 的准确性提升将更为明显，故 X_3 第二个进入方程。X_2 最后进入时可解释的部分仅剩 c。可以发现，统计回归可能会使与因变量有高相关性的自变量最后进入回归方程，并得到其贡献最小的结论。因此研究者使用统计回归时也应关注变量间的相关，否则解释结果时很容易出错。

统计回归有三种实现方式：向前选择、向后选择和逐步回归。向前选择（forward selection）的做法是：从不含自变量的回归方程开始，依次加入满足显著性标准的自变量，直到没有自变量再达到这一标准为止。向后选择（backward selection）的做法是：首先将所有的自变量都加入回归方程，然后逐渐剔除那些对回归贡献不显著的自变量。逐步回归（stepwise regression）是向前选择和向后选择的结合，它的做法是：从不含自变量的回归方程开始，每次加入一个对预测因变量贡献最大的自变量，加入新变量后检验方程已有自变量中是否有预测不显著的，如果有，便将其剔除，如此反复进行，直到没有变量可以进入或剔除。

由于统计回归可选出对预测因变量最有用的一组自变量，如果研究者重在关注回归方程的预测性，可使用此类回归。另外，在建立回归模型时，建议研究者同时采用交叉验证（cross-validation）的方法。以 5 折（5-fold）交叉验证为例：将数据以 4∶1 的比例随机分成两部分，首先使用 80％的数据建立回归方程，同时计算多元判定系数 R^2（计算方法见本章第五节），然后使用剩下 20％的数据验证回归方程的预测结果，计算预测值和真实值的相关并得到新的 R^2，如果两部分数据得到的 R^2 相差较大，则说明发生了过拟合，进而表明该回归方程的泛化性较差。

四、三种回归的比较

从使用目的来看，标准多元回归和统计回归都旨在探索和建立模型，两者相较而言统计回归的探索性更为明显。因此，当对因变量与多个自变量的关系了解不多时，可使用统计回归。序列回归一般是在研究者对模型有理论支持或验证假设时使用。

从变量的进入顺序和过程的可控性来看，标准多元回归由于所有变量一次性进入而变得完全不可控，统计回归由于完全由样本数据计算的统计指标决定自变量的取舍而同样不可控，只有序列回归是由研究者决定变量的进入顺序，是最为可控的回归类型。

正是由于上述差别，三种回归有各自的独特之处：标准多元回归会剔除所有自变量的重叠部分，可以体现出每个自变量的单独贡献。序列回归可以在某些变量进入方程的前提下探讨另一些变量的贡献。统计回归可以辨别具有多重共线性的变量，为未来的研究剔除某些明显冗余的变量。

第五节　多元回归分析中自变量的重要性

一、多元判定系数

在多元回归分析中，因变量 Y 变异的总平方和（total sum of squares）可以分解为两部分：一部分是回归平方和（regression sum of squares），它是回归方程所能解释的部分，反映了 X_1，X_2，…，X_k和 Y 的线性关系所导致的 Y 的变异；另一部分是残差平方和（error sum of squares），它是由观测值没有落在回归线上引起的，是包含 X_1，X_2，…，X_k的回归方程没能解释的 Y 的变异部分。在多元线性回归中，将回归平方和与总平方和的比值称为多元判定系数（coefficient of multiple determination），用 R^2 表示，计算公式为：

$$R^2_{Y.1.2.3.\cdots.k}=\frac{\sum(\hat{Y}-\bar{Y})^2}{\sum(Y-\bar{Y})^2} \tag{3-7}$$

式中，$\sum(Y-\bar{Y})^2$ 为总平方和，$\sum(\hat{Y}-\bar{Y})^2$ 为由 $\hat{Y}$ 解释 Y 变异的回归平方和。

多元判定系数可以表示所得到的回归方程在多大程度上解释了因变量 Y 的变异，取值范围为［0，1］。R^2越接近 1，表示回归方程中的自变量对因变量 Y 的解释力越强。例如，$R^2=0.64$ 说明 Y 的变异中有 64%可由回归方程解释。

多元判定系数的算术平方根称为复相关系数（coefficient of multiple correlation）。复相关系数表示 Y 与 X_1，X_2，…，X_k之间的线性相关程度，取值范围为［0，1］。复相关系数越接近 1，表示 Y 与 X 之间的线性关系越密切。当复相关系数等于 1 时，所有的观测值都落在回归线上；当复相关系数等于 0 时，表示 Y 的变异与 X_1，X_2，…，X_k的线性组合无关。因此，复相关系数还有一种计算方法，即求因变量的观测值和由回归方程得到的预测值的简单相关系数的绝对值。

二、调整的多元判定系数

在多元回归分析中，随着自变量的个数逐渐增加，残差平方和会逐渐减小，R^2会持续增大。尽管有些自变量与因变量的线性关系不显著，但将其引入回归方程后，R^2仍会增大。R^2受自变量个数与样本量之比（$k:n$）的影响，这个比值一般在 1∶10 以上为好。当比值大于 1∶5 时，倾向于高估实际的拟合优度，此时可以用调整的多元判定系数 R^2_{adj} 代替 R^2。计算公式为：

$$R^2_{adj}=R^2-\frac{k}{n-k-1}(1-R^2)=1-\frac{n-1}{n-k-1}(1-R^2) \tag{3-8}$$

可以看出，当 k 增大时，$(n-1)/(n-k-1)$ 的增大的影响可能会大于 $1-R^2$ 的减小的影响，从而使得 R^2_{adj} 变得更小。因此，R^2_{adj} 可以削弱自变量个数对 R^2 的影响。当 k 接近

n 时，R_{adj}^2 会比 R^2 小很多；当 n 远大于 k 时，$R_{\text{adj}}^2 \approx R^2$。

三、偏相关系数

偏相关（partial correlation）指的是控制其他自变量后 Y 和 X 的相关，它等于从 Y 和 X 中都剔除其他预测变量的影响之后，Y 和 X 中剩余部分的简单相关。通常会将控制变量的个数称为阶，所以控制一个、两个、三个变量的偏相关就分别称为一阶（first-order）、二阶（second-order）、三阶（third-order）偏相关。简单相关由于没有控制变量，所以也称为零阶（zero-order）相关。以一阶偏相关为例，它涉及三个变量，一阶偏相关系数与三个变量之间的两两简单相关系数有如下关系：

$$r_{ab.c} = \frac{r_{ab} - r_{ac}\, r_{bc}}{\sqrt{1 - r_{ac}^2}\ \sqrt{1 - r_{bc}^2}} \tag{3-9}$$

该偏相关系数表示控制变量 c 后，变量 a 与变量 b 的相关性的大小。将偏相关系数平方后便可以得到偏判定系数（coefficient of partial determination）。相较于多元判定系数 R^2 是回归方程中所有自变量解释的 Y 的变异占 Y 总变异的比例，偏判定系数是在控制其他自变量的条件下，单一自变量对因变量的边际解释力。

以图 3－2 为例，X_2 和 X_1 对因变量 Y 既有共同解释的部分，又有各自单独解释的部分。假设研究者进行序列回归，先做 Y 对 X_1 的回归，再做 Y 对 X_2 的回归，那么偏判定系数 $R_{Y2.1}^2$ 反映的就是新加入回归方程的变量 X_2 所解释的变异。但需要注意的是，这一解释比例并不是以 Y 的总变异为整体，而是以前一次回归 X_1 所未能解释的部分为整体，故称 $R_{Y2.1}^2$ 反映的是 X_2 独立于 X_1 的对 Y 的边际贡献。而 X_2 与 X_1 相关部分对 Y 的贡献则已经包含在先进入回归方程的 X_1 中，此时 $R_{Y2.1}^2$ 的计算公式为：

$$R_{Y2.1}^2 = \frac{\sum(\hat{Y} - \overline{Y})_{1,2}^2 - \sum(\hat{Y} - \overline{Y})_1^2}{\sum(Y - \hat{Y})_1^2} = \frac{R_{Y.12}^2 - R_{Y.1}^2}{1 - R_{Y.1}^2} \tag{3-10}$$

式中，$R_{Y2.1}^2$ 为偏判定系数，取值范围为［0，1］。$\sum(\hat{Y} - \overline{Y})_{1,2}^2$ 表示 X_1 和 X_2 的回归平方和，$\sum(\hat{Y} - \overline{Y})_1^2$ 表示 X_1 的回归平方和，而 $\sum(Y - \hat{Y})_1^2$ 则表示被 X_1 解释后的残差平方和。$R_{Y.12}^2$ 表示 X_1 和 X_2 预测 Y 的复判定系数，$R_{Y.1}^2$ 表示 X_1 单独预测 Y 的判定系数。偏判定系数通过比较两次回归之间的差异，测量了 X_2 对 Y 的边际影响。

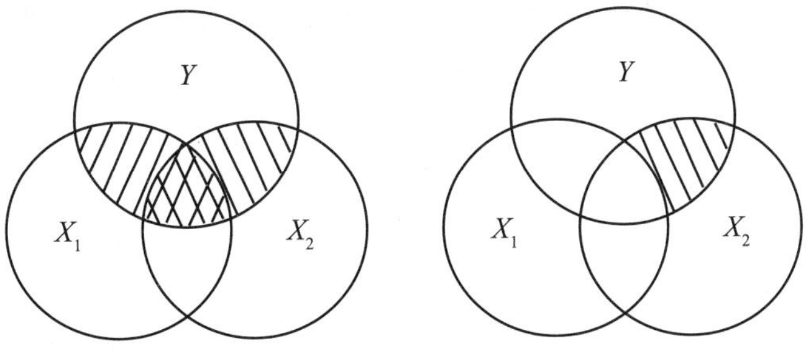

(a) X_1、X_2 对 Y 的单独影响和共同影响　(b) X_2 对 Y 的边际影响

图 3－2　偏判定系数示意图

四、半偏相关系数

半偏相关（semi-partial correlation）又称部分相关（part correlation），是指从 X_k 中剔除 X_1，X_2，…，X_{k-1} 的影响后 X_k 与 Y 之间的相关，反映了 X_k 对 Y 的独特贡献。以两个自变量为例，与偏相关不同的是，半偏相关仅从 X_2 中剔除与 X_1 相关的部分，并没有在 Y 中剔除与 X_1 相关的部分。如图 3－3 所示，(c) 的阴影部分表示控制 X_1 后 X_2 与 Y 的偏相关，而 (d) 的阴影部分则表示控制 X_1 后 X_2 与 Y 的半偏相关。

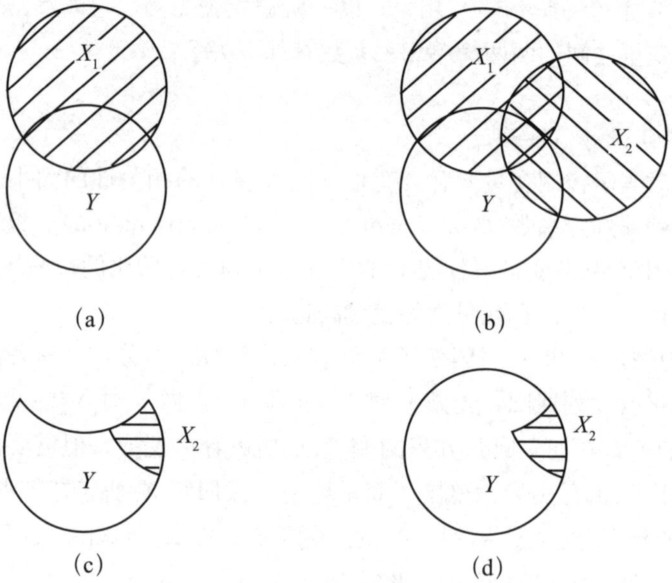

图 3－3　偏相关和半偏相关比较示意图

半偏相关描述了一个自变量对因变量的单独贡献，是衡量自变量重要性的有效指标。但在不同类型的回归中，半偏相关的解释方式也不同。在标准多元回归中，半偏相关的平方可解释为剔除该自变量后 R^2 的减少量。通常情况下，所有自变量的半偏相关的平方和会小于（极端情况下会大于）R^2，半偏相关平方和与 R^2 之间的差值代表共同变异，也就是两个或多个自变量共同解释的变异。在序列回归和统计回归中，半偏相关的平方可解释为加入该自变量后 R^2 的增加量，且所有自变量的半偏相关的平方和将正好等于回归方程的 R^2。此时研究的问题就变为：当一些自变量优先进入回归方程并解释了共同变异后，加入该自变量还可以使 R^2 提高多少？于是自变量在何时进入回归方程便尤为重要。图 3－4 表示在标准多元回归和序列回归中，三种相关系数——零阶相关（r_i^2）、半偏相关（sr_i^2）和偏相关（pr_i^2）——的计算结果（在序列回归中指定 X_1 先于 X_2 进入回归方程）。

五、标准化回归系数

在多元线性回归分析中，由于方程中有多个自变量，因此经常需要判断在这些自变量中，哪些是影响因变量的主要因素，而哪些是次要因素。这时就可以通过比较各个自

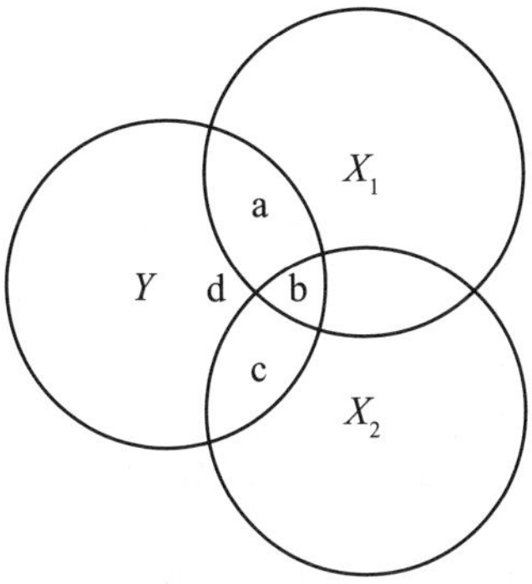

		标准多元回归	序列回归
r_i^2	X_1	(a+b) / (a+b+c+d)	(a+b) / (a+b+c+d)
	X_2	(c+b) / (a+b+c+d)	(c+b) / (a+b+c+d)
sr_i^2	X_1	a/ (a+b+c+d)	(a+b) / (a+b+c+d)
	X_2	c/ (a+b+c+d)	c/ (a+b+c+d)
pr_i^2	X_1	a/ (a+d)	(a+b) / (a+b+c+d)
	X_2	c/ (c+d)	c/ (c+d)

图 3-4　两类回归中不同相关系数的计算结果

变量的偏回归系数 b_1，b_2，…，b_k的绝对值大小来进行判断。但是由于每个自变量的测量单位并不一致，因此不能直接对这些回归系数进行比较。此时，需要先将所有自变量 X_j和因变量 Y 进行标准化，得到标准化的变量 $z_j = (X_j - \overline{X}_j) / S_{X_j}$ 和 $z_Y = (Y - \overline{Y}) / S_Y$ 之后再进行回归分析。最终得到的标准化回归方程如下：

$$z_Y = \beta_1 z_1 + \beta_2 z_2 + \cdots + \beta_k z_k \tag{3-11}$$

因为标准化的 z 变量是无量纲的变量，所以此时的回归系数 β_j就称为标准化回归系数（standardized regression coefficient)。由于对自变量和因变量都进行了标准化的处理，解决了不同自变量测量单位不同的问题，β_j之间就可以相互比较，其绝对值的大小就代表了对 Y 作用的大小。因为标准化后的变量均值都为 0，所以在标准化回归方程中不存在常数项。另外，我们也可以通过公式 $\beta_j = b_j \cdot (S_{X_j} / S_Y)$ 计算标准化回归系数。其中，S_Y和 S_{X_j}分别为因变量 Y 和自变量 X_j的标准差。

第六节　多元回归分析中的统计检验

一、回归方程的显著性检验

多元回归方程的显著性检验就是检验 Y 与 X_1，X_2，…，X_k的线性关系是否显著，也就是判断在总体回归系数中是否至少有一个偏回归系数不等于 0。零假设 H_0为：在总体中，X_1，X_2，…，X_k的变化都不引起 Y 的线性变化。此时所有偏回归系数均为 0，表达式为：

H_0：$b_1=b_2=\cdots=b_k=0$

而备择假设 H_1 就为：

H_1：至少有一个 $b_j\neq0$（$j=1$，2，…，k）

在多元回归中，可以使用类似方差分析的思想对回归方程进行检验。前面提到的多元判定系数，将因变量的总变异平方和分解为回归平方和与残差平方和，就是利用了方差分析的思想。总平方和 $\sum(Y-\bar{Y})^2$ 对应的自由度为 $n-1$，其中 n 为样本量；回归平方和 $\sum(\hat{Y}-\bar{Y})^2$ 中 k 个自变量对应的偏回归系数分别为 b_1，b_2，…，b_k，自由度为 k；残差平方和 $\sum(Y-\hat{Y})^2$ 的自由度为 $n-k-1$。各部分平方和除以其对应的自由度之后可以得到相应的均方，可以用回归均方除以残差均方构造 F 检验统计量，从而对回归方程进行方差分析（见表 3-1）。

表 3-1　多元回归中的方差分析表

来源	自由度 df	平方和 SS	均方 MS	F 值	显著性水平 Sig.
回归	k	$\sum(\hat{Y}-\bar{Y})^2$	$\sum(\hat{Y}-\bar{Y})^2/k$	$\dfrac{\sum(\hat{Y}-\bar{Y})^2/k}{\sum(Y-\hat{Y})^2/(n-k-1)}$	p 值
残差	$n-k-1$	$\sum(Y-\hat{Y})^2$	$\sum(Y-\hat{Y})^2/(n-k-1)$		
总计	$n-1$	$\sum(Y-\bar{Y})^2$			

在零假设成立的情况下，F 值服从自由度为（k，$n-k-1$）的 F 分布。若 F 值不显著，则接受 H_0，即认为 Y 与 X_1，X_2，…，X_k 的线性关系不显著。若 F 值显著，则拒绝 H_0，接受 H_1，即认为此多元线性回归方程是显著的。将式（3-7）代入 F 值的计算公式，得

$$F=\frac{\sum(\hat{Y}-\bar{Y})^2/k}{\sum(Y-\hat{Y})^2/(n-k-1)}=\frac{R^2/k}{(1-R^2)/(n-k-1)} \tag{3-12}$$

可知，对回归方程整体的显著性检验等价于对多元判定系数 R^2 的显著性检验。换而言之，所有自变量合起来对因变量的解释率与零有显著差异，同样可以说明多元回归是有意义的。

在进行统计回归时，由于潜在的有预测作用的自变量尚未全部进入方程，对 R^2 的 F 检验不满足服从 F 分布这一前提，使用上述方差分析的方法在最后一步会出现错误。此时，F 值产生的偏差会使犯一类错误的概率超过设定的 α 水平。因此，在向前选择时需要对自变量进入方程的统计标准做出调整（详见 Wilkinson & Dallal，1981）。

如果回归方程的检验是显著的，那么可以认为在多元线性回归方程中至少有一个偏回归系数与零存在显著差异，但这并不能代表方程中所有偏回归系数都与零存在显著差异。如果我们想保留方程中重要的变量，删除一些不重要的变量，就要对方程中的每个

自变量所对应的偏回归系数进行显著性检验。

二、新加入变量的显著性检验

在序列回归和统计回归中，如果想检验在已有自变量解释一定的 R^2 后新加入的一组自变量是否显著地增加了 R^2，或者说 R^2 的改变量是否显著，仍可以使用 F 检验。其中，F 值的计算公式如下：

$$F_{\text{inc}}=\frac{(R_{\text{wi}}^2-R_{\text{wo}}^2)/m}{(1-R_{\text{wi}}^2)/(n-k-1)} \tag{3-13}$$

式中，R_{wi}^2 是新加入自变量后回归方程的多元判定系数，R_{wo}^2 是新加入自变量前回归方程的多元判定系数，m 是新加入自变量的个数。可以发现，式（3-13）的分母与方程整体检验中 F 值的分母相同。

如果仅有一个自变量进入方程，进行上述 F 检验则相当于检验单个自变量是否能显著预测因变量，此时 F 值的计算公式等价地变为：

$$F_i=\frac{sr_i^2}{(1-R_{\text{wi}}^2)/(n-k-1)} \tag{3-14}$$

式中，sr_i^2 是该自变量与因变量的半偏相关系数的平方。

三、回归系数的显著性检验

对偏回归系数 b_j 进行显著性检验的零假设（H_0）为 $b_j=0$，备择假设（H_1）为 $b_j\neq 0$。当检验不显著时，则接受 H_0，即认为自变量 X_j 与 Y 不存在线性关系，可以从回归方程中删除 X_j。而当检验显著时，则拒绝 H_0 并接受 H_1，即认为自变量 X_j 与 Y 存在线性关系，进而在回归方程中保留 X_j。

在标准多元回归中，对自变量的偏回归系数的显著性采用 t 检验。得到偏回归系数的估计值 b_j 后，还需计算偏回归系数的标准误 SE_{b_j}，将偏回归系数的估计值除以标准误便得到 t 值，该 t 检验的自由度为 $n-k-1$。如果 t 检验显著，可以认为该自变量的偏回归系数与零存在显著差异，说明控制了方程中其他变量的影响后，该自变量对因变量仍有显著的预测作用。

应当注意，该显著性检验只与自变量对因变量的独立解释部分有关，当一个自变量与其他自变量的相关程度较高时，尽管它对因变量的解释力也较高，但该自变量也有可能不显著，因此还要报告各个自变量与其他自变量的相关。

第七节　多元回归分析中一些值得注意的问题

一、样本量

样本量与一系列问题有关，包括要求的检验力、α 水平、自变量个数、预期的效应量以及结果的泛化性等。关于多元回归分析需要的样本量，各研究者的看法不一。一种简单的规则是：如果要检验整体的回归方程，要求样本量 $n \geqslant 50+8k$（k 为自变量个数）；如果要检验单个变量，则要求样本量 $n \geqslant 104+k$。这一规则假设自变量与因变量之间有中等程度的相关，显著性水平 $\alpha=0.05$，犯二类错误的概率 $\beta=0.20$。假设研究者有 6 个自变量，如果要检验整体的回归方程则最少需要 $50+8\times6=98$ 个被试，如果要检验单个自变量的重要性则最少需要 $104+6=110$ 个被试。而如果研究者同时对整体回归和单个变量感兴趣，就取两种方式计算的样本量中较大的那个。

还有以下几种情况，在进行多元回归时需要更高的样本量与自变量数之比。如果因变量的分布有偏，即不满足正态分布，且没有进行数据转换的操作，就需要更大的样本量。如果预期的效应量较小，同样需要较大的样本量。根据 Green（1991）的标准，n 需要大于 $(8/f^2)+(k+1)$。对于预期的大、中、小效应量，f^2 分别等于 0.02、0.15 和 0.35。其中，$f^2=r_p^2/(1-r_p^2)$，r_p 指的是有最小预期效应量的自变量的偏相关系数。当无法估计检验力时，则要求最低样本量 $n \geqslant 20+5k$。如果所选用变量的信度较低，则测量误差越大，要求的样本量越大。此外，样本量还会影响回归结果的泛化性，一个通用标准是样本量与自变量数之比不小于 5∶1，多数情况下要求每个自变量对应 15～20 个被试，此时可以保证该回归方程的泛化性良好。使用统计回归时，要求的样本量与自变量数之比则更高，一般要达到 40∶1 才可认为统计回归结果的泛化性良好。如果研究者使用交叉验证，还需要更多的被试以保证泛化的效果，此时样本量与自变量数之比可能高达 50∶1。

还应注意的是，当样本量非常大时，几乎所有回归系数都将与零存在显著差异，即使是不能很好地预测因变量的自变量也是如此。而如果不具备足够大的样本量，可剔除一定数量的自变量，或合并其中一些自变量再进行回归分析。

二、异常值

模式异常的个案可能对回归系数的估计精度产生巨大影响。因此对异常值要仔细检查，单变量异常值检测常常使用 z 分数和盒式图等，还可使用双变量下的散点图，以及多变量下的马氏距离等（详见第一章）。

此外，在回归的过程中可以同时检测异常值，如画出每个自变量与因变量的偏回归图，查看是否存在某些个案与回归线或大部分个案相距较远的情况。最为常用的方法是残差分析，包括计算所有个案的标准化残差。一般情况下，当一个观测值所对应的标准化残差小于 -3 或大于 $+3$ 时，可以将其视为异常值。

对于检测出的异常值，要小心判断其产生的原因。如果是因为输入了错误的数据，应当及时修正。如果是因为模型假定不合理，存在其他形式的更合适的模型，如非线性模型，则可以考虑在模型中加入拟合非线性关系的变量组合。而如果是随机因素导致出现了异常值，或是受到了没有纳入方程的其他变量的影响，则应考虑保留该个案。也就是说，若一个异常值是一个有效的观测值，则不应轻易地将其从数据集中剔除。

三、多重共线性

在多元线性回归分析中，因为涉及多个自变量，所以还需要考虑多重共线性的问题。如果两个自变量之间的相关系数很高，或者一个自变量可以由其他自变量线性表示，即认为存在多重共线性问题。严重的多重共线性会使模型估计不准确甚至难以估计，结果难以解释，等等。例如，当自变量高度相关的时候，自变量间会相互削弱对因变量的边际影响，使偏回归系数在数值上降低，且增大标准误。此时研究者会发现虽然整体的回归方程显著，但自变量的偏回归系数均不显著。多重共线性现象会造成很多不良的影响，主要表现在以下几个方面：（1）回归系数的置信区间变宽，系数变得不稳定，由样本推到总体的泛化性变差；（2）回归系数不能很好地反映单个自变量对因变量的独立影响；（3）变量的偏判定系数变小；（4）当方程用于预测时，回归结果变得不可靠。

在大多数实际问题中，自变量间存在相关是非常普遍的现象。这一方面源于变量间本身存在相关，现实中很难找到一组互不相关而又对因变量有影响的自变量；另一方面可能源于回归方程内存在交互作用，如两变量相乘得到的高阶变量会与原变量存在相关。需要注意的是，多重共线性现象指的是变量之间存在线性相关，当自变量之间存在非线性相关时，不一定会产生严重的多重共线性问题。此外，当这些自变量的相关性较弱时，也可以认为符合回归模型的要求。只有当它们有较强的线性相关时，才认为违背了回归模型的基本假设。

在研究过程中，及时地发现多重共线性问题是很重要的，这就要求研究人员掌握一些检验多重共线性现象是否存在的方法，常用的指标及其标准有：（1）容忍度（tolerance）。一个自变量的容忍度等于使用其余所有自变量建立回归预测该自变量时没有解释的变异所占的比例，即 $TOL_j = 1 - R_j^2$ 。容忍度越接近 1 越好，说明该自变量无法用其余自变量线性表示。当容忍度小于 0.1 时，就可认为自变量之间存在多重共线性，经验上认为该变量不应进入回归方程。（2）方差膨胀因子（variance inflation factor，VIF）。方差膨胀因子值是容忍度的倒数，即 $VIF_j = 1/(1 - R_j^2) = 1/TOL_j$，显然该值越大，说明多重共线性越严重。如果方差膨胀因子值大于 10，就说明多重共线性较严重。（3）条件指数（condition index，CI）。若自变量的交叉乘积矩阵的特征根满足 $d_1^2 \geqslant d_2^2 \geqslant \cdots \geqslant d_p^2$，则称 $k_i = d_1/d_i$ 为条件指数。条件指数越大，说明多重共线性越严重。一般认为，条件指数值为 10～30 时，变量间存在弱共线性；为 30～100 时，存在中等共线性；大于 100 时，存在强共线性。对于较大的条件指数，还需要找出哪些变量间存在较强的线性关系。每个条件指数对应一个特征根，而较大的条件指数对应的特征根较小，故构成这一特征向量的变量间有近似的线性关系。在统计中，用方差比例来说明各个自变量对构成这个特征向量的贡献。一般建议，在较大的条件指数下，由方差比例超过 0.5 的自变量构成的变量子集就被认为是相关变量集。

当方程中存在严重的多重共线性时，应想办法消除这种影响。以下是一些补救办法：（1）去掉与 Y 相关程度低，而与其他自变量高度相关的自变量；（2）根据容忍度或方差膨胀因子值删除变量，去掉可以被其余自变量线性表示的变量；（3）增加样本量；（4）采用新的样本数据；(5) 合并变量，即利用先验信息组合变量，将共线性变量加和或者求均值，或者采用因素分析，使用因素分作为预测变量，代替共线性变量，尽量保留原有自变量中有用的信息，同时减少自变量个数；(6) 换用其他形式的回归，如岭回归（详见 Dillon & Goldstein，1984）；(7) 变量转换，即对变量进行倒数或对数变换等，以减弱变量间的多重共线性。如果多重共线性是由两个连续变量的交互作用引起的，则将其中一个或多个变量中心化（变量值减去其均值）。

四、残差分析

多元回归分析假设自变量与因变量之间存在线性关系，同时残差具有正态性和方差同质性，以及误差项独立。通常的验证方法是画出残差的散点图（见图 3-5）来进行残差分析，其中横轴表示因变量的预测值，纵轴表示残差。如果满足上述所有假设，残差将对称且随机地分布在值为零的直线上下，整体形状为长方形［见图 3-5 (a)］。

残差的正态性假设指的是每个因变量的预测分数下的残差都呈正态分布。如果残差图中垂直方向上的分布向某一侧严重偏离［见图 3-5 (b)］，则不满足该假设。此外，还可以对标准化残差的分布与正态分布做对比，如果在 P-P 图上所有标准化残差都分布在对角线上，则可以认为没有违背残差正态性假设。

线性假设指的是自变量与因变量间呈线性关系。如果在残差图中残差分布呈弯曲的形状而不是长方形［见图 3-5 (c)］，则不满足该假设。此时可通过变量转换解决该问题。如果分布呈某种特定的形状，可能提示自变量和因变量存在线性之外的关系，需要在回归方程中纳入自变量的多项式。例如呈 U 形曲线形状，可尝试加入自变量的二次项。此外，还可以使用其他特别的回归类型（如非线性回归）来拟合该变化趋势。

方差同质性假设指的是在所有预测分数下残差的方差相同。如果在残差图垂直方向上分布的宽度有很大差异［见图 3-5 (d)］，则不满足该假设。如果最宽的部分与最窄的部分之比超过 3∶1，则认为存在严重的方差异质性（Fox，1991）。有时可以从残差图的形状发现模型是否同时违背了多种假设，如变量间的线性关系和方差同质性。部分变量的原始分布有偏时容易发生方差异质的情况，变量转换可能会降低此类情况的方差异质性。当自变量与不在回归方程内的其他变量有交互作用时，也可能会发生方差异质的情况。例如在预测收入时，回归方程中纳入了年龄而没有纳入受教育程度。对于受教育程度高的个体，随着年龄增长，收入也增加更多。解决办法是同时纳入年龄和受教育程度，这样既可以增强模型的解释力，又可以降低方差异质性。

误差的独立性假设意味着每次观测的结果都不应受其他观测的影响。在回归中可以通过按照个案顺序进行残差分析来判断是否违反了误差项独立的假设。在残差图中横轴为个案的顺序，纵轴为相应个案的残差。如果图中的残差呈随机分布，没有随着个案顺序呈现特定的形状，如倾斜、弯曲或聚成多组等，则可以判断满足独立性假设。此外，Durbin-Watson 检验是一种常用的检验序列数据的误差是否存在自相关的方法，通过计算其统计量可得到一个粗略的判断（详见第一章）。如果发现不满足独立性假设，可以根据情况进行数据转换，或者换用其他分析方法，如时间序列分析。

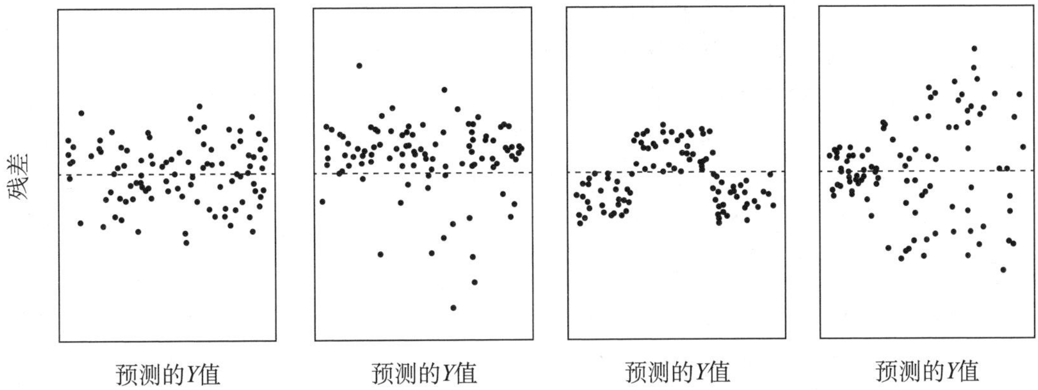

(a) 正常的残差图　(b) 非正态　(c) 非线性　(d) 方差不齐

图 3-5　残差分析示意图

五、分类自变量的虚拟编码

在之前介绍的内容中，所有变量都默认是连续变量。如果研究的因变量是分类变量，则可以使用 Logistic 回归（详见第四章）或判别分析（详见第五章）。如果研究的自变量是分类变量，并希望将分类自变量纳入回归，则需要对分类变量进行虚拟编码（dummy coding）。假设该自变量有 K 个类别，则需要构造 $K-1$ 个新变量。将其中一个类别指定为参考类别，将参考类别在 $K-1$ 个新变量上全部编码为 0，其余 $K-1$ 个类别依次在 $K-1$ 个新变量上编码为 1。

假设某研究试图考察影响产品销售量的因素，其中一个自变量是广告形式，共有 3 个类别（$K=3$）：新闻式、提问式、夸耀式。对该分类自变量进行虚拟编码，可得到 2 个新变量。此时新闻式广告为参考类别，在 X_1 和 X_2 上都编码为 0，提问式和夸耀式广告分别在 X_1 和 X_2 上编码为 1（见表 3-2 中“虚拟编码”一列）。假设因变量是月销售量，回归方程中没有其他自变量，解得的回归方程为 $Y=73.22-2.33X_1-16.67X_2$。当 X_1 和 X_2 都取 0 时，回归方程仅剩截距项，表示因变量在参考类别（新闻式）上的组均值为 73.22。偏回归系数的意义在于因变量在该类别上的组均值与参考类别上组均值的差异，即使用提问式和夸耀式广告后平均月销售量分别比新闻式低 2.33 和 16.67 个单位。将 X_1 和 X_2 分别按编码表的值代入回归方程，即可计算出对应类别下因变量的组均值。如果方程中存在其他自变量，将 X_1 和 X_2 按编码表取值后，可以获得在对应类别下，其他自变量预测因变量的回归方程。综上可见，虚拟编码是一种操作和解释都很方便的编码方式。

表 3-2　三种编码方式对广告形式的编码结果

	虚拟编码		效应编码		对照编码	
	X_1	X_2	X_1	X_2	X_1	X_2
新闻式	0	0	−1	−1	2	0
提问式	1	0	1	0	−1	1
夸耀式	0	1	0	1	−1	−1

如果将虚拟编码中对参考类别的编码换为-1而不是0，形成的编码方式则称为效应编码（effect coding）。在效应编码中，截距项是所有类别在因变量上的总均值，偏回归系数表示编码为1的类别的组均值与所有类别的总均值的差异。使用与虚拟编码相同的数据，得到的广告形式（效应编码）预测销售量的回归方程为$Y=66.89+4.00X_1-10.34X_2$。截距66.89是三种广告类别的平均月销售量，X_1的偏回归系数4.00表示提问式广告的月销售量（70.89）与总均值（66.89）的差值，X_2的偏回归系数-10.34表示夸耀式广告的月销售量（56.55）与总均值（66.89）的差值。

另一种常用的编码方式称为对照编码（contrast coding）。它要求在第一个变量上将参考类别编码为$K-1$（在本例中由于广告形式有3个类别，$K-1$等于2，故将新闻式编码为2），将其余类别（提问式和夸耀式）都编码为-1；在第二个变量上将之前的参考类别（新闻式）编码为0，在剩下的类别中重新选择参考类别（如提问式），将新的参考类别编码为$K-2$（本例中$K-2$等于1，则将提问式编码为1），将其余类别（夸耀式）都编码为-1。依此类推，重复这一过程，直到生成$K-1$个新变量（见表3-2中“对照编码”一列）。

对照编码的一个优点在于编码后生成的新变量相互正交。此时如果各类别下的被试数量相等，那么新变量进入回归方程后两两之间将不会产生重叠部分。一般而言，如果同一变量下所有类别的编码值总和为0，且不同变量两两之间内积为0，则称为正交编码。很显然对照编码满足上述条件，且整体改变编码值的正负号并不改变其正交的性质。对照编码的另一个优点是得到的新变量有清楚的逻辑假设。以广告形式的对照编码为例，X_1回答的问题是新闻式的组均值是否与提问式和夸耀式两个类别的组均值有显著差异，X_2回答的问题是提问式与夸耀式之间是否有显著差异，前后有逻辑上的连贯性。使用同一数据得到的回归方程为：$Y=66.89+3.16X_1+7.17X_2$。截距项表示所有广告形式的总平均月销售量，X_1的偏回归系数等于新闻式的组均值与提问式和夸耀式两个类别的组均值的差值的1/3，X_2的偏回归系数等于提问式和夸耀式的组均值差异的1/2。

第八节　回归分析的局限性

回归分析旨在揭示变量之间的关系，但并不能做出因果推断。判断因果要依靠逻辑和实验，而不能仅依赖统计结果。即使发现变量之间存在很强的相关，也不能说明两者一定互为因果，还可能同时受第三个不在回归方程中的变量的影响。

研究变量的选取同样应该借助理论而不能仅靠统计。如何选定自变量和因变量，采用什么测量方法，决定哪些自变量进入方程，以怎样的顺序进入等，这些问题都应当由研究者从理论指导、敏锐的观察、良好的直觉和审慎的分析中得出答案。此外，还有一些选择变量的标准可供参考。首先，如果研究关注的因变量是可操纵的（如体重），那么选择自变量时可同时选择可操纵的（如摄取的热量和体育锻炼）与不可操纵的（如遗传倾向）。其次，如果两类自变量预测力相同，那么尽量选择测量成本低的自变量。还应注意的是，回归分析对自变量的组合十分敏感，一个自变量进入方程后的结果很容易受其他变量的影响。

而一个自变量如果测量到了因变量尽可能多的重要方面，那么进入方程后必将有很高的重要性。因此最佳策略是针对因变量选择数量少、相关程度低，但“覆盖面积”大的自变量。

回归分析假设自变量的测量没有残差，然而在绝大部分心理学研究中几乎不存在如此理想的情况。因此，使用回归分析时，应当尽量使用测量最为可靠的自变量。那些没有纳入回归方程但对预测因变量至关重要的自变量将归入残差，却会影响方程内自变量的偏回归系数。如果没有进入方程的重要自变量与进入方程的自变量有正相关，那么方程中该自变量的回归系数会被高估，反之，负的相关会使回归系数被低估。因此，应当尽可能在回归方程中纳入重要的自变量。无关变量的加入既会影响模型的简洁性，又会掩盖其他自变量的效应，还可能会损害估计的准确性而造成统计检验不显著。

第九节　多元回归分析应用案例及 SPSS 操作

一、标准多元回归案例

本例中因变量是患者看病次数，三个自变量分别是身体健康症状、心理健康症状和应急生活事件，样本量为 360（样本量与自变量个数之比超过 100∶1，可以进行多元回归分析）。本例通过标准多元回归分析，考察患者看病次数受哪些因素的影响。首先检查数据是否符合多元回归分析的假设，操作过程如下：（1）打开数据文件“3_1 多元回归分析数据_REG. sav”，选择 Analyze→Regression→Linear . . . ，打开主对话框。将因变量看病次数（timedrs）选入“Dependent”框中，将三个自变量身体健康症状（phyheal）、心理健康症状（menheal）和应急生活事件（stress）选入“Independent（s）”框中，自变量进入回归方程的方法采用系统默认的“Enter”方法。（2）单击“Statistics . . . ”按钮，弹出输出统计量对话框，除了采用系统默认设置的“Estimates”和“Model fit”选项，再选中“Collinearity diagnostics”，分别用于诊断残差独立性和多重共线性，然后点击“Continue”。（3）单击“Plots . . . ”按钮，打开选择残差图形的对话框，将 * ZPRED 选入“X”框中，将 * ZRESID 选入“Y”框中，并选中“Normal probability plot”，用于诊断残差的正态性，然后点击 Continue→OK 即可运行程序，也可点击“Paste”生成语句，在弹出的语句界面中选中新生成的语句，再点击上方绿色按钮运行，语句参见文件“3_2 多元回归分析语句 . sps”，得到的结果如下。

拟合过程中自变量进入或剔除情况如表 3－3 所示。从表中可以看出，由于采用的是“Enter”方法，因此三个自变量全都同时进入了回归模型，没有一个自变量从回归模型中移出。

表 3－3　自变量进入或剔除情况表

Variables Entered/Removed[a]

Model	Variables Entered	Variables Removed	Method
1	应急生活事件，身体健康症状，心理健康症状[b]		Enter

a. Dependent Variable：看病次数

b. All requested variables entered.

模型拟合的总体情况如表 3－4 所示。由 R Square 可知，三个自变量总共可以解释因变量变异的 21.1%。

表 3－4　模型拟合的总体情况表

Model Summary[b]

Model	R	R Square	Adjusted R Square	Std. Error of the Estimate
1	.459[a]	.211	.204	10.128

a. Predictors：(Constant)，应急生活事件，身体健康症状，心理健康症状

b. Dependent Variable：看病次数

回归方程检验的方差分析结果如表 3－5 所示。表中列出了回归项和残差项的平方和、自由度和均方，还列出了 F 值以及显著性水平（Sig.）。从表中可以看出，自变量对因变量的线性回归方程是显著的，$F(3, 356)=31.736$，$p<0.001$，即说明身体健康症状、心理健康症状和应急生活事件能够显著预测患者看病次数。

表 3－5　回归方程检验的方差分析表

ANOVA[a]

Model		Sum of Squares	df	Mean Square	F	Sig.
1	Regression	9766.257	3	3255.419	31.736	.000[b]
	Residual	36518.118	356	102.579		
	Total	46284.375	359			

a. Dependent Variable：看病次数

b. Predictors：(Constant)，应急生活事件，身体健康症状，心理健康症状

回归系数估计及其检验结果如表 3－6 所示。从表中可以看出截距项、身体健康症状和应急生活事件的偏回归系数的 t 检验都达到了显著水平，说明截距项和这两个偏回归系数都具有统计学意义，这两个自变量与因变量的多元线性关系显著。而心理健康症状的偏回归系数没有达到显著水平，表明该自变量对因变量的贡献可以忽略不计。偏回归系数的结果可以说明身体健康症状和应急生活事件在控制其他变量恒定的情况下各自能够显著预测患者看病次数。

表 3－6　回归系数估计及其检验表

Coefficients[a]

Model		Unstandardized Coefficients		Standardized Coefficients	t	Sig.	Collinearity Statistics	
		B	Std. Error	Beta			Tolerance	VIF
1	(Constant)	−4.208	1.369		−3.075	.002		
	身体健康症状	1.778	.271	.360	6.551	.000	.734	1.362
	心理健康症状	.022	.150	.008	.149	.881	.713	1.402
	应急生活事件	.016	.004	.193	3.826	.000	.870	1.149

a. Dependent Variable：看病次数

此外，Collinearity Statistics 一列呈现了诊断多重共线性的判断指标 TOL 和 VIF 值的大小。从表 3－6 中可以看到三个自变量的 TOL 值分别为 0.734、0.713 和 0.870，VIF 值分别为 1.362、1.402 和 1.149。按照一般标准，这三个变量不存在较严重的多重共线性问题。

除了 TOL 和 VIF，另一个诊断指标条件指数将会在共线性诊断情况表中得到，如表 3－7 所示。此处建议使用标准化后的自变量计算条件指数。具体操作是选择 Analyze→Descriptive Statistics→Descriptives...，将三个自变量选入“Variable（s）”框中，勾选“Save standardized values as variables”，点击“OK”后会生成三个标准化后的新变量，将其作为自变量，重复相同的回归分析流程。在共线性诊断情况表中，Condition Index 一列中最后一个值即为条件指数。本例中为 1.876，同样可以判断没有多重共线性。

表 3－7　共线性诊断情况表

Collinearity Diagnostics[a]

Model	Dimension	Eigenvalue	Condition Index	Variance Proportions			
				(Constant)	Zscore：身体健康症状	Zscore：心理健康症状	Zscore：应急生活事件
1	1	1.753	1.000	.00	.15	.16	.13
	2	1.000	1.324	1.00	.00	.00	.00
	3	.748	1.531	.00	.18	.08	.86
	4	.498	1.876	.00	.67	.77	.02

a. Dependent Variable：看病次数

残差统计量情况如表 3－8 所示。表中列出了一系列标准化的、非标准化的预测值以及残差的最小值、最大值、均值、标准差和样本量等。根据 3SD 原则——标准化残差的绝对值大于 3 对应的观测值为异常值，从 Std. Residual 行的最大值可以发现，本数据集中存在异常值。

表 3－8　残差统计量情况表

Residuals Statistics[a]

	Minimum	Maximum	Mean	Std. Deviation	N
Predicted Value	−.65	26.98	8.04	5.216	360
Residual	−15.866	64.219	.000	10.086	360
Std. Predicted Value	−1.667	3.631	.000	1.000	360
Std. Residual	−1.567	6.341	.000	.996	360

a. Dependent Variable：看病次数

如果想要获知具体的异常个案，可选择 Analyze→Regression→Linear...，点击“Save...”选项，在弹出的窗口中选中“Residuals”下的“Standardized”，以及“Distances”下的“Mahalanobis”。再次进行回归分析后，数据文件中会生成多列新的变量，包括所有个案在该回归中的标准化残差值（变量名为 ZRE_1）和马氏距离（变量名为 MAH_1）。最终是否删除异常值则需小心判断，本例中暂不删除异常值。

图 3 - 6 为残差累积概率图的散点图（P-P 图），图中代表残差值的点基本上没有分布在对角线上，可以判定残差不服从正态分布。图 3 - 7 为标准化预测因变量与标准化残差的散点图，图中各点没有随机分布在一条经过零点的水平直线的两侧，说明残差的分布不满足正态性及方差齐性的假设。

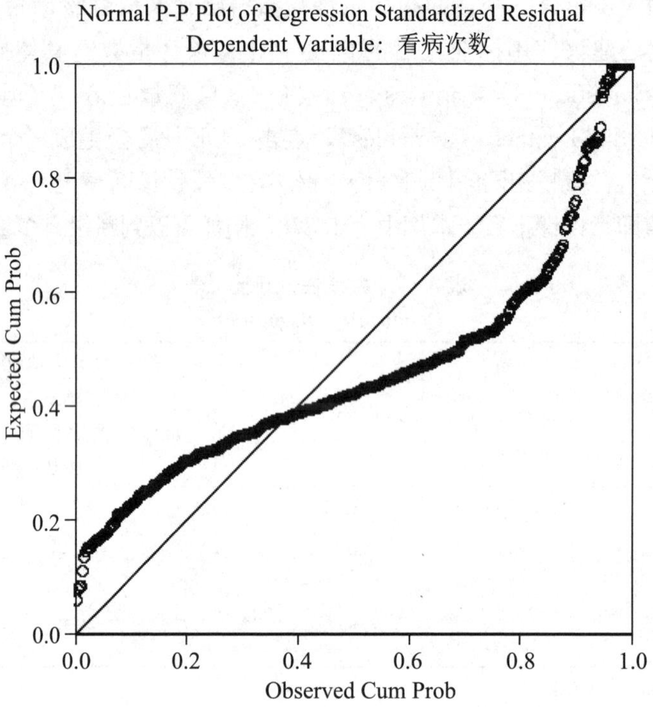

图 3 - 6　残差累积概率图的散点图

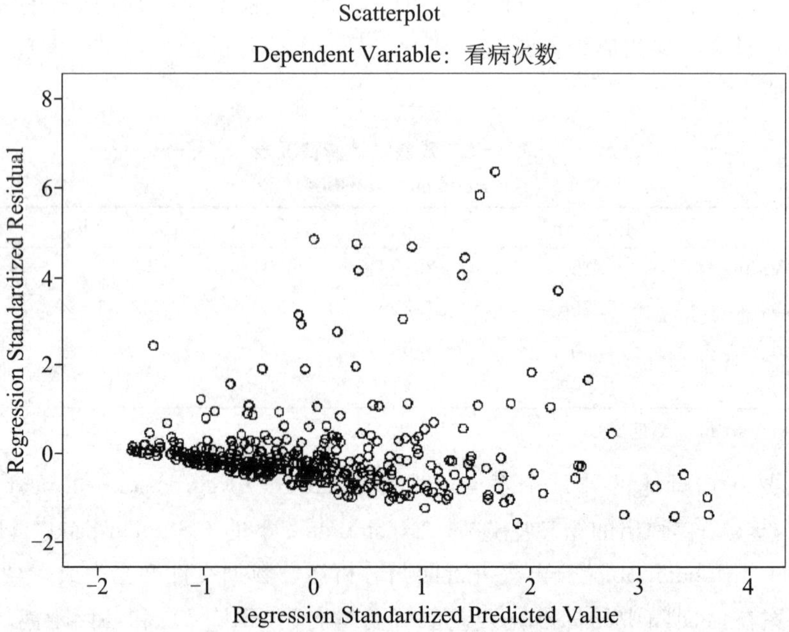

图 3 - 7　因变量预测值与标准化残差的散点图

为了解决该问题，我们对因变量进行对数转换，具体操作如下：选择 Transform→Compute Variable...，在“Target Variable”中输入新变量的名称 logtimedrs，在“Numeric Expression”中输入 LN(timedrs+1)，即对看病次数（timedrs）加 1 后取自然对数，点击“Type & Label...”，在“Label”中输入“看病次数（对数转换）”，点击 Continue→OK，即可得到转换后的新因变量。再次进行标准多元回归分析，将转换后的因变量看病次数（对数转换）选入“Dependent”框中，在“Statistics...”中勾选“Confidence intervals”和“Part and partial correlations”，用于报告自变量的置信区间、偏相关和半偏相关，其余操作与之前相同，语句同样参见文件“3_2 多元回归分析语句.sps”。得到的结果如下。

从图 3-8 和图 3-9 可见，对因变量进行对数转换后，回归方程的残差基本满足正态性假设，说明变量转换是有效的。

由表 3-9 可见，因变量转换后，新回归方程的 R^2 有所增大，可见本次变量转换提高了三个自变量对因变量的解释率。由表 3-10 可见，新回归方程仍是显著的，F 值相较于转换之前也增大了。

对因变量做变量转换不会影响自变量之间的相关关系，故多重共线性的检验结果与变量转换前一致，在此不再显示。从表 3-11 可见，三个自变量中身体健康症状和应急生活事件对转换后的因变量仍有显著的预测作用，而心理健康症状仍不是一个显著有效的预测变量。与变量转换前相比，三个自变量的偏回归系数的大小发生了些许改变，对该系数的解释也与之前不同。以身体健康症状的非标准化回归系数为例，对因变量进行对数转换后，该系数表示的是，在其他两个自变量不变的情况下，身体健康症状每变化一个单位，因变量（看病次数）将变化多少个对数单位。

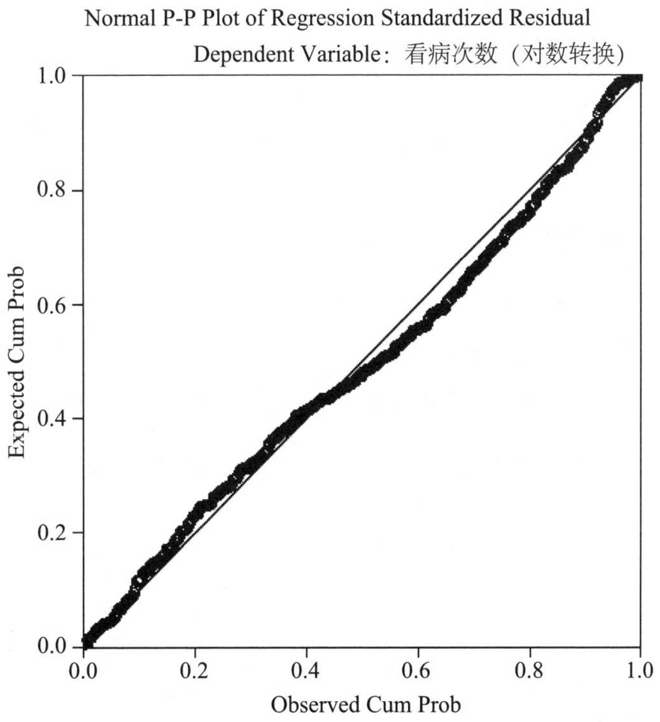

图 3-8 因变量转换后的残差累积概率图的散点图

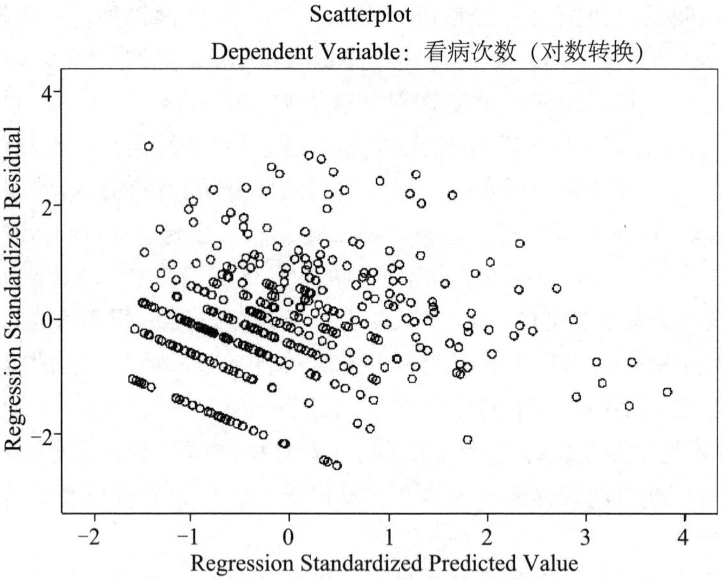

图 3-9 因变量转换后的因变量预测值与标准化残差的散点图

表 3-9 因变量转换后的模型拟合的总体情况表

Model Summary[b]

Model	R	R Square	Adjusted R Square	Std. Error of the Estimate
1	.589[a]	.347	.342	.77522

a. Predictors：(Constant)，应急生活事件，身体健康症状，心理健康症状

b. Dependent Variable：看病次数（对数转换）

表 3-10 因变量转换后的回归方程检验的方差分析表

ANOVA[a]

Model		Sum of Squares	df	Mean Square	F	Sig.
1	Regression	113.735	3	37.912	63.084	.000[b]
	Residual	213.945	356	.601		
	Total	327.680	359			

a. Dependent Variable：看病次数（对数转换）

b. Predictors：(Constant)，应急生活事件，身体健康症状，心理健康症状

表 3-11 因变量转换后的回归系数估计及其检验表

Coefficients[a]

Model	Unstandardized Coefficients		Standardized Coefficients	t	Sig.	95.0% Confidence Interval for B		Correlations		
	B	Std. Error	Beta			Lower Bound	Upper Bound	Zero-order	Partial	Part
(Constant)	.402	.105		3.833	.000	.195	.608			
身体健康症状	.204	.021	.491	9.822	.000	.163	.245	.559	.462	.421

续表

Model	Unstandardized Coefficients		Standardized Coefficients	t	Sig.	95.0% Confidence Interval for B		Correlations		
	B	Std. Error	Beta			Lower Bound	Upper Bound	Zero-order	Partial	Part
心理健康症状	.007	.011	.030	.593	.554	−.016	.029	.336	.031	.025
应急生活事件	.001	.000	.185	4.038	.000	.001	.002	.337	.209	.173

a. Dependent Variable：看病次数（对数转换）

在标准多元回归中，在“Statistics...”中勾选“Confidence intervals”之后，回归系数表中会出现 95.0% Confidence Interval for B，它提供了对每个自变量的偏回归系数的区间估计。如果 95%置信区间的上限（Upper Bound）和下限（Lower Bound）之间包含 0，可以判断该自变量的偏回归系数与 0 没有显著差异。

勾选“Part and partial correlations”之后，回归系数表中会出现 Correlations，它提供了每个自变量与因变量的零阶相关（Zero-order）、偏相关（Partial）和半偏相关（Part）。从表中可以看出，对于偏回归系数不显著的自变量（心理健康症状），其偏相关和半偏相关同样较小，表明其单独解释的因变量的变异较少；对于显著的自变量（身体健康症状和应急生活事件），其偏相关和半偏相关相应也会大一些，表明其单独解释的因变量的变异较大。由此可见，在多元回归中偏相关和半偏相关是帮助判断和解释偏回归系数的重要指标。

二、序列回归案例

本例使用与“标准多元回归案例”相同的数据，因变量同样进行了对数转换。研究者此时关注的问题是：先后控制身体健康症状和应急生活事件的影响后，心理健康症状是否还显著影响患者看病次数（经对数转换）？换而言之，对于身体健康和生活压力都相似的人，心理问题更多的人看病的次数是否更多？据此在进行序列回归分析时，身体健康症状首先进入回归方程，然后应急生活事件进入方程，心理健康症状最后进入方程。操作过程如下。

打开之前使用的数据文件，选择 Analyze→Regression→Linear...，打开主对话框。将因变量看病次数（对数转换）选入“Dependent”框中，将自变量身体健康症状选入“Independent (s)”框中。点击“Next”创建第二层，左上角显示“Block 2 of 2”，将自变量应急生活事件选入“Independent (s)”框中。再点击“Next”创建第三层，左上角显示“Block 3 of 3”，将自变量心理健康症状选入“Independent (s)”框中。进入回归方程的方法采用系统默认的“Enter”方法。单击“Statistics...”按钮，弹出输出统计量对话框，除了采用系统默认设置的“Estimates”和“Model fit”选项，再选中“R squared change”和“Part and partial correlations”。语句参见文件“3_2 多元回归分析语句.sps”。运行上述命令，得到的结果如下。

自变量进入或剔除情况如表 3 - 12 所示。从表中可以看出，由于指定三个自变量依次进入，共产生三个回归模型，每个模型在前一个模型的基础上增加一个自变量。

表 3 - 12　自变量进入或剔除情况表

Variables Entered/Removed[a]

Model	Variables Entered	Variables Removed	Method
1	身体健康症状[b]		Enter
2	应急生活事件[b]		Enter
3	心理健康症状[b]		Enter

a. Dependent Variable：看病次数（对数转换）

b. All requested variables entered.

模型拟合的总体情况如表 3 - 13 所示。由于建立了三个回归模型，共有三个模型拟合结果，从模型 1 到模型 3，R^2依次增大，这是增加了预测变量的缘故。值得注意的是，模型 3 的调整的 R^2 小于模型 2，模型 3 的估计的标准误大于模型 2，这一结果提醒我们模型 3 加入的预测变量对因变量可能不具有良好的预测作用。由于选中了"R squared change"，结果中还有增加新自变量后的 R^2 变化的 F 检验结果。结果表明，仅使用身体健康症状 [$F(1, 358)=162.971$，$p<0.001$，$\Delta R^2=0.313$] 就可以显著预测患者的看病次数。在此基础上加入应急生活事件同样能显著提高回归模型的 R^2 [$F(1, 357)=18.368$，$p<0.001$，$\Delta R^2=0.034$]。但最后加入心理健康症状，并没有带来 R^2 的显著改变 [$F(1, 356)=0.351$，$p=0.554$，$\Delta R^2=0.001$]，这同样表明模型 3 加入的心理健康症状对预测因变量没有显著的贡献。

表 3 - 13　模型拟合的总体情况表

Model Summary[d]

Model	R	R Square	Adjusted R Square	Std. Error of the Estimate	Change Statistics				
					R Square Change	F Change	df1	df2	Sig. F Change
1	.559[a]	.313	.311	.79308	.313	162.971	1	358	.000
2	.589[b]	.346	.343	.77452	.034	18.368	1	357	.000
3	.589[c]	.347	.342	.77522	.001	.351	1	356	.554

a. Predictors：(Constant)，身体健康症状

b. Predictors：(Constant)，身体健康症状，应急生活事件

c. Predictors：(Constant)，身体健康症状，应急生活事件，心理健康症状

d. Dependent Variable：看病次数（对数转换）

回归方程检验的方差分析结果如表 3 - 14 所示。表中列出了三个回归方程的 F 检验结果，可以看出三个回归方程都是显著的。表注中列出了每个回归方程中含有的自变量。

表 3 - 14　回归方程检验的方差分析表

ANOVA[a]

Model		Sum of Squares	df	Mean Square	F	Sig.
1	Regression	102.505	1	102.505	162.971	.000[b]
	Residual	225.175	358	.629		
	Total	327.680	359			

续表

Model		Sum of Squares	df	Mean Square	F	Sig.
2	Regression	113.524	2	56.762	94.623	.000[c]
	Residual	214.156	357	.600		
	Total	327.680	359			
3	Regression	113.735	3	37.912	63.084	.000[d]
	Residual	213.945	356	.601		
	Total	327.680	359			

a. Dependent Variable：看病次数（对数转换）

b. Predictors：(Constant)，身体健康症状

c. Predictors：(Constant)，身体健康症状，应急生活事件

d. Predictors：(Constant)，身体健康症状，应急生活事件，心理健康症状

回归系数估计及其检验结果如表 3－15 所示。表中列出了三个回归方程中截距项和各自含有的自变量的偏回归系数及 t 检验的结果。在模型 1 中，身体健康症状可以显著预测看病次数（$\beta=0.559$，$p<0.001$），由于没有其他自变量影响，身体健康症状的零阶相关、偏相关和半偏相关三个系数相等。在模型 2 中同时存在身体健康症状和应急生活事件，此时仅关注这一层新加入的自变量，即应急生活事件。结果表明控制了身体健康症状后，应急生活事件仍可以显著预测看病次数（$\beta=0.192$，$p<0.001$）。其偏相关表示将身体健康症状可解释的部分同时从因变量和应急生活事件中去掉后，应急生活事件能解释因变量变异的大小为 0.221；而半偏相关表示仅在应急生活事件中去掉与身体健康症状重叠的部分后，应急生活事件能解释因变量变异的大小为 0.183。由于存在其他自变量的影响，身体健康症状的偏相关和半偏相关相较于上一层有所减小，减少的部分即为新加入的应急生活事件能解释的部分。模型 3 中的结果可以回答本例最关注的问题，即控制了身体健康症状和应急生活事件后，心理健康症状不能显著预测看病次数（$\beta=0.030$，$p=0.554$），偏相关和半偏相关分别为 0.031 和 0.025，与零阶相关 0.336 相差较大，再次验证了这一结果，这也体现了序列回归分析相比简单相关分析的优势，即能够在控制其他自变量的情况下考察关键变量与因变量的关系。此外，在每层只加入一个新的自变量时，对偏回归系数的 t 检验等价于对回归方程的偏判定系数的 F 检验。

表 3－15 回归系数估计及其检验表

Coefficients[a]

Model		Unstandardized Coefficients		Standardized Coefficients	t	Sig.	Correlations		
		B	Std. Error	Beta			Zero-order	Partial	Part
1	(Constant)	.576	.099		5.834	.000			
	身体健康症状	.232	.018	.559	12.766	.000	.559	.559	.559
2	(Constant)	.407	.104		3.910	.000			
	身体健康症状	.210	.019	.504	11.282	.000	.559	.513	.483
	应急生活事件	.001	.000	.192	4.286	.000	.337	.221	.183

续表

Model		Unstandardized Coefficients		Standardized Coefficients	t	Sig.	Correlations		
		B	Std. Error	Beta			Zero-order	Partial	Part
3	(Constant)	.402	.105		3.833	.000			
	身体健康症状	.204	.021	.491	9.822	.000	.559	.462	.421
	应急生活事件	.001	.000	.185	4.038	.000	.337	.209	.173
	心理健康症状	.007	.011	.030	.593	.554	.336	.031	.025

a. Dependent Variable：看病次数（对数转换）

自变量排除情况如表 3－16 所示。使用 SPSS 进行序列回归分析和统计回归分析时，最后还会报告每一层中没有进入回归模型的自变量假设进入该层回归后预期的偏回归系数、t 检验结果、偏相关系数和容忍度，供研究者参考。

表 3－16　自变量排除情况表

Excluded Variables[a]

Model		Beta In	t	Sig.	Partial Correlation	Collinearity Statistics
						Tolerance
1	应急生活事件	.192[b]	4.286	.000	.221	.917
	心理健康症状	.076[b]	1.510	.132	.080	.751
2	心理健康症状	.030[c]	.593	.554	.031	.713

a. Dependent Variable：看病次数（对数转换）

b. Predictors in the Model：(Constant)，身体健康症状

c. Predictors in the Model：(Constant)，身体健康症状，应急生活事件

最后，在文献中汇报序列回归分析结果时，推荐整理成如下形式（见表 3－17）。

表 3－17　预测患者看病次数的序列回归分析结果

	第一步			第二步			第三步		
	b	SE	β	b	SE	β	b	SE	β
身体健康症状	0.232	0.018	0.559***	0.210	0.019	0.504***	0.204	0.021	0.491***
应急生活事件				0.001	0.000	0.192***	0.001	0.000	0.185***
心理健康症状							0.007	0.011	0.030
ΔR^2		0.313***			0.034***			0.001	

*** $p<0.001$.

关键术语

多元回归分析　标准多元回归　序列回归　统计回归　偏回归系数

多元判定系数　偏相关系数　半偏相关系数　多重共线性　残差分析

本章要点

1. 多元回归分析是同时考察多个自变量对一个因变量影响的一种多元统计方法，在心理学研究中有着广泛的运用。

2. 多元回归有三种主要类型，即标准多元回归、序列（分层）回归、统计回归，它们的区别在于自变量进入方程的顺序和解释自变量贡献的方式，应根据研究需要选择合适的回归类型。

3. 多元回归中有多种可衡量自变量重要性的指标，包括多元判定系数（R^2）、调整的多元判定系数、偏相关系数、半偏相关系数、标准化回归系数等，灵活使用这些指标可帮助选择合适的自变量，得到正确的结论。

4. 在多元回归中，可借鉴方差分析的思想对回归方程的整体显著性进行 F 检验，还可对新加入的自变量对 R^2 改变的显著性进行 F 检验，以及对单个自变量的偏回归系数的显著性进行 t 检验。

5. 进行多元回归分析之前，要对数据是否违背多元回归的各种前提假设进行检验甄别，同时注意检查自变量之间是否存在多重共线性，可选择适当的数据转换方法解决上述问题。

6. 对分类变量可使用虚拟编码生成多个新变量，然后将它们纳入多元回归方程中进行分析。

第四章

Logistic 回归分析

【核心要点】

1. 了解 Logistic 回归的基本概念和原理，掌握其适用的基本情境。
2. 了解 Logistic 回归方程中系数的含义与解释。
3. 学习 Logistic 回归方程的整体检验和拟合优度的评价标准。
4. 掌握 SPSS 软件中 Logistic 回归的操作过程和结果解释。

第一节　Logistic 回归分析的一般目的和基本介绍

上一章刚刚介绍了使用多元回归分析来探究某些自变量对连续因变量的影响，比如学生的努力程度、师生关系等因素对学生数学成绩的影响。但是当因变量变成二分变量（如是否患病、考试通过与否）的时候，线性回归分析的方法就不再适用了，因为其前提假设（因变量为连续变量、误差满足方差齐性）被违背。这时，我们可以采用 Logistic 回归分析方法来处理因变量为离散的二分变量的问题。

Logistic 回归分析中并不直接对二分结果变量进行回归分析，而是将其转换到 logit 尺度下，引入发生比（事件发生的概率/事件不发生的概率）的概念，再对发生比取自然对数（ln），将其作为因变量，探究自变量的线性组合对转换后的因变量的影响。

Logistic 回归主要有以下两点优势：第一，Logistic 回归对于自变量的分布和类型没有特定假设，自变量可以是连续变量、分类变量（多分类需要虚拟编码，见上一章）等。而判别分析（下一章将详细介绍）虽然也能对分类结果变量进行处理，但其要求自变量满足多元正态分布和方差齐性等前提假设。第二，Logistic 回归尤其适用于自变量对因变量的影响具有收益递减规律或非线性的情况，即当自变量处于取值范围的两端时，其值的变化对因变量的影响较小，但当自变量处于取值范围的中间部分时，其值的变化对于因变量的影响却较大的情况。举例而言，某销售人员拟探究 500 元折扣是否会对顾客决定是否购买价值 6 000 元的某商品产生影响，结果发现对于不同收入的顾客而言，影响是不同的：对于收入很低或很高的顾客，折扣并不会对其购买决定产生较大影响；但是对于收入中等的顾客，折扣就会对其购买决定产生较大影响。而线性多元回归则假定自变量对因变量的作用是线性的，因此并不适用于本情境。

Logistic 回归还可以进一步扩展为多分类 Logistic 回归，主要针对因变量为多分类变量的情况，其分类数大于 2。各类别之间可以是有序的，也可以是无序的，比如客户满意度（不满意、一般、满意）、购买商品颜色（红色、蓝色、绿色）。在本章中，我们主要关注分类数为 2 的 Logistic 回归分析。

第二节　Logistic 回归分析主要回答的问题

Logistic 回归分析的目的有二：一是预测变量是否会影响到结果变量，二是基于 Logistic 模型建立结果变量的分类方程。相应地，Logistic 回归分析主要可以回答以下几类问题：

第一，能否根据一系列预测变量来预测个案在结果变量上的类别？例如，能否根据温度、鼻塞程度、头疼等情况判断个体是否感冒？将基线模型（截距模型，即只包含截距项，不包含任何预测变量）与全模型（包含截距项和所有预测变量）进行比较，如果二者具有显著的差异，那么可以认为这些预测变量可以在一定程度上预测结果变量。

第二，各预测变量预测的效果如何？例如，鼻塞程度对于准确预测个体是否感冒有显著的预测效果，但是睡眠时间则不能预测个体是否感冒。在 Logistic 回归中，主要可以通过三种方法来回答这一问题：其一，如果模型在不包含某一预测变量时显著变差了，就可以证明这一预测变量具有显著的预测作用；其二，根据预测变量对应的回归系数是否达到统计学上的显著性；其三，根据该变量的变化对分类结果的发生比造成的影响大小。

第三，预测变量之间是否存在交互作用？在 Logistic 回归分析中也可以考虑预测变量的交互作用。与线性多元回归相似，我们也应该避免由加入交互项而带来的多重共线性问题。

第四，个案的分类结果是否准确？比如，根据 Logistic 回归模型，判断将实际感冒的患者诊断为患感冒的比例有多大，将实际没有感冒的个体诊断为未患感冒的比例有多大。

第五，预测变量的效应值有多大？即预测变量能在多大程度上解释结果变量的变异。Logistic 回归分析中计算效应值的方法与线性回归中的方法有所不同，我们将在后续部分加以阐述。

第三节　Logistic 回归分析的前提假设与模型

一、模型假设

多元线性回归分析假定预测变量与结果变量之间存在线性关系，而 Logistic 回归分析假定连续预测变量与经过 logit 转换后的结果变量之间存在线性关系。与传统多元回归相似，Logistic 回归也要求数据资料满足每次观测相互独立、残差均值为 0 的假设。由于结果变量是二分变量，故 Logistic 模型的残差也应当服从二项分布，而非正态分布。有时根据研究需要也可以将连续的结果变量划分为二分变量，比如将考试成绩大于等于 60 分划分为及格，将小于 60 分划分为不及格。预测变量可以是连续变量、离散变量，Logistic 回归分析对预测变量的类型和分布没有特定的要求。对于二分变量或分类变量，我们常常采用虚拟编码来表示其类别，比如将患感冒编码为 1（比较组），将未患感冒编码为 0（参照组）。对于具有超过两个类别的分类变量，我们需要采用“类别数－1”个虚拟代码，比如居住地为农村、城镇、城市，我们以农村作为参照组，设定 town 和 city 两个虚拟变量，town＝1 且 city＝0 表示城镇，town＝0 且 city＝1 表示城市，town＝0 且 city＝0 表示农村。在虚拟编码中选择任一组别为参照组都可以，但是不同的编码结果对于回归系数的解释会有所不同，具体参考第三章。

二、Logistic 回归模型

（一）logit 转换

Logistic 回归分析的名称源自结果变量的 logit 转换。假设事件发生的概率为 p，不发生的概率为 $1-p$，那么可以计算出事件的发生比（odds）$=p/(1-p)$，这反映了事件发生相较于事件不发生的相对优势。举例而言，如果某事件成功的概率为 0.6，那么失败的概率为 $1-0.6=0.4$，成功的发生比 $=0.6/(1-0.6)=1.5$，表明成功概率是失败概率的 1.5 倍；反之，如果事件成功的概率是 0.4，那么失败的概率为 0.6，成功的发生比 $=0.4/(1-0.4)=0.67$，表明成功概率只有失败概率的 0.67 倍。我们可以很容易地发现，当成功的概率为 0.5 的时候，其发生比为 1。p 越大，则其对应的发生比也越高。

接下来，我们对发生比取自然对数，得到的对数发生比（log odds），称为 p 的 logit 值。如此一来，发生比小于 1 对应的 logit 值为负数，发生比大于 1 对应的 logit 值为正数。经过以上两步转换，我们可以将二分结果变量转换到连续的尺度上。

（二）Logistic 回归模型的表达方式

常见的 Logistic 回归模型的表达方式如下：

$$\text{logit 模型：logit}(p)=\ln\left(\frac{p}{1-p}\right)=b_0+b_1x_1+\cdots+b_nx_n \tag{4-1}$$

或者

$$\text{发生比模型：odds}(p)=\frac{p}{1-p}=e^{b_0+b_1x_1+\cdots+b_nx_n} \tag{4-2}$$

以上两种形式是等价的，但是在对系数的解释上有所差异。应当注意，Logistic 回归方程的系数反映的是自变量对连续变量 logit(p) 的作用，而非对离散观测结果变量的作用。

基于式（4-1）或式（4-2），我们可以推导出事件发生的概率 p：

$$p=\frac{e^{b_0+b_1x_1+\cdots+b_nx_n}}{1+e^{b_0+b_1x_1+\cdots+b_nx_n}}=\frac{1}{1+e^{-(b_0+b_1x_1+\cdots+b_nx_n)}} \tag{4-3}$$

（三）Logistic 曲线

在二分结果变量中，事件发生的概率在 0 和 1 之间。Logistic 回归用 S 形的 Logistic 曲线来表征预测变量和结果变量之间的关系，如图 4－1 所示。当自变量的取值非常小的时候，事件的发生率很低，无限接近于 0；当自变量取值非常大的时候，事件的发生率很高，无限接近于 1；当自变量的取值处于中间范围的时候，随着其值的增大，事件的发生率随之提高。

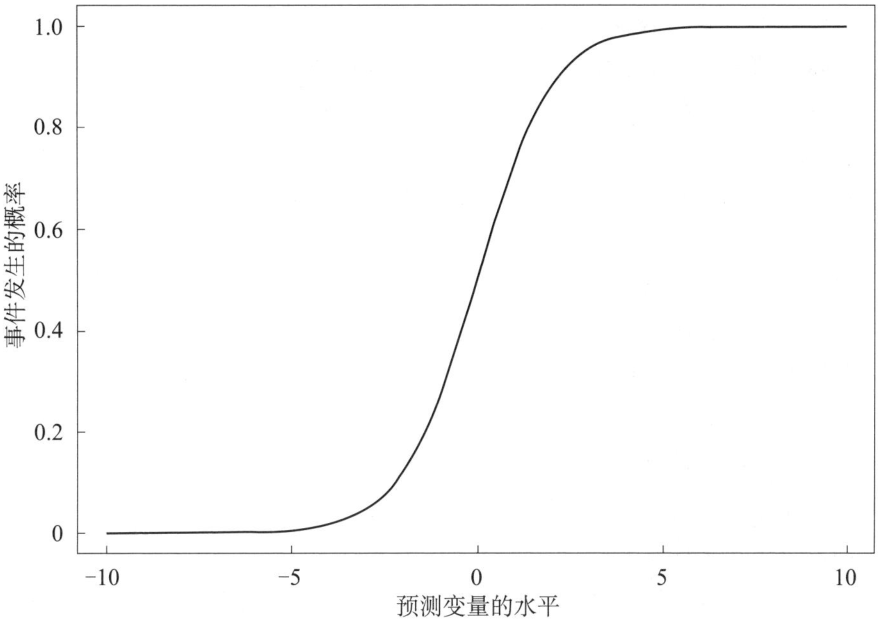

图 4－1　Logistic 曲线

在 Logistic 曲线中，纵坐标为事件发生的概率，其取值在 0 和 1 之间，但是结果变量本身只能取 0 或者 1。那么我们如何从 Logistic 曲线中预测结果变量的具体取值呢？我们以 0.5 作为截点，将事件发生的概率大于 0.5 的结果变量赋值为 1（事件发生），否则赋值为 0（事件未发生）。

（四）回归系数的解释

1. 回归系数的显著性

与多元线性回归相同，Logistic 回归分析中也会对回归系数进行统计检验，判断其是否显著不等于 0。在多元线性回归中，回归系数不显著表明该预测变量对连续的结果变量没有显著的影响。在 Logistic 回归中，由于将结果变量转换为 logit 值或者发生比，因此对应的解释有所不同。其回归系数不显著，表明该预测变量并不会影响事件的发生比或不会影响到事件发生的概率。

此外，多元线性回归中用 t 检验来评估回归系数的显著性，而 Logistic 回归中用 Wald 统计量（Morrison，1967）来检验其显著性，计算公式为：

$$W=(B/SE)^2 \tag{4-4}$$

式中，B 为回归系数，SE 为标准误。Wald 统计量服从卡方分布，其值越大表示该预测变量的作用越显著。其缺点在于当回归系数很大的时候，标准误的估计值也会很大，导致 Wald 统计量较小，难以拒绝零假设。

2. 预测变量为连续变量时，对回归系数的解释

在发生比模型中，回归系数反映了某预测变量对事件的发生比的影响。而在 logit 模型中，由于发生比进行了对数转换，难以直接解释回归系数的意义，许多软件会报告回归系数的幂值，即 e^B，常写作 exp(B)。

回归系数的符号反映了预测变量影响结果变量的方向。如果回归系数为正，则表明该预测变量的值提高，预测的概率提高；反之，如果回归系数为负，则表明该预测变量的值提高，预测的概率降低。对于 exp(B)，由于对回归系数求幂，因此其值为非负数。若 exp(B) 取值为 1，对应原始 logit 回归系数为 0，即预测变量的变化不会影响发生比或事件发生的概率；若 exp(B) 取值大于 1，对应原始 logit 回归系数为正，表明发生比随着预测变量值的升高而升高；若 exp(B) 取值小于 1，对应原始 logit 回归系数为负，表明发生比随着预测变量值的升高而降低。

回归系数的大小反映了预测变量影响结果变量的程度。以回归系数 1.5 为例：在多元线性回归中，该系数表明预测变量提高 1 个单位，则结果变量相应提高 1.5 个单位；在 Logistic 回归中，该系数表明预测变量提高 1 个单位，结果变量的 logit 值（对数发生比）提高 1.5 个单位，意义较为含糊；若 exp(B) 为 1.5，表明预测变量提高 1 个单位，则对应的新的发生比是原发生比的 1.5 倍，即提高了 0.5 倍。由于发生比也被称作“优势”，因此有研究者将预测变量变化 1 个单位前后的两个发生比的比值［即 exp(B)］称为“优势比”（odds ratio，OR），即 $\text{odds}^*(p)/\text{odds}(p)$［其中 $\text{odds}^*(p)$ 表示预测变量提高 1 个单位后的新发生比，odds(p) 表示原发生比］，表示当其他预测变量保持不变时，回归系数为 B 的预测变量增加 1 个单位对原发生比的倍数影响。

3. 预测变量为虚拟变量时，对回归系数的解释

当预测变量为虚拟变量时，我们最好用 exp(B) 来解释虚拟变量对结果变量的影响，此时回归系数表示与参照组相比，另一组对发生比的倍数影响。举例而言，虚拟变量性别中，将女生组编码为 0（参照组），将男生组编码为 1。若 exp(B) 为 1.5，则表示男生组的发生比是女生组发生比的 1.5 倍，即男生组的发生比要比女生组高 0.5 倍（1.5－1＝0.5）；若 exp(B) 为 0.8，则表示男生组的发生比是女生组发生比的 0.8 倍，即男生组的发生比要比女生组低 0.2 倍（0.8－1＝－0.2）。

（五）模型评价

Logistic 回归采用极大似然估计（maximum likelihood estimation）进行参数估计，其对应的模型拟合的评价标准也有所变化。在 Logistic 回归中，并没有和多元线性回归中多元判定系数 R^2 对应的指标，学者们提出用负 2 倍对数似然值（－2LL）、伪判定系数（pseudo-R^2）和预测准确性来评估模型的拟合情况。

极大似然估计中，评价模型拟合好坏的基本指标是似然值（likelihood value）。似然值反映了在假设模型成立的情况下，观察到特定样本的概率，其值处于 0 和 1 之间，越接近 1 表示模型对数据的拟合程度越好。实际分析中往往为了计算简便而采用－2LL，其值越大，表明回归方程的似然值越小，模型拟合得越差；其值越小，表明似然值越大，模型拟合得越好。将截距模型（不包含任何预测变量）与含有预测变量的 Logistic 模型的－2LL 进行比较，如果前者的值显著大于后者，那么可以证明含有预测变量的模型显著改善了模型的拟合情况，即预测变量可以显著改善模型的拟合情况。－2LL 服从卡方分布，故其显著性的检验采用卡方检验。由于卡方检验受样本量的影响较大，研究者应当谨慎，仅根据卡方检验的结果做出推论。

Logistic 回归中的伪判定系数都建立在似然值的基础上，不同的学者所提出的伪判定系数不尽相同。在 SPSS 中默认输出的有两种伪判定系数：Cox & Snell R^2（Cox & Snell，1989）和 Nagelkerke R^2（Nagelkerke，1991），其计算公式分别如下：

$$\text{Cox \& Snell } R^2 = 1 - \left(\frac{L_{\text{null}}}{L_{\text{model}}}\right)^{(2/n)} \tag{4-5}$$

$$\text{Nagelkerke } R^2 = \frac{1 - \left(\frac{L_{\text{null}}}{L_{\text{model}}}\right)^{(2/n)}}{1 - L_{\text{null}}{}^{(2/n)}} \tag{4-6}$$

式中，L_{null}表示截距模型的似然值，L_{model}表示含有预测变量的模型对应的似然值，n 为样本量。两种伪判定系数根据纳入预测变量模型与不纳入预测变量模型的似然值的比较，来表征结果变量的变异中被预测变量解释的比例，其值越大，则表明预测变量的解释能力越强，即效应值越大。以上两种伪判定系数的区别在于，前者无法达到 1，而后者则可以。事实上，由于它们不能直接反映模型对结果变量方差的解释比例，因此不是真正意义上的判定系数，故命名为“伪判定系数”。

在 SPSS 中还会报告分类表（classification table），作为预测准确性的一个指标。分类表是呈现实际类别和预测类别个案数量的交互表，可根据此表计算出被正确分组的个案数及其百分比。预测正确的比例（即真阳率）越高，则表明 Logistic 模型和实际数据的拟合越佳。

第四节 Logistic 回归分析中一些值得注意的问题

实际进行 Logistic 回归分析时需要注意以下问题。

一、样本量

与多元线性回归类似，样本量过小会导致抽样误差增大、统计检验力降低等问题。由于 Logistic 回归中使用极大似然估计作为参数估计方法，这就往往比多元线性回归要求更大的样本量。当预测变量为分类变量的时候，预测变量与结果变量所形成的各分类单元中的个案数不宜过少。比如预测变量为二分变量，那么其与结果变量形成 2×2＝4 个分类单元。如果一些分类单元内的个案数很少甚至为 0，很可能会造成模型不收敛的问题。

二、个案数与变量数的比例

如果个案太少而预测变量过多，Logistic 回归分析可能会出现一些问题，比如出现极端大的参数估计值和标准误、估计不收敛等。如果出现了这样的问题，可以通过删去某些不重要的预测变量或增大样本量来解决。

三、预测变量的多重共线性

与多元线性回归一样，Logistic 回归对具有高相关的预测变量非常敏感。预测变量之间存在多重共线性，可能会造成极端大的标准误。读者可参照多元线性回归的相关内容，判断预测变量是否存在多重共线性。

四、分类结果中的异常值

如果一个或多个个案很难通过某 Logistic 回归模型得到准确的分类结果，比如某些未患感冒的个体总是被划分到患感冒的群体中，那么当这样的个案足够多时，模型的拟合将会很差。我们可以通过残差检验来发现这些异常个案。

第五节　Logistic 回归分析应用案例及 SPSS 操作

一、应用案例数据说明

本章的应用案例是模拟生成的，我们仅以此为例演示 Logistic 回归分析过程，其分析结果不能推论到实际之中。本案例数据参见文件“4_1 logistic. sav”，与前文对应，本案例数据集包含变量 ID、temperature（温度）、rhinobyon（鼻塞程度）、headache（头疼）、gender（性别，1＝男，0＝女）、cold（感冒）。其中，ID 表示个案编号，cold 为二分结果变量，1 表示患感冒，0 表示未患感冒。温度、鼻塞程度和头疼为预测变量，均为 10 点评分。我们将采用 SPSS 来完成 Logistic 回归分析的基本过程，数据分析语句见文件“4_1 logistic. sps”。

二、SPSS 操作过程

（1）将数据准备好之后，依次点击 Analyze→Regression→Binary Logistic . . . ，进入

Logistic 回归分析的主窗口，如图 4－2 所示。

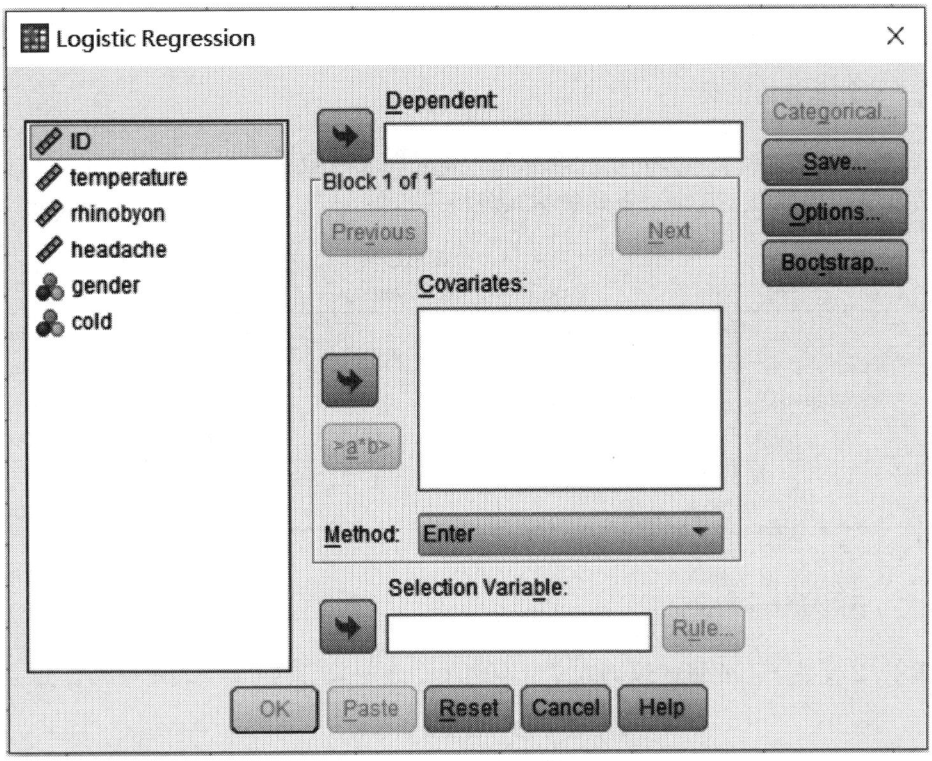

图 4－2 Logistic 回归分析主窗口

（2）将结果变量和预测变量分别放入因变量框和自变量框，即将 cold 放入“Dependent”框，将 temperature、rhinobyon、headache、gender 放入“Covariates”框。预测变量进入的方式可以大致分为三种：标准、序列、统计。标准回归是默认的方法（即“Enter”）。序列回归通过点击“Next”按钮将预测变量放到不同层次。统计回归中则有向前或向后的逐步条件纳入法（conditional）、似然比法（LR）和 Wald 方法，三种方法分别以条件统计量、似然比统计量和 Wald 统计量作为增删变量的标准。本例中我们选择默认的“Enter”方法，即标准回归。如果需要加入交互作用，则选中需要交互的变量，再点击“a＊b”按钮，就可以在“Covariates”框中看到两变量的交互项。

（3）定义分类变量。点击右上角“Categorical...”按钮，将分类变量 gender 选入“Categorical Covariates”框中，在“Change Contrast”栏中设定基本参照的类别，默认的是将编码类别升序排列，本例中以 gender＝0（女）作为参照，因此选择“First”（第一个分类），然后点击“Change”。点击“Continue”回到主窗口。

（4）点击右上角“Save...”按钮进入保存界面。用户可以定义保存估计值、残差等。本例中，我们选择“Probabilities”和“Group membership”，即预测的概率和结果分类。点击“Continue”回到主窗口。

（5）模型的设置完成之后，我们可以点击主窗口的“OK”按钮，SPSS 就开始执行我们设置的操作。

三、SPSS 输出结果

（一）个案总结结果

表 4-1 呈现了被纳入分析的个案数量、缺失的个案数量、未被选用的个案数量、总的个案数量。本例中 538 个个案均被纳入分析。

表 4-1　个案总结表

Case Processing Summary

Unweighted Cases[a]		N	Percent
Selected Cases	Included in Analysis	538	100.0
	Missing Cases	0	.0
	Total	538	100.0
Unselected Cases		0	.0
Total		538	100.0

a. If weight is in effect, see classification table for the total number of cases.

（二）因变量编码情况

表 4-2 反映了因变量的编码方式。本例中 0 表示未患感冒，1 表示患感冒。

表 4-2　因变量编码表

Dependent Variable Encoding

Original Value	Internal Value
do not have a cold	0
have a cold	1

（三）分类预测变量编码情况

表 4-3 呈现了分类预测变量的编码方式和频数。本例中，gender 是分类变量，201 名女性（female）被编码为 0，337 名男性（male）被编码为 1。

表 4-3　分类变量编码表

Categorical Variables Codings

		Frequency	Parameter coding
			(1)
gender	female	201	.000
	male	337	1.000

（四）分析的初始状态

分析的初始状态，即不包含任何预测变量的截距模型（Block 0：Beginning Block）。表 4-4 是根据截距模型所获得的预测值与实际结果变量值的分类表。本例中，所有个案的预测结果都是患感冒（have a cold），这是因为实际结果变量中患感冒的个案比未患感冒的更多，因此在截距模型中将所有的个案都预测为患感冒。总体预测准确率为 54.6%。

表 4-4 分类表
Classification Table[a,b]

Observed			Predicted cold: do not have a cold	Predicted cold: have a cold	Percentage Correct
Step 0	cold	do not have a cold	0	244	.0
		have a cold	0	294	100.0
	Overall Percentage				54.6

a. Constant is included in the model.
b. The cut value is .500

表 4-5 呈现了此模型中包含的变量及其统计检验结果。截距模型中只包含截距项（Constant），其统计检验显著（$p<0.05$），表明患感冒和未患感冒发生的频率显著不同。Exp（B）表示截距项的幂 logit 系数，反映了患感冒的发生比（294/244=1.205）。

表 4-5 方程中的变量表
Variables in the Equation

		B	S. E.	Wald	df	Sig.	Exp(B)
Step 0	Constant	.186	.087	4.633	1	.031	1.205

表 4-6 呈现了此模型中未纳入分析的变量的影响力分数（Score）、单独纳入分析的统计检验结果及整体检验结果。本例中，鼻塞程度（rhinobyon）的影响力分数最大，表明其对结果变量的影响最大。所有变量的统计检验均显著，表明以上因素均对结果变量有显著影响。

表 4-6 方程中未包含的变量表
Variables not in the Equation

			Score	df	Sig.
Step 0	Variables	temperature	27.432	1	.000
		rhinobyon	39.808	1	.000
		headache	29.452	1	.000
		gender (1)	7.058	1	.008
	Overall Statistics		98.829	4	.000

（五）含预测变量的模型

本例中，变量进入的方式为全部进入（Block 1：Method=Enter）。表 4-7 呈现了分步（Step）、分组（Block）、整体模型（Model）检验的结果。由于本例并未分步和分组，因而三者结果相同，其卡方值为 109.564，表示的是此模型的 -2LL 值比截距模型的 -2LL 值的减少量。卡方检验的结果显著，表明模型的整体检验结果显著。

表 4-7　模型系数综合检验表

Omnibus Tests of Model Coefficients

		Chi-square	df	Sig.
Step 1	Step	109.564	4	.000
	Block	109.564	4	.000
	Model	109.564	4	.000

表 4-8 呈现了模型评价的指标：−2LL、Cox & Snell R^2 和 Nagelkerke R^2。本例中−2LL=631.609，Cox & Snell R^2=0.184，Nagelkerke R^2=0.246。由于两个伪判定系数都较小，表明此模型的效应值较小，预测变量对结果变量的解释能力不强。

表 4-8　模型总结表

Model Summary

Step	−2 Log likelihood	Cox & Snell R Square	Nagelkerke R Square
1	631.609[a]	.184	.246

a. Estimation terminated at iteration number 4 because parameter estimates changed by less than .001.

表 4-9 是根据此模型所获得的预测值与实际结果变量值的分类表。本例中，模型对于未患感冒的个体的预测准确率为 65.6%，对于患感冒的个体的预测准确率为 71.4%，总体预测准确率为 68.8%。相较于截距模型，此模型的预测准确率提高了 14.2 个百分点（68.8%−54.6%）。

表 4-9　分类表

Classification Table[a]

Observed			Predicted		
			cold		Percentage Correct
			do not have a cold	have a cold	
Step 1	cold	do not have a cold	160	84	65.6
		have a cold	84	210	71.4
	Overall Percentage				68.8

a. The cut value is .500

表 4-10 呈现了此模型中各预测变量的 Logistic 回归分析结果。B 是原始 logit 回归系数，所有预测变量均显著，除温度外，其他的符号均为正号，说明温度对感冒发生的影响是负向的，而其他变量的影响是正向的。与原始 Logistic 回归系数相对应，只有温度的 EXP(B) 小于 1，其余的都大于 1。在控制其他变量不变的情况下，具体来看每个变量：温度每提高 1 个单位，患感冒的优势比为 0.564，即温度提高 1 个单位的发生比是提高之前的 0.564 倍，或者说比原发生比降低了 0.436 倍；鼻塞程度每提高 1 个单位，患感冒的优势比为 2.246，即比原发生比增加了 1.246 倍；头疼每提高 1 个单位，患感冒的优势比为 1.794，即比原发生比增加了 0.794 倍；相较于女性，男性患感冒的优势比为 1.914，即男性患感冒的发生比比女性患感冒的发生比增加了 0.914 倍。

表 4-10 方程中的变量表

Variables in the Equation

		B	S. E.	Wald	df	Sig.	Exp (B)
Step 1[a]	temperature	−.573	.111	26.833	1	.000	.564
	rhinobyon	.809	.134	36.679	1	.000	2.246
	headache	.585	.110	28.141	1	.000	1.794
	gender (1)	.649	.201	10.437	1	.001	1.914
	Constant	−3.956	1.300	9.262	1	.002	.019

a. Variable (s) entered on step 1: temperature, rhinobyon, headache, gender.

(六) 预测的概率和分组结果

由于之前保存了按照最终模型预测的事件发生概率（变量名为 PRE_1）和结果变量的预测值（变量名为 PRG_1），在数据界面可以看到 SPSS 中多了两列来存放这些信息（见图 4-3）。由于篇幅限制，我们只呈现了前 10 个个案的结果。发生概率大于 0.5 的个案对应的预测结果类别为 1；反之，则结果类别为 0。

	ID	temperature	rhinobyon	headache	gender	cold	PRE_1	PGR_1
1	1	7	7	7	0	1	.85697	1
2	2	9	6	6	1	1	.47504	0
3	3	8	6	6	0	1	.45606	0
4	4	9	5	7	1	1	.41954	0
5	5	7	6	7	1	1	.83620	1
6	6	8	7	7	1	1	.86607	1
7	7	9	5	6	0	1	.17389	0
8	8	6	5	5	1	1	.55597	1
9	9	6	4	7	0	1	.48387	0
10	10	8	5	6	1	1	.41670	0

图 4-3 Logistic 回归保存的预测概率和分组结果

(七) 其他

如果选择了序列回归，那么在 SPSS 输出结果中还会出现“Block 2”“Block 3”等，分别表示每一步加入新变量后的模型结果，其解释与上述相同。如果选择了统计回归，那么 SPSS 中会出现每个步骤（Step）对应的结果。

关键术语

二分变量　logit 转换　发生比　对数发生比　Logistic 曲线
logit 模型　发生比模型　Wald 统计量　Logistic 回归系数
Logistic 回归系数幂值　优势比　似然值　伪判定系数
分类表

《 本章要点 》

1. 对于因变量为二分变量的情境，传统多元回归分析的方法不再适用，此时适合采用 Logistic 回归分析。

2. 对发生比取自然对数来进行 logit 转换，从而将二分结果变量变为连续的尺度，使之与自变量之间形成线性可加的关系。

3. Logistic 回归方程由于对二分结果变量进行了转换，其对回归系数的解释比传统多元回归方程的解释更加复杂。通常采用回归系数的幂值，即 $\exp(B)$，来反映预测变量对结果变量发生比的影响。可用 Wald 统计量对回归系数的显著性进行检验。

4. 可用 $-2LL$ 和伪判定系数对 Logistic 回归方程进行整体检验和拟合优度的评价。

第五章

判别分析

【核心要点】

1. 了解判别分析的基本前提假设及适用情境。

2. 了解判别函数和分类函数的相关概念和主要类型。

3. 掌握判别分析的重要参数，如判别系数、结构系数、重心、特征根等的含义。

4. 学习 SPSS 软件中判别分析的操作过程和结果解释。

第一节　判别分析的一般目的和描述

判别分析（discriminant analysis）又称鉴别分析、区分分析，在教育心理评价方面有广泛应用。判别分析是一种多元统计方法，它利用已知的属于不同类别的样本作为基准，使用多项观测指标数据构建一个或多个线性组合（即判别函数，discriminant functions）。通过这些判别函数，我们可以对新收集的样本进行分类。具体而言，判别分析首先需要明确想要区分的类别，这通常基于现有的知识和经验来预先确定。然后，选择一些能够有效区分这些类别的观测指标。在心理和教育学领域，这些指标通常是基于理论、先前研究或专业经验来选定的。接着，根据这些选定的指标来构建判别函数。最后，利用这些判别函数对已经测量了相应指标的群体进行分类。举例来说，现有某数学测验用于评估中学生的数学能力，确定要分为三个类别（优秀、良好、不及格），收集的观测指标是计算能力（numeracy ability）分测验、推理能力（reasoning ability）分测验、空间能力（spatial ability）分测验的得分。已知某个班级的中学生在各分测验中的表现，以及教师对每个中学生数学能力的评定类别，研究者可以建立一些线性函数来反映观测指标和分类结果的关系，进而可以将该判别函数用于其他班级，依据其他班级的中学生在分测验中的表现，预测其数学能力的所属类别。

判别分析方法的效度主要受到两个因素的影响：一是所选择的建立判别函数的样本是否具有代表性；二是所施测的一些观测指标变量是否具有区分性。要保证这两点，需要有一系列的相关研究为依据。如果已有此类研究，则可以直接参考；如果没有，就需要在进行判别分析之前，探寻可能具有特异性的指标。在确定判别分析的特异性指标过程中，因素分析、聚类分析（见本书后面的章节）是经常用到的统计分析方法。需要注意的是，判别分析与聚类分析有所不同：聚类分析是在 P 维空间中将若干个样本点按其内部亲疏结构进行类别划分，而判别分析是在 P 维空间中将每个样本点归于若干个已知类别的总体中的某一个。

建立判别函数的过程类似于建立回归方程，不过回归方程中的因变量（或结果变量）是随机变量且多为连续变量，而判别分析中的结果变量大都是预先定义的类别。

第二节　判别分析主要回答的问题

判别分析大致可以回答以下几个问题：

第一，能否根据一系列观测指标变量有效区分不同的类别？比如，研究者能否根据中学生在计算能力、推理能力、空间能力分测验中的得分来预测其数学能力处于何种水平？

第二，究竟有多少个显著的判别函数？比如，对于区分优秀、良好、不及格三种数学能力的中学生，可能由两个判别函数来完成——一个判别函数判断出不及格与其他两个类别的差异，另一个判别函数判断出优秀与其他两个类别的差异。后续统计分析有可能发现两个判别函数均能有效鉴别所属类别，也可能只有一个判别函数显著。事实上，我们可以大致判断出最多需要几个判别函数，即观测指标数量（k）与类别数量减 1（$g-1$）中的较小值。本例中类别数量和观测指标数量都是 3，因此最多需要 $3-1=2$ 个判别函数。在判别分析中，第一个判别函数往往能最大限度地区分出不同组别的差异，可以解释原来组间差异中最大的部分；然后从第一个判别函数未利用的信息中建立第二个判别函数；依此类推，直至建立起所有可能的判别函数。每个函数由于都利用了前面函数中未利用的信息，因而与前面所有函数都相互独立，满足正交关系。通常来讲，只有第一个或者前两个判别函数能够有效区分不同的组别，其他判别函数则可能因为无法提供足够的额外信息而被忽略。在得到显著的判别函数之后，我们还需要回答这些函数的意义究竟是什么，不同的群体到底处于判别函数的哪个位置，观测指标与判别函数的相关如何。

第三，使用哪种线性方程来对新的个案进行分组？就本例而言，研究者得到了另外一个班级的学生在计算能力、推理能力、空间能力分测验中的得分。那么，如何预测原来班级学生的数学能力到底处于何种水平？这里用到的函数称为“分类函数”（classification functions）。那么，基于我们使用的分类函数，分类正确的比例有多大？如果出现了分类错误，是哪些个案被分配到错误的类别？

第四，我们所选择的一系列观测指标与不同类别的关联程度有多大？观测指标变量的重要性如何？比如，第一个判别函数将数学能力不及格的中学生与其他两类中学生区分开来。那么，这个判别函数能代表所有原始数据中组间总差异的多大比例？这个比例越高，则表明该判别函数对于判别不同组别的效果越好。

第三节 判别分析的假设条件及模型

一、判别分析的假设条件

（一）样本量

各组别样本量不同对判别分析结果的影响不会很大；但是如果不同组别的先验概率不同，样本量就会对此产生影响。规模最小的组所包含的样本量应该超过观测指标变量的数量，否则模型可能会出现过拟合的情况。与传统多元回归类似，样本量也会对统计检验力产生一定影响。

（二）观测指标变量的多元正态性

判别分析假定各观测指标变量满足多元正态分布，即观测指标变量的得分是从一个总体中独立随机抽取的，任何观测指标变量的线性组合的抽样分布都是正态分布（可回顾第一章相关内容）。当多元正态分布的假设被违背时，其影响需要根据不同原因进行分析。原因主要分为两种情况：一是由偏态造成，二是由异常值造成。与多元方差分析类似，如果多元正态性假设因偏态被违背，影响通常不大，尤其是当样本量较大且各类别样本量相对均衡的时候；但如果多元正态性假设是因异常值的存在而被违背的，则会导致较严重的偏差（Tabachnick & Fidell，2007）。因此，在进行判别分析之前，建议首先检验每个组别是否存在单变量或多变量异常值（详见第一章第二节）。

（三）各类别方差-协方差齐性

一般来说，当样本量较大、各类别样本量均衡的时候，违反方差齐性的假设并不会对判别函数的显著性造成太大的影响；但是当样本量较小、各类别样本量不均衡的时候，估计判别函数的显著性的判断会受到较大的影响，很可能导致偏差。此外，由于分类函数更倾向于将个案划分到方差-协方差较大的组中，若判别分析的主要目的是将待判别的个案进行分类，则需特别注意方差齐性的前提假设是否成立。如果该假设不成立，需要采取一些函数转换方法（详见第一章第四节）来使数据更符合假设要求，从而改善分类效果。

（四）多重共线性

如果观测指标变量的相关很高的话，很可能会像多元回归分析一样出现多重共线性问题（详见第三章第七节）。冗余的变量不能提供足够的新信息，且会增大估计的标准误，容易导致参数估计不稳定。目前大多数软件能通过计算容忍度来识别多重共线性。

二、判别分析的基本模型

判别分析的基本模型包括两部分：判别函数和分类函数。

（一）判别函数

判别函数描述了分组变量与观测指标变量之间的关系。和多元线性回归方程形式类似，判别函数的因变量为不同判别函数的得分（discriminant function scores），此得分并不是分组变量的编码值，而是通过对观测指标变量进行坐标旋转得到的距离度量，其作用在于最大化组间差异、最小化组内差异。判别函数的自变量为一系列观测指标变量，通过一系列判别系数对自变量进行加权。

假设有 k 个观测变量，判别函数的数学表达式如下：

$$y_i = b_{i0} + b_{i1}x_1 + b_{i2}x_2 + \cdots + b_{ik}x_k \tag{5-1}$$

式中，y_i 为第 i 个判别函数的得分，x_k 为各观测指标变量，b_{ik} 为对应的判别系数。

如果将各观测指标变量标准化，记为 z_k，则可以得到用标准化系数表达的判别函数：

$$D_i = B_{i0} + B_{i1}z_1 + B_{i2}z_2 + \cdots + B_{ik}z_k \tag{5-2}$$

式中，D_i 为第 i 个判别函数的标准化得分，B_{ik} 为标准化判别系数。

（二）分类函数

判别函数反映了预测指标变量和判别得分之间的关系，而分类函数则用于将个案划分到不同的类别。以 Fisher 分类函数为例，展示分类函数如何对个案进行分类。在高中生数学能力测评的例子中一共有 3 个类别，将对应 3 个分类函数。假设有 k 个观测变量，用下面的公式来表示划分到第 j 组的分类函数：

$$C_j = c_{j0} + c_{j1}x_1 + c_{j2}x_2 + c_{j3}x_3 + \cdots + c_{jk}x_k \tag{5-3}$$

式中，C_j 表示第 j 组的分类函数得分，c_{jk} 表示第 j 个分类函数中观测变量 x_k 的系数，c_{j0} 是截距项。

将每个个案在各观测变量上的数值代入每个组对应的分类函数中，比如某高中生在优秀、良好、不及格三个组别中对应的分类函数得分依次是 112、108、89，那么选择其分类函数得分最高对应的组别作为该生预测分类的组别，即优秀组别。

式（5－3）主要适用于各组别人数比较均衡的情况。如果人数差别较大，我们可以根据各组样本量设定先验概率，以此来进行修正。修正公式如下：

$$C_j = c_{j0} + \sum_{i}^{k} c_{ji}x_i + \ln(n_j/N) \tag{5-4}$$

式中，n_j 表示第 j 组的样本量，N 表示样本总量。

第四节　判别分析的主要类型

一、建立判别函数的方法

根据预测变量进入方程的方法，可以将判别分析分为三种类型——标准判别（又称直接判别）、序列判别、统计判别（又称逐步判别），这与多元回归的三种方式类似，选择何种类型也与多元分析的选择标准类似。

在标准判别分析（standard discriminant analysis）中，所有选择的预测变量都将进入方程之中，对组间方差的共同解释将不属于任何一个变量。

在序列判别分析（sequential discriminant analysis）中，研究者可以根据已有研究或假设对预测变量进入方程的顺序进行设定。目前 SPSS 并没有针对序列分析的程序，需要研究者自己逐一加入变量，进行多次判别分析。

在统计判别分析（statistical discriminant analysis）中，如果研究者对于预测变量进入方程的顺序没有特定要求，那么可以通过统计标准来确定进入顺序。此方法适用于研究者想要减少预测变量，但是对于变量的重要程度没有预期的情况。但是统计判别分析也存在一些问题，比如变量进入顺序可能取决于样本中各预测变量之间的关系，而没能很好地反映总体。这个问题可以通过交叉验证的方法得以改善。此外，多重共线性对于统计回归的影响最大，因为多重共线性的存在会影响到某些预测变量能否进入判别函数。

二、对个案进行分类的方法

对个案进行分类的方法主要有距离判别、贝叶斯判别和 Fisher 判别三种方法。在 SPSS 中主要采用的是 Fisher 判别的方法。

（一）距离判别

距离判别的基本思想是：在 P 维空间中，对已知的 K 个总体 G_1，G_2，…，G_K 来说，在每个总体内部，样本点之间的距离相对较短，而对于分属不同总体的样本点，其间的距离应该相对较长一些。假如每个已知类别的总体有一个中心，那么不属于该总体的样本与该中心的距离应该大于属于该总体的样本与该中心的距离。在判别时，对于任意一个不知归属的样本点，可以求出该点到各个类别中心点的距离，距离哪个类别的中心点最近，该点就应该属于该类别。

（二）贝叶斯判别

贝叶斯判别是在判别分析中充分利用先验概率信息的一种判别方法。贝叶斯判别不仅把空间点的先验分布作为判别时的考虑因素，还把错判的后果作为判别之初就应该考虑的因素。贝叶斯判别把错判的严重性量化为错判的损失系数，认为在其他条件相同的情况下，应将空间点判给损失最小的总体。

（三）Fisher 判别

Fisher 判别是依据方差分析的原理建立起来的一种判别分析方法（Fisher，1936）。Fisher 判别首先寻找一个将 P 维空间的点 $x=(x_1,x_2,\cdots,x_P)'$ 降为一维数值的线性函数 $y(x)=\sum_{j=1}^{P}C_jx_j$，然后利用这个线性函数把 P 维空间中已知类别总体以及未知类别归属的空间点都转换为一维数据，再根据降维后样本点之间的疏密情况把未知归属的点判给相应的总体。

第五节　判别分析的参数及解释

判别分析中有一系列指标用来反映变量之间的关系或判别函数的优劣。接下来，我们将结合 SPSS 中判别分析的输出结果，对其中的重要参数进行介绍。其中，反映变量之间关系的参数主要有判别系数和结构系数，反映判别函数优劣的参数主要有分组重心、特征根、典型相关系数和 Wilks' Lambda 参数。

一、判别系数

判别系数（discriminant coefficient）又称判别函数系数、判别权重，反映了各预测变量在判别函数中的作用，可以分为标准化的（standardized）和非标准化的（unstandardized）两种。需要注意的是，如果预测变量之间存在多重共线性，单独通过判别系数的大小来判断变量的重要性可能会产生偏差。因为判别系数表示预测变量对判别函数得分的直接线性影响，需要估计预测变量对判别函数的独立贡献，而多重共线性会使得预测变量之间的信息难以区分，导致判别系数估计不稳定。

由预测变量的原始值直接计算得到的参数估计值，称为“非标准化判别系数”[见式 (5-1)]。非标准化判别系数用于计算判别函数值和建立具体的判别函数模型。由于其会受到度量尺度的影响，因而不能通过直接比较非标准化判别系数的大小来说明其预测变量的作用大小。

将经过标准化的判别变量用于计算参数估计值，得到的判别函数的系数称为“标准化判别系数”[见式 (5-2)]。由于将度量尺度统一，我们可以通过标准化判别系数的数值大小来描述相应的观测指标变量对判别函数的贡献大小，其绝对值越大表示判别作用越大，其符号则反映了观测指标变量对判别函数值影响的方向。

二、结构系数

在判别分析中，结构系数（structural coefficient）又称判别载荷（discriminant loadings），反映了各观测指标变量与判别函数得分之间的简单相关关系。它告诉我们每个预测变量在判别函数中的作用大小，类似于在因素分析中因素载荷的含义。由于结构系数本质上是简单相关系数，因此它受到多重共线性的影响较小。相比判别系数，它能够更准确地反映自变量对判别函数的作用。结构系数的绝对值较大，表明该观测指标变量对判别函数有较强的影响，解释了该变量在分组判别中的重要性；绝对值较小（接近于 0），则说明该变量对判别函数的作用较小。在 SPSS 中，各观测指标变量的结构系数会默认按照其绝对值大小排序，并用星号标记绝对值较大的结构系数，以标记哪些变量对判别函数的影响较大。

三、分组重心

分组重心（group centroid）是每个类别的判别函数值的均值，描述了以判别函数为轴，每个类别的中心所在的位置。如果各类别的重心相距较远，则表明该判别函数可以较好地将各类别的组间差异凸显出来。

四、特征根

每个判别函数都会对应一个特征根（eigenvalue），其数值等于组间差异与组内差异的比值。特征根反映了该判别函数的判别能力，越大说明其判别能力越佳。

五、典型相关系数

典型相关系数（canonical correlation coefficient）的计算公式如下：

$$r_c = \sqrt{\frac{\lambda}{1+\lambda}} \tag{5-5}$$

式中，r_c为典型相关系数，它对应的是判别函数轴上组间变异占总变异的比例的平方根，λ为特征根，1代表作为特征根基准单位的组内方差。

典型相关系数越大，表明在该判别函数轴上的分组越明显。典型相关系数的平方可以作为该判别函数的效应值。

六、Wilks' Lambda 参数

Wilks' Lambda 参数反映的是组内平方和占总平方和的比例，其值越小，表明组内平方和占总平方和的比例越小，对应的组间平方和占总平方和的比例就越大。因此，该指标为负向指标，数值越小，表明其对应的判别函数越能将组间差异最大化，而将组内差异最小化。转换后的 Wilks' Lambda 参数具有近似卡方分布的性质，因此可以通过卡方检验来判断其显著性，其零假设是各组的重心相等。

第六节 判别分析应用案例及 SPSS 操作

一、应用案例数据说明

本章的应用案例是模拟生成的，因此其分析结果不能推论到实际之中，我们仅以此为例演示判别分析过程。本例数据参见文件“5_1 discriminant. sav”，包含 ID、numeracy（计算能力）、reasoning（推理能力）、spatial（空间能力）、GROUP（类别）变量。其

中，ID 表示个案编号，GROUP 为分组变量，一共有 3 个组别（优秀、良好、不及格），对应变量值分别为 1、2、3，随机挑选了 9 个个案的分组变量为缺失值。计算能力、推理能力和空间能力为预测变量，均为 10 点评分。我们将采用 SPSS 来完成判别分析的基本过程，语句参见文件“5_1 discriminant. sps”。

二、SPSS 判别分析数据格式要求

判别分析对分组变量的形式有一定的要求，即分组变量的不同类别应该用整数来编码，比如本例中用 1、2、3 对优秀、良好、不及格 3 个组别进行编码。对分组变量的编码也可以采用离散的数字，比如 1、3、5。在 SPSS 中，要求指定分组变量的值域，即最小值和最大值。SPSS 将根据用户设定的值域，选择处于该值域的个案进行后续分析。待分类的个案可以用缺失值表示，也可以用超出值域的其他数字表示。

对于预测变量的要求及前提假设在第一节中已经提及，读者可回顾相应内容。

三、SPSS 判别分析操作过程

（1）用 SPSS 打开文件“5_1 discriminant. sav”，对各变量进行描述统计，可参照本书第一章检查数据录入是否准确、是否存在异常值、是否满足判别分析的前提假设。

（2）依次点击 Analyze→Classify→Discriminant...，进入判别分析的主窗口，如图 5-1 所示。

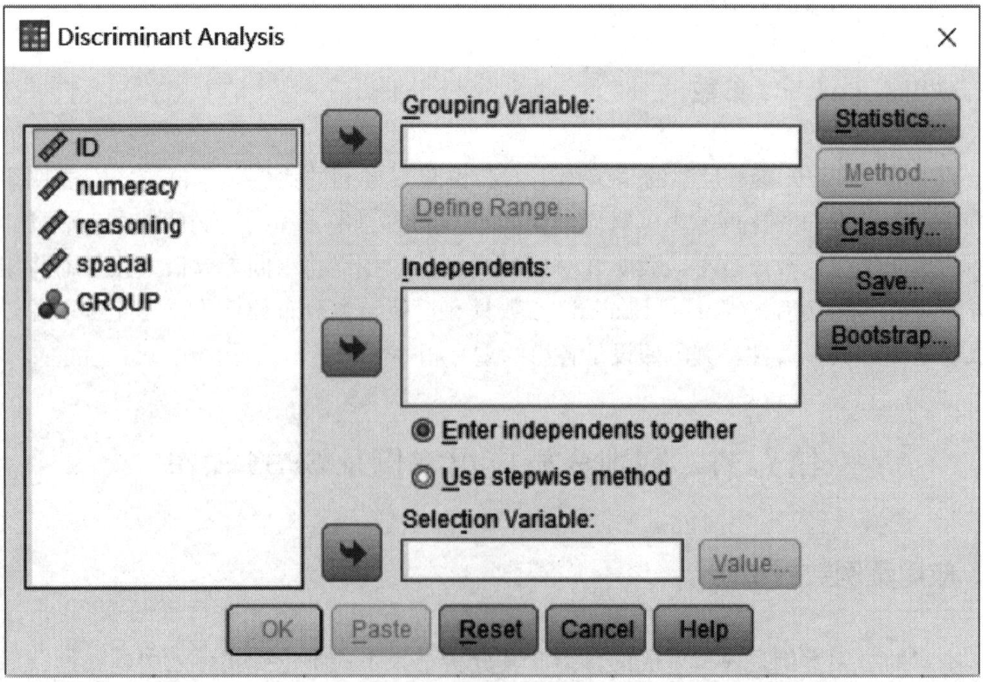

图 5-1　判别分析主窗口

（3）将分组变量和预测变量分别放入分组变量框和自变量框，即将“GROUP”放入“Grouping Variable”框，将 numeracy、reasoning、spatial 放入“Independents”框。将 GROUP 放入分组变量框后，需要自行定义分组编码变量的值域。我们通过点击“Define Range...”按钮，来定义其最小值和最大值。本例中，我们在“Minimum”和“Maximum”中分别输入 1 和 3，再点击“Continue”回到主窗口。

（4）对于选择预测变量进入判别分析的方法，SPSS 只提供了标准判别（Enter independents together）和逐步判别（Use stepwise method）方法，其中默认是标准判别方法。本例中只有 3 个预测变量，我们希望这 3 个变量都能进入判别分析，因此采用默认的“Enter independent together”方法。

如果要采用逐步判别方法，可以在选中“Use stepwise method”后，在主窗口最右侧点击“Method...”，选择采用何种方法来决定预测变量进入的顺序。Wilks' Lambda 方法是根据该变量对整体 Wilks' Lambda 值降低的程度来决定变量进入顺序的。Unexplained variance 方法选择的是能最小化未解释的组间差异的预测变量。Mahalanobis distance 方法可测量一个个案自变量的值与所有个案的平均值的差异有多大，如果该值较大则表明该个案在自变量上存在异常值。Smallest F ratio 是选择能使任意两组之间马氏距离的最小 F 比率达到最大的变量。Rao's V 方法是衡量组别差异的一种方法，在每个步骤中将选择使得 Rao's V 增量最大的预测变量进入分析，选择此方法之后，必须输入分析的最小值。

（5）在操作主界面，点击“Statistics...”按钮进入指标设置界面。在“Descriptives”栏中可以选择输出变量的均值（Means）、一元方差分析（Univariate ANOVAs）、Box's M 检验，用于检查协方差的同质性。在“Function Coefficients”栏中勾选“Fisher's”和“Unstandardized”将输出 Fisher 系数和非标准化判别系数。“Matrices”栏中提供了组内、组间、总体相关或协方差矩阵的输出选项，读者可根据需要选择。本例中，我们选择了“Box's M”“Fisher's”“Unstandardized”。点击“Continue”回到主窗口。

（6）点击“Classify...”按钮，进入判别分类设置的界面。在“Prior Probabilities”栏中可以设置先验概率，有所有组别相等（All groups equal）或按照各组案例规模（Compute from group sizes）两种方法，当各组个案的数量差异较大的时候，可以采用后者。本例中，不同组别的人数差异较大，因此我们采用后者。“Display”栏中“Casewise results”可以输出每个个案的实际组别、预测分类组别、后验概率和判别值，“Summary table”可以输出分类正误的概要信息，而“Leave-one-out classification”是指分析中每个个案都是根据除此个案以外的所有个案得出的分类函数进行分类的。“Plots”栏中提供了 3 种判别图，Combined-groups 用于画出所有组以判别函数为轴的散点图（对应一个散点图），Separate-groups 用于画出各组分别以判别函数为轴的散点图（有多少组，就有多少个散点图），Territorial map 则用于画出各组分类结果的界限，每组的平均值在其边界内用 * 表示。本例中我们勾选“Casewise results”“Summary table”“Combined-groups”。点击“Continue”回到主窗口。

（7）点击“Save...”按钮，我们可以进入保存设置界面。可以保存的判别分析的结果有：预测的个案分组（Predicted group membership）、个案的判别值（Discriminant scores)、个案分组的概率（Probabilities of group membership)。勾选之后，SPSS 会将对应的数据附加到变量之后，命名为 Dis_1（预测的个案分组)，Dis1_1、Dis2_1（第一、第二判别函数值)，Dis1_2、Dis2_2、Dis3_2（每个个案属于某一组别的概率)。点击“Continue”回到主窗口。

（8）模型的设置完成之后，点击主窗口的“OK”按钮，SPSS 就开始执行我们设置的操作。

四、SPSS 判别分析输出的结果

（一）描述统计与 Box's *M* 检验结果

描述统计的结果不是本章分析的重点，因此不做赘述。Box's *M* 值为 19.588，*F* 检验的结果不显著（$p=0.079$)，因此满足各组别方差相等的假设。

（二）典型判别函数结果总结

从表 5-1 可以看出本例中有两个判别函数，第一个判别函数的特征根为 0.586，第二个判别函数的特征根为 0.303，其解释组间总差异的比例分别为 65.9%和 34.1%。典型相关系数的大小分别为 0.608 和 0.482，效应值（典型相关系数的平方）分别为 0.370、0.232，表明组间方差百分比为 37.0%、23.2%。

表 5-1　特征根结果表

Eigenvalues

Function	Eigenvalue	% of Variance	Cumulative %	Canonical Correlation
1	.586[a]	65.9	65.9	.608
2	.303[a]	34.1	100.0	.482

a. First 2 canonical discriminant functions were used in the analysis.

表 5-2 中 Wilks' Lambda 反映的是组内平方和占总平方和的比例。第一行“1 through 2”表示建立了两个判别函数之后的结果，可以看出 Wilks' Lambda 值为 0.484，卡方检验显著，表明两个判别函数共同的判别作用是显著的。第二行“2”表示将第一个判别函数剥离后，第二个判别函数单独反映的判别作用，其 Wilks' Lambda 值为 0.768，其卡方检验结果也是显著的，表明第二个判别函数具有统计学意义。

表 5-2　Wilks' Lambda 结果表

Wilks' Lambda

Test of Function (s)	Wilks' Lambda	Chi-square	df	Sig.
1 through 2	.484	380.876	6	.000
2	.768	138.788	2	.000

表 5-3 中的标准化判别系数可以直接进行比较，因为它消除了测量尺度不同所带来的影响。从本结果中，我们可以发现空间能力（spatial）对于第一个判别函数的作用最

大，而推理能力（reasoning）对于第二个判别函数的作用最大。

表 5-3 标准化典型判别函数系数表
Standardized Canonical Discriminant Function Coefficients

	Function	
	1	2
numeracy	−.697	.333
reasoning	.295	.948
spatial	.812	−.186

表 5-4 中非标准化的判别函数系数是对原始数据进行求解的结果。

表 5-4 非标准化典型判别函数系数表
Canonical Discriminant Function Coefficients

	Function	
	1	2
numeracy	−.815	.389
reasoning	.429	1.381
spatial	.967	−.222
(Constant)	−2.077	−9.579

Unstandardized coefficients

表 5-5 中的结构系数反映了判别函数的观测变量与判别函数值之间的拟合水平，越大则表明该判别函数表达的信息和观测变量的信息越相似。在结构系数中，我们可以看到在第一个判别函数下，空间能力和计算能力被标记上 * 号，表明它们与第一个判别函数的联系更为密切；在第二个判别函数下，推理能力被标记上 * 号，表明它与第二个判别函数的联系更为密切。

表 5-5 结构矩阵
Structure Matrix

	Function	
	1	2
spatial	.662*	−.110
numeracy	−.529*	.269
reasoning	.316	.939*

Pooled within-groups correlations between discriminating variables and standardized canonical discriminant functions
Variables ordered by absolute size of correlation within function.
*. Largest absolute correlation between each variable and any discriminant function

各组别在以判别函数为坐标轴上的分布的中心，即重心的结果如表 5-6 所示。通过考察每个个案与各组重心之间的距离，可以将待分类的个案进行分组。重心的图形表示如图 5-2 所示。

表 5-6　各组重心

Functions at Group Centroids

GROUP	Function	
	1	2
优秀	.436	.659
良好	.406	−.595
不及格	−1.386	.017

Unstandardized canonical discriminant functions evaluated at group means

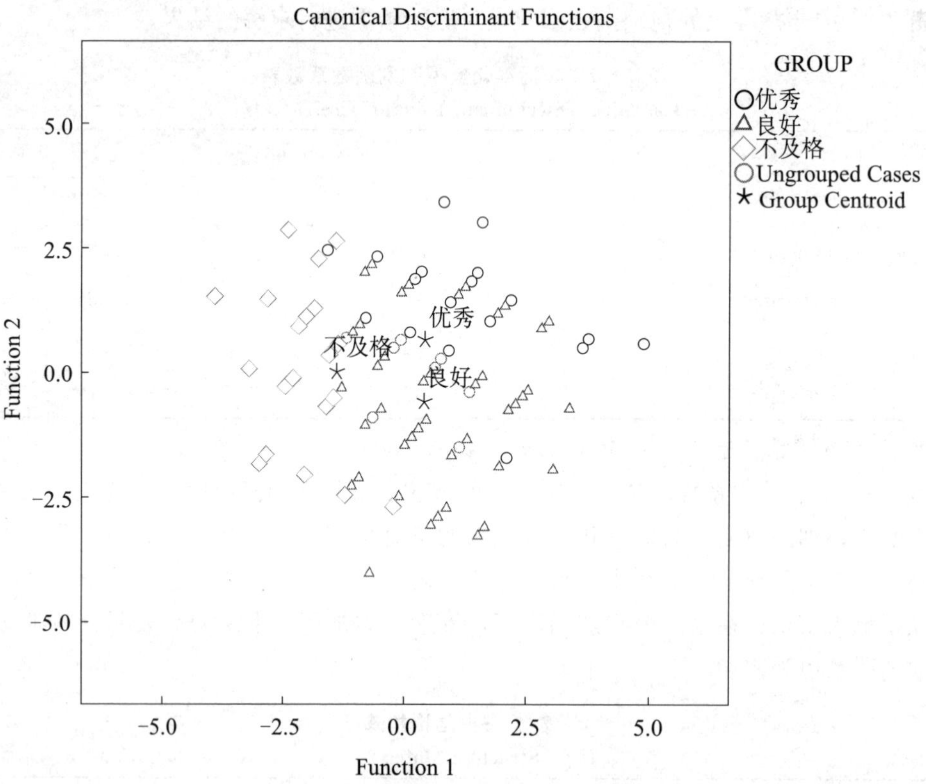

图 5-2　典型判别函数重心图示

（三）分类结果

表 5-7 中的 Fisher 函数结果可用于将待分类个案进行分类，将其在各预测变量上得分的原始数值分别代入上述三个组别对应的方程，那么其函数值最大的组别即为其分类的组别。比如某待分类个案在三个预测变量上的得分分别为 6、5、8，那么 $\text{GROUP}_{\text{优秀}} = 9.351 \times 6 + 13.535 \times 5 + 6.860 \times 8 - 101.090 = 77.571$，$\text{GROUP}_{\text{良好}} = 8.887 \times 6 + 11.789 \times 5 + 7.110 \times 8 - 88.843 = 80.304$，$\text{GROUP}_{\text{不及格}} = 10.586 \times 6 + 11.866 \times 5 + 5.240 \times 8 - 92.242 = 72.524$。在这些数值中，80.304 最大，因此我们将这一个案分入良好组。

表 5-7 Fisher 分类函数系数
Classification Function Coefficients

	GROUP		
	优秀	良好	不及格
numeracy	9.351	8.887	10.586
reasoning	13.535	11.789	11.866
spatial	6.860	7.110	5.240
(Constant)	−101.090	−88.843	−92.242

Fisher's linear discriminant functions

由于篇幅限制，我们只展示了 5 个个案的判别结果（见表 5-8）。Case Number 是个案编号，Actual Group 是个案实际的所属类别。Highest Group 下有五个指标：Predicted Group 是根据分类函数预测的个案的所属类别，p 是按最大可能性分组的条件取得其观测判别值的概率，df 是对应的自由度，第四个指标是分到该组的后验概率（越大，则分到该组的可能性越大），最后一个指标是该个案与其最大可能组的重心之间的马氏距离的平方（越大，表明被分错的概率越大）。Second Highest Group 对应三个指标：第二可能的预测组别、其后验概率、与第二可能组重心马氏距离的平方。Discriminant Scores 是每个个案的判别函数值。

表 5-8 个案判别结果
Casewise Statistics

Case Number	Actual Group	Highest Group					Second Highest Group			Discriminant Scores	
		Predicted Group	P(D>d | G=g)		P(G=g | D=d)	Squared Mahalanobis Distance to Centroid	Group	P(G=g | D=d)	Squared Mahalanobis Distance to Centroid	Function 1	Function 2
			p	df							
1	1	1	.249	2	.810	2.784	2	.187	5.952	1.993	1.258
2	3	3	.649	2	.472	.865	1	.375	2.204	−1.033	.877
3	2	1**	.796	2	.497	.457	2	.322	1.562	−.218	.488
4	2	2	.661	2	.563	.828	3	.249	1.348	−.495	−.727
5	2	2	.458	2	.564	1.564	1	.427	1.886	1.564	−.124

**. Misclassified case

表 5-9 提供了实际分组类别与预测分组类别的对应比例。可以看出，在实际分入优秀的组别中有 116 个案被正确分类，比例为 60.7%；有 55 个个案被错误分入良好类别，比例为 28.8%；有 20 个个案被错误分入不及格类别，比例为 10.5%。9 个待分类个案中，有 2 个被分入优秀组，有 5 个被分入良好组，有 2 个被分入不及格组。

表 5-9　分类结果

Classification Results[a]

		GROUP	Predicted Group Membership			Total
			优秀	良好	不及格	
Original	Count	优秀	116	55	20	191
		良好	54	153	8	215
		不及格	13	19	91	123
		Ungrouped cases	2	5	2	9
	%	优秀	60.7	28.8	10.5	100.0
		良好	25.1	71.2	3.7	100.0
		不及格	10.6	15.4	74.0	100.0
		Ungrouped cases	22.2	55.6	22.2	100.0

a. 68.1% of original grouped cases correctly classified.

在数据文件中可以看到保存的六个新变量，其中 Dis_1 是本次判别分析对所有个案的分组结果，Dis1_1 和 Dis2_1 是所有个案在两个判别函数上的函数值，Dis1_2、Dis2_2、Dis3_2 是所有个案分别属于三个组别（优秀、良好、不及格）的概率。

关键术语

分组变量　判别函数　判别变量　分类函数　标准判别
序列判别　统计判别　距离判别　贝叶斯判别　Fisher 判别
判别系数　结构系数　分组重心　特征根　典型相关系数
Wilks' Lambda

本章要点

1. 判别分析是一种以已知属于不同类别的样本为标准，结合观测指标数据建立判别函数，据此将待判别的新样本加以分类的一种多元统计方法。

2. 判别分析中需要考虑样本量、观测指标变量的多元正态性、各类别方差-协方差齐性、多重共线性等问题。

3. 根据预测变量进入方程的方法，判别分析可以分为标准判别、序列判别和统计判别三种类型。可以采用距离判别、贝叶斯判别和 Fisher 判别三种方法对个案进行分类。

4. 判别分析的 SPSS 操作结果中，判别系数反映了各观测指标变量对于判别函数的作用，可以分为标准化的和非标准化的两种；结构系数反映了各观测指标变量与判别函数值之间的相关系数；分组重心描述了每个类别判别函数值的均值；特征根表示组间差异与组内差异的比例；典型相关系数对应判别函数轴上组间变异占总变异的比例的平方根；Wilks' Lambda 反映了组内平方和占总平方和的比例；Fisher 函数的结果则可用于将待分类个案进行分类。

第六章
聚类分析

【核心要点】

1. 掌握聚类分析的基本概念，熟悉聚类分析的应用场景。

2. 了解层次聚类法和非层次聚类法的概念，并掌握它们的计算步骤。

3. 知道如何对聚类分析的结果进行解释。

4. 了解聚类分析与因素分析、回归分析的区别和联系。

第一节　聚类分析的一般目的和描述

聚类分析（cluster analysis）又称分类分析、群聚分析、集群分析，是现代三大统计方法之一。聚类分析是将所观测的事物或观测事物的指标进行分类的一种统计分析方法，它的目的是辨认在某些特征上相似的事物，并将这些事物按照这些特征划分为几类，使得同一类中的事物具有较高的同质性，不同类中的事物具有较高的异质性。聚类分析与传统分类方法的主要区别在于，它是一种数值分类的方法，分类准则不是事先决定的，而是按照自然类别将空间中的点进行分类。

聚类分析的对象有两种：一种是对个案即样本或被试进行聚类（称为 Q 型聚类），另一种是对指标即变量进行聚类（称为 R 型聚类）。心理学研究中经常会涉及这方面的问题。例如，用一些指标对学生进行测试，可根据研究需要，对所测试的学生个体进行分类：如果测试指标是一些成绩指标，那么可将学生分成学得好的和学得不好的等不同类别；如果测试指标是一些个性指标，那么可将学生分成不同的个性类别；如果测试指标是一些运动能力指标，那么可将学生分成田赛、径赛类，体操中的上肢动作、下肢动作类等不同类别。聚类分析能帮助研究者认识事物的类别性质。如果被施测的团体一定，还可对测试指标进行聚类，从众多指标中找出一些有代表性的指标，这样可以减少指标、优化指标。

聚类分析首先要确定区分事物特性的聚类标准。对于只有测量性质的指标（变量），常使用变量之间的相关系数，而对于只有测量性质的个案（事物或被试），常使用个案之间的“距离”。

聚类分析需要使用较多的观测指标测试同一批对象（被试），指标一般为测量数据形式（即定量数据，如身高、体重），这样才会使聚类分析的分类标准在推论上具有意义，否则，推论便失去有效性。在测试之前，并不知道这批测量指标之间具有什么样的关系，测试之后想根据观测法分析一下这些指标是否有相同或不同的类型，这时就用聚类分析的统计方法。除了指标一般为测量数据形式外，使用聚类分析还需要注意的是，不管实际数据中是否真正存在不同的类别，利用聚类分析都能得到分成若干类别的解；聚类分析的解完全依赖于研究者所选择的聚类变量，增加或删除一些变量对最终的解都可能产生实质性的影响；异常值和特殊的聚类变量都会对聚类有较大影响。所以研究者在使用聚类分析时，应特别注意可能影响结果的各个因素，选择与研究的问题有关的观测指标。

第二节　聚类分析主要回答的问题

聚类分析的基本原则是直接比较样本中各事物间的性质，将性质相近的聚为一类，将性质差异比较大的分在不同类中。这样使同类别内的差异较小，而不同类别之间差异较大。从聚类分析的概念可知，这种统计分析方法一般不要求变量总体服从正态分布，只需要使用较多的观测指标测量同一批对象（被试），指标一般为测量数据形式。另外，测试指标的选择要与研究的问题有关，变量的分辨力要强，这样聚类才有意义。

从上面的叙述可知，聚类分析要解决的主要问题有：

（1）如何测量变量之间的相似性或个体之间的距离？

（2）如何将相似的事物或变量聚为一类？

（3）如何描述和解释所聚成的各类？

聚类分析主要应用于探索性的研究，其分析的结果可以提供多个可能的解，最终解的选择需要研究者的主观判断和后续的分析。

第三节　聚类分析的模型及原理

一、距离

设数据矩阵为：

$$\begin{pmatrix} x_{11} & x_{12} & \cdots & x_{1j} & \cdots & x_{1m} \\ x_{21} & x_{22} & \cdots & x_{2j} & \cdots & x_{2m} \\ \vdots & \vdots & & \vdots & & \vdots \\ x_{i1} & x_{i2} & \cdots & x_{ij} & \cdots & x_{im} \\ \vdots & \vdots & & \vdots & & \vdots \\ x_{n1} & x_{n2} & \cdots & x_{nj} & \cdots & x_{nm} \end{pmatrix}$$

假设有 n 个个案和 m 个观测指标，则数据矩阵 X 为 $n \times m$ 的矩阵，矩阵中的每个元素 x_{ik} 表示第 i 个个案在第 k 个观测指标上的得分。第 k 个指标的平均值和标准差分别记为$\bar{x}_k$和s_k，用d_{ij}表示第i个个案与第j个个案之间的距离。距离应满足三个条件：

（1）$d_{ij} \geqslant 0$（对于一切i，j）；$d_{ij}=0 \Leftrightarrow$个案i与j的各指标相同。

（2）对于一切i，j，$d_{ij}=d_{ji}$。

（3）对于一切i，j，h，$d_{ij} \leqslant d_{ih}+d_{jh}$（$h \neq i$，$h \neq j$）。

常用的距离有以下几种（其中下标i和j代表不同个案，k代表观测指标）。

（1）曼哈顿距离：

$$d_{ij}(1)=\sum_{k=1}^{m}|x_{ik}-x_{jk}| \quad (i, j=1, 2, \cdots, n; k=1, 2, \cdots, m) \tag{6-1}$$

其中，$d_{ij}(1)$表示第i和第j个个案之间的曼哈顿距离，x_{ik}和x_{jk}分别为第i和第j个个案在第k个观测指标上的值。

（2）欧氏距离（二阶闵可夫斯基距离）：

$$d_{ij}(2)=\sqrt{\sum_{k=1}^{m}(x_{ik}-x_{jk})^2} \quad (i, j=1, 2, \cdots, n; k=1, 2, \cdots, m) \tag{6-2}$$

欧氏距离是聚类分析中使用最广泛的距离。

（3）切比雪夫距离：

$$d_{ij}(\infty)=\max_{1 \leqslant k \leqslant m}|x_{ik}-x_{jk}| \quad (i=1, 2, \cdots, n; j=1, 2, \cdots, m) \tag{6-3}$$

以上三种距离都属于闵可夫斯基距离：

$$d_{ij}(q)=\left(\sum_{k=1}^{m}|x_{ik}-x_{jk}|^q\right)^{1/q} \quad (i=1, 2, \cdots, n; j=1, 2, \cdots, m) \tag{6-4}$$

闵可夫斯基距离具有计算简单的优点，但是这些距离与各指标的量纲有关，有一定的人为性，而且没有考虑指标变量之间的相关性。为了更好地描述两个个案之间的距离，可以采用马氏距离。

（4）马氏距离：

$$d_{ij}=\sqrt{(x_i-x_j)'V^{-1}(x_i-x_j)} \tag{6-5}$$

其中，上标$'$代表向量转置，V^{-1}表示变量之间协方差矩阵的逆矩阵。

（5）兰氏（Canberra）距离：

$$d_{ij}=\sum_{k=1}^{m}\frac{|x_{ik}-x_{jk}|}{x_{ik}+x_{jk}} \quad (i, j=1, 2, \cdots, n; x_{ij} \geqslant 0) \tag{6-6}$$

这是一个自身标准化的量，但没有考虑指标变量之间的相关性。为了克服指标变量之间的相关性对距离造成的影响，可引进斜交空间距离。

（6）斜交空间距离。欧氏距离的基本假定是坐标系是正交的，在统计分析中即要求各指标之间互不相关。在聚类分析中，这一条件一般不能满足，多个指标之间往往存在不同程度的相关，在这种情况下，用欧氏距离来计算个案的距离，就会使个案之间的距离发生变形，从而使聚类的谱系结构发生变化。在m维空间中，为使具有相关性的指标的谱系结构不发生变形，可采用斜交空间距离，其计算公式为：

$$d_{ij}=\left[\frac{1}{m^2}\sum_{k=1}^{m}\sum_{l=1}^{m}(x_{ik}-x_{jk})(x_{il}-x_{jl}) \cdot r_{kl}\right]^{1/2} \quad (i, j=1, 2, \cdots, n; k, l=1, 2, \cdots, m) \tag{6-7}$$

在数据标准化处理的情况下，式中 r_{kl} 为指标 k 和指标 l 之间的相关系数。

二、相似系数

聚类方法不仅可以用来对个案进行分组，而且可以用来对指标变量进行分类。在对指标变量进行分类时，通常用相似系数来表示变量之间的亲疏程度。

设 C_{kl} 为变量 k 和变量 l 之间的相似系数，则 C_{kl} 应满足以下条件：

（1）$C_{kl}=\pm 1 \Leftrightarrow x_k = a x_l$（$a \neq 0$ 且为常数）。

（2）对于一切 k，l，$|C_{kl}| \leqslant 1$ 。

（3）对于一切 k，l，$C_{kl} = C_{lk}$ 。

常用的相似系数有以下几种（这里的 n 代表个案）。

（1）夹角余弦：

$$r_{kl} = \frac{\sum_{i=1}^{n} x_{ik} x_{il}}{\sqrt{\sum_{i=1}^{n} x_{ik}^2 \sum_{i=1}^{n} x_{il}^2}} \quad (k,\ l = 1,\ 2,\ \cdots,\ m) \qquad (6-8)$$

它表示指标 k 和 l 之间的夹角余弦。

（2）相关系数：

$$r_{kl} = \frac{\sum_{i=1}^{n} (x_{ik} - \bar{x}_k)(x_{il} - \bar{x}_l)}{\sqrt{\sum_{i=1}^{n} (x_{ik} - \bar{x}_k)^2 \sum_{i=1}^{n} (x_{il} - \bar{x}_l)^2}} \quad (k,\ l = 1,\ 2,\ \cdots,\ m) \qquad (6-9)$$

对 k 和 l 两个指标进行标准化变换后，其夹角余弦与相关系数相等。

（3）指数相似系数。设 $s_1, s_2, \cdots, s_n$ 为向量 $\boldsymbol{x}_1, \boldsymbol{x}_2, \cdots, \boldsymbol{x}_n$ 的样本标准差，则指标 k 和指标 l 的指数相似系数为：

$$r_{kl} = \frac{1}{n} \sum_{i=1}^{n} \mathrm{e}^{-\frac{3}{4} \frac{|x_{ik} - x_{il}|^2}{s_i^2}} \quad (k,\ l = 1,\ 2,\ \cdots,\ m;\ i = 1,\ 2,\ \cdots,\ n) \qquad (6-10)$$

它不受指标量纲的影响。

同一批数据采用不同的距离或相似系数计算方法会得到不同的分类结果。在选择距离或相似系数计算方法时应遵守以下原则：

（1）所选择的距离或相似系数计算公式应在实际应用中有明确的意义。

（2）要综合考虑对样本观测数据的预处理和将要采用的聚类分析方法。

（3）要考虑研究对象的特点及计算量的大小。

实际研究中，在聚类分析前不妨试探性地多选择几个不同的距离或相似系数计算公式分别进行聚类，然后对聚类分析的结果进行对比分析，以确定最适合的距离或相似系数测度方法。

三、变量的标准化

由于有些距离或相似系数的计算受测量单位的影响较大（尤其是对距离的影响，其中测量单位的数量级较大的变量，往往其标准差也大，这类变量对距离的贡献占主导地位，这样可能会掩盖其他方差小的变量的影响），因此在计算距离或相似系数前往往需要对变量进行标准化，常用的方法有以下几种。

（一）中心化变换

中心化是一种标准化处理方法。它先求出变量的样本平均值，再用原始数据减去该均值，得到中心化后的数据。

设原始观测数据矩阵为：

$$\boldsymbol{X}=(x_{ik})_{n\times m} \tag{6-11}$$

式中，n 为样本量，m 为变量个数。设中心化后的数据为 x_{ik}' 则有

$$x_{ik}'=x_{ik}-\bar{x}_k \quad (i=1,2,\cdots,n;\ k=1,2,\cdots,m) \tag{6-12}$$

式中

$$\bar{x}_k=\frac{1}{n}\sum_{i=1}^{n}x_{ik} \quad (i=1,2,\cdots,n;\ k=1,2,\cdots,m) \tag{6-13}$$

（二）标准化变换

这种变换方法主要是对变量的属性进行变换处理，首先将列中心化，然后用标准差进行标准化，即

$$x_{ik}'=\frac{x_{ik}-\bar{x}_k}{s_k} \quad (i=1,2,\cdots,n;\ k=1,2,\cdots,m) \tag{6-14}$$

式中

$$\bar{x}_k=\frac{1}{n}\sum_{i=1}^{n}x_{ik} \quad (i=1,2,\cdots,n;\ k=1,2,\cdots,m) \tag{6-15}$$

$$s_k=\sqrt{\frac{\sum_{i=1}^{n}(x_{ik}-\bar{x}_k)^2}{n-1}} \quad (i=1,2,\cdots,n;\ k=1,2,\cdots,m) \tag{6-16}$$

通过变换处理后，每列数据的均值为 0，方差为 1。

（三）极差正规化变换

数据矩阵中每个变量的最大值与最小值之差称为极差。极差正规化变换是将每一个原始数据减去该变量的最小值，再除以极差，得到变换后的数据，即

$$x_{ik}'=\frac{x_{ij}-\min\limits_{1\leqslant i\leqslant n}\{x_{ik}\}}{\max\limits_{1\leqslant i\leqslant n}\{x_{ik}\}-\min\limits_{1\leqslant i\leqslant n}\{x_{ik}\}} \quad (i=1,2,\cdots,n;\ k=1,2,\cdots,m) \tag{6-17}$$

其中，$\min\{\}$ 和 $\max\{\}$ 分别表示求最小值和最大值。

经过变换后，每列的最大数据变为 1，最小数据变为 0，其余数据在 0 和 1 之间。

（四）对数变换

对数变换可以将具有指数特征的数据结构化为线性数据，变换公式为：

$$x_{ik}'=\ln x_{ik} \quad (x_{ik}>0;\ i=1,2,\cdots,n;\ k=1,2,\cdots,m) \tag{6-18}$$

第四节　聚类分析的主要类型

如前所述，根据聚类分析的对象，可以将聚类分析分为两种：一种是对个案进行聚类（称为Q型聚类），另一种是对指标进行聚类（称为R型聚类）。这两种聚类在数学上是对称的，没有什么不同。

还可以根据聚类方法原理来划分聚类分析。聚类分析的方法很多，常用的有层次聚类法（hierarchical cluster）和非层次聚类法（nonhierarchical cluster），下面我们对每一类方法分别加以介绍。

一、层次聚类法

常用的层次聚类法有两种：聚集法和分解法。聚集法是首先把每个个体（或变量）各自看成一类，把距离最近的两类合并，然后重新计算类与类之间的距离，再把距离最近的两类合并，每次减少一些类，直到把所有的个体聚为一类为止。分解法与聚集法的过程相反，首先把所有的个体归为一类，然后把最不相近的个体分开，每次增加一个类，直到每个个体都成为一类为止。这里我们重点介绍聚集法。

在使用聚集法进行聚类过程中，设第1次并类的两类距离为 D_1，第2次并类的两类距离为 D_2……第 n 次并类的两类距离为 D_n。如果满足 $D_1 \leqslant D_2 \leqslant \cdots \leqslant D_n$，则称并类距离具有单调性。并类距离具有单调性符合聚集法的基本思想，但由于所选择聚类的距离不同，因此不一定所有的方法都满足单调性的要求。

聚集法的核心是计算类与类之间的距离，设 d_{ij} 为个体 x_i 和 x_j 之间的距离，设 D_{pq} 为个体的类 G_p 与类 G_q 之间的距离。类与类之间的距离常用的计算方法有以下几种。

（一）最短距离法

最短距离法把类与类之间的距离定义为一个类的所有个体与另一个类的所有个体之间距离的最小值，即将类 G_p 与类 G_q 之间的距离定义为：

$$D_{pq} = \min_{\substack{x_i \in G_p \\ x_j \in G_q}} \{d_{ij}\} \tag{6-19}$$

最短距离法的聚类步骤如下：

（1）计算个体之间的距离，得到距离矩阵 $\boldsymbol{D}(0)$，这时每个个体自成一类，即 $D_{pq} = d_{pq}$。

（2）寻找 $\boldsymbol{D}(0)$ 的非主对角线上的最小元素，设为 D_{pq}，则将 G_p 和 G_q 合并成一新类，记为 $G_r = \{G_p, G_q\}$。

（3）计算新类 G_r 与任一其他类 G_k 之间的距离：

$$D_{kr} = \min_{\substack{x_i \in G_k \\ x_j \in G_r}} \{d_{ij}\} = \min\left\{ \min_{\substack{x_i \in G_k \\ x_j \in G_p}} \{d_{ij}\},\ \min_{\substack{x_i \in G_k \\ x_j \in G_q}} \{d_{ij}\} \right\} = \min\{D_{kp}, D_{kq}\} \tag{6-20}$$

所得到的距离矩阵记为 $\boldsymbol{D}(1)$。

(4) 对 $\boldsymbol{D}(1)$ 重复施行针对 $\boldsymbol{D}(0)$ 的步骤，得到 $\boldsymbol{D}(2)$，由 $\boldsymbol{D}(2)$ 按同样的步骤计算得到 $D(3)$ ……直到所有个体被归为一类为止。

最短距离法是一种单调的、空间收缩式的聚类分析方法。

(二) 最长距离法

最长距离法与最短距离法的聚合策略相反，它把类与类之间的距离定义为它们之间两个最远个体之间的距离，即将类 G_p 与类 G_q 之间的距离 D_{pq} 定义为：

$$D_{pq}=\max_{\substack{x_i\in G_p\\ x_j\in G_q}}\{d_{ij}\} \tag{6-21}$$

最长距离法的聚类过程与最短距离法相同。最长距离法是一种单调的、空间守恒式的聚类分析方法。

(三) 中间距离法

如果类与类之间的距离既不采用两类之间的最短距离，也不采用两类之间的最长距离，而是采用介于两者之间的距离，就称为中间距离法。当类 G_p 与类 G_q 合并成新类 $G_r=\{G_p, G_q\}$ 时，G_r 与任意一类 G_k 的距离 D_{kr} 可定义为：

$$D_{kr}^2=\frac{1}{2}D_{kp}^2+\frac{1}{2}D_{kq}^2-\frac{1}{4}D_{pq}^2 \tag{6-22}$$

中间距离法是一种非单调的、空间守恒式的聚类分析方法。

(四) 重心法

以上三种方法在定义类与类之间的距离时，都没有考虑各类中的个体数目。在欧氏空间中，如果将两类之间的距离定义为两类重心之间的距离，这类聚类法就称为重心法。其聚类步骤与上面介绍的几种聚类法的步骤相同。当类 G_p 与类 G_q 合并成新类 $G_r=\{G_p, G_q\}$ 时，G_r 与任意一类 G_k 的距离 D_{kr} 可定义为：

$$D_{kr}^2=\frac{n_p}{n_r}D_{kp}^2+\frac{n_q}{n_r}D_{kq}^2-\frac{n_p}{n_r}\cdot\frac{n_q}{n_r}D_{pq}^2 \tag{6-23}$$

式中，n_p，n_q，n_r 分别为类 G_p，G_q，G_r 中所含的个体数。

重心法是一种非单调的、空间守恒式的聚类分析方法。

(五) 类平均法

重心法虽有较好的代表性，但并没有充分利用各元素的信息。为此，可将两类之间距离的平方定义为这两类元素两两之间的平均平方距离，即

$$D_{pq}^2=\frac{1}{n_pn_q}\Big(\sum_{\substack{i\in G_p\\ j\in G_q}}d_{ij}^2\Big) \tag{6-24}$$

用此定义的聚类法称为类平均法。

当类 G_p 与类 G_q 合并成新类 $G_r=\{G_p, G_q\}$，且有 $n_r=n_p+n_q$ 时，G_r 与任意一类 G_k 的距离 D_{kr} 可定义为：

$$D_{kr}^2=\frac{1}{n_kn_r}\Big(\sum_{\substack{i\in G_k\\ j\in G_r}}d_{ij}^2\Big)=\frac{1}{n_kn_r}\Big(\sum_{\substack{i\in G_k\\ j\in G_p}}d_{ij}^2+\sum_{\substack{i\in G_k\\ j\in G_q}}d_{ij}^2\Big) \tag{6-25}$$

于是，类平均法的递推公式为：

$$D_{kr}^2 = \frac{n_p}{n_r} D_{kp}^2 + \frac{n_q}{n_r} D_{kq}^2 \tag{6-26}$$

类平均法既在空间上守恒，又有单调性质，是一种使用较广、聚类效果较好的方法。

（六）可变类平均法

在类平均法的距离递推公式中，没有考虑到类 G_p 与类 G_q 之间的距离。为此，可将类平均法的公式改为：

$$D_{kr}^2 = \frac{n_p}{n_r}(1-\beta) D_{kp}^2 + \frac{n_q}{n_r}(1-\beta) D_{kq}^2 + \beta D_{pq}^2 \qquad (n_r = n_p + n_q) \tag{6-27}$$

式中，β 取正值时，聚合空间是压缩的；$\beta=0$ 时，聚合空间是守恒的；β 取负值时，聚合空间是扩张的。一般情况下，β 取负值时，其绝对值越大，扩张性越强，空间扩张能使分辨能力提高，一般 $\beta=-\frac{1}{4}$。可变类平均法具有单调性。

（七）可变法

如果在中间距离法的递推公式中使前两项的系数也依赖于 β，则可得到可变法的递推公式：

$$D_{kr}^2 = \frac{1-\beta}{2}(D_{kp}^2 + D_{kq}^2) + \beta D_{pq}^2 \tag{6-28}$$

可变法的空间扩张性质与可变类平均法相同，完全依赖于 β 的值，也就是：$\beta=0$ 时，聚合空间是守恒的；β 取负值时，聚合空间是扩张的；β 取正值时，聚合空间是压缩的。一般 $\beta=-\frac{1}{4}$。可变法具有单调性。

（八）离差平方和法

离差平方和法又称 Ward 法，其思想来源于方差分析。如果类分得合理，则同类个体之间离差平方和应较小，类与类之间离差平方和应较大。

当类 G_p 与类 G_q 合并成新类 $G_r=\{G_p, G_q\}$，且有 $n_r = n_p + n_q$ 时，G_r 与任意一类 G_k 的距离 D_{kr} 可定义为：

$$D_{kr}^2 = \frac{n_k+n_p}{n_r+n_k} D_{kp}^2 + \frac{n_k+n_q}{n_r+n_k} D_{kq}^2 - \frac{n_k}{n_r+n_k} D_{pq}^2 \tag{6-29}$$

式中，n_p，n_q，n_r，n_k 分别为 G_p，G_q，G_r，G_k 中所含个体数。

离差平方和法是单调的、空间扩张的，且能得到局部最优解，在实际研究中应用较多，分类效果较好。该方法要求个体之间的距离必须是欧氏距离。

二、非层次聚类法

在层次聚类分析中，所聚的类一旦形成，便不再改变，而非层次聚类法是在分类的各个阶段，将原有的类打散重新进行聚类的一种方法。在这种方法中，一般先选出某些样本点作为聚类分析的中心，或先将各样本点分割成原始的类，再逐渐调整所定义的类。非层次聚类法有多种计算方法，最常用的是 K 平均数法（K-means）。下面简要介绍这种方法。

K 平均数法的计算步骤如下：

（1）指定要形成的聚类个数，对样本点进行初始分类并计算每一个初始分类的重心。

（2）调整分类，计算每个样本点到各类重心的距离，把每个样本点归到距离重心最近的那个类。

（3）重新计算每个类的重心。

（4）重复第（2）和第（3）步，直到没有样本点可以再调整为止。

K 平均数法的关键是选择初始分类，对于同一组数据，不同的初始分类可能得到不同的结果。初始分类时一般有已知初始聚类中心和未知初始聚类中心两种情况。在已知初始聚类中心的情况下，按照距离最近的原则，把离初始聚类中心最近的样本点归入一类，形成初始分类，然后计算每一类的重心。初始聚类中心通常是研究者根据经验人为确定的，例如根据以往的研究经验，选择每一类中有代表性的样本点作为初始聚类中心，或将样本点用其他方法分类，将每一类的中心作为初始聚类中心。在未知初始聚类中心的情况下，指定某种聚类方法对样本点进行初始分类，从原始数据中估计初始聚类中心，这需要经过一些迭代过程加以实现。一般的统计软件都提供这种方法，本章后面将介绍如何使用 SPSS 软件进行 K 平均数法聚类。

第五节　聚类分析中一些值得注意的问题

一、分类数的确定和结果解释

聚类分析的主要目的是将研究对象进行分类，因此如何选择分类数便成为各种聚类方法共同关心的一个问题，但无论使用哪种方法，最终的分类都应该符合以下几条标准：

（1）类间差异显著大于类内差异。

（2）所分出的各类有明确的含义。

（3）若选用不同的方法进行聚类，应该得到较多相同的类。

（4）在确定的类中，每类所包含的元素的个数不应太多。

对聚类结果进行解释是希望对各个类的特征进行准确的描述，包括给予每个类一个有意义的名字。这一步往往可以借助描述统计的结果（如各类在各聚类变量上的平均值）进行分析，还可以用分类以外的变量帮助描述、解释各类存在差别的原因。

二、聚类分析与其他多元分析方法的联系

（一）聚类分析与因素分析

聚类分析与因素分析是有区别的。其区别首先在于对应研究使用的目的不同，因素

分析是从众多的测量指标中寻求潜在变量，即决定导致诸多指标之间存在相关的潜变量是什么，而聚类分析只寻求指标是有哪些不同的类别；其次，假设不同，不管是哪种因素分析模型，都假设原有的观测指标可以用新的因素取代，而聚类分析将样本或指标划分为不同的类别，每个类别内部的样本或指标是相似的，而类别之间是不同的；最后，计算方法不同，求解因素的方法与聚类的计算思路和方法有很大差异。

聚类分析与因素分析的相同之处在于二者都依据观测变量的相关系数进行计算。但需要注意的是，聚类分析也可以使用其他的相似性或距离度量，不局限于相关系数。另外，在进行因素分析时，如果总变量太多致使计算机内存不够而不能计算，可先用聚类分析缩减变量，即先从每一类中挑出有代表性的变量，再进行因素分析，这样可大大减少计算量。

（二）聚类分析与回归分析

聚类分析与回归分析截然不同，回归分析是从诸多自变量（因）中寻求与因变量（果）之间变量关系的统计分析方法。但二者也有联系：当回归分析中进入的自变量太多时，为了减少自变量的数目，简化回归计算，可以先进行聚类分析，从各指标中选取有代表性的指标，用这少数有代表性的指标进行回归分析，可大大减少自变量的数目，简化回归分析中的计算。这是一种简捷的计算回归的方法，可能比全部自变量进入回归分析能更好地反映自变量与因变量的关系。特别是在自变量很多的情况下，此种方法的优点就更能凸显出来。

第六节　聚类分析应用案例及 SPSS 操作

数据参见文件“6_1 聚类分析 . sav”，其中包含 24 个学生言语理解能力的六项分测验（听力、语法、词汇、阅读、句子完成和写作）得分，下面分别使用层次聚类法和 K 平均数法对这 24 个学生做聚类分析。SPSS 语句参见文件“6_2 聚类分析语句 . sps”。

一、层次聚类法示例

用 SPSS 打开数据文件以后，在菜单栏中选择 Analyze → Classify → Hierarchical Cluster...，将 6 个成绩变量“听力”“语法”“词汇”“阅读”“句子完成”“写作”添加到“Variables (s)”框中，将变量“被试”添加到“Label Cases by”框中。

在本例中我们将层次聚类分析的聚类数目设置为 2～5 类，具体的操作方法是：点击“Statistics...”，在弹出的对话框中，选择“Cluster Membership”下的“Range of solutions”，将“Minimum number of clusters”设置为“2”，将“Maximum number of clusters”设置为“5”，点击“Continue”。

接下来点击“Plots...”，在弹出的对话框中选中“Dendrogram”，并选择“Icicle”下的“None”，点击“Continue”。然后点击“Method...”，在弹出的对话框中可以设置层次聚类分析的聚类方法和距离计算方法以及变量标准化方式：我们首先选择“Cluster Method”后的“Ward's method”，距离计算方法使用默认的欧氏距离，即“Squared Euclidean distance”。之后在“Transform Values”下选择“Standardize”后的“Z scores”将变量标准化。点击“Continue”。

点击“Save...”，在弹出的对话框中，选中“Range of solutions”，并将“Minimum number of clusters”设置为“2”，将“Maximum number of clusters”设置为“5”，这样可以把 2～5 类的聚类结果以新变量的形式添加到数据集中。然后点击 Continue → OK。

下面对层次聚类分析的结果进行解释。

表 6-1 展示了层次聚类分析的聚类过程，第 1 列是聚类的步骤，本例中样本量为 24，因此初始类为 24 类，在最后一步中所有个案合并为 1 类，所以聚类步骤数目等于样本量减 1，即 23。第 2 列和第 3 列记录了每一步中进行合并的两个类，初始状态为每一类包含 1 名学生，随着聚类分析的进行，每一类中包含的学生人数可能会有所增加，如第 1 步中将第 14 类和第 17 类合并为新的第 14 类。第 4 列是聚类系数，代表被合并的两个类之间距离的大小，该系数的变化可以用来辅助判断应该聚为多少个类别——如果相邻步骤聚类系数的变化远大于前面相邻步骤聚类系数的变化，则从统计上可以认为聚类分析进行到这一步的类别数是合理的，如从第 21 步到第 22 步的聚类系数变化（63.025－36.223=26.802）远大于从第 20 步到第 21 步的聚类系数变化（36.223－30.231＝5.992），则从统计上可以认为，聚类分析进行到第 22 步，将样本聚成 3 类是比较合理的，同理，聚类分析进行到第 23 步，将学生聚成 2 类在统计上也是合理的。第 5 和第 6 列代表了这一步中合并的两个类在第几步中第一次和其他类合并，若是第一次合并则为 0，如第 2 步合并了第 9 类和第 14 类，其中第 14 类在第 1 步中第一次和其他类合并，而第 9 类是首次和其他类合并。第 7 列代表了本步骤合并的类会在第几步中再次合并，如在第 2 步中合并得到的第 9 类，将在第 17 步中再次和其他类合并。

表 6-1 层次聚类分析过程

Agglomeration Schedule

Stage	Cluster Combined		Coefficients	Stage Cluster First Appears		Next Stage
	Cluster 1	Cluster 2		Cluster 1	Cluster 2	
1	14	17	.127	0	0	2
2	9	14	.428	0	1	17
3	3	22	.767	0	0	18
4	1	23	1.188	0	0	10
5	13	19	1.693	0	0	8
6	12	20	2.203	0	0	15
7	15	21	2.764	0	0	13
8	5	13	3.475	0	5	11
9	6	18	4.343	0	0	10
10	1	6	5.343	4	9	16
11	4	5	6.479	0	8	14

续表

Stage	Cluster Combined		Coefficients	Stage Cluster First Appears		Next Stage
	Cluster 1	Cluster 2		Cluster 1	Cluster 2	
12	7	11	7.747	0	0	15
13	15	24	9.429	7	0	20
14	4	16	11.268	11	0	19
15	7	12	13.149	12	6	20
16	1	2	15.090	10	0	18
17	9	10	17.198	2	0	19
18	1	3	21.010	16	3	22
19	4	9	25.171	14	17	21
20	7	15	30.231	15	13	22
21	4	8	36.223	19	0	23
22	1	7	63.025	18	20	23
23	1	4	138.000	22	21	0

表6-2展示了将24名学生分别聚为2、3、4、5类时，各个学生分别被划分到哪一类，或者说每一类中分别包含哪些学生。如将样本分为3类时：

- 第1类包含学生1、2、3、6、18、22、23。
- 第2类包含学生4、5、8、9、10、13、14、16、17、19。
- 第3类包含学生7、11、12、15、20、21、24。

表6-2中的聚类分析结果也以新增变量的形式添加到了原数据集中。

表6-2 层次聚类分析的聚类结果

Cluster Membership

Case	5 Clusters	4 Clusters	3 Clusters	2 Clusters
1：1	1	1	1	1
2：2	1	1	1	1
3：3	1	1	1	1
4：4	2	2	2	2
5：5	2	2	2	2
6：6	1	1	1	1
7：7	3	3	3	1
8：8	4	4	2	2
9：9	2	2	2	2
10：10	2	2	2	2
11：11	3	3	3	1
12：12	3	3	3	1
13：13	2	2	2	2
14：14	2	2	2	2
15：15	5	3	3	1

续表

Case	5 Clusters	4 Clusters	3 Clusters	2 Clusters
16：16	2	2	2	2
17：17	2	2	2	2
18：18	1	1	1	1
19：19	2	2	2	2
20：20	3	3	3	1
21：21	5	3	3	1
22：22	1	1	1	1
23：23	1	1	1	1
24：24	5	3	3	1

图 6－1 展示了使用 Ward 聚类方法时的层次聚类分析谱系图。其中纵轴标签是个案 ID 和个案序号（即初始分类）。横轴代表相对距离，类别间的最大距离被设置为 25，其余距离均按照与类别间最大距离的比例转换到相对距离上。图中的线条展示了聚类的过程，如图 6－1 所示，若分为 7 类：

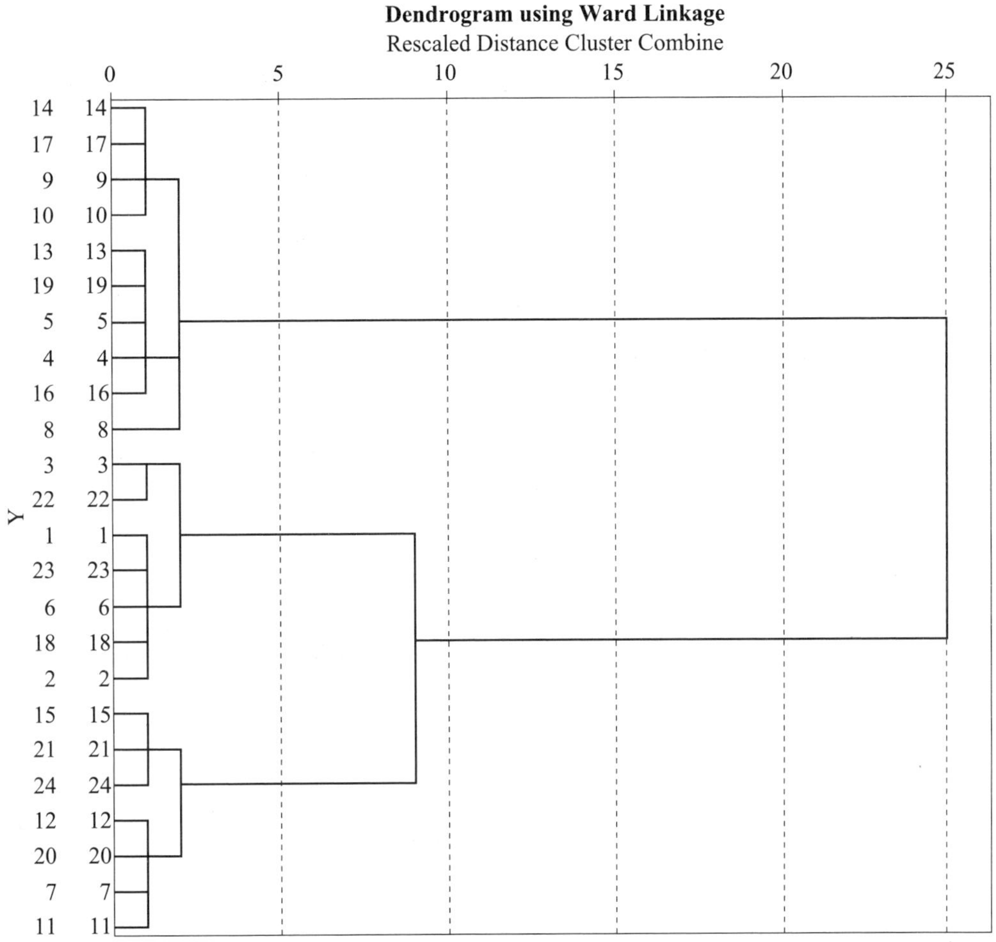

图 6－1 聚类分析谱系图

- 第 1 类包括学生 14、17、9、10。
- 第 2 类包括学生 13、19、5、4、16。
- 第 3 类包括学生 8。
- 第 4 类包括学生 3、22。
- 第 5 类包括学生 1、23、6、18、2。
- 第 6 类包括学生 15、21、24。
- 第 7 类包括学生 12、20、7、11。

若将第 1、2、3 类合并，第 4、5 类合并，第 6、7 类合并，将得到 3 大类的聚类结果，且与表 6-2 的聚类结果一致；若再将后两类合并为一类，将得到分为 2 大类的聚类结果。

最后，还要确定聚类分析的类别数，并对每一类别进行描述。本例探索了将个案分为 2～5 类的情况，采用每种类别数目得到的个案分布如表 6-3 所示。

表 6-3　各种类别数目下的个案分布

类别数	类别 1	类别 2	类别 3	类别 4	类别 5
5	7	9	4	1	3
4	7	9	7	1	
3	7	10	7		
2	14	10			

由表 6-3 可以看出，在聚类数目为 2 类或 3 类时，各个类别内的样本量比较均匀，而分成 2 类时，每个类别内样本数过多，因而最终决定将样本分为 3 类。接下来，对这 3 类样本做方差分析（ANOVA）：在菜单栏中选择 Analyze → Compare Means → One-Way ANOVA...，然后将 6 个成绩变量添加到“Dependent List”中，再将聚类分析中生成的分类变量“CLU3_1”添加到“Factor”中，之后点击“Options...”，在弹出的对话框中选中“Descriptive”，点击 Continue → OK。

从表 6-4 可以看出，在言语理解能力测试的各个分测验上，类别 2 学生的成绩平均分都最高，其次是类别 1，类别 3 学生的成绩平均分最低。

表 6-4　各类别学生分测验成绩的描述统计

Descriptives

		N	Mean	Std. Deviation	Std. Error	95% Confidence Interval for Mean		Minimum	Maximum
						Lower Bound	Upper Bound		
听力	1	7	29.57	2.573	.972	27.19	31.95	26	33
	2	10	32.00	2.357	.745	30.31	33.69	28	35
	3	7	19.00	3.742	1.414	15.54	22.46	14	24
	Total	24	27.50	6.297	1.285	24.84	30.16	14	35
语法	1	7	23.43	2.225	.841	21.37	25.49	21	27
	2	10	28.30	3.974	1.257	25.46	31.14	21	34
	3	7	18.43	4.036	1.525	14.70	22.16	11	23
	Total	24	24.00	5.413	1.105	21.71	26.29	11	34

续表

		N	Mean	Std. Deviation	Std. Error	95% Confidence Interval for Mean Lower Bound	Upper Bound	Minimum	Maximum
词汇	1	7	12.14	3.237	1.223	9.15	15.14	6	16
	2	10	12.50	3.440	1.088	10.04	14.96	4	17
	3	7	3.43	2.370	.896	1.24	5.62	0	7
	Total	24	9.75	5.101	1.041	7.60	11.90	0	17
阅读	1	7	13.00	4.546	1.718	8.80	17.20	8	20
	2	10	25.20	4.541	1.436	21.95	28.45	20	34
	3	7	10.57	3.207	1.212	7.61	13.54	6	15
	Total	24	17.38	7.917	1.616	14.03	20.72	6	34
句子完成	1	7	13.57	2.299	.869	11.45	15.70	11	16
	2	10	19.30	2.584	.817	17.45	21.15	15	23
	3	7	9.29	2.812	1.063	6.69	11.89	6	13
	Total	24	14.71	4.956	1.012	12.62	16.80	6	23
写作	1	7	8.86	1.215	.459	7.73	9.98	8	11
	2	10	14.50	1.354	.428	13.53	15.47	13	18
	3	7	7.14	1.676	.634	5.59	8.69	5	9
	Total	24	10.71	3.605	.736	9.19	12.23	5	18

从表 6-5 也可以看出，3 个类别在 6 个变量上的均值差异均显著，说明聚类结果合理，类别之间差距较大。综上，通过分析使用 Ward 聚类方法进行层次聚类的结果，我们将学生分为 3 类。

第一类：中间组，在言语理解能力的 6 项分测验上得分均中等，即言语理解能力中等的学生，包括个案 1、2、3、6、18、22、23。

第二类：高分组，在言语理解能力的 6 项分测验上得分均较高，即言语理解能力较强的学生，包括个案 4、5、8、9、10、13、14、16、17、19。

第三类：低分组，在言语理解能力的 6 项分测验上得分均较低，即言语理解能力较差的学生，包括个案 7、11、12、15、20、21、24。

表 6-5 单因素方差分析结果

ANOVA

		Sum of Squares	df	Mean Square	F	Sig.
听力	Between Groups	738.286	2	369.143	44.625	.000
	Within Groups	173.714	21	8.272		
	Total	912.000	23			
语法	Between Groups	404.471	2	202.236	15.757	.000
	Within Groups	269.529	21	12.835		
	Total	674.000	23			
词汇	Between Groups	395.429	2	197.714	20.446	.000
	Within Groups	203.071	21	9.670		
	Total	598.500	23			

续表

		Sum of Squares	df	Mean Square	F	Sig.
阅读	Between Groups	1070.311	2	535.155	30.266	.000
	Within Groups	371.314	21	17.682		
	Total	1441.625	23			
句子完成	Between Groups	425.715	2	212.858	32.102	.000
	Within Groups	139.243	21	6.631		
	Total	564.958	23			
写作	Between Groups	256.744	2	128.372	63.860	.000
	Within Groups	42.214	21	2.010		
	Total	298.958	23			

感兴趣的读者还可以尝试使用层次聚类分析中的其他聚类方法，如最短距离法、最长距离法、中间距离法等，看看聚类结果是否会发生改变，检验聚类结果的稳定性。

二、*K* 平均数法示例

接下来，我们将使用 *K* 平均数法对这一样本进行聚类分析。SPSS 中的 *K* 平均数聚类分析中，没有变量标准化选项，所以首先要对变量进行标准化。具体操作是：在 SPSS 中选择 Analyze → Descriptive Statistics → Descriptives...，然后将 6 个成绩变量选入“Variable（s）”框中，之后选中对话框下方的“Save standardized values as variables”，点击“OK”。6 个成绩变量的标准分数会以新变量“Z 听力”“Z 语法”“Z 词汇”……添加到原来的数据集中。

K 平均数法需要提前设定类别数，经过前面的分析我们知道，24 名学生可以根据成绩大致分为高中低三组，所以我们将类别数目设置为 3。具体操作是：在菜单栏中选择 Analyze → Classify → K-Means Cluster...，将 6 个标准化后的成绩变量添加到“Variables”框中，将变量“被试”添加到“Label Cases by”框中，在“Number of Clusters”后输入“3”。为了将分类结果变量添加到数据集中，点击“Save ...”，选中“Cluster membership”，点击“Continue”。*K* 平均数法中包含方差分析：点击“Options...”，选中“ANOVA table”，点击 Continue → OK。

下面对 *K* 平均数法的聚类结果进行解释。

表 6-6 是初始聚类中心，这里采用的是 SPSS 自动选择的，也可以由用户从外部文件中导入。

表 6-6 初始聚类中心
Initial Cluster Centers

	Cluster		
	1	2	3
Zscore（听力）	.23821	−1.98507	1.19104
Zscore（语法）	−.36946	−2.40147	1.84729

续表

	Cluster		
	1	2	3
Zscore（词汇）	1.22521	−1.12720	.44108
Zscore（阅读）	.07894	−.29999	1.21573
Zscore（句子完成）	−.74823	−1.15177	.86593
Zscore（写作）	−.19647	−1.58332	2.02249

表 6-7 是使用 *K* 平均数法聚类的迭代过程，本例中只迭代了 2 次就达到了收敛条件，可见 *K* 平均数法是一种快速高效的聚类方法。

表 6-7　聚类过程

Iteration History[a]

Iteration	Change in Cluster Centers		
	1	2	3
1	1.219	1.723	1.468
2	.000	.000	.000

a. Convergence achieved due to no or small change in cluster centers. The maximum absolute coordinate change for any center is .000. The current iteration is 2. The minimum distance between initial centers is 3.906.

表 6-8 是迭代终止时各类别的中心，也可以将终止聚类中心保存为新的数据集。由表 6-8 可以看出，类别 2 在各个分测验上的 *z* 分数均较低，类别 3 在各个分测验上的 *z* 分数较高，而类别 1 介于两者之间。

表 6-8　终止聚类中心

Final Cluster Centers

	Cluster		
	1	2	3
Zscore（听力）	.35731	−1.34985	.73227
Zscore（语法）	−.16164	−1.02920	.94417
Zscore（词汇）	.26955	−1.23922	.72424
Zscore（阅读）	−.36314	−.85936	.99118
Zscore（句子完成）	−.19336	−1.09412	1.02286
Zscore（写作）	−.30048	−.98895	1.03628

从单因素方差分析的结果（见表 6-9）可以看出，聚类得到的 3 个类别在言语理解能力测试的 6 项分测验上成绩差异均显著，说明聚类结果合理，类别之间差异较大。此外，从 *F* 值可以看出类别间差异的大小，如 3 个类别在“听力”分测验上成绩差异最大，即“听力”分测验最能将 3 组学生区分开来，其次是“句子完成”和“写作”，而“阅读”成绩在这 3 组学生间的差异最小。

表 6-9 单因素方差分析结果

ANOVA

	Cluster		Error		F	Sig.
	Mean Square	df	Mean Square	df		
Zscore（听力）	9.301	2	.209	21	44.412	.000
Zscore（语法）	7.823	2	.350	21	22.343	.000
Zscore（词汇）	8.026	2	.331	21	24.256	.000
Zscore（阅读）	7.533	2	.378	21	19.940	.000
Zscore（句子完成）	9.047	2	.234	21	38.735	.000
Zscore（写作）	8.617	2	.275	21	31.380	.000

The F tests should be used only for descriptive purposes because the clusters have been chosen to maximize the differences among cases in different clusters. The observed significance levels are not corrected for this and thus cannot be interpreted as tests of the hypothesis that the cluster means are equal.

表 6-10 展示了各类别内的个案数。

表 6-10 各类别内个案数

Number of Cases in each Cluster

Cluster	1	8.000
	2	7.000
	3	9.000
Valid		24.000
Missing		.000

我们将前一部分层次聚类分析和本部分 *K* 平均数法的结果总结为表 6-11，可以看出，两种聚类方法都将 24 名学生分成了 3 组，分别对应言语理解能力较差组（低分组）、言语理解能力中等组（中间组）和言语理解能力较强组（高分组），说明分类结果较为一致。两种聚类结果又略有差别，即个案 8 在层次聚类法中被分入高分组，而在 *K* 平均数法中被分入中间组。此外，*K* 平均数法可能受初始聚类中心选择的影响，但在分类比较明确时，结果仍具有稳健性。读者可以尝试使用不同的初始聚类中心进行 *K* 平均数法聚类，看看分类结果是否相同。

表 6-11 层次聚类法和 *K* 平均数法结果比较

类别	层次聚类法（Ward 法）		*K* 平均数法	
	个案数	个案	个案数	个案
低分组	7	7、11、12、15、20、21、24	7	7、11、12、15、20、21、24
中间组	7	1、2、3、6、18、22、23	8	1、2、3、6、8、18、22、23
高分组	10	4、5、8、9、10、13、14、16、17、19	9	4、5、9、10、13、14、16、17、19

关键术语

聚类分析　　层次聚类法　　非层次聚类法　　*K* 平均数法

本章要点

1. 聚类分析是将所观测的事物或观测事物的指标进行分类的一种统计分析方法，它的目的是辨认在某些特征上相似的事物，并将这些事物按照这些特征划分为几类，使得同一类中的事物具有较高的同质性，不同类中的事物具有较大的异质性。

2. 根据聚类分析的对象，可以将聚类分析分为对个案进行聚类的Q型聚类和对指标进行聚类的R型聚类。根据聚类方法的原理，可以将聚类分析分为层次聚类和非层次聚类。

3. 聚类分析主要应用于探索性的研究，其分析的结果可以提供多个可能的解，最终解的选择需要研究者的主观判断和后续的分析。

第七章

探索性因素分析

【核心要点】

1. 了解探索性因素分析回答的心理学研究问题。
2. 了解探索性因素分析必须满足的前提假设。
3. 学习确定公共因素数目的方法。
4. 学习因素旋转的原因和方法。
5. 掌握探索性因素分析结果的应用。

第一节 探索性因素分析的一般目的和描述

因素分析是最初由心理学家发展起来的一种统计技术。斯皮尔曼于 1904 年最早用因素分析的模型来解释人类的行为和能力（Lovie & Lovie，1993）。在以后的三四十年间，因素分析的理论和数学基础进一步发展和完善，并逐渐被人们认识和接受。随着计算机的普及和各种统计软件的出现，因素分析的影响也跨出了心理学的范畴，在社会学、经济学、气象学、市场营销等越来越多的领域得到了广泛运用。

因素分析（factor analysis）是一种将描述某一事物的多个可观测的变量（即观测变量）缩减成描述该事物的少数几个不可观测的变量（即潜变量，又称潜在因素）的统计技术。在社会科学领域，因素分析最为广泛的运用就是把几个很难解释而相互联系的变量转换为少数有概念、有意义而又彼此独立的因素（factor）。例如，学生的学习能力用七科（语文、数学、外语、物理、化学等）成绩来描述，如果将这七个可观测的变量缩减为三个能力变量（言语能力、想象能力、抽象思维能力），则可以更加简单明了地体现学生的学习能力。因素分析在心理与教育领域很常见，测验的编制、维度分的合成以及测验结构效度的检验都要应用因素分析的方法。例如，人格因素的确定、智力结构的探讨，以及对心理特质属性结构的建构，都要应用因素分析的方法。另外，在应用测验工具时，对工具特性的核准也都要用到因素分析的方法。

因素分析通过研究众多变量之间的内部依赖关系，探求观测变量背后的基本结构，并用少数几个有意义、相互独立的因素来展现数据的基本结构。因此，因素分析又被形象地描述为一种“降维”技术，即用几个更具概括性的因素来减少原有维度的技术。这些因素能够反映原来众多的观测变量所代表的主要信息，并解释这些观测变量之间的相互依存关系。因素分析可以用最少的因素概括和解释大量的观测事实，建立起最简洁、基本的概念系统，揭示事物之间各种复杂现象背后的本质联系。所以，不管是建构科学理论，还是验证事物规律，因素分析技术都起着重要作用。

因素分析具体可以分为探索性因素分析（exploratory factor analysis，EFA）和验证性因素分析（confirmatory factor analysis，CFA）两大类。在建构理论时，如果研究者对所研究的心理行为变量不清楚、对观测数据背后存在的因素所知甚少，那么运用探索性因素分析可以帮助研究者简化数据，了解这个心理行为变量具体包含哪些因素；而如果研究者根据理论或者其他一些已有的研究对这个心理行为变量所包含的因素个数与结构做出了假设，那么运用验证性因素分析可以回答研究者所获得的观测数据是否真正测到了这些因素，是否能够验证已有的理论假设。

本章将集中讨论探索性因素分析的相关内容。探索性因素分析主要回答的问题是，能否从复杂繁多的原始数据中，提取出少数有意义的新维度或潜在因素，即寻求并确定原始数据背后的潜在结构。在探索性因素分析中，研究者对于能够得到的因素预先并没有潜在的理论假设。因此，探索性因素分析通常用于研究的最初阶段。研究者可以借助该方法整合变量，并提出对于内在结构的假设。具体来说，探索性因素分析主要可以回答两类问题。

第一，能否从众多的原始观测数据中提取出少数的潜在因素，以便更清晰、简洁地呈现结果？在心理学研究中，为了更全面地测量被试的潜在特质，得到丰富的结果，在研究初期，我们往往会设计很多相关的变量进行测量。然而在最后的结果报告中，如果我们仍然采用庞大的变量进行统计，一是很难发现潜在特质之间的内在关系，二是对每个被试评价结果的报告不够清晰、简练。探索性因素分析的方法能够帮助研究者探索数据的内在结构，通过因素抽取这一降维的过程，减少变量的数目，用潜在特质更加准确、有效地呈现结果。下面我们举例进行说明。

在对学生的智力这一特质进行测量时，研究者采用一定的方法测量其词汇（1）、数字倒背（2）、美术推理（3）、语言流畅（4）、故事推理（5）和四则运算（6）这六个方面的表现。这六个方面都可具体操作，用一定的测量工具施测，获得可观测的数据。这六个方面称作可观测变量。现在假定，所选的这六个测验能够测出所要测量的特质。那么，这六个方面的数据到底反映了学生的哪些特点呢？是六个方面，还是五个、四个、三个、两个方面？根据相关的思想，如果不同的测验所获得的数据之间相关程度很高，则这两个测验具有一致性，或所测量的特质之间具有一致性。故先计算各测验分数之间的相关矩阵，如表 7－1 所示。

表 7－1　六项测验的相关矩阵

测验	1	2	3	4	5	6
1	1.00					
2	0.00	1.00				

续表

测验	1	2	3	4	5	6
3	0.16	0.72	1.00			
4	0.56	0.00	0.14	1.00		
5	0.72	0.27	0.42	0.63	1.00	
6	0.00	0.54	0.48	0.00	0.18	1.00

根据相关矩阵，进行探索性因素分析，经过因素抽取、因素数目的确定、因素旋转等步骤，得到两个因素：F1与F2。测验1、4、5与F1有关，从相关矩阵中可看出测验1、4、5之间相关程度较高；而测验2、3、6与因素F2有关。根据已有的经验和专业知识，测验1、4、5都是语文方面的测验，因此F1这一因素可称作“语文能力”；测验2、3、6与数学有关，因此F2这一因素可以称作“数学能力”。这样，通过因素分析就大大缩减了变量的数目，找到了一些测验所不能测量的“潜在因素”，即“语文能力”和“数学能力”。研究者可以从这两个方面报告学生的能力估计结果，从而帮助人们对事物本质有更加清晰的认识。

第二，如何利用数据驱动的方式帮助构建理论？因素分析的数学方法，如被用于心理学的研究中，能够采用自下而上数据驱动的方式，帮助研究者从众多可观测的变量中，寻求所测量的共同的潜在因素，从而确定所测量的心理特质的维度，发现心理特质的结构。探索性因素分析可以使人们对诸如能力、人格和智力等结构特质的规律进行认识，有助于对这类理论进行建构。由于有了这一方法，人们对智力的理论认识、对人格的理论建构都前进了一大步。例如，Cattell（1989）的16种人格因素，就是借助因素分析这一数学方法确定的。他把英语中关于人格的18 000个词赋值，进行因素分析，将人格归为16个基本特质，然后又对这16个基本特质进行二阶因素分析，得到适应与焦虑、内向与外向、感情用事与安详机警、怯懦与果断4个二级因素。艾森克使用因素分析的方法分析了大量与人格有关的生理变量，概括出构成人格的3个基本维度：内外倾性、神经质和精神质（Bodling & Martin，2011）。同样，智力结构的确定也有赖于因素分析的方法。

第二节　因素分析的模型、假设及基本步骤

一、模型及原理

因素分析的基本模型是将观测到的数据表示成几个潜在因素的线性组合：

$$z_{ij}=a_{j1}f_{i1}+a_{j2}f_{i2}+\cdots+a_{jm}f_{im}+d_ju_{ij} \tag{7-1}$$

式中，z_{ij}是个体i在观测变量j上测定值的标准分数；f_{i1}，f_{i2}，…，f_{im}是个体i的第1，2，…，m个潜在因素的得分；a_{j1}，a_{j2}，…，a_{jm}是相应的潜在因素在观测变量j上的权

重（因素载荷），反映了潜在因素对个体观测变量的影响程度；$d_j u_{ij}$ 是独特的反应部分。其中，z 为观测变量（可测），f 为潜在因素（不可测），a 为因素载荷，du 为特殊因素。

例如，在前面智力测量的例子中，我们可以列出各个观测变量 j 关于这些公共的潜在因素的线性组合方程，例如个体 i 在分测验 j 上得分的标准分数可以由语文能力（f_{i1}）和数学能力（f_{i2}）表示成：

$$z_{ij}=a_{j1}f_{i1}+a_{j2}f_{i2}+d_j u_{ij} \quad (j=1, 2, 3, \cdots, 6) \tag{7-2}$$

由此可知，因素分析是根据一组观测变量所反映的共同变动来确定其因素结构的数学模型。它首先假设这些能找到的公共因素与观测变量的变化存在线性关系。

探索性因素分析的基本模型可以分为两类：全分量模型和公共因素模型。

全分量模型是指对 n 个观测变量用 n 个新的潜在因素线性表示的因素分析模型：

$$z_j=a_{j1}f_1+a_{j2}f_2+\cdots+a_{jn}f_n \quad (j=1, 2, \cdots, n) \tag{7-3}$$

如果已知 n 个个体在 n 个因素上的得分，利用这种方法可精确地重新求得个体在 n 个观测变量上的得分，即这 n 个潜在因素可以解释观测变量的全部方差。但在实际应用中，人们总是只取少数几个对观测变量方差贡献最大的因素。还有些人把几个对方差贡献较小的因素看作特殊因子项。于是，全分量模型就成为：

$$z_j=a_{j1}f_1+a_{j2}f_2+\cdots+a_{jm}f_m+a_j e_j \quad (j=1, 2, \cdots, n; m<n) \tag{7-4}$$

式中，特殊因子项 $a_j e_j$ 表示被忽略的几项因素之和。

在公共因素模型中，所有观测变量中的每个观测变量均可表示为 m 个公共因素和 1 个特殊因素的线性组合：

$$z_j=a_{j1}f_1+a_{j2}f_2+\cdots+a_{jm}f_m+d_j u_{ij} \quad (j=1, 2, \cdots, n; m<n) \tag{7-5}$$

式中，公共因素用于解释观测变量之间的相关，特殊因素用于解释观测变量除去公共因素的影响后所剩下的那部分方差。

公共因素模型假定观测变量、公共因素和特殊因素都是均值为 0、标准差为 1 的标准变量，而且因素不包括抽样误差。因此，样本量就必须足够大，这样抽样误差才能被忽视。至于样本量究竟多大合适，一般不少于 100，或者是变量数目的 2～5 倍，还有的研究者说是变量数目的 5～10 倍为宜。

全分量模型和公共因素模型的假设不同，能够解决不同的问题。全分量模型的主要作用是简化数据结构，目的是找出少数几个潜在因素后对观测变量加以分类。公共因素模型可以解决理论上数据简化的问题，如果对潜在因素有事先的理论假设，研究目的是找到能够代表原始变量的潜在结构或维度，则适宜用这种模型来寻找潜在因素与观测变量的关系。如果已知除了共同成分解释的部分之外，剩余方差比例很小，则可以使用全分量模型中的主成分分析法。实际上，当变量很多（超过 30）或者大多数变量的共同度超过 0.6 时，使用两种模型的差别不大。

对全分量模型和公共因素模型的选择基于两个标准：（1）因素分析的目的；（2）关于变量变异的先验知识。两种模型的区别可以通过图 7－1 来简要说明。全分量模型分析是基于整体的变异，目标是解释所有变量的总变异，分析的是整个数据集的方差；而公共因素模型分析是基于共同的变异，目标是解释变量之间的共享变异，分析的是那些通过潜在因素能够解释的方差。

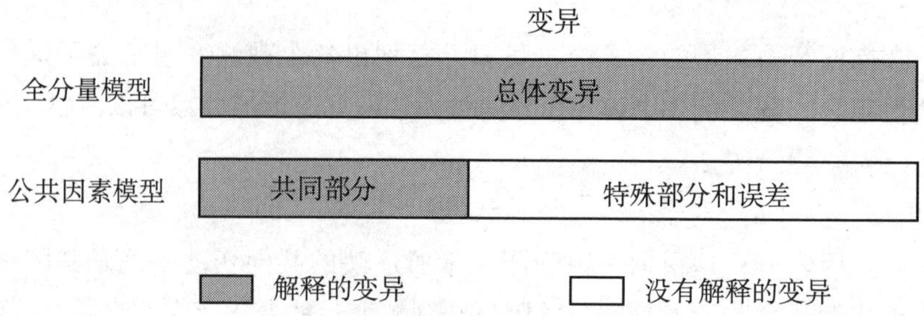

图7-1 因素矩阵中所分析的变异类型

因素分析的主要任务是从观测变量的相关矩阵 $\boldsymbol{R}$ 中解出因素载荷矩阵 $\boldsymbol{A}$。求解过程包括两个步骤：第一步是从无限多个 $\boldsymbol{A}$ 中解出一个，并确定因素数目；第二步是经过转轴变换，找到一个理想的 $\boldsymbol{A}$，从而对因素的含义做出解释。第一步称为因素抽取，所得的因素载荷矩阵称为初始因素载荷矩阵。第二步称为因素旋转，所得的因素载荷矩阵称为旋转因素载荷矩阵。

二、基本概念

（一）因素载荷

因素载荷（factor loading）指因素分析模型中各公共因素和观测变量的加权系数。一般情况下，通常是将公共因素的系数称为因素载荷，即因素分析模型中的系数 a_{jm}，见式（7-5）。

如果将所有的因素载荷以矩阵的形式表示，可得到：

$$\mathbf{A}=\begin{pmatrix} a_{11} & a_{12} & \cdots & a_{1m} \\ a_{21} & a_{22} & \cdots & a_{2m} \\ \vdots & \vdots & \ddots & \vdots \\ a_{n1} & a_{n2} & \cdots & a_{nm} \end{pmatrix} \tag{7-6}$$

我们称 $\boldsymbol{A}$ 为因素载荷矩阵，其中 n 表示观测变量个数，m 表示因素个数。

因素分析的关键就是求各个因素在各个观测变量上的因素载荷，它是潜在因素对观测变量影响程度的估计，以此来发现潜在因素的性质。载荷的平方可以解释为观测变量的变异有多大的比例由某一因素解释。因此，虽然因素载荷有正有负，但只需要看其绝对值，符号只在因素方程中有用。因素载荷的绝对值越大，说明在组成该观测变量的诸多因素中，该因素所起的作用越大。

因素载荷有两种：一种为初始因素载荷（又称未旋转因素载荷），另一种为旋转后的因素载荷。当公共因素间完全不相关时，对于初始因素载荷矩阵，标准化载荷等于观测变量与因素之间的相关系数。

（二）共同度

在探索性因素分析中，观测变量的方差可分解为三部分：公共因素方差、特殊因素方差和误差方差。其中，特殊因素方差和误差方差是模型中未抽取的方差，特殊因素一般指每个观测变量特有的部分，而误差指模型没有抽取出来的随机误差。

共同度（communality）是指公共因素方差在观测变量总方差中所占的比例，即用公共因素替代观测变量后，每个变量原来的信息被保留的程度，一般用 h^2 表示。

当公共因素间不相关时，在对观测数据进行标准化的情况下，假设一共可以得到 n 个潜在因素，一个观测变量 x_j 的总方差 $s_j^2 = s_{j1}^2 + s_{j2}^2 + \cdots + s_{jm}^2 + \cdots + s_{jn}^2 = 1$，$m$ 个公共因素的方差为 $s_{j1}^2 + s_{j2}^2 + \cdots + s_{jm}^2$，它与总方差 s_j^2 的比例就是共同度。

由于 $s_j^2 = 1$，可得到：

$$h^2 = \frac{s_{j1}^2 + s_{j2}^2 + \cdots + s_{jm}^2}{s_j^2} = s_{j1}^2 + s_{j2}^2 + \cdots + s_{jm}^2 \tag{7-7}$$

某个观测变量在某个因素上标准化载荷的平方值，表示该因素对这个变量方差的贡献比例。

在测验或特质行为的研究中，对共同度可做如下理解：

(1) 在心理测量中，共同度能反映该测验题目测到的所要测量的行为属性的程度。即共同度越大，该题目反映行为属性的程度就越高；某一因素对该变量的方差贡献率越大，说明该因素在所测量的特质中所起的作用就越大。

(2) 如果在构成一个测验的诸多题目中，某道题目构成的因素的共同度大，说明这道题目测定被试个别差异的功能强，也说明该题目的区分度好，鉴别力强；共同度越小，该题目的鉴别力越弱。因此，共同度可作为评价题目区分度的一种指标。

（三）特征根

特征根（λ）是某个因素解释的观测变量的总变异量。它反映了某一公共因素对各观测变量的影响程度，也反映了该公共因素的重要性。特征根越大，说明该公共因素相对越重要。当因素之间不相关时，特征根指每个因素在所有变量上因素载荷的平方和。初始因素载荷矩阵与旋转后的因素载荷矩阵的共同度 h^2 相同，而两个矩阵所计算的特征根可能不同（在正交旋转中，特征根保持不变，因为它保持了因素之间的正交性和独立性；而在斜交旋转中，特征根可能会发生变化，因为因素的方差会重新分配）。

（四）贡献率

贡献率指各因素的特征根在总的公共因素方差（或所有因素总的特征根）中所占的比例。贡献率反映了该因素对所有观测变量变异的贡献程度。贡献率大，说明该因素的影响大、重要性大或权重大。因为每个变量的方差都被标准化为 1，所以对于 n 个变量，如果抽取出 n 个因素（数目与变量个数相等），那么 n 个因素的特征根之和等于 n，每个因素的贡献率则可表示为这个因素对应的特征根除以 n，即 λ/n。

三、前提假设

因素分析的目的是简化数据或者找出基本的数据结构，因此使用因素分析的前提假设包括理论假设与统计假设。理论假设是指所选的一组变量中确实存在某种潜在结构。统计假设是指观测变量之间应该有较强的相关关系。如果变量之间的相关程度很低，则它们不可能共享公共因素。所以，在计算出相关矩阵后，需要对相关矩阵进行检验。如果相关矩阵中的大部分相关系数小于 0.3，则不适合做因素分析。SPSS 软件提供了三类指标来判断观测数据是否适合做因素分析。

（一）变量间相关矩阵

计算所有变量的相关矩阵，如果所有或大部分相关小于 0.3，则不适合做因素分析。

（二）反映象相关矩阵

反映象相关矩阵（anti-image correlation matrix）非对角线上的值表示变量之间负的偏相关系数，而对角线上的值叫作取样适当性测度（measure of sampling adequacy，MSA），其计算公式如下：

$$\mathrm{MSA}_i=\frac{\sum r_{ij}^2}{\sum r_{ij}^2+\sum p_{ij}^2} \qquad (i\neq j) \tag{7-8}$$

式中，r_{ij} 是变量 x_i 和其他变量 x_j（$i\neq j$）间的简单相关系数，p_{ij} 是变量 x_i 和其他变量 x_j（$i\neq j$）间的偏相关系数。如果数据中确实存在公共因素，那么 x_i 和其他变量间的相关程度高，r_{ij} 较大。同时，由于偏相关是在其他变量保持不变的情况下，一个变量对另一个变量的独特解释作用，那么在公共因素存在的情况下，变量之间的偏相关系数应该很小。因为它与其他变量重叠的解释作用被剔除了，p_{ij} 应该较小。这时，MSA 值应当较大。总的来说，如果在反映象相关矩阵中，非对角线上的值的绝对值较小，对角线上的值较大（大于 0.5），则适合做因素分析。

（三）KMO 测度和 Bartlett 球形检验

KMO 测度（Kaiser-Meyer-Olkin measure of sampling adequacy）从比较观测变量之间的简单相关系数和偏相关系数的相对大小出发，其值的变化范围为 0～1。当所有变量之间偏相关系数的平方和远远小于简单相关系数的平方和时，KMO 值接近 1；KMO 值较小，表明不适合对观测变量做因素分析。另外，KMO 值通常按以下标准来解释：0.9 以上，非常好；0.8～0.9，好；0.7～0.8，一般；0.6～0.7，差；0.5～0.6，很差；0.5 以下，不能接受。

Bartlett 球形检验（Bartlett's test of sphericity）从检验整个相关矩阵出发，其零假设为相关矩阵是单位阵，如果不能拒绝该假设，则应该考虑因素分析的适用性。

四、探索性因素分析的基本步骤

根据探索性因素分析的目的、原理、方法，其基本步骤可以分为七步（Hair et al.，2010）。

第一步：明确探索性因素分析的目的。

第二步：设计探索性因素分析。

第三步：检验探索性因素分析的前提假设。

第四步：抽取因素。

第五步：解释因素。

第六步：验证探索性因素分析的效度。

第七步：处理探索性因素分析的结果。

下面分别对这些步骤进行介绍。

第三节　探索性因素分析前的准备

一、明确目的

首先，应当明确在什么情况下可以使用探索性因素分析的方法。一般来说，探索性因素分析可以用于原始数据的总结和降维，将一组原始变量用较少的潜在因素来解释。也就是说，根据理论假设，探索原始变量的潜在结构。因此，在使用探索性因素分析之前，研究者必须先确定分析的对象。尽管我们通常所说的因素分析是针对变量的，但有的时候，也可以对被试进行因素分析，将其分成不同的组别。通常可以采用潜在类别分析（latent class analysis；Goodman，2002）或者Q型因素分析方法达到此目的。探索性因素分析可以得到两种类型的结果：一是数据总结，即得到数据的潜在结构，从而用更少的变量来解释和理解原始数据；二是数据简化，即进一步采用因素分（又称为因子得分）代替原始变量对原始数据进行描述。因素分是指将潜在因素表示为观测变量的线性组合而得到的数值。探索性因素分析可以为研究者提供关于哪些变量更加重要的概括的信息，因此，得到的结果可以用于其他多元统计分析。例如，可以将探索性因素分析得到的因素分，直接用于多元回归或者判别分析。相比使用原始变量，特别是在变量较多的研究情境中，这种方法能够提高分析的效率，增强结果的可解释性。

二、设计分析

设计探索性因素分析包含四个方面的内容：（1）确定是针对变量还是个案进行探索性因素分析；（2）计算原始数据的相关矩阵，看看是否满足进行探索性因素分析的条件；（3）根据变量数目、特征等确定分析方法；（4）确定样本量是否足够，从而能得到稳定的结果。

首先，研究者应当确定探索性因素分析的对象。对象可以有两种：一种是最常见的，即针对变量进行因素分析，又叫 R 分析；另一种是针对个案进行因素分析，又叫 Q 分析，这种分析和聚类分析有相似之处，具有简化数据的作用。

其次，研究者需要确定原始变量之间是否具有真正的相关关系。研究者可以通过计算变量之间的相关矩阵或协方差矩阵得到这方面的信息。同样作为简化数据的方法，研究者需要明确因素分析和聚类分析的区别。因素分析是基于变量（或个体）之间的相关关系，寻找模式最接近的变量（或个体）合成一类；而聚类分析是基于个体得分之间的距离来分类的。图 7-2 的例子能很好地说明它们的区别。如果采用因素分析的方法，那么被试 A 和被试 C 属于一类，被试 B 和被试 D 属于一类，因为他们具有相似的模式。如果采用聚类分析的方法，那么按照得分的接近程度，被试 A 和被试 B 属于一类，被试 C 和被试 D 属于一类。因此，研究者应当根据目的选用合适的分析方法。

被试	变量		
	V_1	V_2	V_3
A	7	7	8
B	8	6	6
C	2	2	3
D	3	1	1

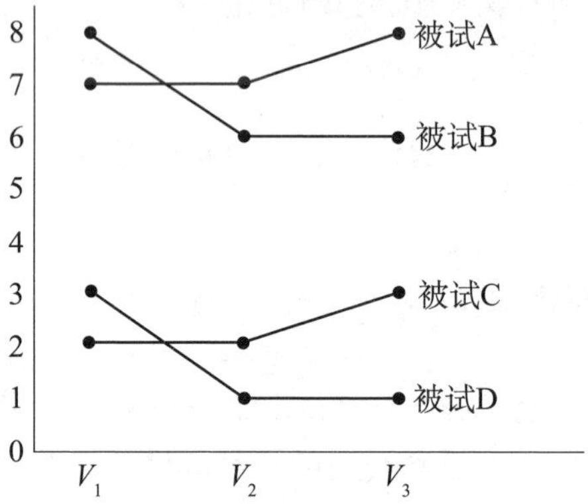

图 7-2　因素分析和聚类分析比较举例

再次，研究者要明确进行探索性因素分析的变量特征。这些变量是连续变量还是分类变量？要使用所有的变量还是选择一部分变量进行分析？通常来说，对连续变量进行相关计算是很容易的，但是对于分类变量，就不能采用常用的方法，而可以采用虚拟编码的方法实现。应用 Mplus 软件能很方便地处理分类变量的因素分析。对于变量的选择也应当基于事先的理论假设。在进行探索性因素分析之前，研究者最好能够确定一些可以抽取出因素的关键变量，这些变量能够帮助证明探索性因素分析结果的有效性，并验证结果是否具有实践意义。另外，代表每个因素的变量数目应当大于等于 5 个，最少必须有 3 个。

最后，要注意原始数据的样本量是否能达到探索性因素分析的要求。具体要求可参见本章第六节中对样本量问题的说明。

三、检验假设

探索性因素分析的假设检验包括概念性的假设检验和统计性的假设检验。

概念性的假设检验与选择变量和样本相关。探索性因素分析的基本假设是，所选择的变量确实存在潜在的相关结构。研究者应当确保观察到的数据模式在理论上是有效的，并且适合用因素分析来证明。也就是说，并不是所有相关的变量都适合采用探索性因素分析的方法。例如，变量中既有自变量，又有因变量，它们可能存在相关的结构，但是对这组变量进行探索性因素分析，显然是不合适的。同时，研究者也要考察分析的样本基于潜在结构是不是同质的，即对于样本中的不同组别，是否都存在同样的潜在因素结构。因此，如果不能证明不同分样本的结构相同，就应当对它们分别进行因素分析，然后对结果进行比较。

统计性的假设检验包括正态性检验、方差同质性检验和线性假设检验。但是在探索性因素分析中，一般都关注变量的内部相关检验。如果原始变量的相关程度较低，或者所有相关系数都相等，那么进行探索性因素分析就是不合适的。前面所介绍的变量间相关矩阵、反映象相关矩阵、KMO 测度和 Bartlett 球形检验就可以用于判断变量间是否存在足够相关性适合进行因素分析。

第四节　因素的抽取和旋转

一、选择抽取因素的方法

选择好要分析的变量并计算出相关矩阵（协方差矩阵）之后，就可以进行因素的抽取。在这个步骤中需要明确两个问题：一是采取什么方法进行因素抽取，二是抽取的因素数量。

在探索性因素分析中，可以使用两种模型来求解初始的因素载荷矩阵。

（一）全分量模型

对于全分量模型，观测变量的相关矩阵 $\boldsymbol{R}=\boldsymbol{A}\boldsymbol{A}'$，其中

$$\boldsymbol{A}=\boldsymbol{a}_1+\boldsymbol{a}_2+\cdots+\boldsymbol{a}_n \tag{7-9}$$

$$\boldsymbol{R}=\boldsymbol{a}_1\boldsymbol{a}'_1+\boldsymbol{a}_2\boldsymbol{a}'_2+\cdots+\boldsymbol{a}_n\boldsymbol{a}'_n \tag{7-10}$$

式中，$\boldsymbol{a}_n$ 称为第 n 个公共因素在观测变量上的载荷向量。

在全分量模型中，一般采用主成分（principal components）分析法确定有最大贡献的因素，即求出的解能满足因素载荷矩阵 $\boldsymbol{A}$ 中第一因素载荷的贡献 $\boldsymbol{V}_1=\boldsymbol{a}_{11}^2+\boldsymbol{a}_{21}^2+\cdots+\boldsymbol{a}_{n1}^2$ 达到最大。为了使 $\boldsymbol{V}_1$ 达到最大，一般使用拉格朗日法求解（Hair et al.，2010）。在数学上，可假设 $|\boldsymbol{R}-\lambda_1\boldsymbol{I}|=0$，其中 λ 叫作 $\boldsymbol{R}$ 的特征根，然后求出满足 $|\boldsymbol{R}-\lambda_1\boldsymbol{I}|=0$ 的一系列特征根，取最大的作为第一主成分对应的特征根，还可求出该成分在各个变量上的载荷向量。

由式（7 - 10），可求得第一残差相关矩阵 $\boldsymbol{R}_1=\boldsymbol{R}-\boldsymbol{a}_1\boldsymbol{a}'_1$。对 $\boldsymbol{R}_1$ 依然用拉格朗日法求解，分解出该残差矩阵的最大主成分特征根 λ_2 及载荷向量 $\boldsymbol{a}_2$。依此类推，可求得 n 个主成分。

(二) 公共因素模型

对于公共因素模型，观测变量的相关矩阵 $\boldsymbol{R}=\boldsymbol{AA}'+\boldsymbol{D}^2$（$\boldsymbol{D}^2$ 是特殊因素方差相关矩阵），那么 $\boldsymbol{R}^+=\boldsymbol{R}-\boldsymbol{D}^2$（$\boldsymbol{R}^+$ 称为约相关矩阵）。约相关矩阵 $\boldsymbol{R}^+$ 的对角线元素不再是 1，而是变量的共同度。因此在估计载荷矩阵 $\boldsymbol{A}$ 之前需要先估计变量的共同度。采用迭代的思想，在估计出 $\boldsymbol{R}^+$ 的同时也估计出了 $\boldsymbol{A}$。

下面介绍几种公共因素模型下求解初始因素载荷的主要方法。

1. 主轴因素法

主轴因素法（principal axis factoring）采用类似主成分法的方法求因素解，根据约相关矩阵逐一抽取最大主成分。该方法是将各公共因素系数的平方和等同于该变量的共同度 h^2，而每一因素的系数平方和即因素载荷的平方和为该公共因素对变量 z_j 的方差贡献。这一方法的基本思想是要求抽取的第一个公共因素 f_1 的系数平方和在总的共同度 $\sum h^2$ 中的占比最大，第二个公共因素 f_2 在剩余的共同度中的占比最大，依此类推。这种方法在 SPSS 中用 PAF 命令表示。

2. 最小二乘法

普通最小二乘法（ordinary least squares）是通过最小化运用因素模型计算出的相关系数和观测到的相关系数之间的离差平方和来求得因素解。广义最小二乘法（generalized least squares）采用同样的原则，但在迭代过程中每次都使用特殊因素方差的倒数调整相关矩阵，给予特殊因素方差大的变量的相关系数更大的权数。

3. 极大似然法

极大似然法（maximum likelihood）求因素解的方法和最小二乘法类似，目的也是使得因素解能更好地拟合观测变量之间的相关系数。假设样本来自多维正态总体，通过构建样本的似然函数（其中因素载荷为未知参数），使似然函数达到极大，从而求得因素解，求解过程中相关系数也采用特殊因素方差的倒数进行加权。

4. 映象分析法

映象分析法（image analysis）是主轴因素法的一种变式。它将原来的相关矩阵进行一些变换，然后采用主轴因素法提取因素，估计共同度。

映象的概念源于对变量的几何表示。例如，两个变量被表示在一个二维平面中：一个变量的映象是指它可以在一定领域中被其他变量确定的部分，可通过多重回归过程求得，其余部分称为“反映象”（anti-image）。对由映象组成的协方差矩阵按主轴因素法进行分析。当变量数目很大时，由于变量重合部分增多，一个变量被其他变量确定的部分也就越大。因此，映象分析法既可被看成因素抽取的方法，又可被看成估计共同度的另一种途径。这种方法在 SPSS 中用 image 命令表示。

5. α 因素分析法

α 因素分析法（alpha factoring）通过使每次抽取的公共因素的 α 系数（信度）达到极大值，来使求取的公共因素具有最高的信度。公共因素应与变量全域中的类同因素具有最高相关。这种方法在 SPSS 中用 alpha 命令表示。

6. 最大相关法

最大相关法是在观测变量相关矩阵中选择最大的相关（不计符号）作为变量的共同度的估计值，最早由瑟斯顿提出。

7. 形心心素法

形心心素法是取因素载荷的平方数与全部相关总和的比值作为共同度的估计值，这种方法一般会低估共同度。

8. 参照析因迭代法

参照析因迭代法是从相关矩阵开始的，其主对角线元素可以是 1，也可以是 0，还可以是 0 与 1 之间的任何数。然后求主因素解，取变量因素载荷平方和作为共同度的首次估计。首次估计后再求主因素解，然后代入计算，直到所估计的共同度与前次的估计没有明显差异为止。

9. 复相关平方法

复相关平方法（squared multiple correlation，SMC）是取一个变量与剩下的其他变量的复相关系数的平方作为该变量共同度的估计值。

对公共因素模型的各种估计方法，估计效果都差不多。极大似然法在样本量很大的时候，精度更高。

二、公共因素数目的确定

因素分析的目的是求出较少数量的因素来简化数据。然而，初始抽取的因素数目往往较多。那么，需要几个因素来代表原来数据中的主要信息部分呢？目前还没有精确的定量方法来确定公共因素个数，实际应用中人们借助一些准则来确定公共因素的个数，常用的有以下几种。

（一）先验的标准

先验的标准是指研究者根据已有的理论来设定拟抽取的公共因素数目。应用这种方法时，研究者已经知道应当从变量中抽取多少个公共因素。当抽取出相应数目的因素时，研究者就会终止程序。这种方法在检验理论或假设时比较有用，也可以用来检验其他研究者关于同一批变量的抽取结果。

（二）特征根准则

特征根准则要求取特征根大于等于 1 的主成分作为初始因素，放弃特征根小于 1 的主成分。因为每个变量的方差为 1，该准则认为每个保留下来的因素至少应该能解释一个变量的方差，否则达不到精简的目的。特征根准则是实际应用中最普遍的确定公共因素个数的方法。一般来说，在探索性因素分析中，特征根大于 1 的公共因素数目是变量数目的 1/3 或者 1/5。例如，某个数据集含有 20 个变量，那么在主成分分析中可能有 7

个变量或者4个变量的特征根大于1。特别是在变量数目小于等于40而样本量较大的情况下，这个标准通常是正确的。

（三）碎石检验准则

碎石检验准则（scree test criterion）要求按照因素被提取的顺序，画出因素的特征根随因素个数变化的散点图，根据图的形状来判断公共因素的个数。碎石图的横坐标是按照特征根大小倒序排列的因素，纵坐标是特征根。通常来说，碎石图中，随着因素数目的增加，特征根会越来越小。然后，就需要找到图中斜率明显不同的点，该点对应的因素及其之前的因素就是应当抽取的因素。例如，图7－3的形状就像一座山峰，从第一个因素开始，到曲线开始变平前的那个点即拐点所对应的数值即被认为是提取的最大因素数。例如，在下面的图7－3中，如果采用碎石检验准则，可以抽取出10个因素。因为后面的这些散点就像山脚下的碎石，舍去这些“碎石”，并不会损失很多信息，该准则因此而得名。但是，碎石图检验会有误差。有研究者证明，当样本量和共同度较大，且每个因素都有一些变量有较高载荷时，碎石图检验的结果较为可信。Zwick 和 Velicer（1986）在模拟研究中证明了 Horn 的平行检验和 Veliver 的 MAP 检验相比碎石图检验能够得到更好的结果。现在，这两种方法已经能够在 SPSS 和 SAS 中实现。

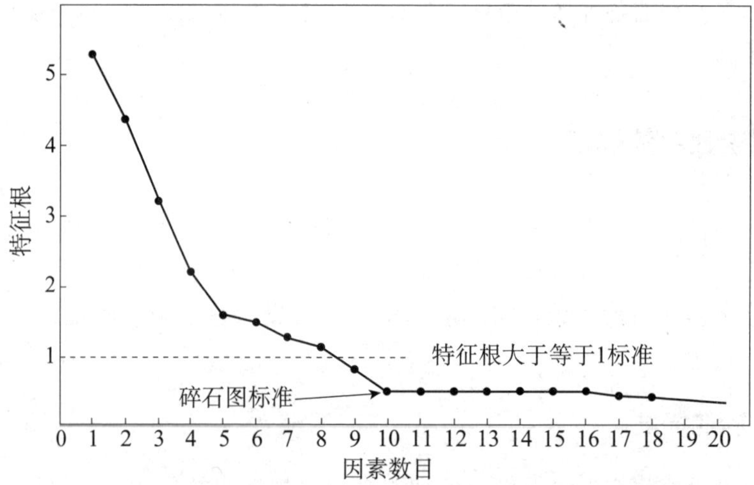

图7－3　碎石检验准则示例

（四）因素累积解释方差的比例标准

因素累积解释方差的比例也是确定因素个数时可以参考的指标，该方法通过保证所有累积因素解释的方差比例达到一定程度，来确保探索性因素分析结果的显著性意义。在所有的应用研究中，这一标准没有绝对的数值。在自然科学中，抽取的因素累积解释的方差比例应当达到95％，而在社会科学中，一般选取的因素数应使累积解释的方差比例达到60％以上。这一方法的另一种操作方式是选择足够多的因素从而确保每个变量的公共因素方差达到预先设定的标准。如果出于理论或者实践的要求，每个变量的共同度必须达到一定的数值，就可以使用这一标准。

实际中，人们很少仅仅依赖某一准则或标准确定因素数目，而是结合几个准则或标准进行判断。保留的因素是否有意义，是否能被解释，也是在确定因素数目时应该考虑的一个重要方面。保留的因素太多，解释因素时可能会比较困难。最终，研究者根据在实践中所得到的潜在结构是否合适，来决定选取的因素数目。关于因素数目的确定也可以参考本章第六节中对抽取因素数充分性的说明。

三、因素旋转

求出了初始因素解也就达到了数据化简的目的。在求解过程中，确定了公共因素数目，以及每个变量的共同度。然而只根据初始因素解很难解释因素的意义，因为大多数因素和很多变量相关。在实际研究中，人们非常关心每个因素的实际意义，而因素旋转就是寻求这一实际意义的有效工具。未旋转时，基于因素所解释的方差比例来抽取因素，第一个因素解释的变异最多，越往后解释的变异越少。因素旋转的目的是通过改变坐标轴的位置，重新分配各个因素所解释的方差的比例，使因素结构简单并易于解释。因素旋转不改变模型对数据的拟合程度，也不改变每个变量的共同度。

因素旋转的方式有两种：一种是正交旋转，另一种是斜交旋转。正交旋转是使因素轴之间仍然保持 90°角，即假设因素之间是不相关的；而在斜交旋转中，因素之间的夹角则可以是任意的，即假设因素之间可以相关。

（一）正交旋转

各种因素旋转方法的目的都是简化因素载荷矩阵的行和列，使因素载荷向 0 和 1 两极分化。正交旋转默认各因素之间不存在相关，使用最为广泛。正交旋转由于简化所用的准则不同，产生了不同的旋转方法。常用的正交旋转方法有如下几种。

1. 四次方最大法

四次方最大法（quartimax）是从简化因素载荷矩阵的行出发，通过旋转初始因素，使得每个变量只在一个因素上有较高的载荷，而在其他因素上有尽可能低的载荷，从而有利于解释因素所表示的意义。四次方最大法通过使因素载荷矩阵中每一行因素载荷平方的方差达到最大求得因素解，简化准则为：

$$Q=\sum_{i=1}^{k}\sum_{j=1}^{m}b_{ij}^{2}\rightarrow \text{Max} \qquad (7-11)$$

式中，k 表示变量数，m 表示因素数，b_{ij} 表示因素载荷平方的方差（后同）。四次方最大旋转使初始载荷矩阵中每个变量中大的因素载荷更大，小的因素载荷更小，因素载荷按行向 0 和 1 两极分化。该方法的一个缺点是它产生的最后解中往往有一个综合因素，大部分变量在该因素上都有较高的载荷。该方法强调对变量解释的简洁性，却牺牲了对因素解释的简洁性。

2. 方差最大法

方差最大法（varimax）和四次方最大法类似，所不同的是它从简化因素载荷矩阵的每一列出发，使与每个因素有关的载荷平方的方差最大。只有当少数几个变量在某个因素上有较高的载荷时，对因素的解释才是简单的。与某个因素有关的载荷平方的方差最大时，因素具有最大的可解释性。方差最大法通过使下式达到最大求得因素解：

$$V=\sum_{j=1}^{m}\frac{k\sum_{i=1}^{k}b_{ij}^{4}-\left(\sum_{i=1}^{k}b_{ij}^{2}\right)^{2}}{k^{2}} \tag{7-12}$$

方差最大法的直观意义是通过因素旋转使每个因素上的载荷尽可能地拉开距离，一部分变量的载荷趋于±1，另一部分的载荷趋于 0。在解释因素时，这些小的载荷一般可以略去不计。

3. 等量最大法

等量最大法（equamax）将四次方最大法和方差最大法结合起来，通过取 Q 和 V 的加权平均使下式达到最大求得因素解：

$$E=\sum_{j=1}^{m}\sum_{i=1}^{k}b_{ij}^{4}-\gamma\sum_{j=1}^{m}\frac{\left(\sum_{i=1}^{k}b_{ij}^{2}\right)^{2}}{k} \tag{7-13}$$

式中，权数 γ 等于 $m/2$，m 表示因素数。当因素数为 2 时，等量最大法与方差最大法的旋转结果相同。

（二）斜交旋转

斜交旋转比正交旋转更具有一般性，它没有因素间相互独立的限制，因素之间的夹角可以是任意的，所以用斜交因素描述变量会使因素结构更为简洁，利于解释。斜交旋转的基本思想是，先求出在正交因素模型下的因素载荷矩阵，再对其做斜交变换，最终求出斜交因素载荷矩阵。

常见的斜交旋转的方法为 oblimin，该方法利用斜交参考轴求解。所谓的斜交参考轴是斜主因素轴的垂直线，斜交因素解应使变量尽可能落在主轴附近。oblimin 方法首先求出斜交参考矩阵，斜交因素载荷矩阵等于斜交参考矩阵的逆矩阵，再按行进行规范化处理，使矩阵中每行元素的平方和等于 1。参数 δ 控制因素斜交的程度，其取值一般小于等于零。等于零时，因素之间的斜交程度最大；小于零时，因素之间的斜交程度减小。除了 oblimin 方法，常用的还有 promax 斜交旋转法。

四、解释因素

在解释因素的过程中，研究者需要具有强大的理论基础。为了帮助研究者解释因素，选择旋转方法得到最终的载荷值，需要采取以下步骤，在必要时也应当反复使用这些步骤。

首先，估计最初的因素载荷矩阵。该矩阵包括每个变量对应因素的因素载荷。因素载荷越大的变量，越能够代表因素。

其次，进行因素旋转。未旋转的因素载荷矩阵只能达到降维的目的，但是通常不能提供足够的证据来解释因素。大多数情况下，需要进行因素旋转。根据前面部分的介绍，研究者可以通过正交旋转和斜交旋转的方式得到更加简单的、理论上更有意义的因素载荷矩阵。

最后，重新定义和解释因素。经过因素旋转之后，研究者对每个变量的因素载荷进行评估，确定每个变量在解释相应因素时的相对重要性，进而确定因素的结构。

在斜交旋转之后，一般能够得到两种矩阵：因素模式矩阵和因素结构矩阵。前者的载荷仅表示每个变量对因素的唯一贡献，而后者包含变量对因素的唯一贡献（方差）和因素之间的相关。因此，通常情况下，研究者会报告因素结构矩阵。在正交旋转的情况下，因素结构矩阵和因素模式矩阵是相等的。但是在斜交旋转的情况下，二者不相等。因此，在这种情况下，如果报告因素模式矩阵，还需要报告因素间相关（Henson & Roberts，2016）。然后，就要确定每个因素载荷的显著性。经常使用的方法是基于统计检验力的思想，考虑在一定样本量的情况下，要达到显著的因素载荷的最小值。例如，在样本量为 50 时，因素载荷至少要在 0.7 以上才能达到显著，而当样本量为 350 时，因素载荷大于 0.3 就能达到显著。变量个数增加，达到显著的载荷临界值减小，更小的载荷就可能显著。因素数量增加，达到显著的载荷临界值增大，更大的载荷才可能显著。若所有因素载荷均小于 0.3，则考虑删除或者改变抽取的因素个数。

在解释因素时，需要根据某个因素所有的因素载荷从大到小来考察相关变量。此时某些变量可能存在交叉载荷。研究者可以通过旋转因素的方法得到简单结构的因素载荷，或者考虑直接删除有交叉载荷的变量。当所有变量都只在某一个因素上有高载荷时，得到的结构最优。当得到最后的因素载荷矩阵后，往往要再计算每个变量的共同度。共同度描述了所抽取因素对变量变异的解释程度。共同度通常要达到 0.50 以上才能被接受，共同度低的变量往往考虑删除或增加因素个数。但是最好在综合其他因素，如因素载荷等的结果之后再做出判断。最后，研究者可以针对每个变量，详细考察因素载荷显著的变量，尤其重点考察那些因素载荷高的变量，然后对因素进行命名以准确反映该因素所指向的所有观测变量。

第五节　探索性因素分析的应用

一、效度验证

效度验证是指评估探索性因素分析结果的泛化性，即所得到的因素结构是否能代表总体。在探索性因素分析中，效度验证一般包括三方面内容。

第一，使用验证性因素分析的方法来评估结果的可重复性。通常，研究者会采用交叉验证的方法，即把原始数据的样本随机分成两半，其中一半用于探索性因素分析，另一半用于对探索性因素分析的结果进行验证性因素分析，然后比较两部分分析结果。关于验证性因素分析的内容将在下一章进行介绍。

第二，评估因素结构的稳定性。因素分析结果的稳定性主要依赖于总样本量和每个变量的样本量。在样本量足够大的情况下，可以将其随机分为两半，都进行探索性因素分析，然后比较得到的因素载荷，评估结果跨样本的稳定性。

第三，通过对删除异常值前后的样本进行探索性因素分析，比较结果的一致性。如果删除异常值前后得到的结果都很稳定，那么说明该结果具有较好的泛化性。

二、结果处理

探索性因素分析的结果在处理后，可以应用于其他的统计分析。结果处理的方式可以分为以下三类。

（一）针对每个因素选择有代表性的变量进行后续研究

在得到因素载荷矩阵之后，研究者可以从每个因素中选择载荷最高的变量，作为代表，代入之后的研究。这种方法应用起来很简单，但是有一些缺陷。一方面，在实际中，如果遇到有两个或以上的变量载荷都很高，并且显著，就很难确定使用哪个变量作为代表。另一方面，这种方法仅使用一个变量来代表潜在因素，往往不够全面，并且存在较大的测量误差。

（二）合成维度分

这是指选出最能代表某个因素的变量，然后对这些变量值求平均值或加和，使用这个维度分来代表潜在因素。相对于第一种方法，这种方法纳入了所有相关变量，能够有效减小测量误差，并且通过这种方式也能有效达到数据降维的目的，在其他研究中可以重复。但是，研究者在合成维度分时，应当注意对维度进行定义，检验维度的单维性，以及信度和效度。另外，还需要注意在计算维度分时，应当对因素载荷为负的变量进行反向计分，再合成分数。

（三）计算因素分

将得到的因素作为因变量做回归分析，对样本进行分类和评价，得到每个个案在每个因素上的估计值，这些值称为因素分，又叫因子分。求解因素分涉及用观测变量来描述因素，第 p 个因素在第 i 个个案上的值可以表示为：

$$f_{pi}=\sum_{j=1}^{k} w_{pj}x_{ji} \tag{7-14}$$

式中，x_{ji}是第 j 个变量在第 i 个个案上的值，w_{pj}是第 p 个因素和第 j 个变量之间的因素值系数，也叫因素的方差贡献率。

因素分析模型是用因素的线性组合来表示观测变量，因素载荷实际是该线性组合的权数。而求解因素分的过程却正好相反，它是用观测变量的线性组合来表示因素，因素分是观测变量的加权平均。因为各个变量在因素上的载荷不同，所以不能把变量简单相加，而权数的大小表示变量对因素的重要程度。对于用主成分分析法得到的因素解，可以直接得到因素值系数；对于用其他方法得到的因素解，只能得到因素值系数的估计值——

通常用回归法得到因素值系数的估计值。

因素分也可以作为被试在每个因素上表现的测度，代入后续研究。因素分与合成的维度分的区别在于：一方面，因素分是基于在某个因素上有载荷的所有变量计算的，而维度分可能只选择了部分变量；另一方面，因素分的计算考虑了每个变量的因素载荷大小，而维度分可能只是普通的平均数，没有加权。很多统计软件，例如 SPSS 等，都可以自动计算因素分并保存，将其应用于之后的研究中。使用因素分的缺陷是，得到的结果在其他研究中很难重复，因为因素分是基于本次因素分析的因素载荷矩阵计算得到的。

在实际的数据分析中，针对探索性因素分析结果如何选择合适的处理方式呢？如果使用原始样本的数据，或者必须使用正交旋转的结果，那么可以选择计算因素分的方式。如果希望有更好的泛化性，那么可以使用合成维度分或者使用变量替代的方法。在这种情况下，如果合成的维度分结构良好，具有较高的信度和效度，那么合成维度分是最好的选择。如果合成的维度分的信度和效度较差，那么只有选择使用变量替代的方法。

第六节　探索性因素分析中一些值得注意的问题

一、样本量的问题

一般认为，当样本量小于 50 时，是不适合进行因素分析的。因此，有研究者提出样本量最好在 100 以上。例如，Comrey 和 Lee（1992）就提出了样本量的参考标准，认为样本量为 50 时，因素分析的结果会很差，100 时较差，300 时较好，500 时非常好，1 000 时特别好。其实，经验的法则是，样本量应当至少为要分析的变量数的 5 倍，更被普遍认可的标准是 10 倍及以上，甚至有的研究者提出 20 倍的要求。这是因为，例如对于有 30 个变量的样本，可以计算出 435 个相关，在显著性水平为 0.05 的条件下，有 20 个相关应当是显著的，但这可能是由犯了一类错误而导致的。如果样本量较小，基于样本量所计算的相关系数就不够稳定和可信。因此，在做因素分析时应当尽量提高样本量与变量数之比。当样本量较小或者样本量与变量数之比较小时，对因素分析结果的解释应当格外谨慎。

二、缺失值的问题

当数据中存在缺失值时，通过回顾之前学习的知识，我们知道需要识别数据的缺失机制，同时对缺失值进行处理。处理的方式包括忽略、删除缺失被试、估计缺失值等。如果研究者在非随机缺失的情况下采取了删除缺失被试的方法，就要考虑删除后的样本量是否足够，以及删除被试是否会造成有偏的估计结果。如果采用回归等方式插补缺失值，就要考虑这种方式是否会导致模型过拟合，使得相关程度偏高，从而产生一些不存在的因素。

三、抽取因素数充分性的问题

在探索性因素分析中，抽取的因素数越多，模型的拟合程度就越高，可以解释的方差比例就越大，但是，模型的复杂性也会增强。最极端的情况，如果抽取的因素数等于变量数，那么模型的拟合程度应该最好，然而这样的模型也失去了降维的意义。因此，探索性因素分析中对因素数的选取需要平衡模型拟合程度与模型简洁性。

对于抽取因素数的充分性，结合前面关于确定公共因素数目的介绍，可以考虑先验的标准、特征根准则、碎石检验准则、因素累积解释方差的比例标准等标准。

另外，当因素数确定之后，可以通过旋转载荷的方法得到每个因素上有载荷的变量数。如果在某个因素上只有一个变量有载荷，那么这个因素就没有必要存在。如果在某个因素上有两个变量有载荷，那么这个因素是否需要取决于这两个变量和其他变量之间的相关。如果这两个变量相关程度高，并且与其他变量相关程度低，这个因素可能是可信的。但是在这种情况下对因素的解释要尤其谨慎。

综上，抽取因素数充分性是一个综合性的问题，应当结合具体的研究内容和相关统计指标予以考虑。

四、因素的重要性、内部一致性及其解释的问题

（一）因素的重要性

因素的重要性是由旋转后每个因素解释方差或协方差的比例来衡量的。在旋转前后，每个因素解释的方差或协方差的比例是不同的，这里需要使用旋转后的结果。

（二）因素的内部一致性

因素的内部一致性是用因素分多重相关的平方来确定的（Tabachnick & Fidell, 2007）。多重相关系数是某个因素分与其他因素分之间线性相关程度的指标（Allison, 1999）。该值一般在 0～1 之间，值越大，说明因素内部一致性越强，因素越稳定。因素分多重相关的平方较高（如大于 0.7），意味着观测变量能够解释因素分的变异。因素分多重相关的平方大于 1，说明整个分析结果需要重新考量。在 SPSS 中可以得到因素分多重相关的平方，即用回归方法得到的因素分的协方差矩阵对角线上的值。

（三）因素的解释

为了解释因素，就必须了解每个因素上所有有载荷的变量。通过正交旋转和斜交旋转，都可以得到因素载荷矩阵，但是，这两种旋转方式下，载荷的意义是不同的。

正交旋转之后，因素载荷矩阵中的数值表示变量和因素的相关。研究者可以确定一个标准（如 0.3），高于这个标准的相关才是有意义的。然后，可以选择所有与某个因素的相关有意义的变量，试着对这些变量的潜在共同点加以概括。斜交旋转之后，载荷不

再是变量和因素的相关，而只是测量了它们之间的关系。因为因素之间是相关的，所以一个变量和一个因素的相关可能并不是通过它们直接的相关，而是通过因素之间的相关达到的。

根据经验的法则，只有因素载荷超过 0.32 的变量才考虑作为解释因素的变量。因素载荷越大，这个变量对因素的测量越准确。Comrey 和 Lee（1992）认为，超过 0.71 的载荷特别好，超过 0.63 的载荷很好，超过 0.55 的载荷较好，超过 0.45 的载荷一般，而低于 0.32 的载荷较差。其实，对载荷临界值的选择也具有很强的主观性。另外，因素载荷的大小也与样本中分数的同质性有关。如果样本是异质的，那么对低载荷的解释就需要谨慎。反过来，如果样本在变量上得到的观测值具有很强的一致性，那么可以使用较低的因素载荷标准。

其实，对因素的解释是一个复杂的过程，还应当同时考虑因素的可重复性、有效性和复杂性。得到的因素结构是否具有跨时间、跨样本的稳定性？所抽取的因素能否很好地解释研究中所发现的现象？这些因素在足以解释现象的同时，是否显得过于复杂？这些都是在解释因素时应当考虑的问题。

五、探索性因素分析的局限性

探索性因素分析的局限性可以分为理论和实践两个方面（Tabachnick & Fidell，2007）。

在理论方面，首先，研究者在选择因素时面临着双重困境。研究者为了证明某个假设，总是想尽可能多地保留与研究主题有关的因素，觉得一旦遗漏了重要的因素，将会扭曲所测量的因素之间的关系，从而得到有偏差的结果。但是，如果研究者使用尽可能多的因素，又会带来统计上的问题，违背因素分析降维的宗旨。其次，有的变量会存在交叉载荷。在探索性因素分析中，我们当然希望每个变量都只测量一个因素。但是有时，一个变量与多个因素都有相关，这个变量在这几个因素上就存在交叉载荷。这样会给整个数据结构的确定和因素的解释带来一定的困难。最后，探索性因素分析有时对样本的异质性很敏感。一方面，不同类型的群体在同样的变量上可能会有不同的因素分析结果。例如，对于不同社会经济地位的样本，在自尊量表上抽取出的因素结构可能就不同。另一方面，即使对于相同的样本，随着时间的推移，潜在的因素结构也可能会发生改变。因此，如果不能排除这些异质性的影响，就应当对不同的样本分别分析。

在实践方面，首先，尽管探索性因素分析对变量的数据分布没有严格的假设，但是数据的分布的确会影响分析结果的准确性。如果变量满足多元正态分布，并且两两之间的关系是线性的，分析结果的有效性就会较高。反之，数据的偏态分布和变量之间的非线性关系将会降低分析结果的可靠性。其次，如果数据中包含一个变量或多个变量的异常值，那么这些异常值将会对因素分析的解有较大的影响。最后，高相关的相关矩阵也不一定意味着存在潜在因素。有时，这些相关仅代表两个变量之间的关系，而没有反映潜在因素对多个变量的共同影响。因此，对所有变量计算两两之间的偏相关也很重要，这样能够得到除去其他变量的影响后，两两变量之间单独的关联。如果数据背后有潜在因素存在，那么两两变量之间的二列相关就应该较高，而偏相关较低。SPSS 和 SAS 中都可以输出偏相关矩阵。

第七节 探索性因素分析应用案例及 SPSS 操作

一、数据介绍

该部分所举的例子来自一个关于幽默风格的在线问卷（Martin，Puhlik-Doris，Larsen，Gray，& Weir，2003）。这个问卷一共有 32 道题目，每道题目都是 5 点计分。样本量为 391，缺失值记为−1。问卷的题目可参见文件“7_1. txt”。

二、分析目的及设计

分析的目的是探索该幽默风格问卷的潜在结构，用更少的变量来解释和理解原始数据。在这个例子中，探索性因素分析是针对变量进行的。样本量是 391，大于 300，并且样本量与变量数之比大于 10∶1，应当是一个较为合适的样本量。由于每个变量都是 5 点计分，可以近似看作连续数据的分析。

三、数据整理

将原始数据导入 SPSS 文件，并将缺失值定义为−1。具体见文件“7_2. sav”。

四、前提假设检验

（一）操作步骤

在 SPSS 中选择 Analyze→Dimension Reduction →Factor . . . 。然后将所有 32 个变量选入“Variables”中。之后点击“Descriptives . . . ”。在“Correlation Matrix”下选择“Coefficients”“Significance levels”“KMO and Bartlett’s test of sphericity”“Anti-image”。点击“Continue”回到主对话框。再点击“Extraction . . . ”，在“Method”后选择“Principal axis factoring”。点击 Continue →OK。具体语句请参见文件“7_3. sps”。

（二）结果解读

1. 相关矩阵

表 7 - 2 的上半部分是相关系数，下半部分是显著性水平，限于篇幅，这里只列出一部分。如果大部分相关小于 0. 3，说明不适合做因素分析。在这个例子里，大部分相关大于 0. 3，满足这一基本条件。

表 7-2 SPSS 相关矩阵
Correlation Matrix

		Q1	Q2	Q3	Q4	Q5	Q6	Q7	Q8	…	Q25	Q26	Q27	Q28	Q29	Q30	Q31	Q32
Correlation	Q1	1.000	-.189	-.192	-.130	-.426	-.206	.000	-.106	…	.366	-.294	-.120	-.199	.384	-.113	.164	-.154
	Q2	-.189	1.000	.175	.099	.214	.306	-.044	.114	…	-.286	.380	.103	.228	-.122	.254	-.078	.160
	Q3	-.192	.175	1.000	.143	.199	.165	-.290	.171	…	-.194	.153	.388	.264	-.265	-.015	-.368	.194
	Q4	-.130	.099	.143	1.000	.075	.095	-.046	.435	…	-.059	.093	-.003	.234	.058	.007	-.055	.480
	Q5	-.426	.214	.199	.075	1.000	.331	.023	.110	…	-.271	.238	.091	.160	-.405	.084	-.114	.160
	Q6	-.206	.306	.165	.095	.331	1.000	-.096	.071	…	-.299	.379	.019	.157	-.122	.427	-.064	.038
	Q7	.000	-.044	-.290	-.046	.023	-.096	1.000	-.048	…	-.017	-.005	-.364	-.188	.121	-.019	.405	-.025
	Q8	-.106	.114	.171	.435	.110	.071	-.048	1.000	…	-.126	.129	.093	.255	.031	-.003	.012	.553
	⋮	⋮	⋮	⋮	⋮	⋮	⋮	⋮	⋮		⋮	⋮	⋮	⋮	⋮	⋮	⋮	⋮
	Q25	.366	-.286	-.194	-.059	-.271	-.299	-.017	-.126	…	1.000	-.242	.063	-.126	.353	-.112	.129	-.127
	Q26	-.294	.380	.153	.093	.238	.379	-.005	.129	…	-.242	1.000	.067	.333	-.152	.258	-.037	.196
	Q27	-.120	.103	.388	-.003	.091	.019	-.364	.093	…	.063	.067	1.000	.239	-.124	.035	-.294	.099
	Q28	-.199	.228	.264	.234	.160	.157	-.188	.255	…	-.126	.333	.239	1.000	-.091	.135	-.107	.226
	Q29	.384	-.122	-.265	.058	-.405	-.122	.121	.031	…	.353	-.152	-.124	-.091	1.000	-.013	.280	.006
	Q30	-.113	.254	-.015	.007	.084	.427	-.019	-.003	…	-.112	.258	.035	.135	-.013	1.000	.019	-.005
	Q31	.164	-.078	-.368	-.055	-.114	-.064	.405	.012	…	.129	-.037	-.294	-.107	.280	.019	1.000	-.041
	Q32	-.154	.160	.194	.480	.160	.038	-.025	.553	…	-.127	.196	.099	.226	.006	-.005	-.041	1.000

续表

		Q1	Q2	Q3	Q4	Q5	Q6	Q7	Q8	…	Q25	Q26	Q27	Q28	Q29	Q30	Q31	Q32
Sig. (1-tailed)	Q1		.000	.000	.006	.000	.000	.498	.022	…	.000	.000	.011	.000	.000	.015	.001	.002
	Q2	.000		.000	.029	.000	.000	.201	.015	…	.000	.000	.024	.000	.010	.000	.069	.001
	Q3	.000	.000		.003	.000	.001	.000	.001	…	.000	.002	.000	.000	.000	.386	.000	.000
	Q4	.006	.029	.003		.077	.034	.190	.000	…	.131	.038	.480	.000	.134	.446	.146	.000
	Q5	.000	.000	.000	.077		.000	.332	.017	…	.000	.000	.041	.001	.000	.053	.014	.001
	Q6	.000	.000	.001	.034	.000		.033	.088	…	.000	.000	.362	.001	.009	.000	.112	.232
	Q7	.498	.201	.000	.190	.332	.033		.180	…	.375	.460	.000	.000	.010	.358	.000	.314
	Q8	.022	.015	.001	.000	.017	.088	.180		…	.008	.007	.038	.000	.278	.477	.411	.000
	⋮	⋮	⋮	⋮	⋮	⋮	⋮	⋮	⋮		⋮	⋮	⋮	⋮	⋮	⋮	⋮	⋮
	Q25	.000	.000	.000	.131	.000	.000	.375	.008	…		.000	.115	.008	.000	.016	.007	.007
	Q26	.000	.000	.002	.038	.000	.000	.460	.007	…	.000		.100	.000	.002	.000	.240	.000
	Q27	.011	.024	.000	.480	.041	.362	.000	.038	…	.115	.100		.000	.009	.253	.000	.029
	Q28	.000	.000	.000	.000	.001	.001	.000	.000	…	.008	.000	.000		.041	.005	.020	.000
	Q29	.000	.010	.000	.134	.000	.009	.010	.278	…	.000	.002	.009	.041		.401	.000	.455
	Q30	.015	.000	.386	.446	.053	.000	.358	.477	…	.016	.000	.253	.005	.401		.361	.462
	Q31	.001	.069	.000	.146	.014	.112	.000	.411	…	.007	.240	.000	.020	.000	.361		.219
	Q32	.002	.001	.000	.000	.001	.232	.314	.000	…	.007	.000	.029	.000	.455	.462	.219	

2. KMO 测度和 Bartlett 球形检验

KMO 测度和 Bartlett 球形检验结果如表 7-3 所示。从表中可以看出，KMO 测度的值为 0.861，大于 0.5，Bartlett 球形检验结果是显著的，满足进行探索性因素分析的前提条件。

表 7-3　KMO 测度和 Bartlett 球形检验结果

KMO and Bartlett's Test

Kaiser-Meyer-Olkin Measure of Sampling Adequacy.		.861
Bartlett's Test of Sphericity	Approx. Chi-Square	4219.055
	df	496
	Sig.	.000

3. 反映象相关矩阵

从表 7-4 可以看出，单个变量的 MSA 值在反映象相关矩阵的对角线上，都大于 0.5（限于篇幅，只列出了一部分），也符合探索性因素分析的前提假设。

五、第一次探索性因素分析

（一）操作步骤

在 SPSS 中选择 Analyze→Dimension Reduction→Factor。然后将所有 32 个变量选入“Variables”中。之后点击“Extraction...”。这里我们的目的是找到能够代表原始变量的潜在结构或维度，因此采用公共因素模型。选择公共因素模型中求初始因素载荷的方法——主轴因素法。然后在“Display”下勾选“Scree plot”。在“Extract”下，采用默认设置，即基于特征根大于 1 的方法抽取因素。点击 Continue→OK。

（二）结果解读

1. 前提假设检验结果

这部分包括相关矩阵、KMO 测度和 Bartlett 球形检验、反映象相关矩阵结果。与前面相似，故略。

2. 总体方差解释率

从表 7-5 可以看出，7 个特征根大于 1 的因素，一共解释了 46.652%的变异。

3. 碎石图

从图 7-4 可以看出，拐点位于 5 个因素的位置，根据碎石图结果，建议抽取 5 个因素。

结合特征根大于 1 的标准、总体方差解释率和碎石图，尝试抽取 5 个因素。

表 7－4　反映像矩阵
Anti-image Matrices

		Q1	Q2	Q3	Q4	Q5	Q6	Q7	Q8	…	Q25	Q26	Q27	Q28	Q29	Q30	Q31	Q32
Anti-image Covariance	Q1	.527	−.034	−.040	.042	.059	.013	.045	−.030	…	−.026	.044	.023	.017	−.065	−.008	.012	.002
	Q2	−.034	.590	.004	.011	−.007	−.024	−.013	.008	…	.071	−.008	−.055	−.038	−.034	−.015	−.015	−.019
	Q3	−.040	.004	.605	−.021	.005	−.045	.009	−.010	…	.042	.005	−.103	−.077	.057	.098	.010	−.037
	Q4	.042	.011	−.021	.621	.029	−.055	.001	−.047	…	−.030	.038	.075	−.081	−.043	.018	.016	−.120
	Q5	.059	−.007	.005	.029	.593	−.154	−.075	−.021	…	−.040	.015	−.016	−.014	.135	.071	−.016	−.035
	Q6	.013	−.024	−.045	−.055	−.154	.579	.074	−.016	…	.089	−.092	.038	.023	−.044	−.216	−.007	.054
	Q7	.045	−.013	.009	.001	−.075	.074	.607	−.019	…	−.031	−.014	.091	.076	−.026	−.034	−.087	−.033
	Q8	−.030	.008	−.010	−.047	−.021	−.016	−.019	.398	…	.053	.027	−.019	−.065	−.012	−.006	−.060	−.100
	⋮	⋮	⋮	⋮	⋮	⋮	⋮	⋮	⋮		⋮	⋮	⋮	⋮	⋮	⋮	⋮	⋮
	Q25	−.026	.071	.042	−.030	−.040	.089	−.031	.053	…	.551	.027	−.093	−.019	−.112	−.011	−.040	.032
	Q26	.044	−.008	.005	.038	.015	−.092	−.014	.027	…	.027	.512	−.017	−.118	.031	−.005	−.004	−.046
	Q27	.023	−.055	−.103	.075	−.016	.038	.091	−.019	…	−.093	−.017	.641	−.088	.016	−.018	.008	−.021
	Q28	.017	−.038	−.077	−.081	−.014	.023	.076	−.065	…	−.019	−.118	−.088	.711	−.013	−.054	.006	.008
	Q29	−.065	−.034	.057	−.043	.135	−.044	−.026	−.012	…	−.112	.031	.016	−.013	.619	−.029	−.050	−.028
	Q30	−.008	−.015	.098	.018	.071	−.216	−.034	−.006	…	−.011	−.005	−.018	−.054	−.029	.708	−.036	.008
	Q31	.012	−.015	.010	.016	−.016	−.007	−.087	−.060	…	−.040	−.004	.008	.006	−.050	−.036	.531	.005
	Q32	.002	−.019	−.037	−.120	−.035	.054	−.033	−.100	…	.032	−.046	−.021	.008	−.028	.008	.005	.530

续表

		Q1	Q2	Q3	Q4	Q5	Q6	Q7	Q8	…	Q25	Q26	Q27	Q28	Q29	Q30	Q31	Q32
	Q1	.910[a]	−.061	−.070	.074	.106	.023	.079	−.065	…	−.048	.085	.039	.027	−.114	−.013	.022	.004
	Q2	−.061	.898[a]	.006	.017	−.011	−.041	−.022	.017	…	.124	−.015	−.089	−.059	−.056	−.023	−.026	−.034
	Q3	−.070	.006	.900[a]	−.034	.008	−.076	.015	−.021	…	.073	.009	−.166	−.118	.093	.149	.018	−.066
	Q4	.074	.017	−.034	.867[a]	.048	−.091	.002	−.095	…	−.051	.068	.118	−.122	−.069	.028	.028	−.209
	Q5	.106	−.011	.008	.048	.868[a]	−.263	−.124	−.044	…	−.069	.028	−.026	−.021	.222	.110	−.029	−.063
	Q6	.023	−.041	−.076	−.091	−.263	.789[a]	.125	−.034	…	.157	−.169	.062	.036	−.074	−.338	−.013	.097
	Q7	.079	−.022	.015	.002	−.124	.125	.791[a]	−.039	…	−.053	−.025	.146	.115	−.043	−.052	−.153	−.058
	Q8	−.065	.017	−.021	−.095	−.044	−.034	−.039	.821[a]	…	.113	.060	−.038	−.123	−.024	−.012	−.131	−.218
Anti-image Correlation	⋮	⋮	⋮	⋮	⋮	⋮	⋮	⋮	⋮		⋮	⋮	⋮	⋮	⋮	⋮	⋮	⋮
	Q25	−.048	.124	.073	−.051	−.069	.157	−.053	.113	…	.833[a]	.051	−.157	−.030	−.191	−.017	−.075	.059
	Q26	.085	−.015	.009	.068	.028	−.169	−.025	.060	…	.051	.877[a]	−.029	−.195	.055	−.009	−.007	−.089
	Q27	.039	−.089	−.166	.118	−.026	.062	.146	.038	…	−.157	−.029	.826[a]	−.130	.026	−.026	.014	−.036
	Q28	.027	−.059	−.118	−.122	−.021	.036	.115	.123	…	−.030	−.195	−.130	.872[a]	−.019	−.076	.010	.013
	Q29	−.114	−.056	.093	−.069	.222	−.074	−.043	.024	…	−.191	.055	.026	−.019	.867[a]	−.044	−.087	−.050
	Q30	−.013	−.023	.149	.028	.110	−.338	−.052	.012	…	−.017	−.009	−.026	−.076	−.044	.757[a]	−.059	.013
	Q31	.022	−.026	.018	.028	−.029	−.013	−.153	.131	…	−.075	−.007	.014	.010	−.087	−.059	.822[a]	.009
	Q32	.004	−.034	−.066	−.209	−.063	.097	−.058	.218	…	.059	−.089	−.036	.013	−.050	.013	.009	.896[a]

a. Measures of Sampling Adequacy(MSA)

表7-5 第一次探索性因素分析总体方差解释率

Total Variance Explained

Factor	Initial Eigenvalues			Extraction Sums of Squared Loadings		
	Total	% of Variance	Cumulative %	Total	% of Variance	Cumulative %
1	6.723	21.008	21.008	6.212	19.412	19.412
2	3.221	10.065	31.073	2.730	8.532	27.944
3	3.062	9.567	40.640	2.531	7.909	35.853
4	2.201	6.879	47.519	1.705	5.327	41.181
5	1.210	3.782	51.301	.675	2.108	43.289
6	1.073	3.352	54.653	.606	1.893	45.181
7	1.045	3.265	57.918	.471	1.471	46.652
8	.972	3.038	60.956			
9	.824	2.574	63.529			
10	.819	2.559	66.088			
11	.807	2.522	68.610			
12	.785	2.454	71.065			
13	.733	2.289	73.354			
14	.681	2.129	75.483			
15	.629	1.967	77.450			
16	.603	1.884	79.334			
17	.576	1.801	81.136			
18	.543	1.696	82.832			
19	.535	1.673	84.505			
20	.507	1.585	86.090			
21	.492	1.538	87.629			
22	.476	1.486	89.115			
23	.448	1.399	90.514			
24	.413	1.292	91.806			
25	.403	1.259	93.066			
26	.398	1.243	94.309			
27	.376	1.175	95.484			
28	.326	1.018	96.502			
29	.307	.959	97.461			
30	.299	.933	98.394			
31	.275	.861	99.255			
32	.238	.745	100.000			

Extraction Method：Principal Axis Factoring.

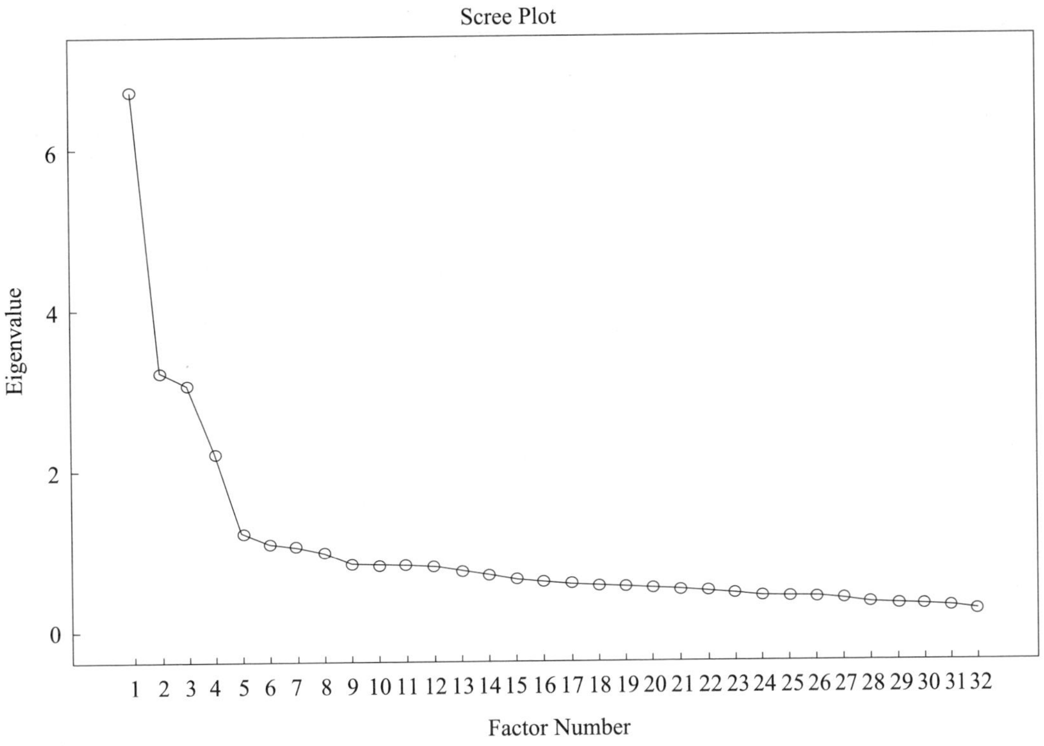

图 7-4 第一次探索性因素分析碎石图

六、因素数固定为 5 的探索性因素分析

（一）操作步骤

步骤与第一次探索性因素分析类似。在“Extract”下选择“Fixed number of factors”，并在“Factors to extract”后填入 5，点击“Continue”回到主对话框。然后点击“Options...”，勾选“Sorted by size”（显示载荷按大小排序）和“Suppress small coefficients”（只显示大于某数值的载荷），在下面的“Absolute value below”后填入 0.3，表示因素载荷矩阵中只显示绝对值大于 0.3 的载荷。点击 Continue→OK。

（二）结果解读

1. 前提假设检验结果

这部分包括相关矩阵、KMO 测度和 Bartlett 球形检验、反映象相关矩阵结果。与前面相似，故略。

2. 总体方差解释率

因素数固定为 5 个之后，从表 7-6 可以看出，总体方差解释率为 42.558%。

表 7-6 因素数固定为 5 个时的总体方差解释率

Total Variance Explained

Factor	Initial Eigenvalues			Extraction Sums of Squared Loadings		
	Total	% of Variance	Cumulative %	Total	% of Variance	Cumulative %
1	6.723	21.008	21.008	6.173	19.290	19.290
2	3.221	10.065	31.073	2.698	8.431	27.722
3	3.062	9.567	40.640	2.505	7.828	35.549
4	2.201	6.879	47.519	1.661	5.189	40.739
5	1.210	3.782	51.301	.582	1.819	42.558
6	1.073	3.352	54.653			
7	1.045	3.265	57.918			
8	.972	3.038	60.956			
9	.824	2.574	63.529			
10	.819	2.559	66.088			
11	.807	2.522	68.610			
12	.785	2.454	71.065			
13	.733	2.289	73.354			
14	.681	2.129	75.483			
15	.629	1.967	77.450			
16	.603	1.884	79.334			
17	.576	1.801	81.136			
18	.543	1.696	82.832			
19	.535	1.673	84.505			
20	.507	1.585	86.090			
21	.492	1.538	87.629			
22	.476	1.486	89.115			
23	.448	1.399	90.514			
24	.413	1.292	91.806			
25	.403	1.259	93.066			
26	.398	1.243	94.309			
27	.376	1.175	95.484			
28	.326	1.018	96.502			
29	.307	.959	97.461			
30	.299	.933	98.394			
31	.275	.861	99.255			
32	.238	.745	100.000			

Extraction Method: Principal Axis Factoring.

3. 初始因素载荷矩阵

初始因素载荷（又称未旋转因素载荷）矩阵如表 7-7 所示。

表 7-7 因素数固定为 5 个时的初始因素载荷矩阵

Factor Matrix[a]

	Factor				
	1	2	3	4	5
Q17	−.639			.374	
Q1	−.571			.305	
Q14	.560				
Q19	.560				
Q13	.547				
Q21	.545			−.331	
Q26	.537			.302	
Q10	.518			.434	
Q18	.507		.309	.496	
Q2	.505				
Q5	.501				
Q3	.476		−.402		
Q25	−.459				
Q9	−.447				
Q28	.431				
Q22	−.423				
Q6	.419				
Q29	−.388	.326			
Q20	.393	.652			
Q8	.435	.606			
Q16	−.359	−.541			
Q32	.450	.506			
Q4	.349	.454			
Q12	.363	.436			
Q24		.412			
Q15	−.370		.636		
Q31	−.341		.599		
Q7			.524		
Q11			−.477		
Q27			−.463		
Q23	−.346		.392		
Q30					

Extraction Method: Principal Axis Factoring.

a. 5 factors extracted. 7 iterations required.

从表7-7中可以看出，在第5个因素上，没有任何一个变量的因素载荷绝对值大于0.3。因此，考虑去掉第5个因素，将因素数量固定为4。另外，观察到在前4个因素上，很多变量都存在交叉载荷，因此考虑采用因素旋转的方法。

七、因素数固定为4的探索性因素分析

（一）操作步骤

步骤与上一次探索性因素分析类似。在“Extract”下选择“Fixed number of factors”，并在“Factors to extract”后填入4，点击“Continue”。然后点击“Rotation...”，选择因素旋转方法。在心理学量表中，很多因素具有相关结构，因此建议选择斜交旋转的方法。这里勾选“Direct Oblimin”。点击“Continue”回到主对话框。为使结果数据易于读取，点击“Options...”，勾选“Sorted by size”“Suppress small coefficients”，并在“Absolute value below”后填入0.3，表示绝对值低于0.3的因素载荷不显示。然后点击Continue→OK。

（二）结果解读

1. 前提假设检验结果

这部分包括相关矩阵、KMO测度和Bartlett球形检验、反映象相关矩阵结果。与前面相似，故略。

2. 总体方差解释率

因素数固定为4个之后，从表7-8可以看出，总体方差解释率为40.546%。

表7-8 因素数固定为4个时的总体方差解释率

Total Variance Explained

Factor	Initial Eigenvalues			Extraction Sums of Squared Loadings			Rotation Sums of Squared Loadings[a]
	Total	% of Variance	Cumulative %	Total	% of Variance	Cumulative %	Total
1	6.723	21.008	21.008	6.156	19.238	19.238	4.526
2	3.221	10.065	31.073	2.675	8.358	27.597	3.599
3	3.062	9.567	40.640	2.489	7.779	35.376	3.456
4	2.201	6.879	47.519	1.655	5.170	40.546	4.175
5	1.210	3.782	51.301				
6	1.073	3.352	54.653				
7	1.045	3.265	57.918				
8	.972	3.038	60.956				
9	.824	2.574	63.529				

续表

Factor	Initial Eigenvalues			Extraction Sums of Squared Loadings			Rotation Sums of Squared Loadings[a]
	Total	% of Variance	Cumulative %	Total	% of Variance	Cumulative %	Total
10	.819	2.559	66.088				
11	.807	2.522	68.610				
12	.785	2.454	71.065				
13	.733	2.289	73.354				
14	.681	2.129	75.483				
15	.629	1.967	77.450				
16	.603	1.884	79.334				
17	.576	1.801	81.136				
18	.543	1.696	82.832				
19	.535	1.673	84.505				
20	.507	1.585	86.090				
21	.492	1.538	87.629				
22	.476	1.486	89.115				
23	.448	1.399	90.514				
24	.413	1.292	91.806				
25	.403	1.259	93.066				
26	.398	1.243	94.309				
27	.376	1.175	95.484				
28	.326	1.018	96.502				
29	.307	.959	97.461				
30	.299	.933	98.394				
31	.275	.861	99.255				
32	.238	.745	100.000				

Extraction Method：Principal Axis Factoring.

a. When factors are correlated，sums of squared loadings cannot be added to obtain a total variance.

3. 初始因素载荷矩阵

初始因素载荷（又称未旋转因素载荷）矩阵如表 7－9 所示。从表中可以看出，较多的变量存在交叉载荷。

表 7－9　因素数固定为 4 个时的初始因素载荷矩阵

Factor Matrix[a]

	Factor			
	1	2	3	4
Q17	−.641			.373

续表

	Factor			
	1	2	3	4
Q1	−.572			.305
Q14	.558			
Q19	.557			
Q13	.546			
Q21	.546			−.330
Q26	.538			.303
Q10	.519			.435
Q18	.508		.310	.498
Q2	.505			
Q5	.502			
Q3	.476		−.402	
Q25	−.460			
Q9	−.448			
Q28	.426			
Q6	.420			
Q22	−.417			
Q29	−.389	.326		
Q20	.391	.651		
Q8	.435	.609		
Q16	−.353	−.523		
Q32	.450	.508		
Q4	.348	.454		
Q12	.363	.438		
Q24		.402		
Q15	−.368		.630	
Q31	−.341		.600	
Q7			.525	
Q11			−.477	
Q27			−.459	
Q23	−.345		.389	
Q30				

Extraction Method：Principal Axis Factoring.

a. 4 factors extracted. 6 iterations required.

4. 斜交旋转后的因素载荷矩阵

斜交旋转后的因素载荷矩阵如表 7－10 所示。

表 7-10　因素数固定为 4 个时斜交旋转后的因素载荷矩阵（模式矩阵）

Pattern Matrix[a]

	Factor			
	1	2	3	4
Q17	—.773			
Q21	.684			
Q1	—.669			
Q13	.600			
Q25	—.589			
Q5	.550			
Q29	—.542			
Q9	—.490			
Q8		.778		
Q20		.758		
Q32		.689		
Q12		.618		
Q16		—.616		
Q4		.589		
Q24		.432		
Q15			.750	
Q31			.676	
Q7			.642	
Q11			—.576	
Q27			—.567	
Q3			—.537	
Q23			.483	
Q19			—.397	
Q18				.809
Q10				.724
Q26				.652
Q14				.634
Q2				.584
Q6				.478
Q30				.477
Q22				
Q28				

Extraction Method：Principal Axis Factoring.

Rotation Method：Oblimin with Kaiser Normalization.

a. Rotation converged in 7 iterations.

从表7-10中可以看出，经过斜交旋转后，大部分变量都只在一个因素上有较高的载荷，这是我们期望得到的理想模式。但是，有两个变量（Q22、Q28）在所有因素上的载荷的绝对值都小于0.3。实际操作中，可以对这两道题目进行修改或删除。这里，考虑删除的方法时，为了避免误删的情况，一次删除一个变量。为了具体考察每个变量的变异被潜在因素解释的比例，以决定首先删除的变量，可以参考共同度结果。

5. 共同度

共同度结果如表7-11所示。

表7-11 因素数固定为4个时各变量的共同度

Communalities

	Initial	Extraction
Q1	.473	.483
Q2	.410	.394
Q3	.395	.393
Q4	.379	.358
Q5	.407	.355
Q6	.421	.292
Q7	.393	.394
Q8	.602	.615
Q9	.296	.275
Q10	.522	.525
Q11	.313	.318
Q12	.400	.402
Q13	.464	.422
Q14	.481	.483
Q15	.531	.560
Q16	.447	.410
Q17	.588	.624
Q18	.547	.608
Q19	.414	.374
Q20	.586	.591
Q21	.486	.511
Q22	.307	.182
Q23	.358	.272
Q24	.252	.199
Q25	.449	.369
Q26	.488	.484

续表

	Initial	Extraction
Q27	.359	.317
Q28	.289	.204
Q29	.381	.363
Q30	.292	.209
Q31	.469	.477
Q32	.470	.511

Extraction Method: Principal Axis Factoring.

从表 7-11 中可以看出，Q22 的共同度为 0.182，Q28 的共同度为 0.204，共同度都很低。然后可以看一下这两道题目的内容，具体见文件"7_1.txt"。Q22 为"如果我感到悲伤或心烦，我通常会丧失我的幽默感"（If I am feeling sad or upset，I usually lose my sense of humor），Q28 为"如果我有问题或者感到不高兴，我通常通过开玩笑的方式来解决，因此即使最好的朋友，也不知道我真实的感受"（If I am having problems or feeling unhappy，I often cover it up by joking around，so that even my closest friends don't know how I really feel）。可以看出，这两道题目和幽默风格的关系不是很强，因此考虑删除。再结合共同度的结果，先删除共同度更低的题目，即 Q22。

八、删除 Q22 后的探索性因素分析

从第二步开始，重复以上分析步骤。

九、删除 Q22、Q28 后的探索性因素分析

从第二步开始，重复以上分析步骤。

最后得到的斜交旋转后的因素载荷矩阵如表 7-12 所示。最后在结果报告中，除了报告模式矩阵，还应当报告因素之间的相关。在 SPSS 中，可以在 Factor Correlation Matrix 中直接得到因素之间的相关。

表 7-12 因素数固定为 4 个、删除两道题目、斜交旋转后的因素载荷矩阵（模式矩阵）

Pattern Matrix[a]

	Factor			
	1	2	3	4
Q17	−.774			
Q21	.685			
Q1	−.669			
Q13	.601			
Q25	−.588			

续表

	Factor			
	1	2	3	4
Q5	.549			
Q29	−.539			
Q9	−.490			
Q8		.772		
Q20		.760		
Q32		.688		
Q16		−.617		
Q12		.614		
Q4		.580		
Q24		.428		
Q15			.752	
Q31			.671	
Q7			.636	
Q11			−.576	
Q27			−.565	
Q3			−.539	
Q23			.485	
Q19			−.406	
Q18				.800
Q10				.714
Q26				.635
Q14				.630
Q2				.568
Q6				.485
Q30				.473

Extraction Method: Principal Axis Factoring.
Rotation Method: Oblimin with Kaiser Normalization.
a. Rotation converged in 6 iterations.

由于这里使用的是斜交旋转的方法，还应该同时报告因素的相关矩阵，如表 7 - 13 所示。

表 7 - 13 因素的相关矩阵
Factor Correlation Matrix

Factor	1	2	3	4
1	1.000	.127	−.230	.380
2	.127	1.000	−.122	.174
3	−.230	−.122	1.000	−.129
4	.380	.174	−.129	1.000

Extraction Method: Principal Axis Factoring.
Rotation Method: Oblimin with Kaiser Normalization.

然后，可以根据每个因素下题目的意义，对因素进行命名。第一个因素可命名为 affiliative（亲和性），第二个因素可命名为 self-enhancing（自我提升），第三个因素可命名为 aggressive（进取性），第四个因素可命名为 self-defeating（自我挫败）。

第八节　探索性因素分析应用案例及 Mplus 操作

一、数据准备

将数据在 SPSS 中另存为 . txt 或者 . dat 格式，作为 Mplus 分析的数据。数据文件中每行表示一个被试，每列表示一个变量，具体可参见文件“7_4. dat”。

二、第一次探索性因素分析

（一）编写语句

第一次探索性因素分析的语句如下所示，具体可参见文件“7_4. inp”。

```
TITLE: this is an example of an exploratory factor analysis with continue factor indicators
DATA: FILE IS 7_4. dat;
VARIABLE: NAMES ARE v1 - v32;
MISSING ARE ALL (-1);
ANALYSIS: TYPE=EFA 3 6;
```

第一行 TITLE 描述了这个语句的目的，在程序运行中不会读入这些内容。

第二行 DATA 表示读取的数据文件名称为 7_4. dat，注意数据文件应当与语句文件放在同一文件夹内。

第三行 VARIABLE 定义了数据文件的变量，这里有 32 个变量，命名为 v1 至 v32。

第四行 MISSING 定义了缺失值，对于所有的变量，－1 表示缺失值。

第五行 ANALYSIS 定义了分析的类型是 TYPE＝EFA（探索性因素分析），之后的两个数字表示抽取的因素数量范围，即 3～6 个因素。

（二）运行程序

打开 Mplus 程序，打开编写好的语句文件，点击“RUN”。

（三）读取结果

程序运行完成后，生成结果文件，打开读取结果。具体见文件“7_4. out”。

1. 输入语句部分、分析汇总和数据总结部分

结果部分首先重复了输入的语句，并说明语句的读取是正常的（INPUT READING

TERMINATED NORMALLY)。

然后，分析汇总部分对样本量和变量的数量、因变量的类型、估计方法等进行了总结。

最后，数据总结部分统计了缺失值的数量等信息。

2. 模型拟合部分

如下所示，模型拟合部分分别呈现了 3 个因素、4 个因素、5 个因素和 6 个因素的模型的参数值、卡方值、自由度、显著性水平，并给出了模型比较的拟合结果。从结果中可以看出：首先，随着因素数量增加，卡方值减小，拟合程度变好。其次，3 个因素的模型和 4 个因素的模型进行比较时，卡方值下降是最多的，而后面 4 个因素和 5 个因素、5 个因素和 6 个因素的模型进行比较时，卡方值下降相对较少。因此初步建议采用 4 个因素的模型。

第一次探索性因素分析模型拟合比较结果

SUMMARY OF MODEL FIT INFORMATION

Model	Number of Parameters	Chi-Square	Degrees of Freedom	P-Value
3-factor	157	1291.297	403	0.0000
4-factor	186	774.381	374	0.0000
5-factor	214	670.363	346	0.0000
6-factor	241	561.191	319	0.0000

Models Compared	Chi-Square	Degrees of Freedom	P-Value
3-factor against 4-factor	516.916	29	0.0000
4-factor against 5-factor	104.017	28	0.0000
5-factor against 6-factor	109.172	27	0.0000

3. 特征根结果部分

Mplus 默认的抽取因素的方法是极大似然估计法。如下面例子所示，特征根结果部分可以得到按照特征根从大到小排序后，每个因素的特征根。从结果中可以看出，如果按照特征根大于 1 的标准，可以抽取 7 个因素。因此可以推断，之前设定抽取 3～6 个因素，是较为合理的。根据该部分结果，用每个因素的特征根除以总的变量数 32，还可以计算得到每个潜在因素能够解释的变异比例。

第一次探索性因素分析特征根结果

EIGENVALUES FOR SAMPLE CORRELATION MATRIX

	1	2	3	4	5
1	6.584	3.247	3.132	2.152	1.215

```
      EIGENVALUES FOR SAMPLE CORRELATION MATRIX
              6            7            8            9            10
         ________     ________     ________     ________     ________
 1          1.123        1.023        0.988        0.842        0.828
      EIGENVALUES FOR SAMPLE CORRELATION MATRIX
             11           12           13           14            15
         ________     ________     ________     ________     ________
 1          0.777        0.767        0.738        0.669        0.622
      EIGENVALUES FOR SAMPLE CORRELATION MATRIX
             16           17           18           19            20
         ________     ________     ________     ________     ________
 1          0.607        0.587        0.559        0.537        0.520
      EIGENVALUES FOR SAMPLE CORRELATION MATRIX
             21           22           23           24            25
         ________     ________     ________     ________     ________
 1          0.503        0.491        0.474        0.417        0.397
      EIGENVALUES FOR SAMPLE CORRELATION MATRIX
             26           27           28           29            30
         ________     ________     ________     ________     ________
 1          0.392        0.378        0.324        0.310        0.295
      EIGENVALUES FOR SAMPLE CORRELATION MATRIX
             31           32
         ________     ________
 1          0.277        0.227
```

4. 各模型拟合部分

Mplus 的结果部分分别呈现了 3 个因素、4 个因素、5 个因素和 6 个因素的模型拟合结果。以下面的 4 个因素时的结果为例，可以得到 AIC、BIC、卡方值、RMSEA、CFI/TLI 和 SRMR 等结果。其中，AIC、BIC、卡方值、RMSEA 和 SRMR 越小表示模型越好，CFI/TLI 越大、越接近 1 表示模型越好。比较各模型拟合结果可以发现，4 个因素的模型已经能够较好地拟合数据。

第一次探索性因素分析各模型拟合结果（以 4 个因素为例）

```
EXPLORATORY FACTOR ANALYSIS WITH 4 FACTOR (S):
MODEL FIT INFORMATION
Number of Free Parameters                          186
Loglikelihood
          H0 Value                          -17660.361
          H1 Value                          -17273.170
Information Criteria
          Akaike (AIC)                       35692.721
          Bayesian (BIC)                     36430.901
          Sample-Size Adjusted BIC           35840.732
          (n* = (n+2) / 24)
Chi-Square Test of Model Fit
          Value                                774.381
```

Degrees of Freedom	374
P-Value	0.000 0
RMSEA (Root Mean Square Error of Approximation)	
Estimate	0.052
90 Percent C. I.	0.047 0.058
Probability RMSEA<=.05	0.227
CFI/TLI	
CFI	0.902
TLI	0.870
Chi-Square Test of Model Fit for the Baseline Model	
Value	4590.317
Degrees of Freedom	496
P-Value	0.0000
SRMR (Standardized Root Mean Square Residual)	
Value	0.037

5. 因素载荷结果

如下所示（以 4 个因素的模型为例），Mplus 结果部分给出了 GEOMIN 斜交旋转后的因素载荷矩阵。Mplus 默认的旋转方法是 GEOMIN 的斜交旋转方法［具体原理可参考 Browne（2001）］。

第一次探索性因素分析 GEOMIN 斜交旋转后的因素载荷矩阵（以 4 个因素为例）

GEOMIN ROTATED LOADINGS (* significant at 5% level)

	1	2	3	4
V1	0.681*	0.005	−0.021	0.061
V2	−0.132*	−0.043	0.564*	−0.036
V3	−0.130*	0.044	0.059	−0.559*
V4	−0.021	0.567*	0.011	0.007
V5	−0.521*	−0.025	0.057	−0.070
V6	−0.168*	−0.083	0.408*	−0.044
V7	−0.205*	−0.014	−0.028	0.634*
V8	−0.032	0.813*	−0.016	0.037
V9	0.491*	−0.104*	0.019	0.032
V10	0.048	0.046	0.756*	−0.024
V11	0.106	−0.026	0.050	−0.570*
V12	−0.106*	0.600*	−0.030	0.051
V13	−0.624*	−0.008	0.066	−0.006
V14	−0.193*	0.018	0.565*	0.032
V15	−0.014	−0.027	0.056	0.767*
V16	−0.004	−0.629*	0.115*	0.149*
V17	0.787*	−0.044	0.005	0.010
V18	0.088	0.018	0.831*	0.009
V19	−0.230*	0.062	0.155*	−0.432*

V20	0.090*	0.780*	0.032	−0.082*
V21	−0.717*	0.081*	0.048	0.192*
V22	0.175*	−0.090	−0.260*	0.105*
V23	0.100	−0.016	−0.029	0.490*
V24	0.165*	0.400*	0.070	0.051
V25	0.621*	0.031	−0.050	−0.087
V26	−0.145*	−0.003	0.618*	0.052
V27	0.051	0.017	0.017	−0.594*
V28	−0.061	0.184*	0.243*	−0.179*
V29	0.507*	0.202*	0.088	0.225*
V30	0.008	−0.149*	0.426*	−0.016
V31	0.106*	0.080	0.067	0.663*
V32	−0.069	0.641*	0.038	−0.025

另外，结合下面的5个因素的模型的因素载荷结果可以发现，所有变量在第5个潜在因素上的载荷都较小，因此，可以考虑采用4个因素的模型。

第一次探索性因素分析 GEOMIN 斜交旋转后的因素载荷矩阵（以5个因素为例）

GEOMIN ROTATED LOADINGS (* significant at 5% level)

	1	2	3	4	5
V1	0.680*	−0.014	0.009	0.075	0.006
V2	−0.077	0.616*	−0.033	−0.007	−0.122
V3	−0.149*	0.034	0.033	−0.569*	0.007
V4	−0.042	−0.006	0.560*	−0.001	0.092
V5	−0.529*	0.035	−0.031	−0.093	0.045
V6	−0.140*	0.426*	−0.082	−0.037	−0.044
V7	−0.185*	−0.006	−0.007	0.632*	0.015
V8	−0.025	0.022	0.819*	0.078	−0.079
V9	0.483*	0.008	−0.108*	0.026	0.060
V10	0.063	0.736*	0.031	−0.050	0.149
V11	0.077	0.008	−0.043	−0.592*	0.067
V12	−0.137*	−0.060	0.589*	0.034	0.134
V13	−0.624*	0.059	−0.014	−0.022	0.012
V14	−0.133	0.627*	0.028	0.065	−0.135
V15	−0.039	0.013	−0.043	0.719*	0.287*
V16	−0.035	0.045	−0.662*	0.073	0.258*
V17	0.783*	0.007	−0.042	0.022	0.024
V18	0.120	0.831*	0.012	0.001	0.071
V19	−0.275*	0.086	0.034	−0.488*	0.183*
V20	0.093*	0.063	0.782*	−0.042	−0.067
V21	−0.723*	0.030	0.072	0.163*	0.076
V22	0.124	−0.328*	−0.107	0.051	0.211
V23	0.059	−0.096	−0.034	0.431*	0.313*

V24	0.119	0.004	0.380*	0.001	0.274*
V25	0.593*	−0.089	0.020	−0.112*	0.146
V26	−0.132	0.602*	−0.014	0.026	0.126
V27	0.024	−0.019	0.001	−0.615*	0.043
V28	−0.104	0.171*	0.157*	−0.240*	0.265*
V29	0.515*	0.102	0.205*	0.235*	0.022
V30	0.041	0.445*	−0.145*	−0.010	−0.037
V31	0.100	0.047	0.075	0.632*	0.179*
V32	−0.095	0.016	0.633*	−0.034	0.110

再次观察 4 个因素的模型的因素载荷矩阵，发现大部分变量只在一个因素上有较大的载荷，但是有两道题目具有较为明显的交叉载荷，即 Q22 和 Q28。

6. 因素分析的其他结果

在因素载荷矩阵之后，Mplus 会给出因素之间的相关、估计的残差方差、因素载荷的标准误、因素相关的标准误、残差方差的标准误等结果，具体可参见文件“7_4. out”。

在第一次探索性因素分析之后，结合 Q22 和 Q28 的具体内容，可以考虑删除这两道题目。这里采用每次删除一道题目的方法。例如，先删除 Q28。

三、删除 Q28 后的探索性因素分析

（一）编写语句

具体可参见文件“7_5. inp”。

可以看到，和第一次探索性因素分析语句的区别在于，在 VARIABLE 中，加入了“usevar are v1 - v27 v29 - v32”，即定义了使用的变量为“v1 - v27 v29 - v32”，去掉了 Q28。

（二）运行程序

打开 Mplus 程序，打开编写好的语句文件，点击“RUN”。

（三）读取结果

程序运行完成后，生成结果文件，打开读取结果，具体见文件“7_5. out”。

运行结果的结构和内容与第一次探索性因素分析类似。

四、删除 Q28 和 Q22 后的探索性因素分析

（一）编写语句

具体可参见文件“7_6. inp”。

可以看到，和第一次探索性因素分析语句的区别在于，在 VARIABLE 中，加入了

“usevar are v1 - v21 v23 - v27 v29 - v32”，即定义了使用的变量为“v1 - v21 v23 - v27 v29 - v32”，去掉了 Q28、Q22。

（二）运行程序

打开 Mplus 程序，打开编写好的语句文件，点击“RUN”。

（三）读取结果

程序运行完成后，生成结果文件，打开读取结果，具体见文件“7_6. out”。

运行结果的结构和内容与第一次探索性因素分析类似。最后得到 4 个潜在因素，斜交旋转后的因素载荷矩阵如下所示。可以看出，现在得到的结果，基本上所有变量都只在一个因素上有较大的载荷，是一种理想的模式。

删除 Q28、Q22 后的探索性因素分析 GEOMIN 斜交旋转后的因素载荷矩阵（以 4 个因素为例）

GEOMIN ROTATED LOADINGS (* significant at 5% level)

	1	2	3	4
V1	0.681*	0.004	−0.016	0.061
V2	−0.145*	−0.036	0.552*	−0.040
V3	−0.140*	0.046	0.058	−0.556*
V4	−0.027	0.563*	0.010	0.004
V5	−0.522*	−0.023	0.054	−0.071
V6	−0.178*	−0.078	0.410*	−0.050
V7	−0.195*	−0.015	−0.027	0.628*
V8	−0.039	0.809*	−0.015	0.031
V9	0.492*	−0.104*	0.018	0.033
V10	0.028	0.053	0.745*	−0.030
V11	0.099	−0.024	0.051	−0.567*
V12	−0.112*	0.596*	−0.028	0.048
V13	−0.627*	−0.007	0.067	−0.008
V14	−0.203*	0.025	0.558*	0.023
V15	−0.009	−0.031	0.050	0.768*
V16	−0.002	−0.629*	0.113*	0.154*
V17	0.788*	−0.044	0.008	0.011
V18	0.070	0.026	0.824*	0.001
V19	−0.240*	0.065	0.157*	−0.433*
V20	0.084*	0.780*	0.035	−0.089*
V21	−0.717*	0.082*	0.046	0.189*
V23	0.104	−0.019	−0.034	0.493*
V24	0.158*	0.397*	0.071	0.049
V25	0.621*	0.030	−0.051	−0.083

V26	−0.162*	0.002	0.602*	0.049
V27	0.041	0.017	0.018	−0.590*
V29	0.504*	0.201*	0.093	0.220*
V30	−0.001	−0.145*	0.422*	−0.019
V31	0.109*	0.076	0.067	0.660*
V32	−0.077	0.639*	0.040	−0.030

关键术语

探索性因素分析　因素载荷　全分量模型　公共因素模型
共同度　特征根　贡献率　因素旋转　正交旋转
斜交旋转　因素分

本章要点

1. 因素分析是一种将描述某一事物的多个可观测的“变量”缩减成描述该事物的少数几个不可观测的“潜变量”（又称潜在因素）的统计技术。因素分析具体可以分为探索性因素分析和验证性因素分析两大类。

2. 因素分析的基本模型是将观察到的数据表示成几个潜在因素的线性组合。探索性因素分析的基本模型可以分为两类：全分量模型和公共因素模型。

3. 探索性因素分析的基本假设是，所选择的变量确实存在潜在的相关结构。其中，可以利用相关矩阵、反映象相关矩阵、KMO测度和Bartlett球形检验对变量相关的假设进行统计检验。

4. 一般来说，可以结合先验的标准、特征根准则、碎石检验准则、因素累积解释方差的比例标准来确定公共因素的数量。

5. 因素旋转可以重新分配各个因素所解释的方差的比例，使因素结构简单并易于解释。因素旋转的方式有两种：一种是正交旋转，另一种是斜交旋转。斜交旋转比正交旋转更具一般性，它假设因素之间存在相关。

6. 在实际中，可以使用变量替代、合成维度分或者使用因素分的方式，将探索性因素分析的结果应用到后续分析中。

第八章

验证性因素分析

【核心要点】

1. 了解验证性因素分析和探索性因素分析的异同。
2. 了解验证性因素分析要解决的问题。
3. 学习验证性因素分析模型识别的基本准则。
4. 学习验证性因素分析模型的评价与修正。
5. 掌握等价性检验的基本步骤。

第一节 验证性因素分析与探索性因素分析的比较

验证性因素分析（confirmatory factor analysis，CFA）是在探索性因素分析的基础上发展起来的。在探索性因素分析中，由于因素的数量以及因素之间的关系都是未知的，因此所有的因素载荷、因素相关、特殊方差都是待估的。在验证性因素分析中，可以根据已有的知识与研究，假设因素的数量与因素之间的关系，从而减少待估量，并可以对假设的模型进行验证。如果说探索性因素分析带有一种不确定性的话，那么验证性因素分析更符合科学研究的假设—验证—修正—验证的过程。表 8-1 是探索性因素分析和验证性因素分析假设的比较。

表 8-1 探索性因素分析与验证性因素分析的假设

探索性因素分析	验证性因素分析
(1) 所有的公共因素都相关（或都无关）。	(1) 公共因素之间可以相关，也可以无关。
(2) 所有的公共因素都直接影响所有的观测变量。	(2) 观测变量可以只受某一个或几个公共因素的影响，而不必受所有公共因素的影响。
(3) 特殊因素之间相互独立。	(3) 特殊因素之间可以相关，还可以出现不存在误差因素的观测变量。
(4) 公共因素和特殊因素之间相互独立。	(4) 公共因素和特殊因素之间相互独立。
(5) 观测变量与潜在变量之间的关系不是事先假定的。	(5) 观测变量与潜在变量之间的关系是事先假定的。
(6) 潜在变量的个数不是在数据分析前确定的。	(6) 潜在变量的个数是在数据分析前确定的。
(7) 模型复杂，通常是不可识别的。	(7) 模型通常要求是可识别的。

验证性因素分析克服了探索性因素分析约束太强的缺陷。在验证性因素分析中，由于理论上的假设，公共因素之间可以相关，也可以无关；观测变量可以只受某一个或几个公共因素的影响，而不必受所有公共因素的影响；特殊因素之间可以相关；公共因素和特殊因素之间相互独立。验证性因素分析与探索性因素分析也有一定的共同点，例如：两种方法的主要目的都是浓缩数据，通过变量之间的相关关系，用少数几个因素来表示原变量的主要信息；两种方法都可以实现简化数据、降维；两种方法均假设公共因素与特殊因素相互独立；两种方法的前提均为观测变量之间存在一定的相关关系，且存在潜在结构。

验证性因素分析实际上是协方差结构模型（又称为结构方程模型）的特殊情况，即协方差结构模型中的测量模型部分。因为验证性因素分析是对已有的理论模型与数据拟合程度的一种验证，所以在进行验证性因素分析时必须明确指出公共因素的个数、观测变量的个数、观测变量和公共因素之间的关系、观测变量和特殊因素之间的关系，以及特殊因素之间的关系。

第二节　验证性因素分析的图示、模型及基本步骤

一、图示

验证性因素分析是在对研究问题有所了解的基础上进行的，这种了解可以建立在理论、实验研究或是两者相结合的基础上。

在验证性因素分析中，我们可以使用路径图来反映变量与潜在因素（又称潜变量，为了与路径分析、结构方程模型等章的说法统一，本章称为潜变量）的关系。根据一定的理论假设，可以画出某个因素指向特定观测变量的路径，然后在参数估计中只计算这些路径的因素载荷，而其他载荷都限定为 0。也就是说，在验证性因素分析中，不会存在有交叉载荷的情况。

在进行验证性因素分析时，我们需要首先定义五个元素：潜变量、观测变量、因素载荷、因素之间的关系和误差项。在用图表示时，我们用椭圆形表示潜变量，用方形表示观测变量。接着，用箭头表示潜变量及测量该因素的观测变量之间的关系。注意，这时的箭头方向必须是从潜变量指向观测变量。另外，还可以用双向箭头表示潜变量之间的相关。最后，每个观测变量都含有误差项，也就是有一个用椭圆形表示的误差项（潜在变量），并用箭头指向观测变量。有的时候为了简化，这个椭圆可以省略，只用指向观测变量的箭头表示。与探索性因素分析中的定义相同，误差项描述了观测变量中潜变量解释不了的变异。

图 8－1 就是验证性因素分析的一个典型图例。图中有 3 个潜变量（$\xi_1 \sim \xi_3$）、9 个观测变量（$X_1 \sim X_9$），其中观测变量 $X_1 \sim X_3$、$X_4 \sim X_6$ 和 $X_7 \sim X_9$ 分别测量了第 1、2 和 3 个潜变量。三个潜变量之间相关，每个观测变量都有误差项，误差项之间不相关。

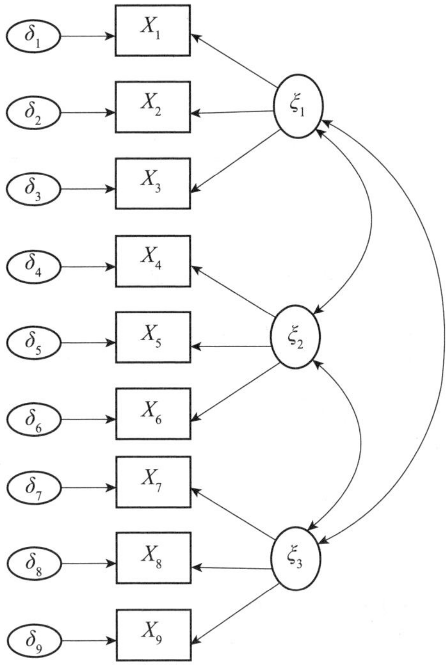

图 8-1　验证性因素分析模型图示

二、模型

验证性因素分析模型的数学表达式为：

$$\boldsymbol{X} = \boldsymbol{\Lambda_X}\boldsymbol{\xi} + \boldsymbol{\delta} \tag{8-1}$$

式中，$\boldsymbol{X}$ 为 $p\times1$ 的观测变量向量，$\boldsymbol{\xi}$ 为 $n\times1$ 的外衍潜变量向量，$\boldsymbol{\Lambda_X}$ 为 $p\times n$ 的潜变量向量$\boldsymbol{\xi}$ 的因素载荷矩阵，$\boldsymbol{\delta}$ 为 $p\times1$ 的测量误差项向量。

在验证性因素分析中，因为自变量（潜变量）是不可观测的，所以因素方程不能直接估计，为此必须导出它的观测变量向量的协方差矩阵之间的关系：

$$\boldsymbol{\Sigma} = \boldsymbol{\Lambda_X}\boldsymbol{\Phi}\boldsymbol{\Lambda}'_{\boldsymbol{X}} + \boldsymbol{\Theta_\delta} \tag{8-2}$$

上式称为协方差方程。其中，$\boldsymbol{\Sigma}$ 是观测变量向量之间的协方差矩阵，$\boldsymbol{\Lambda_X}$是观测变量向量 $\boldsymbol{X}$ 的因素载荷矩阵，$\boldsymbol{\Phi}$ 是潜变量向量的协方差矩阵，$\boldsymbol{\Theta_\delta}$ 则是测量模型中误差项向量之间的协方差矩阵。该方程把观测变量向量 $\boldsymbol{X}$ 的方差和协方差分解成载荷矩阵$\boldsymbol{\Lambda_X}$、$\boldsymbol{\xi}$ 的方差和协方差以及 $\boldsymbol{\delta}$ 的方差与协方差。模型的估计就是求解上面协方差方程中的各个参数的估计值，以使模型更好地重新产生观测变量向量的协方差矩阵。

在上面的模型中，一个观测变量只受一个公共因素的影响。如果一个观测变量同时受多个潜变量的影响，则称该模型为多质多法（multi-trait multi-method，MTMM）模型。在 MTMM 模型中，如果对于不同特质的测量存在测量方法的影响，每个观测变量就会同时受到特质公共因素和测量方法公共因素的影响，即一个观测变量负荷多个公共因素。MTMM 模型主要解决用不同的方法测量不同的概念或特质的问题。由于篇幅有限，这里只介绍最简单的一个观测变量只受一个公共因素影响的情况。

三、基本步骤

根据验证性因素分析的目的、原理、方法，其基本步骤可以分为六步（Hair et al.，2010）。

第一步：确定验证性因素分析模型。

第二步：判断验证性因素分析模型是否能识别。

第三步：估计验证性因素分析的参数。

第四步：评价验证性因素分析模型。

第五步：修正验证性因素分析模型。

第六步：应用验证性因素分析模型。

下面分别对这些步骤进行介绍。

第三节　验证性因素分析模型的确定和识别

一、模型确定

在开始验证性因素分析之前，需要根据一定的理论假设，定义观测变量和潜变量之间的关系、潜变量之间的关系以及误差项之间的关系。需要特别注意的是，确定验证性因素分析模型必须首先考虑模型在理论上的合理性，一个理论上没有意义的模型即使有再好的拟合也是没有用的。如果之前已经设计好了与测量结构一致的量表或测验，并收集了数据，就可以直接对数据进行分析。如果没有现成的量表或测验，就需要根据结构编制量表或重新施测。

例如，在对自我概念进行测量时，针对一个有 16 道题目的量表，不同的研究者根据理论提出了不同的模型假设。

模型 1（见图 8-2）：自我概念（self-concept，SC）有 4 个维度，分别为整体自我概念（GSC）、学业自我概念（ASC）、英语自我概念（ESC）、数学自我概念（MSC）。测验题目与因素之间的关系为：题目 T1～T4 测量 GSC，题目 T5～T8 测量 ASC，题目 T9～T12 测量 ESC，题目 T13～T16 测量 MSC；每道题目只测量一个维度，不存在交叉载荷。4 个维度 GSC、ASC、ESC 和 MSC 之间两两相关。特殊因素之间相互独立。

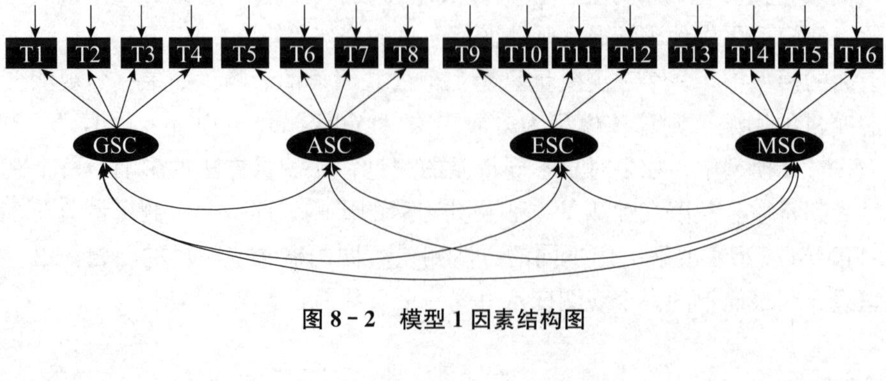

图 8-2　模型 1 因素结构图

模型 1 的因素载荷矩阵如下：

$$\boldsymbol{\Lambda}_X = \begin{pmatrix} \lambda_{11} & 0 & 0 & 0 \\ \lambda_{21} & 0 & 0 & 0 \\ \lambda_{31} & 0 & 0 & 0 \\ \lambda_{41} & 0 & 0 & 0 \\ 0 & \lambda_{52} & 0 & 0 \\ 0 & \lambda_{62} & 0 & 0 \\ 0 & \lambda_{72} & 0 & 0 \\ 0 & \lambda_{82} & 0 & 0 \\ 0 & 0 & \lambda_{93} & 0 \\ 0 & 0 & \lambda_{10,3} & 0 \\ 0 & 0 & \lambda_{11,3} & 0 \\ 0 & 0 & \lambda_{12,3} & 0 \\ 0 & 0 & 0 & \lambda_{13,4} \\ 0 & 0 & 0 & \lambda_{14,4} \\ 0 & 0 & 0 & \lambda_{15,4} \\ 0 & 0 & 0 & \lambda_{16,4} \end{pmatrix} \tag{8-3}$$

潜变量协方差矩阵如下：

$$\boldsymbol{\Phi} = \begin{pmatrix} \varphi_{11} & \varphi_{12} & \varphi_{13} & \varphi_{14} \\ \varphi_{21} & \varphi_{22} & \varphi_{23} & \varphi_{24} \\ \varphi_{31} & \varphi_{32} & \varphi_{33} & \varphi_{34} \\ \varphi_{41} & \varphi_{42} & \varphi_{43} & \varphi_{44} \end{pmatrix} \tag{8-4}$$

特殊因素协方差矩阵如下：

$$\boldsymbol{\Theta}_\delta = \begin{pmatrix} \theta_{11} & 0 & \cdots & 0 \\ 0 & \theta_{22} & \cdots & 0 \\ \vdots & \vdots & & \vdots \\ 0 & 0 & \cdots & \theta_{16,16} \end{pmatrix} \tag{8-5}$$

模型 2（见图 8-3）：自我概念有两个维度，即 GSC 和 ASC。测验题目与因素之间的关系为：题目 T1～T4 测量 GSC，题目 T5～T16 测量 ASC；每个题目只测量一个维度，不存在交叉载荷。两个维度 GSC 和 ASC 相关。特殊因素之间相互独立。

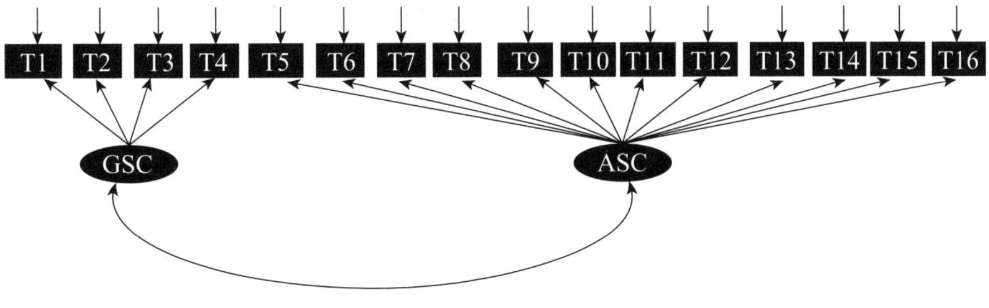

图 8-3 模型 2 因素结构图

根据模型 2 的定义，模型 2 的因素载荷矩阵为：

$$\boldsymbol{\Lambda_X} = \begin{pmatrix} \lambda_{11} & 0 \\ \lambda_{21} & 0 \\ \lambda_{31} & 0 \\ \lambda_{41} & 0 \\ 0 & \lambda_{52} \\ 0 & \lambda_{62} \\ 0 & \lambda_{72} \\ 0 & \lambda_{82} \\ 0 & \lambda_{92} \\ 0 & \lambda_{10,2} \\ 0 & \lambda_{11,2} \\ 0 & \lambda_{12,2} \\ 0 & \lambda_{13,2} \\ 0 & \lambda_{14,2} \\ 0 & \lambda_{15,2} \\ 0 & \lambda_{16,2} \end{pmatrix} \tag{8-6}$$

潜变量协方差矩阵为：

$$\boldsymbol{\Phi} = \begin{pmatrix} \varphi_{11} & \varphi_{12} \\ \varphi_{21} & \varphi_{22} \end{pmatrix} \tag{8-7}$$

特殊因素协方差矩阵与式（8－5）相同。

模型 3（见图 8－4）：自我概念为单维度结构，只有 GSC 一个维度。测验题目与因素之间的关系为：题目 T1～T16 测量 GSC。特殊因素之间相互独立。

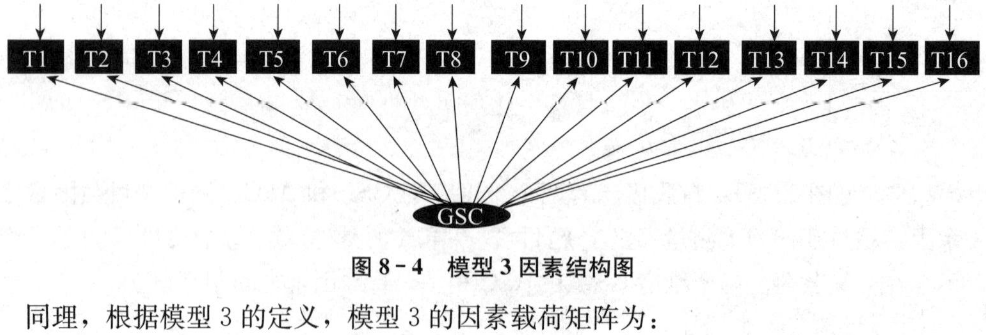

图 8－4　模型 3 因素结构图

同理，根据模型 3 的定义，模型 3 的因素载荷矩阵为：

$$\boldsymbol{\Lambda_X}=\begin{pmatrix}\lambda_{11}\\ \lambda_{21}\\ \lambda_{31}\\ \lambda_{41}\\ \lambda_{51}\\ \lambda_{61}\\ \lambda_{71}\\ \lambda_{81}\\ \lambda_{91}\\ \lambda_{10,1}\\ \lambda_{11,1}\\ \lambda_{12,1}\\ \lambda_{13,1}\\ \lambda_{14,1}\\ \lambda_{15,1}\\ \lambda_{16,1}\end{pmatrix} \tag{8-8}$$

潜变量表示为：

$$\Phi=\varphi_{11} \tag{8-9}$$

特殊因素协方差矩阵与式（8－5）相同。

从上面的例子可以看出，在确定模型时，要考虑以下几个方面的问题：（1）存在多少个因素；（2）每个因素分别影响哪些观测变量；（3）如果有两个或多个因素，因素之间的关系如何；（4）特殊因素（或测量误差）之间的关系如何。

另外，在模型定义时，还需要关注是否要释放已固定的路径的问题。一是关于观测变量的单维性。也就是测量一个潜变量的观测变量，不能同时测量另一个潜变量，即不能存在交叉载荷。我们知道，如果在因素分析的模型中加入了交叉载荷，也就是去掉了某些路径上因素载荷为0的限制，会使模型变得更为复杂，即提高模型的拟合程度。在这种情况下，与不存在交叉载荷的模型相比，即使存在交叉载荷的模型拟合程度显著提高，我们也不能选择这个模型，因为交叉载荷的存在就是测验缺乏结构效度的证据。二是误差项相关。在验证性因素分析中还可能存在误差项相关的情况。我们把测量同一个因素的两个观测变量的误差相关叫作因素内误差相关，把测量不同因素的观测变量的误差相关叫作因素间误差相关。同样，误差相关也可以通过将已限定的路径释放，使其自由估计来得到，这也会提高模型的拟合程度。但是误差相关也会损害模型的结构效度。因此，在一般情况下，对验证性因素分析中固定的路径不能随便自由估计。

二、模型识别

在进行参数估计前，必须对所定义的模型进行识别，没有识别就估计参数会导致对参数无意义的估计和解释。模型识别是指判断模型参数是否有唯一解，即模型的协方差方程中自由估计的参数是否有唯一满足方程的值。验证性因素分析模型的识别结果分为不可识别、恰好识别和超识别三种情况。不可识别是指模型中方程的个数小于要估计的参数的个数，使参数有多个解。恰好识别是指模型中方程的个数等于要估计的参数的个数，每个参数都能求得唯一解。超识别是指模型中方程的个数大于要估计的参数的个数，一个待识别的参数可以用一个以上的已知量表示时，该参数可取不同值。其中，恰好识别和超识别统称为可以识别的情况。

决定一个模型是否可识别的条件大致有以下几种。

（一）必要条件：T 准则

T 准则是指模型中自由参数的个数不能超过协方差矩阵的元素数，即

$$t \leqslant \frac{1}{2} q(q+1) \tag{8-10}$$

式中，t 为模型中需要估计的参数数量，q 为观测变量的个数，$(1/2)q(q+1)$ 就是协方差矩阵的元素数。另外，T 准则还有一种表述，即模型的自由度大于等于 0。已知的自由度为模型中已知的信息个数（即样本协方差矩阵的元素数）减去要估计的参数的个数。

（二）一般情况下的充分条件

1. 三指标准则

三指标准则是指：

（1）因素载荷矩阵 $\boldsymbol{\Lambda}_X$ 的每行只有一个非零元素，即每道题只测量一个潜变量。

（2）每个因素至少有三个或三个以上的指标变量。

（3）特殊因素协方差矩阵 $\boldsymbol{\Theta}_\delta$ 为对角矩阵，即测量误差之间相互独立。

2. 二指标准则

二指标准则是指：

（1）因素载荷矩阵 $\boldsymbol{\Lambda}_X$ 的每行只有一个非零元素，即每道题只测量一个潜变量。

（2）每个因素至少有两个或两个以上的指标变量。

（3）特殊因素协方差矩阵 $\boldsymbol{\Theta}_\delta$ 为对角矩阵，即测量误差之间相互独立。

（4）模型中至少存在两个因素，因素之间的协方差矩阵中非主对角线元素 φ_{ij} 至少有一个不等于零，即至少有两个因素相关。

（三）复杂模型识别的充分条件

在模型定义的基础上，根据观测变量的总体方差和协方差，由模型的协方差结构方程的数学变换来解模型中的每个参数，如果每个参数都有解，则模型可识别，否则，模型不可识别。

另外，在识别一些复杂的验证性因素分析模型时，还有更加严格的充分条件。

例如，对于含有交叉载荷或测量误差相关的复杂验证性因素分析模型，其识别的充分条件包括以下三个方面。

（1）对于每个因素，至少需要满足下列条件之一：

● 至少含有三个测量指标变量，并且这三个指标的测量误差之间不相关。

● 至少含有两个测量指标变量，其测量误差之间不相关，且满足下列条件之一：（a）这两个指标的测量误差与测量另一个因素的指标的测量误差不相关；（b）这两个指标的因素载荷相等。

（2）对于任意的两个因素，其中各自至少有一个指标的测量误差之间不相关。

（3）对于有交叉载荷的每个因素，必须至少有一个指标不存在交叉载荷（即只在一个因素上有载荷），并且该指标的测量误差与有交叉载荷的指标的测量误差不相关。

模型识别是一个比较复杂的过程，尤其是用上面介绍的条件对模型加以识别很费时间。目前可用于验证性因素分析的计算机软件中，有关于模型是否被识别的信息，使用时可以参考计算机的输出结果来确定模型是否被正确识别。

第四节　验证性因素分析中的数据收集和参数估计

一、数据收集

在确定模型并判断模型是否可以识别之后，就要进行测试，收集数据，以检验提出的理论模型。

（一）测量的量尺

在验证性因素分析中，所使用的数据最好是顺序数据、等距数据或比率数据。一般来说，心理学测验中使用的李克特量表的结果都可以被看作连续变量。进行验证性因素分析的变量不一定必须有同样的量尺。例如，在一个职业满意度调查中，不同的题目有不同的计分点。有的题目是 5 点计分，有的是 7 点计分，有的甚至是 100 分为满分。研究者不需要在验证性因素分析之前统一所有题目的量尺（例如，都统一成 7 点计分），这样做也是不准确的。验证性因素分析可以处理这种包含不同计分点的数据。

（二）设定潜变量量尺

在验证性因素分析中，潜变量是不可观测的，它没有固定的量尺，也就是没有取值的范围。因此，需要在分析前固定潜变量的量尺。设定潜变量量尺的方法有两种：一是对每个潜变量固定一条路径的因素载荷为 1；二是固定潜变量的方差为 1。注意，在这里我们所做的限定，并不是为了确定变量间的真实关系。例如，即使将某个潜变量的一个因素载荷限定为 1，这条路径所连接的观测变量的误差项还是可以自由估计的。因此，最后如果我们要求输出标准化的因素载荷，这条路径的因素载荷值将不再是 1。也就是说，如果验证性因素分析的过程是正确的，这两种设定量尺的方法对最终的结果不会有影响。另外，在验证性因素分析中，我们通常还将特殊因素对观测变量的影响系数固定为 1。图 8－5 显示了两种设定潜变量量尺的方法。

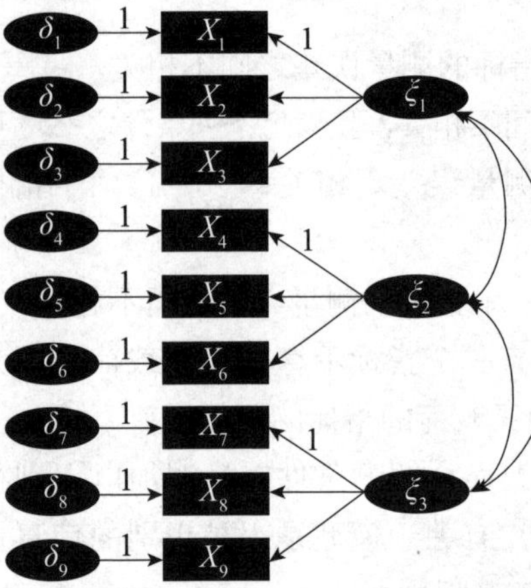

(a) 对每个潜变量固定一条路径的因素载荷为1

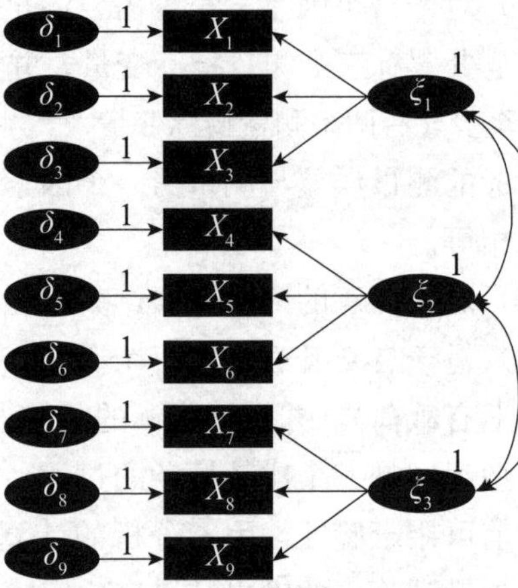

(b) 固定潜变量的方差为1

图8-5 潜变量量尺设定方法

二、参数估计

在验证性因素分析中，总体协方差矩阵和参数之间的关系为 $\boldsymbol{\Sigma}=\boldsymbol{\Lambda}_X\boldsymbol{\Phi}\boldsymbol{\Lambda}'_X+\boldsymbol{\Theta}_\delta$，同样总体协方差矩阵 $\boldsymbol{\Sigma}$ 的估计也是由协方差方程 $\boldsymbol{\Sigma}=\boldsymbol{\Lambda}_X\boldsymbol{\Phi}\boldsymbol{\Lambda}'_X+\boldsymbol{\Theta}_\delta$ 估计总体参数来确定的。参数估计值必须在满足模型限定的条件下，使由它得出的协方差矩阵 $\boldsymbol{\Sigma}$ 尽可能地接近样本协方差矩阵。验证性因素分析中的参数估计方法有：未加权最小二乘法（ULS）、广义最小二乘法（GLS）、极大似然法（ML）、工具变量法（IV）、两阶段最小二乘法（TSLS）、加权最小二乘法（WLS）、对角加权最小二乘法（DWLS）和贝叶斯法（BAYES）。其中，最常用的方法是未加权最小二乘法、广义最小二乘法和极大似然法。Mplus 软件中提供的估计方法包括：极大似然法、均值调整的极大似然法（MLM）、均值和方差调整的极大似然法（MLMV）、限制性极大似然法（MLR）、一阶导数极大似然法（MLF）、Muthén 的极大似然法（MUML），加权最小二乘法、均值调整的加权最小二乘法（WLSM）、均值和方差调整的加权最小二乘法（WLSMV），未加权最小二乘法、均值和方差调整的未加权最小二乘法（ULSMV），广义最小二乘法，以及贝叶斯法（Muthén & Muthén，1998—2012）。

下面，就几种常见方法的原理做简要说明。

（1）未加权最小二乘法。用未加权最小二乘法估计的 $\boldsymbol{\Sigma}$、$\boldsymbol{\Phi}$、$\boldsymbol{\Lambda}$ 满足以下拟合函数取最小值时的解：

$$F_{\mathrm{ULS}}=\mathrm{Tr}\left[(\boldsymbol{S}-\boldsymbol{\Sigma})^2\right] \tag{8-11}$$

式中，Tr 表示 TRACE，即求“迹”运算，也就是求矩阵中对角线元素之和；$\boldsymbol{S}$ 表示样本协方差矩阵，$\boldsymbol{\Sigma}$ 表示由验证性因素分析模型衍生的协方差矩阵。

（2）广义最小二乘法。用广义最小二乘法估计的 $\boldsymbol{\Sigma}$、$\boldsymbol{\Phi}$、$\boldsymbol{\Lambda}$ 满足以下拟合函数取最小值时的解：

$$F_{\mathrm{GLS}}=\mathrm{Tr}\left[(\boldsymbol{S}-\boldsymbol{\Sigma})\boldsymbol{S}^{-1}\right]^2 \tag{8-12}$$

式中，Tr 表示 TRACE，即求“迹”运算，也就是求矩阵中对角线元素之和。

（3）极大似然法。用极大似然法估计的 $\boldsymbol{\Sigma}$、$\boldsymbol{\Phi}$、$\boldsymbol{\Lambda}$ 满足以下拟合函数取最小值时的解：

$$F_{ML}=\mathrm{Tr}\,(\boldsymbol{S}\boldsymbol{\Sigma}^{-1})+(\log|\boldsymbol{\Sigma}|-\log|\boldsymbol{S}|)-q \tag{8-13}$$

式中，Tr 表示 TRACE，即求“迹”运算，也就是求矩阵中对角线元素之和。$\log|\boldsymbol{\Sigma}|$、$\log|\boldsymbol{S}|$ 分别表示矩阵 $\boldsymbol{\Sigma}$、$\boldsymbol{S}$ 的行列式的对数。

极大似然法是验证性因素分析中最常用的参数估计方法。但是极大似然法和广义最小二乘法都要求观测变量的总体服从多元正态分布。在正态分布假设不成立的条件下，通常考虑用其他对分布要求较低的参数估计方法，例如加权最小二乘法。

在验证性因素分析中，即使模型能够识别，也可能出现无法得到参数估计结果的情况，估计不能收敛就是一个常见原因。估计不能收敛是指参数估计过程经过反复迭代之后，参数值的改变仍然大于预先设定的收敛标准，这样就无法得到最后的参数估计结果。例如，一些早期的研究者发现，使用皮尔逊相关系数作为输入矩阵时会遇到不收敛的情况，使用极大似然法处理小样本连续数据时会出现不收敛的现象。更为常见的是，当模型中自由估计的参数过多、模型过于复杂，或者模型参数估计的初始值设置不合适时，会出现不收敛的问题。此时，应当寻找可能存在的原因，有针对性地进行补救。可以采取的措施有：（1）重新定义模型；（2）设定合理的初始值；（3）增加迭代次数；（4）放宽收敛标准。

第五节　验证性因素分析中的模型评价与修正

一、模型评价

（一）拟合指数

在得到了参数的估计值之后，需要对模型与数据间的拟合情况进行评价，并与替代模型的拟合指数进行比较。可以通过拟合指数来评价一个模型与数据的拟合程度。拟合指数是反映由实际数据衍生的样本的期望协方差矩阵 $\boldsymbol{E}$ 与样本实际的协方差矩阵 $\boldsymbol{S}$ 之间差异的一个总的指标。

关于模型的总体拟合程度有许多测量标准，常用的拟合指数有以下几种（见表 8-2）。

表 8-2　常用的拟合指数

拟合指数		理想结果	数据非正态时能否很好地反映模型拟合程度	处理不同大小的样本时指数是否稳定	评估模型是否简约	备注
绝对拟合指数	拟合优度卡方统计量（Bollen，1989）	$p>0.05$	否	否	否	可用于多组比较分析
	拟合优度指数（GFI）（Tanaka & Huba，1984）	GFI>0.90	不清楚	否	否	应用不同模型评价方法时，表现稳定

续表

拟合指数		理想结果	数据非正态时能否很好地反映模型拟合程度	处理不同大小的样本时指数是否稳定	评估模型是否简约	备注
绝对拟合指数	调整的拟合优度指数（AGFI）（Tanaka & Huba，1984）	AGFI>0.90	不清楚	否	是	在GFI基础上调整了自由度，其他与GFI相同
	近似误差均方根（RMSEA）（Steiger & Lind，1980）	RMSEA≤0.05；90%置信区间的上限≥0.08；RMSEA≤0.05的显著性检验的p值>0.05	不清楚	否	是	测量模型的绝对拟合程度，模型不简约时加以惩罚
相对拟合指数	标准拟合指数（NFI）（Bentler & Bonett，1980）	NFI>0.90	样本量小时严重低估	否	否	对非正态数据和小样本非常敏感
	递增拟合指数（IFI）（Bollen，1989）	IFI>0.90	一般低估	是	否	应用最小二乘法估计模型时，要比TLI更好
	非标准拟合指数（TLI）（Tucker & Lewis，1973）	TLI>0.90	一般低估	不清楚	否	用极大似然法估计时拟合得较好，用最小二乘法估计时拟合得较差；可用来比较嵌套模型
	比较拟合指数（CFI）（Bentler，1990）	CFI>0.90	一般低估	是	否	应用不同模型评价方法时精确稳定，可用于比较嵌套模型

1. 绝对拟合指数

绝对拟合指数（absolute fit index）比较的是观测的与期望的方差和协方差，即测量绝对的模型拟合。常用的绝对拟合指数有以下几类。

（1）拟合优度卡方统计量。这个卡方值可以直接由拟合函数值推导出来，它是拟合函数与样本量减1的乘积，即 $\chi^2=F(n-1)$，其中 F 是拟合函数，n 是样本量（Bollen，1989）。如果观测数据的总体服从多元正态分布，且模型定义正确，那么上述统计量就服从卡方分布，其自由度为 $[q(q+1)/2-k]$，其中 q 是观测变量的数目，$q(q+1)/2$ 就是协方差矩阵的元素数，k 是需要估计的参数数量。检验方法正好与传统的统计检验方法相反，由于检验的零假设是模型拟合数据，我们一般希望得到不显著的卡方值，这表明模型与数据的差异不显著，因而可以接受定义的模型。但是拟合优度卡方检验受样本量的影响，在样本量较大的情况下，往往会得到显著的结果，因此有时不能很好地判断模型的拟合情况。

（2）拟合优度指数和调整的拟合优度指数。拟合优度指数（goodness-of-fit index,

GFI）定义为（Tanaka & Huba，1984）：

$$\mathrm{GFI}=1-\frac{F[\boldsymbol{S},\boldsymbol{\Sigma}(\hat{\Theta})]}{F[\boldsymbol{S},\boldsymbol{\Sigma}(0)]} \tag{8-14}$$

GFI 测量的是观测变量的方差-协方差矩阵 $\boldsymbol{S}$ 在多大程度上被模型定义的方差-协方差矩阵 $\boldsymbol{E}$ 预测。如果 $\boldsymbol{E}=\boldsymbol{S}$，GFI 等于 1，则模型完全拟合。这个指数可以按照模型中参数估计总数的多少进行调整。调整的拟合优度指数（adjusted goodness-of-fit index，AGFI）定义为：

$$\mathrm{AGFI}=1-\frac{q(q+1)/2}{\mathrm{df}}(1-\mathrm{GFI}) \tag{8-15}$$

式中，df 表示自由度。估计参数相对于样本矩阵的个数越小或 df 越大，AGFI 就越接近于 GFI。这两个拟合指数的值介于 0 和 1 之间，一般大于 0.9 表示观测数据较好地拟合定义的模型。

（3）近似误差均方根。近似误差均方根（root mean square error of approximation，RMSEA）定义为（Steiger & Lind，1980）：

$$\mathrm{RMSEA}=\sqrt{\hat{F}_0/\mathrm{df}}\ ,\hat{F}_0=\max\{\hat{F}-\mathrm{df}/(n-1),0\} \tag{8-16}$$

式中，$\hat{F}_0$ 是总体差异函数（population discrepancy function，PDF）的估计值。这个差异是拟合函数最小值 $\hat{F}$ 与 $\mathrm{df}/(n-1)$ 之差，当其值为正时，取这个差值，否则取零。一般情况下，RMSEA 小于等于 0.05 并且 RMSEA 的 90%置信区间上限在 0.08 及以下，表示数据与定义模型拟合得较好。如果模型拟合得较好，RMSEA 的 p 值应大于 0.05，即不能拒绝这一假设。

2. 相对拟合指数

相对拟合指数（relative fit index）比较的是一个模型与另一个模型的相对拟合情况，其中标准拟合指数（normal fit index，NFI）、递增拟合指数（incremental fit index，IFI）、非标准拟合指数（non-normal fit index/Tucker-Lewis index，NNFI 或 TLI）以及比较拟合指数（comparative fit index，CFI）是一些应用较广泛的相对拟合指数，它们主要通过比较目标模型与一个基本模型的拟合情况来检验所考察模型的整体拟合程度。

（1）标准拟合指数。这一拟合指数通过所设定模型的卡方值与独立模型的卡方值来评价估计的模型，其计算公式为（Bentler & Bonett，1980）：

$$\mathrm{NFI}=\frac{\chi^2_{\mathrm{indep}}-\chi^2_{\mathrm{model}}}{\chi^2_{\mathrm{indep}}} \tag{8-17}$$

式中，χ^2_{indep} 是独立模型的卡方值估计，χ^2_{model} 是所定义的模型的卡方值。NFI 测量独立模型与所定义的模型之间卡方值的缩小比例，可以将此视为所定义的模型相比独立模型在拟合上的改善“增量”。使用这一拟合指数的局限性在于：它不能控制自由度，因此卡方值可以通过提高模型的复杂程度，增加需要估计的参数来减小；NFI 的抽样分布的均值与样本量 n 呈正相关，所以，在小样本时使用这一拟合指数可能会低估模型的拟合度。

（2）递增拟合指数。Bollen（1989）曾提出一种修正方法，它能减小标准拟合指数的平均值对样本量的依赖，并考虑到所定义的模型自由度的影响，这种改进的指标即为递增拟合指数，其计算公式为：

$$\mathrm{IFI}=\frac{\chi^2_{\mathrm{indep}}-\chi^2_{\mathrm{model}}}{\chi^2_{\mathrm{indep}}-\mathrm{df}_{\mathrm{model}}} \tag{8-18}$$

（3）非标准拟合指数。另一种修正方法是使用非标准拟合指数。它也考虑到了模型自由度对拟合指数的影响，其计算公式为（Tucker & Lewis，1973）：

$$TLI=\frac{\chi^2_{indep}-\frac{df_{indep}}{df_{model}}\chi^2_{model}}{\chi^2_{indep}-df_{model}} \tag{8-19}$$

这一指数的缺点是其估计值变化很大，有时可能超出 0～1 的范围，并且有时其他指数显示模型拟合很好，而这一指数却反映拟合不好。

（4）比较拟合指数。这一指数也是通过与独立模型相比较来评价拟合程度的（Bentler，1990）。它采用非中心性的卡方分布与非中心性的参数 τ_i。τ_i 的值越大，定义模型的错误程度越大；$\tau_i=0$ 表示完全拟合。即使对小样本估计模型拟合程度进行评价，它也能表现得很好。这一指数的计算公式为：

$$CFI=1-\frac{\tau_{model}}{\tau_{indep}} \tag{8-20}$$

式中，$\tau_{indep}=\chi^2_{indep}-df_{indep}$，$\tau_{model}=\chi^2_{model}-df_{model}$。与 GFI 和 AGFI 相同，这一拟合指数的值也介于 0～1 之间，大于 0.9 表示模型拟合较好。

评价一个模型时，必须检查多个拟合指数，而绝不能仅依赖其中的某个指数。一般情况下，一个好的拟合指数应该满足以下特点：不受样本量的影响，取值在某个范围内，惩罚复杂模型，服从一定的概率分布因此可以给出检验标准。目前关于究竟哪个拟合指数更好还没有统一的看法，但大多数学者认为，在采用极大似然法进行估计时，NFI 和 TLI 有较好的稳定性。

（二）信息标准指数

协方差结构模型提供了三种紧密相连的信息标准指数（information criteria index）来对所定义的模型做比较，而不论所定义的模型之间是否有嵌套关系。这三种信息标准指数分别是（Anderson，Burnham，& White，1998）：

（1）赤池信息标准（Akaike information criterion，AIC），其被定义为：

$$AIC=c+2t \tag{8-21}$$

（2）一致性赤池信息标准（consistent Akaike information criterion，CAIC），其被定义为：

$$CAIC=c+[1+\ln(n)]t \tag{8-22}$$

（3）期望交叉验证指数（expected cross-validation index，ECVI），其被定义为：

$$ECVI=c/(n+1)+2[t/(n-1)] \tag{8-23}$$

上述公式中，$c=-2\ln(L)$，L 是模型的极大似然函数值，t 是独立估计参数的个数，n 为样本量。这些指数的值越小说明模型越简单并且拟合得越好，至于小到什么程度却没有明确的标准。可以在选择模型时选择一个指数，估计出每个模型在该指数上的值，然后选择该指数值最小的模型。

（三）其他方法

最后还有一种评价拟合的重要方法，它通过比较两个具有嵌套关系的模型，来决定所定义的两个模型中哪个较优。所谓嵌套关系，就是在两个模型中，其中一个模型是在另一个模型基础上加一定的限制得到的，一个模型的自由度是另一个模型自由度的一个子集。具体方法是运用似然比检验（likelihood ratio test）进行两个模型拟合程度的差异性检验，即通过两个模型拟合优度的卡方检验值的差值以及自由度的差值得到新的卡方统计量和新的自由度。如果差异检验显著，则说明限制参数后模型拟合明显变差，不建议增加这些参数限制。

另外，应该注意模型及拟合的评价并不完全是统计问题。即使一个模型拟合了数据，也不意味着模型“正确”或“最好”。首先，所有的参数估计都应该得到合理的解释，在合理的范围内取值。其次，应该考虑等价的模型，即对于不同的模型，模型拟合指数都同样好，这时应注意尽量选取简单的模型；最主要的是应该从理论上对模型做出合理的解释。

二、模型修正

如果模型不能很好地拟合数据，就需要对模型进行修正和再次设定。在这种情况下，研究者需要决定如何删除、增加和修改模型参数，通过模型修正可以提高模型的拟合程度。一旦重新设定模型，就需要重复以上所有步骤。一般情况下，一个拟合良好的模型需要反复进行上述步骤。另外，对于模型的选取应该遵循省俭原则。省俭原则是指当两个模型同样能较好地拟合数据时，应当选取其中比较简单的那个。模型的修正可以根据因素载荷值的大小，考虑删除载荷小的题目；考察有交叉载荷的题目，考虑删除；结合修正指数的情况，进行模型的修改。

（一）修正指数

具体来说，很多能够进行验证性因素分析的软件（如 Mplus）会提供修正指数（modification index），模型中没有估计的所有可能路径都有一个修正指数值。这是当模型与数据拟合得不好的时候，基于数据提出的一种改进模型拟合程度的方法。该值表示，如果估计这条路径，模型拟合的整体卡方值会减小的数值。

根据修正指数的定义，它不仅能提供限定为 0 的因素载荷的信息，还能提供因素之间、误差之间相关的信息。当修正指数大于 4 时，通常认为在模型中自由估计该路径能够显著提高模型的拟合程度。但是由于卡方值受到样本量的影响很大，因此在应用中修正指数的标准还需要结合实际情况确定。修正指数的确能够提供很重要的诊断信息，能够帮助研究者在不同时估计大量新模型的基础上，找到模型不拟合的可能原因。应当注意当样本量增大时，修正指数会偏大，因此在参考修正指数时还应当考虑样本量的情况。但是，我们不建议只根据修正指数来修正模型，因为这样会与验证性因素分析一开始的理论假设不一致。在修正模型时，还应当结合最初的理论建构考虑对修正模型的解释。一般情况下，根据修正指数删除一些不好的题目，是比较保守的做法。另外，参考修正指数进行模型修正之后，还应当重复前面的步骤，对修正前后模型的拟合程度进行比较。

（二）嵌套模型比较

如果对于两个模型，模型 B 估计的参数少于模型 A，并且模型 B 的所有自由参数是模型 A 内同类参数的一部分，就称模型 B 嵌套于模型 A。在路径图中，模型 B 的路径图可以通过从模型 A 的路径图中去掉部分路径得到。由于嵌套模型之间的卡方值和自由度可以直接相减，嵌套模型的拟合程度可以做统计检验上的比较。

具体来说，两个嵌套模型的卡方值和自由度的差值可以表示为：

$$\Delta\chi^2 = \chi^2_{\text{model B}} - \chi^2_{\text{model A}} \tag{8-24}$$

$$\Delta df = df_{\text{model B}} - df_{\text{model A}} \tag{8-25}$$

然后，可以对差值进行卡方检验（自由度为两个模型的自由度之差）。由于模型 B 限定了更多的参数，其卡方值和自由度一定会比模型 A 的更大。如果模型 B 的卡方值显著增大，说明限定条件不成立，拒绝模型 B 中参数的限定；反之，则说明模型 B 中的限定条件成立。需要注意，该方法一般适用于基于极大似然估计得到的模型拟合的卡方值，对于分类数据的估计方法，则需要对结果进行校正。另外，一些研究者证明，其他拟合指数也可以用于嵌套模型的比较（Meade，Johnson，& Braddy，2008）。例如，Cheung 和 Rensvold（2002）建议 CFI 差异的临界值为 0.01。

第六节　验证性因素分析模型的应用

一、效度检验

（一）结构效度

验证性因素分析的最大优点在于数学模型的灵活性。由于模型具有灵活性，因素分析方法得以进一步有效地应用于心理学研究中的许多实际问题。验证性因素分析对测验的一个重要贡献是把测验的结构效度具体化，通过数据与理论假设模型之间的吻合程度来表示一个测验结构效度的高低。结构效度就是指量表或测验题目能够真实地反映出潜在的理论结构的程度。如果量表或测验的结构效度高，说明量表或测验的题目能够反映真分数。假如总的来看，各项拟合指数都较好，说明测验具有较高的结构效度，反之，则说明测验工具有待进一步修订或理论构想有待进一步完善。

一般来说，要考察量表或测验的结构效度，除了参考模型的总体拟合程度，还应当考察观测变量（题目）是否具有较大的共同变异，是否共同测量了背后的潜变量。其中，因素载荷就是需要重点关注的指标。因素载荷越高，说明这些题目越能够测量一个共同的潜变量。另外，因素载荷都应该是显著的。然而，即使显著，因素载荷的数值也可能较小。因此，经验的法则是标准化的因素载荷应当高于 0.5，理想的情况是高于 0.7。

与探索性因素分析相同，对于标准化的因素载荷，其平方值（共同度）等于公共因素所解释的变异比例。因此，题目的因素载荷越高，其对潜变量的解释率就越大。在验证性因素分析中，还可以计算对某个因素的所有题目的共同度平均值，即平均变异解释比例。研究者可以计算所有潜变量的平均变异解释比例，对潜在变量被解释的程度做出评价。

(二)区分效度

区分效度是指不同的潜变量之间存在区别的程度。如果潜变量的区分效度高，则说明这个潜变量是独特的，包含其他潜变量不能测量的东西。在验证性因素分析的结构下，可以采用两种方式来评价潜变量的区分效度。

第一种方法是定义两个本来相关的潜变量的相关系数为 1，也就是将两个潜变量合并为一个，然后使用这个新的模型来拟合数据。如果原有模型的拟合程度显著高于新模型，则说明两个潜变量是不同的，不能合并，也就提供了区分效度的证据。但是在实践中，这种方法不能提供区分效度方面的有力证据，因为即使两个因素的相关系数很高（高于 0.9），也可能得到模型拟合差异检验显著的结果。

第二种方法是计算两个因素各自的平均变异解释比例，并分别与两个因素的标准化相关系数的平方相比较。如果平均变异解释比例高于标准化相关系数的平方，则说明潜变量的变异中，由测量本因素的题目解释的变异多于另一个潜变量能够解释的变异，也就是说具有较高的区分效度。反之，则不具有较高的区分效度。

此外，区分效度高还意味着每道题只能测量一个潜变量，交叉载荷的存在会降低区分效度。

二、信度检验

除了测验的效度，验证性因素分析提供的另一个重要参数是观测变量的信度。信度可以定义为公共因素与观测变量相关系数的平方，它表示在一个观测变量的总方差中，能够由公共因素解释的方差的比例。例如，对于任意一个观测变量 x_1，因为变量都已经中心化，模型中就不再包含截距。于是可以表示为 $x_1=\lambda_{11}\xi_1+\delta_1$，所以

$$\mathrm{Cov}(\xi_1,x_1)=\mathrm{Cov}(\xi_1,\lambda_{11}\xi_1+\delta_1)=\lambda_{11}\varphi_{11} \tag{8-26}$$

式中，$\mathrm{Cov}(\xi_1,x_1)$ 表示 ξ_1 和 x_1 的协方差，φ_{11} 表示 ξ_1 的方差。那么，ξ_1 和 x_1 的相关系数为：

$$\mathrm{Corr}(\xi_1,x_1)=\mathrm{Cov}(\xi_1,x_1)/(\sigma_{11}\sqrt{\varphi_{11}}) \tag{8-27}$$

式中，σ_{11} 表示 x_1 的标准差。根据信度的定义，观测变量 x_1 的信度为：

$$\mathrm{Rel}(x_1)=[\mathrm{Corr}(\xi_1,x_1)]^2=\frac{\lambda_{11}^2\varphi_{11}}{\sigma_{11}^2} \tag{8-28}$$

事实上，观测变量的误差中除了测量误差，往往还有系统误差存在（由特殊因素引起），所以得到的观测变量的信度仅仅是信度估计的下限。

在验证性因素分析中，还可以计算每个潜变量的合成信度（composite reliability，CR），它等于某个潜变量的所有观测变量的标准化载荷之和的平方，除以它与误差方差的总和。可以用下面的公式表示：

$$\mathrm{CR}=\frac{(\sum_{i=1}^{n}L_i)^2}{(\sum_{i=1}^{n}L_i)^2+(\sum_{i=1}^{n}V_i)} \tag{8-29}$$

式中，L_i表示题目 i 的标准化因素载荷，V_i表示误差项的方差，n 表示代表某个因素的题目数量。合成信度越高，说明这些题目之间的内部一致性越强，即意味着它们测量的是同一个潜变量。经验法则是，合成信度应当大于 0.6。

三、等价性检验

在应用量表进行测量时，当观测变量和潜在特质之间的关系在做比较的各个组之间等同时，就称该量表具备测量等价性。

测量等价性具有重要的意义。一方面，测量工具满足测量等价性的要求是进行组间差异比较的前提条件。仅仅看到测量的结果存在显著差异就下结论，可能会犯错误。显著差异可能是由两种情况造成的。第一种是组间差异确实是显著的。第二种是组间本来是没有差异的，只是因为量表不具备测量等价性，从而导致了差异的存在。要排除上述第二种可能性的存在，就需要证明量表具备测量等价性，使得组间比较是在同一个量纲上进行的。只有这样，组间比较才有意义。另一方面，测量等价性也是量表的一种特征。经典测验理论对量表的分析主要依靠信度和效度，其目的就是说明该量表的测量结果是可靠的、有效的。但要进行组间差异的比较，量表仅仅满足信度和效度的要求是不够的，因为这并不能说明组间差异的比较也是可靠的、有效的，也就是说其不一定具备测量等价性。因此，对于要应用于组间比较的量表，测量等价性检验也是量表质量分析的重要方面。

应用多组的验证性因素分析和模型比较的思想，可以逐步对测量等价性进行检验。一般来说，进行等价性检验需要依次建立以下几个嵌套模型。

模型 1：因素模式相同模型（configural model）。因素模式涉及模型包含的潜变量的数目以及哪些观测变量属于哪个潜变量。用于对比的组之间的因素模式相同是检验测量等价性的前提条件。在等价性检验中，因素模式相同模型通常作为基线模型，在此基础上进行其他嵌套模型的比较。应当注意的是，在等价性检验中，因素模式相同模型中所使用的因素结构，不仅对于总体，而且对于所比较的不同群体也应当具有较好的拟合度。

模型 2：因素载荷等价模型。该模型设定各组的观测变量与其对应的潜变量之间的因素载荷的值是相等的。也就是说，如果该模型成立，那么，来自不同组的个体在潜变量上的分数应该相等。这一步通常又称作弱等价性（weak invariance）或者度量不变性（metric invariance）验证。

模型 3：截距等价模型。该模型设定各组的观测变量的截距相等。这一步通常又称作强等价性（strong invariance）或者标量不变性（scalar invariance）验证。

模型 4：误差的方差-协方差矩阵等价模型。该模型的建立可以分为两步，其中一步是假定各组的误差方差相等，另一步是设定各组的误差协方差相等。

模型 5：潜变量的方差-协方差矩阵等价模型。该模型的建立也可以分为两步，其中一步是设定各组的潜变量方差相等，另一步是设定各组的潜变量协方差相等。

模型 6：潜变量均值等价模型。该模型的建立通常放在最后，类似于传统的组间差异检验。

在实际操作中，一般需要检验模型 1 和模型 2 是否满足。后面的检验可以根据实际应用中需要解决的问题来选择。模型 4 和模型 5 检验的顺序可以调整。另外，模型 6 的检验一般会放在最后进行。当确定检验的步骤之后，就要严格按照顺序进行。只有前面的条件经过检验并被证明成立时，才能进行下一个条件的检验。后续检验的模型都是在前一步模型成立的基础上限制某些参数而生成的嵌套模型。因此，可以采用模型比较的方法得到结论。具体来说，可以首先检验模型 1 能否良好拟合。在此条件下，限定不同组之间的因素载荷相等，得到模型 2 的估计结果。由于模型 2 嵌套于模型 1，就可以采用嵌套模型比较中的卡方差异检验的方法。如果得到的卡方差异值显著，则说明嵌套模型的拟合程度显著低于基线模型，可以认为嵌套模型不成立；反之，如果卡方差异值不显著，则说明嵌套模型成立。另外，由于卡方值受样本量影响较大，在实际中也可以参考其他拟合指数（如 CFI、TLI）的差异来进行等价性检验。

第七节　验证性因素分析应用案例及 Mplus 操作

一、数据介绍

该部分所举的例子来自一个韦氏智力量表数据，样本量为 175，一共有 11 个分测验，数据的前 11 列是被试在这 11 个分测验上的得分，都是连续变量。最后 3 列数据分别是被试编码、被试年龄（分类变量）、性别（分类变量：0 表示男性，1 表示女性）。数据可参见文件“8_1. dat”。

二、分析目的及设计

分析的目的是探索实际数据是否符合理论模型假设的结构。该数据的理论模型如图 8 - 6 所示。

这 11 个分测验（变量）一共测量了两个潜变量，第 1～6 个分测验（观测变量）测量第一个潜变量言语智力，第 7～11 个分测验（观测变量）测量第二个潜变量操作智力。这两个潜变量相关，每个观测变量都有误差项，误差之间不相关。

三、第一次验证性因素分析（模型 1）

（一）模型识别

在这个例子中，要估计的参数数量 $t=11$（因素载荷）$+11$（误差项方差）$+1$（两个因素的相关）$=23$。模型中已有的协方差矩阵的元素数 $=q(q+1)/2=11\times(11+1)/2=66$。由于 $23<66$，因此可以判断，这个模型是可识别的。

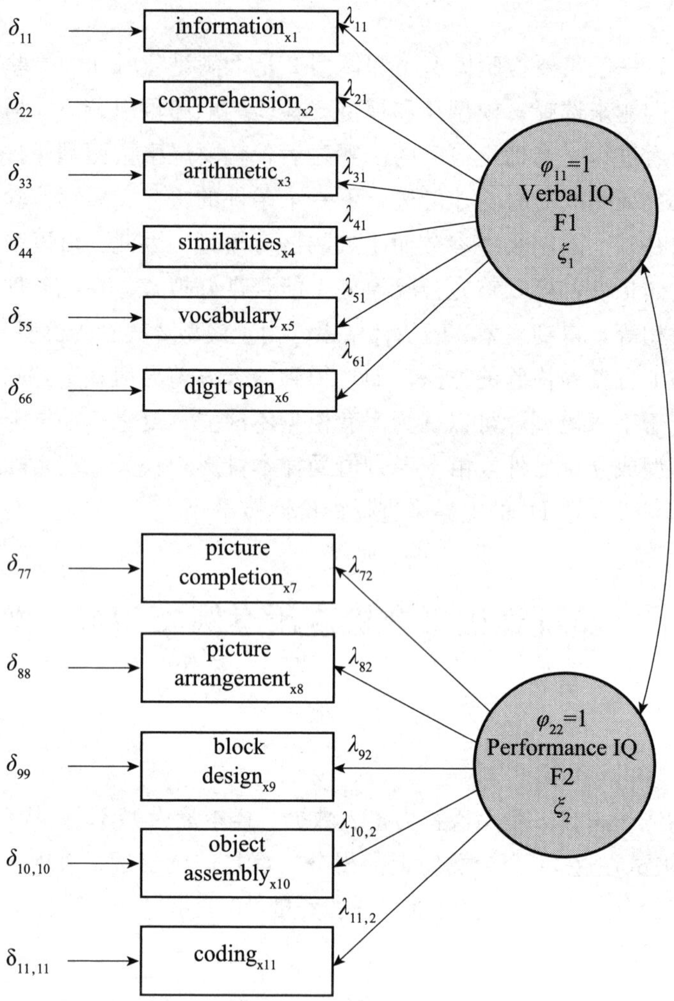

图 8-6　韦氏智力量表理论模型

（二）编写语句

第一次验证性因素分析的语句如下所示，具体可参见文件“8_1. inp”。

```
DATA: FILE IS 8_1. dat;
VARIABLE: NAMES ARE x1 - x14;
USEVARIABLES ARE x1 - x11;
MODEL:
  F1 by x1 - x6;
  F2 by x7 - x11;
OUTPUT:
  STANDARDIZED  MODINDICES (all 0);
```

第一行 DATA 表示读取的数据文件名称为 8_1. dat。注意，数据文件应当与语句文件放在同一文件夹内。

第二行 VARIABLE 定义了数据文件的变量，这里有 14 个变量，命名为 x1 - x14。

第三行 USEVARIABLES 定义了在此次分析中，所使用的变量是 x1－x11，即 11 个分测验上的被试得分。

第四到六行定义了模型。根据理论假设，第 1～6 个分测验（x1－x6）测量第一个潜变量（F1），第 7～11 个分测验（x7－x11）测量第二个潜变量（F2）。程序默认两个潜变量是相关的。

第七到八行定义了输出标准化的因素分析结果。MODINDICES（all 0）表示计算所有可能的路径的修正指数，并输出所有大于 0 的修正指数值。

（三）运行程序

打开 Mplus 程序，打开编写好的语句文件，点击“RUN”。

（四）读取结果

程序运行完成后，生成结果文件，打开读取结果。具体见文件“8_1. out”。

1. 输入语句部分和分析汇总部分

结果部分首先重复了输入的语句，并说明读取语句是正常的（INPUT READING TERMINATED NORMALLY）。

然后，分析汇总部分对样本量和变量的数量、因变量的类型、估计方法等进行了总结。

2. 模型拟合部分

模型拟合部分首先总结了自由估计的参数数量，注意这里的数量是 34，是因为在 Mplus 中还默认估计了每个观测变量的截距值，因此在原来 23 的基础上加上 11，等于 34。

然后，模型拟合部分提供了一些绝对拟合指数和相对拟合指数的结果，包括似然值、卡方值、AIC、BIC、RMSEA、CFI、TLI 等。

模型拟合结果部分示例如下。该模型的 RMSEA 为 0.061（<0.08），CFI 为 0.940，TLI 为 0.924，均大于 0.9，说明模型拟合得较好。

```
MODEL FIT INFORMATION
Number of Free Parameters                          34
Loglikelihood
          H0 Value                          －4491.822
          H1 Value                          －4456.502
Information Criteria
          Akaike（AIC）                       9051.643
          Bayesian（BIC）                     9159.246
          Sample-Size Adjusted BIC            9051.579
          (n＊＝(n＋2)/ 24)
Chi-Square Test of Model Fit
          Value                                70.640
```

Degrees of Freedom	43
P-Value	0.0050
RMSEA (Root Mean Square Error of Approximation)	
Estimate	0.061
90 Percent C. I.	0.033 0.085
Probability RMSEA<=.05	0.233
CFI/TLI	
CFI	0.940
TLI	0.924
Chi-Square Test of Model Fit for the Baseline Model	
Value	519.204
Degrees of Freedom	55
P-Value	0.0000
SRMR (Standardized Root Mean Square Residual)	
Value	0.054

3. 模型原始估计结果

模型原始估计结果部分给出了原始的参数估计结果，包括因素载荷、两个潜变量的相关、截距、潜变量的方差和误差方差的估计值、标准误、估计值与标准误的比值，以及统计显著性检验结果。注意，程序默认采用固定因素载荷为1的方法设定潜变量的量尺，因此在原始结果中，每个潜变量的第一个观测变量的因素载荷为1。

下面就是原始估计结果的示例。

MODEL RESULTS

		Estimate	S. E.	Est. /S. E.	Two-Tailed P-Value
F1	BY				
	X1	1.000	0.000	999.000	999.000
	X2	0.926	0.112	8.272	0.000
	X3	0.589	0.083	7.114	0.000
	X4	1.012	0.118	8.582	0.000
	X5	1.020	0.104	9.762	0.000
	X6	0.477	0.099	4.843	0.000
F2	BY				
	X7	1.000	0.000	999.000	999.000
	X8	0.719	0.160	4.491	0.000
	X9	1.060	0.196	5.418	0.000
	X10	0.921	0.175	5.252	0.000
	X11	0.119	0.150	0.793	0.428
F2	WITH				
	F1	2.263	0.528	4.287	0.000
Intercepts					
	X1	9.497	0.220	43.264	0.000

X2	10.000	0.224	44.740	0.000
X3	9.000	0.174	51.758	0.000
X4	10.611	0.240	44.220	0.000
X5	10.703	0.221	48.417	0.000
X6	8.731	0.204	42.837	0.000
X7	10.680	0.221	48.288	0.000
X8	10.371	0.200	51.734	0.000
X9	10.314	0.204	50.497	0.000
X10	10.903	0.214	50.860	0.000
X11	8.549	0.216	39.487	0.000
Variances				
F1	4.867	0.888	5.479	0.000
F2	3.035	0.858	3.538	0.000
Residual Variances				
X1	3.566	0.517	6.901	0.000
X2	4.572	0.595	7.687	0.000
X3	3.602	0.422	8.535	0.000
X4	5.096	0.666	7.648	0.000
X5	3.487	0.507	6.871	0.000
X6	6.162	0.681	9.050	0.000
X7	5.526	0.772	7.158	0.000
X8	5.463	0.659	8.291	0.000
X9	3.894	0.652	5.976	0.000
X10	5.467	0.720	7.597	0.000
X11	8.159	0.874	9.334	0.000

4. 标准化的估计结果

标准化的估计结果分为三部分：第一部分 STDYX Standardization 是用连续潜变量、背景变量（即协变量或外生变量）和结果变量（即观测变量或因变量）的方差同时进行标准化的结果，因素载荷通常小于 1；第二部分 STDY Standardization 是用连续潜变量和结果变量的方差进行标准化的结果；第三部分 STD Standardization 是用连续潜变量的方差进行标准化的结果，由于潜变量的方差小于 1，因素载荷通常大于 1。每部分结果的结构与原始结果的结构相同，都包括因素载荷、两个潜变量的相关系数、截距、潜变量的方差和误差方差。在文献报告中，一般都是报告 STDYX Standardization 的结果。

下面是 STDYX Standardization 结果的示例。

STANDARDIZED MODEL RESULTS

STDYX Standardization

		Estimate	S. E.	Est. /S. E.	Two-Tailed P-Value
F1	BY				
	X1	0.760	0.042	18.095	0.000
	X2	0.691	0.048	14.245	0.000

X3	0.565	0.059	9.578	0.000
X4	0.703	0.047	15.011	0.000
X5	0.770	0.040	19.035	0.000
X6	0.390	0.071	5.507	0.000
F2 BY				
X7	0.595	0.069	8.632	0.000
X8	0.473	0.075	6.342	0.000
X9	0.683	0.064	10.603	0.000
X10	0.566	0.069	8.194	0.000
X11	0.072	0.090	0.807	0.420
F2 WITH				
F1	0.589	0.077	7.628	0.000
Intercepts				
X1	3.270	0.190	17.172	0.000
X2	3.382	0.196	17.260	0.000
X3	3.913	0.222	17.594	0.000
X4	3.343	0.194	17.230	0.000
X5	3.660	0.210	17.451	0.000
X6	3.238	0.189	17.144	0.000
X7	3.650	0.209	17.445	0.000
X8	3.911	0.222	17.593	0.000
X9	3.817	0.218	17.543	0.000
X10	3.845	0.219	17.558	0.000
X11	2.985	0.177	16.907	0.000
Variances				
F1	1.000	0.000	999.000	999.000
F2	1.000	0.000	999.000	999.000
Residual Variances				
X1	0.423	0.064	6.628	0.000
X2	0.523	0.067	7.810	0.000
X3	0.681	0.067	10.208	0.000
X4	0.506	0.066	7.677	0.000
X5	0.408	0.062	6.553	0.000
X6	0.848	0.055	15.311	0.000
X7	0.646	0.082	7.859	0.000
X8	0.777	0.070	11.029	0.000
X9	0.533	0.088	6.059	0.000
X10	0.680	0.078	8.699	0.000
X11	0.995	0.013	76.907	0.000

从结果中可以看出，分测验 x11 在潜变量 F2 上的标准化因素载荷仅为 0.072，数值很小，且没有达到显著性水平。

5. R^2结果

验证性因素分析模型将观测变量的方差分解为潜变量的方差和误差方差两部分，潜变量解释的部分越大，表示测验题目的信度越高；反之，测验题目的信度越低。R^2结果即为每道题目的标准化因素载荷的平方，它也描述了题目信度的高低。与前面类似，Mplus 会提供 R^2 的估计值、标准误、估计值与标准误的比值，以及统计显著性检验结果。

下面是 R^2结果的示例。

R-SQUARE

Observed Variable	Estimate	S. E.	Est. /S. E.	Two-Tailed P-Value
X1	0.577	0.064	9.048	0.000
X2	0.477	0.067	7.123	0.000
X3	0.319	0.067	4.789	0.000
X4	0.494	0.066	7.506	0.000
X5	0.592	0.062	9.518	0.000
X6	0.152	0.055	2.754	0.006
X7	0.354	0.082	4.316	0.000
X8	0.223	0.070	3.171	0.002
X9	0.467	0.088	5.302	0.000
X10	0.320	0.078	4.097	0.000
X11	0.005	0.013	0.404	0.686

最后，将第一次验证性因素分析得到的参数估计结果进行汇总，如图 8－7 所示，图中只显示了显著的因素载荷结果。

6. 修正指数结果

修正指数结果部分呈现了所有可能路径的修正指数值（M. I. ）、自由估计该参数时可能的估计值（E. P. C）、使用连续潜变量的方差标准化的估计值（Std E. P. C. ）以及使用连续潜变量、背景变量和结果变量（就是潜变量和观测变量）的方差进行标准化的估计值（StdYX E. P. C. ）。示例如下：

M. I.　E. P. C.　Std E. P. C.　StdYX E. P. C.

ON/BY Statements

F2　BY X2　9.825　0.538　0.937　0.317

通过观察修正指数的结果，可发现上述这个路径的修正指数相对较大，即第 2 个分测验（x2）可能测量了操作智力（F2）这个因素。因此考虑加入这个路径，对模型进行修正。

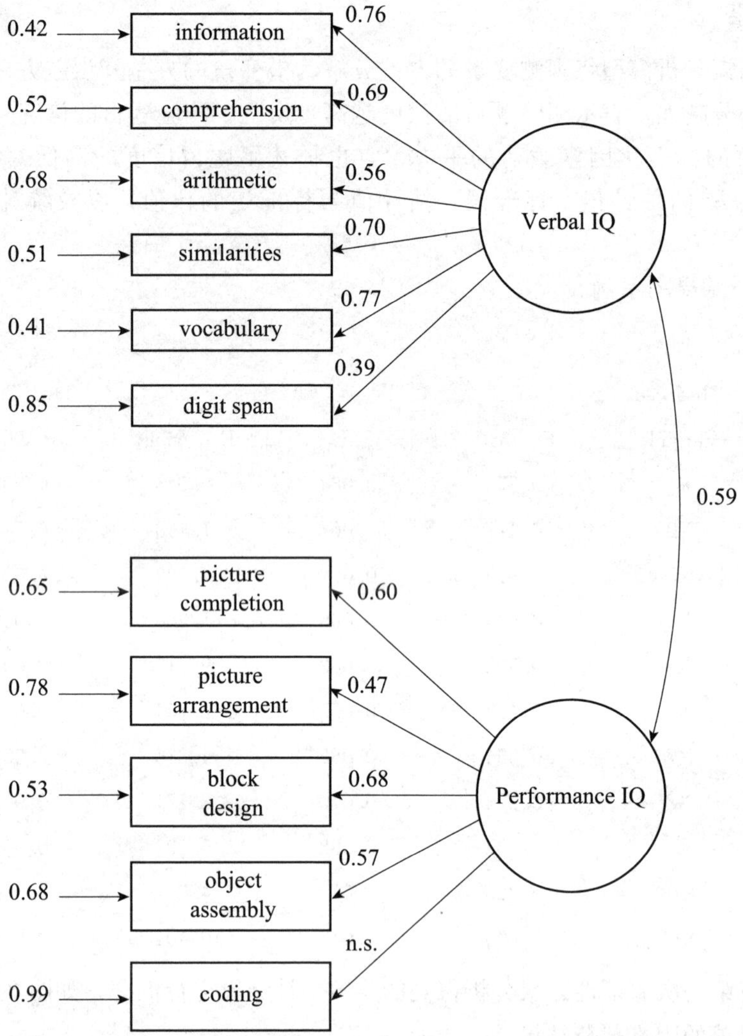

图 8-7　韦氏智力量表第一次验证性因素分析结果

四、修正后的第二次验证性因素分析（模型 2）

（一）编写语句

文件“8_2. inp”中是加入 F2→x2 路径后的验证性因素分析语句。可以发现，和之前的区别在于，在模型定义中 F2 的结构变为 F2 by x2 x7 - x11，即加入了 x2。

（二）运行程序

打开 Mplus 程序，打开编写好的语句文件，点击“RUN”。

（三）读取结果

程序运行完成后，生成结果文件，打开读取结果。具体见文件“8_2. out”。

结果部分的结构与之前相同。

对这两个验证性因素分析结果的拟合指数进行总结，如表 8-3 所示。

表 8-3 韦氏智力量表数据第一、二次验证性因素分析拟合指数

	χ^2	df	χ^2/df	RMSEA	AIC	BIC	CFI	TLI
模型 1	70.640	43	1.64	0.061	9 051.643	9 159.246	0.940	0.924
模型 2	60.642	42	1.44	0.050	9 043.645	9 154.413	0.960	0.947

模型 2 是在模型 1 的基础上增加了参数，因此这两个模型呈嵌套关系，可以进行拟合程度比较。从表中可以得到两个模型卡方值的差值为 9.998，自由度的差值为 1，查卡方分布表可知差异是显著的。另外，模型 2 在其他拟合指数（RMSEA、AIC、BIC、CFI、TLI）上的结果也要优于模型 1。因此认为模型 2 显著优于模型 1。

然后，进一步考察模型中标准化的参数估计结果。x11 在因素 F2 上的标准化载荷结果如下：

```
STANDARDIZED MODEL RESULTS
STDYX Standardization

                                                        Two-Tailed
                    Estimate      S. E.    Est. /S. E.    P-Value
 F2        BY
     X11              0.070       0.089       0.788        0.431
```

可以发现，x11 的因素载荷是不显著的，并且值非常小，只有 0.070。可以认为 x11 几乎没能测量到 F2 这个因素。第 11 个分测验测量的是编码能力（coding），可能和操作智力的关系不大。因此，考虑在下一步的分析中删除第 11 个分测验。

五、修正后的第三次验证性因素分析（模型 3）

（一）编写语句

文件“8_3.inp”中是删除 x11 后的验证性因素分析语句。可以发现，和之前的区别在于，首先在所使用的变量中，去掉了 x11 这个变量（USEVARIABLES ARE x1 - x10），其次在模型定义中删除了与 x11 有关的路径（F2 by x2 x7 - x10）。

（二）运行程序

打开 Mplus 程序，打开编写好的语句文件，点击“RUN”。

（三）读取结果

程序运行完成后，生成结果文件，打开读取结果。具体见文件“8_3.out”。

结果部分的结构与之前相同。

首先看拟合结果部分。模型 2 和模型 3 的拟合结果总结如表 8－4 所示。

表 8－4　韦氏智力量表数据第二、三次验证性因素分析拟合指数

	χ^2	df	χ^2/df	RMSEA	AIC	BIC	CFI	TLI
模型 2	60.642	42	1.44	0.050	9 043.645	9 154.413	0.960	0.947
模型 3	45.276	33	1.37	0.046	8 173.368	8 274.642	0.973	0.963

因为这两个模型包含的变量不同，不具有嵌套关系，所以参考其他拟合指数（RMSEA、AIC、BIC、CFI、TLI），得到模型 3 的拟合程度优于模型 2。

因此，最后建议选择模型 3 作为最终的模型。模型估计得到的结果总结如图 8－8 所示。可以发现，观测变量有 x1～x10，共 10 个分测验，其中，分测验 x1～x6 测量言语智力，分测验 x7～x10 测量操作智力，另外分测验 x2（理解）也测量操作智力。

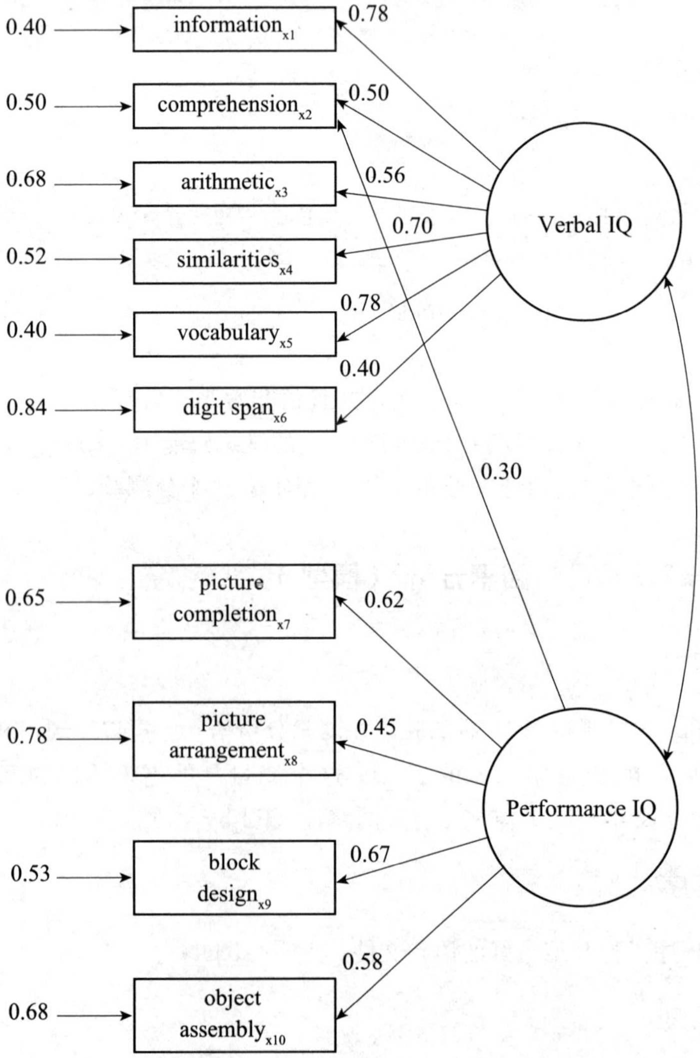

图 8－8　韦氏智力量表数据的修正后模型

第八节 等价性检验应用案例及 Mplus 操作

一、数据介绍

该部分案例数据与第七节中的相同，参见文件“8_1. dat”。

二、分析目的及设计

分析的目的是使用第七节中的数据以及验证性因素分析最终确定的模型（具体见图 8－8），对男生和女生的测验等价性进行检验。

三、不同性别分别拟合的模型

在等价性检验之前，首先需要看模型是否对不同性别组都有较好的拟合结果。以男生组为例，估计语句如下所示，具体可参见文件“8_4. inp”。

```
DATA: FILE IS 8_1. dat;
VARIABLE:
  NAMES ARE x1 - x13 gender;
  USEOBSERVATIONS ARE gender EQ 0; ! 0==male
  USEVARIABLES ARE x1 - x10;
    MODEL:
F1 by
  x1@1
  x2 - x6;
  F2 by
  x7@1
  x2
  x8 - x10;
[x1 - x10 * ];
x1 - x10 * ;
F1 - F2 * ;
F1 with F2 * ;
[F1 - F2@0];
OUTPUT:
MODINDICES (all 0) STANDARDIZED RESIDUAL;
```

DATA 语句表示所用到的数据文件是 8_1. dat。VARIABLE 语句中，NAMES ARE

x1 - x13 gender 表示数据文件中的变量名分别是 x1 - x13 和 gender（性别）；USEOBSERVATIONS ARE gender EQ 0 表示使用 gender 这一变量的值为 0（即男生）的数据进行估计；USEVARIABLES ARE x1 - x10 表示所用到的变量有 x1 - x10。关于模型定义（MODEL）部分的设定与第七节中类似。具体来说，F1 by x1@1 和 F2 by x7@1 表示对每个潜变量的第一个观测变量固定因素载荷为 1，也可以选择自由估计载荷、将潜变量方差固定为 1 的方式。[x1 - x10 *] 表示自由估计观测变量的截距；x1 - x10 * 表示自由估计观测变量的误差方差；F1 - F2 * 表示自由估计潜变量的方差；[F1 - F2@0] 表示将潜变量的均值限定为 0。注意，在 Mplus 的语句中，* 表示自由估计，@表示固定为@后面的数值。

类似地，文件“8_5. inp”是对女生组进行估计的语句。

从模型最后的拟合结果可以看出，男生组 RMSEA＝0.081，CFI＝0.910，TLI＝0.877（参见文件“8_4. out”），女生组 RMSEA＝0.000，CFI＝1.000，TLI＝1.030（参见文件“8_5. out”），两组模型都拟合得较好。

四、因素模式相同模型 （模型 1）

因素模式相同模型的估计语句如下所示，也可参见文件“8_6. inp”。

```
DATA：FILE IS 8_1. dat；
VARIABLE：
  NAMES ARE x1 - x13 gender；
  USEVARIABLES ARE x1 - x10 gender；
  GROUPING IS gender（0＝M 1＝F）；
  MODEL：
F1 by
  x1@1（L1）
  x2 - x6（L2 - L6）；
  F2 by
  x7@1（L7）
  x2（L2F2）
  x8 - x10（L8 - L10）；
[x1 - x10 *]（I1—I10）；
x1 - x10 *（E1 - E10）；
F1 - F2 *；
F1 with F2 *（FCOV12）；
[F1 - F2@0]；
MODEL M：
F1 by
  x1@1
  x2 - x6 *；
  F2 by
```

```
  x7@1
  x2 *
  x8 - x10 * ;
  [x1 - x10 * ];
  x1 - x10 * ;
F1 - F2 * ;
F1 with F2 * ;
[F1 - F2@0];
  OUTPUT:
MODINDICES (all 0) STANDARDIZED RESIDUAL;
```

这里和“8_4.inp”的区别主要有：USEVARIABLES ARE x1 - x10 gender 表示所用到的变量有 x1 - x10 和 gender；GROUPING IS gender（0=M 1=F）表示分组变量是 gender，其中 0 表示男生（M），1 表示女生（F）。MODEL 语句首先定义了总体模型。

在总体模型定义的 MODEL 部分，一些参数后面的圆括号表示对括号前的参数进行标记，标记的标签就是括号内的字符。在本例的 MODEL 语句中，L1、L2 - L6、L7、L2F2、L8 - L10 是对因素载荷进行的标记，I1 - I10 是对观测变量的截距进行的标记，E1 - E10 是对观测变量的误差进行的标记，FCOV12 是对潜变量的协方差进行的标记。在 Mplus 中，如果两个参数具有相同的标记，那么在估计时，会将这两个参数限定为相等。因此，这里的标记是为了便于后面在男生组模型中将参数限定为相等。

MODEL M 定义了男生组的模型，可以看到男生组的模型与总体模型的因素模式相同，但数值并未限定相等（没有任何参数标记）。OUTPUT 语句中要求输出所有的修正指数[MODINDICES（all 0）]、标准化的估计结果（STANDARDIZED）和误差（RESIDUAL）。

从模型最后的拟合结果（参见文件“8_6.out”）可以看出，RMSEA=0.048，CFI=0.971，TLI=0.961，模型拟合得较好。因此，该模型可以作为基线模型，用于检验其他等价性条件是否满足。

五、因素载荷等价模型（模型 2）

因素载荷等价模型的估计语句具体可参见文件“8_7.inp”。

与上一个模型估计语句的区别在于模型部分，具体如下所示。

```
  MODEL:
F1 by
  x1 * (L1)
  x2 - x6 * (L2 - L6);
  F2 by
  x7 * (L7)
  x2 * (L2F2)
  x8 - x10 * (L8 - L10);
[x1 - x10 * ] (I1 - I10);
```

```
x1 - x10 * (E1 - E10);
F1 - F2@1;
F1 with F2 * (FCOV12);
[F1 - F2@0];
MODEL M:
F1 by
  x1 * (L1)
  x2 - x6 * (L2 - L6);
  F2 by
  x7 * (L7)
  x2 * (L2F2)
  x8 - x10 * (L8 - L10);
  [x1 - x10 *];
  x1 - x10 *;
F1 - F2 *;
F1 with F2 *;
[F1 - F2@0];
```

可以看到，在总体模型部分（MODEL）去掉了每个潜变量对第一个观测变量因素载荷固定为1的限制，代之以固定每个潜变量的方差为1（F1 - F2@1）。对于男生组模型（MODEL M），固定两组的因素载荷相等，即在相应的因素载荷后面加上相同的字符标记（L1、L2 - L6、L7、L2F2、L8 - L10）。另外，在男生组模型中，因素载荷的值已经固定，因此需要释放潜变量的方差，使其自由估计（F1 - F2 *）。

结果参见文件“8_7.out”。在得到估计结果后，由于模型2嵌套于模型1，可以使用嵌套模型的比较方法。两个模型的卡方差值 $\Delta\chi^2=7.168$，自由度差值为9，$\Delta\chi^2/\Delta df=0.796$，$p>0.05$。在这里，两个模型的卡方差值服从自由度为两个模型自由度差值的卡方分布，因此，可以通过查卡方值表的方法与临界值比较。卡方差异检验不显著，因此可以接受较为简单的模型2，即认为不同性别之间满足因素载荷等价条件。

六、截距等价模型（模型3）

截距等价模型的估计语句具体可参见文件“8_8.inp”。

与上一个模型估计语句的区别在于模型部分，具体如下所示。

```
  MODEL:
F1 by
  x1 * (L1)
  x2 - x6 * (L2 - L6);
  F2 by
  x7 * (L7)
  x2 * (L2F2)
```

```
  x8 - x10 * (L8 - L10);
[x1 - x10 * ] (I1 - I10);
x1 - x10 * (E1 - E10);
F1 - F2@1;
F1 with F2 * (FCOV12);
[F1 - F2@0];
MODEL M:
F1 by
  x1 * (L1)
  x2 - x6 * (L2 - L6);
  F2 by
  x7 * (L7)
  x2 * (L2F2)
  x8 - x10 * (L8 - L10);
  [x1 - x10 * ] (I1 - I10);
  x1 - x10 * ;
F1 - F2 * ;
F1 with F2 * ;
[F1 - F2 * ];
```

可以看到，对于男生组模型（MODEL M），在固定两组的因素载荷相等基础上，固定两组的截距相等，即在相应的观测变量截距后面写上相同的字符标记（I1 - I10）。由于加入了截距相等的限制，此时对于男生组模型的潜变量的均值，应当进行自由估计（F1 - F2 * ）。

结果参见文件“8_8. out”。可以发现，模型 3 嵌套于模型 2，两个模型的卡方差值 $\Delta\chi^2=3.390$，自由度差值为 8，$\Delta\chi^2/\Delta df=0.424$，$p>0.05$。因此卡方差异检验不显著，可以接受较为简单的模型 3，即认为不同性别之间满足截距等价条件。

七、误差方差等价模型 （模型 4）

误差方差等价模型的估计语句具体可参见文件“8_9. inp”。

与上一个模型估计语句的区别在于模型部分，具体如下所示。

```
  MODEL:
F1 by
  x1 * (L1)
  x2 - x6 * (L2 - L6);
  F2 by
  x7 * (L7)
  x2 * (L2F2)
  x8 - x10 * (L8 - L10);
[x1 - x10 * ] (I1 - I10);
```

```
x1 - x10 * (E1 - E10);
F1 - F2@1;
F1 with F2 * (FCOV12);
[F1 - F2@0];
MODEL M:
F1 by
  x1 * (L1)
  x2 - x6 * (L2 - L6);
  F2 by
  x7 * (L7)
  x2 * (L2F2)
  x8 - x10 * (L8 - L10);
  [x1 - x10 * ] (I1 - I10);
x1 - x10 * (E1 - E10);
F1 - F2 * ;
F1 with F2 * ;
[F1 - F2 * ];
```

可以看到，对于男生组模型（MODEL M），在固定两组的因素载荷相等、截距相等的基础上，固定两组的观测变量误差方差相等，即在相应的观测变量误差方差后面写上相同的字符标记（E1 - E10）。

结果参见文件“8_9. out”。由于模型 4 嵌套于模型 3，可以使用嵌套模型的比较方法。两个模型的卡方差值 $\Delta\chi^2=5.125$，自由度差值为 10，$\Delta\chi^2/\Delta df=0.513$，$p>0.05$。因此卡方差异检验不显著，可以接受较为简单的模型 4，即认为不同性别之间满足误差方差等价条件。

由于基线模型没有误差之间的相关，本例不检验误差协方差等价性。

八、潜变量方差等价模型 （模型 5）

潜变量方差等价模型的估计语句具体可参见文件“8_10. inp”。

与上一个模型估计语句的区别在于模型部分，具体如下所示。

```
  MODEL:
F1 by
  x1 * (L1)
  x2 - x6 * (L2 - L6);
  F2 by
  x7 * (L7)
  x2 * (L2F2)
  x8 - x10 * (L8 - L10);
[x1 - x10 * ] (I1 - I10);
x1 - x10 * (E1 - E10);
```

```
F1 - F2@1;
F1 with F2 * (FCOV12);
[F1 - F2@0];
MODEL M:
F1 by
  x1 * (L1)
  x2 - x6 * (L2 - L6);
  F2 by
  x7 * (L7)
  x2 * (L2F2)
  x8 - x10 * (L8 - L10);
  [x1 - x10 * ] (I1 - I10);
x1 - x10 * (E1 - E10);
F1 - F2@1;
F1 with F2 * ;
[F1 - F2 * ];
```

可以看到，对于男生组模型（MODEL M），在固定两组的因素载荷相等、截距相等、误差方差相等的基础上，固定两组的潜变量方差相等，即与总体模型相同，固定两个潜变量方差为 1（F1 - F2@1）。

结果参见文件“8_10. out”。由于模型 5 嵌套于模型 4，可以使用嵌套模型的比较方法。两个模型的卡方差值 $\Delta\chi^2=3.319$，自由度差值为 2，$\Delta\chi^2/\Delta df=1.660$，$p>0.05$。因此卡方差异检验不显著，可以接受较为简单的模型 5，即认为不同性别之间满足潜变量方差等价条件。

九、潜变量协方差等价模型（模型 6）

潜变量协方差等价模型的估计语句具体可参见文件“8_11. inp”。

与上一个模型估计语句的区别在于模型部分，具体如下所示。

```
  MODEL:
F1 by
  x1 * (L1)
  x2 - x6 * (L2 - L6);
  F2 by
  x7 * (L7)
  x2 * (L2F2)
  x8 - x10 * (L8 - L10);
[x1 - x10 * ] (I1 - I10);
x1 - x10 * (E1 - E10);
F1 - F2@1;
F1 with F2 * (FCOV12);
```

```
[F1 - F2@0];
MODEL M:
F1 by
  x1 * (L1)
  x2 - x6 * (L2 - L6);
  F2 by
  x7 * (L7)
  x2 * (L2F2)
  x8 - x10 * (L8 - L10);
  [x1 - x10 * ] (I1 - I10);
x1 - x10 * (E1 - E10);
F1 - F2@1;
F1 with F2 * (FCOV12);
[F1 - F2 * ];
```

可以看到，对于男生组模型（MODEL M），在固定两组的因素载荷相等、截距相等、误差方差相等、潜变量方差相等的基础上，固定潜变量的协方差相等，由于在上一步中，潜在变量的方差已经相等，只需在潜变量的相关系数后面写上相同的字符标记（FCOV12）。

结果参见文件“8_11. out”。与模型5相比，两个模型的卡方差值 $\Delta\chi^2=1.056$，自由度差值为1，$\Delta\chi^2/\Delta df=1.056$，$p>0.05$。因此卡方差异检验不显著，可以接受较为简单的模型6，即认为不同性别之间满足潜变量协方差等价条件。

十、潜变量均值等价模型（模型7）

潜变量均值等价模型的估计语句具体可参见文件“8_12. inp”。

与上一个模型估计语句的区别在于模型部分，具体如下所示。

```
  MODEL:
F1 by
  x1 * (L1)
  x2 - x6 * (L2 - L6);
  F2 by
  x7 * (L7)
  x2 * (L2F2)
  x8 - x10 * (L8 - L10);
[x1 - x10 * ] (I1 - I10);
x1 - x10 * (E1 - E10);
F1 - F2@1;
F1 with F2 * (FCOV12);
[F1 - F2@0];
MODEL M:
F1 by
```

```
    x1 * (L1)
    x2 - x6 * (L2 - L6);
    F2 by
    x7 * (L7)
    x2 * (L2F2)
    x8 - x10 * (L8 - L10);
    [x1 - x10 * ] (I1 - I10);
  x1 - x10 * (E1 - E10);
  F1 - F2@1;
  F1 with F2 * (FCOV12);
  [F1 - F2@0];
```

可以看到，对于男生组模型（MODEL M），在固定两组的因素载荷相等、截距相等、误差方差相等、潜变量方差协方差相等的基础上，固定两组的潜变量均值相等，即与总体模型相同，固定两个潜变量均值为 0（F1 - F2@0）。

结果参见文件“8_12. out”。与模型 6 相比，两个模型的卡方差值 $\Delta\chi^2=0.590$，自由度差值为 2，$\Delta\chi^2/\Delta df=0.295$，$p>0.05$。因此卡方差异检验不显著，可以接受较为简单的模型 7，即认为不同性别之间满足潜变量均值等价条件。

至此，关于不同性别的等价性检验已经全部完成。等价性检验各步骤的比较结果的总结如表 8 - 5 所示。

表 8 - 5　等价性检验各步骤拟合指数比较结果总结

模型	χ^2	df	$\Delta\chi^2$	Δdf	$\Delta\chi^2/\Delta$df	p
因素模式相同模型	79.129	66				
因素载荷等价模型	86.297	75	7.168	9	0.796	0.620
截距等价模型	89.687	83	3.390	8	0.424	0.908
误差方差等价模型	94.812	93	5.125	10	0.513	0.883
潜变量方差等价模型	98.131	95	3.319	2	1.660	0.190
潜变量协方差等价模型	99.187	96	1.056	1	1.056	0.304
潜变量均值等价模型	99.777	98	0.590	2	0.295	0.745

关键术语

验证性因素分析　潜变量　观测变量　T 准则　三指标准则
二指标准则　因素模式相同模型　因素载荷等价模型

本章要点

1. 验证性因素分析是在探索性因素分析的基础上发展起来的，它是对已有的理论模型与数据拟合程度的一种验证，所以在进行验证性因素分析时必须明确指出公共因素的个数、观测变量的个数、观测变量和公共因素之间的关系、观测变量和特殊因素之间的关系，以及特殊因素之间的关系。

2. 验证性因素分析模型识别的必要条件是满足T准则，即模型中自由参数的个数不能超过协方差矩阵的元素数；充分条件包括满足三指标准则和二指标准则等。

3. 在进行验证性因素分析前需要固定潜变量的量尺。固定潜变量量尺的方法有两种：一是对每个潜变量，固定一条路径的因素载荷为1；二是固定潜变量的方差为1。

4. 可以通过拟合指数来评价一个模型与数据的拟合程度。拟合指数是反映由实际数据衍生的样本的期望协方差矩阵 $\boldsymbol{E}$ 与样本实际的协方差矩阵 $\boldsymbol{S}$ 差异的一个总的指标。

5. 如果模型不能很好地拟合数据，就需要对模型进行修正和再次设定。在这种情况下，研究者需要决定如何删除、增加和修改模型参数，通过模型修正可以提高模型的拟合程度。模型的修正可以根据因素载荷值的大小，考虑删除载荷小的题目；考察有交叉载荷的题目，考虑删除；结合修正指数的情况，进行模型的修改。

6. 应用多组的验证性因素分析和模型比较的思想，可以逐步对测量等价性进行检验。一般来说，进行等价性检验需要依次建立因素模式相同模型、因素载荷等价模型、截距等价模型、误差方差等价模型、潜变量方差等价模型、潜变量均值等价模型。

第九章
路径分析

【核心要点】

1. 了解验证多个变量两两之间因果假设的方法和步骤，掌握路径分析的基本原理和目的。

2. 了解路径分析模型的类型，以及它们各自在应用中的特点和需要注意的事项。

3. 学习路径分析中模型识别、评价和修正的基本原理和方法。

4. 学习对路径分析结果进行效应分解、解释和推论的方法。

5. 掌握应用 Mplus 软件实现路径分析的过程。

第一节　路径分析的一般目的和描述

科学的最终目的在于揭示事物的内在规律，因果关系是事物内在规律的一种基本形式，因此，了解事物间的因果关系也成为科学研究的主要任务之一。随着方法学的不断发展，因果关系的研究方法在不断地发展、更新，路径分析（path analysis）或因果模型（causal model）便是在因果关系的研究方法不断更新的过程中产生的一种统计方法。

路径分析的目的在于解释一组变量之间的相关关系，以及它们之间如何相互影响。20 世纪 20 年代，遗传学家休厄尔·赖特为分解不同因素对代际遗传的影响作用，发展出了路径分析技术。直到 20 世纪 60 年代，这种分解变量之间影响作用的思想才被引入社会科学领域。休厄尔·赖特在 1921 年的一份报告中强调：“这种方法并不是要从相关系数值中推导出因果关系，这种工作也是不可能的。它是将相关的定量信息与因果关系的定性信息结合起来，对变量间的关系进行量化的解释。”从这段话中可以看出：第一，相关关系不等于因果关系，相关关系蕴含了因果关系；第二，路径分析是一种“证实性技术”，而不是探索性技术。“证实性技术”的含义在于研究人员在量化分析之前需要对变量间的因果关系做一个假定，然后通过路径分析来验证这个假定是否合理，而不是通过它来寻找和发现因果关系。

路径分析是一种将观测变量间的关系以模型化的方式进行分析的统计技术。事物之间的联系是复杂多样的，如果两个变量之间存在简单的相互关系，则这两个变量之间就存在一个简单的相关系数。比如，我们知道家庭社会经济地位（social economic status，SES）与孩子的智商（IQ）相关，因此，SES 与 IQ 之间存在一个简单的相关系数。但是如果根据理论，或者有证据表明，这两个变量之间之所以存在关系是因为一些其他变量同时在起作用，比如有理论认为 SES 通过影响孩子的受教育程度、孩子的营养水平、父母与孩子相处的时间等间接影响到孩子的 IQ，那么，在考察 SES 与 IQ 之间关系时再考虑到这些变量，就会形成一种复杂的因果结构。为进一步考察这种复杂的因果结构，就需要运用路径分析。结合研究者所提出的特定假设模型和假设检验，通过适当的程序和分析，就可以把 SES 与 IQ 之间的简单因果关系分解为不同因果链条上的作用。通过路径分析，可以对整个模型中变量间的因果关系进行更为具体深入的理解和解释。

有关因果关系的论证，一直以来都是一个具有争议的议题。Meehl 和 Waller（2002）指出，虽然路径分析可以检验因果关系是否存在，但是对于谁是因谁是果，却需要更为严谨的检验。路径分析无疑是一套检验因果关系的有力工具，但是如果把某个研究的分析结果视为特定变量因果关系的唯一证据，而没有多方的检验，将有可能导致有偏差的结论。因此正确学习与应用路径分析非常重要。

第二节　路径分析主要解决的问题

在探讨路径分析之前，首先需要回顾一下多元回归分析。多元回归分析把众多自变量放在同一个位置来看待一组自变量整体对一个因变量的解释或者预测作用，并不能分析和评价各个自变量间复杂具体的关系。由于多元回归技术在解释多个自变量之间关系上存在这种局限性，在众多学者的努力下，路径分析就在多元回归分析基础上逐渐发展起来。它沿用了多元回归分析的假设及参数估计方法。另外，通过多元回归分析与路径分析的比较，我们也能够更清楚地看到路径分析的优势所在。

一、多元回归分析的局限性

多元回归分析是分析一个因变量与多个自变量之间线性关系的一种统计方法。这种统计方法是通过观察数据拟合因变量与自变量之间的关系式，来检验影响变量的显著性程度，并比较它们的作用大小，进而用两个或多个变量的变化来解释和预测另一个变量的变化。

由于回归分析兼具预测和解释两种功能，研究人员在运用回归模型时的侧重点也就存在差异。当研究的侧重点是预测时，研究人员更重视的是全部自变量带来的结果，也就是全部自变量的变化在多大程度上解释了因变量的变化。这时，诸多自变量是被作为一个整体来看待的，研究人员并不需要深入探讨变量之间复杂的作用关系。然而，当研究的侧重点是解释时，研究人员更希望了解的是自变量是如何影响因变量的以及作用程度如何。在回归模型中，可以通过偏回归系数等结果来了解相关信息。

例如，研究者对某小学生样本实施测评得到一组变量，包括同伴关系（X_1）、教师期望（X_2）、学习能力（X_3）、自尊（X_4）以及学业成绩（X_5）。研究者构建了一个多元回归模型，因变量确定为学业成绩（X_5），自变量包括同伴关系（X_1）、教师期望（X_2）、学习能力（X_3）以及自尊（X_4），旨在通过回归分析探究四个自变量与学业成绩之间的预测关系。最后的回归方程显示，X_1（同伴关系）的标准化偏回归系数为0.23，X_2（教师期望）的为0.16，X_3（学习能力）的为0.36，X_4（自尊）的为0.39。通过比较可以看出，X_4的标准化偏回归系数相对较高，X_2的相对较低。

根据上面的数据，如果进一步的检验表明X_4的回归系数显著高于X_2的回归系数，我们很容易得出一个结论，就是"学生自尊对学业成绩的影响比教师期望对学业成绩的影响大"，或者说"教师期望变量在解释学业成绩方面相对不重要"。然而，能否根据上面的数据就简单地得出这个结论呢？如果所有自变量之间都是相互独立的，那么得出这种结论是恰当的，因为标准化回归系数所表示的就是单个自变量对因变量的独立影响。然而，自变量之间相关是一个不可回避的事实，自变量与因变量之间的关系不仅包括自变量对因变量的独立作用，而且包括自变量通过其他自变量对因变量的间接作用等等。因此，根据上面的结果，只能认为"在控制了其他自变量的情况下，学生自尊对学业成绩的直接影响比教师期望对学业成绩的直接影响大"，而得出"学生自尊对学业成绩的影响比教师期望对学业成绩的影响大"或者"教师期望变量在解释学业成绩方面相对不重要"的结论就未免有些草率了，因为这里所说的影响远远超出了直接影响的范畴。

当考虑到自变量之间的相互作用之后，变量X_2除了独立作用于X_5，很有可能通过X_1、X_3、X_4间接地作用于X_5。因此，我们在解释X_2对X_5的作用时就不能简单地认为X_2对X_5的作用很小，还应该考虑到X_2通过其他自变量对X_5产生的间接作用，从而对X_2的作用进行全面的分析。

二、路径分析的研究问题

变量之间相互作用是普遍存在的事实，而多元回归分析又只重视自变量对因变量的独立作用，这就使得这种研究方法在解释客观事实的时候受到了很大的限制，很难清晰全面地描述出变量间的作用关系。而且，模型越复杂，涉及的自变量越多，自变量之间关联也越多，这种忽视间接作用的问题也就越为明显。随着方法的不断发展与完善，路径分析的运用大大弥补了多元回归分析在这方面的不足。

在上面的例子中，研究者假设变量X_2（教师期望）与其他变量之间的关系为：X_2（教师期望）不仅直接作用于X_5（学业成绩），而且会通过X_3（学习能力）和X_4（自尊）间接地作用于X_5。另外，由于X_2与X_1（同伴关系）间存在相关关系，它还会通过X_1影响X_5或者通过X_1间接地影响X_3和X_4进而影响X_5。根据假设对变量间的关系一一加以设定，一个路径分析就产生了。图9-1用图形的形式将设定好的路径分析模型表示了出来。

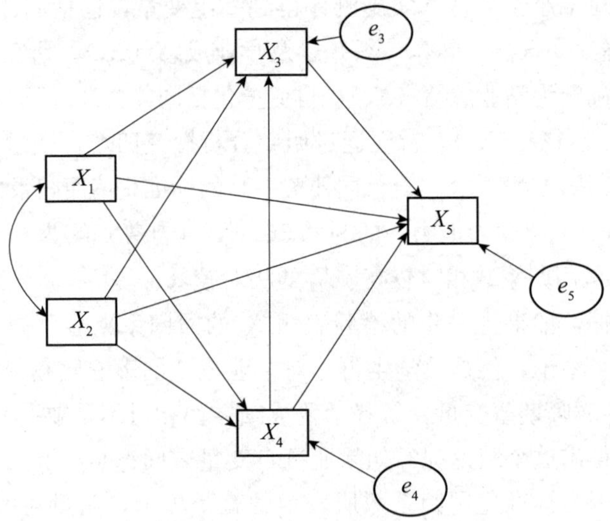

图 9-1　学业成绩实例路径分析图

通过建立路径分析来探讨该例子中的因果关系，就可以得到下述结果：

标准化总因果效应

	（X_2）教师期望	（X_4）自尊
（X_5）学业成绩	0.72	0.39

虽然多元回归分析的结果显示教师期望对学业成绩的直接因果作用（0.16）小于自尊的直接因果作用（0.39），但路径分析得出的教师期望对学业成绩的总因果效应为 0.72，高于自尊对学业成绩的总因果效应 0.39。从两组数据的差别可以推断出，在教师期望的总因果效应中，除了直接因果作用以外，还存在其他作用，这种作用就是间接因果作用。如下所示：

标准化间接因果效应

	（X_2）教师期望	（X_4）自尊
（X_5）学业成绩	0.56	0.00

通过路径分析就可以发现，虽然教师期望对学生学业成绩的直接影响没有自尊的直接影响大，但它会通过其他因素［如学习能力（X_3）和自尊（X_4）］间接地对学业成绩产生影响（0.56），因此，教师期望变量对于解释学业成绩仍然是很重要的，只是它是通过其他因素间接地对学业成绩产生影响。这种作用关系如果仅通过多元回归分析是很难发现的，而运用路径分析却能将变量间复杂的关系清晰地揭示出来。

路径分析方法的优势也正在于它能够全面清晰地反映出变量间的关系，它的假设更符合事物间普遍存在相互作用的事实。路径分析方法的着眼点主要在变量间作用系数的分解上，运用这种分析不仅能反映出变量间的直接因果关系，而且能反映出间接因果关系和其他非因果关系，使得研究人员能够更加全面清晰地解释变量间的作用关系，从而使研究成果更加符合客观实际，由此也打破了多元回归分析只注重自变量与因变量间独立作用的局限。此外，路径模型还可以同时对多个因变量进行分析，而回归分析模型通常只包含一个因变量。

第三节 路径分析的模型和原理

一、基本概念

（一）路径图

路径图用图示表征联立方程，标明所有变量之间的关系，图 9－1 就是一个路径图。路径图通过符号表示出所有需要估计的模型参数，当研究者需要将模型中的变量关系转化为某一特定的统计软件代码时，这种图示的方法能够帮助研究者更加直观地提取信息，避免错误。路径图主要包括外源变量、内源变量、路径系数、残差项等元素，变量之间的关系用带箭头的线条表示，包括单箭头直线（⟶）与双箭头曲线（↔）两种。单箭头直线表示两个变量之间存在因果关系，箭头从原因变量指向结果变量；双箭头曲线则表示两者之间只有相关关系。

（二）外源变量

外源变量（exogenous variable）指模型中没有注明其变化由什么因素造成，在模型中也不受其他变量影响的变量，也叫外生变量。外源变量被指定为原因变量，在路径图中可以指向其他变量，但是其他任何变量不能以单箭头直线指向它。在学业成绩的例子中，变量 X_1（同伴关系）和 X_2（教师期望）都是外源变量，图 9－1 中 X_1和 X_2两个变量之间的双箭头曲线表示同伴关系和教师期望两个变量之间存在相关关系，但不存在因果关系。

（三）内源变量

内源变量（endogenous variable）指受模型中另外一些变量影响的变量，也叫内生变量。内源变量可以被指定为结果变量，也可以被指定为原因变量，在路径图中其他任何变量都可以以单箭头直线指向它，它也可以指向其他变量。在学业成绩的例子中，变量 X_3（学习能力）、X_4（自尊）和 X_5（学业成绩）都是内源变量。内源变量的变化是由同一模型中的外源变量或其他内源变量决定的，但也可能有一部分是由模型外的因素决定的，这部分为干扰项（disturbance），也称为残差项，通常用 e 来表示，其下标与相应的内源变量一致。每个内源变量都有一个干扰项，干扰项是无法被其他变量有效解释的变异量。

在路径分析中，外源变量和内源变量都是观测变量，即可以通过一个可观测指标直接进行观测来得到的变量，在路径图中用矩形框（▭）表示；残差项是潜变量，即由测量变量所推估出来的变量，在路径图中用圆或椭圆（◯）表示。

（四）中介变量

如果一个变量既是原因变量，又是结果变量，那么这个变量就称为中介变量（mediator variable）。指向中介变量的变量称为它的前置变量，中介变量指向的变量称为它的后置变量。学业成绩的例子中，X_3（学习能力）和 X_4（自尊）就是中介变量，它们不仅受到同伴关系和教师期望的影响，还对学业成绩产生影响。

（五）直接效应

路径图中每一条单箭头直线代表一个变量到另一个变量的直接效应（direct effect）。在图 9－1 中，X_1与 X_5、X_2与 X_5、X_3与 X_5、X_4与 X_5之间的单箭头直线所表示的均是两个变量间的直接效应。

（六）间接效应

中介变量传递了一部分前置变量和后置变量之间的因果效应，被中介变量传递的这部分效应就叫作间接效应（indirect effect）。间接效应涉及一个或者多个中介变量，通过两个或两个以上的直接效应箭头相连来表示。在图 9－1 中，X_1不仅直接作用于 X_5，而且通过 X_3对 X_5产生作用，另外还通过 X_4再通过 X_3对 X_5产生作用，这些均属于间接效应。

在模型中对间接效应进行明确表述是路径分析很重要的特点与优点，回归模型在分析因果关系中的不足也主要体现在它很难表示出变量间的间接因果关系，以至于得出过于简单的结论。

（七）路径系数

直接效应也叫路径（path），对于直接效应的统计估计值就是路径系数（path coefficient）。路径系数可以解释为多元回归中的回归系数，在回归模型中，回归系数实际上表示的就是每个自变量对因变量的直接作用。

二、前提条件

为了能够科学合理地对变量之间的关系进行因果推论，对模型和数据的要求不仅仅是达到可接受的拟合度。为了得到 X 影响 Y（$X \rightarrow Y$）的推论，还需要满足以下所有条件：

（1）存在时间先后顺序，即 X 在时间上先于 Y。

（2）指定正确的因果方向，即指定 X 影响 Y，而不是 X 和 Y 存在相关影响。

（3）X 和 Y 之间的关系不是虚假相关，不会随着第三变量被控制为常数就消失。虚假相关指的是两个变量之间存在相关关系，但并不是因为这两个变量间确实存在相关关系，而是因为两个变量和第三变量共同发生联系，第三变量的变化致使这两个变量表现出共同变化的趋势（后面会详细介绍）。

在实际中，这些条件是苛刻的。例如，如果变量 X 的测量时间先于变量 Y 的测量时间（纵向设计），而且 X 和 Y 之间的联系较大，那么 X 影响 Y 的假设就被加强了。但是，即使真正的因果关系是 Y 影响 X，而且 X 的测量时间先于 Y，X 和 Y 之间的相关系数也不可能是 0（即相关性并不会因为测量顺序的变化而消失）；另外，即使真正的因果关系确实是 X 影响 Y，两个变量之间的相关系数值也有可能因为测量时间间隔短而变得很低。

尽管存在上述问题，但通过纵向设计在不同时间点收集变量数据至少可以保证因果假设和测量框架一致。不过，纵向设计在实践中也存在潜在的困难，例如需要消耗额外的人力、物力资源。可能正是出于这样的原因，大多数的路径分析研究是横向研究，即在共同时间点进行变量数据收集。在横向设计下，研究者不能证明变量时间的先后性，因此为了指定 X 和 Y 之间的因果方向，研究者需要有非常清晰和实质性的理由。

三、模型的表示

路径分析既可以通过路径图的方式来表示，也可以通过建立结构方程组来表示。路径分析的一般结构方程式为：

$$\boldsymbol{Y}=\boldsymbol{B}\boldsymbol{Y}+\boldsymbol{\Gamma}\boldsymbol{X}+\boldsymbol{\zeta} \tag{9-1}$$

模型中内源变量的个数记为 p，外源变量的个数记为 q。式中，$\boldsymbol{Y}$ 为 $p\times1$ 的内源观测变量向量；$\boldsymbol{X}$ 为 $q\times1$ 的外源观测变量向量；$\boldsymbol{B}$ 为 $p\times p$ 的路径系数矩阵，表示内源变量之间的关系；$\boldsymbol{\Gamma}$ 为 $p\times q$ 的路径系数矩阵，表示内源变量和外源变量之间的关系；$\boldsymbol{\zeta}$ 为 $p\times1$ 的残差向量，$\mathrm{Var}(\boldsymbol{\zeta})=\boldsymbol{\Psi}$ 是 $p\times p$ 的残差协方差矩阵，表示内源观测变量向量 $\boldsymbol{Y}$ 的误差；$\mathrm{Var}(\boldsymbol{X})=\boldsymbol{\Phi}$ 是 $q\times q$ 的外源观测变量协方差矩阵。

结构方程式中矩阵 $\boldsymbol{B}$、$\boldsymbol{\Gamma}$、$\boldsymbol{\Psi}$ 中的参数可以分为三种类型。第一种是通过特定的参数估计方法进行估计得到的，通常称为自由参数，路径图中所有直接效应、外源变量的方差和协方差、内源变量残差的方差和协方差都是自由参数；第二种在模型参数估计过程中始终保持常数不变，这个常数是提前给定的，这些参数通常称为固定参数，固定参数设定为 0，表示指定相应的变量之间没有关系；第三种是限定参数，在路径分析模型中，可以限定参数之间相等。

如果将上述学业成绩的例子中的变量关系用结构方程式的方法表示，可以表示为下面的方程组：

$$X_3=P_{31}X_1+P_{32}X_2+P_{34}X_4+e_3 \tag{9-2}$$

$$X_4=P_{41}X_1+P_{42}X_2+e_4 \tag{9-3}$$

$$X_5=P_{51}X_1+P_{52}X_2+P_{53}X_3+P_{54}X_4+e_5 \tag{9-4}$$

在路径分析中，有几个内源变量就会有几个结构方程。在这个例子中含有三个内源变量，因此结构方程组由三个结构方程构成。方程中表示出了变量间的作用关系，比如式（9－2）表示 X_3 的变化是由模型内的变量 X_1、X_2 与 X_4，以及模型外的其他因素 e_3

（残差）决定的。

在路径分析中，残差项之间可以存在相关关系。在学业成绩路径分析模型中，由于学生对于自己学习能力（X_3）和自尊（X_4）的认知可能存在同样的偏差，那么通过问卷形式让学生自我报告所收集的这两个变量数据的测量误差间是存在相关关系的。当指定 X_3 和 X_4 的残差之间存在相关关系后，图 9－1 就需要修正。图 9－2 是修正后得到的新路径图。用结构方程式来表示该模型，这一相关关系则体现在残差的方差-协方差矩阵 $\boldsymbol{\Psi}$ 的设定中：若指定相关关系不存在，则矩阵 $\boldsymbol{\Psi}$ 中相应位置的元素固定为 0（固定参数）；若指定相关关系存在，则矩阵 $\boldsymbol{\Psi}$ 中相应位置的元素需要自由估计（自由参数）。

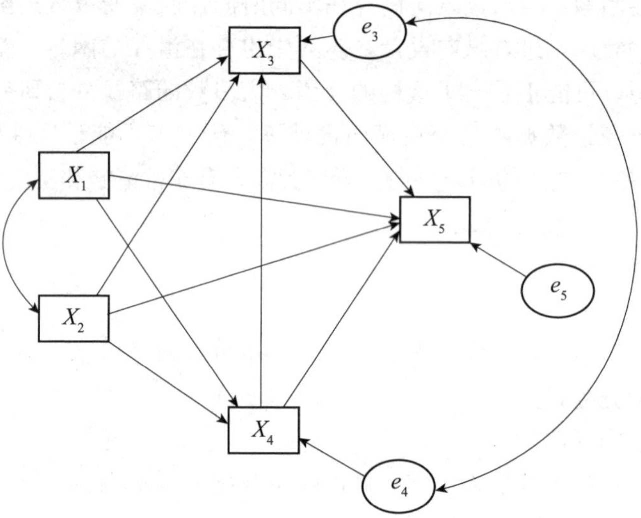

图 9－2　学业成绩实例路径分析修正图

四、基本步骤

路径分析过程主要分为六个基本步骤，在解决实际问题时，这些基本步骤是循环重复进行的。

（1）模型假设：根据充分的理论依据或实践证据，对变量之间的因果关系进行指定。

（2）模型识别：判断能否对模型参数进行估计从而得到唯一的参数结果。

（3）变量准备：根据所设定的模型，收集模型中所需要的变量数据，并进行数据清理。

（4）模型估计：选择特定的计算机软件并根据设定的模型进行数据分析和参数估计，对估计结果进行模型拟合度评价、考虑等价可替换模型等方面的分析。

（5）模型评价和修正：在统计检验、理论假设与实际观察三者的综合考虑下，不断对模型进行修正，以期得到与实际数据拟合度最高的最佳模型。

（6）结果解释与应用：根据最终得到的估计结果对实际问题进行分析和解释。

对于上述基本步骤中的模型识别、模型估计、模型评价和修正等方法，后面将进行更加详细的介绍。

第四节 路径分析中的模型分类和识别

一、模型分类

路径模型分为递归模型（recursive model）和非递归模型（non-recursive model）两种基本类型。递归模型的定义是：因果关系结构中全部为单向链条关系，无反馈作用的路径模型。非递归模型的定义是：变量之间存在多个方向的因果作用的路径模型。

递归模型同时具有两个特点：(1) 表示内源变量之间关系的路径系数矩阵 $\boldsymbol{B}$ 为下三角矩阵，表示内源变量之间的因果关系都是单向的，没有反馈回路（feedback loop）；(2) 残差的方差-协方差矩阵 $\boldsymbol{\Psi}$ 为对角矩阵，表示残差之间不相关。

非递归模型至少具有下面两个特点之一：(1) 表示内源变量之间关系的路径系数矩阵 $\boldsymbol{B}$ 在下三角部分之外的位置至少存在一个非零元素，表示内源变量之间的因果关系存在反馈回路；(2) 残差的方差-协方差矩阵 $\boldsymbol{\Psi}$ 在矩阵对角线以外的位置至少存在一个非零元素，表示残差之间相关。

而非递归模型中的反馈回路可以分为间接反馈回路和直接反馈回路两种类型（见图 9-3）。直接反馈回路表示两个变量之间的相互作用，间接反馈回路至少包含三个变量。

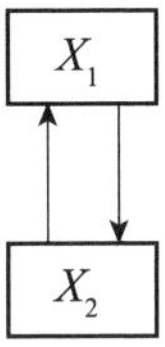

(a) 直接反馈回路

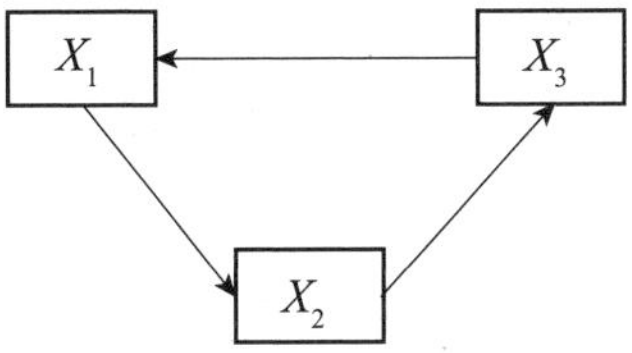

(b) 间接反馈回路

图 9-3 非递归模型中反馈回路示例

二、模型识别

(一) 什么是模型识别

简单来说，模型识别就是判断模型参数能否被估计出来。第八章第三节详细介绍了模型可识别的条件。如果从协方差矩阵的角度描述一个模型是否可识别，为了更方便地对不同的参数集合进行描述，首先将这个模型中的自由参数记为矩阵 $\boldsymbol{\Omega}$，将群体的方差-协方差矩阵记为 $\boldsymbol{\Sigma}$（矩阵中的元素称为观测值）。我们可以通过样本数据估计得到群体的方差-协方差矩阵 $\boldsymbol{\Sigma}$，并假设可以通过模型对矩阵 $\boldsymbol{\Sigma}$ 中的方差和协方差元素进行解释。如果矩阵 $\boldsymbol{\Omega}$ 中的某个参数可以被矩阵 $\boldsymbol{\Sigma}$ 中的方差和协方差唯一地确定，那么这个参数就是可识别的，否则这个参数就是不可识别的。如果模型中有一个参数是不可识别的，则模型也是不可识别的；如果模型中每一个参数都是可识别的，那么这个模型就是可识别的。

在对路径分析模型的识别进行进一步介绍之前，我们需要了解不同饱和程度的路径分析模型。在路径分析中，模型可以分为饱和模型和非饱和模型。

（1）饱和模型（saturated model）。在一个模型中，如果所有变量之间都由单向路径或者表示相关的双箭头弧线连接，也就是假设所有变量间都是有关系的，这种模型就称为饱和模型。饱和模型中两两相关的个数为 $v(v-1)/2$，其中 v 代表模型中的变量个数，那么观测值的数目为 $v(v-1)/2+v=v(v+1)/2$（所有观测变量方差和协方差的总数目）。比如模型中共有 5 个变量，那么它们之间就存在 $5\times(5-1)/2=10$ 个两两相关关系，可以得到 $10+5=15$ 个观测值，饱和模型对这 10 个相关关系均加以描述。

（2）非饱和模型（unsaturated model）。如果从饱和模型中剔除若干路径，也就是说假设这些路径系数为 0，所形成的新模型则称为非饱和模型。实际研究中，饱和模型并不是很多，因为不是所有变量间都存在作用关系。因此大部分路径模型是非饱和模型，其中以非饱和的递归模型居多。

从第八章第三节的介绍可知，模型的识别可以分为以下三种情况（见图 9－4）。

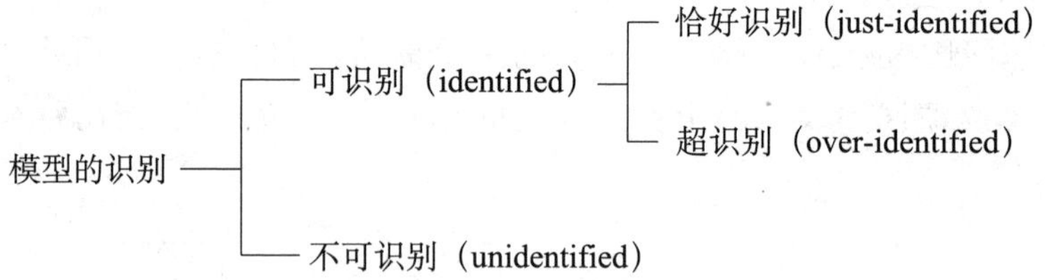

图 9－4　模型识别的三种情况

可识别的模型需要满足两个基本条件：（1）观测值的数目大于等于自由参数的数目(即自由度大于等于 0)；（2）每个潜变量被限定到特定的参数量尺上。恰好识别模型与超识别模型都被认为是可识别的模型。恰好识别模型中的每个参数都能求得唯一解，因此不需要进行模型检验；超识别模型实际上是对参数（路径系数）强加某些限制而产生的模型，正是这类模型存在检验的问题，因此通常所说的模型检验实际上是对超识别模型的检验。非饱和模型通常是超识别模型，因此也可以说模型检验通常是对非饱和模型的检验。

递归模型都是可识别的，饱和的递归模型是恰好识别模型。因此实际上并不存在检验递归模型是否可识别的问题。也就是说，在路径分析中，模型能否识别主要是针对非递归模型而言的。

（二）非递归模型的识别

图 9－5 是两个非递归模型的例子，其中路径图（a）中内源变量之间包含一个间接反馈回路（$Y_1 \rightarrow Y_2 \rightarrow Y_3 \rightarrow Y_1$），另外所有残差之间存在相关关系（协方差）；路径图（b）中包含两个直接反馈回路（$Y_1 \longleftrightarrow Y_2$，$Y_3 \longleftrightarrow Y_4$），同时两个反馈回路中残差相关（协方差），有的资料将两个变量的残差存在相关关系的一组直接反馈回路称为一个块（block），

图（b）中两个块之间是递归的，而块的内部是非递归的，这样的模型也可以称为块递归（block recursive）模型。图 9－5 中两个非递归模型满足模型可识别的两个基本条件是：（1）两个模型的自由度大于零①；（2）每个残差与其对应的内源变量之间载荷限定为 1，即残差的均值和方差被限定到对应内源变量相同量尺上。

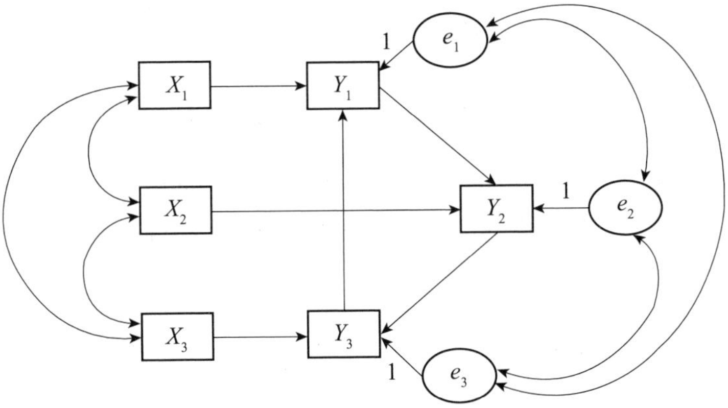

（a）非递归模型：包含一个间接反馈回路，且所有残差相关

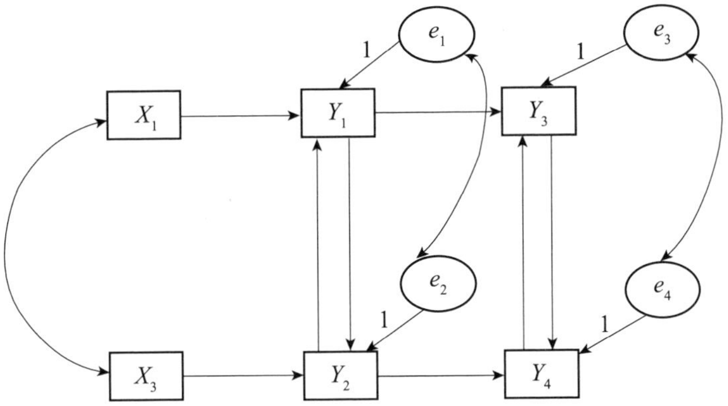

（b）非递归（块递归）模型：包含两个直接反馈回路，且这两个回路中残差相关

图 9－5　两个非递归模型示例

在非递归模型的识别中，阶条件和秩条件被广泛接受并得到应用。

1. 阶条件

阶条件（order condition）是模型识别的必要条件而非充分条件，适用于所有残差相关的路径模型［如图 9－5（a）所示］或者块递归模型［如图 9－5（b）所示］。对于一个非递归模型，令 p 为内源变量总数目。对模型中每个内源变量逐一检查，将对某个内源变量没有直接效应的变量数目记为 E_v（即不在该内源变量所对应的方程中的变量数目）。若 $E_v \geqslant p-1$，则该内源变量所对应的结构方程可能被识别。若模型中每个内源变

① 图 9－5（a）中观测值的数目为 $6\times(6+1)/2=21$，自由参数的数目为 6（直接效应）＋6（残差的方差和协方差）＋6（外源变量的方差和协方差）＝18，因此自由度 df＝3；图 9－5（b）中观测值的数目同样为 21，自由参数的数目为 8（直接效应）＋6（残差的方差和协方差）＋3（外源变量的方差和协方差）＝17，因此自由度 df＝4。

量所对应的结构方程都满足这一条件，则模型有可能被识别，但仅仅满足这个条件并不能断定模型一定可识别，这只是模型可识别的必要条件。如果模型中有一个内源变量不满足阶条件，则模型一定不可识别。

例如，图 9-5（a）中内源变量的总数目 $p=3$，阶条件意味着对每个内源变量没有直接效应的变量数目最小值为 2。该模型满足阶条件，因为该模型中对每个内源变量没有直接效应的变量数目都是 3，如对变量 Y_1 没有直接效应的变量为 X_2、X_3 和 Y_2。同样，图 9-5（b）中的块递归模型也满足该条件。

2. 秩条件

由于阶条件是模型识别的必要而非充分条件，对满足阶条件的模型需要进一步考察。秩条件（rank condition）则是模型识别的充分必要条件。判断模型中一个方程是否满足秩条件时，需要采用下面几个步骤：

第一步，写出模型结构方程的路径系数指示矩阵［有研究者称之为系统矩阵（system matrix）］。

第二步，将矩阵中考察的内源变量所在的行中不等于零的元素对应的列划掉。

第三步，划掉所考察方程所在的行。

经过这三步可以得到一个降维的新矩阵（称为简化矩阵[1] $\boldsymbol{C}_i$）。于是所考察的内源变量方程可识别的条件是其简化矩阵 $\boldsymbol{C}_i$ 的秩等于 $p-1$。重复后面两个步骤对每个内源变量方程进行判定，如果每个方程都是可识别的，则该模型是可识别的。在秩条件满足的条件下，可进一步判断模型是恰好识别的还是超识别的。重新考虑前面所说的阶条件，如果一个方程中，不在方程中的变量的个数大于 $p-1$，则模型是超识别的，如果等于 $p-1$，则模型是恰好识别的。

例如，对图 9-5（a）中的模型进行秩条件判断。首先，写出路径系数指示矩阵（记为 $\boldsymbol{I}$）：

$$
\begin{array}{c} \\ Y_1 \\ Y_2 \\ Y_3 \end{array}
\begin{array}{c}
\begin{array}{cccccc} X_1 & X_2 & X_3 & Y_1 & Y_2 & Y_3 \end{array} \\
\begin{pmatrix}
1 & 0 & 0 & 1 & 0 & 1 \\
0 & 1 & 0 & 1 & 1 & 0 \\
0 & 0 & 1 & 0 & 1 & 1
\end{pmatrix}
\end{array}
$$

其中，矩阵的行数等于模型中内源变量的数目 p（即结构方程的数目），列数等于模型中变量的总数目 v。矩阵中的元素为 0 或 1，1 代表该位置对应列所指示的变量对该位置对应行所指示的变量具有直接效应，或是内源变量自身；0 表示该位置对应列所指示的变量对该位置对应行所指示的变量没有直接效应。例如矩阵 $\boldsymbol{I}$ 中第一行指示内源变量 Y_1 的结构方程，其中第 1、6 列位置的元素为 1，表示对应列所指示的变量 X_1 和 Y_3 对内源变量 Y_1 有直接效应（即在 Y_1 的结构方程中）；第 4 列位置的元素为 1，表示是内源变量自身；第 2、3、5 列位置的元素为 0，表示 X_2、X_3 和 Y_2 对内源变量 Y_1 没有直接效应（即不在 Y_1 的结构方程中）。

---

① 英文为 reduced matrix。

然后对内源变量 Y_1 的结构方程进行判定，依次划掉第 1、4 和 6 列，划掉第 1 行，该过程可以表示为：

$$
\begin{array}{c} \\ Y_1 \\ Y_2 \\ Y_3 \end{array}
\begin{array}{c} \begin{array}{cccccc} X_1 & X_2 & X_3 & Y_1 & Y_2 & Y_3 \end{array} \\ \begin{pmatrix} 1 & 0 & 0 & 1 & 0 & 1 \\ 0 & 1 & 0 & 1 & 1 & 0 \\ 0 & 0 & 1 & 0 & 1 & 1 \end{pmatrix} \end{array}
$$

由此，得到 $\boldsymbol{C}_i$：

$$
\begin{pmatrix} 1 & 0 & 1 \\ 0 & 1 & 1 \end{pmatrix} \rightarrow \mathrm{Rank}(\boldsymbol{C}_i)=2
$$

因为该模型中内源变量的数目 $p=3$，所以 Y_1 的结构方程模型的秩条件 $\mathrm{Rank}(\boldsymbol{C}_i)=p-1$。同理，对模型中的内源变量 Y_2 和 Y_3 分别计算其简化矩阵，结果表明，两个变量的结构方程都是可识别的。因此，我们可以判定图 9－5（a）的路径模型是可识别的。应用同样的方法，可以判定图 9－5（b）的路径模型也是可识别的。

三、注意事项

要使模型能够识别，就要对模型中的参数施加某种限制，因为如果不加限制的话，模型中就会有太多的参数需要估计，使数据本身无法提供足够的信息。因此识别必须是从一定理论假设出发的，而不能“让数据告诉我们模型是什么”。所谓对模型参数施加限制，是指事先将参数设定为 0 或某一常数（constant），或者使一些参数相等或不等。

对参数所施加的约束包括：(1) $\boldsymbol{B}$ 被设定为一个对角线元素为 0 的矩阵；(2) 每个残差与其对应的内源变量之间的载荷限定为 1，即残差的均值和方差被限定到对应内源变量相同量尺上。也就是说，将相应的观测变量的单位赋予它。这两种约束是最基本的，但一般被使用者忽略。

在运用阶条件和秩条件进行模型识别时需要注意，所谓的阶条件和秩条件除了适用于上述两种基本约束条件，还适用于对矩阵 $\boldsymbol{B}$、$\boldsymbol{\Gamma}$、$\boldsymbol{\Psi}$ 未加额外约束的情况。图 9－5 中两个非递归模型的例子就是一般情况下适用于阶条件和秩条件的路径模型，它们分别满足所有残差相关和块递归。而如果模型中对参数已经施加额外约束，则即使不满足阶条件和秩条件，模型也有可能是可识别的。比如在递归模型中，矩阵 $\boldsymbol{B}$ 是对角线元素为 0 的下三角矩阵，矩阵 $\boldsymbol{\Psi}$ 为对角矩阵，这实际上已经对这两个矩阵施加了约束，因此在不满足阶条件和秩条件的情况下模型也是可识别的。

对于可识别的非递归模型，可以用最小二乘法、极大似然法等来估计参数，但是对于不可识别的模型，则无法估计参数，需要对模型进行修正以使所定义的模型变得可识别。可以通过对不可识别模型加一些限定条件使得模型变得可识别。一般可以通过以下操作来实现。

(1) 增加外源变量。通过增加解释变量的数量能使模型变得可识别。一般情况下，增加外源变量时应首先考虑理论假设的合理性。

(2) 设置工具变量。要使非递归模型可识别，对于不可识别的内源变量方程，有时可预先假设某些外源变量对内源变量没有影响，即路径系数为0。这样的外源变量称为工具变量或工具。设置某一变量为工具变量的目的是使感兴趣的内源变量所在的方程能够识别，但前提是工具变量对其他内源变量的直接影响不为0。

应注意的是：第一，如果外源变量间高度相关，就不能轻易地将一个变量从方程中删除，理想的情况是工具变量与其他外源变量是独立的，因此找到一个好的工具变量往往并不容易；第二，相互间有因果关系的内源变量不能有同一个工具变量。

可识别的模型可以通过参数估计来求解，极大似然法是路径分析模型参数估计最常用的方法，对递归模型和非递归模型都适用。但是也有一些其他参数估计方法并不是对于两类模型都适用。

除了极大似然法，递归模型还可以通过线性代数求解方程的方法来求解参数值，也可以通过最小二乘法进行回归来获得参数的估计值。在恰好识别的递归模型中，两种方法所得出的参数值是相同的，而在超识别的递归模型中则需要选择最优解。

对于非递归模型，则不能用普通最小二乘法求解，因为不能满足最小二乘法所要求的误差与误差间、误差与变量间相互独立的条件。非递归模型的参数估计过程比递归模型的要复杂得多，有时还可能无解，有些可以应用路径分析的变换规则将非递归模型转换后求解。因此，非递归模型经常使用未加权最小二乘法、两阶段最小二乘法、广义最小二乘法和极大似然法来进行参数估计。

第五节　路径分析中的效应分解及计算

一、效应分解概述

所谓效应分解，就是将变量之间的作用关系进行分解，它是路径分析的一个重要的特点与优势，由此能够更加细致全面地探讨变量间的关系。在本章第二节中已经涉及一些效应分解的思想，从中可以看到路径分析相对于多元回归分析的优势所在。但前文中更侧重的是因果效应的分解，其中提到的总因果效应可以进一步分解为直接因果效应和间接因果效应。然而，变量之间的关系不仅包括因果效应，还包含非因果效应。所以，如果对变量间的相关系数进行分解，就可以分解出几个部分，如图9-6所示。

其中，直接因果效应和间接因果效应的概念已经在本章前面部分进行了介绍。非因果效应又可以分为虚假相关和未分解效应两种。

虚假相关指的是两个变量之间存在相关关系，但并不是因为这两个变量间确实存在相关关系，而是因为这两个变量和第三变量共同发生联系，第三变量的变化致使这两个变量表现出共同变化的趋势。它强调的是这种非因果效应是由虚假相关引起的。例如，在图9-1中，X_3与X_5之间有一部分效应就是由X_1同时作用于X_3和X_5而引起的。

未分解效应是非因果效应的一种。当两个变量之间存在相关关系，但是在模型内又找不到共同的前置变量时，称这两个变量间存在未分解效应。比如在图9-1中，X_1与

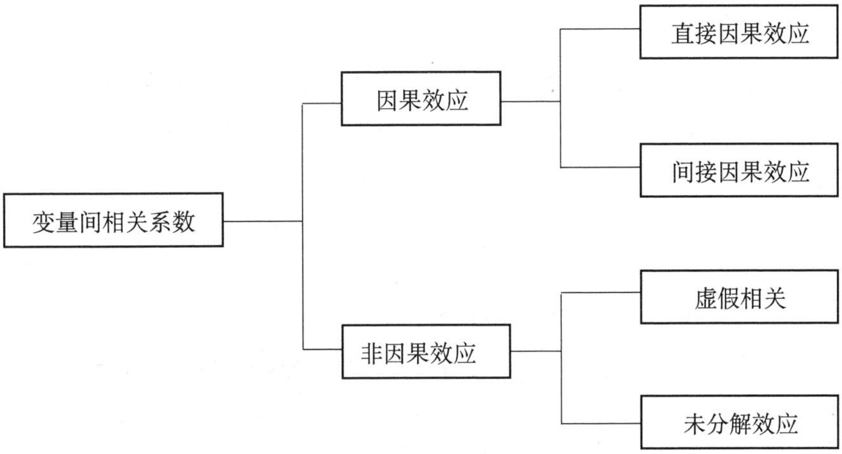

图 9-6　路径分析效应分解图

X_2之间就存在这种效应。应该注意的是，如果两个外源变量间高度相关（例如 X_1与 X_2高度相关），这并不是件好事，因为这种情况很有可能会引起共线性问题。

二、效应分解的方法

通过效应分解可以更清晰地揭示变量之间复杂的作用关系。然而，两个变量间往往存在很多条路径，模型越复杂，涉及的路径也就越多。那么，如何才能够全面准确地找到这些路径呢？运用效应分解方法可以帮助解决这个问题。常用的效应分解方法有以下两种。

（一）路径回溯方法

路径回溯方法（tracing paths）是根据路径图直观地寻找路径的一种方法。具体步骤如下：

（1）根据研究需要选择要进行效应分解的一对变量。

（2）确定由谁开始：当我们选定了要分解的一对变量之后，就需要确定路径回溯的起始点。当这对变量间存在因果关系时，路径回溯需要从结果变量开始。如果这对变量间不存在因果关系（如图 9-1 中的 X_1与 X_2之间），那么路径回溯的起始点可以由我们自己决定，但是一旦选定，有关这对变量的路径回溯就都要从这个变量开始。

（3）按照规则进行回溯。在路径回溯中，需要遵循以下规则。

规则一：从起始点，逆着路径箭头回溯，直至到达另一个变量为止。

规则二：特定回溯路径中每个中介变量只能经过一次。

规则三：两个变量间的每条特定路径只能经过一对非因果关系变量中的一个。

规则四：从起始点开始，路径回溯一直逆向行进，而一旦经过了顺向箭头的路径，就不能再经过逆向箭头的路径。

（二）Duncan 法则

Duncan 法则是通过公式来进行效应分解的一种方法。由于利用了公式，效应分解过程很严谨，不太容易出现遗漏路径的现象。其公式为：

$$r_{ij} = \sum_q P_{iq} r_{jq} \tag{9-5}$$

式中，i 代表一个变量，j 代表另一个变量（$i>j$），q 为箭头指向 i 与 j 两个变量的全部变量数目，r 代表两个变量间的相关系数，P 为两个变量间的路径系数。通过相关系数的分解，就可以将两个变量间的效应分解出来了。

无论用路径回溯方法还是 Duncan 法则来进行效应分解，得到的结果都是相同的。只是路径回溯方法使用起来更直观些，而 Duncan 法则由于通过公式的方法分解效应，更不容易有遗漏。在实际研究中，两种方法可以配合使用，以便清晰全面地反映变量间的关系。

三、计算实例：递归模型

路径分析通过对变量间相关系数的分解，可以更明确地分离各种作用，使模型对现实的解释更加客观、符合实际。表 9－1 是运用 Mplus 软件求得的图 9－1 所示的有关学业成绩的例子中各变量间的路径系数值。

表 9－1　学业成绩案例饱和模型路径系数估计结果

路径	路径系数（P）	标准误（SE）	临界比率值（CR=P/SE）	标准化路径系数（Standardized P）
$X_4 \leftarrow X_1$	0.416*	0.196	2.125	0.211*
$X_4 \leftarrow X_2$	9.085***	1.625	5.590	0.556***
$X_3 \leftarrow X_1$	−0.118*	0.058	−2.034	−0.064*
$X_3 \leftarrow X_2$	14.867***	0.561	26.512	0.971***
$X_3 \leftarrow X_4$	−0.031	0.034	−0.921	−0.034
$X_5 \leftarrow X_2$	2.113	3.855	0.548	0.156
$X_5 \leftarrow X_4$	0.327***	0.071	4.579	0.394***
$X_5 \leftarrow X_3$	0.321	0.247	1.299	0.363
$X_5 \leftarrow X_1$	0.383**	0.124	3.080	0.235**

*** $p<0.000$，** $p<0.01$，* $p<0.05$.

将表 9－1 中的参数在图中表示出来，就得到了图 9－7（图中只标出了标准化路径系数）。可以看到，X_1 到 X_5 的标准化路径系数为 0.24，X_2 到 X_5 为 0.16，X_3 到 X_5 为 0.36，X_4 到 X_5 为 0.39，这里的路径系数值与用多元回归方法得到的标准化偏回归系数值相同，也就是说，两种方法都能够得到自变量对因变量的直接因果作用。然而，除此之外，从路径分析中还能够获得更多的信息，使变量之间的关系得到更加全面清晰的解释。下面就对变量间的作用关系进行分解，这个过程也正是效应分解的过程。

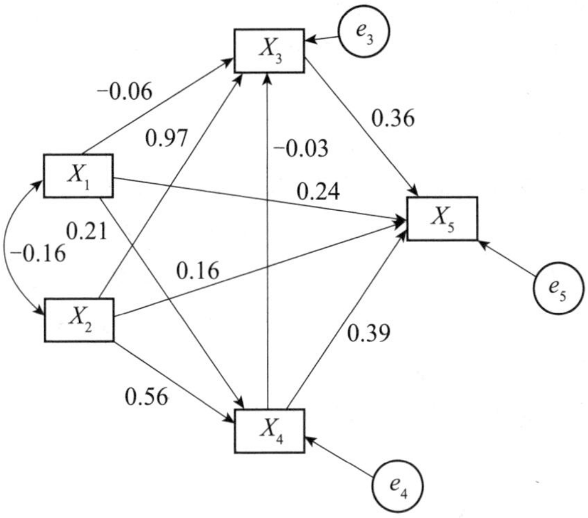

图 9－7 学业成绩例子中递归模型参数估计结果

仍然以 X_2 与 X_5 为例，分解一下这两个变量之间存在哪些作用关系。从路径图中可以看到，变量 X_2 首先直接作用于 X_5，这是两个变量间的直接因果效应；另外，变量 X_2 也分别通过 X_3 与 X_4 间接作用于 X_5，并且还先通过 X_4 再通过 X_3 作用于 X_5，这几条路径均属于间接因果效应。除了这两种效应之外，由于 X_2 与 X_1 相关，它还通过 X_1 对 X_5 产生作用，包含的路径有：X_2 通过 X_1 直接作用于 X_5；X_2 通过 X_1 先作用于 X_3，再经过 X_3 作用于 X_5；X_2 还通过 X_1 先作用于 X_4，再通过 X_4 作用于 X_5；还有通过 X_1 先作用于 X_4，再通过 X_4 作用于 X_3，最后通过 X_3 作用于 X_5。这四条路径均属于未分解效应，因为 X_1 与 X_2 之间存在相关关系，但这种关系又无法通过模型内的因素来解释。

相对于每条路径，还需要计算相应的效应值。详细的效应分解过程见表 9－2。

表 9－2 X_2 对 X_5 的效应分解

		路径	每条路径的效应值	合计	
因果效应	直接	❶$X_2 \rightarrow X_5$	0.156	0.156	0.720
	间接	❷$X_2 \rightarrow X_3 \rightarrow X_5$	0.971×0.363=0.352	0.564	
		❸$X_2 \rightarrow X_4 \rightarrow X_5$	0.556×0.394=0.219		
		❹$X_2 \rightarrow X_4 \rightarrow X_3 \rightarrow X_5$	0.556×(−0.034)×0.363=−0.007		
非因果效应	未分解	❺X_2 $X_1 \rightarrow X_5$	(−0.164)×0.235=−0.039	−0.049	−0.049
		❻X_2 $X_1 \rightarrow X_3 \rightarrow X_5$	(−0.164)×(−0.064)×0.363=0.004		
		❼X_2 $X_1 \rightarrow X_4 \rightarrow X_5$	(−0.164)×0.211×0.394=−0.014		
		❽X_2 $X_1 \rightarrow X_4 \rightarrow X_3 \rightarrow X_5$	(−0.164)×0.211×(−0.034)×0.363=0.000		
X_2 与 X_5 的相关系数值					0.671

（1）直接因果效应。X_2 与 X_5 的直接因果效应值就等于 X_2 到 X_5 的路径系数 0.156，见表 9－2 中的❶。

(2) 间接因果效应。X_2与 X_5之间的间接因果路径有三条，见表 9-2 中的❷❸❹。

每条路径的效应值求法是将这条路径上的全部路径系数相乘。比如求路径❷（$X_2 \to X_3 \to X_5$）的效应值，就需要用 $X_2 \to X_3$ 的路径系数 0.971 乘以 $X_3 \to X_5$ 的路径系数 0.363，最后得到这条路径的效应值为 0.352。

因为 X_2与 X_5之间包含三条间接因果路径，所以还需要求出这两个变量间总的间接因果效应值。求法是将已经求出的每条间接因果路径的效应值相加。例如，$X_2 \to X_3 \to X_5$这条路径的效应值为 0.352，$X_2 \to X_4 \to X_5$路径的效应值为 0.219，$X_2 \to X_4 \to X_3 \to X_5$路径的效应值为−0.007。将这三条路径的效应值相加即得到 X_2与 X_5之间的间接因果效应值，即 0.352+0.219−0.007=0.564。

当直接与间接因果效应均求出之后，还可以将各效应值相加，从而得到 X_2与 X_5的总因果效应值 0.720。

(3) 未分解效应。本例中共有四条这类路径，见表 9-2 中的❺❻❼❽。未分解效应的求法与间接因果效应的求法类似，也是将每条路径的路径系数相乘，得到每条路径的未分解效应，再将各条路径的效应值相加，得到总的未分解效应。具体过程不再举例说明，请参见表 9-2 的相关部分。需要提醒一点，$X_2 X_1$是相关关系而不是因果作用关系，所以计算时代入的是 X_1与 X_2的相关系数值−0.164。

通过效应分解，变量间的作用关系以及各种作用力的程度清晰地呈现在我们面前。如果通过相关分析获得 X_2与 X_5间的相关系数，可以发现，上述三种效应的总和最终与变量 X_2和 X_5间的相关系数相等，具体如下：

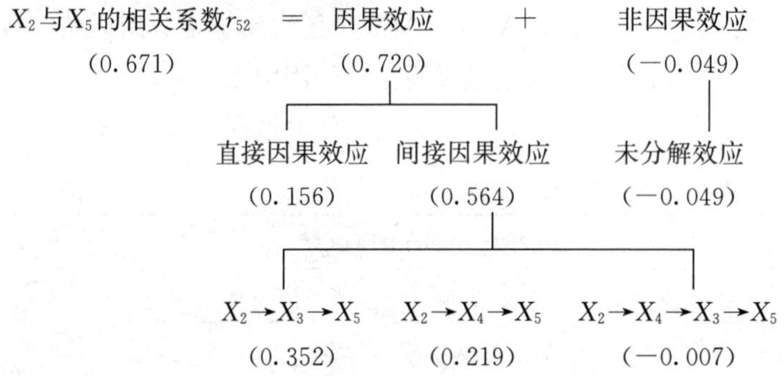

通过对变量 X_2与 X_5的效应分解可以发现：在 X_2对 X_5的因果效应 0.720 中，0.564 的效应来自间接因果效应，而只有 0.156 的效应来自直接因果效应。这说明虽然 X_2对 X_5的直接作用不是很大，但它更多的是通过其他因素间接地对 X_5发生作用，因此，变量 X_2在解释变量 X_5方面仍然是一个很重要的因素，不能忽视。另外，通过进一步分解间接因果效应还可以发现，X_2通过 X_3对 X_5发挥的作用相对更大。对间接因果效应的进一步分解，可以使研究人员更清楚地了解一个变量更有可能通过哪个变量对最终反应变量产生影响，这种分析在实际研究中是很有价值的。

四、注意事项：非递归模型

上面通过一个实例讲解了递归模型效应分解的详细过程。但是，若模型中存在反馈回路，即非递归情况，则反馈回路中的变量对其自身具有间接因果效应。例如，存在直接反馈回路 $Y_1 \leftrightarrows Y_2$，Y_1对 Y_2的直接效应为 0.4，Y_2对 Y_1的直接效应为 0.2，则 Y_1通过路径 $Y_1 \rightarrow Y_2 \rightarrow Y_1$对自身有间接效应 $0.4\times0.2=0.08$。除此之外，Y_1通过作用于 Y_2，对自身还存在额外的反馈作用，这是由于反馈回路中变量间的相关作用是无限循环的。因此，路径 $Y_1 \rightarrow Y_2 \rightarrow Y_1 \rightarrow Y_2 \rightarrow Y_1$也是 Y_1对自身的间接效应中的一部分，这部分间接效应值为 $0.4\times0.2\times0.4\times0.2=0.006\,4$。这样继续循环下去，依然会得到 Y_1对自身的间接效应，但是这个效应值呈指数形式递减，很快就趋近于 0。Y_1对自身的间接效应是所有循环回路效应值的总和，虽然循环回路的数目是无限的，但是所有效应值的和会趋近于一个常数。在对循环回路中变量自身效应进行分解时，前面提到的路径回溯方法中的规则二将不再适用。

对循环回路中变量的自身效应进行分解和计算时，横向数据需要满足平衡性（equilibrium）假设。正如本章第三节中提到的，真正的因果关系存在时间上的先后性，但实际上大量的路径分析在横向设计下进行。通过横向设计收集到的数据来反映循环回路中变量之间的相关作用关系，需要满足平衡性假设，即变量间的效应值不随测量实施时间点的变化而改变。也就是说，假设不同时间点的数据中变量间因果关系强度是一致的，因此不需要通过纵向数据去捕捉变量在不同时间点上的变化。

第六节　路径分析模型的评价与修正

一、基本思想

路径分析模型建立之后，除了估计参数、分解各种效应，还需要对模型与数据之间的拟合度进行检验，并对模型进行修正。

模型评价的基本思想是，用参数估计得到的路径系数反推两个变量之间的相关系数，并与变量间实际的相关系数进行比较，如果二者差异显著，说明被检验的模型在统计上不能很好地拟合数据，需要进一步修正。这是因为路径分析的路径系数是通过已知的方差-协方差矩阵（等价于相关系数矩阵）推出的，也就是说，通过实际观察数据之间的相关系数信息可以估计出模型的参数。当参数已经估计出之后，也可以运用估计出的参数反推出相关系数，从模型的效应分解中可以看到，变量间的相关系数可以由相应的路径系数完全或者近似地表示。

饱和的递归模型总是恰好识别的模型，因此它能够完全再现实际相关系数。上一节中用来进行效应分解的模型就是一个饱和模型，将路径系数值代入关系式可以发现，通过路径系数反求出的相关系数值与直接求出的两个变量间的相关系数值完全相同（均为 0.671）。对这种模型是无法进行检验的，在路径分析中，真正能够检验的是非饱和模型。

非饱和模型是从饱和模型中删除若干路径后得到的超识别模型，模型中观测值的数目多于自由参数的数目，导致模型和数据不能完美拟合，因此模型评价通常是对非饱和模型的拟合度进行检验。在实际研究中，从模型中删除哪条路径往往要参考路径系数的统计显著性。对于那些统计不显著的路径，可以考虑将其删除。对非饱和模型进行检验主要是为了分析删除路径后的模型与未删除路径的模型所估计出的相关系数是否存在显著差异。删除路径前的模型称为基线模型，删除路径后的模型称为检验模型（也叫备选模型），两个模型之间为嵌套关系。如果两个模型间存在显著差异，则说明检验模型中所删除的路径应该保留；而如果差异不显著，则说明检验模型可以作为基线模型的替代模型，删除路径并不影响对因变量的解释，因此可以将路径删除。当然，这并不是说统计检验不显著是删除路径的唯一依据，它只是删除路径的依据之一，对于路径的删除以及整个模型的修正还需要从理论与实践的角度综合加以考虑。

二、模型拟合指数

模型拟合指数是进行模型检验的重要参考依据。研究者们对很多不同的模型拟合指数进行了介绍和应用，这里我们重点考察应用 Mplus 进行路径分析时给出的几个常用拟合指数：模型卡方值 χ^2_M 、CFI、TLI、RMSEA。对这些指数的详细介绍参见第八章第五节。

在进行模型检验与修正时，首先应该根据上述拟合指数和判断标准对检验模型的拟合度进行判断，若检验模型不能与实际数据良好拟合，则说明检验模型不能用来替换基线模型。若检验模型的拟合指数达到模型良好拟合的标准，则可以通过对比两个模型的拟合指数的变化量，来进一步判断检验模型是否达到模型可替换的统计学准则。对于具有嵌套关系的两个模型的比较，一种方法是应用卡方差异检验，即通过两个模型拟合优度的卡方值的差值以及自由度的差值得到新的卡方统计量和自由度，如果差异不显著，则说明两个模型之间是可替换的。另外，Little（1997）指出，嵌套模型可替换的一个条件是模型拟合指数变化量小于等于 0.05，而 Cheung 和 Rensvold（2002）认为只有嵌套模型拟合指数变化量小于等于 0.01 时，才可认为两个模型之间是可替换的。对于该判断准则，研究者们的标准不完全一致，但应该注意，统计上的判断准则并不是进行决策的唯一标准，在实际操作中，应该结合理论假设和实践证据等各方面的因素，综合考虑选择最终的模型。

此外，Mplus 软件中还提供了三种信息标准指数，包括 AIC、BIC 和 Sample-Size Adjusted BIC。这些指数的值越小说明模型越简单并且拟合得越好，且无论所考察的模型之间是否有嵌套关系，它们都可以用来进行模型比较。具体参见第八章第五节。

三、模型检验与修正实例

对路径模型的检验主要包括以饱和模型作为基线模型的检验和两个嵌套的非饱和模型间的差异检验，下面分别举例说明两种检验的原理与过程。

（一）以饱和模型作为基线模型的检验

这种检验是将非饱和模型与饱和模型相比较，饱和模型在这里为基线模型，而非饱和模型为检验模型。检验的零假设为：非饱和模型中删除的路径系数为 0。

仍然使用图 9-1 中学业成绩的例子，该例中建立的就是一个饱和模型。从表 9-1 的参数估计结果中可以看到各条路径的显著性水平，其中 $X_3 \leftarrow X_4$、$X_5 \leftarrow X_2$ 以及 $X_5 \leftarrow X_3$ 三条路径的路径系数在 0.05 水平上均不显著。由于 $X_5 \leftarrow X_2$ 这条路径的临界比率值最小（即显著性水平最低），首先删除这条路径。对这个非饱和模型进行检验的零假设为：$X_5 \leftarrow X_2$ 的路径系数为 0。用数学形式表示则为 $H_0: P_{52}=0$。

图 9-8 是删除路径 $X_5 \leftarrow X_2$ 后的非饱和模型，称为非饱和模型 1。

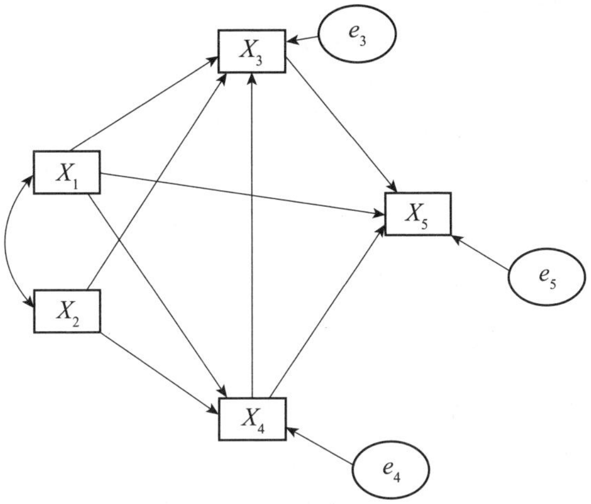

图 9-8　非饱和模型 1

非饱和模型 1 的模型拟合情况见表 9-3 的第一行。其中，卡方值（χ^2_M）为 0.300，p 值为 0.584，则在 0.05 水平上不显著。另外，RMSEA、CFI、TLI 值与饱和模型一样，这说明将 $X_5 \leftarrow X_2$ 路径删除之后所得到的非饱和模型 1 与饱和模型几乎没有差异，统计上可以接受零假设，因此能够删除 $X_5 \leftarrow X_2$ 路径，以非饱和模型 1 替代原饱和模型。

表 9-3　模型检验中各模型拟合指数估计结果

模型	卡方值（χ^2_M）	自由度（df_M）	显著性（p）	RMSEA	CFI	TLI
非饱和模型 1	0.300	1	0.584	0.000	1.000	1.000
非饱和模型 2	4.021	1	0.045	0.104	0.989	0.895
非饱和模型 3	1.143	2	0.565	0.000	1.000	1.000
非饱和模型 4	29.426	3	0.000	0.221	0.904	0.522

但是，如果我们删除原饱和模型中的路径 $X_3 \leftarrow X_1$，则会得到不同的结果。从它的路径系数临界比率值（−2.034）来看，其绝对值略高于 0.05 的显著性水平上的临界点（1.96）。删除路径 $X_3 \leftarrow X_1$ 后得到的非饱和模型 2 如图 9-9 所示。

非饱和模型 2 的拟合情况见表 9-3 的第二行。其中，卡方值为 4.021，p 值为 0.045，即在 0.05 水平上显著。另外，RMSEA 值大于 0.1，TLI 值小于 0.9，说明模型拟合度较低。在这种情况下，就要很慎重地考虑是否删除这条路径，尤其需要将理论与

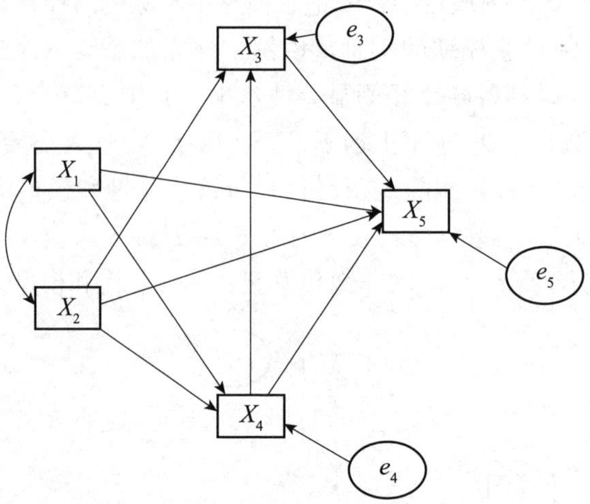

图 9-9　非饱和模型 2

实际意义综合加以考虑。

（二）两个嵌套的非饱和模型间的差异检验

如果在非饱和模型 1 中再继续删掉路径 $X_3 \leftarrow X_4$，则形成非饱和模型 3（见图 9-10）。这两个非饱和模型之间就存在嵌套关系，可以以非饱和模型 1 为基线模型，对非饱和模型 3 进行检验。检验的目的是比较非饱和模型 3 在较少的路径下能否很好地拟合数据。下面看一下两个非饱和模型的拟合情况的比较。

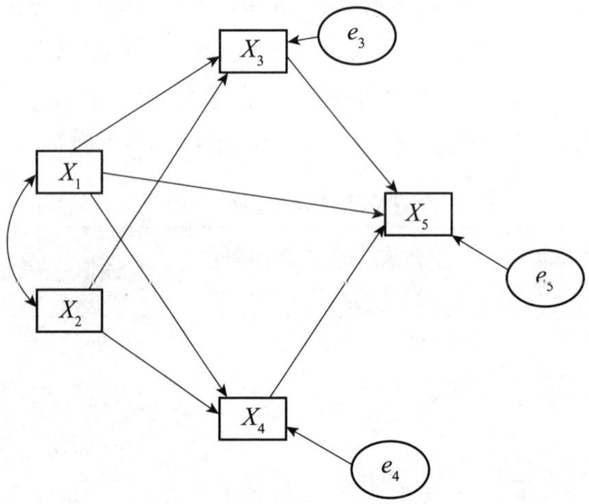

图 9-10　非饱和模型 3

从非饱和模型 1 和非饱和模型 3 的拟合结果可以看出（见表 9-3 的第一行和第三行），两个模型的卡方差值为 1.143－0.300＝0.843，自由度差值为 1，对照卡方检验临界值表发现该差异在 0.05 水平上不显著。另外，两个模型的 RMSEA、CFI、TLI 值均相同。这说明非饱和模型 3 在较少的路径下仍能够很好地拟合数据。在模型选择上，遵从简约化原则，就可以考虑以非饱和模型 3 替代非饱和模型 1。

下面我们再来看一下，如果继续将系数同样不显著的路径 $X_5 \leftarrow X_3$ 删除（见图 9-11），会得到什么样的结果。

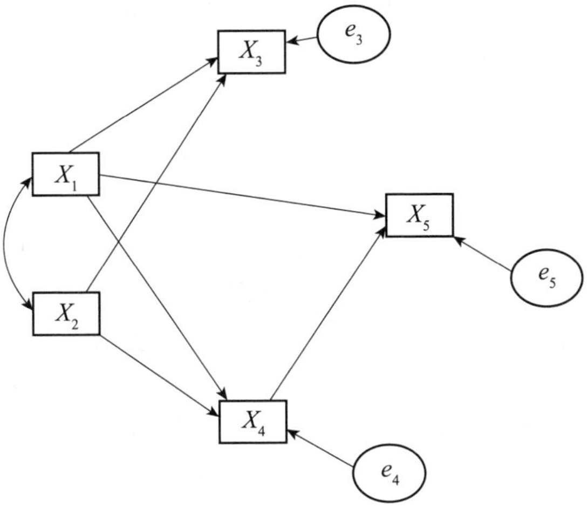

图 9-11　非饱和模型 4

从非饱和模型 1 和非饱和模型 4 的拟合结果可以看出（见表 9-3 的第一行和第四行），两个模型的卡方差值为 29.426－0.300＝29.126，自由度差值为 2，对照卡方检验临界值表发现该差异在 0.05 水平上显著。另外，非饱和模型 4 的 RMSEA 值达到 0.221，TLI 值仅为 0.522，这说明非饱和模型 4 在删除路径 $X_5 \leftarrow X_3$后拟合度很低。因此在模型选择上，就不能以非饱和模型 4 替代非饱和模型 1。

由于饱和模型能够完全再现实际相关系数，它总能完全地拟合数据，但这并不能说明所设定的模型就完美无缺，因为即便将模型中的因果路径完全颠倒，在统计上也难以检验它的有效性。最佳模型的获得总要经过一个复杂的调试过程，需要在统计检验、理论假设与实际观察三者的综合考虑下不断对模型进行修正。因此，对于饱和模型，还需要通过理论与实践进行检验。

第七节　路径分析中一些值得注意的问题

一、前提假设

正如本章第三节和第五节提到的，真正的因果关系存在时间上的先后性，但是这一点在操作上难以实现，不仅仅是因为纵向设计耗时耗力，即使确实在不同时间点实施测量来收集变量数据，测量发生的时间顺序也并不一定能代表变量之间相关作用真正的先后性。实际上大量的路径分析在横向设计下进行，本章也主要以横向设计思路对路径分析进行详细介绍。横向设计下路径分析需要注意两个问题：（1）为了指定变量之间因果关系方向，研究者需要有非常清晰和实质性的理由；（2）对循环回路中变量之间因果效应进行分解时，数据需要满足平衡性假设。而对于是否满足平衡性假设的判断，尚且缺乏非常统一而且严格的标准。

另外，如果考虑用纵向设计来探究变量间因果关系，那么非递归的循环回路可以表示为不同时间点的递归关系，这里同样需要满足一个前提假设——平稳性（stationarity）假设，即变量间的因果关系不随时间的变化而改变。

二、样本量

从前面的介绍中，我们可以发现，样本量对于模型是否可识别并没有影响。那么，样本量真正影响的是什么呢？其实和很多其他统计方法一样，样本量影响的是样本误差，较大样本得到的结果样本误差相对更小。那么，样本量达到多大可以得到相对稳定的结果呢？

有一些研究者简单认为，100 以下为小样本，100～200 为样本量中等，200 以上为大样本。另外，也有研究者考虑到模型的复杂程度，认为对于复杂的路径模型来说，200 或以上的样本量是必要的。这里关于样本量和模型复杂度之间的关系可以参考样本量和模型自由参数之间的比率：20∶1 为理想样本量目标，至少应该达到 10∶1。即若路径模型中自由参数数目为 20，则样本量的最低要求为 200。

三、数据类型

在路径分析中，变量可以是连续变量、分类变量、称名变量等不同类型。通常在统计软件中对路径模型进行估计，默认变量类型是连续变量。如果模型中存在其他类型的变量，则需要对变量类型进行定义，以减小模型拟合偏差。对不同类型变量的估计结果的解释也应该注意其间的差别。

四、参数估计

对于包含在反馈回路中的内源变量，普通最小二乘法的参数估计结果中用来表示方差中被解释部分所占比例的 R^2（即回归方程中的判定系数）将不再适用。这是由于反馈回路中的内源变量残差可能和其中的因果变量相关，从而违背了最小二乘估计中对于残差和预测变量之间相互独立的前提假设。因此非递归的路径分析结果中 R^2 的值是被修正过的。正如本章第四节提到的，对非递归模型，不能用普通最小二乘法求解，经常使用未加权最小二乘法、两阶段最小二乘法、广义最小二乘法和极大似然法来进行参数估计。而对于递归模型，则可以使用极大似然法、线性代数求解方程、最小二乘法等方法来进行估计。

第八节　路径分析应用案例及 Mplus 操作

现在一般用结构方程软件自动求解出参数的估计值，常用的软件包括 LISREL、AMOS、EQS、Mplus 等。这里给出应用 Mplus 的操作实例。

一、数据介绍

该部分案例数据为模拟数据，参照 Roth 等（1989）在大学生疾病影响因素探究中收集到的数据描述统计信息（见表 9－4），生成 373 个被试样本数据。数据中包含学生在运动状况（X_1）、耐劳性（X_2）、健康状况（Y_1）、压力状况（Y_2）、疾病程度（Y_3）5 个变量上的得分，5 个变量都是连续的。

表 9－4　大学生疾病影响因素探究案例变量的相关及其描述统计信息

变量	X_1	X_2	Y_1	Y_2	Y_3
运动状况（X_1）	1				
耐劳性（X_2）	−0.03	1			
健康状况（Y_1）	0.39	0.07	1		
压力状况（Y_2）	−0.05	−0.23	−0.13	1	
疾病程度（Y_3）	−0.08	−0.16	−0.29	0.34	1
均值	40.90	0.00	67.10	4.80	716.70
标准差	66.50	38.00	36.80	67.00	62.50

二、饱和的递归模型

假设大学生的（1）运动状况（X_1）和耐劳性（X_2）会影响健康状况（Y_1），（2）运动状况（X_1）、耐劳性（X_2）和健康状况（Y_1）会影响压力状况（Y_2），（3）运动状况（X_1）、耐劳性（X_2）、健康状况（Y_1）和压力状况（Y_2）会影响疾病程度（Y_3）。根据这个假设，一个饱和的递归模型（见图 9－12）就被指定了。模型中共有 5 个变量，包括 2 个外源变量和 3 个内源变量。由于饱和的递归模型是恰好识别模型，该模型不需要进行识别和检验。

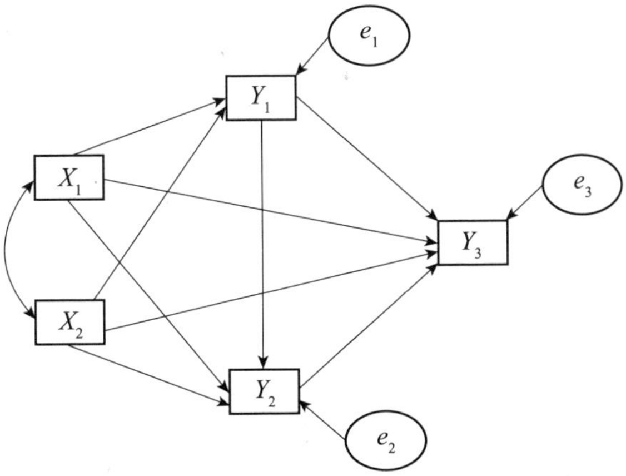

图 9－12　大学生疾病影响因素探究案例路径分析

为了能够应用 Mplus 对该模型进行估计，需要对数据格式进行特定的转化。.dat 文件为 Mplus 可识别的数据文件（参见文件“9_1_dataPA.dat”）。然后用 Mplus 对保存好的数据文件进行估计。应用 Mplus 对图 9－12 中的路径模型进行参数估计的语句如下（也可参见文件“9_1.inp”）：

```
DATA: FILE IS 9_1_dataPA.dat;
VARIABLE: NAMES ARE X1 X2 Y1 - Y3;
USEVARIABLES ARE X1 X2 Y1 - Y3;
MODEL:
        Y1 ON X1 X2;
        Y2 ON X1 X2 Y1;
        Y3 ON X1 X2 Y1 Y2;
        X1 WITH X2;
OUTPUT: STANDARDIZED;
```

其中，MODEL 语句用来根据模型假设指定变量间的因果关系，ON 左边为路径图中被指向的结果变量，右边为指向其左边变量的原因变量。三条包含 ON 的命令根据三个模型假设依次指定了三个结构方程。另外，X1 WITH X2 用于指定 X_1 和 X_2 两个变量之间相关。参数估计方法默认使用极大似然估计（ML）。估计结果见文件“9_1.out”。

恰好识别模型可以完全拟合数据，因此图 9－12 中的模型拟合的卡方值 $\chi^2_M=0$，自由度为 0。CFI 和 TLI 值均为 1，RMSEA 值为 0。模型拟合结果如下：

```
Chi-Square Test of Model Fit
--------------
        Value                                0.000
        Degrees of Freedom                       0
        P-Value                             0.0000

RMSEA (Root Mean Square Error of Approximation)
--------------
Estimate                                     0.000
90 Percent C. I.                        0.000   0.000
Probability RMSEA<=.05                       0.000

CFI/TLI
--------------
CFI                                          1.000
TLI                                          1.000
```

标准化的参数估计结果如下：

```
STANDARDIZED MODEL RESULTS
STDYX Standardization
```

		Estimate	S. E.	Est. /S. E.	Two-Tailed P-Value
Y1	ON				
	X1	0.392	0.044	8.974	0.000
	X2	0.082	0.047	1.726	0.084
Y2	ON				
	X1	−0.014	0.054	−0.261	0.794
	X2	−0.223	0.049	−4.545	0.000
	Y1	−0.109	0.054	−2.005	0.045
Y3	ON				
	X1	0.034	0.051	0.663	0.507
	X2	−0.074	0.048	−1.536	0.125
	Y1	−0.260	0.050	−5.202	0.000
	Y2	0.291	0.047	6.235	0.000
X1	WITH				
	X2	−0.030	0.052	−0.580	0.562
Means					
	X1	0.616	0.056	10.905	0.000
	X2	0.000	0.052	0.000	1.000
Intercepts					
	Y1	1.584	0.091	17.491	0.000
	Y2	0.279	0.104	2.695	0.007
	Y3	11.916	0.421	28.286	0.000
Variances					
	X1	1.000	0.000	999.000	999.000
	X2	1.000	0.000	999.000	999.000
Residual Variances					
	Y1	0.841	0.035	24.234	0.000
	Y2	0.934	0.025	37.558	0.000
	Y3	0.817	0.036	22.551	0.000

其中，Variances 中外源变量 X_1 和 X_2 的标准化方差为 1；X1 WITH X2 中 X_1 和 X_2 的标准化协方差−0.030 表示相关系数；Residual Variances 中残差 e_1、e_2 和 e_3 的标准化方差（0.841、0.934 和 0.817）表示相应内源变量的方差中没有被模型解释的部分所占比例，等于 $1-R^2$（R^2 为回归方程中的判定系数，表示方差中被解释的部分所占的比例）。将标准化的结果标记在图 9-12 中，可得到图 9-13。

根据效应分解方法，对估计结果中的因果效应进行分解和结果解释。例如，健康状况（Y_1）对疾病程度（Y_3）的直接效应为−0.260，表明大学生的健康状况得分每增加 1 个标准差，将直接导致疾病程度得分降低 0.260 个标准差；间接效应由路径健康状况（Y_1）→压力状况（Y_2）→疾病程度（Y_3）造成，值为$-0.109\times0.291=-0.032$，表明大学生的健康状况得分每增加 1 个标准差，它通过影响学生的压力状况，导致学生的疾病程度得分降低 0.032 个标准差；总因果效应为 $(-0.260)+(-0.032)=-0.292$，表明总体来说大学生的健康状况得分每增加 1 个标准差，它通过直接和间接的影响，将导致学生的疾病程度得分共降低 0.292 个标准差。如果通过非标准化的参数进行效应分解，

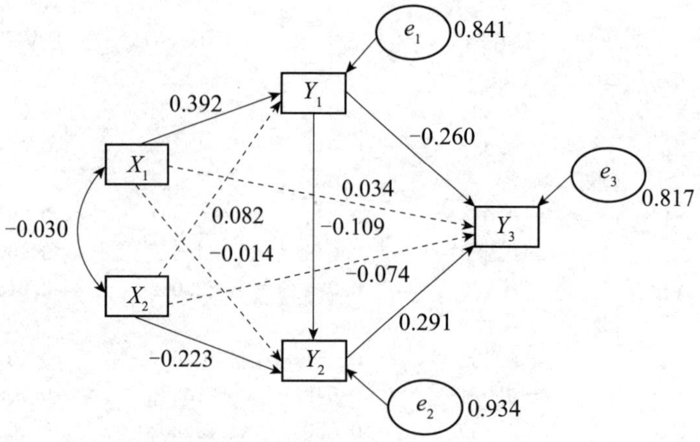

图9-13　大学生疾病影响因素探究案例路径分析参数估计结果（标准化参数）

注：单向实线箭头表示显著的路径，单向虚线箭头表示不显著的路径。

计算方法相同，但是在对结果进行解释的时候，参数值所代表的含义是数据真实的变化值，而不是以标准差为单位的变化值。

实际上，Mplus 可以直接为我们进行间接因果效应的计算。我们需要做的是，找出模型中的间接效应路径，并在 Mplus 语句中的 MODEL 部分增加一段命令，用来指定需要计算的间接效应路径，写法如下（也可参见文件“9_2. inp”）：

```
DATA：FILE IS 9_1_dataPA. dat；
VARIABLE：NAMES ARE X1 X2 Y1 - Y3；
USEVARIABLES ARE X1 X2 Y1 - Y3；
MODEL：
    Y1 ON X1 X2 (a1 - a2)；
    Y2 ON X1 X2 Y1 (b1 - b3)；
    Y3 ON X1 X2 Y1 Y2 (c1 - c4)；
    X1 WITH X2；
MODEL INDIRECT：
    Y2 IND Y1 X2；
    Y2 IND Y1 X1；
    Y3 IND Y1 X1；
    Y3 IND Y2 X1；
    Y3 IND Y2 Y1 X1；
    Y3 IND Y1 X2；
    Y3 IND Y2 X2；
    Y3 IND Y2 Y1 X2；
    Y3 IND Y2 Y1；
MODEL CONSTRAINT：
        new (ind1 ind2 ind3 ind4 ind5)；
        ind1 = a2 * b3；          ! X2→Y1→Y2 的间接因果效应
```

```
    ind2 = a1 * b3;            ! X1→Y1→Y2 的间接因果效应
    ind3 = a1 * c3+ b1 * c4+ a1 * b3 * c4; ! X1→Y3 的 3 条路径的总间接因果效应
    ind4 = a2 * c3+ b2 * c4+ a2 * b3 * c4; ! X2→Y3 的 3 条路径的总间接因果效应
    ind5 = b3 * c4;            ! Y1→Y2→Y3 的间接因果效应
    new (total1 total2 total3 total4 total5);
    total1 = b2+ ind1; ! X2 对 Y2 总因果效应（b2 为 X2 对 Y2 的直接效应）
    total2 = b1+ ind2; ! X1 对 Y2 总因果效应（b1 为 X1 对 Y2 的直接效应）
    total3 = c1+ ind3; ! X1 对 Y3 总因果效应（c1 为 X1 对 Y3 的直接效应）
    total4 = c2+ ind4; ! X2 对 Y3 总因果效应（c2 为 X2 对 Y3 的直接效应）
    total5 = c3+ ind5; ! Y1 对 Y3 总因果效应（c3 为 Y1 对 Y3 的直接效应）
OUTPUT: STANDARDIZED;
```

其中，MODEL INDIRECT 部分指定模型中的间接因果路径并计算间接效应，IND 前面为间接效应路径中的结果变量，后面紧跟的是间接效应路径中的中介变量，最后一个是原因变量。MODEL CONSTRAINT 部分的 new() 语句定义了若干模型中不存在的新参数，并根据模型参数的标签（MODEL 部分括号中的模型参数标签）依次进行计算，这些新参数代表了各条路径的间接因果效应和总因果效应。

需要注意，MODEL INDIRECT 部分与 MODEL CONSTRAINT 的前半部分（ind1 ind2 ind3 ind4 ind5）是 Mplus 中两种不同的间接效应计算方式，二者结果相同，都是基于未标准化的参数估计值计算得到的。但是 MODEL CONSTRAINT 还可以用于进一步计算未标准化的总因果效应（即 MODEL CONSTRAINT 的后半部分：total1 total2 total3 total4 total5），并且同时得出总因果效应的显著性水平。用 Mplus 进行间接因果效应和总因果效应计算的一个好处是可以得到该效应的显著性水平，这一点如果进行手动计算就比较麻烦了。另外，如果基于标准化参数估计的结果计算间接因果效应和总因果效应，其显著性水平不会改变。我们将该案例中的标准化结果整理出来（具体参见文件“9_2. out”，注意文件中的间接效应和总效应均为非标准化参数结果），并计算间接因果效应和总因果效应，结果见表 9-5。

表 9-5　大学生疾病影响因素探究案例效应分解（标准化参数）

原因变量	内源变量		
	健康状况（Y_1）	压力状况（Y_2）	疾病程度（Y_3）
运动状况（X_1）			
直接效应	0.392***	−0.014	0.034
间接效应	—	−0.043	−0.119***
总因果效应	0.392***	−0.057	−0.085
耐劳性（X_2）			
直接效应	0.082	−0.223***	−0.074
间接效应	—	−0.009	−0.089***
总因果效应	0.082	−0.232***	−0.163***

续表

原因变量	内源变量		
	健康状况（Y_1）	压力状况（Y_2）	疾病程度（Y_3）
健康状况（Y_1）			
直接效应		-0.109^{*}	-0.260^{***}
间接效应		—	-0.032
总因果效应		-0.109^{*}	-0.292^{***}
压力状况（Y_2）			
直接效应			0.291^{***}
间接效应			—
总因果效应			0.291^{***}

*** $p<0.001$，* $p<0.05$.

三、非饱和的递归模型

从图 9－13 中可以看到，有四条路径，即 $X_1\rightarrow Y_2$、$X_2\rightarrow Y_1$、$X_1\rightarrow Y_3$、$X_2\rightarrow Y_3$是不显著的，根据这一结果，可以稍微调整模型假设，对模型进行修正。由于 X_1（运动状况）对 Y_2（压力状况）的影响不显著，X_2（耐劳性）对 Y_1（健康状况）的影响不显著，所以将这两条路径删除。虽然 X_1（运动状况）和 X_2（耐劳性）对 Y_3（疾病程度）的影响都不显著，但是经验上认为运动状况和耐劳性会对疾病程度产生影响，或者有研究者支持这一论断，因此 $X_1\rightarrow Y_3$和 $X_2\rightarrow Y_3$这两条路径仍然可以保留在模型中。据此，可以将模型假设调整为：(1) 运动状况会影响健康状况；(2) 耐劳性和健康状况会影响压力状况；(3) 运动状况、耐劳性、健康状况和压力状况会影响疾病程度。

递归模型都是可识别的，所以接下来，根据修正后的模型假设，应用 Mplus 进行参数估计和模型检验，语句如下（也可参见文件“9_3. inp”）：

```
DATA：FILE IS 9_1_dataPA. dat；
VARIABLE：NAMES ARE X1 X2 Y1 - Y3；
USEVARIABLES ARE X1 X2 Y1 - Y3；
MODEL：
    Y1 ON X1 (a)；
    Y2 ON X2 Y1 (b1 - b2)；
    Y3 ON X1 X2 Y1 Y2 (c1 - c4)；
    X1 WITH X2；
MODEL INDIRECT：
    Y2 IND Y1 X1；
    Y3 IND Y1 X1；
    Y3 IND Y2 Y1 X1；
    Y3 IND Y2 X2；
```

```
    Y3 IND Y2 Y1;
  MODEL CONSTRAINT:
    new (ind1 ind2 ind3 ind4);
    ind1 = a * b2;                 ! X1→Y1→Y2 的间接因果效应
    ind2 = a * c3+a * b2 * c4;  ! X1→Y3 的两条路径的总的间接因果效应
    ind3 = b1 * c4;                ! X2→Y2→Y3 的间接因果效应
    ind4 = b2 * c4;                ! Y1→Y2→Y3 的间接因果效应
    new (total2 total3 total4);
    total2 = c1+ind2;            ! X1 对 Y3 总因果效应（c1 为 X1 对 Y3 的直接效应）
    total3 = c2+ind3;            ! X2 对 Y3 总因果效应（c2 为 X2 对 Y3 的直接效应）
    total4 = c3+ind4;            ! Y1 对 Y3 总因果效应（c3 为 Y1 对 Y3 的直接效应）
  OUTPUT: STANDARDIZED;
```

模型拟合结果如下（也可参见文件“9_3. out”）：

```
Chi-Square Test of Model Fit
--------------
        Value                                   3.019
        Degrees of Freedom                          2
        P-Value                                0.2210

RMSEA (Root Mean Square Error of Approximation)
--------------
        Estimate                                0.037
        90 Percent C. I.                 0.000  0.116
        Probability RMSEA<=.05                  0.493

CFI/TLI
--------------
        CFI                                     0.993
        TLI                                     0.971
```

结果显示，非饱和模型的卡方值（χ^2_M）为 3.019，p 值为 0.221，即在 0.05 水平上不显著，另外 RMSEA、CFI、TLI 值都达到模型良好拟合的判断标准，而且与饱和模型的拟合指数相比变化量较小。这说明将 $X_1 \rightarrow Y_2$ 和 $X_2 \rightarrow Y_1$ 这两条路径删除之后所得到的非饱和模型同样能够很好地拟合数据，统计上可以接受零假设，因此对原饱和模型进行修正，用该非饱和模型进行替代。

表示修正后模型的标准化参数估计结果的路径图见图 9-14。

图 9-14 中 $X_1 \rightarrow Y_3$ 和 $X_2 \rightarrow Y_3$ 两条路径仍然不显著，虽然我们也可以继续对模型进行简化和修正，但是根据模型假设，这两条路径在模型中具有理论意义。这样的结果可以解释为：原有研究中或经验上对于运动状况和耐劳性会影响疾病程度的论断是不严谨的，图 9-14 中的模型结果可以对原有论断进行修正，即运动状况和耐劳性都是通过作

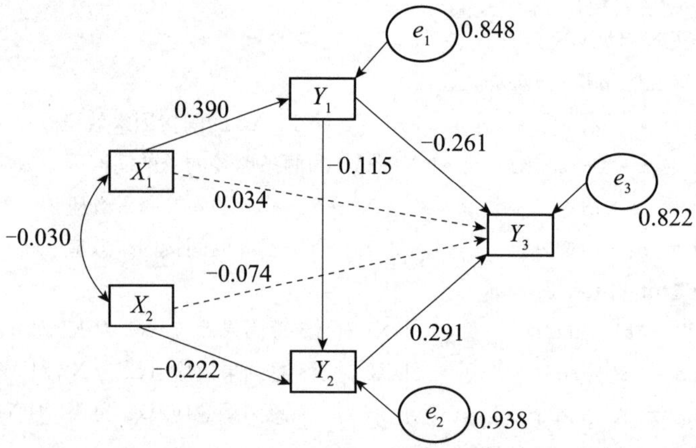

图 9-14 大学生疾病影响因素探究非饱和模型参数估计结果（标准化参数）

注：单向实线箭头表示显著的路径，单向虚线箭头表示不显著的路径。

用于其他因素来影响疾病程度的，运动状况通过影响健康状况对疾病程度造成影响，耐劳性通过影响压力状况对疾病程度造成影响，而它们对疾病程度并没有直接影响。

最后，基于标准化的参数估计结果计算间接效应和总因果效应（结果见表 9-6），并参照前面饱和模型中对于健康状况和疾病程度之间因果关系的解释，对所关注的变量两两之间的因果效应进行解释，同时注意参数的显著性水平。

表 9-6 大学生疾病影响因素探究非饱和模型效应分解（标准化参数）

原因变量	内源变量		
	健康状况（Y_1）	压力状况（Y_2）	疾病程度（Y_3）
运动状况（X_1）			
直接效应	0.390***	—	0.034
间接效应	—	−0.045*	−0.115***
总因果效应	0.392***	−0.045*	−0.081
耐劳性（X_2）			
直接效应	—	−0.222***	−0.074
间接效应	—	—	−0.065***
总因果效应	—	−0.222***	−0.139***
健康状况（Y_1）			
直接效应		−0.115*	−0.261***
间接效应		—	−0.033*
总因果效应		−0.115*	−0.294***
压力状况（Y_2）			
直接效应			0.291***
间接效应			—
总因果效应			0.291***

*** $p<0.000$，* $p<0.05$.

关键术语

路径图 外源变量 内源变量 中介变量 直接因果效应 间接因果效应 非因果效应 路径系数 递归模型 非递归模型 饱和模型 非饱和模型

本章要点

1. 路径分析是在多元回归分析基础上发展起来的，能够更加全面清晰地描述变量间的相互作用关系，它符合事物间普遍存在交互作用的事实，打破了多元回归分析只注重自变量与因变量之间独立作用的局限。

2. 路径分析是一种“证实性技术”，作为检验因果关系的有力工具，不仅需要严谨的模型假设，得出因果推论前更需要经过多方检验。

3. 根据模型中的因果关系结构，路径分析模型分为递归模型和非递归模型两种基本类型。可识别的模型才能进行参数估计，递归的路径分析模型都是可识别的，通常关于模型是否可识别的检验都是对于非递归模型而言的。

4. 恰好识别和超识别的路径模型都是可识别的。饱和的递归模型是恰好识别模型，非饱和模型通常是超识别模型。超识别模型中观测值的数目多于自由参数的数目，导致模型和数据不能完全拟合，因此通常需要根据模型拟合度对非饱和模型进行检验和评价。

5. 路径分析的着眼点主要在变量间相互作用关系的分解上，包括变量间的直接因果效应、间接因果效应和非因果效应，通过效应分解能够更加全面清晰地解释变量间的相互作用关系。

第十章

结构方程模型

【核心要点】

1. 了解结构方程模型能解决的主要问题。
2. 了解结构方程模型的组成部分。
3. 掌握应用结构方程模型的步骤。
4. 知道结构方程模型的多组比较的顺序。

第一节　结构方程模型概述

结构方程模型（structural equation models，SEM）又称协方差结构模型（covariance structure models）、协方差结构分析（analysis of covariance structure）、线性结构模型（linear structural relations models）、矩结构模型（moment structure models）、结构化线性模型中的潜变量方程系统（latent variable equation system in linear model），以及常用的线性结构关系（linear structural relations，LISREL）模型。该分析方法最早是由Bock和Bargmann（1966）提出的。

结构方程模型是广义线性模型（generalized linear models，GLM）的扩展。这些线性模型包括：路径分析模型、典型相关模型、因素分析模型、判别分析模型、多元方差分析模型以及多元回归分析模型。其中的每种分析都只是结构方程模型的特例，但许多模型均可以用结构方程模型程序来处理和评价。结构方程模型是路径分析模型和因素分析模型的有机结合，因此它比一般线性模型的统计程序有更突出的优越性。结构方程模型程序主要具有验证性功能，研究者利用一定的统计手段，对复杂的理论模式加以处理，并根据模型与数据关系的一致性程度，对理论模型做出适当评价，从而证实或证伪研究者事先假设的理论模式。

传统回归分析假设因变量能够准确地用指标变量测量，但在实际中，这种假设很难达到。测量误差对整个模型各参数的估计会产生极复杂的影响。忽略测量误差可能导致对结果的解释是错误的或者有偏的。传统回归分析的方法由于不考虑自变量之间的测量误差，对于简单模型，可导致高估变量的真正变异量和低估相关系数的结果，对于复杂模型，忽视测量误差可能带来的影响较难简单地估计。总体而言，测量误差越大，使用传统回归方法所致的偏差就越大。

结构方程模型与传统的回归分析方法相比，至少有以下优点：

（1）可同时考虑和处理多个因变量。

（2）允许自变量和因变量为潜变量，可以含有测量误差。

（3）与因素分析类似，结构方程模型容许潜变量由多个指标变量测量，并可同时估计指标变量的信度和效度。

（4）结构方程模型可采用比传统方法更有弹性的测量模型，如某一指标变量或项目在结构方程模型内可以同时从属于两个潜变量；而在传统方法中，项目一般从属于一个潜变量。

（5）研究者可以考虑潜变量之间的关系，并且对模型与数据的整体拟合做出评价。

结构方程模型早期主要用于对中介关系和直接关系的检验与验证性因素分析。近年来它的应用范围逐渐拓宽，在心理学中的应用主要有以下方面。

（1）探索性因素分析。结构方程模型的一个典型的应用是做探索性因素分析。在介绍这一应用前，有必要重申结构方程模型主要用来检验一个已经假定的理论模型与数据的拟合程度，一般不用来探索寻求一个模型，但是这并不意味着结构方程模型没有探索性的功能。应用结构方程模型做探索性因素分析在探讨变量间的关联方式时非常有用。重要的是研究者必须明确该分析的探索性质，也要这样描述分析结果。在探索性因素分析中，结构方程模型的验证性方面消失，研究者必须用另一组独立样本数据做进一步确证，以确定探索得到的模型并不是简单反映了一套非常态数据的关系（即判断模型是否具有普遍性）。在探索性因素分析中，无须提前假设一个理论模型，而是通过检验一系列能够解释变量间共同变异的因素，来探索变量间的关系。结构方程模型能做探索性因素分析，是因为探索性因素分析涉及一种特别的结构方程模型，即只有当模型中的因素间没有因果联系，且路径关系只存在于潜在因素和观测变量之间时，这种结构方程模型才能用于探索性因素分析。这一方法可以帮助研究者确定能充分解释显变量间相互关系的最简单因素模型（该模型所含因素数最少，并且模型矩阵里非零路径系数最少）。在结构方程模型中，潜变量即是因素，显变量是负荷在因素上的观测变量，显变量与潜变量之间的因素载荷关系形成因素模型矩阵，通过显变量上的误差可以得到误差方差。结构方程模型检验一系列含连续上升（或下降）的因素数目的模型，对比每一新模型与前一模型，确定能最好地解释显变量间相互关系的最优最经济模型，即探索基于一套特定数据的潜在因素结构。

（2）验证性因素分析。结构方程模型的另一相关应用是进行验证性因素分析。探索性和验证性因素分析并不是必然相互独立的。它们最大的区别在于：验证性因素分析中解释变量关系的因素，是预先根据理论假设的，而探索性因素分析则通过比较含不同数目潜在因素的模型，探讨用来解释变量间共同变异的最合理的因素结构。结构方程模型的测量模型部分是一个验证性因素分析模型，当显变量负荷到潜变量上时，该测量模型部分反映的就是基于理论设计的显变量与潜变量间的结构形式。验证性因素分析必须有理论基础，首先假设一组能够解释显变量间相互关系的潜变量，进而设计出描述这些关系的路径模型，然后用设定的模型来拟合数据，以确定这些通过因果推断建立的理论模型能否很好地解释变量之间的相互关系。在验证性因素分析中，设定负荷在因素上的测量项目也必须有理论依据，这样能够阻止在重新考虑指导模型的理论基础之前，对模型擅做改动。在使用结构方程模型过程中常见的一个错误是仅依据分析结果中的修正指数来修正模型的因素结构，而不重新考虑支持该模型建立的初始理论。

（3）路径分析。路径分析模型是结构方程模型的特例，用结构方程模型不仅可以对观测变量之间复杂的因果模型进行分析，而且可以对潜变量之间复杂的因果关系进行分析。

（4）多组比较。结构方程模型相对于其他分析技术的极大优点是，能够在同一模型上同时比较两个或多个独立组，以确定这些组别在一个或多个参数上是否有显著差异。许多实例表明建立一个多组模型很有用，如研究者想比较各实验组，以确定一个实验处理是否有效果，或比较不同性别的被试组，以确定某些变量间的关系对于男性和女性是否相同。其基本方法是先对不同组的模型进行自由估计，然后将不同组的所有或部分参数固定为相等，对多组数据同时拟合，比较自由估计的模型和限定的模型的拟合程度，评价限定模型的拟合程度是否显著变差。如果是，则表明这些参数在不同组的差异显著；如果不是，则表明参数在不同组没有显著差异。

（5）均值差异检验。结构方程模型可以把潜变量的均值归为所要估计的参数，进而比较均值的差异。结构方程模型有不少优势，潜变量往往能更好地代表所感兴趣的概念；结构方程模型考虑了各个观测变量的测量误差，因而估计的参数值更为准确；结构方程模型允许研究者用模型去解释自变量对因变量的变化或影响机制。用结构方程模型进行均值差异检验时，除了样本协方差矩阵，还必须提供观测数据的样本平均数。

（6）追踪设计。利用结构方程模型建立纵向数据模式是纵向研究设计的一大趋势。在对纵向数据进行分析时，结构方程模型可以通过定义前后两次测量的相同特质（或指标）的相关来对模型做出合理的假设，从整体上分析所定义的模型对数据的拟合程度。前后测实验的方差分析可以被看作结构方程模型处理纵向观测数据的一个特例。

第二节　结构方程模型中的图示、模型及假设

一、图示

下面结合典型图例来说明结构方程模型的特点。

如图10－1所示，在结构方程模型中，两侧的方框表示观测变量，其中 X 系列表示外源观测变量，Y 系列表示内源观测变量；中间的椭圆表示潜变量，ξ 系列称为外源潜变量，η 系列称为内源潜变量。δ、ε 分别表示外源观测变量和内源观测变量的误差，即不受公共因素影响的因素，亦即变量中不能由潜变量解释的部分。

通过对结构方程模型的分析可以得到 ξ 系列和 η 系列之间的因果关系、η 系列内部的相互关系，以及 ξ 系列内部的相互关系，最后可以得到变量之间以及变量所反映的事物之间相互关系的模型。

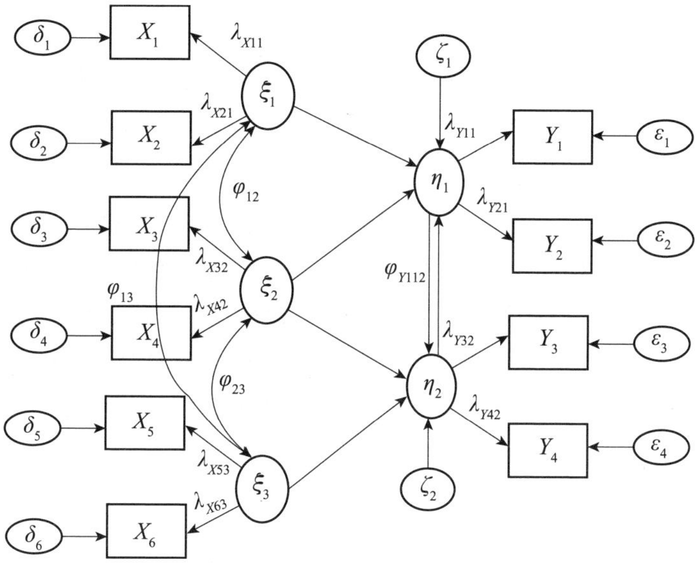

图 10－1　结构方程模型图解

二、模型及假设

结构方程模型由两部分组成：测量模型（measurement model，即验证性因素分析模型）和结构模型（structural model）。结构模型包含的信息是我们所关心的构想彼此之间的关系，而测量模型则用于描述每个观测变量是如何与一个潜在、未观测的构想相关联的。构想也称为潜在构想（latent construct），是模型中设定的潜变量（latent variable），它无法通过直接观测得到，必须通过被测量的变量来进行推断。

（一）测量模型及假设

测量模型又称验证性因素分析模型，验证性因素分析是在对研究问题有所了解的基础上进行的，这种了解可以建立在理论、实验研究或是两者相结合的基础上。测量模型的假设为：

（1）模型中的潜变量和误差的总体平均值都设定为零。

（2）潜变量与误差项之间相互独立。

（3）各潜变量之间相互独立。

模型的数学表达式为：

$$\boldsymbol{X}=\boldsymbol{\Lambda}_{\boldsymbol{X}}\boldsymbol{\xi}+\boldsymbol{\delta} \quad (10-1)$$

$$\boldsymbol{Y}=\boldsymbol{\Lambda}_{\boldsymbol{Y}}\boldsymbol{\eta}+\boldsymbol{\varepsilon} \quad (10-2)$$

式中，$\boldsymbol{X}$ 为 $n\times1$ 的外源观测变量向量，$\boldsymbol{Y}$ 为 $m\times1$ 的内源观测变量向量，$\boldsymbol{\xi}$ 是 $p\times1$ 的外源潜变量向量，$\boldsymbol{\eta}$ 是 $q\times1$ 的内源潜变量向量，$\boldsymbol{\Lambda}_{\boldsymbol{X}}$ 是 $n\times p$ 的外源潜变量向量 $\boldsymbol{\xi}$ 的因素载荷矩阵，$\boldsymbol{\Lambda}_{\boldsymbol{Y}}$ 是 $m\times q$ 的内源潜变量向量 $\boldsymbol{\eta}$ 的因素载荷矩阵，$\boldsymbol{\delta}$ 为 $n\times1$ 的测量误差项向

量，$\boldsymbol{\varepsilon}$ 为 $m\times1$ 的测量误差项向量。

在验证性因素分析中，因为自变量（潜变量）是不可观测的，所以因素方程不能直接估计，为此必须导出它与观测变量的方差-协方差矩阵之间的关系：

$$\boldsymbol{\Sigma}=\begin{pmatrix}\boldsymbol{\Lambda}_Y\mathrm{Cov}(\boldsymbol{\eta})\boldsymbol{\Lambda}'_Y+\boldsymbol{\Theta}_\varepsilon & \boldsymbol{\Lambda}_Y\mathrm{Cov}(\boldsymbol{\eta},\ \boldsymbol{\xi})\boldsymbol{\Lambda}'_X \\ \boldsymbol{\Lambda}_X\mathrm{Cov}(\boldsymbol{\xi},\ \boldsymbol{\eta})\boldsymbol{\Lambda}'_Y & \boldsymbol{\Lambda}_X\boldsymbol{\Phi}\boldsymbol{\Lambda}'_X+\boldsymbol{\Theta}_\delta\end{pmatrix} \tag{10-3}$$

上式称为协方差方程。其中，$\boldsymbol{\Sigma}$ 是观测变量之间的方差和协方差的总体矩阵；$\boldsymbol{\Lambda}_Y$ 和 $\boldsymbol{\Lambda}_X$ 分别是观测变量向量 $\boldsymbol{Y}$ 和 $\boldsymbol{X}$ 的因素载荷矩阵；$\boldsymbol{\Theta}_\varepsilon$ 和$\boldsymbol{\Theta}_\delta$ 则是两个测量模型中误差项向量之间的协方差矩阵。该方程把观测变量向量 $\boldsymbol{Y}$、$\boldsymbol{X}$ 的方差和协方差分解成载荷矩阵 $\boldsymbol{\Lambda}_Y$、$\boldsymbol{\Lambda}_X$、$\boldsymbol{\eta}$、$\boldsymbol{\xi}$ 的方差和协方差以及 $\boldsymbol{\delta}$ 和 $\boldsymbol{\varepsilon}$ 的方差和协方差。模型的估计就是求解上面协方差方程中的各个参数的估计值，以使模型更好地重新产生观测变量向量的方差-协方差矩阵。

（二）结构模型及假设

结构模型是用来描述潜变量之间关系的。该模型的假设为：

（1）在总体中，模型所有的潜变量的平均值为零。

（2）方程中的外源潜变量与误差之间的相关系数为零。

（3）模型中潜变量间的关系不存在多余的方程。

它的数学表达式为：

$$\boldsymbol{\eta}=\boldsymbol{B}\boldsymbol{\eta}+\boldsymbol{\Gamma}\boldsymbol{\xi}+\boldsymbol{\zeta} \tag{10-4}$$

式中，$\boldsymbol{\eta}$ 和 $\boldsymbol{\xi}$ 分别是内源潜变量向量和外源潜变量向量，$\boldsymbol{B}$、$\boldsymbol{\Gamma}$ 分别为 $\boldsymbol{\eta}$、$\boldsymbol{\xi}$ 的系数矩阵，$\boldsymbol{\zeta}$ 为结构方程的误差项向量。将上式变形可以得到：

$$\boldsymbol{\eta}=(\boldsymbol{I}-\boldsymbol{B})^{-1}(\boldsymbol{\Gamma}\boldsymbol{\xi}+\boldsymbol{\zeta})=\boldsymbol{B}(\boldsymbol{\Gamma}\ddot{\boldsymbol{\xi}}+\boldsymbol{\zeta}) \tag{10-5}$$

记 $\ddot{\boldsymbol{B}}=(\boldsymbol{I}-\boldsymbol{B})^{-1}$，则对应的协方差方程为：

$$\boldsymbol{\Sigma}=\begin{pmatrix}\ddot{\boldsymbol{B}}(\boldsymbol{\Gamma}\boldsymbol{\Phi}\boldsymbol{\Gamma}'+\boldsymbol{\Psi})\ddot{\boldsymbol{B}} & \ddot{\boldsymbol{B}}\boldsymbol{\Gamma}\boldsymbol{\Phi} \\ \boldsymbol{\Phi}\boldsymbol{\Gamma}'\ddot{\boldsymbol{B}}' & \boldsymbol{\Phi}\end{pmatrix} \tag{10-6}$$

式中，$\boldsymbol{I}$ 是与矩阵 $\boldsymbol{B}$ 大小相同的单位矩阵，$\boldsymbol{\Phi}$ 表示外源变量向量之间的协方差矩阵，$\boldsymbol{\Psi}$ 表示结构方程模型中误差的协方差矩阵。

（三）完整结构方程模型及假设

完整的结构方程模型有如下假设：

（1）所有变量都来自均值为零的总体。

（2）没有多余的方程存在。

（3）方程中的误差项与外源变量的误差之间不相关。

该方程的数学表达式为：

$$\boldsymbol{\Sigma}=\begin{pmatrix}\boldsymbol{\Lambda}_Y\ddot{\boldsymbol{B}}(\boldsymbol{\Gamma}\boldsymbol{\Phi}\boldsymbol{\Gamma}'+\boldsymbol{\Psi})\ddot{\boldsymbol{B}}\boldsymbol{\Lambda}'_Y+\boldsymbol{\Theta}_\varepsilon & \boldsymbol{\Lambda}_Y\ddot{\boldsymbol{B}}\boldsymbol{\Gamma}\boldsymbol{\Lambda}'_X \\ \boldsymbol{\Lambda}_X\boldsymbol{\Gamma}'\ddot{\boldsymbol{B}}'\boldsymbol{\Lambda}'_Y & \boldsymbol{\Lambda}_X\boldsymbol{\Phi}\boldsymbol{\Lambda}'_X+\boldsymbol{\Theta}_\delta\end{pmatrix} \tag{10-7}$$

在结构方程模型中，所有矩阵中的参数就是模型需要估计的自由参数，总参数的个数为模型中包含的观测变量的方差和协方差的个数。

第三节　结构方程模型中的模型使用步骤

应用结构方程模型解决实际问题时，一般步骤分为：模型设定、模型识别、模型参数估计、模型评价、模型修正。为了找到拟合优度模型，上述五个步骤往往需要不断重复。

一、模型设定

模型设定（model specification）是指在模型估计之前，研究者先根据理论或以往研究成果来设定初始的理论模型。在结构方程模型中，有多个验证性因素分析模型和一个结构模型。对于验证性因素分析模型，需要事先知道因素的个数，以及因素与变量之间的关系，然后根据假设的潜变量之间的关系画出路径图，之后再对模型中的各个参数进行设定，确定哪些参数是固定参数，哪些是自由参数和限定参数。

二、模型识别

模型识别（model identification）主要用来决定所研究的模型是否能够求出参数估计的唯一解。在有些情况下，由于模型被错误地或不合理地定义，其参数不能识别，求不出唯一的参数估计值，因而模型无解。模型的识别可以通过给 $\boldsymbol{B}$、$\boldsymbol{\Gamma}$、$\boldsymbol{\Psi}$ 施加约束条件来实现。当最后只有一组参数符合观测数据，而其他组的参数都违反约束条件时，该模型可识别。结构方程模型可以是“不可识别的”“恰好识别的”“超识别的”。这里的概念与第八、九章中的一致。

对于结构方程模型，并没有一套简单的充要条件来作为参数识别基础。然而，与路径分析模型一样，有两个必要条件是应该加以检验的。

（1）观测变量协方差矩阵中的元素数不能少于自由参数的数目。

（2）必须为模型中的每个潜变量建立一个测量尺度。为了建立这个测量尺度，可以将潜变量的方差固定为 1，也可以对每个潜变量，固定一条路径的因素载荷为 1。

但这两个条件都是必要条件，而不是充分条件。也就是说，即使这两个条件都得到满足，所定义的模型也可能是不可识别的。

三、模型参数估计

模型参数估计（model parameter estimation）就是求解模型中的各个参数的估计值，以使模型能尽可能好地再生观测变量的方差-协方差矩阵。可以采用几种不同的方法来估计：未加权最小二乘法（ULS）、广义最小二乘法（GLS）、极大似然法（ML）、工具变量法（IV）、两阶段最小二乘法（TSLS）、广义加权最小二乘法（WLS）、对角加权最小二乘法（DWLS）和贝叶斯法（BAYES）。其中，最常用的方法是未加权最小二乘法、广义最小二乘法和极大似然法。

结构方程模型的极大似然估计函数表示如下：

$$\mathrm{MLF}=-\frac{1}{2}n[\mathrm{Tr}(\boldsymbol{S}\boldsymbol{\Sigma}^{-1})+\ln|\boldsymbol{\Sigma}|-\ln|\boldsymbol{S}|-(p+q)] \tag{10-8}$$

式中，$\boldsymbol{S}$ 是样本协方差矩阵，$\boldsymbol{\Sigma}$ 是总体协方差矩阵，p 是内源观测变量的数目，q 是外源观测变量的数目。

极大似然估计方法的主要性质有：（1）极大似然估计是无偏估计，即用大样本估计总体参数时，估计值理论上的平均值等于总体平均值；（2）极大似然估计是一致估计，即当样本量趋于无穷大时，参数估计值收敛于总体均值；（3）极大似然估计是有效估计，即在样本量较大时，估计值的方差最小；（4）当样本量增大时，其参数分布近似于正态分布；（5）极大似然估计一般不受测量单位的影响。

使用极大似然估计和广义最小二乘估计，需要假设观测变量为连续变量，且服从多元正态分布，当观测变量分布为偏态时，可以用加权最小二乘估计得到参数的渐近有效估计；限制性的极大似然估计方法（MLR）也不要求观测变量的总体分布一定为多元正态分布。

四、模型评价

在得到了参数的估计值之后，需要对模型与数据间是否拟合进行评价，并与替代模型的拟合指数进行比较。可以通过比较拟合指数来评价一个模型与数据的拟合程度。拟合指数是反映根据模型衍生的协方差矩阵与实际数据协方差矩阵差异的一个总的指标。

关于模型的总体拟合程度有许多测量标准。与验证性因素分析中讲过的相同，常用的方法有以下几种。

（一）拟合指数

1. 绝对拟合指数

绝对拟合指数用于比较观察到的与期望的方差和协方差，即测量绝对的模型拟合。常用的绝对拟合指数有：拟合优度卡方统计量、拟合优度指数（GFI）和调整的拟合优度指数（AGFI）、近似误差均方根（RMSEA）。其中卡方值和近似误差均方根是越小越好，拟合优度指数是越大越好。

2. 相对拟合指数

相对拟合指数用于比较一个模型与另一个模型的相对拟合。常用的相对拟合指数有：比较拟合指数（CFI）、递增拟合指数（IFI）、标准拟合指数（NFI）、非标准拟合指数（TLI）。以上指数越大表示模型拟合得越好。

（二）信息标准指数

结构方程模型提供三种紧密相连的信息标准指数来对所定义的模型进行比较，而不论所定义的模型之间是否有嵌套关系。它们分别是：赤池信息标准（AIC）、一致性赤池信息标准（CAIC）、期望交叉证实指数（ECVI）。这些指数的值越小说明模型越简单并且拟合得越好，至于小到什么程度却没有明确的标准。为此，可以在选择模型时应用这些指数，先估计每个模型，将它们按照其中一个指数进行比较，然后选择其中值最小的模型。

（三）其他方法

最后还有一种拟合评价的重要方法，它通过比较具有嵌套关系的两个模型，来决定所定义的两个模型中哪个较优。具体方法是应用卡方差异检验，即通过两个模型拟合优度的卡方检验值的差值以及自由度的差值得到新的卡方统计量的值和自由度，如果检验差异显著，则说明模型中的变化的确是一种改善。这部分内容详见验证性因素分析的章节。

一般来说，运用软件进行结构方程模型分析，会给出三种模型的拟合结果：假设模型（default model）、饱和模型（saturated model）和独立模型（independence model）。假设模型是指研究者根据一定的理论提出假设进而建立的模型。饱和模型是指各观测变量之间均容许相关的最复杂的模型，自由度为 0。饱和模型其实是人为设定的约束条件最少的模型，是纯粹按照数据的相互关系来构建的最优模型，所以，它是一种数学上的理想模型。独立模型是最简单的模型，模型中没有考虑任何的变量关系，所有变量之间都是相互独立的。

关于如何根据拟合指数综合性地评价模型拟合情况，请参考验证性因素分析章节的相关内容。

五、模型修正

如果模型不能很好地拟合数据，就需要对模型进行修正（modification）和再次设定。在这种情况下，研究者需要决定如何删除、增加和修改模型参数，通过模型修正可以提高模型的拟合程度。一旦重新设定模型，就需要重复以上五个步骤。一般情况下对模型的选取应该遵循省俭原则。省俭原则是指当两个模型同样拟合数据时，应当选取其中比较简单的那个。同时，对模型的修正最好也要基于一定的理论。

第四节 结构方程模型中模型比较的应用

一、单个或一组参数的检验

在结构方程模型中，有时需要对单个或一组参数（路径）的显著性进行检验。例如，要检验的路径系数是潜变量 F_1 到 F_2 的路径系数，则零假设为 $b_{F_1F_2}=0$，备择假设为 $b_{F_1F_2}\neq 0$。从模型比较的角度来说，我们可以假设模型所包含的参数向量为 $\boldsymbol{\theta}$。那么，一个完整模型所包含的参数向量就为 $\boldsymbol{\theta}_F$，一个嵌套模型所包含的参数向量就为 $\boldsymbol{\theta}_R$，其中，$\boldsymbol{\theta}_R$ 中的参数包含于 $\boldsymbol{\theta}_F$。此时，可以从模型比较的角度对这两个模型中没有重合的那部分参数的显著性进行检验。零假设为：相比完整模型，嵌套模型拟合程度的降低量没有达到显著性水平。备择假设为：相比完整模型，嵌套模型拟合程度的降低量达到显著性水平。

对零假设的检验可以分为两种思路。第一种思路类似回归系数的显著性检验，即计算单个系数的 z 分数，然后计算显著性水平。例如，在极大似然估计条件下，假设要检验的参数估计值为 $\hat{\boldsymbol{\theta}}$，则可以根据标准误，计算 z 分数：$z=\hat{\boldsymbol{\theta}}/\mathrm{SE}_{\hat{\boldsymbol{\theta}}}$。一般的估计软件都能提供 z 检验结果。第二种思路是基于模型比较的方法。首先分别得到包含参数向量 $\boldsymbol{\theta}_F$ 和参数 $\boldsymbol{\theta}_R$ 的模型的拟合指数，例如卡方值。然后计算两个模型的卡方差值和自由度差值。卡方差值统计量服从自由度为自由度差值的卡方分布。因此，可以从模型比较的角度评价这两个模型拟合程度的差异是否达到显著性水平。如果差异显著，则说明包含 $\boldsymbol{\theta}_R$ 的模型拟合程度明显变低，也就是说明 $\boldsymbol{\theta}_F$ 和 $\boldsymbol{\theta}_R$ 相差的这些参数是显著的。如果差异不显著，则说明这些参数是不显著的。

二、多组比较

在结构方程模型中，类似于验证性因素分析中的等价性检验，我们也可以进行多组比较。多组比较主要用于回答以下五个问题。

（1）测验的结构在不同组之间是等价的吗？也就是测量模型是否具有跨组的不变性。

（2）单个工具的因素结构或者说理论结构在不同组之间是等价的吗？这个问题关心的是测验的结构效度，包括测量模型和结构模型的等价性。

（3）因果结构中具体的路径是否在组间是等价的？

（4）模型中特定潜变量的均值是否在组间是等价的？

（5）因素结构能否在从总体中随机抽取的子样本里重复？这个问题涉及交叉验证的思想。

与验证性因素分析中多组比较的思路类似，结构方程模型中的多组比较也是通过依次对模型增加限定来检验因素载荷、因素的协方差矩阵、回归路径、误差的协方差矩阵等的等价性。

具体来说，结构方程模型的等价性检验可以分为以下步骤。每个步骤都是在上一步等价性成立（模型拟合良好）的情况下进行的。

第一步：建立基线模型。对不同的组分别建立结构方程模型，该模型必须与数据拟合良好，并且具有较好的简洁性，即用尽可能少的参数得到最好的拟合。

第二步：结构等价性检验。假设不同组间的潜变量数量相同、因素结构相同，各参数自由估计，同时对不同组进行估计。通常来说，这一步的检验主要关注测量模型的结构等价性。估计完成后，得到各拟合指数统计量。如果拟合良好，说明结构等价性成立。

第三步到第五步是测量模型的等价性检验，包括因素载荷等价性检验、误差协方差矩阵等价性检验和截距等价性检验。

第三步：因素载荷等价性检验。在这一步中，在第二步的多组估计的模型中加入不同组间因素载荷相等的限制。这一步所采取的方法其实和验证性因素分析等价性检验中的因素载荷等价模型检验的方法相同。然后将这一步得到的拟合指数（主要是卡方值）

与上一步的卡方值进行卡方差异检验。如果结果显著，说明这一步得到的模型拟合程度显著下降，因素载荷等价性不成立。反之，则认为因素载荷等价性成立。注意，在等价性检验中，有时可以根据研究目的，将修正指数高的参数设定为自由估计以得到部分等价的结果。

第四步：误差协方差矩阵等价性检验。在第三步因素载荷等价性成立的基础上，可以进行误差协方差矩阵等价性检验。这一步在上一步模型限制的基础上，继续限定不同组误差的协方差矩阵相等。也就是可以分为两步，限定误差相关相等和限定误差方差相等。与之前的步骤相同，可以通过卡方差异检验，确定误差协方差矩阵等价性是否成立。

第五步：截距等价性检验。如果结构方程模型是基于均值和协方差结构，而非仅基于协方差结构，那么模型中会有截距项，可以进行截距等价性检验。检验方法与验证性因素分析中截距等价性检验的方法相同，即限定不同组截距参数相等，再进行卡方差异检验，确定截距等价性是否成立。

第六步和第七步是结构模型的等价性检验，包括潜变量协方差矩阵等价性检验和潜变量均值等价性检验。

第六步：潜变量协方差矩阵等价性检验。与误差协方差矩阵等价性检验类似，潜变量协方差矩阵等价性检验也可以分为两步，包括限定潜变量相关（或路径系数）相等和限定潜变量方差相等。然后通过卡方差异检验，确定潜变量协方差矩阵等价性是否成立。

第七步：潜变量均值等价性检验。限定不同组潜变量均值相等，然后通过卡方差异检验，确定潜变量均值等价性是否成立。

当所有的等价性检验完成后，就可以将已证明等价的参数（如因素载荷、潜变量的均值等）限定为相等，其他参数自由估计，重新进行多组估计。应当注意的是，虽然理论上可以对所有的参数都限制相等，但是在实际研究中通常不需要检验所有的参数。例如，有的研究者就认为截距等价性检验是不必要的。另外，不同的研究者还提出了不同的等价性检验顺序。因此在实际中，应当根据相应的问题，确定等价性检验的参数和步骤。

近年来，一些研究者认为卡方差异检验受到样本量和数据非正态性的影响较大，因此，他们建议使用一些替代的指数进行模型比较。这些指数有：(1) 多组估计的模型整体拟合指数；(2) 其他拟合指数，如 ΔCFI、ΔAIC、ΔTLI 和 ΔRMSEA 等。例如，对于 ΔCFI，有学者建议采用 0.05 或者 0.01 作为临界值（Cheung & Rensvold，2002）。

第五节　结构方程模型分析中一些值得注意的问题

结构方程模型以样本协方差矩阵为分析的出发点，比较所建立的理论模型拟合的协方差矩阵（总体协方差矩阵）与样本协方差矩阵差异的大小，从而判断所观测的这组数据是否支持所假设的理论模型。这和以往的统计分析方法的出发点是不同的，所以在具体分析时应该特别注意以下方面的问题。

一、样本量

结构方程模型一般要求比较大的样本量，但究竟选取多大样本量合适，目前并没有明确的规则。许多研究者在实践中选用不同类型的数据和模型，以探讨为了获得精确的模型拟合和分析结果需要多大的样本量，结果得出了不同的结论。

确定样本量时需要考虑的问题之一是测量潜变量所用的观测变量的数目，所用的观测变量的数目越多，并且观测变量在潜变量上的因素载荷越大，所需的样本量就越小。例如，Guadagnoli 和 Velicer（1988）发现，当因素载荷都在 0.80 以上时，观测变量个数对于确定样本量并不是特别重要，而且这时样本量可以较小（甚至低于 50），但是如果因素载荷低于 0.80，对样本量的要求就严格得多。

另一个要考虑的因素是观测变量的多元正态性。如果所有的观测变量都服从多元正态分布，则只需较小的样本量。Bentler 和 Chou（1987）建议，如果所有变量都服从正态分布，样本量与自由参数数目的比值达到 5∶1 就足够，但也有建议 10∶1 的；如果变量不服从正态分布，则需要很大的样本量，或许需要 5 000 的样本量才能获得准确结果。

Anderson 和 Gerbing（1988）则主张，对于大多数研究，样本量至少达到 150 才合适。这些对于样本量的建议，都假设得到的是连续数据，且是从总体中随机抽取的。当这些假设无法满足时，样本量的要求就会有所不同，但是目前对此还没有确切答案。对于小样本，需要从根本上考虑该样本是否能很好地代表总体。一个样本特有的性质会极大地影响分析结果，特别是当一个小样本碰巧不能真实地代表总体时更有这种可能。而如果样本确实是随机抽取的，并且准确地代表了研究所感兴趣的总体，则样本量较小并不会带来很多问题（Loehlin，1992）。但是在应用结构方程模型时，样本量太小，很容易造成信息矩阵非正定，这尤其容易在模型拟合不是特别好时出现。所以，在一般分析过程中，应综合考虑多种因素，在可能的情况下选取较大的样本量。

二、分析所用数据

由于结构方程模型的数学及统计学基础完全建立在方差和协方差分析上，因此在协方差结构模型中，应该直接使用原始数据或样本的协方差矩阵。但是在研究中，研究者可能会将结构方程模型应用在相关矩阵中，或者应用在标准化数据中。这种做法在某些情况下并不正确，对某些模型而言，可能会导致下列几种错误：（1）产生错误的参数估计值；（2）产生错误的拟合度（如卡方值）；（3）产生错误的标准误。尽管如此，近些年的文献中还是有不少误用的情况，其中不乏一些著名的学者。当然，这不是说应用协方差结构模型时绝对不能使用相关矩阵，在符合下列两个条件时，完全可以应用相关矩阵来进行分析：（1）模型为尺度不变的模型（scale invariant model），尺度即测量单位；（2）模型中所有参数为与尺度无关的参数（scale free parameters）。简单地说，在尺度不变的模型中，虽然模型的协方差矩阵经过尺度转换（rescaling transformation），但这一转换所得到的新的协方差矩阵仍然满足原来的模型假设。在尺度不变的模型中，若经过尺度转换，参数的标准误仍然保持不变，则这些参数被称为与尺度无关的参数。而经过尺度转换会发生改变的参数，被称为受尺度影响的参数（scale dependent parameters）。假设模型满足上述两个条件，则上面所说的三种错误［错误的参数估计值、错误的拟合度（如卡方值）、错误的标准误］就都不会产生。如果只满足条件（1），则不会产生错误的参数估计值和错误的拟合度，但是有可能产生错误的标准误；如果不满足条件（1），则三种错误都可能产生。在实际应用中，不满足条件（1）的结构方程模型很多，下列因素结构模型都是其中的例子：

（1）模型中限制各潜在因素的方差为 1，同时又限制某指标变量的因素载荷为不等于零的固定值。

（2）模型中限制同一因素的两个或两个以上指标变量的因素载荷都为不等于零的固定值。

（3）模型中限制同一因素的两个或两个以上指标变量的因素载荷相等。

（4）模型中限制不同因素的两个或两个以上指标变量的因素载荷相等。

（5）模型中限制两个或两个以上内源潜变量的误差相等。

所以在应用结构方程模型时，应该特别注意分析所用数据的类型。

三、参数估计值检验的合理性

在用结构方程模型得到模型的各项拟合指数和模型的参数估计值后，要对模型进行评价，进而分析研究中存在的问题。在对模型与数据的拟合进行合理解释前，首先应检验参数估计值，以确定它们的方向是否正确及其大小是否合理。许多进行结构方程模型分析的程序（如 Mplus）都可以输出标准化和非标准化的参数估计结果。在一般情况下，标准化的结果更容易解释。使用者需要检查参数的标准误，以确证标准误不是太大，避免出现参数估计值不合理的情况；另外，标准化的因素载荷值应该介于－1 和 1，相关系数的值也应该在－1 和 1 之间，方差的估计值应该大于零。如果出现不相容的结果，则有可能是模型本身定义不合理、样本量太小或测量分布的偏态所致，需要进一步分析原因。

四、等同模型

相同数量的参数能够衍生出多个与数据拟合度相同但结构不同的模型。这种参数个数相同、拟合度相同但结构不同的模型称为等同模型。对于任意一个协方差结构模型，都会有大量的等同模型存在。一般情况下，要根据已有的理论选择需要的模型。

五、误差分析

结构方程模型估计完成后，误差应当尽可能小，并且分布在零附近，即误差的频数分布应当是对称的。在结构方程模型分析中，可以对误差进行检验。误差的频数分布不对称，通常意味着模型拟合得不好，即模型对一些值估计得准确，一些估计得较差。但是，有的情况下，虽然一两个误差的值会很大，但是模型总体的误差频数呈对称分布且在零附近，即模型整体拟合仍然较好。当发现个别较大的误差时，可以考虑在模型中加入一些路径，以提高拟合程度。

结构方程模型是一种融回归分析、相关分析、因素分析、路径分析和结构分析于一体的灵活变通的统计技术。关于结构方程模型还有很多需要深入研究的方面，包括如何适当地应用不同的拟合指数，如何解释出现的一些不可能的参数估计值，等等。与此同时，处理特殊的模型问题的新方法也不断出现。伴随着这些创新，结构方程模型在复杂研究问题上的应用也越来越多。

第六节　结构方程模型的局限性

结构方程模型的局限性具体表现在以下几个方面。

（1）与探索性因素分析相比，结构方程模型是一种验证性的分析思路，常常被用于检验理论。因此，使用结构方程模型一般要求研究者有预先的知识或者对于变量之间关系的理论假设。

（2）由于方法的复杂性和不完善性，结构方程模型在早期研究中出现过不少误用现象，且在有等同模型的情况下，研究者很难根据数据与模型的拟合来决定接受还是拒绝某些模型，必须以一定的理论假设为前提，这就有可能给模型选择带来困难。因此在一般应用中，结构方程模型的主要功能体现在它的验证性功能上。应用结构方程模型并不能证明理论模型正确与否，严格地说，只能用这组数据检验模型是否没有遭到拒绝。

（3）影响结构方程模型解释力的主要问题是指定误差，但结构方程模型程序目前还不能对指定误差加以检验。如果模型未能正确指定概念间的路径或者没有指定所有的关键概念，就可能会引起指定误差。当模型含有指定误差时，该模型可能与样本数据拟合很好，但与样本所在的总体拟合不好。这时如果用样本特征推论总体，就会犯以偏概全的错误。

（4）结构方程模型是基于协方差进行分析的，因此如果样本量较小，估计得到的协方差就会不够稳定。可以说，结构方程模型对样本量的要求较高。

（5）结构方程模型的估计要求模型必须满足识别条件。判断一个模型是否可识别在理论上比较烦琐。

（6）如果结构方程模型中涉及的变量具有较强的共线性，就无法从原始的协方差矩阵中抽取得到必要的其他矩阵，也就是会出现矩阵奇异性的问题。通常情况下，结构方程模型的估计软件在出现协方差矩阵奇异性时，会中止估计，并且发出警告。此时应重新检查数据，如果确实存在多重共线性，可以通过加入组合变量分析的方式解决。

第七节 结构方程模型估计应用案例及 Mplus 操作

一、数据介绍

该部分所用数据来自一个关于教师倦怠感的研究。教师倦怠感是指教师在教育情境的要求下，由于无法有效应对工作压力与挫折而产生的情绪低落、态度消极状态，这种状态甚至会引发生理、心理的困扰，终至对教育工作感到厌倦，缺乏热忱与成就感。影响教师倦怠感的因素相当复杂，为了研究教师倦怠感的产生原因，研究者分发收集了 1 430 份有效问卷（数据参见文件“10_1. dat”）。

数据文件中的变量依次为：

（1）work1 和 work2，用于测量工作超负荷（work overload）。

（2）ee1、ee2 和 ee3，用于测量情感枯竭（emotional exhaustion）。

（3）dp1 和 dp2，用于测量自我感丧失（depersonalization）。

（4）pa1、pa2 和 pa3，用于测量个人成就感（personal accomplishment）。

（5）sex，表示教师的性别，1 为男性，2 为女性。

二、分析目的与设计

分析的目的是探索实际数据是否符合理论模型假设的结构。研究者在前人研究的基础上，提出了如图 10－2 所示的模型。

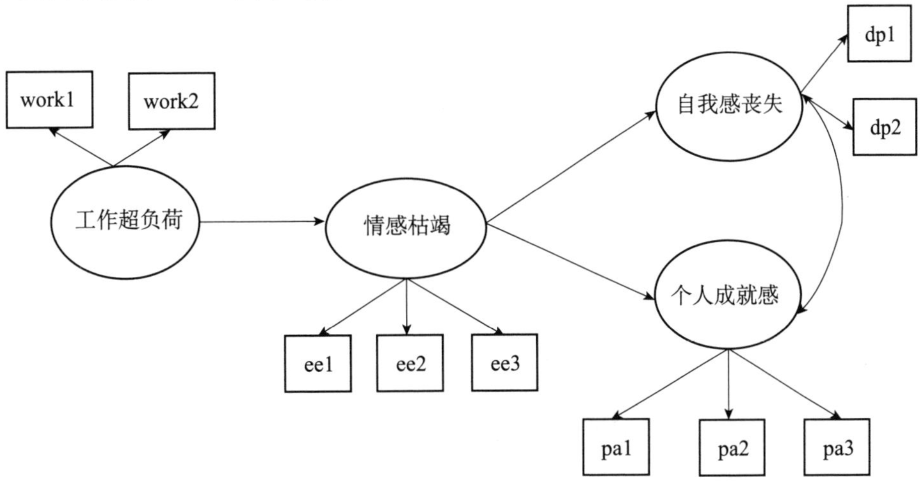

图 10－2 结构方程模型应用案例模型示例

三、编写语句

本例中的结构方程模型估计语句如下所示（也可参见文件“10_1. inp”）。

```
DATA：FILE IS 10_1. dat；
VARIABLE：NAMES ARE work1 work2 ee1 ee2 ee3 dp1 dp2 pa1 pa2 pa3 Gender；
usevar are ee1 - ee3 dp1 - dp2 pa1 - pa3 work1 - work2；
MODEL：EE BY ee1 - ee3；
          D BY dp1 - dp2；
          PA BY pa1 - pa3；
          WO BY work1 - work2；
          EE ON WO；
          D ON EE；
          PA ON EE；
          PA with D；
OUTPUT：
STANDARDIZED；
```

读入数据文件、定义数据变量、定义使用变量、输出标准化结果这几个部分的语句与之前类似，这里不再赘述。注意这里定义使用变量时也可以采用简写的方式（usevar）。该部分重点讲解模型定义部分的语句。在模型定义部分，第一行至第四行使用 BY 语句定义了测量模型部分。即观测变量 ee1、ee2 和 ee3 测量了潜变量情感枯竭（EE），观测变量 dp1 和 dp2 测量了潜变量自我感丧失（D），观测变量 pa1、pa2 和 pa3 测量了潜变量个人成就感（PA），观测变量 work1 和 work2 测量了潜变量工作超负荷（WO）。第五行至第八行定义了结构模型部分，使用 ON 语句定义了预测的关系，使用 with 语句定义了相关关系。ON 之后的变量是外源变量，ON 之前的变量是内源变量。因此，结构模型部分的语句分别表示工作超负荷（WO）预测情感枯竭（EE），情感枯竭（EE）预测自我感丧失（D），情感枯竭（EE）预测个人成就感（PA），自我感丧失（D）和个人成就感（PA）相关。

四、运行程序并读取结果

程序运行完成后，生成结果文件，具体参见文件“10_1. out”。

（一）输入语句部分和分析汇总部分

结果部分首先重复输入的语句，并说明读取语句是正常的（INPUT READING TERMINATED NORMALLY）。

然后，分析汇总部分对样本量和变量的情况、估计方法等进行总结。

（二）模型拟合部分

模型拟合结果部分示例如下。

```
MODEL FIT INFORMATION
Number of Free Parameters                    34
Loglikelihood
```

```
        H0 Value                                 −18293.991
        H1 Value                                 −18143.245
Information Criteria
        Akaike (AIC)                              36655.982
        Bayesian (BIC)                            36835.006
        Sample-Size Adjusted BIC                  36727.000
         (n* = (n+2)/ 24)
Chi-Square Test of Model Fit
        Value                                       301.492
        Degrees of Freedom                               31
        P-Value                                      0.0000
RMSEA (Root Mean Square Error of Approximation)
        Estimate                                      0.078
        90 Percent C. I.                          0.070  0.086
        Probability RMSEA<=.05                        0.000
CFI/TLI
        CFI                                           0.964
        TLI                                           0.947
Chi-Square Test of Model Fit for the Baseline Model
        Value                                      7493.700
        Degrees of Freedom                               45
        P-Value                                      0.0000
SRMR (Standardized Root Mean Square Residual)
        Value                                         0.040
```

从拟合结果部分可以看出，卡方值为 301.492，自由度为 31，CFI、TLI 值分别为 0.964、0.947，RMSEA 值为 0.078。整体来看，模型拟合较好。

（三）模型原始估计结果

模型原始估计结果部分给出了原始的参数估计结果，包括测量模型中的因素载荷、结构模型中的回归系数和相关系数等的估计值、标准误、估计值与标准误的比值以及统计显著性检验结果。模型原始结果部分如下所示。

```
MODEL RESULTS
                                                           Two-Tailed
                      Estimate       S. E.    Est. /S. E.    P-Value
 EE        BY
        EE1             1.000        0.000      999.000      999.000
        EE2             1.017        0.020       49.870        0.000
        EE3             0.963        0.023       42.217        0.000
 D         BY
        DP1             1.000        0.000      999.000      999.000
        DP2             0.941        0.044       21.505        0.000
```

PA BY				
PA1	1.000	0.000	999.000	999.000
PA2	1.076	0.037	28.779	0.000
PA3	0.979	0.036	27.233	0.000
WO BY				
WORK1	1.000	0.000	999.000	999.000
WORK2	0.652	0.039	16.577	0.000
EE ON				
WO	0.766	0.047	16.395	0.000
D ON				
EE	0.462	0.024	19.009	0.000
PA ON				
EE	−0.262	0.020	−13.114	0.000
PA WITH				
D	−0.174	0.019	−9.023	0.000
Intercepts				
EE1	3.855	0.035	111.347	0.000
EE2	3.530	0.033	106.201	0.000
EE3	3.165	0.034	92.281	0.000
DP1	2.319	0.029	80.114	0.000
DP2	2.086	0.031	66.763	0.000
PA1	5.748	0.024	238.172	0.000
PA2	5.850	0.025	229.760	0.000
PA3	5.815	0.025	228.188	0.000
WORK1	3.240	0.032	101.996	0.000
WORK2	2.243	0.029	77.885	0.000
Variances				
WO	1.014	0.073	13.846	0.000
Residual Variances				
EE1	0.400	0.021	19.310	0.000
EE2	0.222	0.017	13.354	0.000
EE3	0.463	0.023	20.568	0.000
DP1	0.302	0.037	8.097	0.000
DP2	0.603	0.039	15.564	0.000
PA1	0.288	0.018	16.150	0.000
PA2	0.296	0.019	15.300	0.000
PA3	0.406	0.020	20.177	0.000
WORK1	0.429	0.054	7.871	0.000
WORK2	0.756	0.036	21.065	0.000
EE	0.719	0.047	15.150	0.000
D	0.616	0.043	14.258	0.000
PA	0.454	0.027	16.845	0.000

（四）标准化的估计结果

与验证性因素分析的结果部分相同，标准化的估计结果分为三部分：STDYX Standardization、STDY Standardization 和 STD Standardization。图 10－3 呈现的是完全标准化（STDYX）结果的路径图。

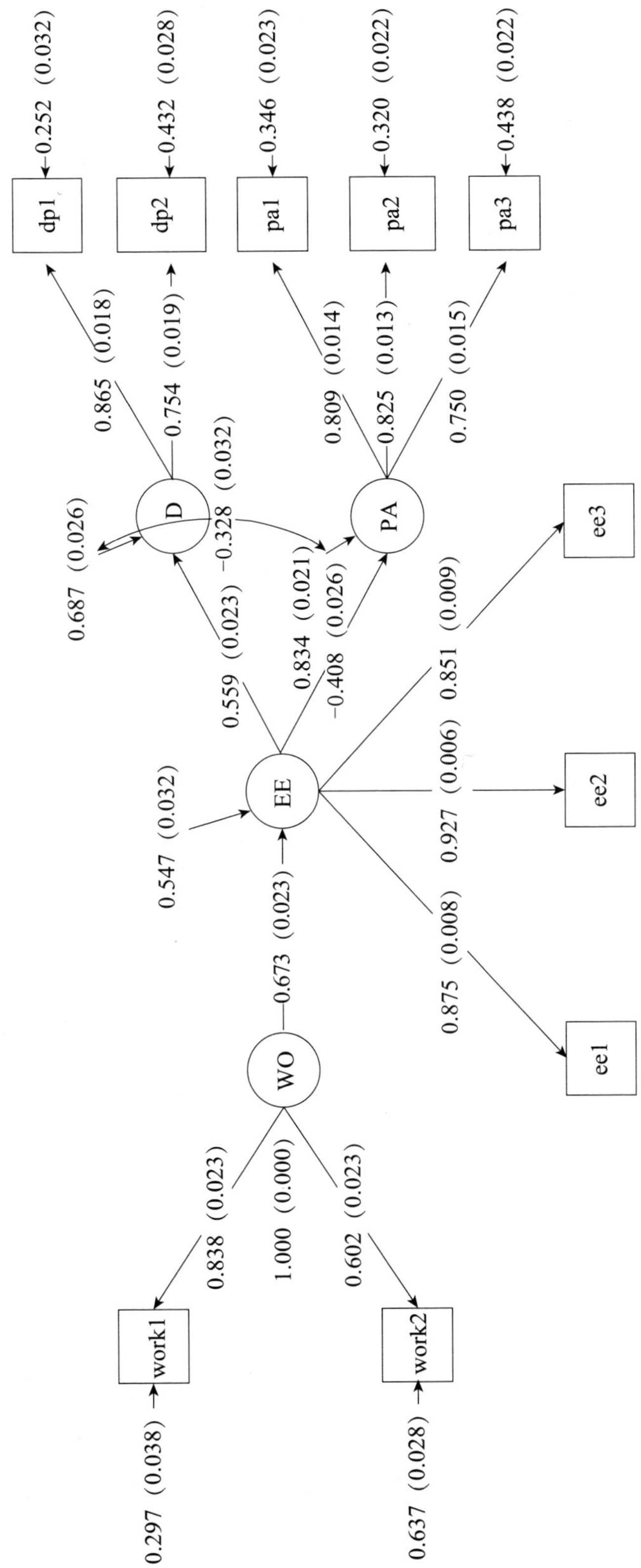

图10-3　结构方程模型路径图

（五）R^2结果

最后，结果部分提供了每个观测变量和潜变量的 R^2 结果，与验证性因素分析部分类似，R^2 结果可以代表观测变量和潜变量的信度。

下面是 R^2 结果的示例。

R-SQUARE

Observed Variable	Estimate	S. E.	Est. /S. E.	Two-Tailed P-Value
EE1	0.766	0.014	56.063	0.000
EE2	0.860	0.011	75.352	0.000
EE3	0.725	0.015	48.101	0.000
DP1	0.748	0.032	23.490	0.000
DP2	0.568	0.028	20.034	0.000
PA1	0.654	0.023	28.929	0.000
PA2	0.680	0.022	30.812	0.000
PA3	0.562	0.022	25.058	0.000
WORK1	0.703	0.038	18.299	0.000
WORK2	0.363	0.028	13.172	0.000
Latent Variable	**Estimate**	**S. E.**	**Est. /S. E.**	**Two-Tailed P-Value**
EE	0.453	0.032	14.328	0.000
D	0.313	0.026	12.256	0.000
PA	0.166	0.021	7.807	0.000

第八节　结构方程模型多组比较应用案例及 Mplus 操作

一、数据介绍

该部分所举的例子与本章第七节中的相同。数据文件可参见文件“10_1. dat”。该数据的最后一列是分类变量，表示被试的性别，其中 1 代表男性，2 代表女性。

二、分析目的及设计

分析的目的是使用本章第七节中的数据，基于理论模型，对男性和女性的结构方程模型等价性进行检验。由于不同研究者提出过不同的检验参数和顺序，在这里我们仅以 Byrne（2011）提出的步骤为参考，介绍该数据的等价性检验过程。

三、基线模型（模型 1、模型 2）

建立基线模型就是分别对男性组和女性组建模，对模型的拟合程度进行评价。具体语句可分别参见文件“10_2. inp”和“10_3. inp”。语句的数据读入、模型定义和结果输出部分与本章第七节中的基本一致，区别在于变量定义部分。

在男性组模型（“10_2. inp”）中，变量定义部分的语句如下所示。

```
VARIABLE：NAMES ARE work1 work2 ee1 ee2 ee3 dp1 dp2 pa1 pa2 pa3 Gender；
USEOBSERVATIONS ARE Gender EQ 1；
usevar are ee1 - ee3 dp1 - dp2 pa1 - pa3 work1 - work2；
```

首先使用 NAMES ARE 定义了数据文件的变量名，然后使用 USEOBSERVATIONS ARE 定义了本次分析所使用的被试，也就是性别（Gender）这一变量的值等于（EQ）男性（1）的那些被试。需要注意的是，在这里使用性别这一变量筛选被试之后，在后面使用 usevar are 定义变量时，就不能再写性别这一变量。

同样，在女性组模型（“10_3. inp”）中，变量定义语句筛选了性别（Gender）这一变量的值等于（EQ）女性（2）的那些被试，如下所示。

```
VARIABLE：NAMES ARE work1 work2 ee1 ee2 ee3 dp1 dp2 pa1 pa2 pa3 Gender；
USEOBSERVATIONS ARE Gender EQ 2；
usevar are ee1 - ee3 dp1 - dp2 pa1 - pa3 work1 - work2；
```

然后分别运行程序，读取结果。

结果分别见文件“10_2. out”“10_3. out”。从模型拟合结果（见表 10 - 1）可以看出，两个模型都拟合得较好。

表 10 - 1 基线模型两个组结构方程模型拟合指数

	CFI	TLI	RMSEA	卡方值	自由度
男性	0.954	0.933	0.088	201.953	31
女性	0.967	0.951	0.076	157.743	31

四、结构模式相同模型（模型 3）

结构模式相同模型的估计语句如下所示（也可参见文件“10_4. inp”）。

```
DATA：FILE IS 10_1. dat；
VARIABLE：NAMES ARE work1 work2 ee1 ee2 ee3 dp1 dp2 pa1 pa2 pa3 Gender；
usevar are ee1 - ee3 dp1 - dp2 pa1 - pa3 work1 - work2；
GROUPING IS Gender（1=M 2=F）；
MODEL：EE BY ee1@1（LEE1）
          ee2 - ee3（LEE2 - LEE3）；
```

```
            D BY dp1@1 (LD1)
            dp2 (LD2);
            PA BY pa1@1 (LPA1)
            pa2 - pa3 (LPA2 - LPA3);
            WO BY work1@1 (LWO1)
            work2 (LWO2);
            EE ON WO (EEWO);
            D ON EE (DEE);
            PA ON EE (PAEE);
            PA with D (PAD);
            [ee1 - ee3 * ] (IEE1 - IEE3);
            [dp1 - dp2 * ] (ID1 - ID2);
            [pa1 - pa3 * ] (IPA1 - IPA3);
            [work1 - work2 * ] (IWO1 - IWO2);
             ee1 - ee3 * (EEE1 - EEE3);
             dp1 - dp2 * (ED1 - ED2);
             pa1 - pa3 * (EPA1 - EPA3);
             work1 - work2 * (EWO1 - EWO2);
             EE * ;
             D * ;
             PA * ;
             WO * ;
             [EE@0];
             [D@0];
             [PA@0];
             [WO@0];
MODEL M: EE BY ee1@1
            ee2 - ee3 * ;
            D BY dp1@1
            dp2 * ;
            PA BY pa1@1
            pa2 - pa3 * ;
            WO BY work1@1
            work2 * ;
            EE ON WO;
            D ON EE;
            PA ON EE;
            PA with D;
            [ee1 - ee3 * ];
            [dp1 - dp2 * ];
            [pa1 - pa3 * ];
            [work1 - work2 * ];
```

```
        ee1 - ee3 * ;
        dp1 - dp2 * ;
        pa1 - pa3 * ;
        work1 - work2 * ;
        EE * ;
        D * ;
        PA * ;
        WO * ;
        [EE@0];
        [D@0];
        [PA@0];
        [WO@0];
OUTPUT:
MODINDICES (all 0) STANDARDIZED RESIDUAL;
```

与验证性因素分析多组比较中的因素模式相同模型类似，该语句在变量定义部分，使用语句 GROUPING IS Gender（1=M 2=F）定义了分组变量为 Gender，其中 1 代表男性（M），2 代表女性（F）。接下来在模型定义部分，首先定义了整体的模型，然后定义了男性组的模型。可以看出，整个结构方程模型的定义与基线模型类似，在模型中都限定验证性因素分析部分每个因素的第一个指标变量的载荷为 1（如 EE BY ee1@1），而潜变量的方差进行自由估计（如 EE *）。另外，潜变量的均值都限定为 0。

具体结果参见文件“10_4. out”。从模型最后的拟合结果可以看出，CFI=0.960，TLI=0.942，RMSEA=0.082，卡方值=359.696，自由度=62，说明模型整体拟合较好，结构模式相同的假设基本满足。

五、测量模型部分：因素载荷等价模型（模型 4）

接下来，需要对测量模型部分的等价性进行检验，包括因素载荷等价性、误差协方差矩阵等价性和截距等价性。因素载荷等价性的检验方法与验证性因素分析中一致。在这个例子中，一共有 4 个潜变量，每个潜变量有各自的指标变量，因此，需要同时对 4 个潜变量的因素载荷进行等价性检验。因素载荷等价模型的估计语句如下所示（也可参见文件“10_5. inp”）。

```
DATA: FILE IS 10_1. dat;
VARIABLE: NAMES ARE work1 work2 ee1 ee2 ee3 dp1 dp2 pa1 pa2 pa3 Gender;
usevar are ee1 - ee3 dp1 - dp2 pa1 - pa3 work1 - work2;
GROUPING IS Gender (1=M 2=F);
MODEL: EE BY ee1 - ee3 * (LEE1 - LEE3);
       D BY dp1 - dp2 * (LD1 - LD2);
       PA BY pa1 - pa3 * (LPA1 - LPA3);
       WO BY work1 - work2 * (LWO1 - LWO2);
```

```
          EE ON WO (EEWO);
          D ON EE (DEE);
          PA ON EE (PAEE);
          PA with D (PAD);
          [ee1 - ee3 * ] (IEE1 - IEE3);
          [dp1 - dp2 * ] (ID1 - ID2);
          [pa1 - pa3 * ] (IPA1 - IPA3);
          [work1 - work2 * ] (IWO1 - IWO2);
           ee1 - ee3 * (EEE1 - EEE3);
           dp1 - dp2 * (ED1 - ED2);
           pa1 - pa3 * (EPA1 - EPA3);
           work1 - work2 * (EWO1 - EWO2);
           EE@1;
           D@1;
           PA@1;
           WO@1;
           [EE@0];
           [D@0];
           [PA@0];
           [WO@0];
MODEL M: EE BY ee1 - ee3 * (LEE1 - LEE3);
          D BY dp1 - dp2 * (LD1 - LD2);
          PA BY pa1 - pa3 * (LPA1 - LPA3);
          WO BY work1 - work2 * (LWO1 - LWO2);
          EE ON WO;
          D ON EE;
          PA ON EE;
          PA with D;
          [ee1 - ee3 * ];
          [dp1 - dp2 * ];
          [pa1 - pa3 * ];
          [work1 - work2 * ];
           ee1 - ee3 * ;
           dp1 - dp2 * ;
           pa1 - pa3 * ;
           work1 - work2 * ;
           EE * ;
           D * ;
           PA * ;
           WO * ;
           [EE@0];
           [D@0];
```

```
        [PA@0];
        [WO@0];
OUTPUT:
MODINDICES (all 0) STANDARDIZED RESIDUAL;
```

与验证性因素分析多组比较中的因素载荷等价模型类似，在总体模型部分（MODEL）去掉了每个潜在因素对第一个观测变量因素载荷固定为 1 的限制，代之以固定每个潜在因素的方差为 1（如 EE@1）。对于男性组模型（MODEL M），固定两组的因素载荷相等，即在相应的因素载荷后面写上相同的字符标记（如 LEE1 - LEE3）。另外，在男生组模型中，由于因素载荷的值已经固定，需要释放潜在因素的方差进行自由估计（如 EE *）。

然后运行程序，读取结果，结果参见文件“10_5. out”。需要注意的是，在这个例子里，一共有 10 个观测变量和 4 个潜变量，其中 1 个潜变量是外源潜变量，3 个潜变量是内源潜变量。因此 Mplus 在参数估计时，只估计了外源潜变量（WO）的均值和方差，内源潜变量（EE、D、PA）的方差估计结果在误差方差部分（Residual Variances）。

在得到估计结果后，由于模型 4 嵌套于模型 3，可以使用嵌套模型的比较方法。两个模型的卡方差值 $\Delta\chi^2=4.574$，自由度差值为 6，$\Delta\chi^2/\Delta df=0.762$，$p>0.05$。因此卡方差异检验不显著，可以接受较为简单的模型 4，认为不同性别之间满足因素载荷等价条件。

六、测量模型部分：误差协方差矩阵等价模型（模型 5）

在因素载荷等价的条件下，可以进一步检验误差协方差矩阵等价性。可以分为两步：限定误差相关相等和限定误差方差相等。注意，这里的误差都是指测量模型部分观测变量的误差。在这个例子中，各潜变量的指标变量之间均不存在相关，因此只进行误差方差等价性检验。误差方差等价模型的估计语句具体可参见文件“10_6. inp”。

与上一个模型语句的区别在于模型部分，具体如下所示。

```
MODEL: EE BY ee1 - ee3 * (LEE1 - LEE3);
       D BY dp1 - dp2 * (LD1 - LD2);
       PA BY pa1 - pa3 * (LPA1 - LPA3);
       WO BY work1 - work2 * (LWO1 - LWO2);
       EE ON WO (EEWO);
       D ON EE (DEE);
       PA ON EE (PAEE);
       PA with D (PAD);
       [ee1 - ee3 * ] (IEE1 - IEE3);
       [dp1 - dp2 * ] (ID1 - ID2);
       [pa1 - pa3 * ] (IPA1 - IPA3);
       [work1 - work2 * ] (IWO1 - IWO2);
        ee1 - ee3 * (EEE1 - EEE3);
        dp1 - dp2 * (ED1 - ED2);
        pa1 - pa3 * (EPA1 - EPA3);
```

```
              work1 - work2 * (EWO1 - EWO2);
              EE@1;
              D@1;
              PA@1;
              WO@1;
              [EE@0];
              [D@0];
              [PA@0];
              [WO@0];
MODEL M: EE BY ee1 - ee3 * (LEE1 - LEE3);
            D BY dp1 - dp2 * (LD1 - LD2);
            PA BY pa1 - pa3 * (LPA1 - LPA3);
            WO BY work1 - work2 * (LWO1 - LWO2);
            EE ON WO;
            D ON EE;
            PA ON EE;
            PA with D;
            [ee1 - ee3 * ];
            [dp1 - dp2 * ];
            [pa1 - pa3 * ];
            [work1 - work2 * ];
              ee1 - ee3 * (EEE1 - EEE3);
              dp1 - dp2 * (ED1 - ED2);
              pa1 - pa3 * (EPA1 - EPA3);
              work1 - work2 * (EWO1 - EWO2);
              EE * ;
              D * ;
              PA * ;
              WO * ;
              [EE@0];
              [D@0];
              [PA@0];
              [WO@0];
```

可以看到，对于男性组模型（MODEL M），在固定两组的因素载荷相等的基础上，固定两组的测量模型部分的指标变量误差方差相等，即在相应的观测变量误差方差后面写上相同的字符标记（如 EEE1 - EEE3）。需要注意的是，虽然在这个模型中，内源潜变量（EE、D、PA）的方差估计结果在误差方差部分（Residual Variances），但是在这一部分我们先检验测量模型部分的指标变量的误差。

结果参见文件"10_6.out"。在得到估计结果后，由于模型 5 嵌套于模型 4，可以使用嵌套模型的比较方法。两个模型的卡方差值 $\Delta\chi^2=15.247$，自由度差值为 10，$\Delta\chi^2/\Delta df=1.525$，$p>0.05$。因此卡方差异检验不显著，可以接受较为简单的模型 5，认为不同性别之间满足指标变量的误差协方差矩阵等价条件。

七、测量模型部分：截距等价模型（模型 6）

在因素载荷等价、指标变量误差协方差矩阵等价的条件下，可以进一步检验截距等价性。截距等价模型的估计语句具体可参见文件“10_7.inp”。

与上一个模型语句的区别在于模型部分，具体如下所示。

```
MODEL: EE BY ee1 - ee3 * (LEE1 - LEE3);
       D BY dp1 - dp2 * (LD1 - LD2);
       PA BY pa1 - pa3 * (LPA1 - LPA3);
       WO BY work1 - work2 * (LWO1 - LWO2);
       EE ON WO (EEWO);
       D ON EE (DEE);
       PA ON EE (PAEE);
       PA with D (PAD);
       [ee1 - ee3 * ] (IEE1 - IEE3);
       [dp1 - dp2 * ] (ID1 - ID2);
       [pa1 - pa3 * ] (IPA1 - IPA3);
       [work1 - work2 * ] (IWO1 - IWO2);
        ee1 - ee3 * (EEE1 - EEE3);
        dp1 - dp2 * (ED1 - ED2);
        pa1 - pa3 * (EPA1 - EPA3);
        work1 - work2 * (EWO1 - EWO2);
        EE@1;
        D@1;
        PA@1;
        WO@1;
        [EE@0];
        [D@0];
        [PA@0];
        [WO@0];
MODEL M: EE BY ee1 - ee3 * (LEE1 - LEE3);
       D BY dp1 - dp2 * (LD1 - LD2);
       PA BY pa1 - pa3 * (LPA1 - LPA3);
       WO BY work1 - work2 * (LWO1 - LWO2);
       EE ON WO;
       D ON EE;
       PA ON EE;
       PA with D;
       [ee1 - ee3 * ] (IEE1 - IEE3);
       [dp1 - dp2 * ] (ID1 - ID2);
```

```
[pa1 - pa3 * ] (IPA1 - IPA3);
[work1 - work2 * ] (IWO1 - IWO2);
 ee1 - ee3 * (EEE1 - EEE3);
 dp1 - dp2 * (ED1 - ED2);
 pa1 - pa3 * (EPA1 - EPA3);
 work1 - work2 * (EWO1 - EWO2);
 EE * ;
 D * ;
 PA * ;
 WO * ;
 [EE * ];
 [D * ];
 [PA * ];
 [WO * ];
```

可以看到，对于男性组模型（MODEL M），在固定两组的因素载荷相等、指标变量误差协方差矩阵相等的基础上，固定两组的截距相等，即在相应的截距后面写上相同的字符标记（如 IEE1 - IEE3）。注意，由于加入了截距相等的限制，此时对男性组模型的潜在因素的均值，应当进行自由估计（如 EE * ）。

结果参见文件“10_7. out”。在得到估计结果后，由于模型 6 嵌套于模型 5，可以使用嵌套模型的比较方法。两个模型的卡方差值 $\Delta\chi^2=4.551$，自由度差值为 6，$\Delta\chi^2/\Delta df=0.759$，$p>0.05$。因此卡方差异检验不显著，可以接受较为简单的模型 6，认为不同性别之间满足截距等价条件。

八、结构模型部分：潜变量协方差矩阵等价模型（模型 7、模型 8）

接下来，需要对结构模型部分的等价性进行检验，包括潜变量协方差矩阵等价性和因素均值等价性。其中，潜变量协方差矩阵等价性检验可以分为两步：限定潜变量相关（或回归系数）相等和限定潜变量方差相等。首先，进行潜变量相关（或回归系数）的等价性检验。潜变量之间路径系数的等价模型的估计语句具体可参见文件“10_8. inp”。

与上一个模型语句的区别在于模型部分，具体如下所示。

```
MODEL: EE BY ee1 - ee3 * (LEE1 - LEE3);
       D BY dp1 - dp2 * (LD1 - LD2);
       PA BY pa1 - pa3 * (LPA1 - LPA3);
       WO BY work1 - work2 * (LWO1 - LWO2);
       EE ON WO (EEWO);
       D ON EE (DEE);
       PA ON EE (PAEE);
       PA with D (PAD);
       [ee1 - ee3 * ] (IEE1 - IEE3);
```

```
        [dp1 - dp2 * ] (ID1 - ID2);
        [pa1 - pa3 * ] (IPA1 - IPA3);
        [work1 - work2 * ] (IWO1 - IWO2);
         ee1 - ee3 * (EEE1 - EEE3);
         dp1 - dp2 * (ED1 - ED2);
         pa1 - pa3 * (EPA1 - EPA3);
         work1 - work2 * (EWO1 - EWO2);
         EE@1;
         D@1;
         PA@1;
         WO@1;
         [EE@0];
         [D@0];
         [PA@0];
         [WO@0];
MODEL M: EE BY ee1 - ee3 * (LEE1 - LEE3);
        D BY dp1 - dp2 * (LD1 - LD2);
        PA BY pa1 - pa3 * (LPA1 - LPA3);
        WO BY work1 - work2 * (LWO1 - LWO2);
        EE ON WO (EEWO);
        D ON EE (DEE);
        PA ON EE (PAEE);
        PA with D (PAD);
        [ee1 - ee3 * ] (IEE1 - IEE3);
        [dp1 - dp2 * ] (ID1 - ID2);
        [pa1 - pa3 * ] (IPA1 - IPA3);
        [work1 - work2 * ] (IWO1 - IWO2);
         ee1 - ee3 * (EEE1 - EEE3);
         dp1 - dp2 * (ED1 - ED2);
         pa1 - pa3 * (EPA1 - EPA3);
         work1 - work2 * (EWO1 - EWO2);
         EE * ;
         D * ;
         PA * ;
         WO * ;
         [EE * ];
         [D * ];
         [PA * ];
         [WO * ];
```

可以看到，对于男性组模型（MODEL M），在固定两组的因素载荷相等、指标变量误差协方差矩阵相等、截距相等的基础上，固定两组的潜变量路径系数相等，即在相应的路径系数后面写上相同的字符标记（如 EEWO）。

结果参见文件“10_8.out”。在得到估计结果后，由于模型 7 嵌套于模型 6，可以使用嵌套模型的比较方法。两个模型的卡方差值 $\Delta\chi^2=7.014$，自由度差值为 4，$\Delta\chi^2/\Delta df=1.754$，$p>0.05$。因此卡方差异检验不显著，可以接受较为简单的模型 7，认为不同性别之间满足潜变量协方差等价条件。

接下来，在上一步等价性成立的条件下，检验潜变量方差等价性。潜变量方差等价模型的估计语句具体可参见文件“10_9.inp”。

与上一个模型语句的区别在于模型部分，具体如下所示。

```
MODEL: EE BY ee1 - ee3 * (LEE1 - LEE3);
       D BY dp1 - dp2 * (LD1 - LD2);
       PA BY pa1 - pa3 * (LPA1 - LPA3);
       WO BY work1 - work2 * (LWO1 - LWO2);
       EE ON WO (EEWO);
       D ON EE (DEE);
       PA ON EE (PAEE);
       PA with D (PAD);
       [ee1 - ee3 * ] (IEE1 - IEE3);
       [dp1 - dp2 * ] (ID1 - ID2);
       [pa1 - pa3 * ] (IPA1 - IPA3);
       [work1 - work2 * ] (IWO1 - IWO2);
        ee1 - ee3 * (EEE1 - EEE3);
        dp1 - dp2 * (ED1 - ED2);
        pa1 - pa3 * (EPA1 - EPA3);
        work1 - work2 * (EWO1 - EWO2);
        EE@1;
        D@1;
        PA@1;
        WO@1;
        [EE@0];
        [D@0];
        [PA@0];
        [WO@0];
MODEL M: EE BY ee1 - ee3 * (LEE1 - LEE3);
       D BY dp1 - dp2 * (LD1 - LD2);
       PA BY pa1 - pa3 * (LPA1 - LPA3);
       WO BY work1 - work2 * (LWO1 - LWO2);
       EE ON WO (EEWO);
       D ON EE (DEE);
       PA ON EE (PAEE);
       PA with D (PAD);
```

```
[ee1 - ee3 * ] (IEE1 - IEE3);
[dp1 - dp2 * ] (ID1 - ID2);
[pa1 - pa3 * ] (IPA1 - IPA3);
[work1 - work2 * ] (IWO1 - IWO2);
 ee1 - ee3 * (EEE1 - EEE3);
 dp1 - dp2 * (ED1 - ED2);
 pa1 - pa3 * (EPA1 - EPA3);
 work1 - work2 * (EWO1 - EWO2);
 EE@1;
 D@1;
 PA@1;
 WO@1;
 [EE * ];
 [D * ];
 [PA * ];
 [WO * ];
```

可以看到，对于男性组模型（MODEL M），在固定两组的因素载荷相等、指标变量误差协方差矩阵相等、截距相等、潜变量协方差相等的基础上，固定两组的潜变量的方差相等，即与总体模型相同，固定潜在因素方差为 1（如 EE@1）。注意，由于 EE、D、PA 是内源潜变量，它们的方差估计结果显示在误差方差部分（Residual Variances）。

结果参见文件“10_9. out”。在得到估计结果后，由于模型 8 嵌套于模型 7，因此可以使用嵌套模型的比较方法。两个模型的卡方差值 $\Delta\chi^2=6.358$，自由度差值为 4，$\Delta\chi^2/\Delta df=1.590$，$p>0.05$。因此卡方差异检验不显著，可以接受较为简单的模型 8，认为不同性别之间满足潜变量方差等价条件。

九、结构模型部分： 潜变量均值等价模型 （模型 9）

潜变量均值等价模型的估计语句具体可参见文件“10_10. inp”。

与上一个模型语句的区别在于模型部分，具体如下所示。

```
MODEL: EE BY ee1 - ee3 * (LEE1 - LEE3);
       D BY dp1 - dp2 * (LD1 - LD2);
       PA BY pa1 - pa3 * (LPA1 - LPA3);
       WO BY work1 - work2 * (LWO1 - LWO2);
       EE ON WO (EEWO);
       D ON EE (DEE);
       PA ON EE (PAEE);
       PA with D (PAD);
       [ee1 - ee3 * ] (IEE1 - IEE3);
       [dp1 - dp2 * ] (ID1 - ID2);
       [pa1 - pa3 * ] (IPA1 - IPA3);
```

```
        [work1 - work2 * ] (IWO1 - IWO2);
         ee1 - ee3 * (EEE1 - EEE3);
         dp1 - dp2 * (ED1 - ED2);
         pa1 - pa3 * (EPA1 - EPA3);
         work1 - work2 * (EWO1 - EWO2);
         EE@1;
         D@1;
         PA@1;
         WO@1;
         [EE@0];
         [D@0];
         [PA@0];
         [WO@0];
MODEL M: EE BY ee1 - ee3 * (LEE1 - LEE3);
        D BY dp1 - dp2 * (LD1 - LD2);
        PA BY pa1 - pa3 * (LPA1 - LPA3);
        WO BY work1 - work2 * (LWO1 - LWO2);
        EE ON WO (EEWO);
        D ON EE (DEE);
        PA ON EE (PAEE);
        PA with D (PAD);
        [ee1 - ee3 * ] (IEE1 - IEE3);
        [dp1 - dp2 * ] (ID1 - ID2);
        [pa1 - pa3 * ] (IPA1 - IPA3);
        [work1 - work2 * ] (IWO1 - IWO2);
         ee1 - ee3 * (EEE1 - EEE3);
         dp1 - dp2 * (ED1 - ED2);
         pa1 - pa3 * (EPA1 - EPA3);
         work1 - work2 * (EWO1 - EWO2);
         EE@1;
         D@1;
         PA@1;
         WO@1;
         [EE@0];
         [D@0];
         [PA@0];
         [WO@0];
```

可以看到，对于男性组模型（MODEL M），在固定两组的因素载荷相等、指标变量误差协方差矩阵相等、截距相等、潜变量协方差矩阵相等的基础上，固定两组的潜变量均值相等，即与总体模型相同，固定潜变量均值为0（如WO@0）。注意，由于Mplus只估计了外源潜变量（WO）的均值和方差，这一步主要是验证WO的均值是否为0。

结果参见文件“10_10.out”。在得到估计结果后，由于模型 9 嵌套于模型 8，因此可以使用嵌套模型的比较方法。两个模型的卡方差值 $\Delta\chi^2=3.698$，自由度差值为 4，$\Delta\chi^2/\Delta df=0.925$，$p>0.05$。因此卡方差异检验不显著，可以接受较为简单的模型 9，认为不同性别之间满足潜变量均值等价条件。

另外，在检验潜变量均值等价性时，也可以在限定其他所有条件等价的基础上，自由估计潜变量均值。这时，由于参照组的潜变量均值为 0，可以比较估计组潜变量均值是否与 0 有显著差异（即均值估计值是否显著），从而得出潜变量均值等价性检验的结论。

至此，关于不同性别的结构方程模型等价性检验已经全部完成。

关键术语

结构方程模型　　测量模型　　结构模型　　多组比较

本章要点

1. 结构方程模型是一般线性模型的扩展，它是路径分析和因素分析的有机结合，因此它比一般线性模型的统计程序有更突出的优越性。结构方程模型程序主要具有验证性功能。

2. 结构方程模型由两部分组成：测量模型（即验证性因素分析模型）和结构模型。测量模型主要用于表示观测变量与潜变量之间的关系，而结构模型主要用来表示潜变量之间的关系。

3. 应用结构方程模型解决实际问题时，一般步骤分为：模型设定、模型识别、模型参数估计、模型评价、模型修正。

4. 与验证性因素分析中多组比较的思路类似，结构方程模型中的多组比较也是通过依次对模型增加限定来检验因素载荷、因素的协方差矩阵、回归路径、误差的协方差矩阵等的等价性。

第十一章
中介分析

【核心要点】

1. 了解中介效应和中介变量的定义。
2. 了解中介效应所涉及的效应分解，区分完全中介和部分中介。
3. 掌握中介效应的常用检验方法及各方法的特点。
4. 熟悉构建中介模型时需要满足的假设及注意事项。
5. 了解中介效应现有的效应量指标及其特点。

第一节　中介分析的一般目的和描述

研究者总是希望探寻事物之间的因果关系，设法解释两个事件之间为什么或者如何产生关联，例如心理治疗如何减轻抑郁倾向，知识与信仰如何影响个体的行为，等等。本章所讨论的中介效应就属于因果关系的范畴。

当考虑自变量 X 对因变量 Y 的影响时，如果 X 通过影响变量 M 来影响 Y，则称 M 为中介变量（mediator 或 mediating variable）（Judd & Kenny，1981；Baron & Kenny，1986）。X 通过中介变量 M 对 Y 产生的影响就是中介效应（mediation effect）。因此，在从自变量 X 到因变量 Y 的因果路径中，中介变量处于中间位置。也可以说，中介变量传递了自变量对因变量的效应。而且，中介关系也暗示了变量在时间上的先后顺序，即 X 的发生先于 M，而 M 的发生又先于 Y。

例如，父亲的社会经济地位影响儿子的受教育程度，从而影响儿子的社会经济地位（Duncan，Featherman，& Duncan，1972）。在这个例子中，儿子的受教育程度就是一个中介变量。图 11-1 为这个例子对应的中介模型。

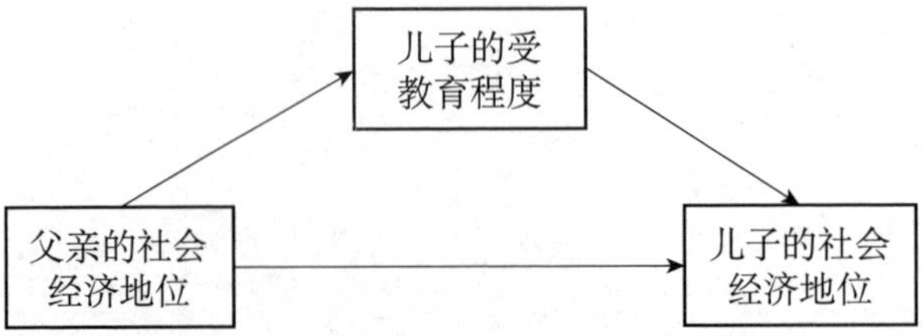

图 11-1　中介模型示例

对于如何确立中介变量或如何建立中介关系的假设，需要研究者依靠理论和前期的研究来做出假设。实际中，变量之间可能存在的关系有很多，而在很多情况下，研究者是无法根据数据完全将中介效应和其他的第三变量效应区分开的。理论信息、前人研究结论、预研究等才是重要的假设依据。研究者需要根据这些信息做出变量间作用关系的假设，再使用数据对这些假设进行验证。

对中介过程进行量化的两种主要方法是路径分析和应用结构方程模型。Duncan（1966）将 Wright（1920，1921）提出的路径分析方法用于检验包含中介效应的社会学模型。路径分析给研究者提供了一种方式去设定变量间的因果关系，并通过变量间的观测相关得到能反映关系程度的系数估计。中介效应的大小就是中介链中包含的所有路径系数的乘积。结构方程模型则是通过设定潜在的、未观测的构想，将因素分析中的测量结构与路径分析框架相结合。由此，结构方程模型就能够区分出测量模型和结构模型——前者是由测量构想的观测变量形成的，后者则建构了构想之间的关系——中介路径就包含在结构模型中。因此，结构方程模型能同时处理测量误差并评估中介效应，提高了中介效应的估计准确性。

结构方程模型和路径分析中对各中介效应的估计称为效应分解（effect decomposition），也就是说，存在一个将总效应分解为直接效应（direct effect）和中介效应的过程（Alwin & Hauser，1975）。而根据直接效应的大小，可以将中介效应分为两类：完全中介和部分中介。完全中介指的是自变量 X 对因变量 Y 的直接效应为 0，但通过 M 影响 Y 的中介效应存在；部分中介则是直接效应和中介效应均存在的情况。

第二节 中介模型和中介效应

一、中介模型

图 11-2 是一个表示两个变量（自变量 X 与因变量 Y）之间因果关系的最简单的模型。由 X 指向 Y 的箭头表示 X 能够预测 Y，并且这条路径的系数用 c 表示。该图下方的回归方程［式（11-1）］就是图中所示 X 与 Y 之间的关系。其中，e_1 表示 Y 中没有被它与 X 之间关系解释的部分，i_1 表示截距。

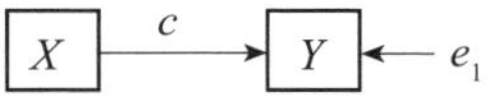

图 11-2 回归模型的路径图

$$Y=i_1+cX+e_1 \tag{11-1}$$

上图表示的仅是没有考虑其他变量的情况下 X 与 Y 之间总的关系，因此它是一个总效应模型。

图 11-3 是一个最简单的中介模型（mediation model）的路径图，图下方为模型对应的两个方程。该图中，自变量 X 影响中介变量 M，而 M 又影响因变量 Y，这其中就有一个潜在的中介关系 $X \to M \to Y$。另外，从 X 到 Y 还有一条不经过中介变量 M 的路径，

这就是 X 对 Y 的直接效应。每个箭头旁边标记的字母表示相应的路径系数：a 是自变量 X 对中介变量 M 的影响；b 是控制了自变量 X 后，中介变量 M 对因变量 Y 的影响；c' 则是 X 对 Y 的直接效应，它是一个偏回归系数，即控制了中介变量 M 后，自变量 X 对因变量 Y 的影响。注意直接效应 c' 与图 11－2 中总效应 c 的区别，后者是 X 与 Y 之间的总效应，并没有控制中介变量 M 的影响。另外，e_2 表示中介变量 M 中没有被它与 X 之间关系解释的部分，e_3 则表示因变量 Y 中没有被它与 X 和 M 之间关系解释的部分，i_2 和 i_3 都是截距。实际上，i_1、i_2 和 i_3 在中介效应的估计中并没有作用，可以从方程中移除。另外，需要注意的是中介变量 M 在模型中既是自变量，也是因变量。

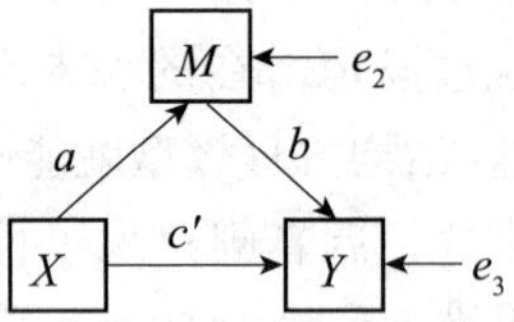

图 11－3 中介模型的路径图

$$M=i_2+aX+e_2 \tag{11-2}$$

$$Y=i_3+c'X+bM+e_3 \tag{11-3}$$

二、中介效应

根据系数 c、a、b 和 c'，有两种不同的方式来表示中介的效应量。第一种：由于中介路径是 $X \to M \to Y$，该路径的效应可以用所包含路径系数的乘积来表示，即用 ab 来表示中介效应。第二种：由于中介效应也是间接效应，而 X 对 Y 在控制 M 后的影响 c' 为直接效应，中介效应也可以表示为总效应与直接效应的差值，即 $c-c'$。也就是说，我们可以将总效应 c 分解为两部分：直接效应 c' 和间接效应 $ab=c-c'$。这些参数都可以通过普通最小二乘回归（ordinary least squares regression）得到，进而计算出中介效应估计值 $\hat{a}\hat{b}$ 和 $\hat{c}-\hat{c}'$。

需要注意的是，只有当模型中的因变量 M 和 Y 均为连续变量时，$ab=c-c'$ 才成立。当模型中的因变量 M 或 Y 是分类变量时，$c \neq c'+ab$，并且在诸如 Logistic 回归分析或多水平分析等一些分析中，由于中介回归方程之间标准化的方法不同，ab 也不一定等于 $c-c'$。另外，即使 M 和 Y 均为连续变量，如果不同的回归方程使用的样本量不同，那么 ab 也可能不等于 $c-c'$。例如，中介变量的数据存在一些缺失，导致估计 ab 和 $c-c'$ 所基于的被试数据不完全相同，那么估计出的 ab 就可能不等于 $c-c'$。本章中不讨论 $ab \neq c-c'$ 的情况。

另外，虽然中介效应是间接效应，但反过来并不一定成立，即间接效应不一定都是中介效应。当模型中包含多个中介变量时，中介效应需要指定是经过哪个或哪几个中介变量的效应，而间接效应不仅可以是包含特定中介变量的效应，也可以是多个中介效应的和。

第三节 中介效应的检验

一、中介效应检验方法

研究者们通常希望检验观测到的中介效应是否显著不等于零，这里介绍一些常用的检验中介效应的方法。

(一) 四步法

社会科学领域中，最早提出的中介效应检验方法是 Baron 和 Kenny（1986）的四步法（four-step approach）。该方法的基本步骤如下。

第一步，验证 $X \rightarrow Y$ 的总效应 $c \neq 0$，可以利用相关或者回归方法。这一步的目的是证明自变量 X 对因变量 Y 有影响，存在能够中介的效应。如果 X 对 Y 的总效应不显著，则分析停止。

第二步，验证 $X \rightarrow M$ 的回归系数 a 显著不为 0，即要求自变量与中介变量有显著相关。

第三步，验证 $M \rightarrow Y$（控制 X 的情况下）的效应 $b \neq 0$。这一步是证明中介变量和因变量之间有显著的关联，确保中介路径的存在。一般情况下，$b \neq 0$ 不足以证明中介效应的存在，因为研究者通常要求 X 对 M 的回归系数 a 也是显著的。

第四步，检验直接效应 c' 是否为 0。

实际操作中，第三步和第四步可以在回归中同时完成，推荐使用序列回归的方法（具体参见第三章），第一层放入自变量 X，第二层放入中介变量 M，从而得到 M 对 Y 的效应 b，以及 X 对 Y 的直接效应 c'。

例如，我们用一组数据来检验如下假设：积极劳资关系压力（positive industrial relation stress，变量名记为 prel_m）会通过增强个体的积极情绪（positive mood，变量名记为 pem_m）来提高个体的工作满意度（job satisfaction，变量名记为 sat_m）。数据文件可见文件“11_1 med. sav”。（本节使用的是模拟数据，分析的结果只是用来讲述方法，并不代表实际中的效应大小。）

首先明确变量。积极劳资关系压力（prel_m）为自变量 X，中介变量 M 为积极情绪（pem_m），工作满意度（sat_m）为因变量 Y。

第一步，验证 X 对 Y 的总效应 $c \neq 0$。在 SPSS 软件中，将 sat_m 作为因变量，将 prel_m 作为自变量进行回归分析，可得到如表 11 - 1 所示的结果。可以看到，prel_m 的回归系数显著，未标准化的回归系数为 0.256。

第二步，验证 X 对 M 的效应 $a \neq 0$。将 pem_m 作为因变量，将 prel_m 作为自变量进行回归分析，可得到如表 11 - 2 所示的结果。可以看到，回归系数显著，未标准化的系数为 0.256。

表 11-1 积极劳资关系压力（prel_m）对工作满意度（sat_m）的回归结果

Coefficients[a]

Model		Unstandardized Coefficients		Standardized Coefficients	t	Sig.
		B	Std. Error	Beta		
1	(Constant)	2.985	.282		10.581	.000
	prel_m	.256	.066	.233	3.854	.000

a. Dependent Variable：sat_m

表 11-2 积极劳资关系压力（prel_m）对积极情绪（pem_m）的回归结果

Coefficients[a]

Model		Unstandardized Coefficients		Standardized Coefficients	t	Sig.
		B	Std. Error	Beta		
1	(Constant)	3.008	.264		11.405	.000
	prel_m	.256	.062	.249	4.123	.000

a. Dependent Variable：pem_m

第三步，验证控制 X 的情况下，M 对 Y 的效应 $b \neq 0$。进行层次回归，将 prel_m 放在第一层，将 pem_m 放在第二层，将 sat_m 作为因变量，进行回归分析，可得到如表 11-3 所示的结果。可以看到，pem_m 的回归系数显著，未标准化的系数为 0.225。

表 11-3 积极劳资关系压力（prel_m，第一层）和积极情绪（pem_m，第二层）对工作满意度（sat_m）的层次回归结果

Coefficients[a]

Model		Unstandardized Coefficients		Standardized Coefficients	t	Sig.
		B	Std. Error	Beta		
1	(Constant)	2.985	.282		10.581	.000
	prel_m	.256	.066	.233	3.854	.000
2	(Constant)	2.308	.339		6.809	.000
	prel_m	.199	.067	.181	2.953	.003
	pem_m	.225	.065	.211	3.453	.001

a. Dependent Variable：sat_m

第四步，检验直接效应 c' 是否等于 0，从而判断是完全中介还是部分中介。从上表中层次回归的结果可以看到，在除去中介变量 pem_m 对因变量 sat_m 的影响之后，自变量 prel_m 对 sat_m 的影响依然显著，未标准化的系数为 0.199。四步法的 SPSS 语句及完整输出结果参见文件“11_2 med-四步法 . sps”和“11_3 med-四步法 . spv”。

以上结果验证了最初的假设，即积极劳资关系压力会通过增强个体的积极情绪来提高个体的工作满意度。而且，该中介效应是部分中介，即在控制积极情绪的情况下，积极劳资关系压力对个体的工作满意度仍有直接的正向影响。

但是，四步法的缺点在于：（1）中介效应弱时，检验力较低；（2）第一步对于总效应的验证也使得该方法的检验力不高，例如存在不一致的中介效应时，总效应可能不显著，但是中介效应存在；(3) 该方法对中介效应没有单一的度量及检验。

不一致的中介（inconsistent mediation），或者称为遮掩效应（suppression effects），指的是中介效应和直接效应符号相反的情况。此时，中介变量 M 是一个抑制变量（suppressor variable）。当控制了中介变量后，X 对 Y 的影响系数会增大。例如，较大的薪酬差距自身能有效提升组织绩效，但是较大的薪酬差距会使得管理者过度自信，而管理者过度自信又会抑制组织绩效的提升。在这个例子中，管理者过度自信就是一个抑制变量。遮掩效应可能会导致总效应不显著但中介效应显著，并且中介效应占总效应的比例超过 100%。

因此，研究者们提出了其他检验中介效应的方法，以下方法均是针对中介效应的检验。

（二）联合显著性检验

由于总效应 c 不显著并不能证明中介效应不存在，研究者们提出了联合显著性检验（joint significance test）的方法，即使用 t 检验来验证组成中介路径的 a 和 b 是否都显著，检验统计量等于参数估计值除以其标准误。a 和 b 同时显著就证明中介效应存在。

需要注意的是，由于该方法需要检验两个参数是否同时都显著，如果总的犯一类错误的概率为 0.05，则对两个参数分别检验时应该用 0.025 的显著性水平，并且是双尾检验。

还是用工作满意度的例子进行说明。根据之前得到的结果：$\hat{a}=0.256$，$s_{\hat{a}}=0.062$，$t_{\hat{a}}=4.123$，$p=0.000$（<0.025）；$\hat{b}=0.225$，$s_{\hat{b}}=0.065$，$t_{\hat{b}}=3.453$，$p=0.001$（<0.025）。组成中介路径的 a 和 b 都显著，因此中介效应显著。

该方法的特点是容易操作，但是统计检验力一般，也没有对中介效应本身进行度量和检验，因此不是研究者最常报告的检验结果。

（三）Sobel 检验

Sobel 检验的基本思路是直接检验中介效应。检验的零假设为 $ab=0$。具体步骤如下。

第一步，根据 Sobel（1982）提出 ab 的标准误计算公式［见式（11-4）］，计算中介效应估计值 $\hat{a}\hat{b}$ 的标准误 $s_{\hat{a}\hat{b}}$。

$$s_{\hat{a}\hat{b}}=\sqrt{\hat{a}^2 s_{\hat{b}}^2+\hat{b}^2 s_{\hat{a}}^2} \tag{11-4}$$

式中，$\hat{a}$ 和 $\hat{b}$ 是非标准化的回归系数估计值，$s_{\hat{a}}$ 和 $s_{\hat{b}}$ 分别是 $\hat{a}$ 和 $\hat{b}$ 的标准误。

第二步，检验统计量 $z=\hat{a}\hat{b}/s_{\hat{a}\hat{b}}$。该统计量是一个自由度为 1 的 z 分数，因此，如果它的绝对值大于 1.96，则在 $\alpha=0.05$ 的显著性水平上拒绝零假设，即中介效应存在。

同样用工作满意度的例子进行说明。根据之前得到的结果，$\hat{a}=0.256$，$\hat{b}=0.225$，$s_{\hat{a}}=0.062$，$s_{\hat{b}}=0.065$，可得到 $\hat{a}\hat{b}=0.058$，$s_{\hat{a}\hat{b}}=0.022$，进而得到 $z=2.636$，$p<0.05$。因此可以得出结论，中介效应显著不等于 0。

但是，Sobel 检验的缺点在于，它会受到样本量和分布正态性的影响。由检验步骤可知，该方法中对统计量 ab 使用的是 z 检验，其前提假设是 ab 服从正态分布，但该假设在实际中一般无法满足，因为两个正态分布的随机变量（a 和 b）的乘积一般不服从正态分布。而在样本量小的情况下，非正态分布对 z 检验的影响非常明显。因此该方法一般只对大样本适用。另外，该方法相对保守，检验力一般。

（四）检验总效应 c 与直接效应 c' 的差异是否显著

该方法的基本思路和步骤与 Sobel 检验类似，即检验零假设 $c-c'=0$。该方法与 Sobel 检验的主要区别在于，前者是用总效应与直接效应的差值来表示间接效应，而后者是直接对间接效应进行检验。

该方法的步骤为：先计算间接效应 $\hat{c}-\hat{c}'$ 的标准误 $s_{(\hat{c}-\hat{c}')}$，之后对该间接效应进行统计检验，统计量为 $t=(\hat{c}-\hat{c}')/s_{(\hat{c}-\hat{c}')}$。两个回归系数差值的标准误（MacKinnon，Lockwood，Hoffman，West，& Sheets，2002；McGuigan & Langholtz，1988），即 $\hat{c}-\hat{c}'$ 的标准误等于：

$$s_{(\hat{c}-\hat{c}')}=\sqrt{s_{\hat{c}}^2+s_{\hat{c}'}^2-2r\,s_{\hat{c}}\,s_{\hat{c}'}} \tag{11-5}$$

式中，$\hat{c}$ 和 $\hat{c}'$ 之间的协方差 $r s_{\hat{c}} s_{\hat{c}'}$ 等于均方误差（mean squared error，MSE）[式（11-3）中误差项的方差] 除以样本量与自变量方差的乘积，即 $\mathrm{MSE}/(N\cdot s_X^2)$。

该方法的缺点在于：当 $a=0$ 但 $b\neq 0$ 时，犯一类错误的概率较高，也就是即使中介效应不存在，也很容易判定显著（温忠麟，张雷，侯杰泰，刘红云，2004）。

一般情况下，这样计算的 $s_{(\hat{c}-\hat{c}')}$ 与上面介绍的 s_{ab} 计算公式得出的值非常相似，但通常更多使用 Sobel 检验计算中介效应标准误及进行中介效应的检验。这是因为式（11-4）的 s_{ab} 更容易计算，而且能够推广到更复杂的模型中。此外，$c-c'$ 并不总是等于 ab，而现在的研究大多使用 ab 来表示中介效应。

（五）Bootstrap 置信区间法

Bootstrap 方法是从一个原始样本中进行有放回的重复抽样，所抽取的样本的大小与原始样本大小相同，例如原始样本量为 100，则每次从这个样本中有放回地抽取样本量为 100 的新样本，这样可以得到多个 Bootstrap 样本。抽样次数根据计算量而定。从每个重新抽取的样本中可以计算出某个统计量的值，那么将从 N 个样本得到的 N 个值按照数值从小到大排序，就能形成该统计量的 Bootstrap 分布，取该分布中的第 2.5 和第 97.5 个百分位点，就能得到该统计量的 95%置信区间。

将 Bootstrap 方法应用于检验中介效应时，主要针对的统计量是 ab。即从每个重新抽取的样本中计算路径系数 a 和 b，从而得到 ab。根据所抽取的 N 个样本，就能得到 ab 的分布情况，进而获得 ab 的置信区间（一般是使用 95%置信区间）。如果置信区间不包括 0，则说明该参数估计值显著。该置信区间是从多个样本统计量构成的分布中得到的，因此可以是不对称的，该统计量的检验也不会受到其分布形态的影响。这种 Bootstrap 方法也称为非参数百分位 Bootstrap 方法。研究者发现，非参数百分位 Bootstrap 方法对中介效应的检验力高于 Sobel 检验（Fritz & MacKinnon，2007；MacKinnon，Lockwood，& Williams，2004）。

但非参数百分位 Bootstrap 方法默认 Bootstrap 分布的中值等于从原始样本中求得的 ab 估计值，这会造成中介效应区间估计的偏差。因此需要使用偏差校正的 Bootstrap 方法（bias-corrected Bootstrap），以调整分布中用于构建置信区间的百分位点，若有兴趣详细了解具体的调整过程，可自行查阅相关文献。研究表明，偏差校正的 Bootstrap 方法检验力更高（Fritz & MacKinnon，2007；MacKinnon，2008；Preacher & Hayes，2008；方杰，张敏强，2012；温忠麟，刘红云，侯杰泰，2012）。但是，也有研究发现，在一些条件下，偏差校正的 Bootstrap 方法的高检验力是以超过设定水平的一类错误率（例如设定 $\alpha=0.05$）为代价的（方杰，张敏强，2012），而 Bootstrap 方法并不会如此（Fritz，Taylor，& MacKinnon，2012）。因此，如果希望获得高检验力，那么推荐使用偏差校正的 Bootstrap 方法；但如果研究者也在乎一类错误率，那么使用 Bootstrap 方法较为稳妥。

还是用工作满意度的例子进行说明。在 Mplus 中，使用 Bootstrap 方法抽取 1 000 个样本，得到中介效应的置信区间结果是：积极劳资关系压力→积极情绪→工作满意度中介效应的估计值为 0.058，95%置信区间为 [0.016，0.099]。由于置信区间不包括 0，该中介效应显著。

使用 Bootstrap 方法检验中介效应具有如下优点：

（1）可用于标准误未知或中介效应 ab 的分布违反正态分布的情况。

（2）适用于中小样本和各种中介效应模型。

（3）能够估计置信区间（置信区间不包括 0 时，有统计显著性）。

因此，推荐使用基于 Bootstrap 方法的非对称置信区间对中介效应进行显著性检验（MacKinnon，Lockwood，& Williams，2004）。

（六）基于临界值的置信区间法

两个随机变量 a 和 b 相乘得到的中介效应 ab 通常并不服从正态分布，这种情况下，直接对 ab 进行 z 检验就是不正确的。除了 Bootstrap 方法，另一种考虑到 ab 非正态性的中介效应检验方法就是基于两个正态分布的随机变量的乘积的分布（Aroian，1947；Craig，1936），直接从乘积的分布中找临界值，然后根据式（11-6）和式（11-7）分别计算得到置信区间的下限和上限。乘积分布不是正态分布，分布中的临界值也与正态分布的临界值不同，而且当分布不对称时，置信区间上下限的临界值的绝对值也不同，得到的置信区间也是不对称的。

$$\text{置信区间下限 (LCL)} = \text{中介效应} + \text{ProdLower}_{\text{一类错误率}} \cdot s_{ab} \qquad (11-6)$$

$$\text{置信区间上限 (UCL)} = \text{中介效应} + \text{ProdUpper}_{\text{一类错误率}} \cdot s_{ab} \qquad (11-7)$$

式中，$\text{ProdLower}_{\text{一类错误率}}$、$\text{ProdUpper}_{\text{一类错误率}}$ 分别表示从乘积分布中得到的下限和上限的临界值。

上下限的临界值可以从 PRODCLIN 程序[①]中得到，在程序中输入估计的 $\hat{a}$、s_a、$\hat{b}$、

---

① PRODCLIN 是用于计算两个正态随机变量的乘积的置信区间的一段程序，可以在 SAS、SPSS 和 R 软件中使用。MacKinnon、Fritz、Williams 和 Lockwood（2007）详述了该程序的具体使用方法，并且在补充材料中提供了在 SAS、SPSS 和 R 软件中的计算程序语句。

$s_{\hat{b}}$、$\hat{a}$ 和 $\hat{b}$ 的相关，以及设定的一类错误率即可。

基于乘积分布临界值的不对称置信区间和 Bootstrap 方法得到的置信区间会比正态分布置信区间更准确，但大多数情况下，研究结论是一致的。而且，如果 $\hat{a}/s_{\hat{a}}$ 和 $\hat{b}/s_{\hat{b}}$ 中的一个或两个都大于等于 6，那么使用这种方法得到的不对称的置信区间与基于正态分布临界值得到的置信区间会非常相近。

（七）有先验信息的 MCMC 方法

中介效应的置信区间检验还有一种方法，即马尔可夫链蒙特卡罗（MCMC）方法，它属于一种贝叶斯统计方法。该方法是将马尔可夫链的过程引入蒙特卡罗模拟中，从而实现模拟过程中抽样分布随之改变的动态模拟（方杰，张敏强，2012）。由于是贝叶斯方法，MCMC 方法可以允许研究者设定所关心参数的先验信息（通常来自理论假设和前人研究等），从而在分析中介效应时结合先验信息得到更加准确的估计，这就是有先验信息的 MCMC 方法。

研究发现，有先验信息的 MCMC 方法对系数乘积项 ab 提供的置信区间估计非常准确，且检验力高于 Sobel 检验（MacKinnon，2008；Yuan & MacKinnon，2009；方杰，张敏强，2012），甚至可能高于偏差校正的非参数百分位 Bootstrap 方法，但是也会低估一类错误率（方杰，张敏强，2012）。而无先验信息的 MCMC 方法和 Sobel 检验的估计精度相当（Yuan & MacKinnon，2009）。因此，方杰和张敏强（2012）建议，当研究者能提供有效的先验信息时，应先考虑使用有先验信息的 MCMC 方法；而先验信息不可得时，推荐使用偏差校正的非参数百分位 Bootstrap 方法。而且，虽然 MCMC 方法涉及的统计知识和计算过程较为复杂，但常用的分析软件（如 Mplus）已经可以通过简单的语句调用实现。

但是，实际中研究者很难得到参数的先验分布信息。当无先验信息时，MCMC 方法并不具备很大的优势。目前，多数方法学的文章主要推荐的还是 Bootstrap 方法。因此，到目前为止，公认的可以取代 Sobel 方法对系数乘积项进行直接检验的是 Bootstrap 方法（温忠麟，叶宝娟，2014a）。

二、中介效应检验流程

温忠麟和叶宝娟（2014a）提出了一个较新的中介效应检验流程，见图 11-4。

第一步，对总效应 c 进行检验。如果总效应显著，则按中介效应立论。否则，按照遮掩效应立论。总效应 c 是否显著都不影响之后的检验，只是最后的结果解释有所不同。

第二步，对中介效应所涉及的两个路径系数 a 和 b 依次进行检验。如果二者都显著，则说明中介效应存在，报告 ab 的置信区间，转到第四步检验直接效应。这里计算置信区间时也应该使用 Bootstrap 方法而非 Sobel 方法。如果系数 a 和 b 中至少有一个不显著，进入第三步。

第三步，使用 Bootstrap 方法检验零假设 $ab=0$。如果结果显著，则中介效应存在，进入第四步检验直接效应。如果结果不显著，就可以判定中介效应不存在，分析停止。

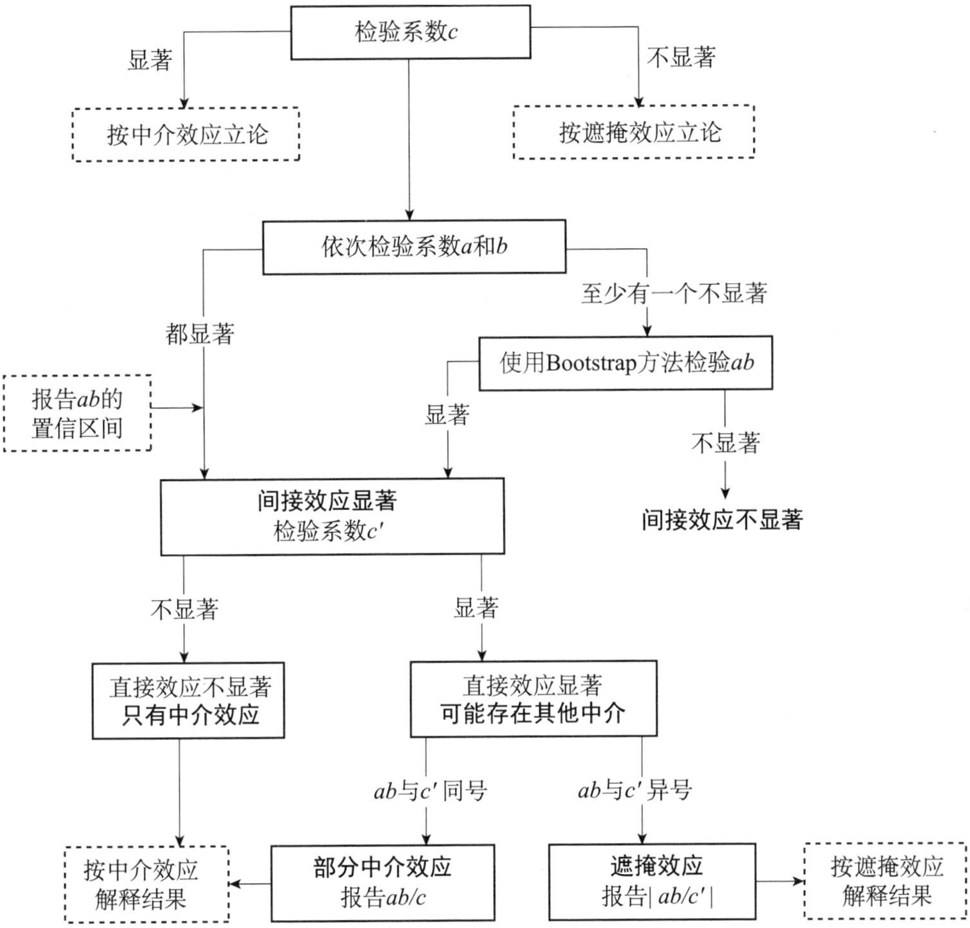

图 11－4 一种中介效应检验流程

第四步，确定中介效应存在后，检验直接效应 c'。若不显著，则说明是完全中介效应，按照中介效应解释结果即可。否则，说明存在中介效应，进入下一步。

第五步，中介效应和直接效应都存在时，比较 ab 和 c' 的符号。若二者同号，则说明是部分中介效应，报告效应量 ab/c。如果二者符号相反，则说明是遮掩效应，报告效应量 $|ab/c'|$。除了 ab/c 或 $|ab/c'|$，也可以酌情报告其他效应量。中介效应的效应量可参见本章第五节的有关内容。

第四节 潜变量中介模型

前面讨论的中介模型都是针对观测变量之间关系的，并没有考虑观测变量的测量误差。本节对中介模型进行拓展，将测量误差纳入模型考虑的范围内。本节的内容如下：首先，介绍测量误差及其对中介效应估计的影响；其次，介绍潜变量中介模型，包括结构模型和测量模型，以及如何使用测量模型解决之前提到的测量误差带来的问题。

一、测量误差

前面几节讨论的中介模型包含的自变量、中介变量和因变量都是观测变量，这种分析基于的前提假设是自变量、中介变量、因变量准确地测量了其背后的潜变量（即潜在因子或特质等），没有测量误差（measurement error）。但实际中，尤其是在社会科学领域，测量误差普遍存在。

观测变量的观测值可分解为三部分：一是随机误差，这一误差是随机产生的，其大小不具有任何规律性，独立于观测变量，对一次测量而言，随机误差的期望值为0；二是系统误差，它不是随机的，而是由系统因素（例如测量工具）引进的，取值有一定的规律性，其期望值为固定的常数；三是研究者所要测量的潜变量，即所感兴趣的理论结构。相应地，观测变量的变异也就可以分解为三部分：一是随机误差的变异，二是系统误差的变异，三是潜变量的变异。

测量误差的存在会导致变量间关系的估计值偏离真值，例如，自变量的测量误差一般会导致观测的回归系数小于真实的回归系数。随机误差和系统误差也会分别降低测量的信度和效度，因为信度涉及的是测量的稳定性，即测量中随机误差的大小，而效度则是测量工具能测量出理论上的潜变量，即系统误差的程度。

对于中介效应的估计，当测量误差存在时，路径系数 a 和 b 的估计值会随着测量信度的降低而减小，从而导致对中介效应的低估（Hoyle & Kenny，1999）。具体来说，自变量 X 的测量不可靠导致 a 系数的估计值小于实际值，而中介变量 M 的测量不可靠又导致 b 系数的估计值偏低，因此中介效应 ab 的估计值低于实际值。而且，随着中介变量 M 测量的不可靠性增强，中介效应估计值会越来越被低估，直接效应估计值则会越来越被高估。因此测量的不可靠性会扭曲中介模型中的各路径系数估计值。

二、使用潜变量中介模型

一种解决测量误差的方式就是设定各观测变量如何与其测量的潜在构想相关联，即使用结构方程模型。有关结构方程模型的具体介绍可参见第十章的内容。

潜变量中介模型就是结构方程模型的一个特例，具体来说，如果中介效应所涉及的三个变量（自变量 X、中介变量 M、结果变量 Y）中至少有一个是潜变量，就需要使用结构方程模型来分析三者间的中介效应。

下面依然以三个变量之间的中介模型为例，但在这里，所涉及的三个变量都是潜变量，每个潜变量都由三个指标变量测量。该模型如图11-5所示，图中各路径旁标注的符号表示相应的路径系数。

因为潜变量是未观测变量，没有原始的测量单位，需要通过将每个潜变量的一个载荷固定为1或者将潜变量方差固定为1来实现模型识别，图中展现的模型采用了将每个潜变量的一个载荷固定为1的方式。

模型中的中介效应依然是其中所包含路径的系数乘积，在这里是 $\gamma_1\beta_{21}$。与之前提到

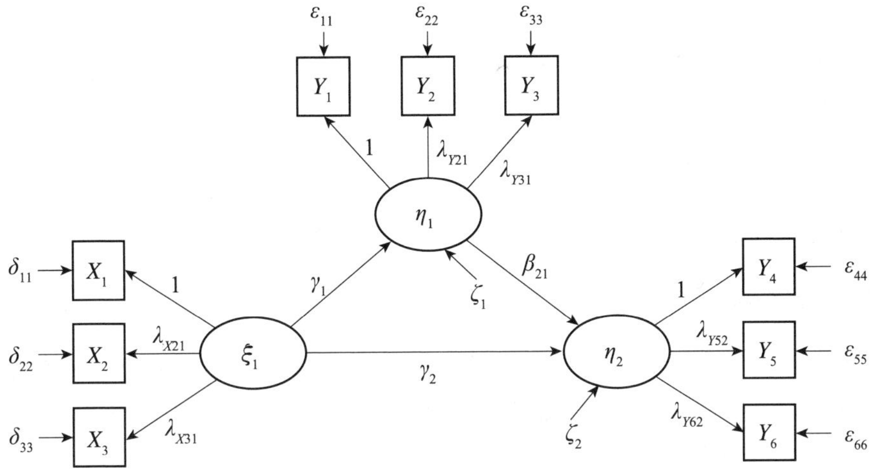

图 11－5 包含三个因子、三个指标变量的潜变量模型

的观测变量的中介效应有所不同的是，这时中介效应所涉及的自变量 ξ_1、中介变量 η_1、结果变量 η_2，分别都是由多个指标变量测量得到的潜变量，因此分离出了测量时的误差部分。模型中的参数可以通过极大似然法或其他方法估计得到。极大似然法是一种参数估计方法，被广泛用于多种模型。该方法使用一个迭代的过程，估计出一套最可能生成模型中变量间观测协方差矩阵的参数。

潜变量中介模型的参数估计以及中介效应的检验都可以在软件中实现，但具体的估计过程较为复杂，在这里不详细介绍。相应的例子及 Mplus 操作可参见本章最后一节。

第五节 中介分析中一些值得注意的问题

一、中介回归方程的假设

在第二节中，我们介绍了表示中介模型的回归方程。实际上，每个中介回归方程都要求满足回归分析的一些基本假设（Cohen，Cohen，West，& Aiken，2003）。有关的四个假设分别是：函数形式正确，影响没有遗漏，测量准确，残差表现良好。关于这些假设的评估以及违背之后的补救方法可以参见 Cohen 等（2003）的文章。下面简单介绍这四个假设。

（一）函数形式正确

每个中介回归方程都假设变量之间是线性关系，即自变量改变一个单位会导致因变量产生一个固定的改变量。当然，也可以通过对自变量进行一些非线性转换和设定，在这些模型中建构变量之间的非线性关系。函数形式正确假设的另一个方面是变量之间的关系是可加的，即变量不会相互影响。例如，在第二节提到的简单中介模型中，X 和 M 都能预测 Y，但 X 和 M 之间不会存在交互作用。更详细地说，M 对 Y 的作用在 X 的不同水平上并不会有所不同，X 对 Y 的作用也不会受到 M 不同取值的影响。交互作用可以通过在式（11－3）中加入自变量 X 与中介变量 M 的乘积项 XM 作为预测变量来检验。如果乘积项 XM 的系数显著，说明 X 和 M 之间存在交互作用，就需要使用更复杂的模型。

（二）影响没有遗漏

这个假设指的是中介回归方程反映了正确的潜在模型，没有遗漏重要的变量或影响。

（三）测量准确

这个假设指的是对变量 X、M 和 Y 的测量都是可信且有效的。测量误差会导致 M 与 Y 的关系被低估，从而影响对中介效应的估计。所以要求对观测的自变量、中介变量和因变量都使用有足够的信度及效度的测量。另一种解决测量误差的方式就是对潜在构想设定测量模型，即使用潜变量模型，可以参见本章第四节中的有关内容。

（四）残差表现良好

这个假设指的是在各个回归方程中，残差与自变量不相关，残差之间相互独立，并且残差是方差齐性的。另外，不同方程的残差项也不相关。但是，如果模型中遗漏了会同时影响 M 和 Y 的变量，那么不同方程的残差之间就会相关。为此可以使用一些方法，例如工具变量估计（Angrist，Imbens，& Rubin，1996）等，对这些相关的残差进行建模。

二、中介模型的推理假设

除了上面提到的中介回归方程需要满足的假设，中介模型还需要满足一些假设，只有在满足这些假设的基础上，才能够对中介分析所得到的结果进行解释。

（一）时间顺序

中介模型中假定了变量出现的先后顺序，即 X 出现在 M 之前，M 出现在 Y 之前。从这个角度来说，对横断数据进行中介分析是存在一定问题的，因为横断数据一般无法提供时间顺序方面的信息，除非有 X 在 M 之前测量之类的情况。在这些情况下，中介模型的建立必须基于理论或其他方式。

（二）中介链的选择

一条中介链可能包含很多条路径。研究者必须决定测量哪些路径，以及确定最终的因变量。一项研究可能会因为没有测量到中介链中的正确路径而遗漏了真正的中介效应。研究也可以只关注一条长中介链中的一小部分。

（三）测量的时机

中介变量和因变量的测量时间必须与其因为自变量或中介变量而发生变化的真实时

间相匹配。很多实验操纵可以使得中介变量立即发生变化，从而导致结果变量的变化。但有些情况下，最终结果的变化会发生在中介变量变化很久之后。例如，年轻女性饮食中钙含量的变化，可能在很久之后才会展现出它对骨质疏松症的影响。除此之外还有一些更加复杂的情况，这里不再详述。

（四）X、M和Y分布的正态性

通常中介模型中假设 X、M、Y 都服从正态分布。如果 X 是二分变量，那么本章列出的统计方法依然有效。如果 Y 是二分变量，那么中介效应的估计值可能就会不准确。通常，Bootstrap 方法通过重新抽样得到统计量的分布，对 X、M 和 Y 的分布没有那么多假设要求，因此在中介变量不服从正态分布时，它是一种合适的方法。但是，如果中介模型中所含变量的分布不同，不同的中介分析方法的结果就会有所不同。

（五）正态分布的系数乘积项

Sobel 检验中假设 a 和 b 的乘积项 ab 服从正态分布。但实际上，两个随机变量的乘积在很多情境中并不服从正态分布。为此，可以通过两个随机变量乘积项的分布或 Bootstrap 方法来构建置信区间来解决这个问题。

（六）遗漏的影响

以单个中介变量的模型为例，模型假设没有其他变量与这三个变量相关。遗漏的变量可能会包括未测量但是重要的变量，或是没有加入统计分析的交互作用。实际数据中，单中介模型的三个变量不可能没有其他的影响变量，所以很容易拓展为多个中介变量。路径分析方法可以处理存在多个中介变量、多个自变量以及多个因变量的情况。但是，即使有很多变量，模型也可能会遗漏一些相关变量。另外，不同的被试可能会有不同的中介效应，这就涉及模型中加入调节变量的问题。下一章“调节效应”中会提到有关内容。

（七）因果推断

另一个假设是变量之间的相关系数 a、b、c' 和 c 能够反映正确函数形式下正确的因果关系。但是，某些情况下，这些系数可能并不能反映真实的相关程度。例如，当自变量 X 不具有随机性时，a 系数除了包含 X 对 M 的效应，还可能包含其他效应。

（八）理论上的中介变量与实际的中介变量

一种情况是，即使有证据表明一个变量是中介变量，例如一个统计上显著的中介效应，这个中介变量可能也无法反映效应发生的真实机制。例如，发生一类错误的时候，中介效应实际上是偶然发生而不是真实存在的。另一种情况是选择的中介变量只代表了真实中介变量的一个方面。例如，在一项有关认知治疗对抑郁的影响的研究中，对健康的认知归因在分析中作为中介变量，但是，负性认知归因才是一个更加全面的中介变量，而对健康的认知归因仅仅代表了负性认知归因的一个方面。

三、样本量的要求

对于大多数检验中介模型的研究来说，最小的样本量为 150～200。但这也不是绝对的，样本量的要求会受到诸多因素的影响，例如中介效应的大小、检验力、显著性水平以及所用的检验方法等。

表 11-4 是当 $\alpha=0.05$ 且统计检验力为 0.80 时，不同中介效应的大小以及不同检验方法所需的样本量。

表 11-4　当 α=0.05 且统计检验力为 0.80 时，三种中介效应分析方法所需样本量

ab 的效应量[a]	联合显著性检验[b]	Sobel 检验[c]	Bootstrap 置信区间法[d]
SS	530	667	558
SM	403	422	406
SL	403	412	398
MS	405	421	404
MM	74	90	78
ML	58	66	59
LS	405	410	401
LM	59	67	59
LL	36	42	36

资料来源：截取自 Fritz & MacKinnon，2007，Table 3，p. 237.

注：当变量测量不可靠、违背正态性假设，或使用分类变量而非连续变量时，这些检验力估计值可能是不准确的。

a. S 表示较小，M 表示中等，L 表示较大。例如，SS 表示 *a* 和 *b* 都是小效应；SM 表示 *a* 较小，而 *b* 中等；SL 表示 *a* 较小而 *b* 较大。

b. 联合显著性检验要求系数 *a* 和 *b* 都是显著的。

c. 使用 Sobel（1982）提出的估计 SE_{ab} 的方法对 H_0：$ab=0$ 进行 z 检验。

d. 没有校正偏差。

另外，如果使用了潜变量中介模型，那么还需要更大的样本量，因为模型中包含测量模型的部分。关于潜变量模型所要求的样本量，可以参见本书第十章。

四、总效应是否显著的问题

关于中介效应，有一个误区在于有些中介检验方法要求，只有当自变量和因变量之间存在显著的关联时，中介效应才会存在。但是事实上，即使自变量和因变量之间的总效应不显著，也可能存在显著的中介过程（Collins，Graham，& Flaherty，1998；MacKinnon，Krull，& Lockwood，2000；Shrout & Bolger，2002）。在这类情况中，中介变量可能揭示出变量之间重要的中介关系。例如年龄和打字熟练程度之间的关联很低，但实际上，这个关系能够被两个相反方向的中介过程解释：年龄增加导致反应时变长，从而降低了打字的熟练程度；但年龄增加又能够在认知层面提高打字技能，从而提高了打字的熟练程度（Salthouse，1984）。

总效应不显著但存在中介效应的另一种可能是模型中存在不一致的中介，或者称为遮掩效应。这种效应指的是中介效应和自变量 X 对因变量 Y 的直接效应（即不通过中介变量来影响因变量）符号相反的情况。此时，中介变量 M 是一个抑制变量。当控制了中介变量后，X 对 Y 的影响系数会增大。例如在压力对情绪的影响中，应对压力的方式作为中介变量的情况。遮掩效应可能会导致总效应不显著但中介效应显著，并且中介效应占总效应的比例超过 100%。

五、中介效应量

中介效应的检验中除了置信区间法，其他的方法都涉及显著性检验。但是，显著性检验的结果依赖于样本量，即如果样本量足够大，即使很小的效应也会显著，但是如果样本量很小，即使很大的效应也可能不显著。因此，显著性检验的结果并不能很好地表示实际效应的大小及意义。效应量（effect size）则提供了一种关于效应的大小及意义的度量，并且该指标不依赖于样本量。温忠麟、范息涛、叶宝娟和陈宇帅（2016）提出，效应量指标应该具有如下特性：（1）与测量单位无关；（2）相对于效应本身的大小具有单调性；（3）不受样本量的影响；（4）其他一些特性，例如非负性、有界性、正规性（即取值范围为 [0，1]）。

（一）中介效应量的度量

对于中介效应的效应量，研究者提出了一些度量方法，但是理想的效应量度量还没有实现。这里简单描述一些当前已有且较为常见的中介效应量指标。

1. 中介效应中单个路径的效应量指标：相关系数或偏相关系数

最广泛使用的一个效应量度量指标就是相关系数。在仅包含一个自变量的回归模型中，自变量与因变量之间的相关系数就可以被当作二者关系的效应量。Cohen（1988）提出，在社会科学领域中，小、中、大的效应分别对应于 0.1、0.3 和 0.5 的相关系数。因此，自变量 X 和中介变量 M 之间的相关就能够描述 a 系数的效应量。而对于 b 系数，由于模型中同时包含自变量 X 和中介变量 M，其效应量可用中介变量 M 与因变量 Y 之间的偏相关系数来度量。

2. 中介效应中单个路径的效应量指标：标准化回归系数

标准化回归系数也是一种效应量的度量指标。它表示的是自变量改变一个标准差时，因变量的改变量。结构方程模型中经常会给出标准化回归系数。

3. 整个中介效应的效应量指标：中介比例和中介比值

中介比例是中介的总效应比例，即 $P_M=ab/c$。通过这个比例，例如，研究者可以说一个中介效应解释了自变量对因变量的总效应的 30%。但是对于不一致的中介，中介效应和直接效应符号相反，中介效应与总效应的比例就会大于 1，甚至是负的。这种情况下，Alwin 和 Hauser（1975）提出了一种解决方式，就是在计算中介比例之前，将中介效应和直接效应都先取绝对值。例如，直接效应 c' 为 −0.207 6，中介效应为 0.152 7，那么中介比例应该是 0.152 7/(−0.207 6+0.152 7)=−2.78。如果在计算之前先取绝对值，那么比例就变为 0.152 7/(0.207 6+0.152 7)=0.42。但用这种方式得到的中介比例，应该解释为中介效应占绝对总效应的比例。

中介比值是中介效应与直接效应的比值，即 $R_M=ab/c'$。对于上面所举的例子，中介比值等于 0.152 7/0.207 6=0.736。通过这个比值，研究者可以说中介效应约是直接效应的 0.7 倍。而且，研究者可以使用这个比值来比较自变量与因变量相同但中介变量不同的中介效应。

P_M和R_M很容易计算，是现在最广泛使用的中介效应量指标。它们受样本量的影响较小；即使测量单位不同，也能够进行群体间的比较；它们还能够构建置信区间。

4. 整个中介效应的效应量指标：R^2

一类常用的效应量指标是解释的方差比例，例如回归分析中的 R^2。对于中介效应，计算 R^2 的过程就是将因变量的观测方差分解为三部分：被直接效应解释的部分、被间接效应解释的部分，以及未被解释的部分。R^2 就是因变量的观测方差中被间接效应解释的部分。对于中介效应，MacKinnon（2008）提出了三种中介效应的 R^2 度量方式，见式（11－8）至式（11－10）。

$$R^2_{Y,M}=r^2_{YM}-(R^2_{Y,MX}-r^2_{YX}) \tag{11-8}$$

$$R^2_{Y,M}=r^2_{MX}\cdot r^2_{YM.X} \tag{11-9}$$

$$R^2_P=r^2_{MX}\cdot r^2_{YM.X}/R^2_{Y,MX} \tag{11-10}$$

式（11－8）中，$R^2_{Y,MX}$ 是 Y 同时被 M 和 X 解释的方差比例，r^2_{YX} 是 X 和 Y 之间相关系数的平方，r^2_{YM} 是 Y 和 M 之间的相关系数的平方。式（11－8）计算的是 Y 的方差中 M 在中介效应中所解释的部分，即 Y 的方差中同时被 M 和 X 解释且没有被 X 或 M 单独解释的部分。式（11－9）表示的是 X 和 M 之间相关系数的平方乘以 M 和 Y 之间去除 X 的影响的偏相关系数的平方。式（11－10）表示的是通过式（11－9）计算得到的结果再除以 Y 同时被 M 和 X 解释的总方差比例。这三种度量方式都还有待进一步改进，但 Taborga（2000）以及 Taborga、MacKinnon 和 Krull（1999）研究发现，即使对于较小的样本量，这些 R^2 的偏差也很小。

5. 整个中介效应的效应量指标：部分标准化的中介效应

中介模型中中介效应的一些度量指标包括标准化系数的乘积以及科恩 d 值等，这些都反映了标准单位的效应大小。一种 d 效应量是中介效应与 Y 变量的标准差的比值，见式（11－11）。这个值是用 Y 的标准差作为单位来表示 ab 的大小。

$$ab_{ps}=ab/\sigma_Y \tag{11-11}$$

6. 整个中介效应的效应量指标：κ^2

Preacher 和 Kelly（2011）提出并推荐使用一个新的中介效应量指标 κ^2。通常来说，对于一个绝对值看似很小的效应，如果我们考虑这个效应的可能值的范围，那么得到的值也许已经是相对较大的效应了。因此，基于这种思想，效应量指标 κ^2 就是间接效应与间接效应的最大可能值的比例，如式（11－12）所示。

$$\kappa^2=\frac{\hat{a}\hat{b}}{\text{Max}(\hat{a}\hat{b})} \tag{11-12}$$

式中，$\text{Max}(\hat{a}\hat{b})$ 是间接效应的最大可能值。这个值是在给定总效应 c 的值且 X、M、Y 的相关矩阵非负定的条件下计算出的中介效应 ab 的最大值。该效应量取值区间为 [0，1]，不会受到变量测量单位以及样本量的影响，也可以构造 Bootstrap 置信区间。

（二）效应量度量总结

有关模拟研究表示，相关以及标准化系数的度量即使在小样本下偏差也较低。中介比例和中介比值在重复的样本间波动较大，如果要得到稳定的结果则需要较大的样本量：如果要得到稳定的 P_M，通常需要 500 的样本量，但是如果直接效应更大的话，样本量要求可以低一些（MacKinnon，Warsi，& Dwyer，1995）。如果所有估计值都是显著的，样本量也可以更小。而在所有变量都是连续变量的情况下得到稳定的 R_M 估计值至少需要 2 000 的样本量（MacKinnon，Warsi，& Dwyer，1995）。而 R^2 通常对于 50 以上的样本量，其偏差都较低。但需要注意的是，这些有关效应量度量的研究主要是针对有稳定效应的单个中介变量的模型。它们在更复杂的模型，尤其是不一致的中介模型中，表现如何还不清楚。

一些效应量的度量在解释上可能会有一些困难。相关系数或标准化的回归系数都是针对单个路径（系数 a 和系数 b）的效应量指标，而 a 和 b 各自无法单独表示中介效应的完整含义。当中介效应和总效应都很小的时候，中介比例和中介比值可能很大。减少这种情况出现的一种方式是在计算之前先进行效应的显著性检验。而 R^2 可能很小，表明因变量的方差中只有很小一部分是由中介效应解释的，但小的效应也可能很重要，而且很容易产生小的效应，因为它们是系数的乘积，当系数小于 1 的时候，乘积会小于单个系数。

对于新提出的效应量指标 κ^2，Wen 和 Fan（2015）发现它不具有单调性，即中介效应的绝对值增大，该效应量指标并不一定增大。他们进一步研究发现，κ^2 缺乏单调性的原因在于 $\text{Max}(\hat{a}\hat{b})$ 的计算过程不对，并且证明了 $\text{Max}(\hat{a}\hat{b})$ 其实是无穷大的。因此，κ^2 的定义就存在问题，不应延续使用。

第六节　中介分析应用案例及 Mplus 操作

本节中，我们将应用 Mplus 软件对一组数据进行中介分析。案例中变量及变量间的关系是参照 Kelloway、Barling 和 Shah（1993）对劳资关系压力、情绪以及工作满意度的研究，但使用的数据为模拟数据，分析的结果只是用来讲述方法，并不代表实际中的效应大小。

一、数据介绍

数据参见文件“11_1 med. sav”。具体来看，该数据共包含 260 名被试的编号（ID）

及其在 15 道题目上的作答分数，以及相应维度的平均分数。这 15 道题目都是 7 点计分，分别测查 5 个维度：

（1）消极劳资关系压力（negative industrial relation stress），包括 3 道测验题目，即 nrel1、nrel2 和 nrel3。

（2）积极劳资关系压力（positive industrial relation stress），包括 3 道测验题目，即 prel1、prel2 和 prel3。

（3）积极情绪（positive mood），包括 3 道测验题目，即 pem1、pem2 和 pem3。

（4）消极情绪（negative mood），包括 3 道测验题目，即 nem1、nem2 和 nem3。

（5）工作满意度（job satisfaction），包括 3 道测验题目，即 sat1、sat2 和 sat3。

另外，对每个维度计算了维度题目得分的平均值，分别命名为 nrel_m、prel_m、pem_m、nem_m 和 sat_m。

数据中无缺失值。

二、研究假设及分析目的

研究假设为：积极劳资关系压力会通过增强个体的积极情绪来提高个体的工作满意度，消极劳资关系压力会通过增强个体的消极情绪来降低个体的工作满意度。在只考虑观测变量的情况下，该假设可以用一个模型图来表示，见图 11－6。

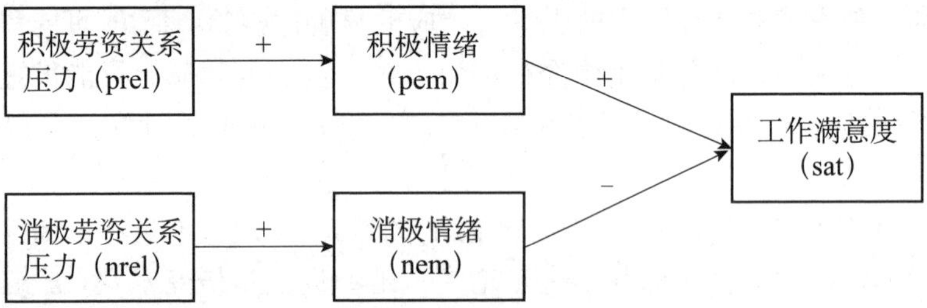

图 11－6　工作满意度案例的假设模型图

分析目的是使用收集到的数据验证以上假设的变量间的影响关系。由于每个变量都是 7 点计分，可以近似看作对连续数据的分析。

由于使用 Mplus 软件进行数据分析，需要将原始的 SPSS 数据另存为“11_4 med. dat”。

三、Sobel 检验

使用 5 个维度平均分变量进行观测变量的中介效应分析，并使用 Sobel 检验。实际上，Mplus 的默认输出结果就是 Sobel 检验的结果。

（一）编写语句

具体的 Mplus 语句如下（也可参见文件“11_5 med-sobel. inp”）：

```
title: Mediation using Sobel test;
data:
    file="11_4 med.dat";
variable: names are ID nrel1 nrel2 nrel3 prel1 prel2 prel3
        pem1 pem2 pem3 nem1 nem2 nem3 sat1 sat2 sat3
        nrel_m prel_m pem_m nem_m sat_m;
    usevar=nrel_m prel_m pem_m nem_m sat_m;
analysis: estimator=ml;
model:
    sat_m on pem_m nem_m prel_m nrel_m;
    pem_m on prel_m;
    nem_m on nrel_m;
Model indirect: sat_m ind pem_m prel_m;
                sat_m ind nem_m nrel_m;
output: standardized;
```

语句中，Model indirect 部分用于设定感兴趣的中介效应路径，以便输出相应路径的检验结果。最后一句 output：standardized 表示输出标准化解，如果不需要也可以不设定。

（二）结果解读

1. 模型拟合结果

Mplus 输出结果中主要的模型拟合结果如下所示。综合卡方检验的结果以及 CFI、TLI、RMSEA 等指数的结果，可以看出模型拟合良好。

```
Chi-Square Test of Model Fit
        Value                                  2.804
        Degrees of Freedom                         3
        P-Value                               0.4229
RMSEA (Root Mean Square Error of Approximation)
        Estimate                               0.000
        90 Percent C. I.                 0.000  0.102
        Probability RMSEA<=.05                 0.664
CFI/TLI
        CFI                                    1.000
        TLI                                    1.006
```

2. 参数估计结果

Mplus 输出结果中的参数估计结果如下所示，此处呈现的是未标准化的结果。

MODEL RESULTS

	Estimate	S. E.	Est. /S. E.	Two-Tailed P-Value
SAT_M ON				
PEM_M	0.219	0.060	3.639	0.000
NEM_M	−0.335	0.061	−5.533	0.000
PREL_M	0.184	0.062	2.966	0.003
NREL_M	−0.121	0.062	−1.957	0.050
PEM_M ON				
PREL_M	0.256	0.062	4.140	0.000
NEM_M ON				
NREL_M	0.297	0.061	4.907	0.000

从参数估计结果可以发现，如预期所示，积极劳资关系压力对积极情绪具有显著的正向影响（$\beta=0.256$，$p<0.05$），消极劳资关系压力也能正向影响消极情绪（$\beta=0.297$，$p<0.05$）；而积极情绪能够正向影响工作满意度（$\beta=0.219$，$p<0.05$），消极情绪则能够负向影响工作满意度（$\beta=-0.335$，$p<0.05$）。而且，积极劳资关系压力对工作满意度有显著的正向直接效应（$\beta=0.184$，$p<0.05$），消极劳资关系压力对工作满意度也有边缘显著的负向直接效应（$\beta=-0.121$，$p=0.050$）。

3. 中介效应检验结果

Mplus 输出结果中的中介效应的检验结果如下所示。

TOTAL，TOTAL INDIRECT，SPECIFIC INDIRECT，AND DIRECT EFFECTS

	Estimate	S. E.	Est. /S. E.	Two-Tailed P-Value
Effects from PREL_M to SAT_M				
Sum of indirect	0.056	0.021	2.733	0.006
Specific indirect				
SAT_M				
PEM_M				
PREL_M	0.056	0.021	2.733	0.006
Effects from NREL_M to SAT_M				
Sum of indirect	−0.100	0.027	−3.671	0.000
Specific indirect				
SAT_M				
NEM_M				
NREL_M	−0.100	0.027	−3.671	0.000

结果显示，两个中介效应均显著。积极劳资关系压力→积极情绪→工作满意度的中介效应为 0.056，$p<0.05$，即积极劳资关系压力能够通过积极情绪正向地预测工作满意度。消极劳资关系压力→消极情绪→工作满意度的中介效应为-0.100，$p<0.05$，表明消极劳资关系压力能够通过影响消极情绪，对工作满意度产生显著的负向影响。

Mplus 输出的完整结果参见文件“11_5 med-sobel. out”。

四、Bootstrap 检验

同样使用 5 个维度平均分变量对观测变量进行中介效应分析，使用的方法是 Bootstrap 检验。

（一）编写语句

具体的 Mplus 语句如下（也可参见文件“11_6 med-bootstrap. inp”）：

```
title: Mediation using bootstrap test;
data:
    file="11_4 med. dat";
variable: names are ID nrel1 nrel2 nrel3 prel1 prel2 prel3
          pem1 pem2 pem3 nem1 nem2 nem3 sat1 sat2 sat3
          nrel_m prel_m pem_m nem_m sat_m;
    usevar=nrel_m prel_m pem_m nem_m sat_m;
analysis: bootstrap=1000;
model:
    sat_m on pem_m nem_m prel_m nrel_m;
    pem_m on prel_m;
    nem_m on nrel_m;
Model indirect: sat_m ind pem_m prel_m;
                sat_m ind nem_m nrel_m;
output: cinterval standardized;
```

语句中，analysis：bootstrap=1000 表示设定的分析方法是 Bootstrap 方法，1000 表示抽取 1 000 个样本，可以根据需要进行修改。最后的 output 语句中 cinterval 表示需要输出 Bootstrap 方法估计得到的置信区间。如果希望得到使用偏差校正的 Bootstrap 方法估计的置信区间，则将 output 语句中的 cinterval 改为 cinterval（bcbootstrap）即可。

（二）结果解读

在中介效应分析中，使用 Bootstrap 方法的目的只是在于对中介效应进行检验。模型拟合和参数估计及其显著性检验的结果与 Sobel 检验部分的结果相同，因此不再详述。

下面呈现的是 Mplus 输出结果中的中介效应的 Bootstrap 检验结果。

CONFIDENCE INTERVALS OF TOTAL, TOTAL INDIRECT, SPECIFIC INDIRECT, AND DIRECT EFFECTS

	Lower .5%	Lower 2.5%	Lower 5%	Estimate	Upper 5%	Upper 2.5%	Upper .5%
Effects from PREL_M to SAT_M							
Sum of indirect	0.006	0.018	0.024	0.056	0.088	0.094	0.106
Specific indirect							

```
    SAT_M
    PEM_M
    PREL_M        0.006    0.018    0.024    0.056    0.088    0.094    0.106
Effects from NREL_M to SAT_M
  Sum of indirect   −0.172 −0.155 −0.146 −0.100 −0.053 −0.045 −0.027
  Specific indirect
    SAT_M
    NEM_M
    NREL_M          −0.172 −0.155 −0.146 −0.100 −0.053 −0.045 −0.027
```

可以发现，结果同时呈现了估计值、90%置信区间、95%置信区间及99%置信区间。结果显示，积极劳资关系压力→积极情绪→工作满意度的中介效应估计值为0.056，其95%置信区间为[0.018，0.094]；消极劳资关系压力→消极情绪→工作满意度的中介效应估计值为−0.100，其95%置信区间为[−0.155，−0.045]。由于两个中介效应的置信区间均不包括0，故这两个中介效应均在0.05水平上显著。

Mplus输出的完整结果参见文件“11_6 med-bootstrap.out”。

五、MCMC方法

当使用MCMC方法对中介效应的置信区间进行检验时，Mplus语句如下（也可参见文件“11_7 med-mcmc.inp”）。

```
title: Mediation using MCMC test;
data:
    file="11_4 med.dat";
variable: names are ID nrel1 nrel2 nrel3 prel1 prel2 prel3
          pem1 pem2 pem3 nem1 nem2 nem3 sat1 sat2 sat3
          nrel_m prel_m pem_m nem_m sat_m;
    usevar=nrel_m prel_m pem_m nem_m sat_m;
analysis: estimator=bayes;! 贝叶斯估计，默认使用两条独立的MCMC链
          process=2;! 同时运行两条MCMC链
          fbiteration=30000;! 每条MCMC链的迭代次数为30000
model:
    sat_m on pem_m (b1)
         nem_m (b2)
         prel_m
         nrel_m;
    pem_m on prel_m (a1);
    nem_m on nrel_m (a2);
model constraint:
    new (ind1, ind2);
    ind1=a1 * b1;
```

```
    ind2=a2 * b2;
  output:
```

在使用 MCMC 方法时，无法使用 Model indirect 定义中介路径，因此需要使用 model constraint 手动设定需要估计的系数乘积项，在此之前需要在 model 语句部分给相应的系数加上标签，从而在 model constraint 部分使用定义好的系数标签来计算需要检验的系数乘积项。得到的参数估计结果如下所示。

MODEL RESULTS

	Estimate	Posterior S. D.	One-Tailed P-Value	95% C. I. Lower 2.5%	Upper 2.5%	Significance
SAT_M ON						
PEM_M	0.219	0.061	0.000	0.099	0.338	*
NEM_M	−0.335	0.062	0.000	−0.455	−0.215	*
PREL_M	0.184	0.063	0.002	0.060	0.307	*
NREL_M	−0.122	0.063	0.025	−0.245	0.001	
PEM_M ON						
PREL_M	0.256	0.062	0.000	0.135	0.376	*
NEM_M ON						
NREL_M	0.297	0.062	0.000	0.175	0.418	*
Intercepts						
PEM_M	3.008	0.264	0.000	2.499	3.525	*
NEM_M	2.787	0.256	0.000	2.283	3.293	*
SAT_M	4.203	0.439	0.000	3.342	5.069	*
Residual Variances						
PEM_M	1.512	0.134	0.000	1.279	1.802	*
NEM_M	1.482	0.133	0.000	1.252	1.774	*
SAT_M	1.428	0.129	0.000	1.204	1.712	*
New/Additional Parameters						
IND1	0.054	0.021	0.000	0.020	0.102	*
IND2	−0.098	0.028	0.000	−0.159	−0.050	*

可以发现，积极劳资关系压力通过积极情绪对工作满意度的中介效应的 95%置信区间估计为 [0.020，0.102]，消极劳资关系压力通过消极情绪对工作满意度的中介效应的 95%置信区间估计为 [−0.159，−0.050]。

Mplus 输出的完整结果参见文件"11_7 med-mcmc. out"。

需要说明的是，这里给出的是一个无先验信息的 MCMC 方法操作示例，实际上使用的是 Mplus 中默认的扩散先验（diffuse priors），也称为无信息先验（non-informative priors）。对于连续因变量，载荷和回归系数的默认先验分布是均值为 0、方差无限大（10^{10}）的正态分布。如果需要设定先验信息，model 部分的语句修改如下：

```
  model:
        sat_m on pem_m (b1)
                 nem_m (b2)
```

```
                prel_m
                nrel_m;
        pem_m on prel_m (a1);
        nem_m on nrel_m (a2);
model priors:
        a1~ n (m1, v1);! 设定 a1 的先验分布为均值为 m1、方差为 v1 的正态分布
        a2~ n (m2, v2);
        b1~ n (m3, v3);
        b2~ n (m4, v4);
model constraint:
        new (ind1, ind2);
        ind1=a1 * b1;
        ind2=a2 * b2;
```

这里给出的例子是设定正态的先验分布，研究者也可以根据需要设定其他的先验分布，例如对数正态分布、均匀分布等。

六、潜变量中介分析

当考虑潜变量中介分析时，使用 5 个维度下各自的测验题目作为观测变量，5 个维度分别作为潜变量，进行中介效应分析。

（一）编写语句

具体的 Mplus 语句如下（也可参见文件“11_8 med-latent. inp”）：

```
title: Latent Variable Mediation Model;
data:
        file="11_4 med. dat";
variable: names are ID nrel1 nrel2 nrel3 prel1 prel2 prel3
             pem1 pem2 pem3 nem1 nem2 nem3 sat1 sat2 sat3
             nrel_m prel_m pem_m nem_m sat_m;
        usevar=nrel1 nrel2 nrel3 prel1 prel2 prel3
              pem1 pem2 pem3 nem1 nem2 nem3 sat1 sat2 sat3;
analysis: estimator=ml;
model:
        nrel by nrel1 nrel2 nrel3;
        prel by prel1 prel2 prel3;
        nem by nem1 nem2 nem3;
        pem by pem1 pem2 pem3;
        sat by sat1 sat2 sat3;
        sat on pem nem prel nrel;
        pem on prel;
```

```
        nem on nrel;
Model indirect: sat ind pem prel;
                sat ind nem nrel;
output: standardized;
```

(二)结果解读

1. 模型拟合结果

下面呈现的是 Mplus 输出结果中主要的模型拟合结果。综合卡方检验的结果以及 CFI、TLI、RMSEA 等指数的结果，可以看到模型拟合良好。

```
Chi-Square Test of Model Fit
        Value                                  80.049
        Degrees of Freedom                         83
        P-Value                                0.5714
RMSEA (Root Mean Square Error of Approximation)
        Estimate                               0.000
        90 Percent C.I.                   0.000   0.032
        Probability RMSEA<=.05                 1.000
CFI/TLI
        CFI                                    1.000
        TLI                                    1.006
```

2. 参数估计结果

下面呈现的是 Mplus 输出结果中的部分主要参数估计结果（未标准化的结果）。从参数估计结果中可以发现，测量模型部分的载荷系数均显著，表明观测变量均良好地测量了潜变量。

结构模型部分的路径系数结果与之前用观测变量进行分析的结果类似。积极劳资关系压力对积极情绪具有显著的正向影响（$\beta=0.599$，$p<0.05$），消极劳资关系压力也能正向影响消极情绪（$\beta=0.449$，$p<0.05$）；而积极情绪能够正向影响工作满意度（$\beta=0.278$，$p<0.05$），消极情绪则能够负向影响工作满意度（$\beta=-0.498$，$p<0.05$）。而且，积极劳资关系压力对工作满意度有显著的正向直接效应（$\beta=0.310$，$p<0.05$），但是消极劳资关系压力对工作满意度的直接效应不显著（$\beta=-0.096$，$p>0.05$）。

MODEL RESULTS

	Estimate	S. E.	Est. /S. E.	Two-Tailed P-Value
NREL BY				
NREL1	1.000	0.000	999.000	999.000
NREL2	0.782	0.163	4.786	0.000
NREL3	0.989	0.202	4.884	0.000
PREL BY				
PREL1	1.000	0.000	999.000	999.000

PREL2	1.422	0.282	5.042	0.000
PREL3	1.471	0.295	4.986	0.000
NEM BY				
NEM1	1.000	0.000	999.000	999.000
NEM2	1.045	0.161	6.494	0.000
NEM3	1.000	0.162	6.161	0.000
PEM BY				
PEM1	1.000	0.000	999.000	999.000
PEM2	0.894	0.156	5.726	0.000
PEM3	0.869	0.151	5.749	0.000
SAT BY				
SAT1	1.000	0.000	999.000	999.000
SAT2	1.189	0.150	7.914	0.000
SAT3	0.994	0.128	7.746	0.000
SAT ON				
PEM	0.278	0.099	2.813	0.005
NEM	−0.498	0.128	−3.879	0.000
PREL	0.310	0.146	2.119	0.034
NREL	−0.096	0.106	−0.908	0.364
PEM ON				
PREL	0.599	0.178	3.369	0.001
NEM ON				
NREL	0.449	0.110	4.094	0.000
PREL WITH				
NREL	−0.034	0.076	−0.449	0.653

3. 中介效应检验结果

下面是 Mplus 输出结果中的中介效应的检验结果。

TOTAL，TOTAL INDIRECT，SPECIFIC INDIRECT，AND DIRECT EFFECTS

				Two-Tailed
	Estimate	S. E.	Est. /S. E.	P-Value
Effects from PREL to SAT				
Sum of indirect	0.167	0.071	2.358	0.018
Specific indirect				
SAT				
PEM				
PREL	0.167	0.071	2.358	0.018
Effects from NREL to SAT				
Sum of indirect	−0.224	0.073	−3.057	0.002
Specific indirect				

SAT				
NEM				
NREL	−0.224	0.073	−3.057	0.002

结果显示，两个中介效应均显著。积极劳资关系压力→积极情绪→工作满意度的中介效应为0.167，$p<0.05$，即积极劳资关系压力能够通过积极情绪正向地预测工作满意度。消极劳资关系压力→消极情绪→工作满意度的中介效应为−0.224，$p<0.05$，表明消极劳资关系压力能够通过影响消极情绪，对工作满意度产生显著的负向影响。

Mplus 输出的完整结果参见文件“11_8 med-latent. out”。

潜变量的中介效应也可以用 Bootstrap 方法进行检验，只需要在 analysis 语句中加入 bootstrap=1000（其他设定值也可以），以及在 output 语句中加入 cinterval 选项即可。其 Mplus 语句及输出结果分别参见文件“11_9 med-latent-bootstrap. inp”和“11_9 med-latent-bootstrap. out”。

关键术语

中介变量　中介效应　完全中介　部分中介　Sobel 检验
Bootstrap 置信区间法　MCMC 方法　潜变量中介模型

本章要点

1. 当考虑自变量 X 对因变量 Y 的影响时，如果 X 通过影响变量 M 来影响 Y，则称 M 为中介变量。X 通过中介变量 M 对 Y 产生的影响就是中介效应。

2. 对中介效应的估计是一个效应分解的过程，即将总效应分解为直接效应和中介效应。根据直接效应的大小，可以将中介效应分为完全中介和部分中介。

3. 对中介效应的检验有多种方法，如四步法、联合显著性检验、Sobel 检验、Bootstrap 置信区间法、有先验信息的 MCMC 方法等。根据各方法的优缺点，温忠麟和叶宝娟(2014a)提出了一个新的中介效应检验流程。

4. 在构建中介模型时，除了满足统计模型的假设（例如，函数形式正确、测量准确等），还需要满足一些理论或实际操作上的假设，涉及变量发生/测量的时间顺序、变量或系数乘积项的正态性等。

5. 中介效应的存在并不需要总效应显著这一前提。即使自变量和因变量之间的总效应不显著，也可能存在重要的中介过程，如遮掩效应。

6. 对于中介效应的效应量，研究者提出了一些指标，但现阶段尚未有理想的度量方法。

第十二章
调节效应

【核心要点】

1. 了解调节效应的概念，以及解释调节效应的必要性。
2. 区分调节作用与交互作用的概念。
3. 区分调节效应与中介效应的概念。
4. 掌握不同调节变量类型所对应的调节效应检验方法。
5. 了解有调节的中介和有中介的调节，识别二者的区别和联系，掌握各自的检验方法。

第一节　调节效应概述

本章关注社会科学领域中一个常见的统计问题：如何建构、检验以及解释变量之间的交互作用（interaction），即调节效应（moderation effect）。

当变量 M 取不同水平的值时，自变量 X 对结果变量 Y 的影响程度不同，就称 M 调节了 X 与 Y 之间的关系。变量 M 被称为调节变量（moderator），X 与 Y 之间关系依赖于 M 的程度，就是调节效应（moderation effect）。调节效应的理论模型图如图 12－1 所示。

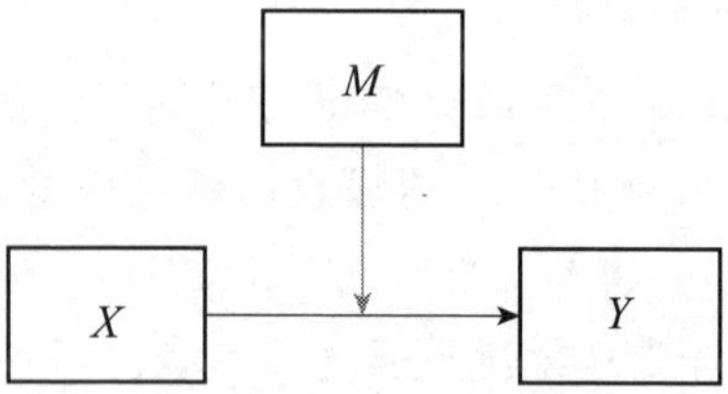

图 12－1　调节效应的理论模型图

例如，研究者探讨生活压力（X）和社会支持（M）与心理疾病（Y）之间的关系。根据一定的理论假设，研究者认为社会支持（M）缓解了生活压力（X）对心理疾病（Y）的影响。也就是说，研究者假设，生活压力（X）对心理疾病（Y）有正向的影响，但是这一影响会随着社会支持（M）的增加而减小。在这个例子中，社会支持（M）称作生活压力（X）对心理疾病（Y）影响的调节变量。

调节作用在统计模型上等同于交互作用，即一个变量与另一个变量的关系会受到第三个变量取值的影响。但是，二者不同的是，调节作用中包含的两个自变量在分析之前就已经确定好了哪个是自变量，哪个是调节变量，二者不可以互换。而在交互作用中，两个自变量没有角色上的区别。那么，如何在两个变量中确定哪个是自变量，哪个是调节变量呢？这个问题需要研究者在分析之前依据理论假设来进行判断和设定，不属于数据分析的范畴。此外，变量 X、M 和 Y 之间的影响方向也需要在理论假设阶段确定。本章的内容主要集中在调节效应的检验方法上，不涉及前期的理论假设及变量设定等内容。

关于自变量 X 和调节变量 M 之间的关系，与中介效应不同的是，调节效应的分析中一般不要求两个变量之间必须存在相关关系。而且，如果自变量 X 是一个实验操纵变量，那么一般情况下，自变量 X 和调节变量 M 之间应该是相互独立的。调节效应分析中，另一个与中介效应分析不同的地方在于，考虑到调节效应所涉及的变量之间的关系，一般情况下，在先后顺序上，调节变量 M 与自变量 X 同时测量（发生）或 M 在 X 之前测量（发生）。

在接下来的内容中，首先简单介绍调节效应的解释和重要性。接着，分别介绍显变量的调节效应及其检验方法、潜变量的调节效应及其检验方法，并附上相应的 SPSS 或 Mplus 软件操作案例。最后，分别描述有调节的中介及其检验、有中介的调节及其检验，也分别使用案例来说明相应的 Mplus 操作。

第二节 调节效应的解释和重要性

在这一节，我们将通过基础的多元回归模型来说明交互作用的重要性。在回归分析中，每个自变量与因变量之间的关系都是通过该自变量对因变量的回归系数，即斜率，来度量的。首先考虑一个常见的、不含交互作用的二元回归方程，该模型的简单示意图（图 12－2）及其方程［式（12－1）］如下所示。

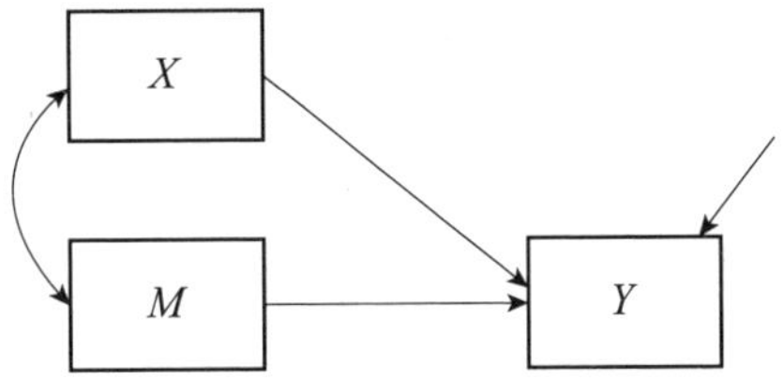

图 12－2 一个简单的回归模型（不含交互作用）

$$\hat{Y} = b_0 + b_1 X + b_2 M \tag{12-1}$$

式中，$\hat{Y}$ 表示预测的 Y 值，b_1 和 b_2 分别表示变量 X 和 M 对 Y 的斜率。在这个回归方程中，Y 对 X 的斜率 b_1 在 M 的所有取值上都是恒定的，不受变量 M 的影响。以 X 为横轴，Y 为纵轴，我们可以用图 12－3 表示出 X 与 Y 的关系。结合式（12－1）与图 12－3，我们可以看到，Y 对 X 的截距（$b_0 + b_2 M$）依赖于 M 的值，M 值不同时，截距不同；Y 对 X 的斜率 b_1 则不随 M 值的变化而变化。相应地，Y 对 M 的斜率也不依赖于 X。

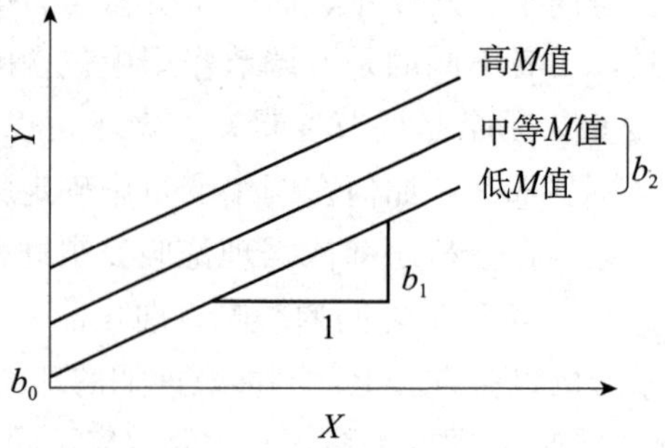

图 12-3　一个不含交互作用的回归直线图

当我们在模型中考虑交互作用时，可以通过 X 和 M 的乘积来表示 X 和 M 的交互作用，该回归模型图如图 12-4 所示，模型方程见式（12-2）。

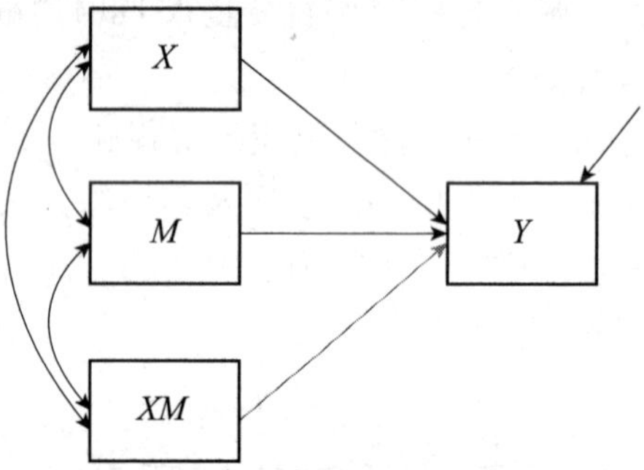

图 12-4　一个含交互作用的回归模型

$$\hat{Y}=b_0+b_1X+b_2M+b_3XM \tag{12-2}$$

此时，Y 对 X 回归的截距和斜率均依赖于变量 M 的值。当 M 取不同的值或处于不同的水平时，Y 对 X 的回归直线都不同，因此形成了一组回归线。对于每一个不同的 M 值，对应的 Y 对 X 的回归直线称作简单回归直线（simple regression line）。由于 Y 对 X 的回归依赖于 M 的取值，因此式（12-2）中 X 的效应称作条件效应（conditional effect）。图 12-5 是一个相应的回归直线图。

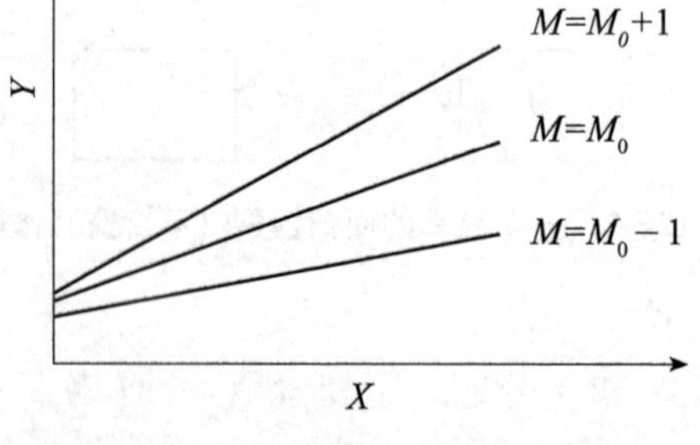

图 12-5　一个含交互作用的回归直线图

因此，调节效应揭示了变量之间的一种相互影响的方式。如果我们忽略了这个效应，就会导致对自变量与因变量之间关系的错误理解。

需要注意的是，只有当 b_1X 和 b_2M 同时包含在方程中时，b_3 系数反映的才是 X 和 M

的交互作用。如果模型中不包含变量的主效应，乘积项就可能不是单独的乘法效应，而可能混淆了加法和乘法效应，从而产生误导的结果。也就是说，当考虑 X 和 M 的交互作用时，模型中必须包含 X 和 M 各自的主效应。

以上通过多元回归的方式说明了调节效应的解释和重要性。

第三节　显变量的调节效应

对于显变量的调节效应，也就是自变量、调节变量与因变量均为观测变量时，多元回归分析可以用于任何分类变量和/或连续变量的组合，只要对分类变量进行合适的虚拟编码即可，交互作用则表示为变量的乘积项。但实际操作中，根据不同的变量类型，研究者也可以选择其他方法来更便捷地建构和检验变量间的交互作用（调节效应）。

当自变量 X 和调节变量 M 都是显变量时，若 X 和 M 均为分类变量，可以使用方差分析（ANOVA）的方法；若 X 和 M 均为连续变量，或 X 和 M 中一个为分类变量，一个为连续变量，那么一般使用多元回归分析的方法。当然，也可以将连续变量按照一定的标准（比如中位数）转换为分类变量，再使用方差分析的手段对变量间的交互作用进行检验。但是，这种做法首先会导致数据信息大量丢失，大大降低交互作用的统计检验力。其次，采用中位数、平均数等将连续变量转换为分类变量的方法，往往依赖于样本。不同样本的中位数和平均数等一般也不同，导致分类标准不同。而且，不同的转换方法可能得到不同的结果，经常采用的中位数切分法所得到的回归系数估计往往是有偏的。另外，对于任何大小的调节效应，如果要达到足够的检验力，将连续变量转化为分类变量的方法比直接使用多元回归需要的样本量大得多。因此，在进行调节效应检验时，并不建议将连续变量转换为分类变量，再使用方差分析的方法进行检验。

一、两个连续变量的调节作用

在第二节中，我们已经简单地提到了如何在多元回归中构建变量间的交互作用，即使用变量的乘积项。在这一部分，我们将进一步说明构建乘积项时的注意事项，之后说明如何检验交互作用，以及若交互作用显著，如何解释并进一步发掘交互作用中包含的重要信息。

（一）非标准化解

当我们采用变量原始的量尺进行分析，即结果使用非标准化的回归系数时，构建包含交互作用的多元回归模型应遵循如下步骤。

（1）中心化：将自变量 X 和调节变量 M 都减去各自的样本均值，做中心化处理，转换为 C_X 和 C_M。

（2）计算交互项：将 C_X 和 C_M 相乘得到交互项 C_XC_M。

（3）以 Y 为因变量，以 C_X、C_M 和 $C_X C_M$ 为自变量做回归分析。一般使用序列回归，将 C_X 和 C_M 放在第一层，将 $C_X C_M$ 放在第二层。

有两种方法可以判断交互作用是否显著。第一种，检查变量乘积项 $C_X C_M$ 的回归系数 b_3 是否显著不等于0。第二种，如果采用序列回归的方法，增加了交互作用项后，检查回归模型对因变量 Y 的变异解释的增量（ΔR^2）是否显著大于0。若 b_3 显著不为0或 ΔR^2 显著大于0，则说明交互作用存在。

从以上步骤中可以注意到，与一般使用多元回归的过程不同的是，当模型中考虑交互项时，需要先对变量进行中心化的处理。中心化后的变量 C_X 和 C_M 均值为0，得到的系数更有意义，例如此时的截距 b_0 表示的是变量 X 和 M 在各自的平均值水平时，Y 的取值。而在含有调节效应的回归中，变量取值为0有明确的意义这一点非常重要。因为在调节效应的回归分析中，变量的影响效应（回归系数）表示的是当其他变量取值为0时，这个变量的条件效应，也就是说，对于式（12-2），系数 b_1 表示的是 $M=0$ 时，X 对 Y 的影响；中心化后，b_1 则表示 M 取平均水平时（$C_M=0$），C_X 对 Y 的影响。

另外，自变量的中心化是为了削弱或消除主效应与交互项之间的共线性，中心化并不会影响交互作用的系数 b_3，但是会影响模型中的其他系数（b_0、b_1 和 b_2）。其他的自变量转换有时也是有效的，但是均值中心化通常被认为是最好的选择。

下面以一个数据案例及SPSS分析结果来说明（使用的数据均为模拟数据，分析结果仅用于说明分析过程，不能代表实际中变量间的真实关系）。根据一定的理论，研究者做出如下假设：社会支持可以调节工作压力对抑郁倾向的影响，具体来说，社会支持可以缓解工作压力的影响。因此，研究者收集了233名员工在社会支持量表（SC）、工作压力量表（SS）和抑郁倾向量表（DEP）上的得分。数据文件及SPSS语句见文件“12_1 mod_1. sav”及“12_1 mod_1. sps”。表12-1呈现了数据中三个变量间的相关及各变量的均值和标准差。

表12-1　变量间的相关及描述统计量

	抑郁倾向	工作压力	社会支持	均值	标准差
抑郁倾向	1.000			2.557	0.894
工作压力	0.214*	1.000		1.948	0.621
社会支持	−0.128	0.001	1.000	3.060	0.486

在SPSS软件中，先将自变量 X_{SS} 和调节变量 X_{SC} 中心化，中心化后的变量分别为 C_{SS} 和 C_{SC}，接着构建变量的乘积项 $C_{SS}C_{SC}$，最后进行序列回归分析，将 C_{SS} 和 C_{SC} 放在第一层，将 $C_{SS}C_{SC}$ 放入第二层。

先看 R^2 的结果，如表12-2所示。根据这个结果，加入乘积项 $C_{SS}C_{SC}$ 之后，模型的 ΔR^2 为0.019，$p=0.029$。在 $\alpha=0.05$ 的水平上，ΔR^2 显著大于0，因此，社会支持与工作压力的交互作用显著。

表 12-2 模型的 R^2 结果

Model Summary

Model	R	R Square	Adjusted R Square	Std. Error of the Estimate	Change Statistics				
					R Square Change	F Change	df1	df2	Sig. F Change
1	.249[a]	.062	.054	.86983	.062	7.615	2	230	.001
2	.285[b]	.081	.069	.86270	.019	4.816	1	229	.029

a. Predictors: (Constant), CSC, CSS

b. Predictors: (Constant), CSC, CSS, CSSCSC

回归系数的结果如表 12-3 所示。在该部分结果中，我们主要看模型 2（即同时包含 C_{SS}、C_{SC}以及 $C_{SS}C_{SC}$三个自变量的模型）的结果。可以发现，变量乘积项 $C_{SS}C_{SC}$的非标准化系数为−2.295，$p=0.029$，该系数在 $\alpha=0.05$ 的水平上显著不等于 0，说明交互作用显著，即调节效应显著。

表 12-3 回归系数估计结果

Coefficients[a]

Model		Unstandardized Coefficients		Standardized Coefficients	t	Sig.
		B	Std. Error	Beta		
1	(Constant)	2.557	.057		44.875	.000
	CSS	.309	.092	.214	3.352	.001
	CSC	−.235	.118	−.128	−2.001	.047
2	(Constant)	2.558	.057		45.254	.000
	CSS	.301	.091	.209	3.298	.001
	CSC	−.237	.117	−.129	−2.032	.043
	CSSCSC	−2.295	1.046	−.139	−2.194	.029

a. Dependent Variable: 抑郁倾向

另外，依据上表的结果，我们可以根据估计出的非标准化系数，写出该回归模型的方程式，见式（12-3）。需要注意的是，这里给的“标准系数”并不是这个回归模型真正的标准化系数解。关于为什么不能直接使用这里的标准化系数解，以及如何得到正确的标准化系数估计值，之后会给出详细的解释以及相应的步骤。

$$\hat{Y}_{DEP}=2.558+0.301C_{SS}-0.237C_{SC}-2.295C_{SS}C_{SC} \tag{12-3}$$

根据得到的式（12-3），我们可以得知，工作压力对抑郁倾向的影响如下。

（1）当社会支持低于平均水平一个标准差（$C_{SC}=-0.486$）的时候：

- 工作压力低于平均水平一个标准差（$C_{SS}=-0.621$）的时候，有

$$\hat{Y}_{DEP}=2.558+0.301\times(-0.621)-0.237\times(-0.486)-2.295\times(-0.621)\times(-0.486)=1.794$$

- 工作压力高于平均水平一个标准差（$C_{SS}=0.621$）的时候，有

$$\hat{Y}_{DEP}=2.558+0.301\times0.621-0.237\times(-0.486)-2.295\times0.621\times(-0.486)=3.553$$

（2）当社会支持等于平均水平（$C_{SC}=0$）的时候：

- 工作压力低于平均水平一个标准差（$C_{SS}=-0.621$）的时候，有

$$\hat{Y}_{DEP}=2.558+0.301\times(-0.621)-0.237\times0-2.295\times(-0.621)\times0=2.371$$

- 工作压力高于平均水平一个标准差（$C_{SS}=0.621$）的时候，有

$$\hat{Y}_{DEP}=2.558+0.301\times0.621-0.237\times0-2.295\times0.621\times0=2.745$$

（3）当社会支持高于平均水平一个标准差（$C_{SC}=0.486$）的时候：

- 工作压力低于平均水平一个标准差（$C_{SS}=-0.621$）的时候，有

$$\hat{Y}_{DEP}=2.558+0.301\times(-0.621)-0.237\times0.486-2.295\times(-0.621)\times0.486=2.949$$

- 工作压力高于平均水平一个标准差（$C_{SS}=0.621$）的时候，有

$$\hat{Y}_{DEP}=2.558+0.301\times0.621-0.237\times0.486-2.295\times0.621\times0.486=1.937$$

根据上面的计算，我们可以用图形直观地表示出在不同的社会支持水平（低于平均水平一个标准差、等于平均水平、高于平均水平一个标准差）下工作压力对抑郁倾向的影响，如图 12-6 所示。

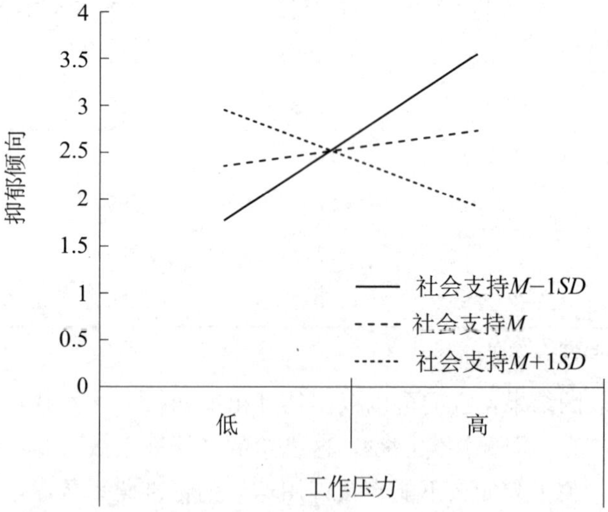

图 12-6 在不同的社会支持水平下工作压力对抑郁倾向的影响（非标准化解）

也就是说，社会支持水平的高低会改变工作压力对抑郁倾向的影响的方向及大小。具体而言，当社会支持水平处于平均水平时，工作压力对抑郁倾向有轻微的正向影响，即抑郁倾向会随着工作压力的增大而缓慢增大；当社会支持水平低时，工作压力对抑郁倾向的正向影响会有所增大；而当社会支持水平高时，工作压力对抑郁倾向变为负向的影响，即抑郁倾向反而会随着工作压力的增大而减小。

（二）标准化解

如果研究者需要得到标准化的系数估计值，就不能使用通过以上步骤得到的“标准化系数”的结果。正确的标准化回归系数（β 系数）的估计应该遵循如下步骤：

（1）将 X、M 和 Y 标准化，得到标准化后的变量 z_X、z_M 和 z_Y。

（2）计算标准化后变量 z_X 和 z_M 的乘积，得到交互项 $z_X z_M$。

（3）以 z_Y 为因变量，以 z_X、z_M 和 $z_X z_M$ 为自变量做回归分析。

最后，分析结果中的“非标准化回归系数”就是正确的结果（Friedrich，1982）。

为什么在 SPSS 中根据非标准化的变量得到的标准化估计结果是不正确的呢？这是因为 SPSS 在计算标准化回归系数的过程中是将交互项 XM 标准化，即得到的是 z_{XM}。而我们在求标准化解时关注的是两个标准分数的乘积，即 $z_X z_M$。但是一般情况下，z_{XM} 与 $z_X z_M$ 并不相同。为此，Friedrich（1982）提出了一个解决方法：直接采用标准分数的乘积项 $z_X z_M$ 做回归分析，在结果中报告非标准化的结果，即为正确的标准化回归系数。

同样使用抑郁倾向的例子来阐述 SPSS 的分析过程。这次，在 SPSS 中，先将变量 X_{SS} 和 X_{SC} 标准化，构建二者的乘积项 $z_{SS} z_{SC}$，之后进行序列回归分析。相应的 SPSS 语句参见文件“12_1 mod_1. sps”。

得到的系数估计结果如表 12－4 所示。同样关注模型 2（同时包含 z_{SS}、z_{SC} 和 $z_{SS} z_{SC}$ 三个变量的模型）的系数估计值。此时得到的非标准化系数 0.209、－0.128、－0.774 就是这个数据案例的标准化解，回归方程见式（12－4）。

表 12－4　回归系数估计结果（标准化解）

Coefficients[a]

Model		Unstandardized Coefficients		Standardized Coefficients	t	Sig.
		B	Std. Error	Beta		
1	(Constant)	−2.492E−16	.064		.000	1.000
	Zscore：工作压力	.214	.064	.214	3.352	.001
	Zscore：社会支持	−.128	.064	−.128	−2.001	.047
2	(Constant)	.001	.063		.009	.992
	Zscore：工作压力	.209	.063	.209	3.298	.001
	Zscore：社会支持	−.128	.063	−.128	−2.028	.044
	ZSSZSC	−.774	.353	−.139	−2.194	.029

a. Dependent Variable：Zscore：抑郁倾向

$$\hat{z}_{DEP} = 0.001 + 0.209\, z_{SS} - 0.128\, z_{SC} - 0.774 z_{SS} z_{SC} \qquad (12-4)$$

此时，根据计算标准化解的式（12－4），我们可以知道，工作压力对抑郁倾向的影响如下。

（1）当社会支持低于平均水平一个标准差（$z_{SC} = -1$）的时候：

● 工作压力低于平均水平一个标准差（$z_{SS} = -1$）的时候，有

$$\hat{z}_{DEP}=0.001+0.209\times(-1)-0.128\times(-1)-0.774\times(-1)\times(-1)$$
$$=-0.854$$

- 工作压力高于平均水平一个标准差（$z_{SS}=1$）的时候，有

$$\hat{z}_{DEP}=0.001+0.209\times1-0.128\times(-1)-0.774\times1\times(-1)=1.112$$

（2）当社会支持等于平均水平（$z_{SC}=0$）的时候：

- 工作压力低于平均水平一个标准差（$z_{SS}=-1$）的时候，有

$$\hat{z}_{DEP}=0.001+0.209\times(-1)-0.128\times0-0.774\times(-1)\times0=-0.208$$

- 工作压力高于平均水平一个标准差（$z_{SS}=1$）的时候，有

$$\hat{z}_{DEP}=0.001+0.209\times1-0.128\times0-0.774\times1\times0=0.210$$

（3）当社会支持高于平均水平一个标准差（$z_{SC}=1$）的时候：

- 工作压力低于平均水平一个标准差（$z_{SS}=-1$）的时候，有

$$\hat{z}_{DEP}=0.001+0.209\times(-1)-0.128\times1-0.774\times(-1)\times1=0.438$$

- 工作压力高于平均水平一个标准差（$z_{SS}=1$）的时候，有

$$\hat{z}_{DEP}=0.001+0.209\times1-0.128\times1-0.774\times1\times1=-0.692$$

根据以上计算，我们可以使用图 12-7 来表示在不同的社会支持水平下工作压力对抑郁倾向的影响。对比图 12-6 可以发现，图 12-7 中三条回归线与图 12-6 中的三条线的方向、交点等都是相同的，只是对应的纵轴值不同。

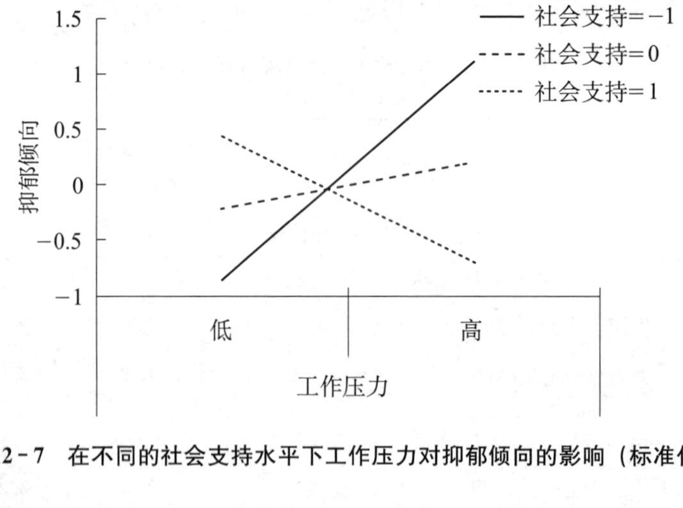

图 12-7　在不同的社会支持水平下工作压力对抑郁倾向的影响（标准化解）

（三）简单斜率检验

我们知道，调节（交互）作用表示自变量 X 和因变量 Y 的关系依赖于调节变量 M。当我们从多元回归中检验出交互作用显著时，我们就可以确定 X 和 Y 之间的关系与 M 的取值有关。那么，下一步该怎么办呢？

一种做法是像上一节中一样，将调节变量分别取高、中、低的水平（即高于均值一个标准差，等于均值，低于均值一个标准差），画出在这三种水平下 X 对 Y 的回归线，从而直观地看到调节变量所起的作用。

另一种做法则是进行简单斜率检验。由于 X 对 Y 的回归系数会受到 M 取值的影响，那么可能在 M 取某些值时，X 对 Y 没有效应，即回归系数与 0 没有显著差异。对于每一个不同的 M 值，对应的 X 对 Y 的回归斜率就是简单斜率。简单斜率检验的目的就是检验在调节变量取某个值时，自变量 X 对因变量 Y 的回归系数是否等于零。由于当调节变量 M 是连续变量时，M 可能的取值太多，一般情况下，研究者只会检验调节变量取值高（高于均值一个标准差）或者取值低（低于均值一个标准差）时，自变量 X 对因变量 Y 的回归系数。当调节变量取其均值水平时，X 对 Y 的斜率就是原始回归模型中得到的 X 的系数，因此不用另外进行检验。

在进行简单斜率检验时，最好检验标准化的系数。在标准化之后，对低于均值一个标准差的 M 值，直接在标准化的 z_M 值上加 1，从而得到一个新变量 z_{M_below}，这样当 $z_{M\_below}=z_M+1=0$ 时，正好对应的是 $z_M=-1$。将转换后的变量 z_{M_below}，以及 z_X 和二者的乘积项 $z_X z_{M\_below}$ 按照之前的步骤加入回归方程之后，得到的 z_X 的回归系数及其显著性就是 $z_{M\_below}=0$，即 $z_M=-1$ 时，X 对 Y 的简单斜率的标准化系数及显著性。类似地，对高于均值一个标准差的 M 值，直接在标准化的 z_M 值上减 1，构建变量 z_{M_above}。那么 $z_{M\_above}=z_M-1=0$ 时，正好对应的是 $z_M=1$。将 z_{M_above}、z_X、$z_X z_{M\_above}$ 加入回归方程后，得到的 z_X 的回归系数及其显著性就是 $z_{M\_above}=0$，即 $z_M=1$ 时，X 对 Y 的简单斜率的标准化系数及显著性。因此，通过分别对不同的转换分数做回归分析，研究者就能够进行简单斜率检验。

同样以上述抑郁倾向的数据为例，SPSS 操作语句见文件“12_1 mod_1. sps”。

两次回归分析的系数结果分别如表 12－5 和表 12－6 所示。可以看到，当 M 低于均值一个标准差时，z_{SS} 的系数为 0.983，$p=0.006$；当 M 高于均值一个标准差时，z_{SS} 的系数为 -0.565，$p=0.119$。也就是说，当社会支持水平低时，工作压力对抑郁倾向有显著的正向影响；而当社会支持水平高时，工作压力对抑郁倾向的影响不显著。

表 12－5 *M* 低于均值一个标准差时的回归结果

Coefficients[a]

Model		Unstandardized Coefficients		Standardized Coefficients	t	Sig.
		B	Std. Error	Beta		
1	(Constant)	.128	.090		1.416	.158
	Zscore：工作压力	.214	.064	.214	3.352	.001
	ZSCBELOW	−.128	.064	−.128	−2.001	.047
2	(Constant)	.129	.089		1.442	.151
	Zscore：工作压力	.983	.356	.983	2.761	.006
	ZSCBELOW	−.128	.063	−.128	−2.028	.044
	ZSS_ZSCBELOW	−.774	.353	−.781	−2.194	.029

a. Dependent Variable：Zscore：抑郁倾向

表 12-6 M 高于均值一个标准差时的回归结果
Coefficients[a]

Model		Unstandardized Coefficients		Standardized Coefficients	t	Sig.
		B	Std. Error	Beta		.
1	(Constant)	-.128	.090		-1.416	.158
	Zscore：工作压力	.214	.064	.214	3.352	.001
	ZSCABOVE	-.128	.064	-.128	-2.001	.047
2	(Constant)	-.128	.089		-1.429	.154
	Zscore：工作压力	-.565	.361	-.565	-1.567	.119
	ZSCABOVE	-.128	.063	-.128	-2.028	.044
	ZSS_ZSCABOVE	-.774	.353	-.791	-2.194	.029

a. Dependent Variable：Zscore：抑郁倾向

（四）效应量

实际上，调节项（即变量乘积项）的标准化回归系数本身就是一种效应量，但是不够完美。

由于我们使用的是多元回归的方法，解释率的变化（ΔR^2）也可以被看作对调节效应（交互作用）效应量的评估，也就是加入调节项后，模型对因变量方差解释率的变化。该指标可以通过序列回归得到。

另外，f^2 也是评估交互作用效应量的指标（Aiken & West，1991），该指标表示的是交互作用单独解释的因变量的变异与模型仍没有解释的变异的比值。其计算公式如下：

$$f^2 = \frac{R^2_{Y \cdot AI} - R^2_{Y \cdot A}}{1 - R^2_{Y \cdot AI}} \tag{12-5}$$

式中，$R^2_{Y \cdot AI}$ 表示同时包含主效应和要考察的交互作用的模型对因变量变异的解释率，$R^2_{Y \cdot A}$ 是包含主效应但不包含要考察的交互作用的模型对因变量变异的解释率。$f^2=0.02$ 表示小的效应，$f^2=0.15$ 表示中等效应，$f^2=0.26$ 表示大的效应（Cohen，1988）。

在抑郁倾向的数据案例中，我们可以根据表 12-2 得到的只包含主效应的回归模型与同时包含主效应与交互作用的模型对因变量变异的解释率（分别为 0.062 和 0.081），得到：

$$f^2 = \frac{R^2_{Y \cdot AI} - R^2_{Y \cdot A}}{1 - R^2_{Y \cdot AI}} = \frac{0.081 - 0.062}{1 - 0.081} = 0.021$$

根据 Cohen（1988）提出的效应量标准，$f^2=0.021$ 是一个小的效应。

二、连续变量与分类变量的调节作用

自变量是连续变量，调节变量是分类变量，也是研究者常常遇见的一类问题。此时，研究者关心的是自变量 X 对因变量 Y 的影响，是否在分类调节变量 M 的不同类别上存在差异。例如，工作压力对抑郁倾向的影响是否存在性别上的差异。可能相比男性，女性的工作压力对抑郁倾向的影响更大。这一部分就将探讨分类调节变量 M 与连续自变量 X 对连续因变量的交互作用。

回顾第三章“多元回归分析”，我们知道如果回归中包含分类自变量，就需要对分类变量进行重新编码。常见的编码方式有虚拟编码（dummy coding）、非加权效应编码（unweighted effect coding）等。因此，下面先简单回顾这两种编码形式，之后详细阐述在对分类变量进行重新编码后，如何检验及解释分类变量对 X 与 Y 之间关系的调节作用。

（一）虚拟编码后的调节效应检验

对分类的调节变量 M 进行虚拟编码，生成新的虚拟变量，或称为哑变量，这种编码方式可以用来比较 X 对 Y 的影响，是否存在研究类别（$d=1$）与参照类别（$d=0$）的差异。虚拟编码后的调节变量的系数就是研究组相比参照组（编码为 0）的系数差异。因此，如果研究者关心每组的回归系数，则推荐使用这种方法。

具体来说，这种编码方式就是将变量进行 0－1 编码。如果分类变量只有两个类别，将其中的一个类别（参照类别）编码为 0，将另一个类别（研究类别）编码为 1。如果有两个以上的类别，虚拟变量的个数是分类数减 1。其中参照类别的编码为 0，需要对比的类别分别编码为 1。例如，一个分类变量含有三个不同的类别，则需要定义两个虚拟变量，可以有下列三种定义，如表 12－7 所示。

表 12－7　包含三个类别的分类变量的虚拟编码

	组 1 作为参照类别		组 2 作为参照类别		组 3 作为参照类别	
	d_1	d_2	d_1	d_2	d_1	d_2
组 1	0	0	1	0	1	0
组 2	1	0	0	0	0	1
组 3	0	1	0	1	0	0

虚拟变量的影响系数表示取值为 1 的类别与参照类别在因变量上均值的差异；如以组 1 为参照类别，d_1的回归系数就表示组 2 与组 1 因变量均值的差异。

虚拟变量与连续变量的交互作用项则是所有虚拟变量与自变量的乘积（有几个虚拟变量就有几个交互作用项）。需要注意的是，如果是求非标准化解，连续自变量依然需要先进行中心化处理。如果是求标准化解，那么直接先对自变量和因变量进行标准化即可。

下面将使用一个数据案例来说明这种分类调节变量与连续自变量之间的交互作用如何在 SPSS 中分析，以及如何对结果进行解释。

该数据同样是之前使用的工作压力对抑郁倾向影响的案例（数据见文件“12_1 mod_1. sav”），但不同的是，这次的调节变量不再是社会支持这个连续变量，而是分类变量——性别。研究者假设：工作压力对抑郁倾向的影响存在性别上的差异，其中，相比男性，女性的工作压力对抑郁倾向的影响更大。数据的基本情况如表 12－8 所示。

表 12-8 变量间的相关及描述统计量

	抑郁倾向	工作压力	性别	均值	标准差
抑郁倾向	1.000			2.557	0.894
工作压力	0.214*	1.000		1.948	0.621
性别	−0.102	0.153*	1.000		

$*p<0.05$.

1. 非标准化回归系数

求非标准化回归系数的一般步骤如下。

（1）对分类的调节变量 M 进行虚拟编码（0=参照组，1=比较组），如果类别数 $k>2$，则构建 $k-1$ 个虚拟变量（d_1，d_2，…，d_{k-1}）。

（2）对自变量 X 进行中心化处理，处理后的变量记为 C_X。

（3）计算交互作用项，将 C_X 与 M 相乘，记为 C_XM（多于 2 个类别时，将 C_X 与所有虚拟变量相乘，记为 C_Xd_1，C_Xd_2，…，C_Xd_{k-1}）。

（4）以 Y 为因变量，以 C_X、M 和 C_XM 为自变量进行回归分析，一般做序列回归分析（多于 2 个类别时，以 Y 为因变量，以 C_X 及 d_1，d_2，…，d_{k-1} 和 C_Xd_1，C_Xd_2，…，C_Xd_{k-1} 为自变量进行回归分析）。

在这个例子中，根据理论假设，将性别（SEX，1=女，2=男）重新编码，女性作为参照组，编码后的变量记为 G（GENDER，女=0，男=1）。将工作压力（SS）中心化后的变量记为 C_{SS}。因此，构建的乘积项记为 GC_{SS}。之后进行回归分析。相应的 SPSS 操作语句见文件“12_1 mod_1. sps”。

所得回归系数结果如表 12-9 所示。可以发现，三个回归系数都显著，说明主效应和调节效应均显著。根据估计出的系数可以写出该模型的回归方程，见式（12-6）。

表 12-9 虚拟编码后的回归系数（非标准化解）

Coefficients[a]

Model		Unstandardized Coefficients		Standardized Coefficients	t	Sig.
		B	Std. Error	Beta		
1	(Constant)	2.680	.081		33.172	.000
	CSS	.339	.093	.235	3.642	.000
	GENDER	−.247	.115	−.138	−2.142	.033
2	(Constant)	2.699	.081		33.498	.000
	CSS	.537	.129	.373	4.173	.000
	GENDER	−.246	.114	−.138	−2.151	.033
	GENDERCSS	−.408	.185	−.196	−2.210	.028

a. Dependent Variable：抑郁倾向

$$\hat{Y}_{DEP}=2.699+0.537C_{SS}-0.246G-0.408C_{SS}G \quad (12-6)$$

式中，工作压力 C_{SS} 的系数 0.537 就是女性组（$G=0$）的回归系数，而交互项 $C_{SS}G$ 的系数 −0.408 就是男性组（$G=1$）相较于女性组的系数差异值，也就是说男性组的系数为 $0.537+(-0.408)=0.129$。因此，当 $G=0$（即女性组）时，$\hat{Y}_{DEP}=2.699+0.537C_{SS}$；

当 $G=1$（男性组）时，$\hat{Y}_{DEP}=2.453+0.129C_{SS}$。图 12－8 画出了男女两组工作压力对抑郁倾向的回归线，从图中可以直观地看到性别的调节作用。

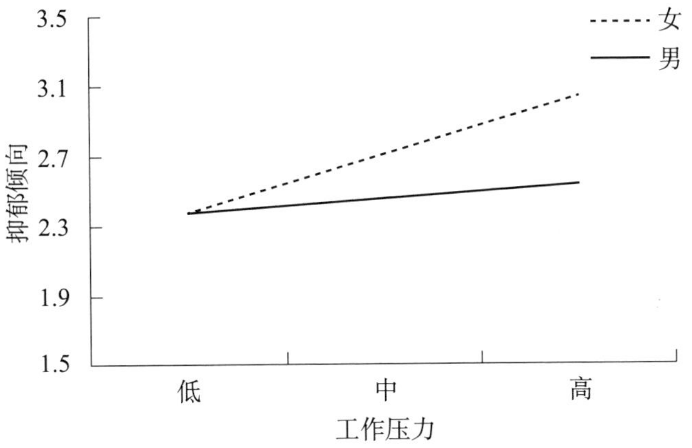

图 12－8 不同性别的工作压力对抑郁倾向的影响（非标准化解）

2. 标准化回归系数

求标准化回归系数的一般步骤如下。

（1）对分类的调节变量 M 进行虚拟编码（0＝参照组，1＝比较组）。

（2）对因变量 Y 和自变量 X 进行标准化处理，处理后的变量分别记为 z_Y 和 z_X。

（3）计算交互作用项，将 z_X 与 M 相乘，记为 z_XM。

（4）以 z_Y 为因变量，以 z_X、M 和 z_XM 为自变量进行回归分析（或序列回归分析）。

与前面求标准化解时需要注意的一样，此时得到的非标准化结果就是正确的标准化系数。

同样以抑郁倾向的例子来说明 SPSS 的操作。SPSS 语句见文件“12_1 mod_1. sps”。得到的系数估计结果如表 12－10 所示，相应的回归方程见式（12－7）。

表 12－10 虚拟编码后的回归系数（标准化解）

Coefficients[a]

Model		Unstandardized Coefficients		Standardized Coefficients	t	Sig.
		B	Std. Error	Beta		
1	(Constant)	.137	.090		1.521	.130
	Zscore：工作压力	.235	.065	.235	3.642	.000
	GENDER	−.276	.129	−.138	−2.142	.033
2	(Constant)	.158	.090		1.757	.080
	Zscore：工作压力	.373	.089	.373	4.173	.000
	GENDER	−.275	.128	−.138	−2.150	.033
	GENDERZSS	−.283	.128	−.196	−2.210	.028

a. Dependent Variable：Zscore：抑郁倾向

$$\hat{z}_{DEP}=0.158+0.373z_{SS}-0.275G-0.283z_{SS}G \tag{12-7}$$

因此，当 $G=0$（即女性组）时，$\hat{z}_{DEP}=0.158+0.373z_{SS}$；当 $G=1$（男性组）时，$\hat{z}_{DEP}=-0.117+0.09z_{SS}$。图 12－9 画出了不同性别的工作压力对抑郁倾向的回归线，可

以发现图 12－9 与图 12－8 除了纵坐标的值，其他方面都是相同的。

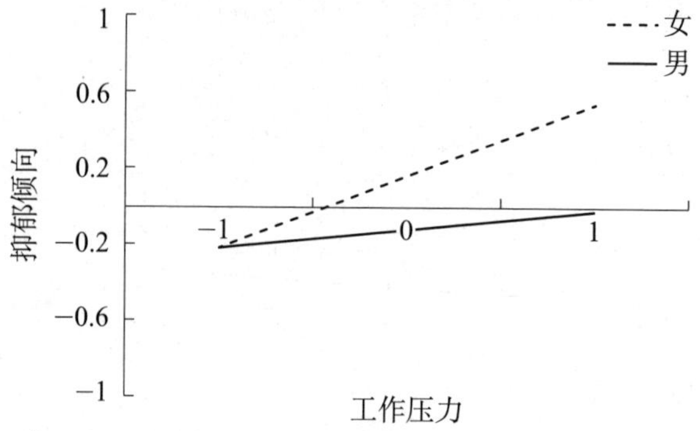

图 12－9　不同性别的工作压力对抑郁倾向的影响（标准化解）

3. 简单斜率检验

在分类调节变量与连续自变量的交互作用中，简单斜率的检验用来回答组 A（或组 B）中，自变量 X 对因变量 Y 的影响是否显著不等于 0。例如：男性组工作压力对抑郁倾向的回归系数是否显著？女性组工作压力对抑郁倾向的回归系数是否显著？

当对分类调节变量采用虚拟编码的方法时，对于参照组，SPSS 可以直接输出简单斜率检验结果，即 X 对 Y 影响斜率的检验结果，因为对于参照组，虚拟变量的值为 0，得到的 X 的回归系数就是参照组的简单斜率。而对于比较组的简单斜率检验，可以对分类变量重新编码，将原来的比较组编码为参照组，后续过程相同。这样，就可以直接通过回归分析得到 X 对 Y 简单斜率的检验结果。

以抑郁倾向的例子进行说明，同样检验标准化系数。女性作为参照组时的标准化系数结果已经得到，参见表 12－10，即女性组工作压力对抑郁倾向的简单斜率为 0.373，$p=0.000$。接下来，将男性重新编码为参照组，即在性别变量上，将男性编码为 0，女性编码为 1，其他步骤相同，得到的系数估计结果见表 12－11。男性组工作压力对抑郁倾向的简单斜率为 0.090，$p=0.328$。因此，对于女性，工作压力对抑郁倾向有显著的正向影响，而对于男性，工作压力对抑郁倾向的影响不显著。

表 12－11　男性作为参照组的回归系数估计结果（标准化解）

Coefficients[a]

Model		Unstandardized Coefficients		Standardized Coefficients	t	Sig.
		B	Std. Error	Beta		
1	(Constant)	−.139	.091		−1.527	.128
	Zscore：工作压力	.235	.065	.235	3.642	.000
	GENDER_N	.276	.129	.138	2.142	.033
2	(Constant)	−.116	.091		−1.285	.200
	Zscore：工作压力	.090	.092	.090	.980	.328
	GENDER_N	.275	.128	.138	2.150	.033
	GENDERZSS_N	.283	.128	.201	2.210	.028

a. Dependent Variable：Zscore：抑郁倾向

4. 效应量

同样使用 f^2 来度量调节项的效应量。在抑郁倾向的例子中，加入调节项前后，R^2 的结果如表 12－12 所示。

表 12－12　R^2 估计结果（虚拟编码）

Model Summary

Model	R	R Square	Adjusted R Square	Std. Error of the Estimate	Change Statistics				
					R Square Change	F Change	df1	df2	Sig. F Change
1	.254[a]	.064	.056	.97143373	.064	7.923	2	230	.000
2	.290[b]	.084	.072	.96333028	.020	4.886	1	229	.028

a. Predictors：(Constant)，GENDER，Zscore：工作压力

b. Predictors：(Constant)，GENDER，Zscore：工作压力，GENDERZSS

因此

$$f^2 = \frac{R^2_{Y\cdot AI} - R^2_{Y\cdot A}}{1 - R^2_{Y\cdot AI}} = \frac{0.084 - 0.064}{1 - 0.084} = 0.022$$

根据 Cohen（1988）的标准，$f^2 = 0.022$ 是一个小的效应。

（二）非加权效应编码后的调节效应检验

非加权效应编码是将分类变量重新编码为－1 和＋1。通过对分类调节变量 M 使用这种编码方式，研究者可以得到 X 对 Y 影响的非加权均值，即不同组的 X 对 Y 影响效应的非加权均值。因此，如果研究者关心的是不同组整体影响的平均效应（调节变量不是所关注的核心变量），则推荐使用这一方法，此时每个组的影响就都是与所有组整体的非加权均值的差异。使用这一方法得到的结果可以直接与方差分析结果相比较。

具体来说，如果分类变量只有两个类别，非加权效应编码就是将其中的一个类别编码为－1，另一个类别编码为 1。如果多于两个类别，虚拟变量的个数是分类数减 1。例如一个分类变量含有三个不同的类别，则需要定义两个虚拟变量，可以有下列几种定义，如表 12－13 所示。

表 12－13　包含三个类别的分类变量的非加权效应编码

	方法 1		方法 2		方法 3	
	d_1	d_2	d_1	d_2	d_1	d_2
组 1	－1	－1	1	0	1	0
组 2	1	0	－1	－1	0	1
组 3	0	1	0	1	－1	－1

虚拟变量的影响系数表示编码为 1 的组在因变量上的均值与非加权总体均值的差异；如方法 1 中 d_1 的回归系数表示组 2 在因变量上的均值与三个组非加权总体均值的差异。

同样，虚拟变量与连续变量的交互作用项是所有虚拟变量与自变量的乘积。

同样使用抑郁倾向的例子来说明进行非加权效应编码后，分类变量与连续自变量之

间的交互作用如何在 SPSS 中分析，以及如何对结果进行解释。

1. 非标准化回归系数

求非标准化回归系数的一般步骤，除了第一步中先对分类变量进行非加权效应编码，其他步骤均与虚拟编码部分相同，因此不再赘述。

在这个例子中，将女性编码为−1，将男性编码为 1。SPSS 操作语句见文件“12_1 mod_1. sps”。系数估计结果如表 12－14 所示，根据系数可以写出该模型的回归方程，见式（12－8）。

表 12－14 非加权效应编码的非标准化解

Coefficients[a]

Model		Unstandardized Coefficients		Standardized Coefficients	t	Sig.
		B	Std. Error	Beta		
1	(Constant)	2.557	.057		44.921	.000
	CSS	.339	.093	.235	3.642	.000
	GENDER	−.123	.058	−.138	−2.142	.033
2	(Constant)	2.576	.057		45.106	.000
	CSS	.333	.092	.231	3.614	.000
	GENDER	−.123	.057	−.138	−2.151	.033
	GENDERCSS	−.204	.092	−.140	−2.210	.028

a. Dependent Variable：抑郁倾向

$$\hat{Y}_{DEP}=2.576+0.333C_{SS}-0.123G-0.204C_{SS}G \quad (12-8)$$

当 $G=-1$（女性）时，$\hat{Y}_{DEP}=2.699+0.537C_{SS}$；当 $G=1$（男性）时，$\hat{Y}_{DEP}=2.453+0.129C_{SS}$。这与虚拟编码后得到的非标准化结果完全相同。而且，使用两种编码方法得到的显著性检验结果和简单斜率检验的结果也是一致的。

此外，在总的回归方程，即式（12－8）中，工作压力的系数 0.333 正是女性组系数 0.537 和男性组系数 0.129 的均值；交互项的系数−0.204 表示的是男性组或女性组相对于总体平均斜率 0.333 低或者高 0.204。

2. 标准化回归系数

同样，求标准化回归系数的一般步骤，除了第一步中先对分类变量进行非加权效应编码，其他步骤也都与虚拟编码部分相同。

直接看 SPSS 输出的估计结果，如表 12－15 所示。相应的回归方程见式（12－9）。

表 12－15 非加权效应编码的标准化解

Coefficients[a]

Model		Unstandardized Coefficients		Standardized Coefficients	t	Sig.
		B	Std. Error	Beta		
1	(Constant)	−.001	.064		−.009	.993
	Zscore：工作压力	.235	.065	.235	3.642	.000
	GENDER	−.138	.064	−.138	−2.142	.033

续表

Model		Unstandardized Coefficients		Standardized Coefficients	t	Sig.
		B	Std. Error	Beta		
2	(Constant)	.021	.064		.328	.743
	Zscore：工作压力	.231	.064	.231	3.614	.000
	GENDER	−.137	.064	−.138	−2.150	.033
	GENDERZSS	−.142	.064	−.140	−2.210	.028

a. Dependent Variable：Zscore：抑郁倾向

$$\hat{z}_{DEP} = 0.021 + 0.231z_{SS} - 0.137G - 0.142z_{SS}G \tag{12-9}$$

因此，当 $G=-1$（女性组）时，$\hat{z}_{DEP}=0.158+0.373z_{SS}$；当 $G=1$（男性组）时，$\hat{z}_{DEP}=-0.116+0.09z_{SS}$。这同样与进行虚拟编码后的标准化结果完全相同。而且，z_{SS} 的系数 0.231 也是男女两组系数的平均值。交互项的系数 −0.142 也表示男性组或女性组的系数相较于总体的平均回归系数低或者高 0.142。

3. 简单斜率检验及效应量

若使用非加权效应编码方式，说明研究者关心的是各组整体影响的平均效应。如果还希望进行后续的简单斜率检验，则使用虚拟编码的方式分别将各组设定为参照组，之后检验其简单斜率即可，具体可参见上文“虚拟编码后的调节效应检验”部分的“简单斜率检验”内容。

关于效应量，在两种编码方式下，使用分层回归后得到的 R^2 及其变化值都是相同的，因此计算得到的效应量 f^2 也是完全相同的。

第四节　潜变量的调节效应

当涉及潜变量的调节效应时，我们就不能再使用回归或方差分析的方法来检验调节效应了。根据调节变量的类型，我们将这一节的内容分为潜变量与分类变量的调节效应分析和潜变量与潜变量的调节效应分析。

一、潜变量与分类变量的调节效应分析

当自变量为潜变量，调节变量为可观测的分类变量时，我们使用多组结构方程模型来检验变量间的交互作用，也就是检验结构方程系数的跨组不变性。这部分内容与“验证性因素分析”章节中测量等价性检验有关。具体来说，以调节变量仅有两个水平为例，当将两组（根据调节变量的类别分组）中自变量对因变量的影响系数约束为相等时，若模型拟合明显变差，则说明存在交互效应。该模型的简单示意图如图 12 - 10 所示。

多组结构方程模型检验一般有如下三个步骤。

模型 1：结构等价性（configural invariance）。检验各个类别是否具有相同的因子结

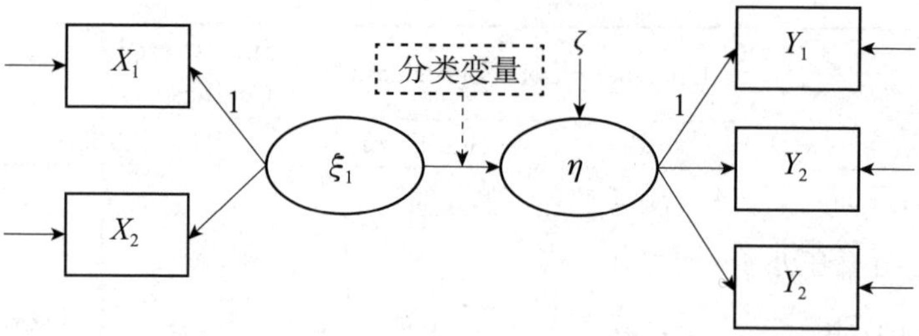

图 12-10　一个简单的多组结构方程模型示意图

构。若模型整体拟合良好，则因子结构等价性成立。

模型 2：弱等价性（weak invariance）。将各组的因子载荷限定为相等。如果模型拟合没有显著变差，则弱等价性成立。

模型 3：回归系数的等价性。将各组中欲检验的结构方程系数限定为相等。如果模型拟合显著变差，则说明存在交互效应。

每一步都是在上一步等价性成立的基础上进行的，而模型拟合的比较也是当前模型的拟合和上一步等价性成立的模型拟合情况的比较。这里模型拟合的比较使用卡方差异检验。

（一）数据案例与 Mplus 操作

接下来，使用模拟的数据案例来说明使用多组结构方程模型的操作步骤。依旧是抑郁倾向的例子。研究者假设：性别对工作压力与抑郁倾向之间的关系具有调节作用，其中，对于女性，工作压力对抑郁倾向的影响更大，而对于男性，工作压力对抑郁倾向的影响相对较小。但不同的是，研究者收集了 367 名员工（女性 180 名，男性 187 名）工作压力量表（STRESS）和抑郁倾向量表（DEP）上各题的得分；其中，工作压力量表包括 X1～X3 三道题，抑郁倾向量表包括 Y1～Y3 三道题。数据见文件“12_2 mod_2. sav”。在不考虑性别的调节作用时，该假设的结构方程模型如图 12-11 所示。

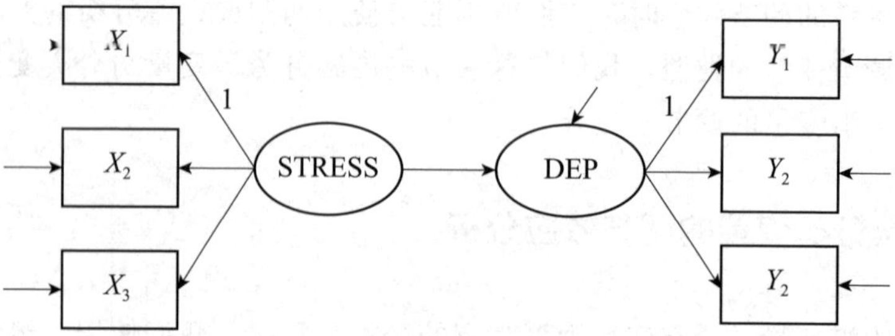

图 12-11　工作压力对抑郁倾向的影响（潜变量模型）

此时，研究者关心的是工作压力（STRESS）对抑郁倾向（DEP）的回归系数。因此，当检验性别在其中的调节作用时，实际上检验的是：工作压力对抑郁倾向的回归系数，在男性组和女性组之间是否相等。

根据上面呈现的三个步骤，对抑郁倾向数据案例使用 Mplus 软件进行多组结构方程模型检验。因此先将数据文件另存为“12_2 mod_2. dat”。

1. 模型 1：结构等价性（以女性为参照组）

Mplus 语句如下所示（也可参见文件“12_3 mod_2_1. inp”）：

```
DATA：FILE IS 12_2 mod_2. dat；
VARIABLE：NAMES ARE X1 - X3 Y1 - Y3 GROUP；
USEVARIABLES ARE X1 - X3 Y1 - Y3；
GROUPING IS GROUP （1=FEMALE 2=MALE）；
MODEL：
        DEP BY Y1@1 Y2 - Y3；
        STRESS BY X1@1 X2 - X3；
        DEP ON STRESS；
        Y1 - Y3；
        X1 - X3；
        DEP；
        STRESS；
        [X1 - X3 *  Y1 - Y3 *]；
        [DEP@0 STRESS@0]；
MODEL MALE：
        DEP BY Y1@1 Y2 - Y3；
        STRESS BY X1@1 X2 - X3；
        DEP ON STRESS；
        Y1 - Y3；
        X1 - X3；
        DEP；
        STRESS；
        [X1 - X3 *  Y1 - Y3 *]；
        [DEP@0 STRESS@0]；
OUTPUT：
        TECH1 STANDARDIZED；
```

模型拟合结果如下所示（完整结果参见文件“12_3 mod_2_1. out”），可以发现，模型拟合良好，说明男女两组满足因子结构等价性。

```
Chi-Square Test of Model Fit
          Value                                      21.888
          Degrees of Freedom                             16
          P-Value                                    0.1468
Chi-Square Contribution From Each Group
          FEMALE                                      5.671
          MALE                                       16.217
RMSEA (Root Mean Square Error of Approximation)
          Estimate                                    0.045
          90 Percent C. I.                         0.000    0.087
          Probability RMSEA <= .05                    0.533
```

```
CFI/TLI
        CFI                                         0.985
        TLI                                         0.971
```

2. 模型 2：弱等价性（限定载荷相等）

Mplus 语句如下所示（也可参见文件“12_4 mod_2_2. inp”）：

```
DATA：FILE IS 12_2 mod_2. dat；
VARIABLE：NAMES ARE X1 - X3 Y1 - Y3 GROUP；
USEVARIABLES ARE X1 - X3 Y1 - Y3；
GROUPING IS GROUP（1=FEMALE 2=MALE)；
MODEL：
      DEP BY Y1@1 Y2 - Y3 (1 - 3)；
      STRESS BY X1@1 X2 - X3 (4 - 6)；
      DEP ON STRESS；
      Y1 - Y3；
      X1 - X3；
      DEP；
      STRESS；
      [X1 - X3 *  Y1 - Y3 * ]；
      [DEP@0 STRESS@0]；
MODEL MALE：
      DEP BY Y1@1 Y2 - Y3 (1 - 3)；
      STRESS BY X1@1 X2 - X3 (4 - 6)；
      DEP ON STRESS；
      Y1 - Y3；
      X1 - X3；
      DEP；
      STRESS；
      [X1 - X3 *  Y1 - Y3 * ]；
      [DEP@0 STRESS@0]；
OUTPUT：
      TECH1 STANDARDIZED；
```

弱等价性检验的模型拟合结果如表 12 - 16 所示，该表还呈现了限定载荷相等的模型 2 与上一步模型 1 的卡方差异检验结果（Mplus 的完整输出结果参见文件“12_4 mod_2_2. out”）。

表 12 - 16　弱等价性检验结果

	χ^2	df	p	CFI	TLI	RMSEA	$\Delta\chi^2$	Δdf	Δp
模型 1 （结构等价性）	21.888	16	0.146 8	0.985	0.971	0.045			
模型 2 （弱等价性）	24.225	20	0.232 7	0.989	0.984	0.034	2.337	4	>0.05

可以发现，两个模型拟合的卡方差异检验不显著。因此，弱等价性成立。

3. 模型 3：结构方程系数等价性

Mplus 语句如下所示（也可参见文件“12_5 mod_2_3. inp”）。

```
DATA: FILE IS 12_2 mod_2. dat;
VARIABLE: NAMES ARE X1 - X3 Y1 - Y3 GROUP;
USEVARIABLES ARE X1 - X3 Y1 - Y3;
GROUPING IS GROUP (1=FEMALE 2=MALE);
MODEL:
        DEP BY Y1@1 Y2 - Y3 (1 - 3);
        STRESS BY X1@1 X2 - X3 (4 - 6);
        DEP ON STRESS (7);
        Y1 - Y3;
        X1 - X3;
        DEP;
        STRESS;
        [X1 - X3 *  Y1 - Y3 *];
        [DEP@0 STRESS@0];
MODEL MALE:
        DEP BY Y1@1 Y2 - Y3 (1 - 3);
        STRESS BY X1@1 X2 - X3 (4 - 6);
        DEP ON STRESS (7);
        Y1 - Y3;
        X1 - X3;
        DEP;
        STRESS;
        [X1 - X3 *  Y1 - Y3 *];
        [DEP@0 STRESS@0];
OUTPUT:
        TECH1 STANDARDIZED;
```

结构方程系数等价性检验结果如表 12 - 17 所示。

表 12 - 17 结构方程系数等价性检验结果

	χ^2	df	p	CFI	TLI	RMSEA	$\Delta\chi^2$	Δdf	Δp
模型 1（结构等价性）	21.888	16	0.146 8	0.985	0.971	0.045			
模型 2（弱等价性）	24.225	20	0.232 7	0.989	0.984	0.034	2.337	4	>0.05
模型 3（结构方程系数等价性）	27.317	21	0.160 6	0.984	0.977	0.040	3.092	1	>0.05

可以发现，模型 3 与模型 2 相比，卡方差异检验也不显著，说明结构方程系数等价

性成立，即男女两组的工作压力对抑郁倾向的影响无显著差异，因此性别在工作压力对抑郁倾向的影响中的调节作用不显著。

（二）使用多组结构方程模型时应注意的问题

第一，只有在自变量为潜变量而调节变量为可观测的分类变量时，才推荐使用多组结构方程模型。而自变量和调节变量都是潜变量时，不推荐使用多组结构方程模型。因为如果这种情况下使用多组结构方程模型，则研究者需要对潜调节变量进行人为分组（例如使用因子分），这很容易导致结果不准确。

第二，多组结构方程模型方法需要各组都具备结构方程分析所要求的样本量。

第三，使用多组结构方程模型方法时犯二类错误的概率较大，检验力弱，不容易检验出实际存在的调节作用。

第四，该方法无法估计交互效应的大小，只能检验交互效应是否存在。

因此，除非调节变量是可观测的分类变量，否则不推荐使用该方法。

二、潜变量与潜变量的调节效应分析

当自变量和调节变量都是潜变量时，检验潜变量之间的交互作用有多种方法，例如乘积指标法（Kenny & Judd，1984）、潜调节结构方程（latent moderated structural equations，LMS；Schermelleh-Engel，Klein，& Moosbrugger，1998）、准极大似然方法（quasi-maximum likelihood，QML；Klein & Muthén，2007），以及贝叶斯方法（Zhu & Lee，1999；Lee，Song，& Tang，2007）等。本书中只介绍 Mplus 可以实现的两种常用的方法——乘积指标法和潜调节结构方程。

（一）乘积指标法

1. 基本思想

分析观测变量之间的交互作用就是构建观测变量 X 和 M 之间的乘积项。基于这种思想，Kenny 和 Judd（1984）提出了乘积指标法，通过构建潜变量的乘积指标，来分析潜变量之间的交互效应。潜变量间关系的回归方程如式（12－10）所示，可以看出，式（12－10）与包含交互作用的多元回归方程［式（12－2）］非常类似，二者的主要区别在于，前者中自变量 ξ_1 和 ξ_2 都是潜变量，并且乘积项 $\xi_1\xi_2$ 也是一个潜变量。

$$\eta=\gamma_1\xi_1+\gamma_2\xi_2+\gamma_3\xi_1\xi_2+\zeta \tag{12-10}$$

为了构建潜变量交互项 $\xi_1\xi_2$，乘积指标法将两个自变量 ξ_1 和 ξ_2 各自的指标变量相乘，从而得到 $\xi_1\xi_2$ 的指标变量。图 12－12 是一个简单的例子，这里使用观测变量 $x_1 \sim x_6$ 构建了三个乘积指标变量（x_1x_4、x_2x_5 和 x_3x_6），作为潜变量 $\xi_1\xi_2$ 的指标变量。这一部分内容之后基本上都用这个图的例子进行说明。

2. 需要考虑的问题

那么，构建乘积指标变量以及模型估计等就涉及如下三个问题：（1）指标变量的组

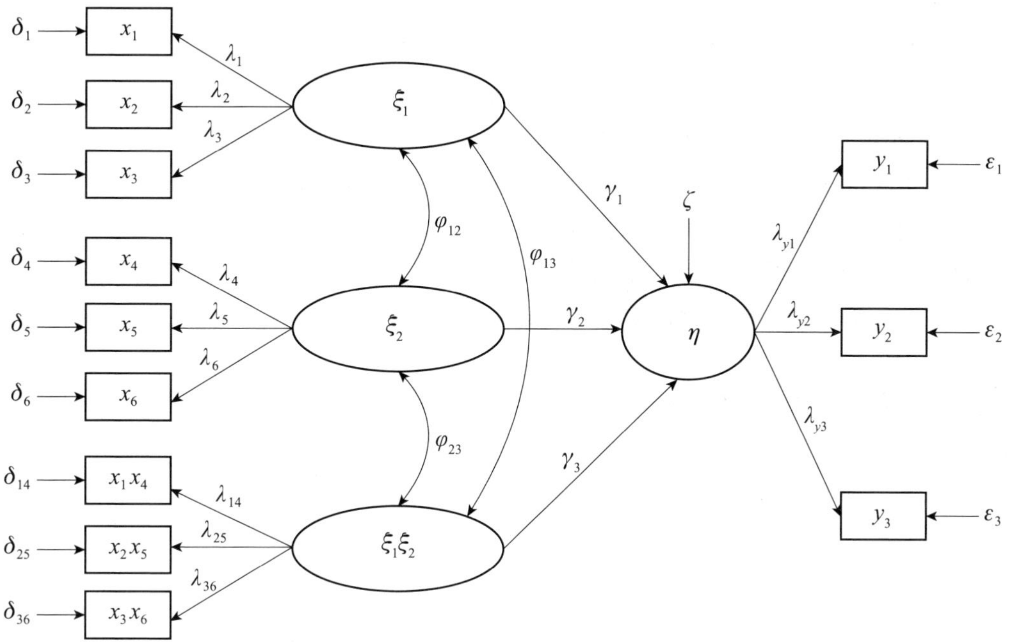

图 12－12　乘积指标法的一个简单模型

合方式有很多种，具体应该如何构建乘积项 $\xi_1\xi_2$ 的指标变量？（2）虽然乘积指标变量是作为观测变量输入模型的，但它们完全来自模型中已有的观测变量，并没有提供多余的信息，因此在模型估计时是否需要对这些乘积指标变量进行参数约束？（3）模型是否必须包含均值结构，即是否必须包含潜变量的均值和观测指标变量的截距？一般来说，含有均值结构的模型比不含均值结构的模型复杂得多。尤其是在考虑第（2）问的基础上，含有均值结构的模型会使得参数约束变得更加复杂。

接下来将简述与以上三个问题相关的研究进展，以及实际应用中较为推荐的方法。

（1）乘积指标的构建。

当每个潜变量有多个指标时，有多种构建乘积指标的策略。例如，假设两个潜变量各有 3 个指标变量（x_1、x_2、x_3 和 x_4、x_5、x_6）。Kenny 和 Judd（1984）最初使用的是所有可能的乘积，即 9 个乘积项（x_1x_4、x_1x_5、x_1x_6、x_2x_4、x_2x_5、x_2x_6、x_3x_4、x_3x_5、x_3x_6）作为潜交互项的指标变量。Jöreskog 和 Yang（1996）只使用一项乘积（x_1x_4）。之后，Yang（1998）又提出使用配对组合构建乘积项，即将两个潜变量的指标变量一一配对相乘，例如，将两个潜变量各自的第一个指标变量相乘（x_1x_4），第二个指标变量相乘（x_2x_5），依此类推。

Marsh、Wen 和 Hau（2004）通过系列模拟研究，比较了上述三种策略。结果发现，如果采用配对乘积策略与所有可能的乘积策略，交互效应的估计偏差都会较小，且结果相近。由于所有可能的乘积策略更加复杂，但估计结果的准确性并没有明显提高，因而推荐使用配对乘积策略。

但是一一配对也有多种不同的组合结果。Marsh、Wen 和 Hau（2004）的模拟研究发现，不同的一一配对组合乘积策略得到的结果都较为精确。但如果将载荷高的指标变量配对，载荷低的指标变量配对，模型对交互作用的估计会稍微更精确一些。因此，Marsh、Wen 和 Hau（2004）建议，当两个潜变量的指标变量个数相同时，配对策略是“大配大、小配小”，即按照载荷高低排序后一一对应配对；而当指标个数不同时，对于指标个数更多的潜变量，选择其中载荷更高的指标变量构建乘积项，也可以将指标变量先进行小组打包，例如将几个指标变量合并为一个变量，再进行配对相乘。需要注意的是，这里讨论的配对策略是针对如何形成配对乘积项的，并不影响主效应的指标变量，即模型中两个潜变量各自的指标变量不受影响。

（2）指标约束。

虽然乘积指标法为 $\xi_1\xi_2$ 构建了新的指标变量，但是这些指标变量基于已有的观测变量，并没有给模型提供新的信息。增加交互项之后，模型需要估计的参数个数增加，因此，加入乘积项之后，模型中的参数可能需要满足一定的约束条件。

关于参数约束，有三类方法：约束方法（constrained approach）、部分约束方法（partially constrained approach）和无约束方法（unconstrained approach）。

● 约束方法。

在乘积指标法提出后的很长一段时间内，如何对参数进行约束是很多研究者关心和讨论的问题（Algina & Moulder，2001；Hayduk，1987；Jaccard & Wan，1995；Jöreskog & Yang，1996；Kenny & Judd，1984）。

在这里，我们使用图 12-12 的例子简单地说明约束方法的实质。根据模型图，我们可以知道：$x_1=\tau_1+\lambda_1\xi_1+\delta_1$，$x_4=\tau_4+\lambda_4\xi_2+\delta_4$，$\tau_1$ 和 τ_4 是截距。为了模型识别，设 $\lambda_1=1$，$\lambda_4=1$。那么，乘积指标 $x_1x_4=\tau_1\tau_4+\tau_1\lambda_4\xi_2+\tau_4\lambda_1\xi_1+\lambda_1\lambda_4\xi_1\xi_2+\lambda_1\xi_1\delta_4+\lambda_4\xi_2\delta_1+\tau_1\delta_4+\tau_4\delta_1+\delta_1\delta_4$。也就是说，乘积指标 x_1x_4 涉及的所有参数都是用模型中已有的其他参数来表示的。因此在估计乘积指标的载荷、截距、特殊因子方差及协方差时，就会有一些限定条件。相应地，在估计潜变量 $\xi_1\xi_2$ 的均值和方差时也都有一些限定条件。

换一种说法，在一般的结构方程分析中，有一些参数限定为常数，另一些自由估计。但是在估计潜变量交互作用的约束方法中，对于常规自由估计的参数，需要进一步设定有些参数之间的非线性关系，而不能独立地估计。

约束方法在指标变量服从正态分布时具有一些优点，尤其是在小样本的情况下，模型更容易收敛，并且能提供准确的参数估计。但是，约束方法中的限定条件是基于潜变量服从正态分布这一前提假设。因此如果违背正态性假设，约束方法就会产生较大的估计偏差，不具有稳健性。而且，该方法要求研究者能厘清所有变量之间的关系，需要复杂的约束等式。这对于一般研究者来说很难实现，而且容易出错。因此在实际中，约束方法并没有广泛使用。

● 部分约束方法。

传统的约束方法中，有对潜变量 ξ_1、ξ_2 和 $\xi_1\xi_2$ 的方差和协方差的约束，即 $\varphi_{33}=\varphi_{11}\varphi_{22}+\varphi_{21}$（$\varphi_{33}$、$\varphi_{11}$ 和 φ_{22} 分别是 $\xi_1\xi_2$、ξ_1 和 ξ_2 的方差，φ_{21} 是 ξ_1 与 ξ_2 的协方差），且基于（ξ_1，ξ_2）服从二元正态分布这一前提假设。Wall 和 Amemiya（2001）指出，当约束方法被用于估计非正态数据的潜变量交互作用时，交互效应的估计会产生系统偏差。

因此，Wall 和 Amemiya（2001）提出了一种部分约束的方法：广义乘积指标（generalized appended product indicator，GAPI）方法。该方法取消了对潜变量 $\xi_1\xi_2$ 方差和协方差的约束，但是其他参数还是和约束方法中一样需要限定。部分约束方法的优点在于纠正了传统约束方法的部分错误约束，对于非正态数据的估计更加有效。但是这种方法还是要求复杂的约束，研究者在实际中依然很难操作。

● 无约束方法。

Marsh、Wen 和 Hau（2004）提出了一种新的无约束方法，取消了对乘积指标和潜交互项之间关系的一系列烦琐的限定，使得模型更加简单，容易实现。用矩法估计，可以证明无约束方法和约束方法得到的涉及交互效应的那些方程是相同的。但是对于无约束方法，潜变量 $\xi_1\xi_2$ 至少需要两个指标变量。

举一个简单的例子。当所有观测指标都中心化之后，构建乘积指标变量 x_1x_4 时，$x_1x_4=\lambda_7\xi_1\xi_2+\delta_7$，在无约束方法中，$\lambda_7$ 和 $\theta_7=\mathrm{Var}(\delta_7)$ 都是自由估计的，而不像约束方法中需要用 x_1 和 x_4 的参数来表示。除了不加约束，无约束方法的其他假设都与约束方法相同。另外，无约束方法没有施加任何由潜变量多元正态假设推导而来的约束条件，因此，在违背多元正态假设时，该方法也具有一定的稳健性。而且在违背多元正态假设时，样本量越大，无约束方法偏差越小（Marsh，Wen，& Hau，2004）。

Marsh、Wen 和 Hau（2004）的模拟研究发现，无约束方法与部分约束和约束方法在以下方面相当：拟合优度，模型收敛到适当解的比例；主效应和交互效应估计的偏差；估计的精确度。只有对样本量较小的正态数据进行估计时，无约束方法的精确度才比约束方法略低。

因此，综合来看，考虑到无约束方法建模简单、稳健性高、估计精度高等特点，推荐在乘积指标模型估计时使用无约束方法，尤其是在样本量大的时候。

（3）均值结构。

即使潜变量 ξ_1 和 ξ_2 的均值都为 0，潜变量 $\xi_1\xi_2$ 的均值也不一定等于 0，而是等于 φ_{21}。而包含均值结构会使得模型变得更加复杂。因此，在分析潜变量交互作用时，模型中是否需要考虑均值结构也是研究者们关注的问题之一。到目前为止，研究者们已经提出了如下一些建议。

● 原始指标：需要均值结构（Jöreskog & Yang，1996）。

当使用原始指标来构建乘积指标时，模型需要均值结构。也就是说，模型中不仅要包含自变量和因变量的所有指标变量的截距项，而且要包含所有潜变量的均值项。这种情况下，指标乘积的表述本身就已经非常复杂。例如，$x_1x_4=\tau_1\tau_4+\tau_1\lambda_4\xi_2+\tau_4\lambda_1\xi_1+\lambda_1\lambda_4\xi_1\xi_2+\lambda_1\xi_1\delta_4+\lambda_4\xi_2\delta_1+\tau_1\delta_4+\tau_4\delta_1+\delta_1\delta_4$。当进一步计算 x_1x_4 的方差及其与其他变量的协方差时，计算过程非常复杂，计算量也很大。

● 中心化指标：需要均值结构（Algina & Moulder，2001）。

首先是对 ξ_1 和 ξ_2 的指标变量 $x_1\sim x_6$ 进行中心化处理，记作 $C_{x_1}\sim C_{x_6}$，再构建乘积项 $C_{x_1}C_{x_4}$、$C_{x_2}C_{x_5}$、$C_{x_3}C_{x_6}$。之后，以中心化的指标变量 $C_{x_1}\sim C_{x_6}$，以及中心化指标的乘积项 $C_{x_1}C_{x_4}$、$C_{x_2}C_{x_5}$、$C_{x_3}C_{x_6}$，作为潜变量的测量指标构建模型。此时指标乘积的表述变得更加简单，例如 $x_1x_4=\lambda_1\lambda_4\xi_1\xi_2+\lambda_1\xi_1\delta_4+\lambda_4\xi_2\delta_1+\delta_1\delta_4$。潜变量 ξ_1 和 ξ_2 的均值为 0。

尽管如此，$\xi_1\xi_2$的均值依旧不为 0，而是等于 $\varphi_{21}=\mathrm{Cov}(\xi_1, \xi_2)$，只要 ξ_1和 ξ_2之间相关，$\xi_1\xi_2$的均值就一定不为 0。那么，因变量的均值 $E(\eta)=\gamma_3 E(\xi_1\xi_2)$，所以模型的结构方程部分仍然需要均值结构，并且因变量的指标变量也需要截距项。

● 正交化乘积指标：不需要均值结构（Little，Bovaird，& Widaman，2006；Marsh，Wen，Hau，Little，Bovaird，& Widaman，2007）。

该方法分为两步：第一步，以乘积指标（如 x_1x_4、x_2x_5、x_3x_6）为因变量，以指标变量 $x_1 \sim x_6$为自变量进行回归分析，保存残差 $R\_x_1x_4$、$R\_x_2x_5$、$R\_x_3x_6$；第二步，以残差为指标变量，构建潜变量交互作用，由此产生正交化的测量指标。

使用这种方法，不需要潜变量的均值结构，模型定义较为简单，并且不会改变对交互效应的评价，但是会改变对主效应的评价。因此在使用该方法时，主效应的结果是不可靠的。另外，如果 $\mathrm{Cov}(\xi_1, \xi_1\xi_2)\neq 0$ 或 $\mathrm{Cov}(\xi_2, \xi_1\xi_2)\neq 0$，这种方法会存在结构不一致的问题。

● 双重中心化：不需要均值结构（Lin，Wen，Marsh，& Lin，2010）。

该方法也分为两步：第一步，对 ξ_1和 ξ_2的指标变量 $x_1 \sim x_6$进行中心化处理，记作 $C_{x_1} \sim C_{x_6}$，构建乘积项 $C_{x_1}C_{x_4}$、$C_{x_2}C_{x_5}$、$C_{x_3}C_{x_6}$，之后对乘积项中心化；第二步，以中心化的指标变量 $C_{x_1} \sim C_{x_6}$，以及中心化的乘积项 $C(C_{x_1}C_{x_4})$、$C(C_{x_2}C_{x_5})$、$C(C_{x_3}C_{x_6})$，作为潜变量的测量指标构建模型。

根据上述进展，似乎双重中心化是最推荐的做法。但是在实际操作中，不需要如此复杂地进行两次中心化。原因如下：第一，单次中心化指标变量的做法中，由于潜交互项的均值不为 0，还需要考虑潜交互项和潜在因变量的均值结构，但此时如果能够在模型中定义不含均值结构，就不需要将中心化指标的乘积指标再次中心化，因为当模型没有均值结构时，不论乘积指标是否再次中心化，估计结果理论上都是相同的；第二，模拟研究发现，无论模型是否有均值结构，主效应、交互效应和指标的载荷等研究者感兴趣的主要参数的估计值都非常一致，所以在实际应用中可以简化。另外，目前最为常用的 Mplus 软件能够自行估计均值结构中的待估参数，无须研究者人为设定均值结构中哪些参数需要估计。因此，实际中只需要对指标变量进行一次中心化处理，然后在 Mplus 中正常进行模型估计即可，此时也可以定义无均值结构，主要关心的主效应、交互效应和指标的载荷等参数估计结果不受影响。

3. 一般步骤

结合上面讨论的乘积指标的构建、指标约束、均值结构等问题，使用乘积指标法的一般步骤如下：

（1）将所有观测的指标变量中心化。

（2）使用配对乘积策略，构建乘积指标。

（3）对乘积指标进行第二次中心化，或者建立无均值结构的模型，也可以直接省略这一步。在 Mplus 中可以通过如下语句定义无均值结构的模型：

```
ANALYSIS: MODEL=NOMEANSTRUCTURE;
```

4. 标准化解

在使用多元回归进行交互作用分析时，SPSS 直接输出的标准化解并不是真实的标准化解，而是需要对所有观测变量进行标准化，这样得到的非标准化估计值才是真正的标准化解。在估计潜变量的交互作用时，同样存在这个问题。

结构方程模型的标准化估计通常有两类：标准化估计和完全标准化估计。前者指的是模型中的潜变量标准化而指标变量不标准化的解，后者则是将模型中的潜变量和指标变量都标准化得到的估计值。当要比较测量方程中载荷的大小或结构方程中的效应大小时，应该看完全标准化估计。

当分析潜变量交互作用时，我们关心的是模型的结构方程部分，如式（12－10）所示。当在多元回归中对显变量的交互作用求标准化解时，我们可以将 X 和 M 标准化后再求得自变量标准分数的乘积项 $z_X z_M$。但是，在潜变量交互作用中，ξ_1、ξ_2 都是潜变量，无法直接对其标准化以构建两个潜变量标准分数的乘积项。

因此，在 Mplus 软件中定义模型时，我们可以通过如下语句，要求软件输出模型的完全标准化估计结果：

```
OUTPUT：STANDARDIZED（STDYX）；
```

此时，模型中的标准化方程如下：

$$\eta' = \gamma_1' \xi_1' + \gamma_2' \xi_2' + \gamma_3' (\xi_1 \xi_2)' + \zeta' \qquad (12-11)$$

式中，η'、ξ_1'、ξ_2'、$(\xi_1\xi_2)'$、ζ' 为对应的标准化变量。模型输出的完全标准化解就是 γ_1'、γ_2' 和 γ_3' 的估计值。但是，这并不是我们想要的“标准化”估计值，因为此时模型是对潜变量乘积项 $\xi_1\xi_2$ 作标准化，而我们希望得到的是潜变量标准化之后的乘积 $\xi_1'\xi_2'$。也就是说，我们希望输出的是式（12－12）中系数 γ_1''、γ_2'' 和 γ_3'' 的估计值。

$$\eta' = \alpha'' + \gamma_1'' \xi_1' + \gamma_2'' \xi_2' + \gamma_3'' \xi_1' \xi_2' + \zeta' \qquad (12-12)$$

实际中，我们无法直接得到式（12－12）的解。但是，通过数学推导可以发现，式（12－11）和式（12－12）的系数之间有一定的关联。根据温忠麟、侯杰泰和 H. W. Marsh（2008）的推导，主效应的“标准化”估计等于输出的完全标准化解，即

$$\gamma_1'' = \gamma_1' \quad \gamma_2'' = \gamma_2' \qquad (12-13)$$

而交互效应的“标准化”估计可以通过输出的完全标准化解以及潜变量的标准差计算得到：

$$\gamma_3'' = \gamma_3' \frac{SD(\xi_1)SD(\xi_2)}{SD(\xi_1\xi_2)} \qquad (12-14)$$

需要注意的是，也可以对指标进行标准化而非中心化。计算的步骤与上述中心化指标的步骤主要在构建乘积指标之前有区别。首先，将所有指标变量标准化，因变量的指标变量也需要标准化。然后，构建乘积指标，但无须再对乘积指标进行中心化或标准化。将标准化指标变量及其乘积指标加入模型进行分析，后续步骤与中心化指标的步骤完全相同。由于标准化后，变量的测量尺度与原始变量有所区别，得到的非标准化估计值与中心化指标的结果就会不同，但参数的显著性应是相同的。而且，Mplus 输出的完全标准化估计值也是基本相同的，微小的差异是在计算过程中保留小数位数导致的。此时，交互效应的“标准化”估计值也需要用式（12－14）转换得到。

5. Mplus 操作

研究者假设，抑郁症状和问题行为对饮酒行为有影响，并且抑郁症状能调节问题行为对饮酒行为的影响。根据这个假设，研究者收集了 500 名被试在抑郁症状、问题行为量表上的得分，并让他们报告过去一个月的饮酒情况。其中，抑郁症状包括 4 道测验题目（DEP1、DEP2、DEP3 和 DEP4）；问题行为包括 4 道测验题目（CON1、CON2、CON3 和 CON4）；饮酒行为是一个观测变量，是被试过去一个月的饮酒频率（7 点评分，1=0 次，7=40 次以上，变量记为 ALC）。数据可见文件“12_6 mod_3. sav”。

在分析时，根据收集到的数据，将抑郁症状和问题行为当作潜变量，将饮酒行为作为显变量，构建的模型如图 12 - 13 所示。

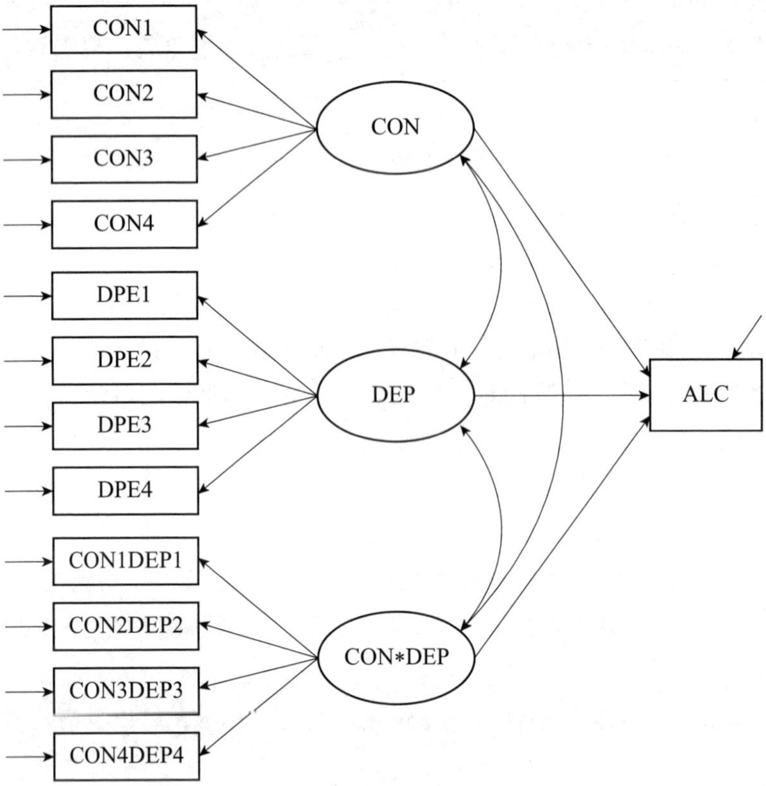

图 12 - 13　构建的模型图

（1）非标准化解。

建模过程：先将所有指标（CON1～CON4 和 DEP1～DEP4）中心化，再产生配对乘积指标（CON1DEP1、CON2DEP2、CON3DEP3 和 CON4DEP4）。之后，用无约束的方法构建无均值结构的模型，潜变量为 CON、DEP，以及 CON * DEP－E(CON * DEP)。

因此，具体步骤如下。

首先在 SPSS 中将指标变量中心化，并构建乘积指标，SPSS 语句如下（也可参见文件“12_6 mod_3. sps”）：

```
*变量的中心化.
DESCRIPTIVES VARIABLES=CON1 CON2 CON3 CON4 DEP1 DEP2 DEP3 DEP4.
```

```
COMPUTE x1=CON1-3.01.
COMPUTE x2=CON2-3.00.
COMPUTE x3=CON3-3.00.
COMPUTE x4=CON4-3.01.
COMPUTE x5=DEP1-3.01.
COMPUTE x6=DEP2-3.00.
COMPUTE x7=DEP3-2.99.
COMPUTE x8=DEP4-3.00.
EXECUTE.
*计算乘积指标.
COMPUTE x1x5=x1 * x5.
COMPUTE x2x6=x2 * x6.
COMPUTE x3x7=x3 * x7.
COMPUTE x4x8=x4 * x8.
EXECUTE.
*对乘积指标进行中心化.
DESCRIPTIVES VARIABLES=x1x5 x2x6 x3x7 x4x8.
COMPUTE x1x5=x1x5-0.128.
COMPUTE x2x6=x2x6-0.148.
COMPUTE x3x7=x3x7-0.184.
COMPUTE x4x8=x4x8-0.142.
EXECUTE.
```

完成后，将数据中的原始指标变量删去，仅保留变量 ALC、x1～x8 和 x1x5、x2x6、x3x7、x4x8，将数据导出为 .dat 格式，见文件“12_7 mod_3_product. dat”。在 Mplus 中进行模型分析。

Mplus 语句如下：

```
DATA：file is 12_7 mod_3_product. dat；
VARIABLE：names are ALC x1 x2 x3 x4 x5 x6 x7 x8 x1x5 x2x6 x3x7 x4x8；
ANALYSIS：ESTIMATOR=ML；
！这里也可以直接定义无均值结构，在 ANALYSIS 部分增加语句 MODEL = NOMEAN-
STRUCTURE；同时在上一步 SPSS 中无须对乘积指标进行中心化，
MODEL：
    ！Specification of measurement models
        CON by x1 - x4；
        DEP by x5 - x8；
    ！Measurement model for the latent product variable
        CONDEP by x1x5 x2x6 x3x7 x4x8；
    ！Structural models
        ALC on CON DEP CONDEP；
OUTPUT：STANDARDIZED (STDYX)；
```

得到的模型拟合结果为：$\chi^2(60)=72.174$，$p=0.134\ 8$，RMSEA＝0.020，CFI＝0.982，TLI＝0.976，SRMR＝0.032。说明模型整体拟合良好。Mplus 语句及完整输出结果见文件“12_8 mod_3_product.inp”和“12_8 mod_3_product.out”。

模型的非标准化参数估计结果如图 12－14 所示。

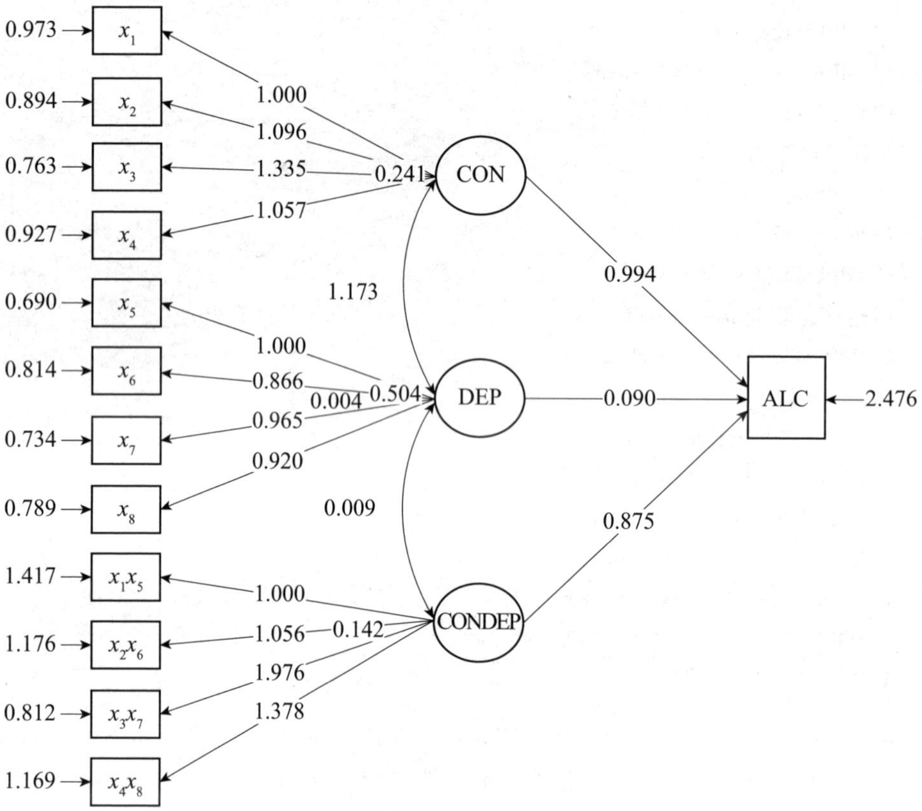

图 12－14　标有非标准化参数估计值的模型图

其中，主效应 $\gamma_1=0.994$，$SE=0.271$，$p=0.000$；主效应 $\gamma_2=0.090$，$SE=0.163$，$p=0.578$；交互效应 $\gamma_3=0.875$，$SE=0.325$，$p=0.007$。结果说明，问题行为对饮酒行为有显著的正向影响，而抑郁倾向对饮酒行为没有显著的主效应，但是问题行为和抑郁倾向之间存在显著的交互作用。

根据得到的潜变量方差结果，即 Var(CON)＝0.241，Var(DEP)＝0.504，Var(CONDEP)＝0.142，以及因变量 ALC 的截距 3.882，可以沿用观测变量交互作用显著时解释结果的方法。先根据系数估计值，写出回归方程：

$$\hat{ALC}=3.882+0.994\cdot CON+0.090\cdot DEP+0.875\cdot CONDEP \tag{12-15}$$

由于三个潜变量 CON、DEP 和 CONDEP 的均值都等于 0，可以根据潜变量方差的估计值，使用±1 个标准差，得到调节变量以及自变量处于高/低水平时因变量的值。

- 当抑郁症状低于平均水平一个标准差（DEP＝－0.71）的时候：

问题行为低于平均水平一个标准差（CON＝－0.491）时，有

$$\hat{ALC}=3.882+0.994\times(-0.491)+0.090\times(-0.71)+0.875\times(-0.491)\times(-0.71)=3.636$$

问题行为高于平均水平一个标准差（CON＝0.491）时，有

$$\hat{ALC} = 3.882 + 0.994 \times 0.491 + 0.090 \times (-0.71) + 0.875 \times 0.491 \times (-0.71) = 4.001$$

● 当抑郁症状高于平均水平一个标准差（DEP＝0.71）的时候：

问题行为低于平均水平一个标准差（CON＝−0.491）时，有

$$\hat{ALC} = 3.882 + 0.994 \times (-0.491) + 0.090 \times 0.71 + 0.875 \times (-0.491) \times 0.71 = 3.153$$

问题行为高于平均水平一个标准差（CON＝0.491）时，有

$$\hat{ALC} = 3.882 + 0.994 \times 0.491 + 0.090 \times 0.71 + 0.875 \times 0.491 \times 0.71 = 4.739$$

根据上面的计算，我们可以得到在不同的抑郁症状水平下问题行为对饮酒行为的影响。由于抑郁症状、问题行为都是潜变量，均值为0，也可以直接对抑郁症状（调节变量）取0及0上下的一些整数，如−2、−1、0、1、2，计算在不同抑郁症状水平下问题行为与饮酒行为之间的关系，再用图形表示出调节效应，如图12－15所示。由图可以发现，随着抑郁症状的不断加重，问题行为与饮酒行为之间的关联由负变为正，渐渐增大。

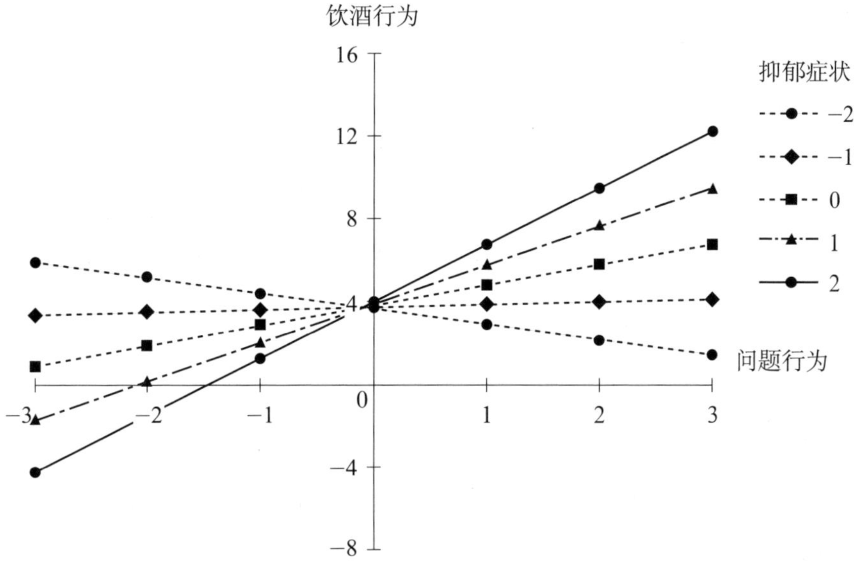

图12－15 在不同的抑郁症状水平下问题行为对饮酒行为的影响

（2）标准化解。

如果要得到标准化的解，先根据上面的步骤得到Mplus对中心化指标变量输出的完全标准化估计结果，再使用转换式［式（12－13）和式（12－14）］，得到主效应和交互效应的“标准化”估计值。

在这个例子中，Mplus输出的主效应和交互效应的完全标准化估计结果如下：主效应 $\gamma_1'=0.289$，$SE=0.072$，$p=0.000$；主效应 $\gamma_2'=0.038$，$SE=0.068$，$p=0.578$；交互效应 $\gamma_3'=0.195$，$SE=0.060$，$p=0.001$。因此，主效应的“标准化”估计值 $\gamma_1''=0.289$，$\gamma_2''=0.038$。而交互效应的“标准化”估计值为：

$$\gamma_3''=\gamma_3'\frac{SD(\xi_1)SD(\xi_2)}{SD(\xi_1\xi_2)}=0.195\times\frac{\sqrt{0.241}\times\sqrt{0.504}}{\sqrt{0.142}}=0.180$$

（二）潜调节结构方程

1. 基本思想

即使 ξ_1 和 ξ_2 都服从正态分布，$\xi_1\xi_2$ 也是非正态的（Jöreskog & Yang，1996）。因此，最大似然估计的分布假设在潜调节模型中无法满足。为了避免这个问题，Klein 和 Moosbrugger（2000）提出了一种新的处理潜变量间交互作用的方法，即潜调节结构方程。该方法就是在模型中直接构建两个潜在自变量的乘积项，而不用构建任何新的指标变量，例如在图 12-16 中，通过将潜变量 ξ_1 和 ξ_2 相乘，构建了一个潜交互项 ξ_{12}。该模型的优点在于：（1）具有统计有效性，因为对于调节效应，模型只需估计一个参数，即潜交互项 ξ_{12} 的回归系数；（2）在 Mplus 中很容易实现。但是该模型的缺点在于：（1）关于模型的拟合、标准化解，以及潜变量交互作用对因变量的变异解释，都需要单独处理；（2）由于模型的估计基于相同的观测变量，但增加了一个潜变量，使用潜调节结构方程方法进行参数估计比使用乘积指标法更难，且模型更不容易识别。

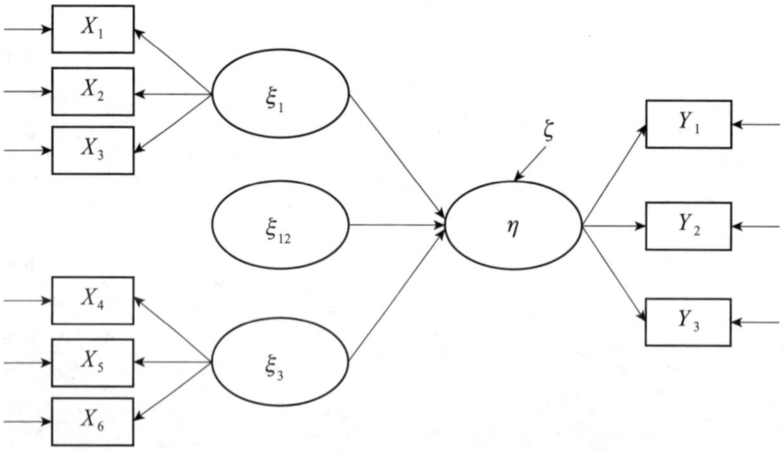

图 12-16　一个简单的潜调节结构方程模型

2. 分析步骤

使用潜调节结构方程进行分析时，主要有两个步骤。

第一步：构建不包含潜交互项的结构方程模型（模型 0），作为基线模型。Mplus 可以输出拟合指数（CFI、TLI、RMSEA、χ^2），判定模型的拟合情况。模型比较的前提是该模型拟合良好。

第二步：构建包含潜交互项的结构方程模型（模型 1），分析潜变量的调节作用是否显著。但是目前 Mplus 不能输出潜调节结构方程模型的拟合指数，因此使用似然比检验，得到模型 1 的相对拟合指数（D 值），从而进行模型评价。D 值的计算公式见式（12-16），它服从 df=1 的渐近卡方分布。如果 D 值显著，则表明模型 1 更加拟合数据，交互作用存在。

$$D = -2(\text{模型 0 的对数似然值} - \text{模型 1 的对数似然值}) \tag{12-16}$$

如果模型 0 拟合良好，且 D 值显著，则可以认为模型 1 也是合适的模型。如果 D 值不显著，则无法判断模型 1 的拟合情况是否等于或者弱于模型 0 的拟合情况。

交互作用存在与否也可以结合潜交互项的系数是否显著来进行判断。

3. 标准化解

Mplus 8.2 以上的版本能够直接输出 LMS 模型的标准化解。因此，在 Mplus 8.2 或更高版本中定义模型时，可以通过在 OUTPUT 部分写入相应的命令，要求软件输出模型的完全标准化估计结果，语句如下：

```
OUTPUT：STANDARDIZED (STDYX)；
```

4. 效应量 R^2 的计算

在潜调节结构方程中，调节效应量使用调节项对因变量方差变异的解释率来表示，即 R^2。为了说明该 R^2 的计算，我们将未加入以及加入调节项的模型进行了简化，仅呈现需要关注的部分，分别见图 12-17 和图 12-18，图中的回归路径旁边标记了该路径系数的符号。另外，因变量可以是潜变量，也可以是观测变量，这里使用潜变量仅仅是为了举例说明。计算公式如下：

$$R^2_{\eta 0} = \frac{\beta_1^2\sigma^2_{\xi_1} + \beta_2^2\sigma^2_{\xi_2} + 2\beta_1\beta_2\sigma_{\xi_1\xi_2}}{\beta_1^2\sigma^2_{\xi_1} + \beta_2^2\sigma^2_{\xi_2} + 2\beta_1\beta_2\sigma_{\xi_1\xi_2} + \sigma^2_{\eta_{res}}} \tag{12-17}$$

$$R^2_{\eta 1} = \frac{\beta_1^2\sigma^2_{\xi_1} + \beta_2^2\sigma^2_{\xi_2} + 2\beta_1\beta_2\sigma_{\xi_1\xi_2} + \beta_{12}^2(\sigma^2_{\xi_1}\sigma^2_{\xi_2} + \sigma^2_{\xi_1\xi_2})}{\beta_1^2\sigma^2_{\xi_1} + \beta_2^2\sigma^2_{\xi_2} + 2\beta_1\beta_2\sigma_{\xi_1\xi_2} + \beta_{12}^2(\sigma^2_{\xi_1}\sigma^2_{\xi_2} + \sigma^2_{\xi_1\xi_2}) + \sigma^2_{\eta_{res}}} \tag{12-18}$$

$$\Delta R^2_{\eta} = R^2_{\eta 1} - R^2_{\eta 0} \tag{12-19}$$

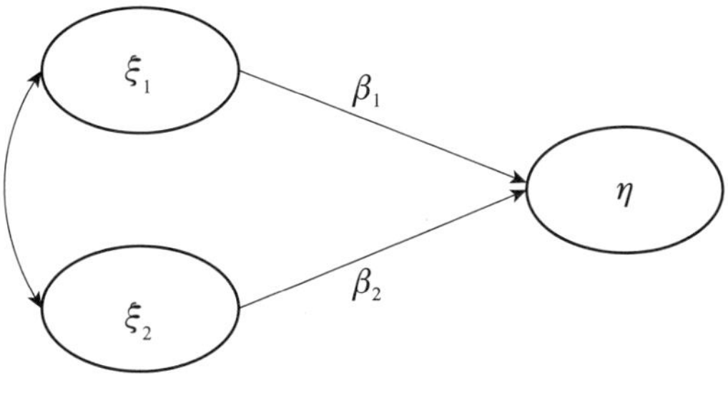

图 12-17 未加入潜交互项的简化模型

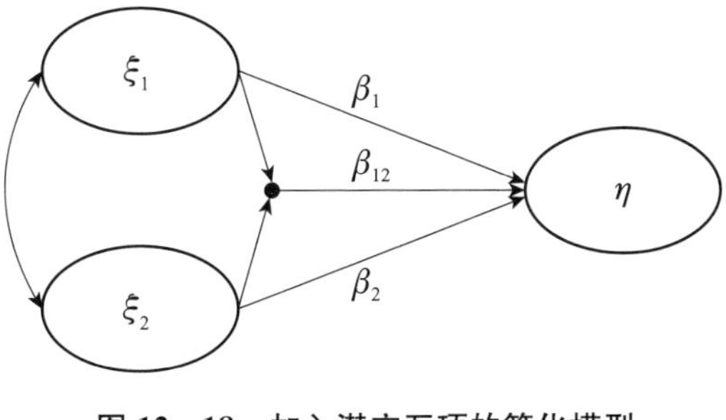

图 12-18 加入潜交互项的简化模型

加入调节项前后，模型对因变量的变异解释率的计算分别如式（12－17）和式（12－18）所示。式中，β_1 和 β_2 分别是两个自变量 ξ_1 和 ξ_2 对因变量 η 的回归系数，$\sigma^2_{\xi_1}$ 和 $\sigma^2_{\xi_2}$ 分别是 ξ_1 和 ξ_2 的方差，$\sigma_{\xi_1\xi_2}$ 是 ξ_1 和 ξ_2 之间的协方差，$\sigma^2_{\eta_{res}}$ 是因变量 η 的残差方差，β_{12} 则是潜交互项对因变量的影响系数。注意，式（12－17）中的参数对应的是图 12－17 所示模型的参数，式（12－18）中的参数对应的是图 12－18 所示模型的参数。因此，调节效应量就是加入潜交互项前后因变量变异解释率的变化 ΔR^2_η 。

5. Mplus 操作

同样使用饮酒行为的数据案例。研究者的假设依然是抑郁症状会调节问题行为对饮酒行为的影响。将原始的 SPSS 数据文件“12_6 mod_3. sav”直接导出为 Mplus 数据文件“12_9 mod_3. dat”。分析时，将抑郁症状和问题行为当作潜变量，将饮酒行为作为显变量。这里的例子使用的是求标准化系数的步骤。

（1）模型 0。

未加入调节项的模型 0 的 Mplus 语句如下：

```
title: Data with interaction, interaction not analyzed;
data: file is 12_9 mod_3. dat;
variable: names are con1 con2 con3 con4 dep1 dep2 dep3 dep4 alc;
analysis: estimator=ml;
model:
        con by con1 con2 con3 con4;
        dep by dep1 dep2 dep3 dep4;
        con with dep;
        alc on con dep;
output: STANDARDIZED (STDYX);
```

该模型的拟合结果如下：

```
MODEL FIT INFORMATION
Loglikelihood
          H0 Value                                   -6727.585
          H1 Value                                   -6715.422
Information Criteria
          Akaike (AIC)                               13513.170
          Bayesian (BIC)                             13635.393
          Sample-Size Adjusted BIC                   13543.346
            (n* = (n + 2) / 24)
Chi-Square Test of Model Fit
          Value                                         24.326
          Degrees of Freedom                                25
          P-Value                                       0.5006
RMSEA (Root Mean Square Error of Approximation)
```

```
        Estimate                                        0.000
        90 Percent C. I.                          0.000    0.035
        Probability RMSEA <= .05                        0.998
  CFI/TLI
        CFI                                             1.000
        TLI                                             1.000
  Chi-Square Test of Model Fit for the Baseline Model
        Value                                         589.186
        Degrees of Freedom                                 36
        P-Value                                        0.0000
  SRMR (Standardized Root Mean Square Residual)
        Value                                           0.022
```

Mplus 语句及完整输出结果可见文件“12_10 mod_3_LMS_M0. inp”和“12_10 mod_3_lms_m0. out”。

从结果可以发现，该模型的对数似然值为－6 727.585。模型拟合良好。根据模型的完全标准化参数估计结果，ALC 对 CON 的标准化回归系数为 0.278，$SE=0.072$，$p=0.000$；ALC 对 DEP 的标准化回归系数为 0.050，$SE=0.068$，$p=0.465$；CON 和 DEP 的方差均为 1，因为在标准化解中外源潜变量的方差为 1；两个潜变量的相关（也就是标准化解中的协方差）为 0.496，$SE=0.061$，$p=0.000$；因变量 ALC 的残差方差为 0.906，因此，该模型对因变量的方差解释率为：

$$R^2_{\eta 0}=\frac{\beta_1^2\sigma^2_{\xi_1}+\beta_2^2\sigma^2_{\xi_2}+2\beta_1\beta_2\sigma_{\xi_1\xi_2}}{\beta_1^2\sigma^2_{\xi_1}+\beta_2^2\sigma^2_{\xi_2}+2\beta_1\beta_2\sigma_{\xi_1\xi_2}+\sigma^2_{\eta_{res}}}$$
$$=\frac{0.278^2\times 1+0.050^2\times 1+2\times 0.278\times 0.050\times 0.496}{0.278^2\times 1+0.050^2\times 1+2\times 0.278\times 0.050\times 0.496+0.906}=0.094$$

在 Mplus 输出文件中，可以在 STDYX 完全标准化估计结果的最后一部分 R-SQUARE 中找到上述结果。

（2）模型 1。

加入调节项的模型 1 的 Mplus 语句如下：

```
title: Data with interaction, interaction analyzed;
data: file is 12_9 mod_3. dat;
variable: names are con1 con2 con3 con4 dep1 dep2 dep3 dep4 alc;
analysis: estimator=ml;
          type=random;
          algorithm=integration;
          process=8;
model:
      con by con1 con2 con3 con4;
      dep by dep1 dep2 dep3 dep4;
      con with dep;
      condep | con xwith dep;
```

```
        alc on con dep condep;
    output: STANDARDIZED (STDYX);
```

Mplus 输入及完整输出文件可见文件“12_11 mod_3_LMS_M1. inp”和“12_11 mod_3_lms_m1. out”。

模型 1 的拟合结果如下：

```
    MODEL FIT INFORMATION
    Number of Free Parameters                                30
    Loglikelihood
            H0 Value                                  -6720.871
    Information Criteria
            Akaike (AIC)                              13501.743
            Bayesian (BIC)                            13628.181
            Sample-Size Adjusted BIC                  13532.959
            (n* = (n + 2) / 24)
```

可以看到，模型 1 的对数似然值为 $-6\ 720.871$。根据完全标准化参数估计结果，潜交互项 CONDEP 的标准化系数估计值为 0.191，$SE=0.053$，$p=0.000$，即调节作用显著。此时，因变量 ALC 的残差方差为 0.858。输出的其他标准化参数估计结果如下：ALC 对 CON 的回归系数为 0.281，$SE=0.071$，$p=0.000$；ALC 对 DEP 的回归系数为 0.053，$SE=0.068$，$p=0.437$；CON 和 DEP 的方差依然都为 1，二者的相关系数（即协方差的标准化解）为 0.498。结合输出的其他参数估计结果，该模型对因变量的方差解释率为：

$$R_{\eta 1}^2=\frac{\beta_1^2\sigma_{\xi_1}^2+\beta_2^2\sigma_{\xi_2}^2+2\beta_1\beta_2\sigma_{\xi_1\xi_2}+\beta_{12}^2(\sigma_{\xi_1}^2\sigma_{\xi_2}^2+\sigma_{\xi_1\xi_2}^2)}{\beta_1^2\sigma_{\xi_1}^2+\beta_2^2\sigma_{\xi_2}^2+2\beta_1\beta_2\sigma_{\xi_1\xi_2}+\beta_{12}^2(\sigma_{\xi_1}^2\sigma_{\xi_2}^2+\sigma_{\xi_1\xi_2}^2)+\sigma_{\eta_{\text{res}}}^2}$$

$$=\frac{0.281^2\times 1+0.053^2\times 1+2\times 0.281\times 0.053\times 0.498+0.191^2\times(1\times 1+0.498^2)}{0.281^2\times 1+0.053^2\times 1+2\times 0.281\times 0.053\times 0.498+0.191^2\times(1\times 1+0.498^2)+0.858}$$

$$=0.142$$

同样，可以在 Mplus 输出的 STDYX 完全标准化估计结果的最后一部分 R-SQUARE 中找到该模型中因变量 ALC 的解释率结果。

（3）模型评价。

根据两个模型的对数似然值，使用似然比检验对模型 1 进行模型评价，可得到：

$$D=-2\times[(-6\ 727.585)-(-6\ 720.871)]=13.428$$

求得的 D 值大于 χ^2 临界值 3.84（df=1），表明模型 1 优于模型 0，考虑调节作用会使得模型与数据的拟合更佳。

（4）总体评价。

模型 0 拟合良好，模型 1 的拟合情况优于模型 0，潜交互项的回归系数显著，$\Delta R^2=0.142-0.094=0.048$。建议采用模型 1。

本研究结果表明，问题行为对饮酒行为有显著影响（$\beta=0.281$，$p<0.05$），抑郁症状对饮酒行为无显著影响（$\beta=0.053$，$p>0.05$），但其调节作用显著（$\beta=0.191$，$p<0.05$）。

（5）交互作用图。

由于调节效应显著，可以根据估计得到的系数画出交互作用图，从而直观地显现抑郁症状对问题行为与饮酒行为之间关系的影响，如图 12－19 所示。自变量与调节变量的高低水平都分别是取各自均值±1 个标准差的值。由于该模型中观测变量的截距自由估计，潜变量均值为 0。因此，抑郁症状和问题行为两个潜变量，在画图时的高低水平都分别是取 0±1 个标准差的值。

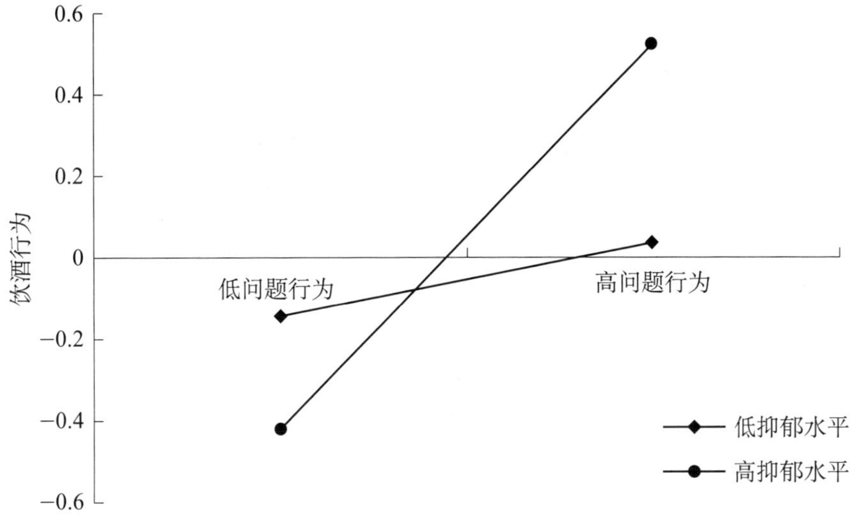

图 12－19　抑郁症状与问题行为的交互作用图

从图中可以看出，当抑郁症状较轻时，问题行为对饮酒行为几乎没有影响；当抑郁症状较重时，问题行为对饮酒行为的影响非常明显，问题行为越严重，饮酒频率就越高。

第五节　有调节的中介

一、一般模型介绍

前一章和本章分别描述了自变量 X 和因变量 Y 与第三个变量之间的两种关系——中介效应和调节效应。当模型中的变量多于三个时，也可能出现更加复杂的情况：模型中同时包含中介效应和调节效应。在这类模型中，一种常见的模型就是有调节的中介模型（moderated mediation model），指的是自变量 X 通过中介变量 M 对因变量 Y 产生的影响，会受到调节变量 Z 的调节（Baron & Kenny，1986；温忠麟，刘红云，侯杰泰，2012；温忠麟，张雷，侯杰泰，2006）。温忠麟和叶宝娟（2014b）将有调节的中介模型简单地分为两类：只调节间接效应；同时调节间接和直接效应。根据调节变量调节的是间接效应的前半路径还是后半路径，有调节的中介模型有如下六种情况，见图 12－20 至图 12－25。其中，中介效应的路径系数都标注在相应的路径旁边，中介效应值等于中介效应前半路径和后半路径的系数乘积。

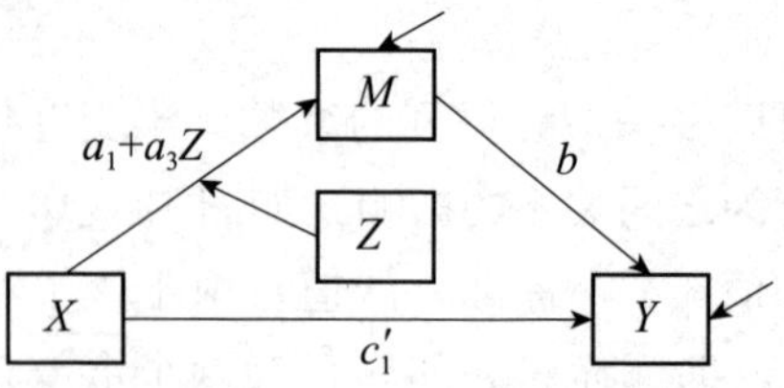

图 12－20　只调节中介效应前半路径

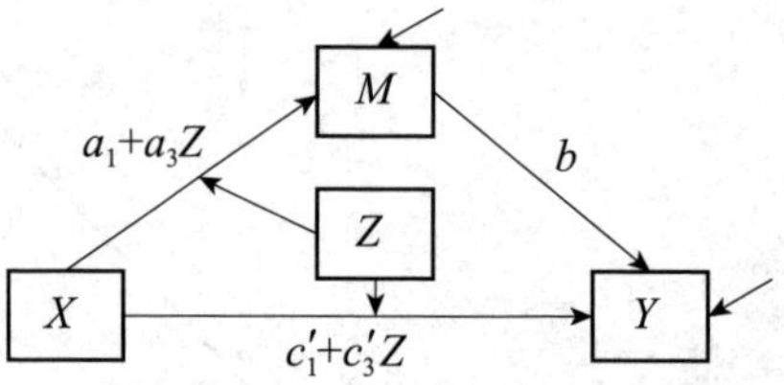

图 12－21　同时调节中介效应前半路径和直接效应

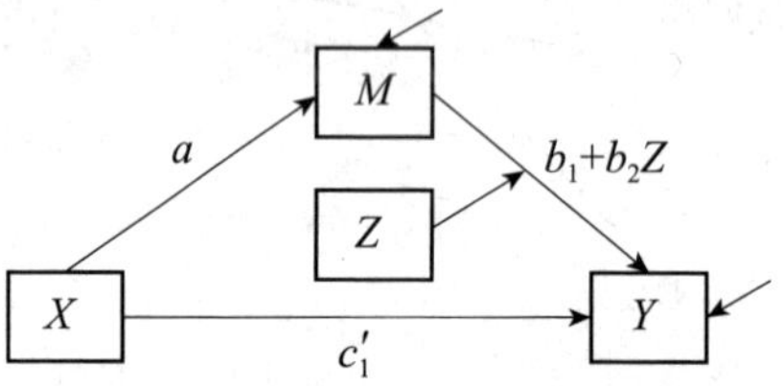

图 12－22　只调节中介效应后半路径

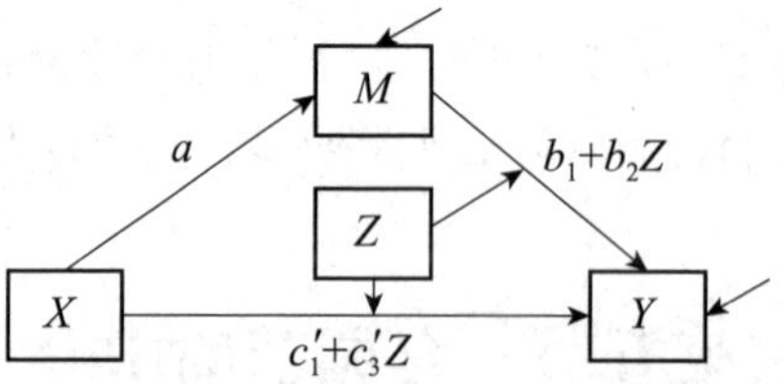

图 12－23　同时调节中介效应后半路径和直接效应

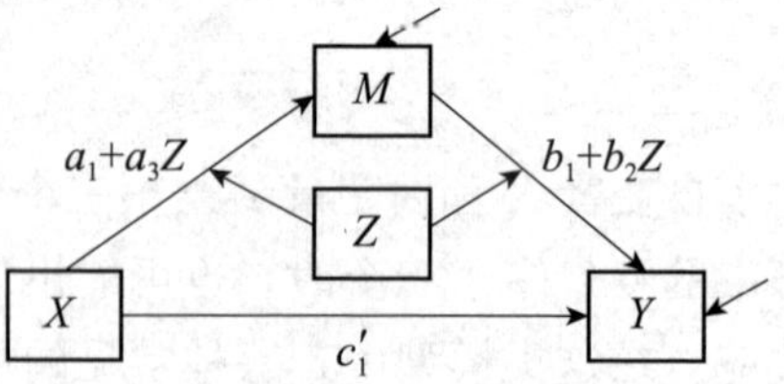

图 12－24　同时调节中介效应前后路径

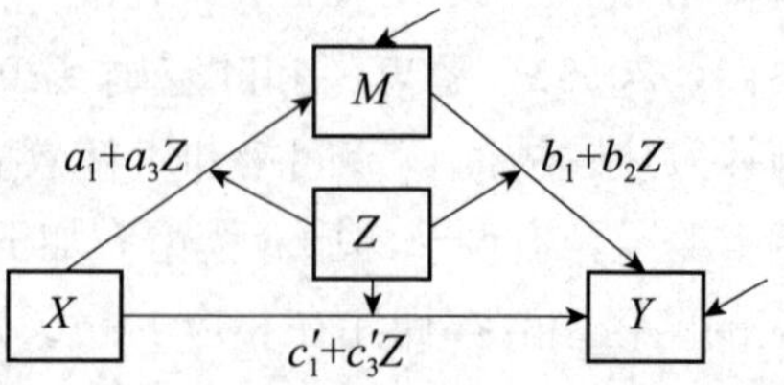

图 12－25　同时调节中介效应前后路径和直接效应

关于模型是否调节了直接效应，可以用如下方法进行初步判断。在进行中介效应分析之前，先建立自变量 X、调节变量 Z 和因变量 Y 之间的简单调节模型，即

$$Y=c_0+c_1X+c_2Z+c_3XZ+e_1 \tag{12-20}$$

如果调节变量 Z 对 X 与 Y 之间关系的调节效应 c_3 显著，那么在模型中就应该考虑 Z 调节了直接效应（温忠麟，叶宝娟，2014b）。

从上面的六个图可以看出，图 12－20、图 12－22 是图 12－24 中某些路径系数为 0 时的特例，图 12－21、图 12－23 也都是图 12－25 的特例。因此，用图 12－24 和图 12－25 进行模型的说明。在图 12－24 和图 12－25 中，中介效应的计算是相同的。

具体来说，图 12－24 的统计模型图如图 12－26 所示。

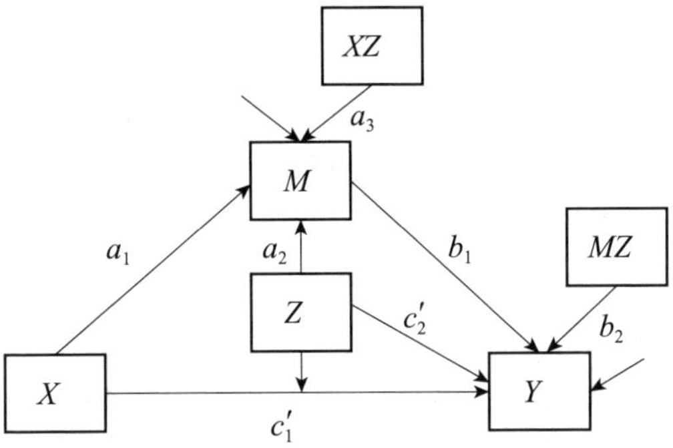

图 12－26　图 12－24 的统计模型图

当 M 和 Y 分别为因变量时，模型的回归方程如下：

$$M=a_1X+a_2Z+a_3XZ+e_2=(a_1+a_3Z)X+a_2Z+e_2 \tag{12-21}$$

$$Y=c_1'X+c_2'Z+b_1M+b_2MZ+e_3=c_1'X+c_2'Z+(b_1+b_2Z)M+e_3 \tag{12-22}$$

因此，中介效应大小为 $(a_1+a_3Z)(b_1+b_2Z)$。

对于图 12－25，其统计模型图如图 12－27 所示。

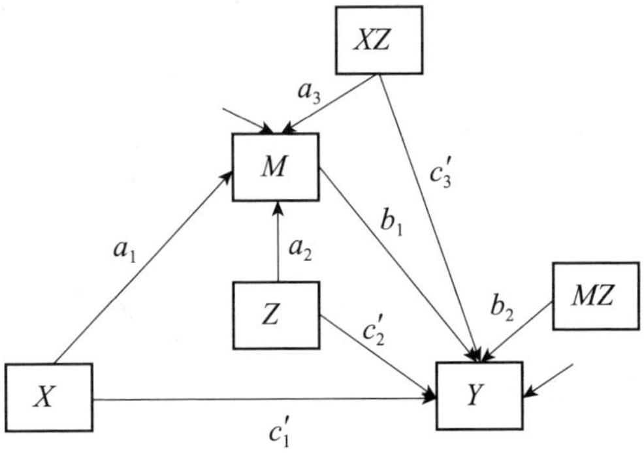

图 12－27　图 12－25 的统计模型图

当 M 和 Y 分别为因变量时，模型的回归方程如下：

$$M=a_1X+a_2Z+a_3XZ+e_2=(a_1+a_3Z)X+a_2Z+e_2 \tag{12-23}$$

$$Y=c_1'X+c_2'Z+c_3'XZ+b_1M+b_2MZ+e_3 \tag{12-24}$$

因此，中介效应大小也是 $(a_1+a_3Z)(b_1+b_2Z)$。

二、有调节的中介效应检验

对有调节的中介模型进行检验时，只要中介效应 $(a_1+a_3Z)(b_1+b_2Z)$ 与调节变量 Z 有关，就说明中介效应是受到调节的。下面介绍对有调节的中介效应 $(a_1+a_3Z)(b_1+b_2Z)$ 进行检验的几种方法。

（一）系数乘积的检验

要检验中介效应 $(a_1+a_3Z)(b_1+b_2Z)$ 与调节变量 Z 有关，最直接的方式就是检验与 Z 有关的系数乘积 a_1b_2、a_3b_1 或 a_3b_2 是否等于 0，只要其中一个系数乘积不为 0，那么该效应就是受到 Z 的调节的。

对于系数乘积的检验，一种方法是依次检验，也就是对系数乘积中包含的单个系数进行检验。例如，对 $a_1b_2\neq0$ 的检验就变为检验 $a_1\neq0$ 和 $b_2\neq0$。因此，对于图 12-24 或图 12-25 中的模型，就需要检验 $a_1\neq0$ 且 $b_2\neq0$、$a_3\neq0$ 且 $b_1\neq0$ 或 $a_3\neq0$ 且 $b_2\neq0$（三者满足其一即可）。如果模型中调节变量只影响中介效应的单一路径（图 12-20 到图 12-23），那么检验一对系数乘积即可。这种方法较为严格：它的一类错误率较低（MacKinnon，Lockwood，Hoffman，West，& Sheets，2002；温忠麟，张雷，侯杰泰，刘红云，2004），检验力也较低（Fritz & MacKinnon，2007；MacKinnon et al.，2002）。也就是说，如果该方法得到显著的结果，那么足以证明中介效应是受到调节的。但是，当实际中调节效应显著时，该方法不一定能得到显著的结果。

另一种检验力较高的方法是直接对乘积项进行检验，例如 Sobel 检验。但是，正如在“中介分析”章节提到过的，该检验基于的系数乘积项服从正态分布的假设在实际中一般无法满足。

（二）系数乘积的区间检验

当正态性假设无法满足时，一种方式是构建系数乘积项的置信区间，从而判断系数乘积项是否显著不等于 0。研究发现，构建系数乘积的置信区间时，偏差校正的非参数百分位 Bootstrap 方法或者是有先验信息的 MCMC 方法都比 Sobel 检验的结果更准确，且检验力更高（方杰，张敏强，2012；MacKinnon，2008；Preacher & Hayes，2004；Yuan & MacKinnon，2009）。Mplus 软件也可以直接实现这些方法。

（三）中介效应差异的检验

除了上述两种方法，另一种检验中介效应 $(a_1+a_3Z)(b_1+b_2Z)$ 是否与 Z 有关的直接方法就是检验 Z 取不同的值时，这个中介效应是否会发生变化，这种代入具体 Z 值的方法称为条件间接效应（conditional indirect effects）分析法（MacKinnon et al.，2002；Preacher，Rucker，& Hayes，2007）。当 Z 取某个值时，中介效应 $(a_1+a_3Z)(b_1+b_2Z)$ 显著，则说明条件中介效应（conditional mediation effect）存在（Preacher，Rucker，& Hayes，2007）。若在 Z 取另一个值时，条件中介效应发生了显著的改变，说明中介效应

会受到 Z 的调节。Edward 和 Lambert（2007）提出，可以使用 Bootstrap 法检验 Z 取值不同时得到的中介效应的差异。例如，令 Z 取平均值±1 个标准差的值，如果得到的中介效应差异显著，就说明中介效应受到了变量 Z 的调节。但该方法的检验力也不高，因为只取 Z 的两个值对中介效应进行检验，即使结果发现差异不显著，也不能说明中介效应就不受调节变量的影响。如果调节变量是连续变量，刘东、张震和汪默（2012）建议取调节变量观测值的最大值和最小值，检验两个条件中介效应的差异。这种方法在调节变量只影响单个中介路径（a 或者 b）时是较有效的，因为此时，中介效应是 $(a_1+a_3Z)b$ 或 $a(b_1+b_2Z)$，是 Z 的单调线性函数。当调节变量同时影响中介的前后半路径时，中介效应 $(a_1+a_3Z)(b_1+b_2Z)$ 是一个二次函数，温忠麟和叶宝娟（2014b）建议直接对 $(a_1+a_3Z)(b_1+b_2Z)$ 找最大值和最小值，检验二者的差异。

（四）检验方法的比较

温忠麟和叶宝娟（2014b）对上述三种方法进行了比较，发现三者之间是替补关系。从检验力大小、结果显著性、结果的解释及方法操作的难易程度来看，系数乘积检验的检验力最低，结果显著性最强（即如果该方法结果显著，其他两种方法也一定结果显著），包含的信息最为丰富，结果解释最清晰，操作也最简单，使用常用的 LISREL 或 Mplus 等软件就能处理；系数乘积的区间检验的检验力、结果显著性、解释清晰度等都处于中间水平，也可以使用 Mplus、LISREL 等软件实现；而中介效应差异检验的检验力最高（直接检验中介效应最大值与最小值之间差异的显著性），但是结果显著性最弱，解释最含糊，操作上使用 SPSS 或 LISREL 等也较为复杂。

因此，在实际操作中，温忠麟和叶宝娟（2014b）推荐对有调节的中介效应进行层次检验，步骤如下。

第一步，检验式（12－20）中的回归系数 c_1 和 c_3。如果 c_3 显著，则需要考虑之后在模型中加入的调节变量对直接路径的影响。而 c_1 显著与否不影响之后的模型分析，只是如果 c_1 显著，有助于最后对模型的解释。

第二步，检验中介效应是否与调节变量 Z 有关。这一步包含以下三个层次。

（1）使用依次检验的方法。以图 12－24 或图 12－25 的模型为例，中介效应为 $(a_1+a_3Z)(b_1+b_2Z)$，则检验 a_1、a_3、b_1、b_2 是否显著。只要 a_3 和 b_1、a_1 和 b_2、a_3 和 b_2 三对中任意一对参数都显著不等于 0，那么有调节的中介就是成立的。在报告结果时，如果 a_3 或 b_2 不显著（即中介中被调节的两条路径之一不显著），就将其固定为 0，重新估计其他系数，然后写出中介效应 $(a_1+a_3Z)(b_1+b_2Z)$，其中不显著的 a_3 或 b_2 系数变成 0，报告中介效应在调节变量 Z 取其均值及均值±1 个标准差时的值。

（2）如果依次检验的结果不显著，那么再使用偏差校正的 Bootstrap 方法或 MCMC 方法估计系数乘积项的置信区间，从而判断其是否显著。只要 a_3b_1、a_1b_2、a_3b_2 中有一对系数乘积项显著不为 0，就说明中介效应是被调节的。同样将不显著的调节路径固定为 0 重新估计其他系数，再写出中介效应 $a_1b_1+(a_3b_1+a_1b_2)Z+a_3b_2Z^2$，报告中介效应在调节变量 Z 取其均值及均值±1 个标准差时的值。

（3）如果系数乘积的区间检验结果也不显著，那么再使用中介效应的差异检验。即

寻找中介效应 $(a_1+a_3Z)(b_1+b_2Z)$ 在 Z 的正常区间（例如均值±2个标准差的范围）内的最大值和最小值，使用 Bootstrap 方法检验二者差异。如果结果显著，则说明中介效应是被调节的。否则，可以得出结论，中介效应不受 Z 的影响。

需要注意的是，如果研究者的目的仅仅是验证模型，那么在依次检验或区间检验之后报告结果时，无须再将不显著的调节路径（a_3 或 b_2 系数）固定为0重新估计系数，都保留在模型中即可。

如果研究者做出的研究假设中，并不是中介效应的前后半路径都受到调节，而只是前半或者后半路径受到调节（如图12－20到图12－23的情况），那么在以上层次检验步骤中，相应的回归方程和检验都略有简化，例如对于图12－20，只有中介的前半路径 a 受到调节，那么模型中不包含系数 b_2。依次检验时只需要检验 a_3 和 b_1，区间检验也只需要检验 a_3b_1 这一对乘积项，而在中介效应差异检验时，可以直接取调节变量的最大和最小观测值，检验对应中介效应的差异。如果是图12－22中只有后半路径 b 受到调节，那么模型中不包含系数 a_3，检验方法也是类似的。

三、Mplus 操作

假设积极劳资关系压力（PREL）会通过增强个体的积极情绪（PEM）来提高个体的工作满意度（SAT），而企业规模（SIZE）会调节这个中介效应，具体地说，企业规模会调节积极劳资关系压力对积极情绪的影响。

数据见文件“12_12 mod_med. sav”。具体来看，该数据共包含260名被试在三个量表上的平均分。这三个变量分别是：积极劳资关系压力（PREL）、积极情绪（PEM）、工作满意度（SAT）。另外还记录了每名被试所在企业的规模（SIZE），这是一个0－1计分的分类变量，0表示小的企业规模，1表示大的企业规模。

首先，建立积极劳资关系压力（PREL）与工作满意度（SAT）的简单调节模型，判断直接效应是否会受到企业规模（SIZE）的调节。由于积极劳资关系压力（PREL）是连续变量，因此在构建交互作用乘积项时，需要先对该变量进行中心化（或者标准化），记作 CPREL。而公司规模（SIZE）是分类变量，但已经是0－1计分，无须重新编码。构建 CPREL 与 SIZE 的乘积项，记作 CPRELSIZE。将数据另存为“12_12 mod_med. dat”。Mplus 语句如下（也可参见文件“12_13 mod_med_0. inp”）：

```
DATA: FILE IS 12_12 MOD_MED. dat;
VARIABLE: NAMES ARE PREL PEM SAT SIZE CPREL CPRELSIZE;
USEVARIABLES ARE SAT CPREL SIZE CPRELSIZE;
MODEL:
        SAT ON CPREL SIZE CPRELSIZE;
```

其中，构建乘积项的步骤也可以直接在 Mplus 中通过 DEFINE 语句完成。如果使用 DEFINE 语句构建乘积项 CPRELSIZE，那么定义变量时，VARIABLE 部分的语句如下：

```
VARIABLE: NAMES ARE PREL PEM SAT SIZE CPREL;
USEVARIABLES ARE SAT CPREL SIZE CPRELSIZE;
DEFINE: CPRELSIZE=CPREL * SIZE;
```

由于模型中只包含三个观测变量，因此是饱和模型，拟合指数无意义。得到的结果如下：积极劳资关系压力（PREL）对工作满意度（SAT）的效应显著（$c_1=0.244$，$t=2.550$，$p<0.05$），积极劳资关系压力（PREL）与企业规模（SIZE）的交互项对工作满意度（SAT）的效应不显著（$c_3=0.038$，$t=0.290$，$p>0.05$）。因此，在后续建立有调节的中介模型时，不考虑企业规模（SIZE）对于积极劳资关系压力（PREL）对工作满意度（SAT）的直接效应的调节作用。完整的 Mplus 输出结果见文件“12_13 mod_med_0. out”。

之后检验的有调节的中介模型如图 12－28 所示。

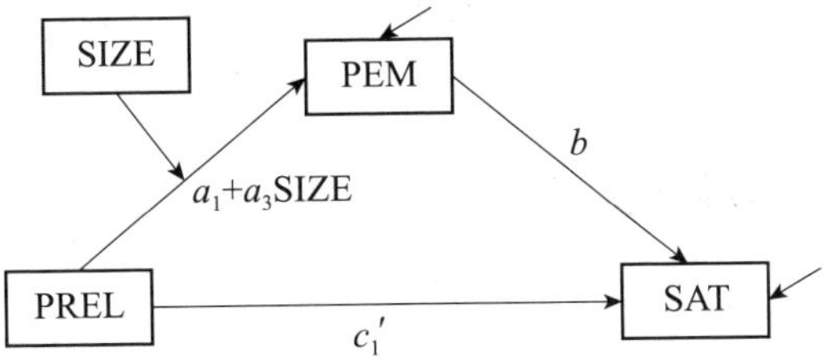

图 12－28　工作满意度案例模型图

(一) 系数的依次检验

首先使用依次检验的方法对有调节的中介效应进行检验。直接依照模型图 12－28 将变量 CPREL、SIZE、CPRELSIZE、PEM 和 SAT 加入分析即可。

模型分析的 Mplus 语句如下（也可参见文件“12_14 mod_med_1. inp”）：

```
DATA：FILE IS 12_12 MOD_MED. dat；
VARIABLE：NAMES ARE PREL PEM SAT SIZE CPREL CPRELSIZE；
USEVARIABLES ARE SAT CPREL PEM SIZE CPRELSIZE；
MODEL：
    SAT ON PEM CPREL；
    PEM ON CPREL SIZE CPRELSIZE；
OUTPUT：
```

完整的 Mplus 输出结果见文件“12_14 mod_med_1. out”。

其中，模型得到的主要拟合结果为：$\chi^2(2)=2.598$，$p=0.2729$，CFI＝0.997，TLI＝0.990，RMSEA＝0.034。说明模型拟合良好。

主要的非标准化参数估计结果如下：

MODEL RESULTS

	Estimate	S. E.	Est. /S. E.	Two-Tailed P-Value
SAT　ON				
PEM	0.225	0.065	3.473	0.001
CPREL	0.199	0.067	2.970	0.003
PEM　ON				
CPREL	0.428	0.063	6.757	0.000

CPRELSIZE	−0.227	0.088	−2.578	0.010
SIZE	−1.710	0.107	−15.942	0.000

从结果中可以看出，所有的路径系数都是显著的，其中，$a_1=0.428$（$p=0.000$），$a_3=-0.227$（$p=0.010$），$b=0.225$（$p=0.001$）。因此，依次检验的结果显著，足以证明中介效应是受到调节的。中介效应表达式为（0.428−0.227×SIZE)×0.225。由于调节变量SIZE是分类变量，因此可以直接将该变量的值代入表达式。当SIZE=0（企业规模小）时，积极劳资关系压力通过积极情绪提升工作满意度的这个中介效应为（0.428−0.227×0)×0.225=0.096；当SIZE=1（企业规模大）时，中介效应为（0.428−0.227×1)×0.225=0.045。

（二）系数乘积的区间检验及中介效应差异检验

1. 偏差校正的Bootstrap方法

可以使用偏差校正的Bootstrap方法，对这个数据案例同时进行系数乘积的区间检验和中介效应差异检验。

Mplus语句如下（也可参见文件“12_15 mod_med_bootstrap. inp”）：

```
DATA：FILE IS 12_12 MOD_MED. dat；
VARIABLE：NAMES ARE PREL PEM SAT SIZE CPREL CPRELSIZE；
USEVARIABLES ARE SAT CPREL PEM SIZE CPRELSIZE；
ANALYSIS：Bootstrap=2000；！抽样2000次
MODEL：
        SAT ON PEM（b)
                CPREL；
        PEM ON CPREL（a1)
                CPRELSIZE（a3)
                SIZE；
MODEL CONSTRAINT：
        new（h1)；
        h1=a3＊b；！a3＊b的估计
        ！这个值也是Z=0和Z=1时的中介效应差值
OUTPUT：cinterval（bcbootstrap)；！输出偏差校正的bootstrap的置信区间
```

完整的Mplus输出结果见文件“12_15 mod_med_ bootstrap. out”。

模型拟合结果与依次检验时的结果一致。

置信区间的结果如下：

CONFIDENCE INTERVALS OF MODEL RESULTS

	Lower .5%	Lower 2.5%	Lower 5%	Estimate	Upper 5%	Upper 2.5%	Upper .5%
SAT ON							
PEM	0.049	0.085	0.106	0.225	0.327	0.345	0.397

CPREL	0.006	0.057	0.076	0.199	0.313	0.334	0.374
PEM ON							
CPREL	0.256	0.299	0.319	0.428	0.525	0.547	0.586
CPRELSIZE	−0.428	−0.389	−0.367	−0.227	−0.079	−0.049	0.010
SIZE	−2.006	−1.927	−1.890	−1.710	−1.533	−1.484	−1.435
Intercepts							
SAT	2.401	2.590	2.684	3.115	3.585	3.680	3.835
PEM	4.737	4.798	4.820	4.954	5.085	5.112	5.171
Residual Variances							
SAT	1.365	1.432	1.461	1.623	1.842	1.879	1.947
PEM	0.616	0.650	0.667	0.741	0.851	0.871	0.889
New/Additional Parameters							
H1	−0.134	−0.109	−0.101	−0.051	−0.019	−0.014	−0.003

因为这里的中介效应为 $(a_1+a_3\cdot \text{SIZE})\cdot b$，而 SIZE 为 0 - 1 计分的分类变量，所以对 SIZE 取值为 0 和 1 的中介效应差异进行检验，实际上就是检验 a_3b。

系数乘积 a_3b 的 95%置信区间为 [−0.109，−0.014]，不包含 0，因此，积极劳资关系压力通过积极情绪对工作满意度的中介效应的前半路径受到企业规模的调节。积极劳资关系压力通过积极情绪对工作满意度的中介效应为 $(a_1+a_3\cdot \text{SIZE})\cdot b=a_1b+a_3b\cdot \text{SIZE}=0.096-0.051\times \text{SIZE}$。当 Z 取值为 0 和 1 时，中介效应分别为 0.096 和 0.045。

如果是对应于图 12 - 24 的模型，即中介效应为 $(a_1+a_3Z)(b_1+b_2Z)$，检验的系数乘积有 3 个，即 a_1b_2、a_3b_1 和 a_3b_2，而在 Z 取值为 0 和 1 时检验中介效应之差，实际上检验的就是 $a_1b_2+a_3b_1+a_3b_2$，那么在 Mplus 中使用偏差校正的 Bootstrap 方法检验时，MODEL 部分的语句如下（其中 XZ 和 MZ 分别表示 X 与 Z 的乘积项以及 M 与 Z 的乘积项）：

```
MODEL：
        M ON X (a1)
              Z
              XZ (a3);
        Y ON X Z
              M (b1)
              MZ (b2);
MODEL CONSTRAINT：
        new (h1 - h4);
        h1=a1 * b2;
        h2=a3 * b1;
        h3=a3 * b2;
        h4=h1+h2+h3;! Z 取值 0 和 1 时的中介效应差值
```

2. MCMC 方法

如果使用 MCMC 方法对该案例进行系数乘积项的区间检验，那么 Mplus 语句如下

（也可参见文件“12_16 mod_med_MCMC. inp”）：

```
DATA：FILE IS 12_12 MOD_MED. dat;! MCMC 法需要原始数据
VARIABLE：NAMES ARE PREL PEM SAT SIZE CPREL CPRELSIZE;
USEVARIABLES ARE SAT CPREL PEM SIZE CPRELSIZE;
ANALYSIS：ESTIMATOR=BAYES;! 使用贝叶斯估计的方法
          PROCESSORS=2;! 默认使用两条独立的 MCMC 链
          BITERATIONS= (30000);
          ! 每条 MCMC 链迭代的最小次数，最大次数默认是 50000
          ! 不加括号则表示固定迭代次数
MODEL：
     SAT ON PEM (b)
            CPREL;
     PEM ON CPREL (a1)
            CPRELSIZE (a3)
            SIZE;
MODEL CONSTRAINT：
     new (h1);
     h1=a3 * b;! a3 * b 的估计
     ! 这个值也是 Z=0 和 Z=1 时的中介效应差值
OUTPUT：
```

完整的 Mplus 输出结果见文件“12_16 mod_med_mcmc. out”。

估计结果如下所示，其中系数乘积 a_3b 的 95%置信区间为 [−0.109，−0.009]，与偏差校正的 Bootstrap 方法的结果基本相同。

MODEL RESULTS

	Estimate	Posterior S. D.	One-Tailed P-Value	95% C. I. Lower 2.5%	95% C. I. Upper 2.5%	Significance
SAT ON						
PEM	0.225	0.066	0.000	0.096	0.355	*
CPREL	0.199	0.068	0.002	0.066	0.332	*
PEM ON						
CPREL	0.428	0.065	0.000	0.301	0.556	*
CPRELSIZE	−0.226	0.090	0.006	−0.404	−0.051	*
SIZE	−1.710	0.109	0.000	−1.924	−1.497	*
Intercepts						
SAT	3.117	0.279	0.000	2.568	3.663	*
PEM	4.953	0.079	0.000	4.799	5.108	*

```
Residual Variances
    SAT        1.660    0.149    0.000     1.402     1.983     *
    PEM        0.761    0.068    0.000     0.643     0.910     *
New/Additional Parameters
    H1        -0.048    0.026    0.006    -0.109    -0.009     *
```

需要注意的是，上面的例子中没有设定系数的先验分布。若研究者需要设定先验信息，例如在上面的例子中，研究者希望检验的是 a_3b，则可以参照如下语句设定 a_3 和 b 的先验分布信息：

```
MODEL:
      SAT ON PEM (b)
             CPREL;
      PEM ON CPREL (a1)
             CPRELSIZE (a3)
             SIZE;
MODEL PRIORS:
      a3~n (m1, v1);! 设定 a3 的先验分布是均值为 m1、方差为 v1 的正态分布
      b~n (m2, v2);! 设定 b 的先验分布是均值为 m2、方差为 v2 的正态分布
MODEL CONSTRAINT:
      new (h1);
      h1=a3 * b;
```

这里给出的例子是设定正态的先验分布，研究者也可以根据需要设定其他的先验分布，例如对数正态分布、均匀分布等。

第六节 有中介的调节

一、一般模型介绍

（一）第一类有中介的调节模型

在同时包含中介效应和调节效应的模型中，另一类常见的模型是有中介的调节模型（mediated moderation model，meMO）。它分为两种类型，分别记为 meMO-Ⅰ型和 meMO-Ⅱ型。在 meMO 应用的早期，研究者们广泛使用的经典模型是 meMO-Ⅰ型，也称为第一类有中介的调节效应模型，指的是调节变量 Z 对自变量 X 与因变量 Y 之间关系的调节效应至少有一部分会通过中介变量起作用（Baron & Kenny，1986；温忠麟，张雷，侯杰泰，2006；温忠麟，刘红云，侯杰泰，2012；叶宝娟，温忠麟，2013），其最常见的情况如图 12－29 所示。

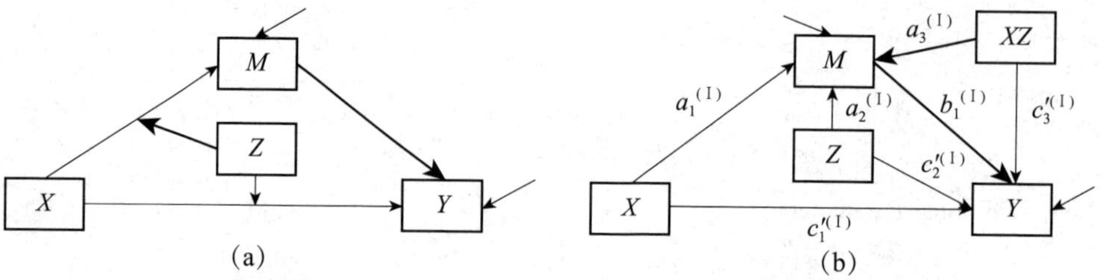

图 12－29　meMO-Ⅰ常见模型示意图（a）与统计模型图（b）

注：图中加粗的箭头表示有中介的调节相关路径。

模型对应的公式如下：

$$M=a_0^{(\mathrm{I})}+a_1^{(\mathrm{I})}X+a_2^{(\mathrm{I})}Z+a_3^{(\mathrm{I})}XZ+e_2^{(\mathrm{I})} \tag{12-25}$$

$$Y=c_0'^{(\mathrm{I})}+c_1'^{(\mathrm{I})}X+c_2'^{(\mathrm{I})}Z+c_3'^{(\mathrm{I})}XZ+b_1^{(\mathrm{I})}M+e_3^{(\mathrm{I})} \tag{12-26}$$

参数的上标（Ⅰ）是为了说明其来自目前定义的 meMO-Ⅰ型模型，以和后面介绍的 meMO-Ⅱ型模型的参数区分开。该模型表示的是，自变量 X 与调节变量 Z 对 Y 的交互作用（XZ），部分是通过中介变量 M 起作用的，中介效应为 $a_3^{(\mathrm{I})}b_1^{(\mathrm{I})}$，还有一部分则不通过 M 直接对 Y 起作用，该直接效应为 $c_3'^{(\mathrm{I})}$。由图 12－29 可知，图（a）中的模型与图 12－21 表示的前半路径被调节的中介模型是完全相同的。

由于有中介的调节其基础在于调节效应，因此，在进行有中介的调节前，应在不考虑中介变量的情况下，先检验 Z 对 X 和 Y 之间关系的调节效应是否存在，即式（12－27）中系数 c_3 显著不等于 0 且交互项 XZ 的效应量 $\Delta R^2 \geqslant 2\%$ 或 3%（叶宝娟，温忠麟，2013；王阳 等，2022）。由于总的调节效应模型不涉及Ⅰ型和Ⅱ型模型的定义区分，因此没有对参数使用上标标记。

$$Y=c_0+c_1X+c_2Z+c_3XZ+e_1 \tag{12-27}$$

根据上面介绍，可以发现 meMO-Ⅰ型在概念和使用上具有一些重要局限。

首先，meMO-Ⅰ型难以解释。在实际应用中，自变量 X 和调节变量 Z 都是具有实际含义的观测变量，但是交互项 XZ 并没有测量任何具有实际含义的构想（王阳 等，2022）。若参照图 12－29 的统计含义，将模型解释为交互项 XZ（例如体重与智力的乘积）通过 M 间接影响 Y，根本是不现实的。而调节效应并不等同于交互项，前者是一个常数，后者是一个变量，因此更不可能解释为调节效应通过 M 影响 Y。已有方法学文献中只是很微妙地将其解释为调节效应通过中介变量起作用（叶宝娟，温忠麟，2013）。王阳等（2022）提出在 meMO-Ⅰ型中，对有中介的调节更好的解释可能是 Z 通过调节 X 和 Y 之间的中介路径（而非直接路径）实现了对 X 和 Y 之间总体关系的调节，从而将侧重点放在调节变量“调节了什么部分”方面。

其次，由于 meMO-Ⅰ型与前半路径被调节的中介模型在统计上完全等价，尽管在理论上能将二者区分开，但实际中很多研究者将二者混淆。由于前者更难解释，有中介的调节研究远远少于有调节的中介研究，而有中介的调节研究中还存在错误应用的情况。王阳等（2022）分析了 2017—2021 年发表于《心理学报》《心理科学》《心理发展与教育》、涉及中介调节混合模型的文献共 130 篇，其中超过 90%的文献建立了有调节的中介模型，而仅有 11 篇建立了有中介的调节模型——其中 9 篇采用 meMO-Ⅰ型，7 篇在模型的建立、分析或表述上存在明显的问题。而在 119 篇建立了有调节的中介模型的文献中，有 50 篇是建立了前半路径被调节的中介模型，这些模型同时也可以看作有中介的调节，但研究者并未选择按此立论。

温忠麟和叶宝娟（2014b）说明了有调节的中介和有中介的调节在研究目的、关注的问题、理论假设和结果解释方面的不同。有调节的中介模型关注的主要问题是 $X \to M \to Y$ 的中介效应，在此基础上，再考虑中介效应是否受到调节变量的影响。不考虑调节变量 Z 时的 $X \to M \to Y$ 的中介效应，实际上就是调节变量 $Z=0$ 时的简单中介效应，这个中介效应不要求显著，只要在 Z 的取值不同时，该中介效应会发生变化，就说明是有调节的中介效应。而且在有调节的中介模型中，简单调节效应 c_3 也不要求显著。但是，有中介的调节效应主要关注的是 X 对 Y 的影响受到 Z 的调节效应。因此，X 对 Y 受到 Z 的调节效应 c_3 必须显著，这样才能进一步考虑这个调节效应是否通过中介变量起作用。除了要求 c_3 显著，研究者还应该报告调节项的效应量 ΔR^2，并且通常认为只有 $\Delta R^2 \geqslant 2\%$ 或 3%，调节效应才有实际意义，否则也不会对其做进一步的考量（温忠麟，叶宝娟，2014b）。除了这个重要的区别，研究者在建立模型时考虑是有调节的中介还是有中介的调节，应该先基于前人理论提出相应的假设，然后再遵循相应的分析步骤，对结果进行合理的解释。

（二）第二类有中介的调节模型

为了更好地区分开有中介的调节与有调节的中介，刘东、张震和汪默（2012）从有中介的调节的定义出发，提出了第二类有中介的调节模型，如图 12－30 所示，指的是调节变量 Z 先影响中介变量 M，再（部分）通过 M 来调节 X 与 Y 的关系。如此，Z 对 X 与 Y 的关系起到了间接的调节作用。模型中允许 Z 对 X 与 Y 之间的关系有直接的调节作用，Z 和 M 也可以对 Y 有影响。此时，模型中的 Z 和 M 都是调节变量，其中 Z 可以称为原始调节变量（initial moderator），而 M 在 Z 的调节作用中起到了中介作用，可称为有中介作用的调节变量。

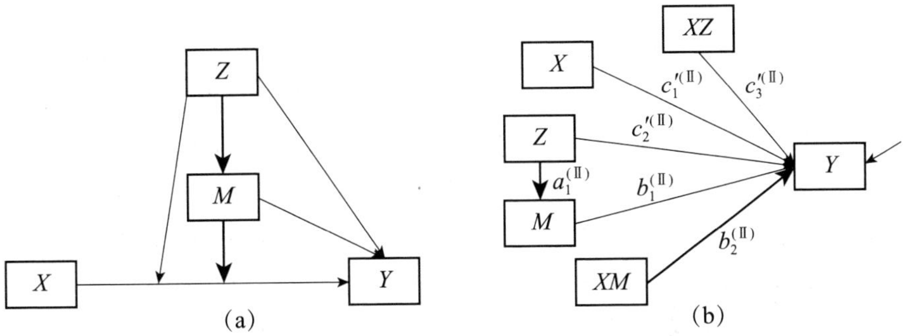

图 12－30　meMO-Ⅱ示意图（a）与统计模型图（b）

注：图中加粗的箭头表示有中介的调节相关路径。统计模型图中省略了所有外源变量之间的协方差路径。

模型对应的公式如下：

$$M=a_0^{(\text{II})}+a_1^{(\text{II})}Z+e_2^{(\text{II})} \tag{12-28}$$

$$Y=c_0'^{(\text{II})}+c_1'^{(\text{II})}X+c_2'^{(\text{II})}Z+c_3'^{(\text{II})}XZ+b_1^{(\text{II})}M+b_2^{(\text{II})}XM+e_3^{(\text{II})} \tag{12-29}$$

将式（12－28）代入式（12－29）可得到，Z 通过 M 产生的调节效应为 $a_1^{(\text{II})}b_2^{(\text{II})}$，不

通过 M 直接产生的调节效应为 $c_3'^{(\mathrm{II})}$。总的调节效应 $c_3=a_1^{(\mathrm{II})}b_2^{(\mathrm{II})}+c_3'^{(\mathrm{II})}$，从而可以将被中介的调节效应量定义为 $a_1^{(\mathrm{II})}b_2^{(\mathrm{II})}/c_3$。

从图 12－30 可知，meMO-Ⅱ型直观地体现了有中介的调节的含义，即直接解释为原始调节变量 Z 如何通过有中介的调节变量 M 间接调节 X 与 Y 之间的关系，在模型解释上的侧重点为调节变量的调节路径，即“通过什么调节”。由此可见，第一类和第二类有中介的调节模型的侧重点不同，但并不是非此即彼的竞争关系，实际中应根据理论假设和研究问题选择恰当的模型。更多有关两类模型的对比，可参见王阳等（2022）的文章。

需要注意，与温忠麟、叶宝娟（2014b）基于第一类有中介的调节模型提出的分析流程不同的是，王阳等（2022）在总结第二类有中介的调节效应分析流程时提到，总调节效应 c_3 的显著与否并不影响后续分析，影响的是后续的研究问题。具体而言，若 c_3 显著，有意义的研究问题是 Z 如何调节了 X 和 Y 的关系；若 c_3 不显著，此时讨论 Z 的调节作用如何起效没有太大意义，更合适的关注点是 Z 为什么没有调节 X 和 Y 之间的关系，是否存在直接调节和间接调节效应相反的可能。

另外，从统计模型上看，meMO-Ⅱ型还是等价于一种有调节的中介模型，但此时等价的是 X 调节 $Z \to M \to Y$ 的后半路径与直接路径的模型。Kwan 和 Chan（2018）用实证数据分析证明了把调节变量 Z 当作自变量，把自变量 X 当作调节变量时，后半路径被调节的中介模型的结果与 meMO-Ⅱ型的结果完全一样。为了更清楚地区分两种模型，以免混淆，Kwan 和 Chan（2018）对上述 meMO-Ⅱ型做了一些改进，即将式（12－28）的等号两侧同时乘以自变量 X，变为：

$$XM=a_0^{(\mathrm{II})}X+a_1^{(\mathrm{II})}XZ+e_2^{(\mathrm{II})}X \tag{12-30}$$

并将模型写为多水平的形式：

$$Y=\beta_0^{(\mathrm{II})}+\beta_1^{(\mathrm{II})}X+e_4^{(\mathrm{II})} \tag{12-31}$$

$$\beta_0^{(\mathrm{II})}=\gamma_{00}^{(\mathrm{II})}+\gamma_{01}^{(\mathrm{II})}M+\gamma_{02}^{(\mathrm{II})}Z \tag{12-32}$$

$$\beta_1^{(\mathrm{II})}=\gamma_{10}^{(\mathrm{II})}+\gamma_{11}^{(\mathrm{II})}M+\gamma_{12}^{(\mathrm{II})}Z \tag{12-33}$$

不难发现，除了系数的符号，该模型与式（12－28）和式（12－29）是完全一样的，但这种多水平的表达形式有助于在统计模型中明确定位自变量和调节变量的角色。此时，$a_1^{(\mathrm{II})}\gamma_{11}^{(\mathrm{II})}$ 是 $XZ \to XM \to Y$ 的路径系数的乘积，即间接调节效应的指标，从而使得间接调节效应的路径具有连贯性，也与后半路径被调节的中介模型具有更明显的区别。

刘红云、袁克海和甘凯宇（2021）借鉴多水平建模中误差项分解的思想，针对有中介的调节提出了一个两水平回归模型（2meMO；如图 12－31 所示），相当于在 Kwan 和 Chan（2018）提出的模型形式中对式（12－32）和式（12－33）各自增加一个随机误差项，变为式（12－34）和式（12－35）。

$$\beta_0^{(\mathrm{II})}=\gamma_{00}^{(\mathrm{II})}+\gamma_{01}^{(\mathrm{II})}M+\gamma_{02}^{(\mathrm{II})}Z+u_0^{(\mathrm{II})} \tag{12-34}$$

$$\beta_1^{(\mathrm{II})}=\gamma_{10}^{(\mathrm{II})}+\gamma_{11}^{(\mathrm{II})}M+\gamma_{12}^{(\mathrm{II})}Z+u_1^{(\mathrm{II})} \tag{12-35}$$

式中，由于数据实际是单水平数据，$u_0^{(\mathrm{II})}$ 与 $e_4^{(\mathrm{II})}$ 无法区分，因此合并为一个残差项；$u_1^{(\mathrm{II})}$ 代表的是 X 对 Y 的影响的个体差异中，无法被当前调节变量 Z 和 M 解释的部分，包括存在其他调节变量的可能，加入这一项使得 Y 的残差方差可以随 X 的取值而改变，即允许数据不满足方差齐性的假设。刘红云、袁克海和甘凯宇（2021）的模拟研究显示，当

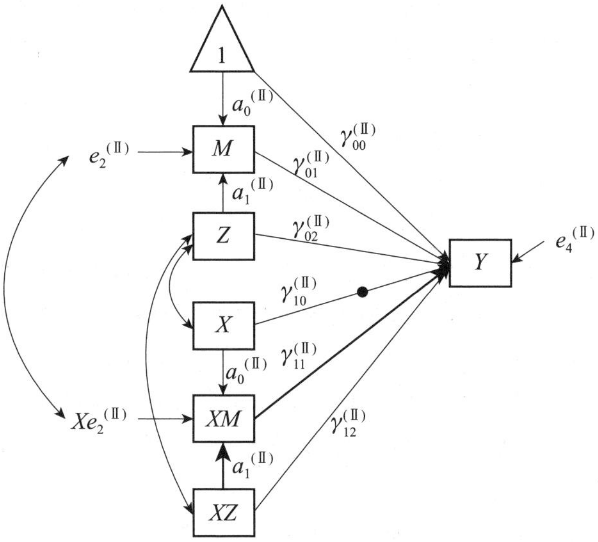

图 12－31　2meMO 统计模型图

注：图中实心圆点表示对应的回归系数包含随机效应 u_1，用于描述 Y 的残差方差可随 X 改变；加粗的箭头表示有中介的调节路径。

方差非齐性（即 $u_1^{(\text{II})} \neq 0$）时，2meMO 的参数估计和一类错误率的控制都优于 Kwan 和 Chan（2018）的模型，而在方差齐性假设满足时，二者表现相当。

本质上，基础 meMO-Ⅱ、Kwan 和 Chan（2018）的改进版本，以及 2meMO 对间接调节效应的指标都是一样的，但是，2meMO 在统计模型设定上允许残差方差非齐性，更符合现实情况。而且，刘红云、袁克海和甘凯宁（2021）基于 2meMO 中对 X 和 Y 之间关系变异的分解，定义了更有意义、符合定义的被中介的调节效应量：

$$\varphi_{\text{meMO}} = \frac{(\gamma_{11}^{(\text{II})} a_1^{(\text{II})})^2 \text{Var}(Z)}{(\gamma_{12}^{(\text{II})} + \gamma_{11}^{(\text{II})} a_1^{(\text{II})})^2 \text{Var}(Z) + \gamma_{11}^{(\text{II})} \sigma_{e_2}^2 + \sigma_{u_1}^2}$$

φ_{meMO} 描述了变量 Z 通过中介的调节变量 M 的间接调节效应（也称有中介的调节）对回归系数 β_1 的总变异所解释的比例，可以用来衡量调节变量 Z 通过中介的调节变量 M 对 $X \rightarrow Y$ 路径系数的调节效应的大小。更多有关 2meMO 及 φ_{meMO} 的内容可参见刘红云、袁克海和甘凯宁（2021）以及王阳等（2022）的文章。

二、有中介的调节效应检验

有中介的调节效应主要检验的是调节效应是否会通过中介变量起作用，尽管两类模型对有中介的调节的定义不同，但检验的总体流程与思路是一致的，也都是要对系数乘积项做检验，所以具体的检验方式也都与中介效应的检验非常类似，即包括依次检验、直接检验中介效应（系数乘积项），以及对总效应和直接效应的差异进行检验三种方式。由于对总效应和直接效应的差异进行检验的方法具有较高的一类错误率，不推荐使用（叶宝娟，温忠麟，2013），因此在这里也不做介绍。综合叶宝娟和温忠麟（2013）以及王阳等（2022）对两类模型的分析流程，可将 meMO 的检验步骤总结如下。

第一步，检验 Z 对 X 和 Y 之间关系的总调节效应是否存在。参照本章第三节中使用序列回归检验调节效应的做法，若式（12－27）中交互项 XZ 的回归系数 c_3 显著不为 0 且加入交互项之后的 ΔR^2 足够大（如≥0.02 或 0.03）。前面提到，这一步并不是必需的，其主要意义在于确定研究问题和立论的方向。

第二步，检验调节效应是否通过中介路径起作用（meMO-Ⅰ），或者说检验间接调节效应是否存在（meMO-Ⅱ）。对于本章介绍的 meMO-Ⅰ，重点检验的是系数乘积 $a_3^{(\mathrm{I})}b_1^{(\mathrm{I})}$；对于本章介绍的 meMO-Ⅱ，检验的系数乘积为 $a_1^{(\mathrm{II})}b_2^{(\mathrm{II})}$［对于 Kwan 和 Chan（2018）的改进模型，系数乘积为 $a_1^{(\mathrm{II})}\gamma_{11}^{(\mathrm{II})}$］。步骤及方法与中介效应分析类似。首先，使用依次检验法，分别检验乘积项中涉及的两个参数。若两个参数都显著，则间接调节效应存在。如果有至少一个参数不显著，则采用检验力更高的偏差校正的百分位 bootstrap 方法或者在有先验信息时使用 MCMC 法，直接对系数乘积进行区间检验。若系数乘积不显著，则间接调节效应不显著，分析停止。

若发现关心的系数乘积显著不为 0，可以进一步检验直接调节效应是否存在。对于 meMO-Ⅰ，检验系数为 $c_3'^{(\mathrm{I})}$；对于 meMO-Ⅱ，检验系数为 $c_3'^{(\mathrm{II})}$［对于 Kwan 和 Chan（2018）的改进模型，检验系数是 $\gamma_{10}^{(\mathrm{II})}$］。若不显著，说明调节效应被完全中介；否则，调节效应被部分中介。

对于 meMO-Ⅱ，王阳等（2022）提到可以做简单斜率检验，呈现 X 与 Y 的关系如何随着调节变量 Z 而变化。将式（12－28）代入式（12－29），可以获得简单斜率的表达式 $c_1'^{(\mathrm{II})}+a_0^{(\mathrm{II})}b_2^{(\mathrm{II})}+(c_3'^{(\mathrm{II})}+a_1^{(\mathrm{II})}b_2^{(\mathrm{II})})Z$，从而可以在 Mplus 中利用 MODEL CONSTRAINT 获得 Z 取不同值时的简单斜率及其显著性检验结果，并使用 PLOT 命令画出斜率当 Z 取不同值时的变化情况。

若使用 2meMO，分析流程与上述基本相同，也是先检验总调节效应，再检验间接调节效应以及做简单斜率分析，但在开始检验总调节效应时建议采用基于两水平回归的调节模型，后两步均采用 2meMO 模型，间接调节效应检验的是 $a_1^{(\mathrm{II})}\gamma_{11}^{(\mathrm{II})}$。

三、Mplus 操作

第一类有中介的调节模型和前半路径被调节的中介模型在统计模型设定上完全相同，在 Mplus 操作过程中，依次检验、对乘积项的检验或使用 Bootstrap 方法、MCMC 方法构建置信区间进行检验的方法也都非常类似，因此这里不做赘述。

这里主要呈现本节介绍的第二类有中介的调节模型的 Mplus 程序模板。

（一）基础 meMO-Ⅱ的 Mplus 语句模板

```
DATA：FILE IS data. dat；

VARIABLE：names are y x z m；
USEVARIABLES ARE y x z m xz xm；
DEFINE：standardized x z m y；！将所有变量标准化或者中心化
     xz＝x＊z；
```

```
        xm=x * m;
ANALYSIS: bootstrap=5000;
MODEL: y on x (c1p)
          m (b1)
          z (c2p)
          xz (c3p)
          xm (b2);
      m on z (a1);
      [x] (a0);
      ! 若是 Kwan 和 Chan (2018) 的程序，还需加上如下语句
      ! xm on xz (a1); xm on x (a0);
      ! xm with m; z with xz; x with xz; x with z;
MODEL CONSTRAINT: new (memo);
      memo=a1 * b2; ! 有中介的调节效应
      loop (Z, -1, 1, 0.01); ! 定义调节变量在作图横轴上的取值下、上限及步长，实际中根据调节变量的实际取值范围做调整
      plot (effect);
      effect = c1p+a0 * b2+ (c3p+a1 * b2) * Z; ! 简单斜率命名为 effect
plot: type = plot2;
OUTPUT: CINTERVAL (BOOTSTRAP);
```

（二）2meMO 模型的 Mplus 语句模板

```
VARIABLE: names are ID y x z m;
USEVARIABLES ARE ID y x z m xz xm; ! 由于构建两水平模型，需要 ID
DEFINE: standardized x z m y; ! 将所有变量标准化或者中心化
        xz=x * z;
        xm=x * m;
CLUSTER = ID;! 对于单层数据每个组只有一名被试
WITHIN = y x z m xz xm;! 单层数据中指定所有变量为组内变量
ANALYSIS: TYPE IS twolevel random;
          ESTIMATOR IS BAYES; ! 用贝叶斯方法估计
          POINT = MEAN; ! 用后验均值作为点估计
          CHAINS = 3;
          PROCESSORS = 3;
          THIN = 10;
          BIRTERATIONS = (10000);
          BCONVERGENCE = 0.025;
MODEL:
   %WITHIN%
   c | y on x;
   y on m z
```

```
xm (r11)
  xz (r12);
  m on z (a1);
  xm on x (a0)
  xz (a1);
  [m] (a0);
  m (sig_e2);
  x with z; x with xz; z with xz;
  %BETWEEN%
  [c] (r10);
  c (sig_u1);
MODEL CONSTRAINT: new (memo var_z v1 v2 phi);
  memo=a1 * r11; ! 被中介的调节效应
  var_z=1;    ! z 的方差，标准化后的方差为 1
v1 = (r11 * a1) * ( r11 * a1) * var_z;
v2 = (r12+r11 * a1) * (r12+r11 * a1) * var_z +r11 * r11 * sig_e2+sig2_u1;
phi = v1/v2; ! 被中介的调节效应量
PLOT: TYPE = PLOT2;
OUTPUT: CINTERVAL (hpd) TECH8;
```

关键术语

调节效应　　简单斜率检验　　虚拟编码　　非加权效应编码
潜变量的调节效应　　乘积指标法　　潜调节结构方程　　有调节的中介
有中介的调节

本章要点

1. 若变量 M 的不同取值会使得自变量 X 对因变量 Y 的影响程度不同，则称 M 调节了 X 与 Y 之间的关系。X 与 Y 之间的关系依赖于 M 的程度，就是调节效应；变量 M 即为调节变量。

2. 调节作用在统计模型上等同于交互作用。但两者在理论假设和解释上不同，在调节效应中，在分析之前已经确定好哪个变量是调节变量，哪个变量是自变量，而交互作用涉及的两个自变量地位等同。

3. 对于显变量的调节效应，根据自变量与调节变量的变量类型，可以使用多元回归分析或方差分析的方法进行检验。当调节变量是分类变量且自变量为连续变量时，注意将分类变量重新编码（虚拟编码、非加权效应编码等）。

4. 当检验发现调节效应存在时，需要进一步观察调节变量如何影响自变量与因变量之间的关系。有两种方式：第一种是用图形直观地显示调节效应，即将调节变量分别取高、中、低三种水平，画出在这三种水平下 X 对 Y 的回归线。第二种则是进行简单斜率检验。

5. 当涉及潜变量的调节效应时，若自变量为潜变量，调节变量是分类变量，可以使用多组结构方程模型；若自变量与调节变量均为潜变量，可以使用乘积指标法或潜调节结构方程进行检验。

6. 有调节的中介和有中介的调节都是模型中同时包含中介和调节两类效应。简单来说，有调节的中介模型关注的主要问题是中介效应，在此基础上，再考虑中介效应是否受到调节；而有中介的调节效应主要关注的是调节效应。二者在研究目的、关注的问题、理论假设和结果解释方面都不相同。

第十三章
多层线性模型简介

【核心要点】

1. 学习各种多层线性模型，以及如何在 HLM、SPSS、Mplus 软件中进行多层线性模型分析。

2. 掌握各种多层线性模型中参数的定义、特点、运用及解释。

3. 了解多层线性模型的参数估计方法。

第一节　多层线性模型概述

一、多层线性模型分析数据的特点

在社会科学研究中，调查得到的数据往往具有层次结构（嵌套结构）的特点，在心理学研究中这种情况尤为常见，如关于学业成绩影响因素的研究中，我们可以考虑的预测变量有学生的入学成绩、学生性别、学生的社会经济地位、班级人数、班主任和任课教师、教室环境等，这些变量中有的是学生个体变量，有的是班级整体变量。这样的数据具有两个水平，第一水平是学生，第二水平是班级，学生嵌套于班级之中，称为分层数据。如果观测涉及不同的学校，同时考虑不同的学校变量，则构成一个三水平模型，即学生水平嵌套于班级水平，班级水平嵌套于学校水平。在层次结构数据中，不仅有描述个体的变量，而且有由个体组成的更高一层的变量。在经济学、地理学、心理学和社会学的研究中，不乏这样的数据存在。根据层次结构数据的特点，重复测量的数据也可以看成是具有层次结构的数据，其第一水平为不同测量，第二水平为个体，重复测量数据的这一层次性的特点扩大了多层线性模型的使用范围。

传统的线性回归模型假设变量间存在线性关系，变量总体上服从正态分布，方差齐性，个体间随机误差相互独立。而对于多层数据，传统的回归分析有以下两种处理方法。

(1) 在个体（如学生）水平上分析。即将所有的更高一层的变量（即组变量）都看作第一水平的变量，直接在个体水平上对数据进行分析。这种分析方法存在的问题是，组变量对同一组内的个体有相同的影响，例如，班级变量对同一个班级内的学生有相同的影响，不同班级的学生对应不同的班级变量，而不区分班级对学生的影响，假设同一班级的学生相互独立是不合理的，同样对不同班级的学生和相同班级的学生做同一假设也是不合理的。

为了便于理解和计算，我们举一个简单的例子（例子数据为模拟生成的，实际数据将会更加复杂）。以下数据中，共有 5 组，每组 2 名被试，如表 13－1 所示。

表 13－1　个体水平数据表

被试	分组	Y	X	被试	分组	Y	X
1	1	5	1	6	3	5	5
2	1	7	3	7	4	2	4
3	2	4	2	8	4	4	6
4	2	6	4	9	5	1	5
5	3	3	3	10	5	3	7

如果忽略组变量，直接在被试个体层面采用预测变量 X 对因变量 Y 进行回归分析，结果如表 13－2 和表 13－3 所示。

表 13－2　个体水平模型概述

Model Summary[b]

Model	R	R Square	Adjusted R Square	Std. Error of the Estimate
1	.333[a]	.111	.000	1.825 74

a. Predictors：(Constant)，X

b. Dependent Variable：Y

表 13－3　个体水平模型参数估计结果

Coefficients[a]

Model		Unstandardized Coefficients		Standardized Coefficients	t	Sig.
		B	Std. Error	Beta		
1	(Constant)	5.333	1.453		3.671	.006
	X	−.333	.333	−.333	−1.000	.347

a. Dependent Variable：Y

回归方程为：$Y=5.333-0.333X+\varepsilon$。回归方程图如图 13－1 所示。

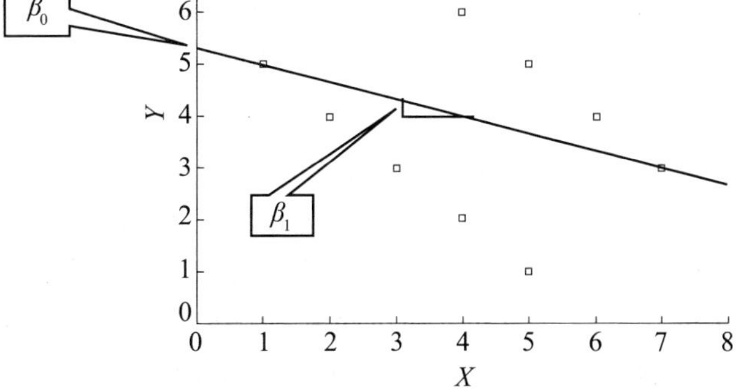

图 13－1　个体水平预测变量 X 对因变量 Y 的回归方程图

（2）在组（如班级）水平上分析。将第一水平的变量直接合并为第二水平的变量，然后直接对组水平（如班级）做分析。这种分析方法存在的问题是丢失了组内个体间的差异的信息，而在实际中，这部分变异在总变异中的占比往往很大。

如果使用上述案例，将数据合并到组层面，则如表13-4所示。

表13-4 组水平数据表

分组	Y均值	X均值
1	6	2
2	5	3
3	4	4
4	3	5
5	2	6

直接在组层面采用预测变量 X 对因变量 Y 进行回归分析，结果如表13-5和表13-6所示。

表13-5 组水平模型概述

Model Summary[b]

Model	R	R Square	Adjusted R Square	Std. Error of the Estimate
1	1.000[a]	1.000	1.000	.00000

a. Predictors：(Constant)，X均值

b. Dependent Variable：Y均值

表13-6 组水平模型参数估计结果

Cofficients[a]

Model		Unstandardized Coefficients		Standardized Coefficients	t	Sig.
		B	Std. Error	Beta		
1	(Constant)	8.000	.000			
	X均值	−1.000	.000	−1.000		

a. Dependent Variable：Y均值

回归方程为：$Y=8.000-1.000X+\varepsilon$。回归方程图如图13-2所示。

上述两种方法有可能得到不同的结果，对结果的解释也很不一致。基于上面的讨论，这两种分析数据的方法有一个共同点，即它们都没有考虑数据间分层的特点，有可能对数据结果做出不合理的甚至是错误的解释。这就是传统回归分析方法在分析具有结构层次特点的数据时的局限性。具体来讲，传统回归分析没有考虑到同一组观测值之间的误差可能相关，因而得到的标准误往往偏小，犯一类错误的概率往往偏大。如表13-7所示，已有研究发现，当组内相关系数为0.20，一类错误率限定为0.05，且组内样本量达到100时，实际犯一类错误的概率高达0.70（Barcikowski，1981；Kreft & de Leeuw，1998）。

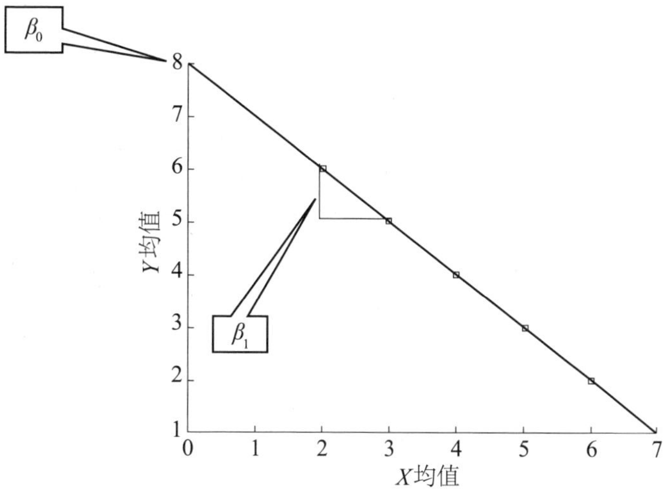

图 13-2 组水平预测变量 **X** 对因变量 **Y** 的回归方程图

表 13-7 一类错误率限定为 0.05 时，不同组内相关、不同组样本量所对应的犯一类错误的概率

组样本量	组内相关		
	0.01	0.05	0.20
10	0.06	0.11	0.28
25	0.08	0.19	0.46
50	0.11	0.30	0.59
100	0.17	0.43	0.70

在传统的线性回归模型中，变量间存在线性关系以及变量总体上服从正态分布这两个假设较易保证，但方差齐性，尤其是个体间的随机误差相互独立的假设很难满足。即不同班级的学生可以假设相互独立，但是同一班级的学生由于受相同班级变量的影响，很难保证相互独立。因此在分析具有层次结构特点的数据时，应将传统回归分析中的误差项分解为两部分：一部分是第一水平个体间的差异带来的误差，另一部分是第二水平班级间的差异带来的误差。可以假设第一水平个体间的误差相互独立（在排除第二水平班级所解释的变异后，第一水平个体间的误差可以认为是相互独立的），第二水平班级的误差在不同班级之间相互独立。多水平分析法同时考虑到不同水平的变异，这也正是多层线性分析法的应用越来越受重视的原因，它不仅在模型的假设上与实际情况更加吻合，更重要的是由这种方法得到的结果能更合理、正确地揭示事物之间的真正关系。

二、多层线性模型的发展

多层线性模型在不同的学科领域有不同的名称，如在社会学的研究中常用多水平线性模型（multilevel linear model）这一术语（例如，Goldstein，1987；Mason，Wong，& Entwisle，1983）；在生物计量学中，常采用混合效应模型（mixed-effects model）或随机效应模型（random-effect model）这一术语（例如，Elston & Grizzle，1962；Laird & Ware，1982）；在计量经济学中称为随机系数回归模型（random-coefficient regression model；例如，Rosenberg，1973）；统计学中用协方差成分模型（covariance components model）这一术语。不管采用什么名称，实质都没有区别。在本书中，我们采用能够充分体现这一统计技术数据特征的多层线性模型这一术语。

自 20 世纪 70 年代以来，许多研究者开始寻求怎样将系统的方法引入社会科学的研究中，主要是寻求一种从整体上系统地分析研究数据的特征和合理建立模型的统计方法。协方差结构模型为从整体的、系统的角度分析事物间的因果关系提供了可能，使得传统回归分析的方法从理论和实际应用上都得到了相当范围的推广。自 20 世纪 80 年代以来，Aitkin 和 Longford（1986）等将系统的方法应用于具有层次特征结构数据的统计建模和分析，这一方法的主要原理就是多层线性模型的理论。20 世纪 90 年代初期，随着计算机技术的发展，出现了专门用于分析具有多层特征结构数据的软件。从多层线性分析法的发展来看，主要经历了以下三个阶段。

（一）模型理论构想阶段

多层线性模型这一术语最早由 Lindley 和 Smith 于 1972 年提出，这一模型的提出对后来贝叶斯线性模型的发展起到很大的作用。他们构建了具有复杂误差结构的嵌套数据的一般模型结构。但是由于该模型参数估计的方法与传统的回归方法不同，他们提出的模型需要估计非平衡数据的方差成分和不同水平的误差协方差矩阵，在计算上遇到了很大的障碍。正是由于计算技术的限制，它在很长一段时间内未得到推广。这一阶段发展的主要特点是仅限于理论上对该模型进行探讨。

（二）问题解决阶段

Dempster、Laird 和 Rubin（1977）等提出的 EM 算法使得解决参数估计这一问题有了实质性的突破。Dempster、Rubin 和 Tsutakawa（1981）等将 EM 算法应用于解决多层线性模型的参数估计，使这一方法的应用成为可能。Strennio、Weisberg 和 Bryk（1983）等相继将这一方法应用于社会学的研究，使这一方法得以具体应用。随后，Goldstein（1986）应用迭代加权广义最小二乘法（iteratively reweighted generalized least squares）估计参数，Longford（1987）应用 Fisher 得分算法（Fisher scoring algorithm）对模型参数进行了估计。在这一阶段，发展出了一系列估计参数的理论和计算方法。

（三）快速发展阶段

随着参数估计问题的解决和计算机技术的发展，很多算法被程序化，相继出现了一些相应的软件，目前较常用的有 HLM、Mplus、SPSS、MLwiN 和 VARCL 等。这一系列统计软件的开发和应用使这一方法很快被应用于社会科学各个领域的研究。

三、多层线性模型在心理学研究中的应用

正如前面所述，心理学研究中得到的大量资料都具有层次结构的特点，数据间复杂的结构关系使得传统线性回归方法的假设难以满足。多层线性模型的提出为正确解决这

一问题提供了可能。它不仅从方法上考虑复杂的变量误差之间的关系，还能更加合理地从理论上解释变量之间的关系。用多层线性模型分析具有嵌套结构的数据主要出于以下几方面的考虑：（1）多层线性模型能更加合理地估计个体变量对因变量的影响；（2）多层线性模型可以考虑不同水平的变量间的影响，如可以考虑班级人数对于学生学业成绩的影响；（3）多层线性模型可以将数据的方差和协方差分解到不同的层次结构中，如可以将一组学生水平变量（如考试成绩）之间的相关关系分解为学校内和学校间两个部分。

多层线性模型在处理心理学研究中具有层次结构特点的数据时，与传统方法相比有以下几方面的优点。

（1）多层线性模型由于建立在更合理的假设之上，考虑了不同层次的随机误差和变量信息，能提供正确的标准误估计，从而得到更有效的区间估计和更精确的假设检验。

（2）多层线性模型可以分析计算任何水平上测量的协方差，使得研究者可以探讨诸如班级和学生的其他特征对因变量的变异到底起多大的作用这样的问题。如可以通过计算不同水平变异在总变异中所占的比例来确定不同水平对因变量的影响程度。

（3）使用多层线性分析的方法可以发现所得到的回归方程中的截距和斜率之间的相关关系，从而能更好地解释预测变量与因变量间变化的规律。

（4）多层线性分析不仅可以用于分析具有多层结构的观测变量之间的因果关系，而且作为协方差结构模型的拓展，还可以分析具有多层结构的潜变量之间的因果关系，即建立多水平结构方程模型。

（5）多层线性分析不仅可以用来分析具有层次结构的数据，而且可以分析重复测量的数据，在此情况下，可以将测量看作第一水平，将测试个体看作第二水平。

（6）多层线性分析模型不仅可以对服从正态分布的连续测量数据进行分析，而且可以分析离散数据资料，如服从二项分布和泊松分布的数据等。

另外，多层线性模型在心理学研究中使用范围较广，许多传统统计方法都是它的特例。如假设在两水平模型中有一个水平的变量为常数，则多层线性分析就可简化为传统的回归分析；单因素方差分析、单因素协方差分析也可以看成是多层分析的简化。

在心理学中应用多层分析法，可以对许多问题产生新的更重要的洞察与理解，可以更加合理地解释某些心理现象。但是作为一种统计分析方法，和以往任何一种方法一样，它并不能解决所有的问题，如果数据不具有结构性，则不必要用多层分析法，用传统的单水平模型分析就可以得到很好的解释。另外，虽然用多层分析法可以更准确地描述事物之间的因果关系，但这一方法并不能用来建立理论，不能代替专业理论方面的分析。

第二节 多层线性分析主要回答的问题

传统的多元回归分析可以回答以下问题：（1）预测变量和因变量之间的关系，例如，学生学业成绩是否与学生的学习动机和教师教学热情相关；（2）预测变量的重要程度，例如，学生的学习动机和教师教学热情的重要程度如何；（3）模型中加入其他变量后，预测变量对因变量的影响是否会发生变化，例如，研究者们常常在模型中加入控制变量学校平均社会经济地位之后，分析学生学业成绩是否与学生的学习动机和教师教学热情相关；（4）预测变量之间的交互作用，例如学生的学习动机对其学业成绩的影响是否会受到不同水平的教师教学热情的影响；（5）参数估计结果，例如，预测变量学生的学习动机的斜率；（6）在新样本中预测因变量。多层线性模型与传统回归模型相似，均可以回答传统回归模型中的所有问题。例如，预测变量的重要程度是所有回归模型均需要回答的问题，在多层线性模型中，这一问题可以表示为第一水平个体的预测变量和第二水平小组的预测变量对因变量影响的重要程度。比如：可以对学生水平的学习动机或班级水平的教师教学热情进行干预，来探究哪个变量更能有效提高学生的学业成绩。除此之外，多层线性模型主要还可以对以下内容进行详细阐述。

一、组间均值差异

组间均值差异是多层线性分析中需要首先回答的问题，也就是说组间是否存在显著的截距（均值）差异。例如，不同班级之间学生的学业成绩是否存在显著差异。

二、组间斜率差异

组间斜率差异也是多层线性分析过程中可以回答的问题，也就是说组间是否存在显著的斜率差异。例如，不同班级之间学生动机对学生学业成绩的影响是否存在显著差异，或者不同班级之间教师教学热情对学生学业成绩的影响是否存在显著差异。

三、跨级交互作用

跨级交互作用是指第一水平个体的预测变量与第二水平小组的预测变量是否存在交互作用。例如，学校平均社会经济地位（第三水平的变量）和学生的学习动机（第一水平的变量）对学生的学业成绩的影响是否存在交互作用，或者教师教学热情（第二水平的变量）和学生的学习动机（第一水平的变量）对学生的学业成绩的影响是否存在交互作用。

四、对追踪数据的分析

多层线性模型的发展为追踪（个体变化）研究提供了一个强大的方法体系。许多个体变化的现象可以通过一个两水平线性模型来解释。对个体的多次观察嵌套于个体之中。多层线性模型的分析结果可以回答：（1）个体的变化趋势，如学生因变量是否呈线性增长趋势？（2）个体的变化趋势是否存在个体差异？（3）个体的变化趋势受哪些因素的影响？

五、元分析

元分析是用来整合以及描述大量独立研究的定量研究方法，它是对统计结果的再统计。研究材料包含来自许多具有相同研究主题的不同研究，如果同时将其归类，则会形成典型的嵌套结构，即独立研究嵌套于相应类别。例如，研究者有 100 多项有关学生学业成绩的研究结果，每项研究结果有平均值、标准差、p 值、效应值等指标。如果将数据建构为多层数据，独立研究则为多层线性模型的第一水平。元分析可以回答：（1）不同研究的效应值是否存在显著差异？（2）预测变量（例如学生学习动机、教师教学热情等）是否对研究的效应值有显著影响？（3）预测变量（例如学生学习动机、教师教学热情等）是否对不同类别研究的差异有显著影响？

第三节　多层线性分析中的模型及假设

本节主要介绍两水平的数学模型及其常用的模型类型。通过参数间的关系可以看出，传统统计中常用的线性回归分析、方差分析、协方差分析等方法都可以被看作多层线性模型在一些限定条件下的特例。此外，本节还将介绍一些常用的数据转换的方法及在结果解释时应该注意的问题。

我们从一个简单的例子入手来看一下，传统回归分析方法在分析具有层次结构的数据时存在的问题。

对 73 所学校 1 905 名学生进行调查，目的是考察刚上高中时的入学成绩与三年后高考成绩之间的关系。可以从以下几方面考虑：（1）用传统的线性回归分析，直接在学生水平上进行分析，得出入学成绩对高考成绩的一条回归直线，如图 13 - 3 所示，从图中结果可以看出，传统回归分析没有区分不同学校之间的差异；（2）对数据进行简单合并，用每个学校学生的平均成绩代替这个学校的成绩，直接在学校水平上估计入学成绩对高考成绩的影响，得到一条回归直线，如图 13 - 4 所示，这种方法忽略了不同学生之间的差异；（3）假设不同学校学生的入学成绩对高考成绩的回归直线的截距不同，但斜率相同（不同学校的平均学习成绩之间存在差异），得到如图 13 - 5 所示的结果，从图中可以看出，不同学校学生的平均高考成绩之间存在差异；（4）对 73 所学校分别做回归分析，得到如图 13 - 6 所示的结果，可以看出，不同学校的回归直线的截距和斜率均不同，即不同学校学生的平均高考成绩之间存在差异，并且不同学校学生的入学成绩对其高考成绩的影响强度不同。

从以上分析过程可以看出，传统的回归分析方法中，不论是不考虑第一水平数据间的差异，将数据合并且直接在第二水平上对变量之间的关系进行分析，还是不考虑第二水平对数据之间关系的影响，直接对数据进行分析，都是不合理的，均有可能得到错误的结论。多层分析是多元回归分析的自然延伸，主要用来处理具有嵌套关系的数据，探究预测变量与因变量之间的关系。多层分析与回归分析的主要区别在于，多层分析是在

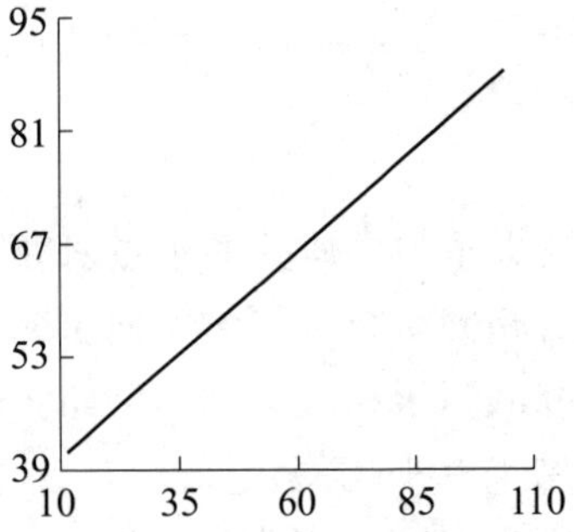

图 13 - 3　忽略学校间差异的回归直线

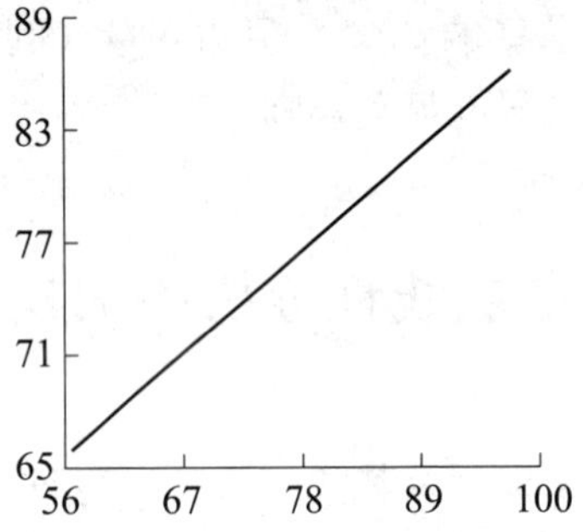

图 13 - 4　忽略学生间差异的回归直线

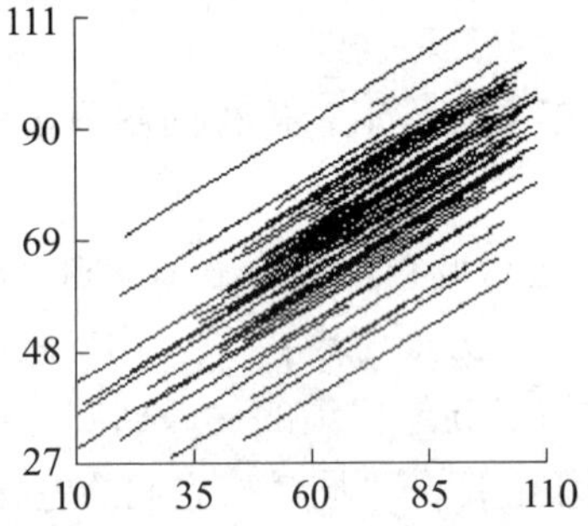

图 13 - 5　考虑不同学校平均成绩差异的回归直线

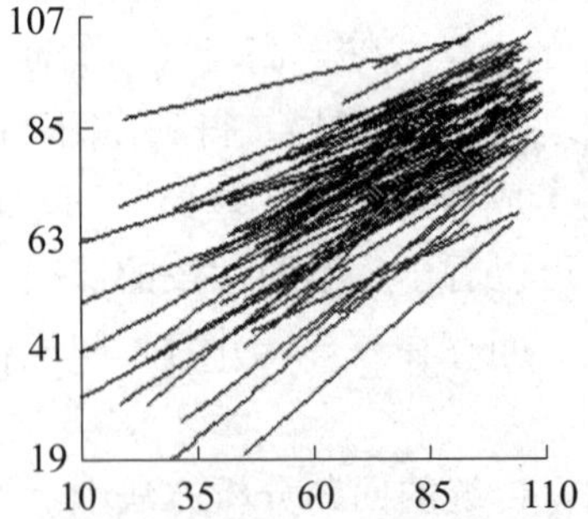

图 13 - 6　考虑不同学校平均成绩差异和入学成绩对高考成绩影响程度差异的回归直线

更加合理的假设基础上的一种分析方法，对数据结果的解释更有意义，也更接近实际。下面首先介绍最简单的两水平线性分析模型。

一、两水平线性分析的数学模型

我们首先从只有一所学校的学生的入学成绩对其高考成绩的影响的回归分析入手，逐步揭示多层分析法的实质。对于一所学校来说，要考察两个变量之间的关系，用传统的回归分析方法，可建立如下回归方程：

$$Y_i = a + bX_i + e_i \tag{13-1}$$

在传统的回归分析中，假设误差项 e_i 之间相互独立，服从正态分布，并且具有相同的方差，即 $\mathrm{Var}(e_i)=\sigma^2$。在对一所学校进行分析时，传统的回归方法可以较好地解释数据之间的关系，但是如果所考察的学生不是来自同一所学校，而我们仍然用式（13-1）中的回归模型来表示，如前文所示，这样就不能分析出两所学校之间的差异。在这种情况下，同一所学校的学生之间往往比不同学校的学生之间具有更高的相似性，对所有学生假设他们的误差项相互独立通常是不合理的，且方差齐性的假设也不一定成立。多层分析在有多所学校的情况下，同时考虑学生和学校这两个水平，不要求满足误差相互独立和方差齐性的假设。

用两水平模型来表示上面的例子，即第一水平为学生，第二水平为学校，水平 1 的模型与传统的回归模型类似，但不同点是，其回归方程的截距和斜率不再假设为一个常数，而是一个随机变量，不同学校的回归方程的截距和斜率都不同。每所学校的回归方程的截距和斜率都直接依赖于第二水平的变量（如学校的类型、管理方法等），这样就构成了一个两水平模型。两水平分层模型的数学表达式如下所示：

水平 1（如学生）：$Y_{ij}=\beta_{0j}+\beta_{1j}X_{ij}+e_{ij}$ (13-2)

水平 2（如学校）：$\beta_{0j}=\gamma_{00}+\gamma_{01}W_j+u_{0j}$ (13-3)

$\beta_{1j}=\gamma_{10}+\gamma_{11}W_j+u_{1j}$

合并的模型可表示为：

$$Y_{ij}=\gamma_{00}+\gamma_{10}X_{ij}+\gamma_{01}W_j+\gamma_{11}X_{ij}W_j+u_{0j}+u_{1j}X_{ij}+e_{ij} \tag{13-4}$$

该模型又名全模型，其中 Y_{ij} 表示第 j 所学校第 i 个学生的因变量的观测值（如学生的学业成绩），X_{ij} 表示第 j 所学校第 i 个学生的预测变量的观测值（如学生的学习动机），W_j 表示第 j 所学校的学校特征变量（如学校的社会经济地位）。对于第一水平模型，β_{0j} 表示第 j 所学校的截距项（即该学校中所有学生学业成绩的平均水平），β_{1j} 表示第 j 所学校的斜率（即该学校中学生的学习动机对其学业成绩的影响），e_{ij} 表示第 j 所学校第 i 个学生的误差（即无法通过模型解释的个体层面的变异）。对于第二水平模型，γ_{00} 表示总体平均截距（即所有学校所有学生的平均学业成绩），γ_{01} 表示学校变量 W_j 对于截距 β_{0j} 的影响（即学校社会经济地位对该校学生学业成绩平均水平的影响），u_{0j} 表示由第 j 所学校的学校变量带来的截距上的误差。γ_{10} 表示总体平均斜率（即在所有学校中，平均来说，学生的学习动机对其学业成绩的影响），γ_{11} 表示学校变量 W_j 对斜率 β_{1j} 的影响（即学校社会经济地位对学习动机与学业成绩之间关系的调节作用），u_{1j} 表示由第 j 所学校的学校变量带来的斜率上的误差。

模型的假设条件为：

（1）$e_{ij} \sim N(0, \sigma^2)$，$e_{ij}$ 相互独立。

（2）$\begin{pmatrix} u_{0j} \\ u_{1j} \end{pmatrix} \sim N(\mathbf{0}, \boldsymbol{\Sigma})$，$\boldsymbol{\Sigma} = \text{Var}\begin{pmatrix} u_{0j} \\ u_{1j} \end{pmatrix} = \begin{pmatrix} \tau_{00} & \tau_{01} \\ \tau_{10} & \tau_{11} \end{pmatrix}$。

（3）$\text{Cov}(u_{0j}, e_{ij}) = \text{Cov}(u_{1j}, e_{ij}) = 0$，$\text{Cov}(u_{0j_1}, u_{1j_2}) = 0$，$j_1 \neq j_2$。即第二水平上截距和斜率的误差（$u_{0j}$ 和 u_{1j}）和第一水平的误差（e_{ij}）是相互独立的，且 u_{0j} 和 u_{1j} 彼此独立。

在上述模型中，γ_{00}，…，γ_{11} 称为水平 2 的固定系数；X_{ij} 称为水平 1 的预测变量，W_j 称为水平 2 的预测变量；e_{ij} 称为水平 1 的随机效应，u_{0j} 和 u_{1j} 称为水平 2 的随机效应；σ^2 称为水平 1 随机效应的方差，$\boldsymbol{\Sigma}$ 称为水平 2 随机效应的协方差矩阵。

从上面定义的两水平线性模型中水平 2 随机效应的协方差矩阵 $\boldsymbol{\Sigma}$ 中，可以得到截距与斜率之间的相关系数［随机效应（即学校层面未观测到的异质性）对截距和斜率相关性的影响］：

$$r(\beta_{0j}, \beta_{1j}) = \frac{\tau_{01}}{(\tau_{00}\tau_{11})^{\frac{1}{2}}} \tag{13-5}$$

截距与斜率之间的相关系数表示不同学校平均学业成绩与学习动机对学生学业成绩影响强度之间的关系，相关系数大于零，表示平均学业成绩越高，学习动机对学业成绩的影响越大。

在上述两水平模型中，我们只考虑了在每个水平上只有一个预测变量的情况。我们很容易将上述模型推广到在每个水平上具有多个预测变量的情况。假设在第一水平上有 p 个预测变量 X_1，X_2，…，X_p，在第二水平上有 q 个预测变量 W_1，W_2，…，W_q，那么扩展的两水平模型可表示为：

$$Y_{ij} = \beta_{0j} + \beta_{1j}X_{1ij} + \beta_{2j}X_{2ij} + \cdots + \beta_{pj}X_{pij} + e_{ij} \tag{13-6}$$

$$\begin{cases} \beta_{0j} = \gamma_{00} + \gamma_{01}W_{1j} + \gamma_{02}W_{2j} + \cdots + \gamma_{0q}W_{qj} + u_{0j} \\ \beta_{1j} = \gamma_{10} + \gamma_{11}W_{1j} + \gamma_{12}W_{2j} + \cdots + \gamma_{1q}W_{qj} + u_{1j} \\ \cdots\cdots\cdots\cdots \\ \beta_{pj} = \gamma_{p0} + \gamma_{p1}W_{1j} + \gamma_{p2}W_{2j} + \cdots + \gamma_{pq}W_{qj} + u_{pj} \end{cases} \tag{13-7}$$

模型的假设条件为：

（1）$e_{ij} \sim N(0, \sigma^2)$，$e_{ij}$ 间相互独立。

（2）$\begin{pmatrix} u_{0j} \\ u_{1j} \\ \vdots \\ u_{pj} \end{pmatrix} \sim N(\mathbf{0}, \boldsymbol{\Sigma})$，$\boldsymbol{\Sigma} = \text{Var}\begin{pmatrix} u_{0j} \\ u_{1j} \\ \vdots \\ u_{pj} \end{pmatrix} = \begin{pmatrix} \tau_{00} & \tau_{01} & \cdots & \tau_{0p} \\ \tau_{10} & \tau_{11} & \cdots & \tau_{1p} \\ \vdots & \vdots & & \vdots \\ \tau_{p0} & \tau_{p1} & \cdots & \tau_{pp} \end{pmatrix}$。

（3）$\text{Cov}(u_{0j}, e_{ij}) = \text{Cov}(u_{1j}, e_{ij}) = \cdots\cdots = \text{Cov}(u_{pj}, e_{ij}) = 0$，$\text{Cov}(u_{ij_1}, u_{ij_2}) = 0$，$j_1 \neq j_2$。

上述式（13-6）和式（13-7）可用矩阵形式表示为：

$$\mathbf{Y}_j = \mathbf{X}_j\boldsymbol{\beta}_j + \boldsymbol{e}_j \tag{13-8}$$

$$\boldsymbol{\beta}_j = \mathbf{W}_j\boldsymbol{\gamma} + \boldsymbol{u}_j \tag{13-9}$$

其中

$$\mathbf{Y}_j = (Y_{1j}, Y_{2j}, \cdots, Y_{n_j,j})'$$

$$\boldsymbol{\beta}_j=(\beta_{0j},\ \beta_{1j},\ \beta_{2j},\ \cdots,\ \beta_{p,j})'$$

$$\boldsymbol{e}_j=(e_{1j},\ e_{2j},\ \cdots,\ e_{nj,j})'$$

$$\boldsymbol{X}_j=\begin{pmatrix}1 & X_{11j} & \cdots & X_{p1j}\\ 1 & X_{12j} & \cdots & X_{p2j}\\ \vdots & \vdots & & \vdots\\ 1 & X_{1nj,j} & \cdots & X_{pnj,j}\end{pmatrix}$$

$$\boldsymbol{W}_j=\begin{pmatrix}1 & W_{1j} & \cdots & W_{qj} & 0 & 0 & \cdots & 0 & \cdots & 0 & 0 & \cdots & 0\\ 0 & 0 & \cdots & 0 & 1 & W_{1j} & \cdots & W_{qj} & \cdots & 0 & 0 & \cdots & 0\\ 0 & 0 & \cdots & 0 & 0 & 0 & \cdots & 0 & \cdots & 0 & 0 & \cdots & 0\\ \vdots & \vdots & & \vdots & \vdots & \vdots & & \vdots & & \vdots & \vdots & & \vdots\\ 0 & 0 & \cdots & 0 & 0 & 0 & \cdots & 0 & \cdots & 1 & W_{1j} & \cdots & W_{qj}\end{pmatrix}$$

$$\boldsymbol{\gamma}=(\gamma_{00},\ \gamma_{01},\ \cdots,\ \gamma_{0q},\ \gamma_{10},\ \gamma_{11},\ \cdots,\ \gamma_{1q},\ \cdots,\ \gamma_{p0},\ \gamma_{p1},\ \cdots,\ \gamma_{pq})'$$

$$\boldsymbol{u}_j=(u_{0j},\ u_{1j},\ \cdots,\ u_{pj})'$$

上述 $\boldsymbol{W}_j$ 是 $(p+1)\times(p+1)(q+1)$ 的矩阵，$\boldsymbol{\gamma}$ 是 $(p+1)(q+1)\times 1$ 的列向量。

对于上面 j 所学校 $\sum n_j$ 个学生用多层分析法分析，模型中的参数可分为以下几类（个数在括号中标出）：

（1）截距（1 个）。

（2）最低水平的误差方差（1 个）。

（3）最低水平的斜率（p 个）。

（4）较高水平对第一水平随机系数回归截距的误差方差（p 个）。

（5）较高水平对第一水平随机系数截距与斜率的协方差（p 个）。

（6）较高水平的斜率与斜率之间的协方差［$p(p-1)/2$ 个］。

（7）较高水平的斜率（q 个）。

（8）水平间交互作用的斜率（$p\times q$ 个）。

二、多水平分析常用的简化模型类型

多水平分析模型作为处理变量之间关系的一种统计分析方法，与回归分析类似，可以处理类似于方差分析和协方差分析的问题，同时回归分析也可以作为多水平分析模型的特例。下面主要在式（13－2）和式（13－3）所定义的只含一个第一水平变量和一个第二水平变量的简单层次分析模型的基础上，简要介绍几种常用的简化模型。

（一）随机效应一元方差分析模型

随机效应一元方差分析模型是最简单的多层分析模型，在这一模型中，第一水平的预测变量对因变量的影响［式（13－2）的斜率 β_{1j}］等于 0。于是，式（13－2）可简化为：

$$Y_{ij}=\beta_{0j}+e_{ij} \qquad (13-10)$$

式中，假设误差 e_{ij} 服从均值为 0、方差为 σ^2 的正态分布。

第二水平的预测变量 W_j 对 β_{0j} 的影响为0（即 $\gamma_{01}=0$）。于是，式（13-3）可简化为：

$$\beta_{0j}=\gamma_{00}+u_{0j} \tag{13-11}$$

综上，得到随机效应一元方差分析的合并模型为：

$$Y_{ij}=\gamma_{00}+u_{0j}+e_{ij} \tag{13-12}$$

实际上，随机效应一元方差分析模型中，因变量的总均值为 γ_{00}，组间（不同学校）效应为 u_{0j}，组内效应为 e_{ij}。因为在多层分析模型中组间变量（学校）被假设是从（学校）总体中随机抽取的随机变量，所以式（13-12）所定义的模型为随机效应的一元方差分析模型。在这个模型中，因变量的方差被分解为组内和组间两部分，即

$$\mathrm{Var}(Y_{ij})=\mathrm{Var}(u_{0j}+e_{ij})=\tau_{00}+\sigma^2$$

随机效应一元方差分析模型在多层线性分析模型中有着重要的意义，是一个常被用于多层分析的最基础的模型。它除了能够提供总均值 γ_{00} 的估计，更重要的是可以提供不同水平变异的情况：σ^2 代表组内（第一水平）的随机变异，τ_{00} 代表组间（第二水平）的随机变异。式（13-12）所定义的随机效应一元方差分析模型没有考虑任何预测变量对因变量的影响，因此在多层分析模型中，此模型又称为完全无条件的（fully unconditional）多层分析模型或方差成分模型，或者零模型（null model）。

我们结合上面的例子来看看在简单的两水平方差分析模型中学生之间的关系。同一学校两个学生之间的协方差为：

$$\mathrm{Cov}(u_{0j}+e_{i_1j},\ u_{0j}+e_{i_2j})=\mathrm{Cov}(u_{0j},\ u_{0j})=\tau_{00}$$

不同学校两个学生之间的协方差为：

$$\mathrm{Cov}(u_{0j_1}+e_{i_1j_1},\ u_{0j_2}+e_{i_2j_2})=\mathrm{Cov}(u_{0j_1},\ u_{0j_2})=0$$

所以不同学校两个学生之间的相关系数为0，同一学校两个学生之间的相关系数为：

$$\rho=\frac{\tau_{00}}{\tau_{00}+\sigma^2} \tag{13-13}$$

上式的相关系数描述了第二水平单位内个体之间的相关，即通常所说的组内相关系数（intra-class correlation coefficient，ICC），在上面的例子中即同一学校内观测值之间的相关性，它测量了学校间方差占总方差的比例，或者说在总的变异中由第二水平解释的方差的比例。

（二）随机效应单因素协方差分析模型

对式（13-2）和式（13-3）施加一定的限制，在式（13-3）中限制 γ_{01} 和 γ_{11} 等于0，且预测变量 X_{ij} 对因变量 Y_{ij} 的回归系数 γ_{10} 为一常数，可以得到随机效应单因素协方差分析模型：

第一水平：$Y_{ij}=\beta_{0j}+\beta_{1j}X_{ij}+e_{ij}$ （13-14）

第二水平：$\beta_{0j}=\gamma_{00}+u_{0j}$，$\beta_{1j}=\gamma_{10}$ （13-15）

在上面定义的模型中，预测变量 X_{ij} 即为传统协方差分析中的协变量。将上面两水平模型合并，可得到：

$$Y_{ij}=\gamma_{00}+\gamma_{10}X_{ij}+u_{0j}+e_{ij} \tag{13-16}$$

与传统协方差分析模型唯一的区别在于，式（13-16）中组间效应 u_{0j} 被认为是随机

效应而不是固定效应。

如果在式（13－3）中不限制 γ_{01} 等于 0，则很容易将上述模型推广到含有第二水平协变量 W_j 的随机效应协方差分析模型。此时，组合模型可表示为：

$$Y_{ij}=\gamma_{00}+\gamma_{01}W_j+\gamma_{10}X_{ij}+u_{0j}+e_{ij} \tag{13-17}$$

（三）一般的线性回归模型

在式（13－2）和式（13－3）所定义的多水平分析模型中，如果对式（13－3）限定第二水平的预测变量 W_j 对因变量的影响为 0（即 γ_{01} 和 γ_{11} 等于 0），并且不含随机误差项（即 u_{0j} 和 u_{1j} 等于 0），那么这些限定就等同于限定第一水平回归模型的截距和斜率为一个常数（不同学校的回归直线相同）。由此，可得到传统的一元线性回归模型：

$$\text{第一水平：}Y_{ij}=\beta_{0j}+\beta_{1j}X_{ij}+e_{ij} \tag{13-18}$$

$$\text{第二水平：}\begin{aligned}\beta_{0j}&=\gamma_{00}\\ \beta_{1j}&=\gamma_{10}\end{aligned} \tag{13-19}$$

合并模型为：

$$Y_{ij}=\gamma_{00}+\gamma_{10}X_{ij}+e_{ij} \tag{13-20}$$

用类似的方法很容易将上述模型推广到多层线性模型的情形。

（四）随机系数回归模型

在式（13－2）和式（13－3）所定义的多水平分析模型中，如果对式（13－3）限定第二水平的预测变量 W_j 对因变量的影响为 0（即 γ_{01} 和 γ_{11} 等于 0），但是随机误差项 u_{0j} 和 u_{1j} 不等于 0，则模型可表示为：

$$\text{第一水平：}Y_{ij}=\beta_{0j}+\beta_{1j}X_{ij}+e_{ij} \tag{13-21}$$

$$\text{第二水平：}\begin{aligned}\beta_{0j}&=\gamma_{00}+u_{0j}\\ \beta_{1j}&=\gamma_{10}+u_{1j}\end{aligned} \tag{13-22}$$

合并模型为：

$$Y_{ij}=\gamma_{00}+\gamma_{10}X_{ij}+u_{0j}+u_{1j}X_{ij}+e_{ij} \tag{13-23}$$

此时，我们称式（13－23）所定义的模型为随机系数回归模型。

对多层线性分析模型，可以通过对参数进行不同的限定得到不同的模型形式，这里不再一一列出。但是应该注意，在进行多层分析时，常常是从零模型入手，逐渐加入一些参数，考虑较复杂的模型，最终得到与数据拟合较优的模型。

三、多层线性模型中的参数估计

在多层线性模型中，要估计的参数除了传统回归中的参数（对应于多层分析中的固定参数 γ_{00}，…，γ_{11} 和第一水平的随机效应 e_{ij}），还有更加复杂的第二水平的随机效应。传统回归分析所用的最小二乘法，要求随机误差之间相互独立和方差齐性，只有在这些条件下，传统的回归系数的估计才是有效估计，检验才是精确检验。而多层线性模型的

误差项 $u_{0j}+u_{1j}W_j+e_{ij}$ 中，u_{0j} 和 u_{1j} 对于第 j 所学校的学生是相同的，因此在每所学校内误差项之间是相关的。同样由于误差项中 $u_{0j}+u_{1j}W_j$ 的方差依赖于 u_{0j} 和 u_{1j}，对于不同的学校它们并不一定相同，因此误差项的方差也不满足方差齐性的假设。可见，传统回归分析的参数估计方法对于层次线性模型并不适用。

一般常用的层次线性模型的参数估计方法有：迭代广义最小二乘法、限制性的广义最小二乘法和马尔可夫链蒙特卡罗法。

迭代广义最小二乘法（iterative generalized least squares，IGLS）的基本步骤是迭代，通常从“合理”的参数估计值开始[一般来自初始的二乘估计（OLS）]，用广义最小二乘法，逐步迭代估计参数。在正态分布的假设下，收敛时的估计与极大似然估计结果相同。一般来说，使用迭代广义最小二乘法得到的参数估计为有偏估计。这主要是因为与极大似然法相同，迭代广义最小二乘法也没有考虑固定参数的抽样变动。在小样本中偏度较大时，可用限制性极大似然法（restricted maximum likelihood，REML）来修正以获得无偏估计。迭代广义最小二乘法依据限制性极大似然估计的原理，进行进一步修正，产生所谓的限制性的广义最小二乘法（RIGLS），可以得到参数的无偏估计。

近年来随着马尔可夫链蒙特卡罗方法，尤其是吉布斯抽样的发展，完全贝叶斯技术在计算上变得可行。这种方法由于考虑了与随机参数有关的不确定性，在小样本分析中更为合理有效。除了上述几种参数估计方法，还有期望最小二乘法（EGLS）、广义估计方程法（GEE）、经验贝叶斯法等。这些方法在正态性假设成立、样本量较大时，都能对参数进行一致有效的估计。

第四节　多元线性分析中一些值得注意的问题

一、预测变量 X_{ij} 和 W_j 的中心化

与传统回归分析类似，多层分析的目的是对数据进行解释和预测。要对数据进行正确的有意义的解释，往往需要对数据进行一定的转换。例如，在第一水平的回归方程 $Y_{ij}=\beta_{0j}+\beta_{1j}X_{ij}+e_{ij}$ [式（13－14）] 中，如果直接采用原始数据，截距表示的意义就是当预测变量 X_{ij} 等于 0 时因变量 Y_{ij} 的平均值。但在实际应用中，预测变量 X_{ij} 取零值往往没有实际意义，比如考虑社会经济地位对学业成绩的影响、期中考试成绩对期末考试成绩的影响等，预测变量社会经济地位、期中考试成绩取零并没有实际意义。数据转换除了使得数据解释更有意义，以及减小预测变量之间的多重共线性，在有些情况下，还可以在多层线性模型参数估计过程中得到稳定的数值解。

类似地，在第二水平的回归方程中，对回归截距 γ_{00} 和 γ_{10} 的解释也依赖于预测变量 W_j。适当选择 W_j 变换可以更有意义地解释数据，但是 W_j 的位置不影响参数估计的稳定性。下面简要介绍常用的数据中心化的方法。

（一）对 X_{ij} 的中心化

1. X_{ij} 为连续变量

当 X_{ij} 为连续变量时，我们首先考虑常用的数据转换方法。

（1）不进行变换，直接用原始测量尺度。在解释多层线性模型结果时，如果原始预测变量的零值有实际含义，可以不对数据进行转换，而直接用原始的测量尺度。比如 X_{ij} 表示某种药物的使用剂量，$X_{ij}=0$ 是有实际意义的，在对回归截距进行解释时，表示不使用该药物时所测因变量的平均值。这时，预测变量不用转换就能较好地对数据做出解释。

（2）以总体均值做中心化变换。计算所有第一水平个体的平均分数，将预测变量依总体均值进行中心化变换，即

$$x_{ij}=X_{ij}-\overline{X}_{..} \tag{13-24}$$

进行变换后，第一水平回归方程的截距可以解释为：当被试预测变量 X_{ij} 的取值等于总体平均水平 $\overline{X}_{..}$ 时，对应因变量的期望值（平均值）。在多层线性模型中常常用到这一中心化的方法。

（3）以第二水平均值（组平均值）做中心化变换。计算第二水平对应的平均值（如各个学校的平均值）$\overline{X}_{.j}$ ，然后每一组的观测值依据它所在组的平均值进行中心化，即

$$x_{ij}=X_{ij}-\overline{X}_{.j} \tag{13-25}$$

在多层分析的随机系数模型中，为了便于解释数据常常采用这种中心化的方法。

（4）标准化变换。计算总的平均值与总的标准差，对数据进行标准化变换，即

$$x_{ij}=\frac{X_{ij}-\overline{X}_{..}}{s_t} \tag{13-26}$$

对数据进行标准化变换，根据得到的参数估计结果，可对不同预测变量对结果变量的影响程度进行比较。

实际应用中，究竟采用何种方法对数据进行中心化，需要研究者根据自己的研究目的进行选择，没有一个通用的转换标准。但是必须清楚，数据中心化的目的是对数据进行合理且更有意义的解释，所以在解释数据时，一定要特别注意预测变量本身所表示的意义。

2. X_{ij} 为非连续变量

对于预测变量不是连续变量的情形，采用类似传统回归分析常用的方法，通过定义虚拟变量进行回归分析，最后对结果进行解释。比如在一般的多层线性模型 $Y_{ij}=\beta_{0j}+\beta_{1j}X_{ij}+e_{ij}$ 中，假设 X_{ij} 测量的是第 j 所学校第 i 个学生的性别，是一个离散变量，则可以定义虚拟变量，如定义 $X_{ij}=0$ 表示男生，$X_{ij}=1$ 表示女生。这样，在上面第一水平的回归模型中，截距 β_{0j} 就表示第 j 所学校男生的因变量 Y_{ij} 的总均值（或期望值），即 $X_{ij}=0$ 时，因变量 Y_{ij} 的总均值。β_{1j} 表示女生与男生之间的差异，β_{1j} 显著大于 0 表示女生的平均成绩高于男生，显著小于 0 则表示女生的平均成绩低于男生。$\mathrm{Var}(\beta_{0j})$ 表示不同学校男生平均成绩的方差。

从上面关于离散预测变量的解释可以看出，假如预测变量是离散的，似乎不用再对其进行变换，就可得到较为有意义的解释。但是在实际应用中，对离散变量进行中心化往往可以得到一些额外的信息。仍以上面所举例子来说明这一问题。假设性别变量 X_{ij} 依总均值进行中心化，则 $x_{ij}=X_{ij}-\overline{X}_{..}$ 。可以取两个值：当 $X_{ij}=0$ 时，x_{ij} 等于总体男生所占比例的负值；当 $X_{ij}=1$ 时，x_{ij} 等于总体女生所占的比例。对中心化的数据进行分析可发现，截距 β_{0j} 表示第 j 所学校中以总体女生的比例进行调整后的因变量的总均值。

还可以用各组的平均值对预测变量进行中心化，即 $x_{ij}=X_{ij}-\overline{X}_{.j}$ 。对于女生来说，x_{ij} 的值等于第 j 所学校男生所占的比例；对于男生来说，x_{ij} 的值等于第 j 所学校女生所占比例的负值。用组均值进行中心化后，截距 β_{0j} 表示第 j 所学校中以该校女生的比例进行调整后的因变量的平均值。

（二）对 W_j 的中心化

对于第二水平预测变量的中心化，因为不涉及参数估计的稳定性问题，所以远远不如第一水平预测变量的中心化显得重要。但是应该注意在第二水平模型中，如果出现两个第二水平变量的交互作用，那么第二水平预测变量的中心化也会影响到参数估计结果的稳定性。实际应用中，对第二水平变量进行中心化主要是为了解释数据时更有意义。

常用的对第二水平预测变量进行中心化的方法是按照总体均值进行中心化，即 $w_j=W_j-\overline{W}$，其中 $\overline{W}$ 表示所有学校的总均值。

二、多层线性模型预测变量解释率的计算

多层线性模型中的解释率是指预测变量所能解释的因变量的方差占总方差的比值。Kreft 和 de Leeuw（1998）提出在计算解释率时，以零模型而不是含有预测变量且存在随机斜率的模型为基础。另外，因为组内和组间的方差均须单独定义，所以组内和组间变异的变化应该分开计算。通常情况下，第一水平预测变量的解释率就等于加入第一水平预测变量后的第一水平的变异减去零模型中第一水平的变异，再除以零模型中第一水平的变异；第二水平预测变量的解释率则等于加入第二水平预测变量模型后的第二水平的变异减去零模型中第二水平的变异，再除以零模型中第二水平的变异。

三、样本量、多重共线性、缺失值的问题

在多层线性模型的实际运用中，样本量是首先需要关注的问题。Eliason（1993）提出，对于最大似然估计技术，如果需要估计 5 个或者更少的参数，则至少需要 60 的样本量。Kreft（1996）通过综述发现，在计算跨级交互作用时，如果样本中的组数为 30，组内个体样本数为 30，则统计检验力可以达到 0.90，且如果有更多的组数，组内个体样本数可以相对减少；反之，如果组数相对较少，则需要更多的组内个体样本数来提高检

验力。

当存在跨级交互作用时，可能会加大模型的复杂性，从而使预测变量的多重共线性问题更加明显，如预测变量主效应的显著性就会发生变化。最严重的是，多重共线性可能导致模型不拟合，这时可以尝试对预测变量进行中心化。

另外，缺失值也是多层线性模型中需要特别注意的问题。第一水平的变量允许存在缺失值并能进行相应的处理，第二水平的变量是不允许存在缺失值的，如果存在缺失值，使用 HLM 等软件进行数据分析时，会直接删掉该数据以及嵌套于该数据之下的第一水平的所有数据。

第五节 多层线性模型应用案例及操作

一、应用案例及 HLM 操作

（一）数据准备

HLM 软件需要对每个水平分别准备数据，第一水平数据见文件“13－1. sav”，第二水平数据见文件“13－2. sav”。需要强调的是，与本书中所有数据分析一样，首先都需要进行数据清理以及缺失值处理，然后将两个水平的数据通过 id（两个数据文件中 id 数据的格式需要完全相同）进行链接，而且必须对不同水平的数据按照 id 进行排序。

在第一水平数据文件“13－1. sav”中，有 7 185 个观测样本点，除了第一水平指标变量学生 id 之外，还有 4 个第一水平的变量：（1）minority，学生的民族（1＝少数族裔，0＝其他）；（2）female，学生性别（1＝女，0＝男）；（3）ses，学生的社会经济地位，由学生父母的受教育程度、职业和收入合成，该变量为标准化分数；（4）mathach，学生的数学成绩。

在第二水平数据文件“13－2. sav”中，有 160 所学校，除了第二水平指标变量学校 id 之外，还有 6 个学校水平的变量：（1）size，学校招生人数；（2）sector，学校类型（1＝天主教教会学校，0＝公立学校）；（3）pracad，从事学术研究的学生的比例；（4）disclim，学校纪律环境，由量表测量得到，该变量为标准化分数；（5）himinty，学校少数族裔学生比例描述（1＝超过 40%为少数族裔学生，0＝其他）；（6）meanses，每所学校学生的平均社会经济地位，通过第一水平的数据计算得到。

（二）分析目的

该分析主要回答如下几个问题：

（1）学生数学成绩是否存在显著的学校间差异？

（2）学生社会经济地位对数学成绩是否有显著影响？

（3）学校纪律环境对数学成绩是否有显著影响？

（4）学校纪律环境是否可以调节社会经济地位与数学成绩之间的关系？

（三）数据分析

1. 建立 HLM 命令文件

点击 HLM 软件图标，进入 HLM 的主窗口，如图 13-7 所示。

图 13-7　HLM 程序主窗口

在 File 主菜单下，选择 Make new MDM file→Stat package input，出现如下对话框，如图 13-8 所示。

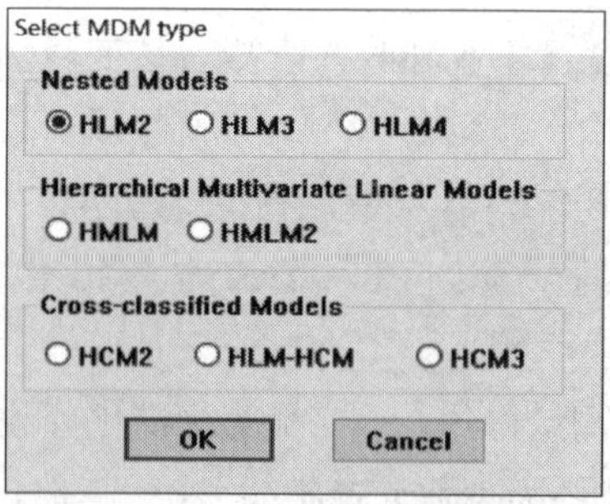

图 13-8　MDM 类型定义

选择 HLM2，出现定义两水平模型的窗口，在模型的数据结构中，选择“cross sectional (persons within groups)”，如图 13-9 所示。

首先在“Input File Type”的选项中选择“SPSS/Windows”，然后点击“Level-1 Specification”下面的“Browse”定义第一水平的数据文件名。定义了文件名后，点击“Choose Variables”，出现窗口，如图 13-10 所示。将 ID 定义为“ID”变量，将 MINORITY、FEMALE、SES、MATHACH 定义为 MDM 文件中的变量。在本例中数据不含有缺失值，所以在“Missing Data?”中选择“No”。如果含有缺失值，则需要定义

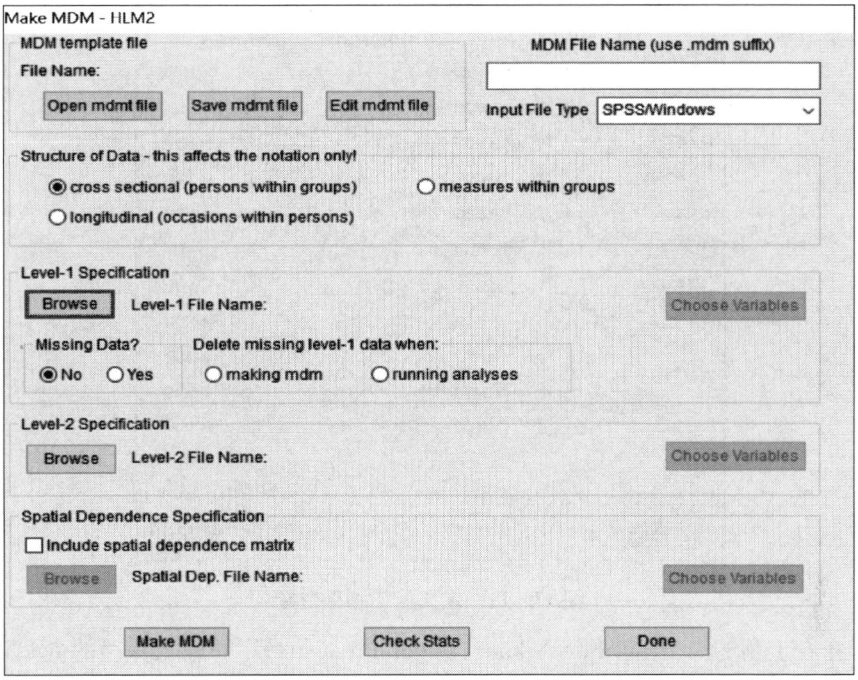

图 13－9　定义 MDM 系统文件窗口

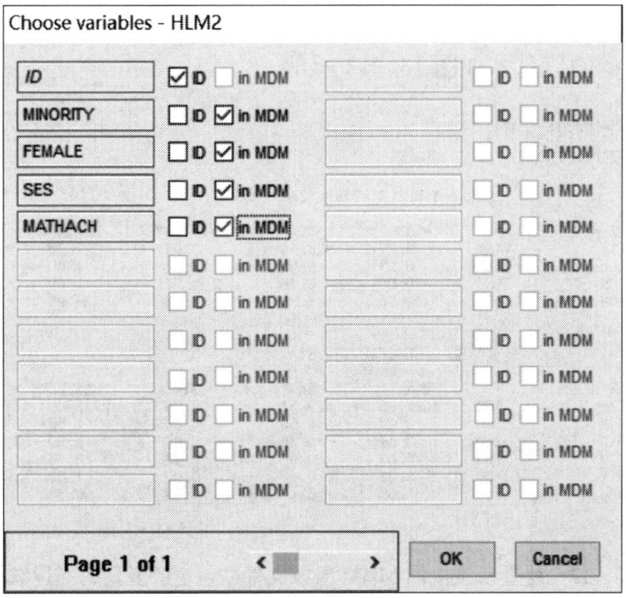

图 13－10　定义第一水平变量

处理缺失值的方法，HLM 中提供“成对删除”和“成列删除”两种处理缺失值的方法，另外还可以通过定义加权变量对样本进行加权。

同理，在“Level-2 Specification”中定义第二水平的数据文件名，然后点击“Choose Variables”选择变量，如图 13－11 所示。注意，需要将与第一水平中名称相同的 ID 定义为第二水平的“ID”变量，以便对两水平的数据进行匹配。

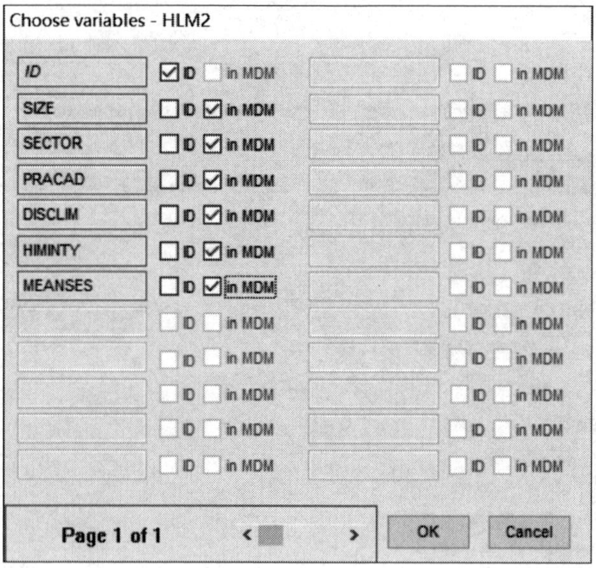

图 13 - 11　定义第二水平变量

接着在右上角的“MDM File Name（use .mdm suffix）”下输入保存的 MDM 命令文件名称，如输入“Math”，将自动加上文件的扩展名 MDM，点击左边的“Save mdmt file”输入保存的文件名。最后点击“Make MDM”。程序运行过程中会出现运行过程窗口，运行完成后该窗口自动消失。点击“Check Stats”可以得到所定义的两水平数据文件的基本描述统计量的信息，如图 13 - 12 所示。

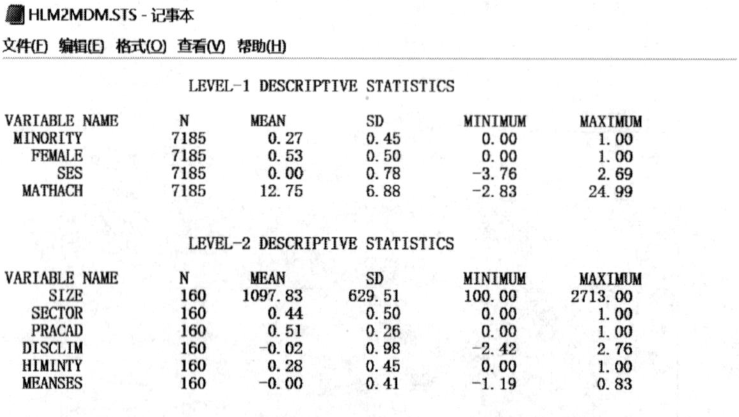
HLM2MDM.STS - 记事本

文件(F) 编辑(E) 格式(O) 查看(V) 帮助(H)

LEVEL-1 DESCRIPTIVE STATISTICS

VARIABLE NAME	N	MEAN	SD	MINIMUM	MAXIMUM
MINORITY	7185	0.27	0.45	0.00	1.00
FEMALE	7185	0.53	0.50	0.00	1.00
SES	7185	0.00	0.78	-3.76	2.69
MATHACH	7185	12.75	6.88	-2.83	24.99

LEVEL-2 DESCRIPTIVE STATISTICS

VARIABLE NAME	N	MEAN	SD	MINIMUM	MAXIMUM
SIZE	160	1097.83	629.51	100.00	2713.00
SECTOR	160	0.44	0.50	0.00	1.00
PRACAD	160	0.51	0.26	0.00	1.00
DISCLIM	160	-0.02	0.98	-2.42	2.76
HIMINTY	160	0.28	0.45	0.00	1.00
MEANSES	160	-0.00	0.41	-1.19	0.83

图 13 - 12　检查所生成的 MDM 系统文件中包含的变量的描述统计量

检查上述变量的基本统计量的信息，确定没有错误后点击“Done”，完成 MDM 文件的定义，出现模型定义窗口，如图 13 - 13 所示。

2. 模型的定义

出现上面的模型定义窗口后，可以开始定义模型。

(1) 模型 1：零模型。

用鼠标点击第一水平的因变量“MATHACH”，将其选为因变量，表示零模型，窗口如图 13－14 所示。

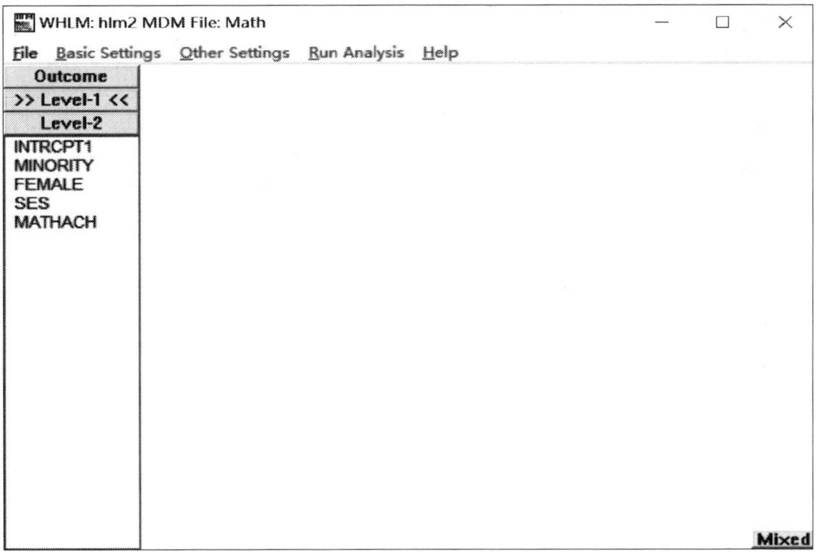

图 13－13　HLM 模型定义窗口

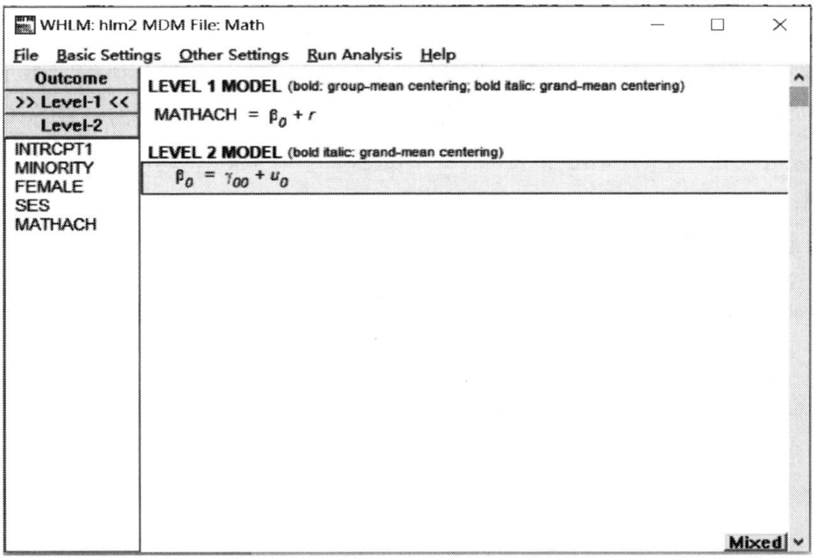

图 13－14　零模型的定义

该模型中 γ_{00} 表示学生数学成绩的均值，总的变异分解为组内 σ^2 和组间 τ_{00} 两部分，用来检验组间因变量是否存在组间变异，以及计算组间变异在总变异中所占的比例。

（2）模型 2：第一水平加入 SES 的随机系数回归模型。

用鼠标点击“Level-1”的预测变量“SES”，因为“SES”为标准化分数，所以不再做中心化处理。选择“add variable uncentered”，然后点击灰色字母 μ_1，窗口如图 13－15 所示。

该模型中 γ_{10} 表示预测变量社会经济地位（SES）对数学成绩的影响，μ_1 表示随机斜率，即预测变量社会经济地位（SES）对数学成绩影响的学校间差异。

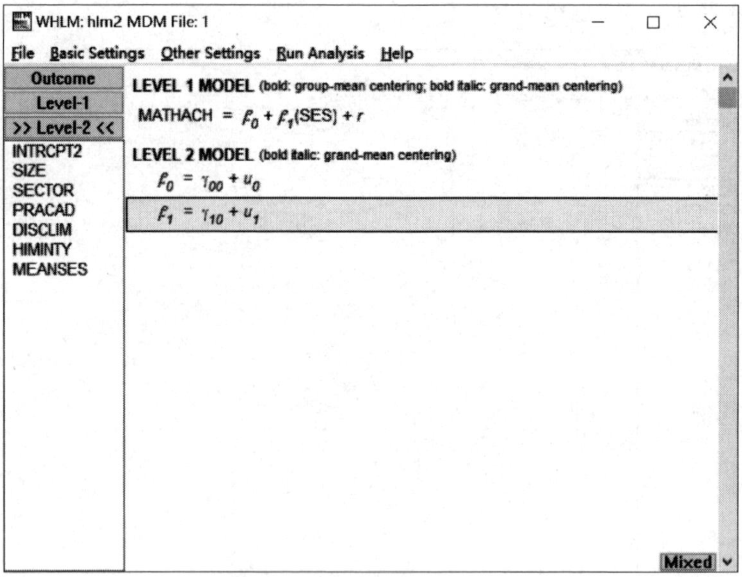

图 13－15　模型 2 的定义

（3）模型 3：第二水平仅截距项含有预测变量 DISCLIM 的随机系数回归模型。

类似于第一水平，先点击左边框中的“Level-2”，出现第二水平的变量。然后可以通过点击相应公式选择第二水平模型，进而分别定义第二水平模型。在第二水平模型的随机截距项中加入预测变量，用鼠标点击预测变量“DISCLIM”（因为“DISCLIM”为标准化分数，此处也不再做中心化处理），并选择“add variable uncentered”，窗口如图 13－16 所示。

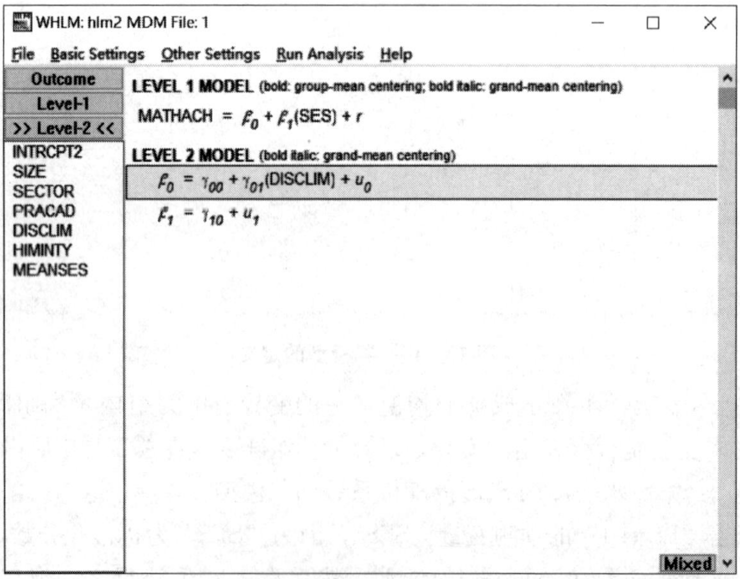

图 13－16　模型 3 的定义

该模型中 γ_{01} 表示预测变量学校纪律环境（DISCLIM）对数学成绩的影响。

（4）模型 4：第二水平含有预测变量 DISCLIM 的随机系数回归模型（全模型）。

在第二水平模型的随机斜率项中加入预测变量，用鼠标点击预测变量“DISCLIM”，并选择“add variable uncentered”，窗口如图 13 - 17 所示。

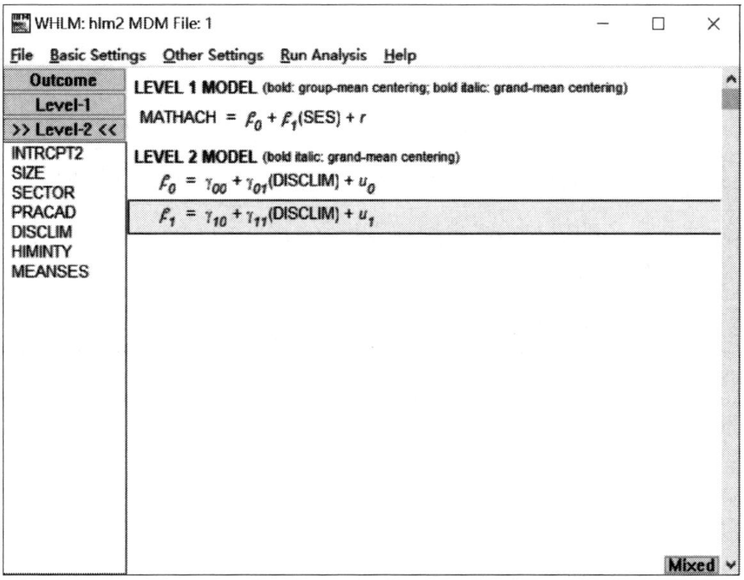

图 13 - 17　模型 4 的定义

该模型中 γ_{11} 表示预测变量学校纪律环境（DISCLIM）对社会经济地位与数学成绩关系的调节。

（四）主要输出结果

1. 模型 1：零模型

零模型主要回答的是学生数学成绩是否存在显著的学校间差异。上述零模型（第一水平和第二水平均不含预测变量）的输出结果如下所示（只列出主要结果）。

模型 1 固定部分的参数估计结果见表 13 - 8。

表 13 - 8　模型 1 固定部分的参数估计结果

Fixed Effect	Coefficient	Standard error	t-ratio	Approx. df	p-value
For INTRCPT1，β_0					
INTRCPT2，γ_{00}	12.636972	0.243628	51.870	159	<0.001

固定部分的参数 γ_{00} 估计结果表明，学校的平均数学成绩为 12.64。

模型 1 随机部分的参数估计结果见表 13 - 9。

表 13 - 9　模型 1 随机部分的参数估计结果

Random Effect	Standard Deviation	Variance Component	df	χ^2	p-value
INTRCPT1，μ_0	2.93501	8.61431	159	1660.23259	<0.001
level-1，γ	2.25686	39.14831			

从随机部分的参数估计结果可看出，学校之间数学成绩存在显著的变异（$\tau_{00}=8.61$，$\chi^2=1\ 660.23$，df=159，$p<0.001$）。组间变异占总变异的比例为：

$$\rho=\frac{\tau_{00}}{\tau_{00}+\sigma^2}=\frac{8.61}{8.61+39.15}=0.180$$

说明学校间的变异解释了总体变异的 18.0%。

2. 模型 2：第一水平加入 SES 的随机系数回归模型

第一水平加入 SES 的随机系数回归模型主要回答社会经济地位对数学成绩是否有显著的影响。运行上面定义的模型 2，得到模型的运行结果如下所示。

模型 2 固定部分的参数估计结果见表 13-10。

表 13-10　模型 2 固定部分的参数估计结果

Fixed Effect	Coefficient	Standard error	t-ratio	Approx. df	p-value
For INTRCPT1，β_0					
INTRCPT2，γ_{00}	12.664935	0.189251	66.921	159	<0.001
For SES slope，β_1					
INTRCPT2，γ_{10}	2.393878	0.117697	20.339	159	<0.001

从固定部分的参数 γ_{00} 估计结果可以看出，当社会经济地位为平均水平时，学生数学成绩为 12.66，且社会经济地位对数学成绩有显著影响（$\gamma_{10}=2.39$，SE=0.12，$t=20.339$，$p<0.001$）。

模型 2 随机部分的参数估计结果见表 13-11。

表 13-11　模型 2 随机部分的参数估计结果

Random Effect	Standard Deviation	Variance Component	df	χ^2	p-value
INTRCPT1，μ_0	2.19768	4.82978	159	905.26472	<0.001
SES slope，μ_1	0.64675	0.41828	159	216.21178	0.002
level-1，γ	6.06864	36.82835			

从随机部分的参数估计结果可以看出，第一水平的截距（$\tau_{00}=4.83$，$\chi^2=905.26$，$p<0.001$）和斜率（$\tau_{11}=0.42$，$\chi^2=216.21$，$p<0.01$）均存在显著的学校间差异。说明学校间数学成绩存在显著差异，且学生社会经济地位对数学成绩的影响也存在显著的学校间差异。

第一水平加入 SES 之后，模型 1 第一水平的方差由 39.15 减小为 36.83，因此社会经济地位对学生间数学成绩差异的解释率为：

$$R^2_{\text{SES}}=\frac{\sigma^2_{\text{model1}}-\sigma^2_{\text{model2}}}{\sigma^2_{\text{model1}}}\times 100\%=\frac{39.15-36.83}{39.15}\times 100\%=5.9\%$$

3. 模型 3：第二水平仅截距项含有预测变量 DISCLIM 的随机系数回归模型

第二水平仅截距项加入 DISCLIM 的随机系数回归模型主要回答学校纪律环境对数学成绩是否有显著的影响。运行上面定义的模型 3，得到模型的运行结果如下所示。

模型 3 固定部分的参数估计结果见表 13－12。

表 13－12　模型 3 固定部分的参数估计结果

Fixed Effect	Coefficient	Standard error	t-ratio	Approx. df	p-value
For INTRCPT1，β_0					
INTRCPT2，γ_{00}	12.578346	0.170496	73.775	158	<0.001
DISCLIM，γ_{01}	−1.249263	0.158735	−7.870	158	<0.001
For SES slope，β_1					
INTRCPT2，γ_{10}	2.387874	0.120131	19.877	159	<0.001

从固定部分的参数估计结果可以看出，学校纪律环境（DISCLIM）对数学成绩有显著影响（$\gamma_{01}=-1.25$，SE=0.16，$t=-7.870$，$p<0.001$）。

模型 3 随机部分的参数估计结果见表 13－13。

表 13－13　模型 3 随机部分的参数估计结果

Random Effect	Standard Deviation	Variance Component	df	χ^2	p-value
INTRCPT1，μ_0	1.94569	3.78572	158	732.76448	<0.001
SES slope，μ_1	0.68244	0.46572	159	216.23093	0.002
level-1，γ	6.06550	36.79032			

第二水平加入 DISCLIM 之后，模型 2 第二水平的方差由 4.83 减小为 3.79，因此学校纪律环境（DISCLIM）对学校间数学成绩差异的解释率为：

$$R^2_{\text{DISCLIM}}=\frac{\sigma^2_{\text{model2}}-\sigma^2_{\text{model3}}}{\sigma^2_{\text{model2}}}\times 100\%=\frac{4.83-3.79}{4.83}\times 100\%=21.5\%$$

4. 模型 4：第二水平含有预测变量 DISCLIM 的随机系数回归模型（全模型）

第二水平加入 DISCLIM 的全模型主要回答学校纪律环境是否可以调节社会经济地位对数学成绩的影响。运行上面定义的模型 4，得到模型的运行结果如下所示。

模型 4 固定部分的参数估计结果见表 13－14。

表 13－14　模型 4 固定部分的参数估计结果

Fixed Effect	Coefficient	Standard error	t-ratio	Approx. df	p-value
For INTRCPT1，β_0					
INTRCPT2，γ_{00}	12.658410	0.173263	73.059	158	<0.001
DISCLIM，γ_{01}	−1.128519	0.160735	−7.021	158	<0.001
For SES slope，β_1					
INTRCPT2，γ_{10}	2.409288	0.112194	21.474	158	<0.001
DISCLIM，γ_{11}	0.570615	0.123906	4.605	158	<0.001

从固定部分的参数估计结果可以看出，学校纪律环境对社会经济地位和数学成绩之间的关系具有显著的调节作用（$\gamma_{11}=0.571$，SE=0.124，$t=4.605$，$p<0.001$）。

模型 4 随机部分的参数估计结果见表 13 - 15。

表 13 - 15 模型 4 随机部分的参数估计结果

Random Effect	Standard Deviation	Variance Component	df	χ^2	p-value
INTRCPT1，μ_0	1.93467	3.74295	158	730.83940	<0.001
SES slope，μ_1	0.45491	0.20694	158	189.39572	0.045
level-1，γ	6.06501	36.78432			

在模型 3 的基础上，在随机斜率项加入 DISCLIM 后，模型 3 第一水平 SES 斜率的方差由 0.47 减小为 0.21，因此学校纪律环境对社会经济地位和数学成绩之间关系的调节作用的解释率为：

$$R^2_{\text{DISCLIM}}(\text{SES\_Slop})=\frac{\sigma^2_{\text{model3}}-\sigma^2_{\text{model4}}}{\sigma^2_{\text{model3}}}\times100\%=\frac{0.47-0.21}{0.47}\times100\%=55.3\%$$

（五）研究结果呈现和研究结论

将上述结果按照研究结果呈现方式进行整理，如表 13 - 16 所示。

表 13 - 16 模型 1～4 固定部分和随机部分结果分析表

	模型 1	模型 2	模型 3	模型 4
固定部分				
截距				
截距（γ_{00}）	12.64***	12.66***	12.58***	12.66***
DISCLIM（γ_{01}）			−1.25***	−1.13***
斜率				
SES（γ_{10}）		2.39**	2.39***	2.41***
DISCLIM（γ_{11}）				0.57***
随机部分				
第二水平				
截距（τ_{00}）	8.61***	4.83***	3.79***	3.74***
斜率（τ_{11}）		0.42**	0.47**	0.21*
第一水平				
σ^2	39.15	36.83	36.79	36.78

*** $p<0.001$，** $p<0.01$.

模型 1 中，固定部分的参数 γ_{00} 估计结果表明，学校的平均数学成绩为 12.64。从随机部分的参数估计结果可看出，学校之间数学成绩存在显著的变异（$\tau_{00}=8.61$，$\chi^2=1\,660.24$，df=159，$p<0.001$）。组间变异占总变异的比例为 18.0%。模型 2 中，当社会经济地位为平均水平时，学生数学成绩为 12.66，且社会经济地位对数学成绩有显著影响（$\gamma_{10}=2.39$，SE=0.12，$t=20.339$，$p<0.001$）。从随机部分的参数估计结果可以看出，第一水平的截距（$\tau_{00}=4.83$，$\chi^2=905.26$，$p<0.001$）和斜率（$\tau_{11}=0.42$，$\chi^2=$

216.21，$p<0.01$）均存在显著的学校间差异。说明学校间数学成绩存在显著差异，且学生社会经济地位对数学成绩的影响也存在显著的学校间差异。社会经济地位对学生间数学成绩差异的解释率为5.9%。模型3中，学校纪律环境对数学成绩有显著影响（$\gamma_{01}=-1.25$，SE=0.16，$t=-7.870$，$p<0.001$）。学校纪律环境（DISCLIM）对学校间数学成绩差异的解释率为21.5%。模型4中，学校纪律环境对社会经济地位和数学成绩之间的关系具有显著的调节作用（$\gamma_{11}=0.571$，SE=0.124，$t=4.605$，$p<0.001$）。学校纪律环境对社会经济地位和数学成绩之间关系的调节作用的解释率为55.3%。

二、应用案例及SPSS操作

（一）数据准备

打开文件“13-1.sav”，点击Data→Merge Files→Add Variables...。然后点击文件“13-2.sav”进行合并，并选择id作为两个数据文件的链接变量，对两个水平的数据进行合并，另存为“13-3.sav”。

（二）数据分析及主要输出结果

1. 模型1：零模型

首先点击Analyze→Mixed Models→Linear...。将变量id选入“Subjects”框中，表示变量id标记的是第二水平变量，然后点击“Continue”。在出现的对话框中，将变量mathach选入“Dependent Vrariable”框中，再点击“Random...”。在弹出对话框的上方“Covariance Type”中，选择“Unstructured”，然后在“Random Effects”部分，勾选“Include Intercept”，表示模型中包括截距项。在下面“Subject Groupings”中，将变量id选入右侧“Combinations”框中，再点击“Continue”。点击“Statistics...”对输出结果进行设定，在“Model Statistics”部分，勾选“Parameter estimates for fixed effects”和“Tests for covariance parameters”两项，点击“Continue”。最后点击“OK”运行程序。具体的语句见文件“13-4.sps”。

表13-17是零模型固定部分的参数估计结果，具体来说就是模型的截距项估计结果。

表13-17　模型1固定部分的参数估计结果

Estimates of Fixed Effects[a]

Parameter	Estimate	Std. Error	df	t	Sig.	95% Confidence Interval	
						Lower Bound	Upper Bound
Intercept	12.636974	.244394	156.647	51.707	.000	12.154242	13.119706

a. Dependent Variable：mathach.

表13-18是零模型随机部分的参数估计结果，包括第一水平的变异（Residual）和第二水平的变异（Intercept [subject=id] Variance）的估计结果。

表 13-18　模型 1 随机部分的参数估计结果

Estimates of Covariance Parameters[a]

Parameter	Estimate	Std. Error	Wald Z	Sig.	95% Confidence Interval	
					Lower Bound	Upper Bound
Residual	39.148322	.660645	59.258	.000	37.874662	40.464813
Intercept [subject=id] Variance	8.614025	1.078804	7.985	.000	6.739122	11.010548

a. Dependent Variable：mathach.

2. 模型 2：第一水平加入 ses 的随机系数回归模型

点击 Analyze→Mixed Models→Linear... 后，点击“Continue”，进入“Linear Mixed Models”窗口。在定义模型 1 步骤的基础上，将变量 ses 选入“Covariate (s)”框中。点击“Fixed...”，将“Factors and Covariates”中的 ses 选入“Model”中，点击“Continue”。点击“Random...”，将变量 ses 选入“Model”中，点击“Continue”。最后点击“OK”运行程序。具体语句见文件“13-4. sps”。

表 13-19 是在第一水平加入 ses 的随机系数回归模型的固定部分的参数估计结果，表格中的 Intercept 表示模型截距项，此行数据表示截距项 β_0 的固定部分 γ_{00} 的估计结果。ses 表示第一水平预测变量，此行数据表示斜率 β_1 的固定部分 γ_{10} 的估计结果。

表 13-19　模型 2 固定部分的参数估计结果

Estimates of Fixed Effects[a]

Parameter	Estimate	Std. Error	df	t	Sig.	95% Confidence Interval	
						Lower Bound	Upper Bound
Intercept	12.665023	.189845	145.551	66.712	.000	12.289814	13.040232
ses	2.393813	.118121	157.530	20.266	.000	2.160508	2.627118

a. Dependent Variable：mathach.

表 13-20 是在第一水平加入 ses 的随机系数回归模型的随机部分的参数估计结果，包括第一水平的变异，以及截距和 ses 的斜率的协方差矩阵的估计结果。其中 UN(1，1) 表示截距的方差（即 τ_{00}），即截距在第二水平的变异，UN(2，1) 表示二者协方差，UN(2，2) 表示 ses 的斜率的方差（即 τ_{11}）。① 具体参数的含义可参考 HLM 部分的结果解释。

表 13-20　模型 2 随机部分的参数估计结果

Estimates of Covariance Parameters[a]

Parameter		Estimate	Std. Error	Wald Z	Sig.	95% Confidence Interval	
						Lower Bound	Upper Bound
Residual		36.830165	.629312	58.524	.000	35.617160	38.084480
Intercept+ses [subject=id]	UN (1，1)	4.828637	.672123	7.184	.000	3.675711	6.343190
	UN (2，1)	−.154275	.298837	−.516	.606	−.739984	.431434
	UN (2，2)	.412929	.235014	1.757	.079	.135340	1.259873

a. Dependent Variable：mathach.

① 不同软件估计的参数结果可能存在差异。

3. 模型 3：第二水平仅截距项加入 disclim 的随机系数回归模型

点击 Analyze→Mixed Models→Linear... 后，点击“Continue”，进入“Linear Mixed Models”窗口，在定义模型 2 步骤的基础上，将变量 disclim 选入“Covariate (s)”框中。点击“Fixed...”，再将“Factors and Covariates”中的 disclim 选入“Model”中，点击“Continue”。最后点击“OK”运行程序。具体语句见文件“13－4. sps”。

表 13－21 是在模型 2 的基础上，第二水平仅截距项加入 disclim 的随机系数回归模型的固定部分的参数估计结果，表格中的 Intercept 表示模型截距项，此行数据表示截距项 β_0 的固定部分 γ_{00} 的估计结果。ses 表示第一水平预测变量，此行数据表示斜率 β_1 的固定部分 γ_{10} 的估计结果。disclim 表示第二水平预测变量，此行数据表示截距项 β_0 斜率的 γ_{01} 估计结果。

表 13－21 模型 3 固定部分的参数估计结果

Estimates of Fixed Effects[a]

Parameter	Estimate	Std. Error	df	t	Sig.	95% Confidence Interval	
						Lower Bound	Upper Bound
Intercept	12.578343	.171826	141.889	73.204	.000	12.238674	12.918012
ses	2.387704	.118488	157.776	20.151	.000	2.153676	2.621731
disclim	−1.249174	.176534	156.441	−7.076	.000	−1.597872	−.900477

a. Dependent Variable：mathach.

表 13－22 是在第二水平加入 disclim 的随机系数回归模型的随机部分的参数估计结果，表格中包括第一水平的变异结果，以及截距和 ses 的斜率的协方差矩阵估计结果。其中 UN(1，1) 表示截距的方差（即 τ_{00}），即截距在第二水平的变异，UN(2，1) 表示二者协方差，UN(2，2) 表示 ses 的斜率的方差（即 τ_{11}）。具体参数的含义可参考 HLM 部分的结果解释。

表 13－22 模型 3 随机部分的参数估计结果

Estimates of Covariance Parameters[a]

Parameter		Estimate	Std. Error	Wald Z	Sig.	95% Confidence Interval	
						Lower Bound	Upper Bound
Residual		36.795490	.628108	58.581	.000	35.584787	38.047384
Intercept＋ses [subject＝id]	UN (1，1)	3.783674	.557788	6.783	.000	2.834196	5.051236
	UN (2，1)	.470763	.284341	1.656	.098	−.086536	1.028062
	UN (2，2)	.449574	.237253	1.895	.058	.159808	1.264749

a. Dependent Variable：mathach.

4. 模型 4：第二水平含有预测变量 disclim 的随机系数回归模型（全模型）

点击 Analyze→Mixed Models→Linear... 后，点击“Continue”，进入“Linear Mixed Models”窗口，在定义模型 3 步骤的基础上，将变量 disclim 选入“Covariate (s)”中。点击“Fixed...”，在“Factors and Covariates”中同时选中 ses 和 disclim，再将它

们（ses＊disclim）选入“Model”中，点击“Continue”。最后点击“OK”运行程序。具体语句见文件“13－4. sps”。

表 13－23 是在模型 3 的基础上，第二水平含有预测变量 disclim 的随机系数回归模型（全模型）的固定部分的参数估计结果，表格中的 Intercept 表示模型截距项，此行数据表示截距项 β_0 的固定部分 γ_{00} 的估计结果。ses 表示第一水平预测变量，此行数据表示斜率 β_1 的固定部分 γ_{10} 的估计结果。disclim 表示第二水平预测变量，此行数据表示截距项 β_0 的斜率 γ_{01} 的估计结果。ses＊disclim 表示第一水平预测变量和第二水平预测变量的交互作用，此行数据表示斜率项 β_1 的斜率 γ_{11} 的估计结果。

表 13－23　模型 4 固定部分的参数估计结果

Estimates of Fixed Effects[a]

Parameter	Estimate	Std. Error	df	t	Sig.	95% Confidence Interval	
						Lower Bound	Upper Bound
Intercept	12.659498	.171115	145.943	73.983	.000	12.321315	12.997681
ses	2.408994	.110755	155.594	21.751	.000	2.190218	2.627771
disclim	−1.128193	.177035	149.416	−6.373	.000	−1.478009	−.778377
ses＊disclim	.571021	.118199	178.499	4.831	.000	.337774	.804268

a. Dependent Variable：mathach.

表 13－24 是第二水平含有预测变量 disclim 的随机系数回归模型（全模型）的随机部分的参数估计结果，表格中包括第一水平的变异结果，以及截距和 ses 的斜率的协方差矩阵估计结果。其中 UN(1，1）表示截距的方差（即 τ_{00}），即截距在第二水平的变异，UN(2，1）表示二者协方差，UN(2，2）表示 ses 的斜率的方差（即 τ_{11}）。具体参数的含义可参考 HLM 部分的结果解释。

表 13－24　模型 4 随机部分的参数估计结果

Estimates of Covariance Parameters[a]

Parameter		Estimate	Std. Error	Wald Z	Sig.	95% Confidence Interval	
						Lower Bound	Upper Bound
Residual		36.794654	.627972	58.593	.000	35.584210	38.046273
Intercept＋ses [subject＝id]	UN（1，1）	3.738723	.544711	6.864	.000	2.810011	4.974375
	UN（2，1）	.344072	.248504	1.385	.166	−.142987	.831131
	UN（2，2）	.181010	.204714	.884	.377	.019726	1.661014

a. Dependent Variable：mathach.

三、应用案例及 Mplus 操作

（一）数据准备

Mplus 中的数据格式与 SPSS 中的类似，整理完之后另存为“13－5. dat”。

（二）模型定义

1. 零模型

零模型的 Mplus 语句如下（也可参见文件“13－6. inp”）：

```
data：file=13－5. dat;
variable：names=id minority female ses mathach size sector pracad disclim himunty;
          usevar=mathach;
          cluster=id;
analysis：type=twolevel;
```

数据文件、变量名、使用变量的定义与前面章节的类似。在变量部分，cluster＝id 表示 id 是标记数据嵌套关系的变量。在分析部分，type＝twolevel 表示这是一个两水平的分析。

2. 模型 2：第一水平加入 ses 的随机系数回归模型

第一水平加入 ses 的 Mplus 语句如下（也可参见文件“13－7. inp”）：

```
data：file=13－5. dat;
variable：names=id minority female ses mathach size sector pracad disclim himunty;
          usevar=mathach ses;
          cluster=id;
          within=ses;
analysis：type=twolevel random;
model：%within%
       beta1j | mathach on ses;
       %between%
       mathach with beta1j;
```

数据文件、变量名、使用变量的定义与前面章节的类似。在变量部分，cluster＝id 表示 id 是标记数据嵌套关系的变量，within＝ses 表示组内变量是 ses。在分析部分，type＝twolevel random 表示这是一个两水平的分析，并且模型中包括随机部分。接下来，在模型部分，分别用%within%和%between%定义组内水平（第一水平）和组间水平（第二水平）的模型。在第一水平中，beta1j | mathach on ses 表示 ses 对 mathach 的影响系数为 beta1j（斜率），这个系数在第二水平包含随机部分。在第二水平中，mathach with beta1j 表示 mathach 的截距项和 beta1j（斜率）之间相关。

3. 模型 3：第二水平仅截距项含有预测变量 disclim 的随机系数回归模型

第二水平仅截距项含有预测变量 disclim 的随机系数回归模型的 Mplus 语句如下（也可参见文件“13－8. inp”）：

```
data：file=13－5. dat;
variable：names=id minority female ses mathach size sector pracad disclim himunty;
```

```
usevar=mathach ses disclim;
cluster=id;
within=ses;
between=disclim;
analysis: type=twolevel random;
model: %within%
        beta1j | mathach on ses;
        %between%
        mathach on disclim;
        mathach with beta1j;
```

与上一个模型的区别在于：首先，变量部分使用 between=disclim 定义了第二水平的变量；然后，在模型定义的第二水平部分（%between%），使用 mathach on disclim 定义了 disclim 对截距的影响。

4. 模型 4：第二水平含有预测变量 disclim 的随机系数回归模型（全模型）

第二水平含有预测变量 disclim 的随机系数回归模型的 Mplus 语句如下（也可参见文件“13－9. inp”）：

```
data: file=13-5.dat;
variable: names=id minority female ses mathach size sector pracad disclim himunty;
usevar=mathach ses disclim;
cluster=id;
within=ses;
between=disclim;
analysis: type=twolevel random;
model: %within%
        beta1j | mathach on ses;
        %between%
        mathach on disclim;
        beta1j on disclim;
        mathach with beta1j;
```

可以发现，在模型 3 的基础上，使用 beta1j on disclim 定义了 disclim 对斜率的影响。

（三）主要输出结果

1. 零模型

结果输出部分主要包括拟合指数结果和模型估计结果（见文件“13－6. out”）。这里主要介绍模型估计结果，具体如下：

MODEL RESULTS

	Estimate	S. E.	Est. /S. E.	Two-Tailed P-Value
Within Level				
Variances				
MATHACH	39.148	0.835	46.876	0.000
Between Level				
Means				
MATHACH	12.637	0.244	51.824	0.000
Variances				
MATHACH	8.562	1.057	8.101	0.000

在第一水平（Within Level），Variances 表示第一水平的变异的估计结果。在第二水平（Between Level），Means 部分是 Mathach 的截距，表示学生数学成绩的平均水平，Variances 部分是第二水平的变异，即 τ_{00}。

2. 模型 2：第一水平加入 ses 的随机系数回归模型

结果输出部分主要包括拟合指数结果和模型估计结果（见文件“13－7. out”）。这里主要介绍模型估计结果，具体如下：

MODEL RESULTS

	Estimate	S. E.	Est. /S. E.	Two-Tailed P-Value
Within Level				
Residual Variances				
MATHACH	36.831	0.725	50.779	0.000
Between Level				
MATHACH WITH				
BETA1J	−0.167	0.326	−0.513	0.608
Means				
MATHACH	12.666	0.203	62.280	0.000
BETA1J	2.394	0.128	18.646	0.000
Variances				
MATHACH	4.782	0.756	6.324	0.000
BETA1J	0.402	0.240	1.670	0.095

在第一水平（Within Level），Residual Variances 表示第一水平的变异。在第二水平（Between Level），MATHACH WITH BETA1J 表示截距与斜率的相关，Means 部分是 MATHACH 的截距，表示学生数学成绩的平均水平，可以发现，BETA1J 的均值（截距）为 2.394，达到显著性水平，表示社会经济地位对学生数学成绩的影响是显著的。Variances 部分表示变异，MATHACH 表示截距部分的变异，即 τ_{00}，BETA1J 表示斜率在第二水平的变异。

3. 模型3：第二水平仅截距项含有预测变量 disclim 的随机系数回归模型

结果输出部分主要包括拟合指标结果和模型估计结果（见文件“13－8. out”）。这里主要介绍模型估计结果，具体如下：

MODEL RESULTS

	Estimate	S. E.	Est. /S. E.	Two-Tailed P-Value
Within Level				
Residual Variances				
MATHACH	36.822	0.725	50.756	0.000
Between Level				
MATHACH ON				
DISCLIM	−1.125	0.156	−7.230	0.000
MATHACH WITH				
BETA1J	0.438	0.312	1.402	0.161
Means				
BETA1J	2.389	0.128	18.645	0.000
Intercepts				
MATHACH	12.619	0.179	70.670	0.000
Variances				
BETA1J	0.425	0.239	1.779	0.075
Residual Variances				
MATHACH	3.812	0.663	5.749	0.000

可以看出，在上一个模型的基础上，得到了 disclim 对第一水平截距的影响，说明学校纪律环境对学生数学成绩的影响是显著的。另外，Intercepts 部分呈现了第一水平截距项，Variances 部分呈现了第一水平斜率项的变异，Residual Variances 部分呈现了第一水平截距项的变异。

4. 模型4：第二水平含有预测变量 disclim 的随机系数回归模型（全模型）

结果输出部分主要包括拟合指数结果和模型估计结果（见文件“13－9. out”）。这里主要介绍模型估计结果，具体如下：

MODEL RESULTS

	Estimate	S. E.	Est. /S. E.	Two-Tailed P-Value
Within Level				
Residual Variances				
MATHACH	36.816	0.723	50.944	0.000

Between Level				
BETA1J ON				
DISCLIM	0.515	0.112	4.620	0.000
MATHACH ON				
DISCLIM	−1.028	0.144	−7.147	0.000
MATHACH WITH				
BETA1J	0.297	0.266	1.120	0.263
Intercepts				
MATHACH	12.686	0.183	69.495	0.000
BETA1J	2.398	0.120	19.967	0.000
Residual Variances				
MATHACH	3.708	0.649	5.716	0.000
BETA1J	0.145	0.195	0.742	0.458

可以看出，在上一模型的基础上，得到了 disclim 对第一水平斜率的影响，结果表明学校纪律环境对社会经济地位和学生数学成绩之间关系的调节作用是显著的。另外，Intercepts 部分呈现了第一水平截距项和第一水平斜率的截距项，Residual Variances 部分分别呈现了第一水平截距项的变异和第一水平斜率项的变异。

关键术语

多层线性模型　　固定部分　　随机部分　　随机系数回归模型

随机效应一元方差分析模型（零模型）　　随机效应单因素协方差分析模型

中心化　　解释率

本章要点

1. 社会科学研究中的调查数据往往具有层次结构的特点，例如，第一水平是学生，第二水平是学校，学生嵌套于学校之中，称为分层数据。如果观测涉及不同的学校，同时考虑不同的学校变量，则构成一个两水平模型。

2. 随机效应一元方差分析模型又称零模型，模型中没有考虑任何预测变量对因变量的影响，可以计算跨级相关，即组间方差占总方差的比例，或者说在总的变异中由第二水平解释的方差的比例。

3. 随机效应单因素协方差分析模型与传统协方差模型的区别在于，它将组间效应定义为随机效应而不是固定效应。

4. 在随机系数回归模型中，模型的截距是随机的，自变量对因变量影响的斜率也是随机的。对多层线性分析模型，可以通过对参数进行不同的限定得到不同的模型形式，逐渐加入一些参数，考虑较复杂的模型，最终得到与数据拟合较优的模型。

第十四章

多层线性模型在追踪研究中的应用

【核心要点】

1. 学习追踪研究中的多层线性模型，以及如何在 HLM、SPSS、Mplus 软件中进行分析。

2. 掌握追踪研究中多层线性模型的参数的定义、特点、运用及解释。

第一节　多层线性模型分析追踪研究数据的优势

追踪研究在心理学中是研究儿童心理发展的一种重要方法，主要用来分析一段时间或者某几个时间点总体的平均增长趋势和个体之间的差异。对于追踪研究的数据，如果追踪过程只涉及几个固定的测量时间点（fixed occasions），且只关心不同次的测量均值有没有差异，那么可以通过传统的重复测量方差分析把总的变异分解为被试内和被试间两部分来解决这一问题（O'Brien & Kaiser，1985）。但是，方差分析不能很好地处理时变（time-varying）协变量的影响，对于不同被试测量时间点不同的情形，或者数据中含有缺失值的情形，方差分析往往也无法直接处理。更重要的是，基于方差分析理论框架的处理很少关注个体之间发展趋势的差异及其原因。

本章介绍多层线性模型在处理追踪数据时的应用。多层线性模型主要用来处理具有嵌套结构的数据，如学生嵌套于班级、班级嵌套于学校等。对于重复测量的情景，同一个体的不同次的测量由于受同一个体共同特征的影响，有较大的相似性，可以将这一数据看成是具有嵌套结构的，即测量嵌套于个体。例如，对生长发育期儿童身高和体重变化的追踪，就可将这些重复测量数据构造为两水平的层次结构，其重复测量或测量点为第一水平的单位，观测个体为第二水平的单位，从而可应用多层线性模型对追踪研究的数据进行分析。

采用多层线性模型处理追踪研究数据，不要求所有的观测个体有相同的观测次数。在追踪研究中，由于各种各样的原因，被试个体观测值部分缺失的情况时有发生。多层线性模型处理缺失数据而不影响参数估计精度的这一特征，使得多层线性模型处理追踪研究时有很大的优势。与传统的方差分析相比，多层线性模型至少具有以下优点：考虑测量水平和个体水平不同的差异，从而明确表示出个体在第一水平（不同测量点）的变化情况，而且包含个体之间存在的差异。与传统的方差分析相比，多层线性模型对数据资料要求较低，对于重复测量的次数和重复测量之间的时间跨度没有严格的限制，不同个体可以有不同的测量次数，不同测量之间的时间跨度也可以不同。例如，对 568 名幼儿的数据进行分析。时间变量采用测量时幼儿的具体年龄。在 568 名幼儿中，91 人只有一次测量，141 人有两次测量，169 人有三次测量，143 人有四次测量，24 人有五次测量，主要考察体重随年龄增长的情况，以及性别和出生时体重对儿童体重差异的解释。多层线性分析模型能通过定义第一水平和第二水平的随机变异来解释个体随时间的复杂变化情况，同时可以考虑更高一层的变化（如不同地区儿童）对个体增长的影响（刘红云，孟庆茂，2003）。

总之，相比传统的重复测量方差分析方法主要局限于比较各次观测结果间的差异，多层线性模型允许研究者在不同水平的数据层面上提出不同假设，其主要可以解决以下问题：个体是否存在显著的增长或下降趋势，以及个体是否存在线性或者曲线增长或下降趋势？不同类型个体的变化速率是否一致？不同类型个体在变化速率上的差异的影响因素有哪些，以及这种差异是否得到了足够的解释？等等。

第二节　追踪研究中的多层线性模型

目前，多层线性模型常常用于分析追踪研究数据。虽然可以采用多种不同的数学表达形式描述多层统计模型，但这里仅介绍一种最简单的也是最容易理解的模型的表述——用第一水平模型来描述个体随时间的变化趋势，用第二水平模型来描述个体之间变化的差异（Raudenbush & Bryk，2002；张雷，雷雳，郭伯良，2003）。

首先是第一个问题，即用一个统计模型来描述个体特征随时间变化的趋势。举例来讲，研究者假设三年级到六年级这段时间，个体自我概念随时间有线性发展的趋势（第一水平模型）。其次就个体发展特征之间的差异进行分析（第二水平模型），并分析性别和初始退缩行为对个体发展趋势差异的预测。也就是说，主要针对追踪研究所关心的两个问题建立对应的两水平统计模型：（1）第一水平模型，描述个体某一特征随时间的发展趋势；（2）第二水平模型，描述个体间发展趋势的差异以及个体预测变量对这一差异的解释。

一、描述个体发展趋势的第一水平模型

为了简单起见，这里假设儿童的自我概念随着年级有线性变化的趋势。这样第一水平模型就可以定义为：

$$Y_{ij}=\pi_{0i}+\pi_{1i}(\text{年级}-3)+\varepsilon_{ij} \qquad (14-1)$$

式中，Y_{ij}表示第 i 个学生第 j 次测量的自我概念的观测值。模型假设学生自我概念随着年级有线性变化的趋势。与传统回归方程相比，这里的截距参数 π_{0i}和斜率参数π_{1i}多了一个下标 i，用来描述不同的个体有不同的截距和斜率。也就是说，这里自我概念随年级发

展的截距和斜率不再是一个常数，而是一个随个体变化的随机变量。对于年级变量，在模型中我们采用原始的学生所在年级减去 3，目的是使得对截距的解释更有意义：截距表示三年级时个体自我概念的得分。ε_{ij} 表示第一水平随机测量的误差，多层线性模型的标准假设 ε_{ij} 服从均值为 0、方差为 σ_{ε}^2 的正态分布，当然，在追踪研究中也可以假设各次测量之间的残差不独立，方差不等。

二、描述个体差异的第二水平模型

在第一水平模型中，假设个体的发展参数，即截距 π_{0i} 和斜率 π_{1i} 为随机变量；在第二水平模型中，就要重点分析这些发展参数是否存在个体间的差异，假如存在，可否用个体层次的特征变量来解释和预测。

对于第二水平模型，最简单的模型是不加任何预测变量的模型，如下：

$$\pi_{0i}=\beta_{00}+\gamma_{0i} \tag{14-2}$$

$$\pi_{1i}=\beta_{10}+\gamma_{1i} \tag{14-3}$$

式中，β_{00} 和 β_{10} 分别表示截距和斜率的整体均值，用来描述总体的变化趋势。随机部分 γ_{0i} 和 γ_{1i} 表示截距和斜率的残差。

通常假设

$$\begin{pmatrix}u_{0i}\\u_{1i}\end{pmatrix}\sim N\left(\begin{pmatrix}0\\0\end{pmatrix},\ \begin{pmatrix}\tau_{00}\,\tau_{01}\\\tau_{10}\,\tau_{11}\end{pmatrix}\right)$$

式中，τ_{00} 表示第一水平随机截距对应的方差，τ_{11} 表示第一水平随机斜率对应的方差，τ_{01} 表示随机截距和随机斜率之间的协方差。如果截距和斜率的随机变异都显著，就说明截距和斜率都存在显著的个体间差异，有必要进一步分析个体特征对个体间差异的解释。一般将上述第二水平不含任何预测变量的模型称为无条件增长模型，这一模型主要用来检验个体的增长趋势是否存在差异，是后面条件模型分析的基础。

含有第二水平预测变量的模型可以表示为：

$$\pi_{0i}=\beta_{00}+\beta_{01}(\text{性别})+\beta_{02}(\text{退缩行为})+\gamma_{0i} \tag{14-4}$$

$$\pi_{1i}=\beta_{10}+\beta_{11}(\text{性别})+\beta_{12}(\text{退缩行为})+\gamma_{1i} \tag{14-5}$$

模型中的固定参数 β_{00} 表示第二水平预测变量取值为 0 时，第一水平截距的总体均值，如这里表示退缩行为得分为 0 的女生在三年级时自我概念的平均分；β_{01} 表示在控制另一个第二水平预测变量退缩行为后，男生相对于女生截距的差异，即男女生初始状态（三年级）时的差异；β_{02} 表示在控制性别影响后，退缩行为每变化一个单位，自我概念截距（初始状态，即三年级时）的差异。β_{10} 表示第二水平预测变量取值为 0 时，第一水平斜率的总体均值，如这里表示退缩行为得分为 0 的女生自我概念变化的平均斜率；β_{11} 表示在控制另一个第二水平预测变量退缩行为时，男生相对于女生变化速度的平均差异；β_{12} 表示在控制性别影响时，退缩行为每变化一个单位，自我概念斜率的平均差异。

随机部分 τ_{00} 表示在控制性别和退缩行为后，第一水平截距对应的残差的方差；τ_{11} 表示在控制性别和退缩行为后，第一水平斜率对应的残差的方差；τ_{01} 表示在控制性别和退缩行为后，截距和斜率的残差之间的协方差。

另外，在多层线性模型中假设第一水平的随机残差与第二水平的随机残差相互独立，并且所有的残差和模型中的预测变量相互独立。

第三节　一些值得注意的问题

在将多层线性模型运用于追踪数据时，需要注意如下几点（盖笑松，张向葵，2005）：

（1）至少需要三次以上的追踪数据，如果纵向研究中只包括两次追踪数据，那些第一水平的问题就无法得到确定，也就无法根据两次研究数据得出不同观测对象的发展曲线，而这正是第一水平分析的核心部分。有关研究认为测验的次数越多，多层线性分析的结果也就越可靠，而最低要求是有三次以上的追踪数据。

（2）应根据研究需要合理选择时间变量。时间变量是第一水平分析中的主要自变量，它既影响到研究成本和研究设计，也影响到对结果的解释。时间变量的选择没有固定的要求，例如在教育研究中既可以选取年级，也可以选取年龄作为时间变量。研究者可以根据研究需要，设定最合适的时间变量。

（3）第一水平中的结果变量必须在各次测量中具有等价性。结果变量是指第一水平的因变量，它在追踪过程中得到了多次测量。如果各次测量都使用了相同的测量工具，则结果变量的等价性基本可以得到保证，即各次测量结果是可比的。但是，有时前次测量的工具无法满足后次测量的需要，例如，考察儿童在一学期内阅读能力的变化，每次都需要采用不同的阅读测验。在这种情况下，不可以简单地根据标准分进行转换，而需要测验等值处理。

第四节　应用案例一及操作

一、应用案例一及 HLM 操作

本案例主要为了初步介绍多层线性模型在追踪研究中的应用。

数据采集自我国香港 3 所小学的 264 名学生，其中男生 149 名，女生 115 名。以每年测查一次的方式，对其从三年级到六年级的自我概念连续进行 4 次测量，且在三年级第一次测试时对其退缩行为进行测量。

（1）自我概念。采用 Harter（1982）的儿童自我能力感知量表（Perceived Competence Scale for Children）对儿童不同领域能力的自我概念进行测量。该量表包含与特殊领域相关联的认知（cognitive）自我概念、社交（social）自我概念和运动（physical）自我概念三个方面，另外还包含独立于具体领域的一般（general）自我概念。量表共 28 个项目，其中每个分量表包括 7 个项目。

（2）儿童的退缩行为。采用儿童退缩行为量表（Younger's Withdrawal Children

Profile）对儿童的退缩行为进行测量，该量表由7个项目组成。

这里采用自我概念的4个分量表的平均分数表示儿童的自我概念的得分。研究者通常关心两个问题：其一是三年级到六年级这段时间，小学生自我概念发展有什么样的特点，即是线性增长（或下降）还是非线性的变化趋势（先增长后下降）等；其二是不同的学生在这一时期自我概念的发展是否存在个体差异，如果存在差异，其原因是什么，以及哪些因素可以用来解释或预测这些差异。

以下部分主要针对这两个问题建立对应的统计模型：（1）第一水平模型，描述个体随时间的发展趋势；（2）第二水平模型，对个体间发展的差异进行解释。

（一）数据准备

首先将数据整理成HLM软件要求的形式，这里我们用SPSS软件来管理数据。

1. SPSS数据准备

（1）第一水平的数据。在第二水平的数据文件中，有一个描述被试编号的变量ID、一个测量次数的变量TIME（其取值分别为0、1、2、3，分别描述三、四、五和六年级的测试，将三年级赋值为0，表示初始状态，对应于后面截距的解释），以及一个描述4次自我概念测量的因变量SELF。详见文件“14-1.sav”。

（2）第二水平的数据。第二水平的数据文件包含一个与第一水平数据文件中相同的描述被试编号的变量ID，另外还包含两个描述个体水平特征的变量，即被试的性别和初始三年级时儿童的退缩行为，对于性别我们用女生作为参照组（0=女生，1=男生），对于初始退缩行为采用标准分数。详见文件“14-2.sav”。

2. 建立HLM命令文件

点击程序，进入HLM的主窗口，如图14-1所示。

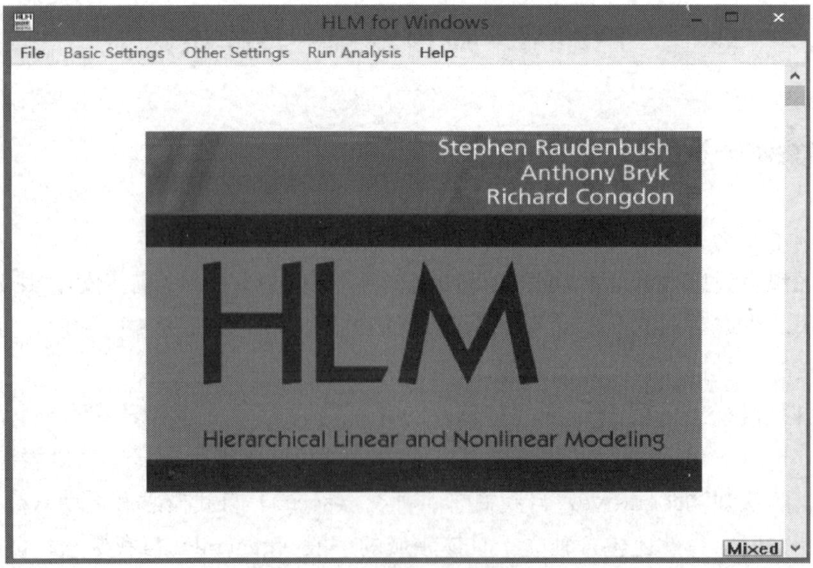

图14-1 HLM程序主窗口

在 File 主菜单下，选择 Make new MDM file→Stat package input，出现如下对话框，如图 14 - 2 所示。

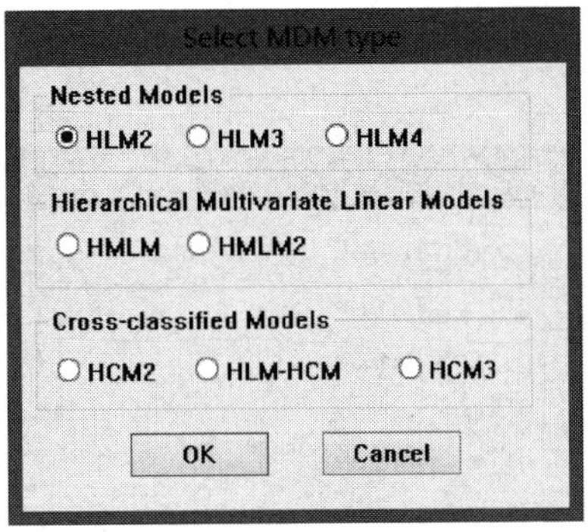

图 14 - 2　MDM 类型定义

选择 HLM2，出现定义两水平模型的窗口，在模型的数据结构中，选择“longitudinal (occasions within persons)”，如图 14 - 3 所示。

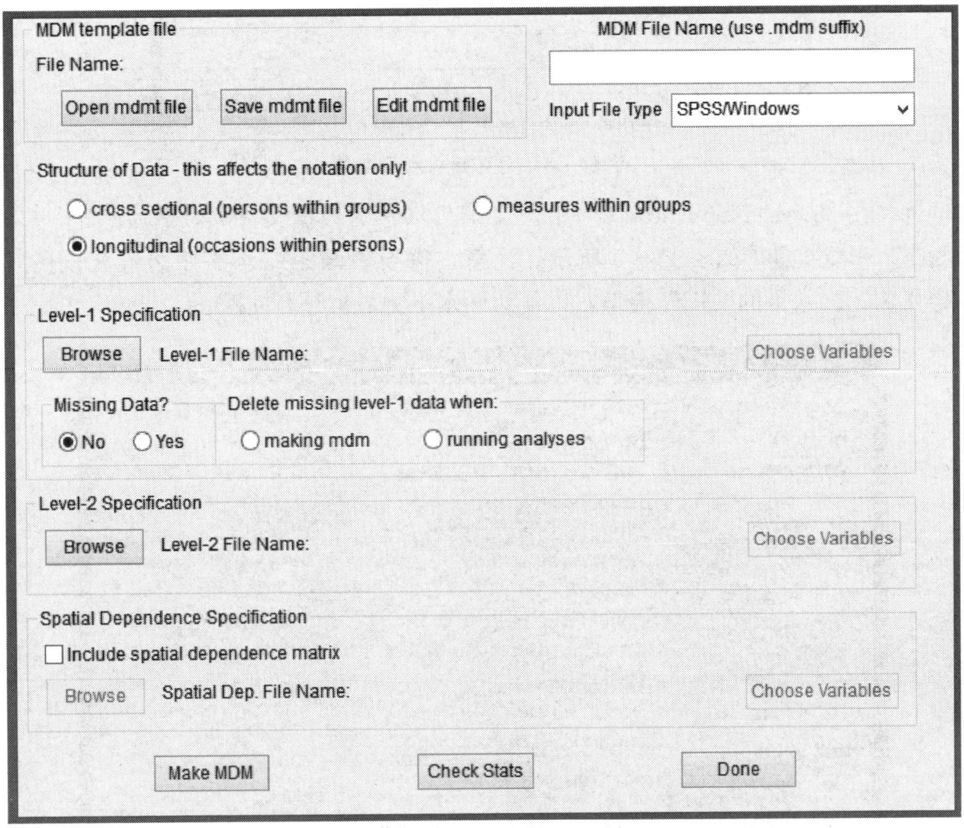

图 14 - 3　定义 MDM 系统文件窗口

首先在“Input File Type”的选项中选择“SPSS/Windows”，然后点击“Level-1 Specification”下面的“Browse”定义第一水平的数据文件名。定义了文件名后，点击“Choose Variables”，出现窗口，如图 14 - 4 所示。将变量 ID 定义为“ID”变量，将测量次数和自我概念的测量值定义为 MDM 文件中的变量。在本例中数据不含有缺失值，所以在“Missing Data?”中选择“No”。如果含有缺失值，则需要定义处理缺失值的方法，HLM 中提供成对删除和成列删除两种处理缺失值的方法，另外还可以通过定义加权变量对样本进行加权。

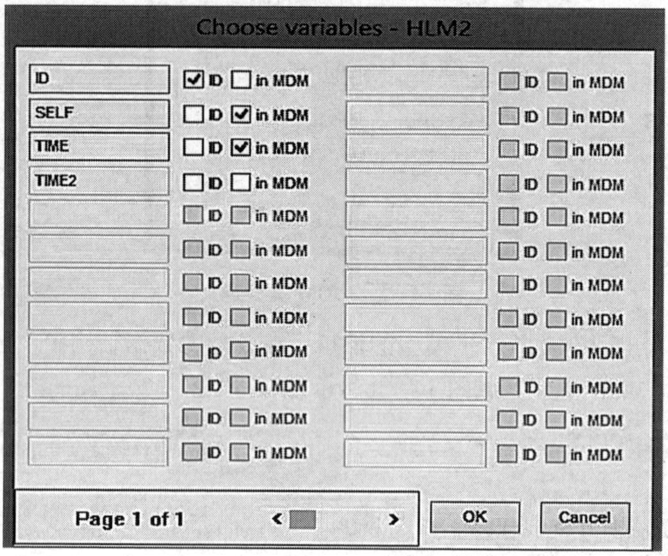

图 14-4　定义第一水平变量

同理，在“Level-2 Specification”中定义第二水平的数据文件名，然后点击“Choose variables”选择变量，如图 14-5 所示。注意，需要将与第一水平中名称相同的“ID”变量定义为第二水平的“ID”变量，以便对两水平的数据进行匹配。

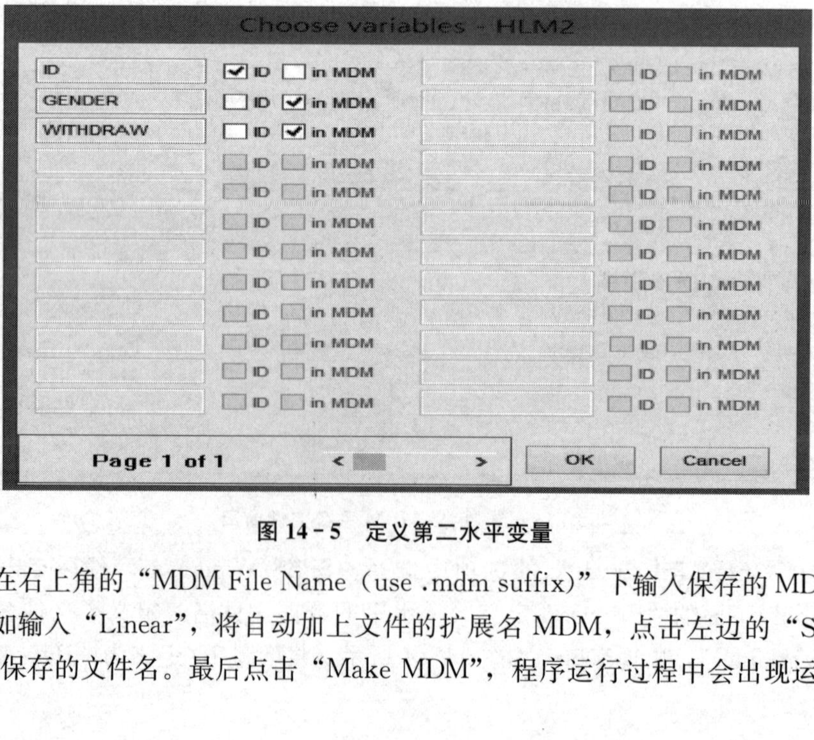

图 14-5　定义第二水平变量

接着在右上角的“MDM File Name (use .mdm suffix)”下输入保存的 MDM 命令文件名称，如输入“Linear”，将自动加上文件的扩展名 MDM，点击左边的“Save mdmt file”输入保存的文件名。最后点击“Make MDM”，程序运行过程中会出现运行过程窗口，运行完成后该窗口自动消失。点击“Check Stats”可以得到定义的两水平数据文件的基本描述统计量的信息，如图 14－6 所示。

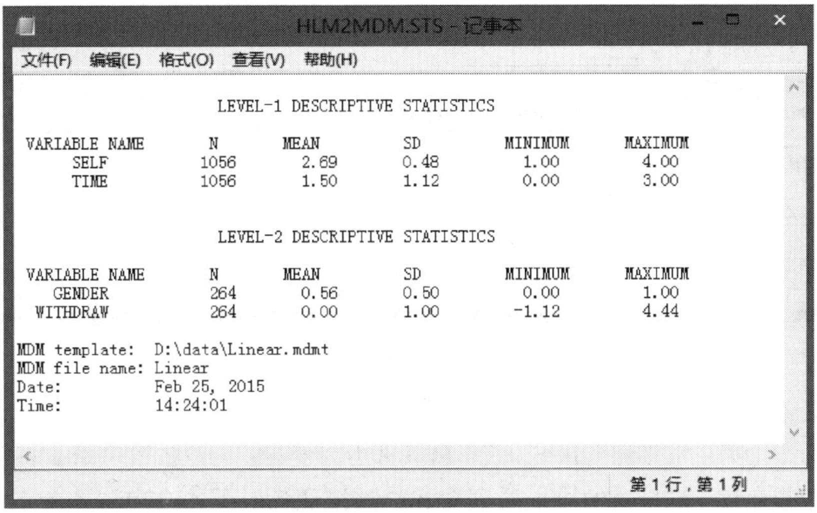

图 14－6　检查所生成的 MDM 系统文件中包含的变量的描述统计量

检查上述变量的基本统计量的信息，确定没有错误后点击“Done”，完成 MDM 文件的定义，出现模型定义窗口，如图 14－7 所示。

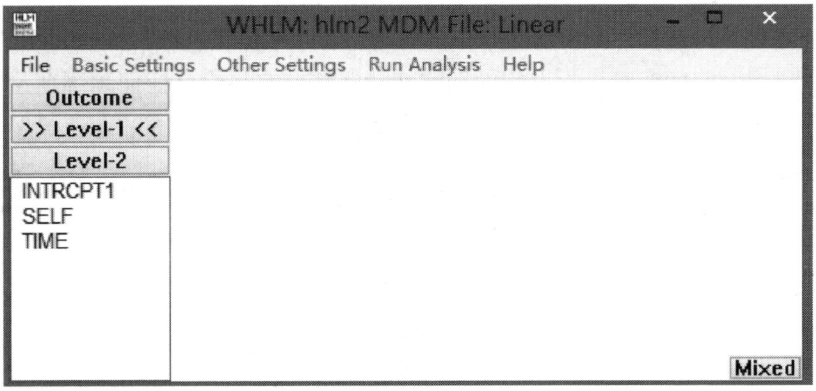

图 14－7　HLM 模型定义窗口

（二）模型定义

1. 线性增长模型

出现上面的模型定义窗口后，可以开始定义模型。

（1）无条件均值模型（零模型）。

用鼠标点击第一水平的变量 SELF，将其选为因变量，出现的窗口如图 14－8 所示，表示无条件均值模型（在追踪研究中将零模型叫作无条件均值模型）。

该模型将总的变异分解为个体内和个体之间两个部分，以便检验个体之间是否存在变异，以及计算个体之间的变异在总变异中所占的比例。在追踪研究中，这一步也可以省略。

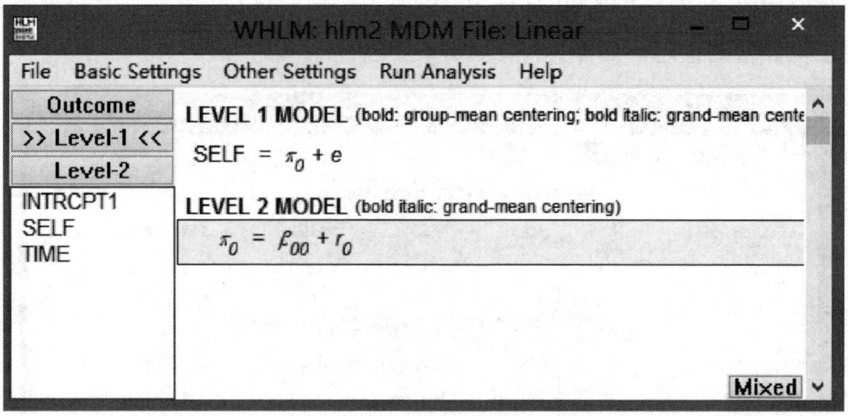

图 14－8 无条件均值模型的定义

（2）无条件增长模型。

用鼠标点击第一水平的变量 SELF，将其选为因变量；再点击第一水平的变量 Time，将其选为预测变量。这里我们可以看到在选择预测变量时下面会出现几个不同的选项，它们是关于变量如何中心化的，在一般的 HLM 使用中往往需要对第一水平的预测变量做组中心化的处理（Raudenbush & Byrk，2002），但是在追踪研究的数据分析中，对于描述时间的变量（如这里的测量次数或年级），我们往往按照要求做了转换（这里将其转换为 0、1、2、3），使得截距有明确的含义（初始状态自我概念的得分），所以这里不再做中心化的处理，即选择“add variable uncentered”，从而得到线性无条件增长模型（第一水平除了描述时间的变量，没有别的预测变量，第二水平没有任何预测变量），点击第二水平斜率的随机部分 γ_1，允许斜率存在个体间差异，如图 14－9 所示。

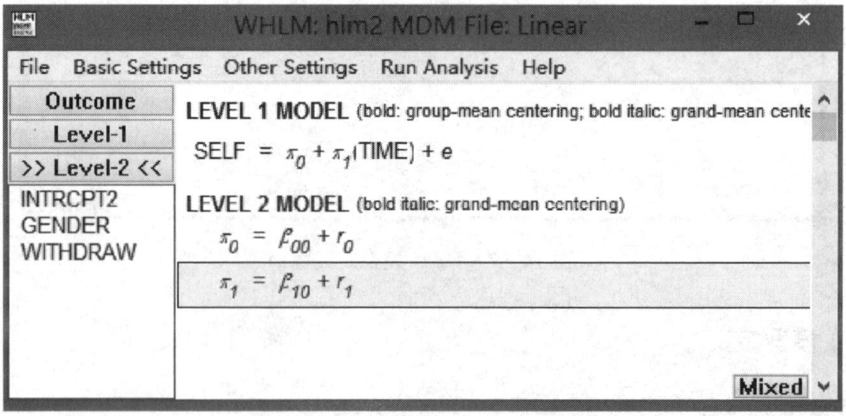

图 14－9 无条件增长模型的定义

从现在定义的模型可以看出，第一水平模型主要用来描述个体随时间的线性变化趋势，第二水平模型用来解释个体之间增长参数截距和斜率的差异。

（3）含有第二水平预测变量的模型（全模型）。

类似于第一水平，先点击左边框中的“Level-2”，出现第二水平的变量，然后在第二水平模型中加入预测变量。可以通过选择第二水平模型前面的方框分别定义第二水平模型。最终的全模型定义如图 14－10 所示。

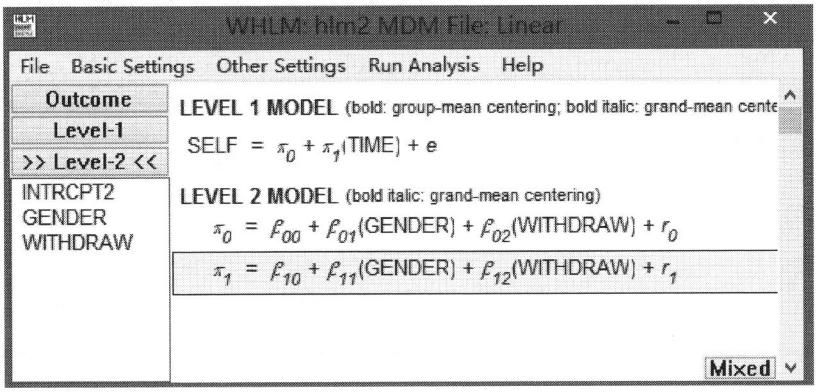

图 14－10　全模型的定义

这样就通过 HLM 软件定义了上面我们所描述的自我概念随时间增长的线性模型，并且用个体的性别和初始退缩行为来预测不同发展趋势的差异。

对于上面定义的模型，均采用全息极大似然估计对参数进行估计，读者可以在 HLM 的主窗口，选择“Other Settings”中的“Estimation Settings”改变估计参数的方法。

2. 非线性增长模型

前面的模型都只考虑了因变量随时间线性变化的趋势，但在多层线性分析中，可以对因变量随时间非线性变化的趋势进行分析，常用的描述非线性增长模型的方法是定义时间的多项式函数。一般来讲，在选择时间的描述变量后，如在自我概念增长趋势的例子中，用 $t=0$，1，2，3（即年级－3）来描述时间，就可以用时间变量 t 的平方即 0，1，4，9 来描述二次增长趋势，以及用时间变量 t 的三次方即 0，1，8，27 来描述三次增长趋势。通常对于 K 个时间点的测量，可以用时间的 $K-1$ 阶多项式准确地描述因变量的增长趋势，如对于 4 个时间点的追踪数据，用含有常数项、一次项、二次项和三次项的三阶多项式就可以准确地描述测量随时间的变化趋势。但在实际应用中，往往选择低于 $K-1$ 阶的多项式来描述模型的增长趋势，进而对所定义模型与数据的拟合进行分析。以下结合自我概念增长趋势的例子，简单说明非线性增长模型的应用。

在原来第一水平模型中增加一个描述时间二次增长趋势的变量 TIME2，其取值为 0，1，4，9。所要考察的第一水平模型为自我概念随年级的二次增长趋势模型，即第一水平的模型为：

$$Y_{ij}=\pi_{0i}+\pi_{1i}(\text{年级}-3)+\pi_{2i}(\text{年级}-3)^2+\varepsilon_{ij}$$

在第二水平模型中，除了前面的描述截距和斜率的 π_{0i} 和 π_{1i}，还增加了一个描述自我概念随时间二次增长的参数 π_{2i}。不含第二水平预测变量的模型可以表示为：

$$\pi_{0i}=\beta_{00}+\gamma_{0i}$$

$$\pi_{1i}=\beta_{10}+\gamma_{1i}$$

$$\pi_{2i}=\beta_{20}+\gamma_{2i}$$

用上面介绍的步骤，生成 HLM 的系统文件，在模型定义窗口定义二次非线性增长模型，如图 14－11 所示。

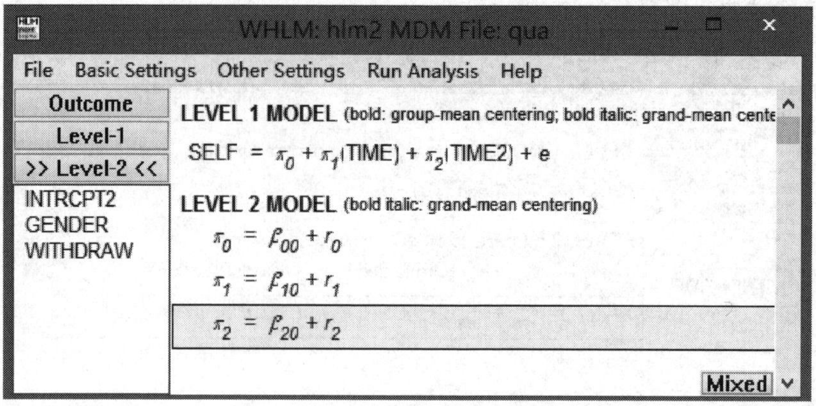

图 14-11 非线性增长模型的定义

（三）主要输出结果

1. 线性增长模型

（1）无条件均值模型的结果。

上述无条件均值模型（第一水平和第二水平均不含预测变量）的输出结果如下所示（只列出主要结果）。

固定部分的参数估计结果见表 14-1。

表 14-1 无条件均值模型固定部分的参数估计结果

Fixed Effect	Coefficient	Standard error	t-ratio	Approx. df	p-value
For INTRCPT1, π_0					
INTRCPT2, β_{00}	2.690067	0.022222	121.055	263	<0.001

固定部分的参数估计结果表明，4 次测量总体平均值的估计值为 2.69。

随机部分的参数估计结果见表 14-2。

表 14-2 无条件均值模型随机部分的参数估计结果

Random Effect	Standard Deviation	Variance Component	df	χ^2	p-value
INTRCPT1, r_0	0.31056	0.09645	263	1014.65943	<0.001
level-1, e	0.36834	0.13568			

从随机部分的参数估计结果可看出，个体之间存在显著的变异（方差=0.096，χ^2=1 014.66，df=263，p<0.001）。可以通过个体间变异在总变异中所占的比例来描述个体观测之间的相关（intra-class correlation），其中个体间变异占总变异的比例为：

$$\hat{\rho}=\frac{\hat{\rho}_0^2}{\hat{\rho}_0^2+\hat{\rho}_\varepsilon^2}=\frac{0.096\ 45}{0.096\ 45+0.135\ 68}=0.415$$

说明个体间变异解释了总变异的 41.5%。

描述模型拟合的差异统计量结果如下：

Statistics for the current model

Deviance=1242.903617

Number of estimated parameters=3

可以发现，描述模型整体拟合的差异统计量为 1 242.90。

差异统计量是基于极大似然函数描述模型整体拟合程度的统计指标，这一统计量可以对两个具有嵌套关系（一个模型可以由另一模型去掉一些变量或限制一些参数得到）的模型拟合程度的差异进行检验。两个模型差异统计量的差值理论上服从卡方分布，其对应自由度为两个模型参数个数的差。需要注意，如果两个模型只是随机部分有差异，那么用全息极大似然估计和限制性极大似然估计得到的差异统计量的差值，都可以用来对两个模型的差异进行检验；但如果固定部分也有差异（如加入了新的预测变量），则只能用全息极大似然估计得到的差异统计量进行检验。

（2）无条件增长模型的结果。

无条件增长模型的结果回答个体是否有线性变化趋势，以及线性变化趋势是否存在个体差异的问题。运行上面定义的无条件模型，得到模型的运行结果如下所示。

固定部分的参数估计结果见表 14-3。

表 14-3　无条件增长模型固定部分的参数估计结果

Fixed Effect	Coefficient	Standard error	*t*-ratio	Approx. df	*p*-value
For INTRCPT1，π_0					
INTRCPT2，β_{00}	2.816084	0.021325	132.054	263	<0.001
For TIME slope，π_1					
INTRCPT2，β_{10}	−0.084012	0.011601	−7.242	263	<0.001

从固定部分的参数估计结果可以看出，初始状态（截距）即三年级儿童自我概念的平均值 β_{00} 为 2.816，但是在三年级到六年级这段时间，自我概念有显著的线性下降趋势（$\beta_{10}=-0.084$，SE=0.012，$t=-7.242$），其平均下降速度为 0.084。

随机部分的参数估计结果见表 14-4。

表 14-4　无条件增长模型随机部分的参数估计结果

Random Effect	Standard Deviation	Variance Component	df	χ^2	*p*-value
INTRCPT1，γ_0	0.22830	0.05212	263	466.53548	<0.001
TIME slope，γ_1	0.12695	0.01612	263	483.19210	<0.001
level-1，e	0.31153	0.09705			

从随机部分的参数估计结果可以看出，第一水平的截距（$\tau_{00}=0.052$，$\chi^2=466.535$，$p<0.001$）和斜率（$\tau_{11}=0.016$，$\chi^2=483.192$，$p<0.001$）均存在显著的个体差异。说明三年级学生初始状态的自我概念存在显著的个体差异，并且在三年级到六年级这段时间，个体自我概念的下降速度也存在显著的个体差异。

描述模型拟合的差异统计量结果如下：

Statistics for the current model

Deviance=1079.763008

Number of estimated parameters=6

可以发现，描述模型整体拟合的差异统计量为 1 079.76，与前面无条件模型拟合的差异统计量 1 242.90 相比，减少了 163.14。两个模型具有嵌套关系（无条件增长模型是在无条件零模型的固定部分增加了第一水平的时间预测变量，随机部分增加了斜率的随机方差以及斜率和截距的协方差），参数个数的差异为 3，对于自由度为 3 的卡方分布，163.14 达到了极其显著的水平，说明加入第一水平时间的预测变量后，模型拟合程度显著提高了。

（3）全模型的结果。

考虑了第二水平预测变量性别和初始退缩行为对个体差异的预测作用后，全模型的输出结果如下所示。

固定部分的参数估计结果见表 14－5。

表 14－5 全模型固定部分的参数估计结果

Fixed Effect	Coefficient	Standard error	t-ratio	Approx. df	p-value
For INTRCPT1，π_0					
INTRCPT2，β_{00}	2.813817	0.029659	94.873	261	<0.001
GENDER，β_{01}	0.004017	0.040567	0.099	261	0.921
WITHDRAW，β_{02}	−0.104416	0.019654	−5.313	261	<0.001
For TIME slope，π_1					
INTRCPT2，β_{10}	−0.116611	0.015711	−7.422	261	<0.001
GENDER，β_{11}	0.057760	0.022286	2.592	261	0.010
WITHDRAW，β_{12}	0.032042	0.011586	2.766	261	0.006

从固定部分的参数估计结果可以看出，对于第一水平的截距，在控制性别和初始退缩行为后，即退缩行为等于零的女生组，初始自我概念的均值为 $\beta_{00}=2.814$，初始状态男女生自我概念的均值不存在显著差异（$\beta_{01}=0.004$，SE=0.041，$t=0.099$），初始退缩行为对初始自我概念有负向的预测作用（$\beta_{02}=-0.104$，SE=0.020，$t=-5.313$），即退缩行为越严重的儿童，三年级时的自我概念水平越低。对于第一水平斜率，在控制性别和初始退缩行为影响后，从三年级到六年级这段时间依然有明显的线性下降趋势（$\beta_{10}=-0.117$，SE=0.016，$t=-7.422$）。另外在三年级到六年级这段时间，男生的自我概念要比女生的自我概念下降速度慢（$\beta_{11}=0.058$，SE=0.022，$t=2.592$），退缩行为严重的儿童自我概念的下降也较为缓慢（$\beta_{12}=0.032$，SE=0.012，$t=2.766$）。

下面进一步就固定部分参数结果的含义进行解释。

退缩行为等于平均水平（WITHDRAW=0）的女生（GENDER=0），其线性变化模型为：

$$截距\ \hat{\pi}_{0i}=2.814+0.004\times0-0.104\times0=2.814$$

斜率 $\hat{\pi}_{1i}=-0.117+0.058\times0+0.032\times0=-0.117$

$Y=2.814-0.117X$

退缩行为等于平均水平（WITHDRAW＝0）的男生（GENDER＝1），其线性变化模型为：

截距 $\hat{\pi}_{0i}=2.814+0.004\times1-0.104\times0=2.818$

斜率 $\hat{\pi}_{1i}=-0.117+0.058\times1+0.032\times0=-0.059$

$Y=2.818-0.059X$

根据上述结果，男生和女生自我概念的线性变化趋势如图 14－12 所示。

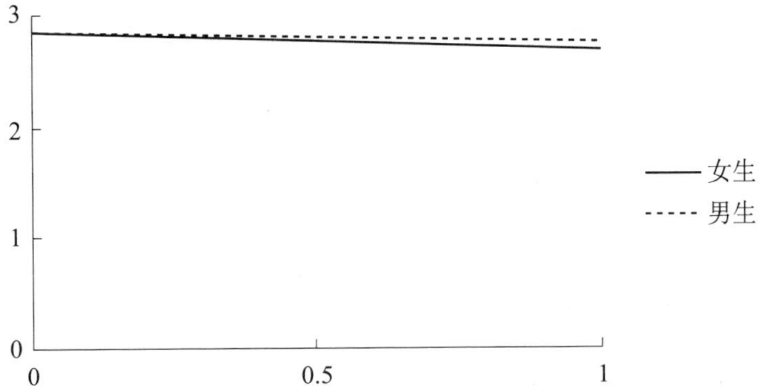

图 14－12　男生和女生自我概念的线性变化趋势

从图中也可以看出，男生的自我概念要比女生的自我概念下降的速度慢。

下面考虑学生的初始退缩行为对自我概念发展的影响。

对退缩行为高于均值一个标准差的女生来说：

增长趋势：截距 $\hat{\pi}_{0i}=2.814+0.004\times0-0.104\times1=2.710$

斜率 $\hat{\pi}_{1i}=-0.117+0.058\times0+0.032\times1=-0.085$

对退缩行为低于均值一个标准差的女生来说：

增长趋势：截距 $\hat{\pi}_{0i}=2.814+0.004\times0-0.104\times(-1)=2.918$

斜率 $\hat{\pi}_{1i}=-0.117+0.058\times0+0.032\times(-1)=-0.149$

对退缩行为高于均值一个标准差的男生来说：

增长趋势：截距 $\hat{\pi}_{0i}=2.814+0.004\times1-0.104\times1=2.714$

斜率 $\hat{\pi}_{1i}=-0.117+0.058\times1+0.032\times1=-0.027$

对退缩行为低于均值一个标准差的男生来说：

增长趋势：截距 $\hat{\pi}_{0i}=2.814+0.004\times1-0.104\times(-1)=2.922$

斜率 $\hat{\pi}_{1i}=-0.117+0.058\times1+0.032\times(-1)=-0.091$

根据上述结果，男生和女生不同退缩行为的自我概念的线性变化趋势如图 14－13 所示。

从图中也可以看出，退缩行为和时间存在交互作用，即退缩行为严重的儿童自我概念的下降也较为缓慢。

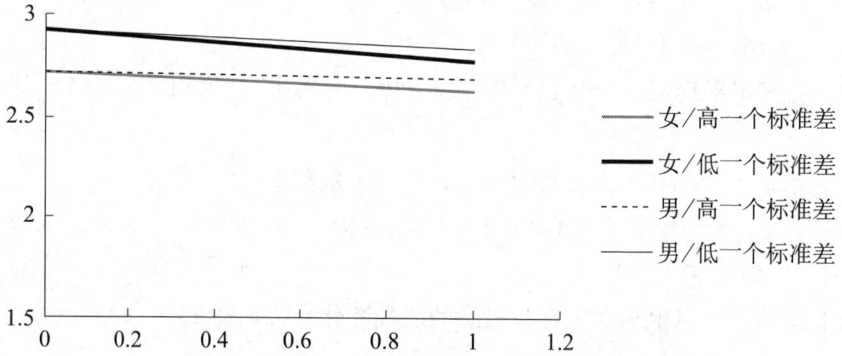

图 14-13　男生和女生不同退缩行为的自我概念的线性变化趋势

随机部分的参数估计结果见表 14-6。

表 14-6　全模型随机部分的参数估计结果

Random Effect	Standard Deviation	Variance Component	df	χ^2	p-value
INTRCPT1，γ_0	0.20302	0.04122	261	424.17350	<0.001
TIME slope，γ_1	0.12013	0.01443	261	460.28795	<0.001
level-1，e	0.31153	0.09705			

从随机部分的参数估计结果可以看出，在考虑了性别和初始退缩行为对个体之间发展差异的影响后，截距（$\tau_{00}=0.041$，$\chi^2=424.17$，$p=0.000$）和斜率（$\tau_{11}=0.014$，$\chi^2=460.288$，$p=0.000$）的个体差异仍然显著。但是较以前有了明显下降，截距的随机变异从以前的 0.052 12 下降到 0.041 22，下降了（0.052 12−0.041 22)/0.052 12=20.91%，说明性别和初始退缩行为解释了个体间截距随机变异的 20.91%；斜率的随机变异从 0.016 12 下降到 0.014 43，下降了 10.48%，说明性别和三年级时的退缩行为解释了个体之间斜率变异的 10.48%。

描述模型整体拟合的差异统计量结果如下：

Statistics for the current model

Deviance=1046.597216

Number of estimated parameters=10

描述模型整体拟合的差异统计量的值为 1 046.597。与上面的无条件增长模型相比，减少了 1 079.76−1 046.60=33.16，参数个数增加了 4 个，对于自由度为 4 的卡方分布，33.16 达到了极其显著的水平，说明总体来讲，性别和初始退缩行为对于个体初始状态的差异以及个体自我概念下降趋势的差异有显著的预测作用。

2. 非线性增长模型

运行上面定义的模型，得到的结果如下所示。

固定部分的参数估计结果见表 14-7。

表 14-7　非线性增长模型固定部分的参数估计结果

Fixed Effect	Coefficient	Standard error	t-ratio	Approx. df	p-value
For INTRCPT1，π_0					
INTRCPT2，β_{00}	2.852225	0.022662	125.857	263	<0.001
For TIME slope，π_1					
INTRCPT2，β_{10}	−0.192433	0.031972	−6.019	263	<0.001
For TIME2 slope，π_2					
INTRCPT2，β_{20}	0.036140	0.009720	3.718	263	<0.001

从上面固定部分的参数估计结果可以看出，从三年级到六年级这段时间自我概念有显著的二次型变化趋势（$\beta_{20}=0.036$，SE=0.010，$t=3.718$）。从模型的参数估计结果可以进一步估计出，三年级时自我概念的总体平均值的估计值为 $2.852-0.192\times0+0.036\times0=2.852$，四年级自我概念平均值的估计值为 $2.852-0.192\times1+0.036\times1=2.696$，五年级自我概念平均值的估计值为 $2.852-0.192\times2+0.036\times4=2.612$，六年级自我概念平均值的估计值为 $2.852-0.192\times3+0.036\times9=2.600$。可以看出，在三年级到六年级这段时间，自我概念虽然有下降的趋势，但是下降趋势逐渐减缓。对于一组重复测量的数据，多项式阶数的增加可以使模型的估计值更加准确，也就是说，相比线性（一阶）模型，二次型（二阶）模型更好地拟合了数据。

随机部分的参数估计结果见表 14-8。

表 14-8　非线性增长模型随机部分的参数估计结果

Random Effect	Standard Deviation	Variance Component	df	χ^2	p-value
INTRCPT1，γ_0	0.22568	0.05093	263	422.84092	<0.001
TIME slope，γ_1	0.22706	0.05155	263	326.34296	0.005
TIME2 slope，γ_2	0.05164	0.00267	263	295.60079	0.081
level-1，e	0.29851	0.08911			

从随机部分的参数估计结果可以看出，虽然自我概念有显著的二次增长趋势，但是这一增长趋势并不存在显著的个体差异（$\tau_{22}=0.00267$，$p=0.081>0.05$）。由于这一不显著的随机变异，在后面的分析中就不必要再加入第二水平的预测变量对其差异进行解释，通常也直接在第一水平中定义二次变化参数 π_{2i} 为一固定参数，即限制 γ_{2i} 等于 0。

模型拟合的估计结果如下：

Statistics for the current model

Deviance=1060.306118

Number of estimated parameters=10

相比前面考虑的无条件线性增长模型，二次非线性增长模型中增加了一个固定部分的参数（β_{20}）和三个随机部分的参数（τ_{02}，τ_{12}，τ_{22}）。描述模型拟合的差异统计量由原来的1 079.76减小到1 060.31，减小了19.45，参数个数增加了4个，对于自由度为4的卡方分布来讲，19.45达到了0.01的显著性水平，说明增加了二次增长趋势后，模型比以前更好地拟合了数据。

由于非线性增长模型的定义和线性增长模型的定义非常类似，同时受篇幅所限，因此在下面SPSS和Mplus操作中仅介绍线性增长模型。

二、应用案例一及SPSS操作

（一）数据准备

将前面第一水平和第二水平的数据根据id进行合并，具体操作方法与第十三章第五节的SPSS操作部分类似。详见文件“14-3.sav”。

（二）模型定义

1. 无条件均值模型

首先点击Analyze→Mixed Models→Linear...。将变量id选入“Subjects”框中，表示变量id标记的是个体层面（第二水平变量），然后点击“Continue”。在出现的对话框中，将变量self选入“Dependent Variable”框中，再点击“Random...”。在弹出的对话框的上方“Covariance Type”中，选择“Unstructured”，然后在“Random Effects”部分，勾选“Include Intercept”，表示模型中包括截距项。在下面“Subject Groupings”中，将变量id选入右侧“Combinations”框中，再点击“Continue”。点击“Statistics...”对输出结果进行设定，在“Model Statistics”部分，勾选“Parameter estimates for fixed effects”（参数估计结果）和“Tests for covariance parameters”（协方差估计结果的统计检验）两项，点击“Continue”。最后点击“OK”运行程序。具体语句详见文件“14-4.sps”。

2. 无条件增长模型

首先点击Analyze→Mixed Models→Linear...。将变量id选入“Subjects”框中，表示变量id标记的是个体层面（第二水平变量），然后点击“Continue”。在出现的对话框中，将变量self选入“Dependent Variable”框中，因为time是连续变量，所以将变量time选入协变量“Covariate（s）”框中。点击“Fixed...”，将协变量time选入“Model”中，点击“Continue”。再点击“Random...”。在弹出对话框的上方“Covariance Type”中，选择“Unstructured”，然后在“Random Effects”部分，勾选“Include Intercept”，表示模型中包括截距项。在“Factors and Covariates”中，将变量time选入“Model”中。在下面“Subject Groupings”中，将变量id选入右侧“Combinations”框中，再点击“Continue”。点击“Statistics...”对输出结果进行设定，在“Model Statistics”部分，勾选“Parameter estimates for fixed effects”（参数估计结果）和“Tests for covariance parameters”（协方差估计结果的统计检验）两项，点击“Continue”。最后点击“OK”运行程序。具体语句详见文件“14-4.sps”。

3. 含有第二水平预测变量模型（全模型）

首先点击 Analyze→Mixed Models→Linear... 。将变量 id 选入 “Subjects” 框中，表示变量 id 标记的是个体层面（第二水平变量），然后点击 “Continue”。在出现的对话框中，将变量 self 选入 “Dependent Variable” 框中，因为 time 和 withdraw 是连续变量，所以将变量 time 和 withdraw 选入协变量 “Covariate（s）” 框中。而 gender 是离散变量，因此将变量 gender 选入 “Factor（s）” 框中。点击 “Fixed...”，先将中间下拉条默认的 “Factorial” 改为 “Main Effects”，再将 “Factors and Covariates” 中的三个变量 gender、time 和 withdraw 同时选中，点击 “Add”，右侧 “Model” 框会添加三个主效应。接着将 “Main Effects” 改为 “Interaction”，同时选中 gender 和 time，点击 “Add”，在 “Model” 框中添加 gender * time 的交互项；同时选中 time 和 withdraw，点击 “Add”，在 “Model” 框中添加 time * withdraw 的交互项，点击 “Continue...”。最后点击 “OK” 运行程序。具体语句详见文件 “14 - 4. sps”。

（三）主要输出结果

1. 无条件均值模型

表 14 - 9 是无条件均值模型固定部分的参数估计结果，具体来说就是模型的截距项估计结果。

表 14 - 9　无条件均值模型固定部分的参数估计结果

Estimates of Fixed Effects[a]

Parameter	Estimate	Std. Error	df	t	Sig.	95% Confidence Interval	
						Lower Bound	Upper Bound
Intercept	2.690067	.022264	263	120.826	.000	2.646228	2.733905

a. Dependent Variable：self.

表 14 - 10 是无条件均值模型随机部分的参数估计结果，包括第一水平的变异（Residual）和第二水平的变异（Intercept [subject=id] Variance）的估计结果。

表 14 - 10　无条件均值模型随机部分的参数估计结果

Estimates of Covariance Parameters[a]

Parameter	Estimate	Std. Error	Wald Z	Sig.	95% Confidence Interval	
					Lower Bound	Upper Bound
Residual	.135677	.006818	19.900	.000	.122951	.149721
Intercept [subject=id] Variance	.096942	.011538	8.402	.000	.076772	.122412

a. Dependent Variable：self.

2. 无条件增长模型

表 14 - 11 是无条件增长模型固定部分的参数估计结果，包括截距参数（即 β_{00}）和时间的斜率（即 β_{10}）结果。具体参数的含义可参考 HLM 部分的结果解释。

表 14－11 无条件增长模型固定部分的参数估计结果

Estimates of Fixed Effects[a]

Parameter	Estimate	Std. Error	df	t	Sig.	95% Confidence Interval	
						Lower Bound	Upper Bound
Intercept	2.816084	.021366	263	131.804	.000	2.774015	2.858154
time	−.084012	.011623	263	−7.228	.000	−.106897	−.061126

a. Dependent Variable：self.

表 14－12 是随机部分的参数估计结果，包括第一水平的变异结果，以及截距和时间的斜率的协方差矩阵估计结果。其中 UN(1，1) 表示截距的方差（即 τ_{00}），即截距在第二水平的变异，UN(2，1) 表示二者协方差，UN(2，2) 表示时间的斜率的方差（即 τ_{11}）。具体参数的含义可参考 HLM 部分的结果解释。

表 14－12 无条件增长模型随机部分的参数估计结果

Estimates of Covariance Parameters[a]

Parameter		Estimate	Std. Error	Wald Z	Sig.	95% Confidence Interval	
						Lower Bound	Upper Bound
Residual		.097054	.005973	16.248	.000	.086025	.109497
Intercept＋time [subject＝id]	UN(1，1)	.052577	.011311	4.648	.000	.034489	.080151
	UN(2，1)	.005819	.004649	1.251	.211	−.003294	.014931
	UN(2，2)	.016251	.003331	4.878	.000	.010874	.024287

a. Dependent Variable：self.

3. 含有第二水平预测变量模型的定义（全模型）

表 14－13 是固定部分的参数估计结果，包括第一水平的截距 β_{00}，第一水平的斜率 β_{10}，第二水平预测变量的斜率 β_{01}、β_{02}，性别和时间的交互作用 β_{11}，以及时间和退缩行为的交互作用 β_{12}。具体参数的含义可参考 HLM 部分的结果解释。

表 14－13 全模型固定部分的参数估计结果

Estimates of Fixed Effects[a]

Parameter	Estimate	Std. Error	df	t	Sig.	95% Confidence Interval	
						Lower Bound	Upper Bound
Intercept	2.817834	.027267	261	103.344	.000	2.764144	2.871525
time	−.058851	.015182	261.000	−3.876	.000	−.088746	−.028955
[gender＝.00]	−.004017	.041401	261	−.097	.923	−.085539	.077505
[gender＝1.00]	0[b]	0					
[gender＝.00] * time	−.057760	.023052	261.000	−2.506	.013	−.103153	−.012368
[gender＝1.00] * time	0[b]	0					
X	−.104416	.020567	261	−5.077	.000	−.144914	−.063918
time * X	.032042	.011452	261.000	2.798	.006	.009492	.054592

a. Dependent Variable：self.

b. This parameter is set to zero because it is redundant.

表 14－14 是全模型随机部分的参数估计结果，包括第一水平的变异和第二水平的变异的估计结果。

表 14－14 全模型随机部分的参数估计结果

Estimates of Covariance Parameters[a]

Parameter		Estimate	Std. Error	Wald Z	Sig.	95% Confidence Interval	
						Lower Bound	Upper Bound
Residual		.097054	.005973	16.248	.000	.086025	.109497
Intercept＋time [subject＝id]	UN(1，1)	.042474	.010531	4.033	.000	.026126	.069050
	UN(2，1)	.008697	.004392	1.980	.048	8.907968E-5	.017305
	UN(2，2)	.014821	.003226	4.594	.000	.009674	.022707

a. Dependent Variable：self.

三、应用案例一及 Mplus 操作

（一）数据准备

Mplus 中的数据格式与 SPSS 中的类似，整理完之后另存为“14－5. dat”。

（二）模型定义

1. 无条件均值模型

无条件均值模型的 Mplus 语句如下（也可参见文件“14－6. inp”）：

```
data：file=14-5.dat；
variable：names=id self time time2 gender withdraw；
          usevar=self；
          cluster=id；
analysis：type=twolevel；
```

数据文件、变量名、使用变量的定义与前面章节的类似。在变量部分，cluster＝id 表示 id 是标记数据嵌套关系的变量。在分析部分，type＝twolevel 表示这是一个两水平的分析。

2. 无条件增长模型

无条件增长模型的 Mplus 语句如下（也可参见文件“14－7. inp”）：

```
data：file=14-5.dat；
variable：names=id self time gender withdraw；
          usevar=self time；
          cluster=id；
          within=time；
analysis：type=twolevel random；
model：
```

```
%within%
beta1j | self on time;
%between%
self with beta1j;
```

数据文件、变量名、使用变量的定义与前面章节的类似。在变量部分，cluster＝id 表示 id 是标记数据嵌套关系的变量，within＝time 表示组内变量是 time。在分析部分，type＝twolevel random 表示这是一个两水平的分析，并且模型中包括随机部分。接下来，在模型部分，分别用%within%和%between%定义组内水平（第一水平）和组间水平（第二水平）的模型。在第一水平中，beta1j | self on time 表示 time 对 self 的影响系数为 beta1j（斜率），这个系数在第二水平包含随机部分。在第二水平中，self with beta1j 表示 self 的截距项和 beta1j（斜率）相关。

3. 含有第二水平预测变量模型的定义（全模型）

全模型的 Mplus 语句如下（也可参见文件“14－8. inp”）：

```
data: file=14-5.dat;
variable: names=id self time gender withdraw;
          usevar=self time gender withdraw;
          cluster=id;
          within=time;
          between=gender withdraw;
analysis: type=twolevel random;
model: %within%
        beta1j | self on time;
        %between%
        self on gender;
        beta1j on gender;
        self on withdraw;
        beta1j on withdraw;
        self with beta1j;
```

与上一个模型的区别在于：首先，变量部分使用 between＝gender withdraw 定义了第二水平的变量，其中有 gender 和 withdraw；其次，在模型定义的第二水平部分（%between%），使用 self on gender 和 self on withdraw 定义了 gender 和 withdraw 对截距的影响，使用 beta1j on gender 和 beta1j on withdraw 定义了 gender 和 withdraw 对时间的斜率的影响。

（三）主要输出结果

1. 无条件均值模型

结果输出部分主要包括拟合指数结果和模型估计结果（详见文件“14－6. out”）。现主要介绍模型估计结果，如下：

MODEL RESULTS

	Estimate	S. E.	Est. /S. E.	Two-Tailed P-Value
Within Level				
Variances				
SELF	0.185	0.014	13.021	0.000
Between Level				
Means				
SELF	2.708	0.023	116.338	0.000
Variances				
SELF	0.050	0.013	3.973	0.000

在第一水平（Within Level），Variances 表示第一水平的变异估计结果。在第二水平(Between Level)，Means 部分是 SELF 的截距，表示个体层面自我概念的平均水平，Variances 部分表示变异，SELF 表示截距部分的变异（第二水平变异），即 τ_{00}。

2. 无条件增长模型

结果输出部分主要包括拟合指数结果和模型估计结果（详见文件“14－7. out”）。现主要介绍模型估计结果，如下：

MODEL RESULTS

	Estimate	S. E.	Est. /S. E.	Two-Tailed P-Value
Within Level				
Residual Variances				
SELF	0.097	0.006	15.392	0.000
Between Level				
SELF WITH				
BETA1J	0.006	0.005	1.143	0.253
Means				
SELF	2.816	0.021	132.052	0.000
BETA1J	−0.084	0.012	−7.242	0.000
Variances				
SELF	0.052	0.013	4.044	0.000
BETA1J	0.016	0.003	4.719	0.000

在第一水平（Within Level），Residual Variances 表示第一水平的变异。在第二水平(Between Level)，SELF WITH BETA1J 表示截距与斜率的相关，Means 部分是 SELF 的截距，表示个体层面自我概念的平均水平，可以发现，BETA1J 的均值为−0.084，达到显著性水平，表示自我概念随着时间的推移而降低，Variances 部分表示变异，SELF 表示截距部分的变异，即 τ_{00}，BETA1J 表示斜率在第一水平的变异。

3. 全模型

结果输出部分主要包括拟合指数结果和模型估计结果（详见文件“14－8. out”）。现主要介绍模型估计结果，如下：

MODEL RESULTS

	Estimate	S. E.	Est. /S. E.	Two-Tailed P-Value
Within Level				
Residual Variances				
SELF	0.097	0.006	15.392	0.000
Between Level				
BETA1J ON				
GENDER	0.058	0.022	2.592	0.010
WITHDRAW	0.032	0.012	2.765	0.006
SELF ON				
GENDER	0.004	0.041	0.099	0.921
WITHDRAW	−0.104	0.020	−5.312	0.000
SELF WITH				
BETA1J	0.009	0.005	1.869	0.062
Intercepts				
SELF	2.814	0.030	94.874	0.000
BETA1J	−0.117	0.016	−7.422	0.000
Residual Variances				
SELF	0.041	0.012	3.547	0.000
BETA1J	0.014	0.003	4.297	0.000

可以看到，模型结果在上一个模型的基础上，得到了性别和退缩行为对第一水平截距的影响。其中，退缩行为的系数为−0.104，达到显著性水平，说明退缩行为越严重的儿童，三年级时的自我概念越低。模型结果还得到了性别和退缩行为对第一水平斜率的影响。其中，性别的系数为 0.058，达到显著性水平，说明在控制退缩行为的条件下，男生的自我概念要比女生的自我概念下降的速度慢。退缩行为的系数为 0.032，达到显著性水平，说明在控制性别的条件下，退缩行为严重的儿童自我概念的下降也较为缓慢。另外，Intercepts 部分分别呈现了第一水平截距项和第一水平斜率的截距项，Residual Variances 部分分别呈现了第一水平截距项的变异和第一水平斜率项的变异。

第五节　应用案例二及操作

在追踪研究中，有时还会考虑随时间变化的预测变量对发展趋势的影响。传统的重复测量方差分析和多元方差分析不能处理随时间变化的协变量，而多层线性模型可以直接通过在第一水平（测量水平）增加预测变量来简单地解决这一问题。下面结合一个例子来简单介绍多层线性模型在处理含有随时间变化的预测变量模型时的应用以及应注意的问题。

采用美国关于婚姻稳定性调查研究的部分数据，这里只采用数据库中 231 名年龄在 25～30 岁的被试分别在 1980 年、1983 年、1988 年和 1992 年 4 次测量的结果。其中用到的变量有：4 次测量的婚姻幸福感（由 11 个评价项目合成的连续变量），采用 5 级评定的形式；4 次测量的关于婚姻中存在问题程度的描述，由 13 个项目组成，每个项目有两种评价，0 表示没有问题，1 表示有问题（为了解释简单，本例将此变量最后合成的值重新编码为 0 和 1 取值的变量，0 表示在所有项目上评价都为 0，1 表示至少在一个项目上评价不等于 0）；被试每次测量时的实际年龄。除了这些随时间变化的变量外，还有一些不随时间变化的变量，这些变量属于个体水平变量，包括个体的性别、受教育程度以及第一次测试时被试结婚时间的长短等。研究目的在于考察在第一水平模型中加入随时间变化的预测变量后，应如何解释其结果的意义。

一、应用案例二及 HLM 操作

（一）数据准备

与上一节一致，这里我们依旧用 SPSS 软件来管理数据。

1. 第一水平的数据

在第一水平的数据中，有描述被试编号的变量 id、表示婚姻幸福感的变量 marhap、表示婚姻问题的变量 marpro1，以及时间变量，即个体实际测试时的年龄减去 25，由此截距表示的含义为 25 岁不存在婚姻问题的个体对婚姻幸福感评价的估计值，用 ager_25 表示。详见文件“14－9. sav”。

2. 第二水平的数据

第二水平的数据中包含一个与第一水平数据中相同的描述被试编号的变量 id，另外还包含两个描述个体水平特征的变量，即被试的性别和初次测量的年龄。详见文件“14－10. sav”。

（二）模型定义

首先依据上一节介绍过的建立 HLM 系统文件的方法建立 HLM 的命令文件，唯一不同的是在第一水平变量中，除了描述时间的每次测试时被试的年龄（AGER_25），多了一个随时间变化的预测变量（是否存在婚姻问题，即 MARPRO1）。这里不考虑第二水平预测变量的解释作用，对于第一水平随时间变化的预测变量也假设其为固定参数。建立的模型如图 14－14 所示。

（三）主要输出结果

模型固定部分的参数估计结果见表 14－15。

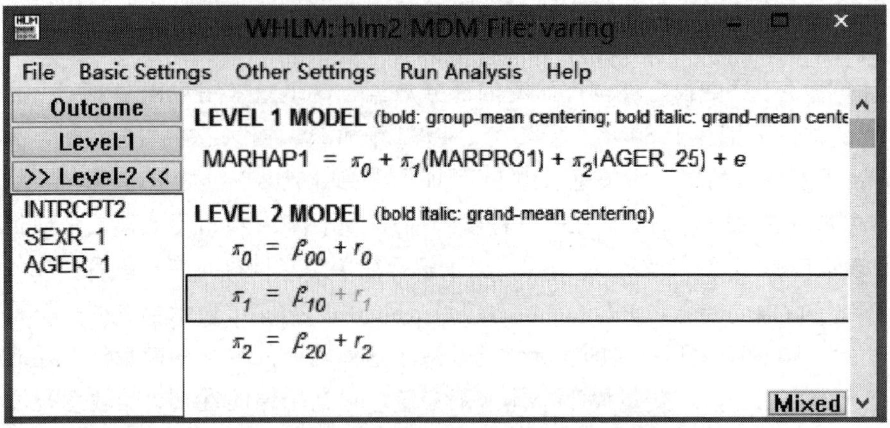

图 14-14　含随时间变化的预测变量的模型

表 14-15　含随时间变化的预测变量的模型固定部分的参数估计结果

Fixed Effect	Coefficient	Standard error	t-ratio	Approx. df	p-value
For INTRCPT1，π_0					
INTRCPT2，β_{00}	30.988053	0.286660	108.100	230	<0.001
For MARPRO1 slope，π_1					
INTRCPT2，β_{10}	−1.956710	0.274253	−7.135	447	<0.001
For AGER_25 slope，π_2					
INTRCPT2，β_{20}	−0.141335	0.022104	−6.394	230	<0.001

固定部分的参数估计结果表明，婚姻幸福感随着年龄增加有显著的下降趋势（$\beta_{20}=-0.141$，$SE=0.022$，$t=-6.394$）；近期家庭中是否存在问题对婚姻幸福感有显著的影响，评价近期婚姻中有问题的个体，其婚姻幸福感明显低于没有问题的个体，平均低 1.957（$\beta_{10}=-1.957$，SE=0.274，$t=-7.135$）。

对于 4 次婚姻问题评价都为 0 的被试，估计得到的婚姻幸福感随年龄的下降趋势为 30.988−0.141×(年龄−25)。同理可以得到其他一些情况下的发展模型。从上面的分析中可看出，如果模型中包含随时间变化的预测变量，那么模型的变化曲线可能依不同时间点预测变量值的不同而不同。对于随时间变化的预测变量是连续变量的情况，同样可以用上面的方法对预测变量的影响进行分析。

模型随机部分的参数估计结果见表 14-16。

表 14-16　含随时间变化的预测变量的模型随机部分的参数估计结果

Random Effect	Standard Deviation	Variance Component	df	χ^2	p-value
INTRCPT1，γ_0	2.04625	4.18712	230	372.03764	<0.001
AGER_25 slope，γ_2	0.17517	0.03068	230	311.56113	<0.001
level-1，e	2.48102	6.15544			

从随机部分的估计结果可以看出，个体之间的变化趋势存在显著的差异。

模型拟合的差异统计量结果如下：

Statistics for the current model

Deviance=4666.081588

Number of estimated parameters=7

从上面的分析中可以看出，在第一水平模型中只考虑了随时间变化的预测变量的主效应对因变量的影响，这一变量对不同测量时间点截距的估计值有影响。在研究中如果还进一步关心这一随时间变化的预测变量对于因变量随时间（年龄）变化速度的影响，则可以通过在第一水平模型中加入时间与随时间变化的预测变量的交互作用项来解决这一问题。但是，在第一水平模型中增加变量的个数并不是无限制的，而是受到测量次数的影响。这里对于第一水平含时间与预测变量交互作用的模型不再详细叙述，感兴趣的读者可以参考 Singer 和 Willett（2003）。

二、应用案例二及 SPSS 操作

（一）数据准备

将前面第一水平和第二水平的数据根据 id 进行合并，具体操作方法与第十三章第五节的 SPSS 操作部分类似。详见文件“14－11. sav”。

（二）模型定义

首先点击 Analyze→Mixed Models→Linear...。将变量 id 选入“Subjects”框中，表示变量 id 标记的是个体层面（第二水平变量），然后点击“Continue”。在出现的对话框中，将变量 marhap 选入因变量“Dependent Variable”框中，将变量 ager_25、marpro1 选入“Covariate（s）”框中。点击“Fixed...”，将协变量 ager_25、marpro1 选入“Model”中，点击“Continue”。再点击“Random...”。在弹出对话框的上方“Covariance Type”中，选择“Unstructured”，然后在“Random Effects”部分，勾选“Include Intercept”，表示模型中包括截距项。在“Factors and Covariates”中，将变量 ager_25 选入“Model”中。在下面“Subject Groupings”中，将变量 id 选入右侧“Combinations”框中，再点击“Continue”。点击“Statistics...”对输出结果进行设定，在“Model Statistics”部分，勾选“Parameter estimates for fixed effects”（参数估计结果）和“Tests for covariance parameters”（协方差估计结果的统计检验）两项，点击“Continue”。最后点击“OK”运行程序。具体语句详见文件“14－12. sps”。

（三）主要输出结果

表 14－17 是模型固定部分的参数估计结果，包括截距参数（即 β_{00}）和时间的斜率（即 β_{10}），以及随时间变化的预测变量的斜率（即 β_{20}）。具体参数的含义可参考 HLM 部分的结果解释。

表 14-17 含随时间变化的预测变量的模型固定部分的参数估计结果

Estimates of Fixed Effects[a]

Parameter	Estimate	Std. Error	df	t	Sig.	95% Confidence Interval	
						Lower Bound	Upper Bound
Intercept	30.987406	.311286	522.972	99.546	.000	30.375880	31.598931
ager_25	−.141353	.022172	222.554	−6.375	.000	−.185046	−.097659
marprol	−1.955784	.268297	869.195	−7.290	.000	−2.482370	−1.429198

a. Dependent Variable：MARITAL HAPPINESS.

表 14-18 是模型随机部分的参数估计结果，包括第一水平的变异结果，以及截距和时间的斜率的协方差矩阵估计结果。其中 UN(1，1) 表示截距的方差（即 τ_{00}），即截距在第二水平的变异，UN(2，1) 表示二者协方差，UN(2，2) 表示时间的斜率的方差（即 τ_{11}）。具体参数的含义可参考 HLM 部分的结果解释。

表 14-18 含随时间变化的预测变量的模型随机部分的参数估计结果

Estimates of Covariance Parameters[a]

Parameter		Estimate	Std. Error	Wald Z	Sig.	95% Confidence Interval	
						Lower Bound	Upper Bound
Residual		6.166455	.403980	15.264	.000	5.423395	7.011321
Intercept+ager_25 [subject=id]	UN(1，1)	4.220125	1.074728	3.927	.000	2.561840	6.951821
	UN(2，1)	.005997	.094969	.063	.950	−.180140	.192134
	UN(2，2)	.031059	.011846	2.622	.009	.014707	.065592

a. Dependent Variable：MARITAL HAPPINESS.

三、应用案例二及 Mplus 操作

（一）数据准备

Mplus 中的数据格式与 SPSS 中的类似，整理完之后另存为“14-13.dat”。

（二）模型定义

含有随时间变化的预测变量的模型的 Mplus 语句如下（也可参见文件“14-14.inp”）：

```
data：file=14-13.dat;
variable：names=id marhap ager_25 marprol ager_1 sexr_1;
          usevar=marhap ager_25 marprol;
          cluster=id;
          within=ager_25 marprol;
analysis：type=twolevel random;
model：%within%
```

```
beta1j | marhap on ager_25;
marhap on marpro1;
%between%
marhap with beta1j;
```

与第五节中相应部分的区别在于：在第一水平，beta1j | marhap on ager_25 表示 ager_25 对 marhap 的影响系数为 beta1j（斜率），这个系数在第二水平包含随机部分。marhap on marpro1 表示 marpro1 对 marhap 的影响，且这个系数在第二水平不包含随机部分。在第二水平，marhap with beta1j 表示 marhap 的截距项和 beta1j（斜率）相关。

（三）主要输出结果

结果输出部分主要包括拟合指数结果和模型估计结果（详见文件“14 - 14. out”）。现主要介绍模型估计结果，如下：

MODEL RESULTS

	Estimate	S. E.	Est. /S. E.	Two-Tailed P-Value
Within Level				
MARHAP　ON				
MARPRO1	−0.780	0.056	−13.930	0.000
Residual Variances				
MARHAP	6.432	0.690	9.318	0.000
Between Level				
MARHAP WITH				
BETA1J	−0.098	0.124	−0.791	0.429
Means				
MARHAP	29.997	0.237	126.707	0.000
BETA1J	−0.131	0.023	−5.698	0.000
Variances				
MARHAP	4.983	1.202	4.146	0.000
BETA1J	0.043	0.016	2.761	0.006

在第一水平（Within Level），Residual Variances 表示第一水平的变异。MARHAP ON MARPRO1 表示随时间变化的变量“婚姻是否有问题”对婚姻幸福感有显著影响，且婚姻有问题者的婚姻幸福感显著低于婚姻无问题者。在第二水平（Between Level），MARHAP WITH BETA1J 表示截距与斜率的相关，Means 部分是 MARHAP 的截距，表示个体层面婚姻幸福感的平均水平，可以发现，BETA1J 的均值为−0.131，达到显著性水平，表示婚姻幸福感随着年龄增长而下降。Variances 部分表示变异，MARHAP 表示截距部分的变异，即 τ_{00}，BETA1J 表示斜率在第一水平的变异。

《 关键术语 》

多层线性模型　　追踪研究　　个体发展趋势　　个体发展趋势差异

本章要点

1. 多层线性模型是将重复测量看作嵌套于个体观测数据的多层分析模型，通过同时考虑测量水平和个体水平的差异，可以明确表示总体的发展趋势及个体在发展趋势上的差异。

2. 多层线性模型对于重复测量的次数和重复测量之间的时间跨度没有严格的限制，不同个体可以有不同的测量次数，不同测量之间的时间跨度也可以不同，同时可以考虑更高一层的变化对个体的影响。

参考文献

Aiken, L. S., & West, S. G. (1991). *Multiple regression: Testing and interpreting interactions*. Thousand Oaks, CA: Sage.

Aitkin, M., & Longford, N. (1986). Statistical modelling issues in school effectiveness studies. *Journal of the Royal Statistical Society*, *149* (1), 1 - 43.

Algina, J., & Moulder, B. C. (2001). A note on estimating the Jöreskog-Yang model for latent variable interaction using LISREL 8.3. *Structural Equation Modeling*, *8* (1), 40 - 52.

Allison, P. D. (1999). *Multiple regression: A primer*. Thousand Oaks, CA: Pine Forge Press.

Alwin, D. F., & Hauser, R. M. (1975). The decomposition of effects in path analysis. *American Sociological Review*, *40* (1), 37 - 47.

Anderson, D. R., Burnham, K. P., & White, G. C. (1998). Comparison of Akaike information criterion and consistent Akaike information criterion for model selection and statistical inference from capture-recapture studies. *Journal of Applied Statistics*, *25* (2), 263 - 282.

Anderson, J. C., & Gerbing, D. W. (1988). Structural equation modeling in practice: A review and recommended two-step approach. *Psychological Bulletin*, *103* (3), 411 - 423.

Angrist, J. D., Imbens, G. W., & Rubin, D. B. (1996). Identification of causal effects using instrumental variables. *Journal of the American Statistical Association*, *91* (434), 444 - 455.

Aroian, L. A. (1947). The probability function of the product of two normally distributed variables. *The Annals of Mathematical Statistics*, *18* (2), 265 - 271.

Barcikowski, R. S. (1981). Statistical modeling issues in school effectiveness studies. *Journal of Educational Statistics*, *6* (3), 267 - 285.

Baron, R. M., & Kenny, D. A. (1986). The moderator-mediator variable distinction in social psychological research: Conceptual, strategic, and statistical considerations. *Journal of Personality & Social Psychology*, *51* (6), 1173 - 1182.

Bentler, P. M. (1990). Comparative fit indexes in structural models. *Psychological Bulletin*, *107* (2), 238 - 246.

Bentler, P. M., & Bonett, D. G. (1980). Significance tests and goodness of fit in the analysis of covariance structures. *Psychological Bulletin*, *88* (3), 588 - 606.

Bentler, P. M., & Chou, C. P. (1987). Practical issues in structural equation modeling. *Sociological Methods & Research*, *16* (1), 187 - 196.

Bock, R. D., & Bargmann, R. E. (1966). Analysis of covariance structures. *Psychometrika*, *31* (4), 507 - 534.

Bodling, A. M., & Martin, T. (2011). Eysenck Personality Inventory. In *Encyclopedia of Clinical*

Neuropsychology (pp. 1007 - 1008) . New York, NY: Springer.

Bollen, K. A. (1989) . *Structural equations with latent variables*. New York, NY: Wiley.

Box, G. E. P. (1949). A general distribution theory for a class of likelihood criteria. *Biometrika*, *36* (314), 317.

Browne, M. W. (2001) . An overview of analytic rotation in exploratory factor analysis. *Multivariate Behavioral Research*, *36* (1), 111 - 150.

Byrne, B. M. (2011) . *Structural equation modeling with Mplus: Basic concepts, applications, and programming*. Mahwah, NJ: Routledge.

Cattell, H. B. (1989) . *The 16PF: Personality in depth*. Champaign, IL: Institute for Personality and Ability Testing.

Cheung, G. W., & Rensvold, R. B. (2002) . Evaluating goodness-of-fit indexes for testing measurement invariance. *Structural Equation Modeling*, *9* (2), 233 - 255.

Cohen, J. (1988) . *Statistical power analysis for the behavioral sciences* (2nd ed.) . New York, NY: Erlbaum.

Cohen, J., Cohen, P., West, S. G., & Aiken, L. S. (2003) . *Applied multiple regression/correlation analysis for the behavioral sciences* (3rd ed.) . Mahwah, NJ: Erlbaum.

Collins, L. M., Graham, J. J., & Flaherty, B. P. (1998) . An alternative framework for defining mediation. *Multivariate Behavioral Research*, *33* (2), 295 - 312.

Comrey, A. L., & Lee, H. B. (1992) . *A First Course in Factor Analysis* (2nd ed.) . Hillsdale, NJ: Erlbaum.

Cox, D. R. (1958) . The regression analysis of binary sequences. *Journal of the Royal Statistical Society. Series B (Methodological)*, *20* (2), 215 - 242.

Cox, D. R., & Snell, E. J. (1989) . *The analysis of binary data* (2nd ed.) . London, UK: Chapman and Hall.

Craig, C. C. (1936) . On the frequency function of xy. *The Annals of Mathematical Statistics*, *7* (1), 1 - 15.

Dempster, A. P., Laird, N. M., & Rubin, D. B. (1977) . Maximum likelihood from incomplete data via the EM algorithm. *Journal of the Royal Statistical Society. Series B (Methodological)*, *39* (1), 1 - 38.

Dempster, A. P., Rubin, D. B., & Tsutakawa, R. K. (1981) . Estimation in covariance components models. *Journal of the American Statistical Association*, *76* (374), 341 - 353.

Diggle, P., & Kenward, M. G. (1994) . Informative drop-out in longitudinal data analysis. *Journal of the Royal Statistical Society: Series C (Applied Statistics)*, *43* (1), 49 - 73.

Dillon, W. R., & Goldstein, M. (1984) . *Multivariate analysis: Methods and applications*. New York, NY: Wiley.

Duncan, O. D. (1966) . Path analysis: Sociological examples. *American Journal of Sociology*, *72* (1), 1 - 16.

Duncan, O. D., Featherman, D. L., & Duncan, B. (1972) . *Socioeconomic background and achievement*. Oxford, England: Seminar Press.

Durbin, J., & Watson, G. S. (1971) . Testing for serial correlation in least squares regression. Ⅲ. *Biometrika*, *58* (1), 1 - 19.

Edwards, J. R., & Lambert, L. S. (2007) . Methods for integrating moderation and mediation: A general analytical framework using moderated path analysis. *Psychological Methods*, *12* (1), 1 - 22.

Eliason, S. R. (1993). *Maximum likelihood estimation: Logic and practice*. Newbury Park, CA: Sage.

Elston, R. C., & Grizzle, J. E. (1962). Correction: estimation of time-response curves and their confidence bands. *Biometrics*, *18* (4), 643 - 643.

Fairchild, A. J., & MacKinnon, D. P. (2009). A general model for testing mediation and moderation effects. *Prevention Science*, *10* (2), 87 - 99.

Fisher, R. A. (1936). The use of multiple measurements in taxonomic problems. *Annals of eugenics*, *7* (2), 179 - 188.

Fox, J. (1991). *Regression diagnostics*. Newbury Park, CA: Sage.

Friedrich, R. J. (1982). In defense of multiplicative terms in multiple regression equations. *American Journal of Political Science*, *26* (4), 797 - 833.

Fritz, M. S., & MacKinnon, D. P. (2007). Required sample size to detect the mediated effect. *Psychological Science*, *18* (3), 233 - 239.

Fritz, M. S., Taylor, A. B., & MacKinnon, D. P. (2012). Explanation of two anomalous results in statistical mediation analysis. *Multivariate Behavioral Research*, *47* (1), 61 - 87.

Gelman, A., Carlin, J. B., Stern, H. S., Dunson, D. B., Vehtari, A., & Rubin, D. B. (2013). *Bayesian data analysis* (3rd ed., pp. 449 - 467). Chapman and Hall/CRC.

Goldstein, H. (1986). Multilevel mixed linear model analysis using iterative generalized least squares. *Biometrika*, *73* (1), 43 - 56.

Goldstein, H. (1987). Multilevel models in education and social research. *Higher Education Research & Development*, *28* (6), 644 - 645.

Goodman, L. A. (2002). Latent class analysis: The empirical study of latent types, latent variables, and latent structures, and some notes on the history of this subject. In J. A. Hagenaars & A. L. McCutcheon (Eds.), *Applied latent class analysis* (pp. 3 - 55). Cambridge, England: Cambridge University Press.

Green, S. B. (1991). How many subjects does it take to do a regression analysis. *Multivariate Behavioral Research*, *26* (3), 499 - 510.

Guadagnoli, E., & Velicer, W. F. (1988). Relation to sample size to the stability of component patterns. *Psychological Bulletin*, *103* (2), 265 - 275.

Hair Jr., J. F., Black, W. C., Babin, B. J., & Anderson, R. E. (2010). *Multivariate data analysis: A global perspective* (7th ed.). Upper Saddle River, NJ: Pearson.

Hand, D. J., & Taylor, C. C. (1987). *Multivariate analysis of variance and repeated measures*. New York, NY: Chapman & Hall.

Harris, R. J. (2001). *A Primer of Multivariate Statistics* (3rd ed.). Hillsdale, NJ: Erlbaum.

Harter, S. (1982). The perceived competence scale for children. *Child Development*, *53* (1), 87 - 97.

Hayduk, L. A. (1987). *Structural equation modeling with LISREL: Essentials and advances*. Baltimore, MD: Johns Hopkins University.

Heckman, J. J. (1979). Sample selection bias as a specification error. *Econometrica*, *47* (1), 153 - 161.

Hedeker, D., & Gibbons, R. D. (1997). Application of random-effects pattern-mixture models for missing data in longitudinal studies. *Psychological Methods*, *2* (1), 64 - 78.

Henson, R. K., & Roberts, J. K. (2016). Use of exploratory factor analysis in published research. *Educational & Psychological Measurement*, *66* (3), 393 - 416.

Hoyle, R. H., & Kenny, D. A. (1999). Statistical power and tests of mediation. In R. H. Hoyle (Ed.), *Statistical strategies for small sample research* (pp. 195-222). Newbury Park, CA: Sage.

Jaccard, J., & Wan, C. K. (1995). Measurement error in the analysis of interaction effects between continuous predictors using multiple regression: Multiple indicator and structural equationapproaches. *Psychological Bulletin*, *117* (2), 348-357.

Jöreskog, K. G., & Yang, F. (1996). Nonlinear structural equation models: The Kenny-Judd model with interaction effects. In G. Marcoulides & R. Schumacker (Eds.), *Advanced structural equation modeling* (pp. 57-88). Hillsdale, NJ: Erlbaum.

Judd, C., & Kenny, D. (1981). *Estimating the effects of social interventions*. Cambridge, England: Cambridge University Press.

Kelloway, E. K., Barling, J., & Shah, A. (1993). Industrial relations stress and job satisfaction: Concurrent effects and mediation. *Journal of Organizational Behavior*, *14* (5), 447-457.

Kenny, D. A., & Judd, C. M. (1984). Estimating the nonlinear and interactive effects of latent variables. *Psychological Bulletin*, *96* (1), 201-210.

Klein, A., & Moosbrugger, H. (2000). Maximum likelihood estimation of latent interaction effects with the LMS method. *Psychometrika*, *65* (4), 457-474.

Klein, A. G., & Muthén, B. O. (2007). Quasi-maximum likelihood estimation of structural equation models with multiple interaction and quadratic effects. *Multivariate Behavioral Research*, *42* (4), 647-673.

Kreft, I. G. (1996). *Are multilevel techniques necessary? An overview, including simulation studies*. Unpublished manuscript, California State University, Los Angeles.

Kreft, I. G. G., & de Leeuw, J. (1998). *Introducing multilevel modeling*. Newbury Park, CA: Sage.

Kwan, J. L. Y., & Chan, W. (2018). Variable system: An alternative approach for the analysis of mediated moderation. *Psychological Methods*, 23 (2), 262-277.

Laird, N. M., & Ware, J. H. (1982). Random-effects models for longitudinal data. *Biometrics*, *38* (4), 963-974.

Läuter, J. (1978). Sample Size Requirements for the T^2 Test of MANOVA (Tables for One-way Classification). *Biometrical Journal*, *20* (4), 389-406.

Lee, S. Y., Song, X. Y., & Tang, N. S. (2007). Bayesian methods for analyzing structural equation models with covariates, interaction, and quadratic latent variables. *Structural Equation Modeling*, *14* (3), 404-434.

Levene, H. (1960). Robust tests for equality of variances. In J. Olkin (Ed.), *Contributions to Probability and Statistics* (pp. 278-292). Palo Alto, CA: Stanford University Press.

Lin, G. C., Wen, Z., Marsh, H. W., & Lin, H. S. (2010). Structural equation models of latent interactions: Clarification of orthogonalizing and double-mean-centering strategies. *Structural Equation Modeling*, *17* (3), 374-391.

Lindley, D. V., & Smith, A. F. (1972). Bayes estimates for the linear model. *Journal of the Royal Statistical Society. Series B (Methodological)*, *34* (1), 1-41.

Little, R. J. (1993). Pattern-mixture models for multivariate incomplete data. *Journal of the American Statistical Association*, *88* (421), 125-134.

Little, R. J., & Rubin, D. B. (2002). *Statistical analysis with missing data*. New York, NY: Wiley.

Little, T. D. (1997). Mean and covariance structures (MACS) analyses of cross-cultural data: Practical and theoretical issues. *Multivariate Behavioral Research*, *32* (1), 53-76.

Little, T. D., Bovaird, J. A., & Widaman, K. F. (2006). On the merits of orthogonalizing powered and product terms: Implications for modeling interactions among latent variables. *Structural Equation Modeling*, *13* (4), 497 - 519.

Loehlin, J. C. (1992). Using EQS for a simple analysis of the Colorado Adoption Project data on height and intelligence. *Behavior Genetics*, *22* (2), 239 - 245.

Longford, N. T. (1987). A fast scoring algorithm for maximum likelihood estimation in unbalanced mixed models with nested random effects. *Biometrika*, *74* (4), 817 - 827.

Lovie, A. D., & Lovie, P. (1993). Charles Spearman, Cyril Burt, and the origins of factor analysis. *Journal of the History of the Behavioral Sciences*, *29* (4), 308 - 321.

MacKinnon, D. P. (2008). *Introduction to statistical mediation analysis*. Mahwah, NJ: Earlbaum.

MacKinnon, D. P., Fritz, M. S., Williams, J., & Lockwood, C. M. (2007). Distribution of the product confidence limits for the indirect effect: Program PRODCLIN. *Behavior Research Methods*, *39* (3), 384 - 389.

MacKinnon, D. P., Krull, J. L., & Lockwood, C. M. (2000). Equivalence of the mediation, confounding and suppression effect. *Prevention Science*, *1* (4), 173 - 181.

MacKinnon, D. P., Lockwood, C. M., Hoffman, J. M., West, S. G., & Sheets, V. (2002). A comparison of methods to test mediation and other intervening variable effects. *Psychological methods*, *7* (1), 83 - 104.

MacKinnon, D. P., Lockwood, C. M., & Williams, J. (2004). Confidence limits for the indirect effect: Distribution of the product and resampling methods. *Multivariate Behavioral Research*, *39* (1), 99 - 128.

MacKinnon, D. P., Warsi, G., & Dwyer, J. H. (1995). A simulation study of mediated effect measures. *Multivariate behavioral research*, *30* (1), 41 - 62.

Marsh, H. W., Wen, Z., & Hau, K. (2004). Structural equation models of latent interactions: Evaluation of alternative estimation strategies and indicator construction. *Psychological Methods*, *9* (3), 275 - 300.

Marsh, H. W., Wen, Z., Hau, K. T., Little, T. D., Bovaird, J. A., & Widaman, K. F. (2007). Unconstrained structural equation models of latent interactions: Contrasting residual-and mean-centered approaches. *Structural Equation Modeling*, *14* (4), 570 - 580.

Martin, R. A., Puhlik-Doris, P., Larsen, G., Gray, J., & Weir, K. (2003). Individual differences in uses of humor and their relation to psychological well-being: Development of the Humor Styles Questionnaire. *Journal of Research in Personality*, *37* (1), 48 - 75.

Mason, W. M., Wong, G. Y., & Entwisle, B. (1983). Contextual analysis through the multilevel linear model. *Readings in Population Research Methodology*, *14*, 72 - 103.

McGuigan, K., & Langholtz, B. (1988). A note on testing mediation paths using ordinary least-squares regression. *Unpublished note*.

Meade, A. W., Johnson, E. C., & Braddy, P. W. (2008). Power and sensitivity of alternative fit indices in tests of measurement invariance. *Journal of Applied Psychology*, *93* (3), 568 - 592.

Meehl, P. & Waller, N. (2002). The path analysis controversy: A new statistical approach to strong appraisal of verisimilitude. *Psychological Methods*, *7* (3), 283 - 300.

Morrison, D. (1967). *Multivariate statistical methods*. New York, NY: McGraw - Hill.

Muller, D., Judd, C. M., & Yzerbyt, V. Y. (2005). When moderation is mediated and mediation is moderated. *Journal of Personality & Social Psychology*, *89* (6), 852 - 863.

Muthén, L. K., & Muthén, B. O. (1998 - 2012). Mplus User's Guide (7th ed.). Los Angeles, CA:

Muthén & Muthén.

Nagelkerke, N. J. (1991). A note on a general definition of the coefficient of determination. *Biometrika*, *78* (3), 691 - 692.

O'Brien, R. G., & Kaiser, M. K. (1985). MANOVA method for analyzing repeated measures designs: an extensive primer. *Psychological Bulletin*, *97* (2), 316 - 333.

Preacher, K. J., & Hayes, A. F. (2004). SPSS and SAS procedures for estimating indirect effects in simple mediation models. *Behavior Research Methods, Instruments, & Computers*, *36* (4), 717 - 731.

Preacher, K. J., & Hayes, A. F. (2008). Asymptotic and resampling strategies for assessing and comparing indirect effects in multiple mediator models. *Behavior Research Methods*, *40* (3), 879 - 891.

Preacher, K. J., & Kelley, K. (2011). Effect size measures for mediation models: Quantitative strategies for communicating indirect effects. *Psychological Methods*, *16* (2), 93 - 115.

Preacher, K. J., Rucker, D. D., & Hayes, A. F. (2007). Addressing moderated mediation hypotheses: Theory, methods, and prescriptions. *Multivariate Behavioral Research*, *42* (1), 185 - 227.

Raudenbush, S. W., & Bryk, A. S. (2002). *Hierarchical linear models* (2nd ed.). Newbury Park, CA: Sage.

Rosenberg, B. (1973). Random coefficients models: The analysis of a cross section of time series by stochastically convergent parameter regression. *Annals of Economic & Social Measurement*, *2* (4), 399 - 428.

Roth, D. L., Wiebe, D. J., Fillingim, R. B., & Shay, K. A. (1989). Life events, fitness, hardiness, and health: A simultaneous analysis of proposed stress-resistance effects. *Journal of Personality & Social Psychology*, *57* (1), 136 - 143.

Salthouse, T. (1984). Effects of age and skill in typing. *Journal of Experimental Psychology: General*, *113* (3), 345 - 371.

Schermelleh-Engel, K., Klein, A., & Moosbrugger, H. (1998). Estimating nonlinear effects using a latent moderated structural equations approach. In R. E. Schumacker & G. A. Marcoulides (Eds.), *Interaction and nonlinear effects in structural equation modeling* (pp. 203 - 238). Mahwah, NJ: Erlbaum.

Shrout, P. E., & Bolger, N. (2002). Mediation in experimental and nonexperimental studies: New procedures and recommendations. *Psychological Methods*, *7* (4), 422 - 455.

Singer, J. D., & Willett, J. B. (2003). *Applied longitudinal data analysis: Modeling change and event occurrence*. Oxford, England: Oxford University Press.

Sobel, M. E. (1982). Asymptotic confidence intervals for indirect effects in structural equation models. *Sociological Methodology*, *13*, 290 - 312.

Steiger, 1. H., & Lind, J. (1980, May). *Statistically based tests for the number of common factors*. Paper presented at the annual meeting of the Psychometric Society, Iowa City.

Strennio, J. L. F., Weisberg, H. I., & Bryk, A. S. (1983). Empirical Bayes estimation of individual growth curve parameters and their relationship to covariates. *Biometrics*, *39* (1), 71 - 86.

Tabachnick, B. G., & Fidell, L. S. (2007). Using multivariate statistics (5th ed.). Boston, MA: Allyn & Bacon.

Taborga, M. P. (2000). *Effect size in mediation models* (Unpublished master's thesis). Arizona State University, Tempe.

Taborga, M. P., MacKinnon, D. P., & Krull, J. L. (1999, June). *A simulation study of effect size measures in mediation models*. Poster presented at the 7th annual meeting of the Society for Prevention Research, New Orleans, LA.

Tanaka, J. S., & Huba, G. J. (1984). Structures of psychological distress: Testing confirmatory hierarchical models. *Journal of Consulting & Clinical Psychology*, *52* (4), 719 - 721.

Tucker, L., & Lewis, C. (1973). A reliability coefficient for maximum likelihood factor analysis. *Psychometrika*, *38* (1), 1 - 10.

Wall, M. M., & Amemiya, Y. (2001). Generalized appended product indicator procedure for nonlinear structural equation analysis. *Journal of Educational and Behavioral Statistics*, *26* (1), 1 - 29.

Wen, Z., & Fan, X. (2015). Monotonicity of effect sizes: Questioning kappa-squared as mediation effect size measure. *Psychological Methods*, *20* (2), 193 - 203.

Wilkinson, L., & Dallal, G. E. (1981). Tests of significance in forward selection regression with an F-to-enter stopping rule. *Technometrics*, *23* (4), 377 - 380.

Wilks, S. S. (1932). Certain Generalizations in the Analysis of Variance. *Biometrika*, *24* (3/4), 471 - 494.

Wright, S. (1920). The relative importance of heredity and environment in determining the piebald pattern of guinea-pigs. *Proceedings of the National Academy of Sciences*, *6* (6), 320 - 332.

Wright, S. (1921). Correlation and causation. *Journal of Agricultural Research*, *20* (7), 557 - 585.

Yang, F. (1998). Modeling interaction and nonlinear effects: A step-by-step LISREL example. In R. E. Schumacker & G. A. Marcoulides (Eds.), *Interaction and nonlinear effects in structural equation modeling* (pp. 17 - 42). Mahwah, NJ: Erlbaum.

Yuan, Y., & MacKinnon, D. P. (2009). Bayesian mediation analysis. *Psychological Methods*, *14* (4), 301 - 322.

Zhu, H. T., & Lee, S. Y. (1999). Statistical analysis of nonlinear factor analysis models. *British Journal of Mathematical & Statistical Psychology*, *52* (2), 225 - 242.

Zwick, W. R., & Velicer, W. F. (1986). Comparison of five rules for determining the number of components to retain. *Endocrinology*, *76* (76), 646 - 656.

方杰，张敏强．(2012)．中介效应的点估计和区间估计：乘积分布法、非参数 Bootstrap 和 MCMC 法．*心理学报*，*44* (10)，1408 - 1420.

盖笑松，张向葵．(2005)．多层线性模型在纵向研究中的运用．*心理科学* (2)，429 - 431.

刘东，张震，汪默．(2012)．被调节的中介和被中介的调节：理论构建与模型检验 (高中华 译)．见陈晓萍，徐淑英，樊景立 (主编)，*组织与管理研究的实证方法*(第二版，pp. 553 - 587)．北京大学出版社．

刘红云，孟庆茂．(2003)．纵向数据分析方法．*心理科学进展* (5)，586 - 592.

刘红云，袁克海，甘凯宇．(2021)．有中介的调节模型的拓展及其效应量．*心理学报*，*53* (3)，322 - 338.

王阳，温忠麟，王惠惠，管芳．(2022)．第二类有中介的调节模型．*心理科学进展*，*30* (9)，2131 - 2142.

温忠麟，范息涛，叶宝娟，陈宇帅．(2016)．从效应量应有的性质看中介效应量的合理性．*心理学报*，*48* (4)，435 - 443.

温忠麟，侯杰泰，Herbert W. Marsh. (2008)．结构方程模型中调节效应的标准化估计．*心理学报* (6)，729 - 736.

温忠麟，刘红云，侯杰泰．(2012)．*调节效应和中介效应分析*. 北京：教育科学出版社．

温忠麟，叶宝娟．(2014a)．中介效应分析：方法和模型发展．*心理科学进展*，*22* (5)，731 - 745.

温忠麟，叶宝娟．(2014b)．有调节的中介模型检验方法：竞争还是替补？．*心理学报*，*46* (5)，714 - 726.

温忠麟，张雷，侯杰泰．(2006)．有中介的调节变量和有调节的中介变量．*心理学报* (3)，448 - 452.

温忠麟，张雷，侯杰泰，刘红云．(2004)．中介效应检验程序及其应用．*心理学报* (5)，614 - 620.

叶宝娟，温忠麟．(2013)．有中介的调节模型检验方法：甄别和整合．*心理学报*，*45* (9)，1050 - 1060.

张雷，雷雳，郭伯良．(2003)．多层线性模型应用．北京：教育科学出版社．

图书在版编目（CIP）数据

高级心理统计/刘红云编著. -- 2 版. -- 北京：中国人民大学出版社，2025. 7. --（新编 21 世纪心理学系列教材）. -- ISBN 978-7-300-34251-1

Ⅰ. B841. 2

中国国家版本馆 CIP 数据核字第 20252WK183 号

新编 21 世纪心理学系列教材

高级心理统计（第 2 版）

刘红云　编著

Gaoji Xinli Tongji

出版发行	中国人民大学出版社		
社　　址	北京中关村大街 31 号	**邮政编码**	100080
电　　话	010－62511242（总编室）		010－62511770（质管部）
	010－82501766（邮购部）		010－62514148（门市部）
	010－62511173（发行公司）		010－62515275（盗版举报）
网　　址	http://www.crup.com.cn		
经　　销	新华书店		
印　　刷	北京昌联印刷有限公司	**版　　次**	2019 年 3 月第 1 版
开　　本	787 mm×1092 mm　1/16		2025 年 7 月第 2 版
印　　张	28.5 插页 1	**印　　次**	2025 年 7 月第 1 次印刷
字　　数	648 000	**定　　价**	69.00 元

关联课程教材推荐

书号	书名	作者	定价（元）
978-7-300-33693-0	心理学基础（第 2 版）	白学军	59.00
978-7-300-32716-7	普通心理学（第 3 版）	张钦	69.00
978-7-300-32539-2	实验心理学（第 3 版）	白学军	59.90
978-7-300-32948-2	发展心理学（第 5 版·数字教材版）	雷雳	59.00
978-7-300-30451-9	认知心理学（第 3 版）	丁锦红 等	58.00
978-7-300-25882-9	生理心理学（第 2 版）	隋南	49.90
978-7-300-30715-2	社会心理学（第 4 版·数字教材版）	乐国安	68.00
978-7-300-25588-0	变态心理学（第 3 版）	王建平	59.80
978-7-300-34011-1	教育心理学：原理与应用（第 2 版）	刘儒德	59.00
978-7-300-32062-5	人格心理学导论（第 2 版）	许燕	59.00
978-7-300-32143-1	健康心理学	林丹华	59.00
978-7-300-32565-1	管理心理学（第 2 版）	孙健敏	65.00
978-7-300-26721-0	心理与教育论文写作：方法、规则与实践技巧（第 2 版）	侯杰泰 等	38.00
978-7-300-34066-1	心理学研究方法：从选题到论文发表（第 2 版）	王轶楠	59.00
978-7-300-21518-1	员工帮助计划（第 2 版）	张西超	59.90

配套教学资源支持

尊敬的老师：

衷心感谢您选择使用人大版教材！相关配套教学资源，请您到人大社网站（http://www.crup.com.cn）下载，或是随时与我们联系，我们将向您免费提供。

欢迎您随时反馈教材使用过程中的疑问、修订建议，并提供您个人制作的课件。您的课件一经入选，我们将有偿使用。让我们与教材共成长！

联系人信息：

地址：北京海淀区中关村大街 31 号 802 室　　翟然 收　　邮编：100080

电子邮件：lgcbfs@crup.com.cn　　电话：010－62511967　　QQ：492788991

如有相关教材的选题计划，也欢迎您与我们联系，我们将竭诚为您服务！

选题联系人：张宏学　电子邮件：zhanghx@crup.com.cn　电话：010－62512127

人大社网站：http://www.crup.com.cn

心理学专业教师 QQ 群：259019599

欢迎您登录人大社网站浏览，了解图书信息，共享教学资源

期待您加入专业教师 QQ 群，开展学术讨论，交流教学心得